华章程序员书库

U0378707

Python程序设计

人工智能案例实践

[美] 保罗·戴特尔（Paul Deitel） 著
哈维·戴特尔（Harvey Deitel）

王恺 王刚 于名飞 徐夏 李涛 译

Python for Programmers

机械工业出版社
China Machine Press

图书在版编目（CIP）数据

Python 程序设计：人工智能案例实践 /（美）保罗·戴特尔（Paul Deitel），（美）哈维·戴特尔（Harvey Deitel）著；王恺等译 . -- 北京：机械工业出版社，2021.3
（华章程序员书库）
书名原文：Python for Programmers
ISBN 978-7-111-67845-8

I. ①P⋯　II. ①保⋯　②哈⋯　③王⋯　III. ①软件工具 - 程序设计　IV. ①TP311.56

中国版本图书馆 CIP 数据核字（2021）第 055665 号

本书版权登记号：图字　01-2020-2376

Authorized translation from the English language edition, entitled *Python for Programmers*, ISBN: 9780135224335, by Paul Deitel, Harvey Deitel, published by Pearson Education, Inc., Copyright © 2019 Pearson Education, Inc.

Python 程序设计：人工智能案例实践

出版发行：机械工业出版社（北京市西城区百万庄大街 22 号　邮政编码：100037）

责任编辑：姚　蕾　张梦玲　　　　　　　　责任校对：殷　虹
印　　刷：北京文昌阁彩色印刷有限责任公司　　版　　次：2021 年 4 月第 1 版第 1 次印刷
开　　本：186mm×240mm　1/16　　　　　　印　　张：41
书　　号：ISBN 978-7-111-67845-8　　　　　　定　　价：149.00 元

客服电话：（010）88361066　88379833　68326294　　　投稿热线：（010）88379604
华章网站：www.hzbook.com　　　　　　　　　　　　读者信箱：hzit@hzbook.com

Reviewers' Comments 审稿人评论

本书对 Python 和数据科学基础知识进行了清晰的说明。感谢作者指出通过指定种子可以实现随机数生成器生成结果的可重复性。我喜欢书中使用字典和集合推导式实现简洁的编程的内容。7.6 节展现了优先使用数组的原因，令人信服。本书介绍了良好的防御式编程方式。书中关于 pandas Series 和 DataFrames 的介绍非常精彩，是我所见过的最清晰的解释之一。数据整理部分的内容非常好。自然语言处理讲解得也很好！我学到了很多东西。

——Shyamal Mitra，*得克萨斯大学高级讲师*

我很喜欢面向对象编程的内容——使用 doctest 进行单元测试的做法非常好，因为可以通过 docstring 完成实际测试，从而使编程工作和测试工作能够同步进行。掷骰子示例中静态可视化和动态可视化的逐行说明非常棒。

真的很喜欢使用 f 字符串，而不是使用老式的字符串格式化方法。与基本的 NLTK 相比，TextBlob 更容易使用，本书介绍了这一点。我以前从来没有用图形制作过词云，但是可以看到这是激励人们开始使用 NLP 的一个很好的示例。我喜欢本书后半部分的案例研究章节，它们确实很实用。我非常喜欢书中介绍的大数据示例，尤其是物联网示例。

——Daniel Chen，*Lander Analytics 公司的数据科学家*

这本引人入胜的、高度易读的书将激发人们的好奇心，并激励初学者，帮助他们在 Python 编程、统计分析、数据处理、使用 API、数据可视化、机器学习、云计算等方面奠定重要基础。关于 Twitter API 应用于情感分析方面的内容非常有用，我曾听过几节有关自然语言处理的课程，但本书非常清晰地介绍了相关工具和概念。我喜欢有关使用 JSON 和 pickling 进行序列化以及何时应使用哪一种方式的讨论（重点是应优先使用 JSON 而不是 pickling），我很高兴得知 JSON 是一种更好、更安全的序列化方法！

——Jamie Whitacre，*数据科学顾问*

本书通过对示例代码的详细解释，清晰地展现了书中包含的内容。模块化结构、宽泛的现代数据科学主题以及附带的 Jupyter Notebook 中的代码，使得这本书对于各种背景的读者来说都是一个绝佳的学习资源。大数据章节很棒，涵盖了所有相关程序和平台；IBM

Watson 章节也很棒，它很好地概述了 Watson 应用程序。另外，还有很好的翻译示例，它们提供了"即时奖励"，读者一旦执行完任务，就会迅速得到结果，这非常令人满意。机器学习是一个庞大的主题，本书相关章节对其进行了很好的介绍，我喜欢其中的加利福尼亚房价数据示例，其与业务分析密切相关，这一章也给出了令人惊叹的可视化结果。

——Alison Sanchez，圣地亚哥大学经济学专业助理教授

我喜欢计算机科学、数据科学和统计主题的这种新组合。这对于构建不仅仅是将数学和计算机科学课程结合在一起的数据科学程序非常重要。像这样的书有助于扩展我们的产品范围以及将 Python 用作计算机和数据科学主题的桥梁。对于一个使用单一语言（多数情况是这样）的数据科学程序，我认为使用 Python 可能是可行的方法。

——Lance Bryant，西盆斯贝格大学

帮助读者利用大量现有的库以最少的代码完成任务。本书在介绍概念知识的同时提供了丰富的 Python 示例，读者可以修改这些示例以实现自己的数据科学问题解决方案。我喜欢有关云服务的内容。

我喜欢关于异常和回溯的讨论，也非常喜欢 Twitter 数据挖掘的章节，其中的示例关注真实数据源，并引入了许多分析技术（如可视化、NLP）。我还喜欢 Python 提供的模块，这些模块有助于隐藏一些复杂性。词云看起来很酷。

使用 Python 入门 NLP 非常容易，本书相关内容给我留下了深刻的印象。本书使用 Keras 对深度学习概念进行了有意义的概述。我喜欢关于流的示例。

——David Koop，马萨诸塞大学达特茅斯分校助理教授

我喜欢这本书！书中的示例绝对是亮点。

——Irene Bruno 博士，乔治·梅森大学

阅读这本书非常令人兴奋。我喜欢它专注于数据科学和用于编写有用的数据科学程序的通用语言。数据科学部分的内容将本书与其他大多数 Python 入门书区分开来。

——Harvey Siy 博士，内布拉斯加大学奥马哈分校

在审阅本书的过程中，我学到了很多东西，发现了 AI 令人兴奋的领域。我喜欢深度学习一章，它使我对该领域已经取得的成就感到惊讶。

——José Antonio González Seco，IT 顾问

本书介绍了一种令人印象深刻、旨在进行探索和实验的实用编程方法。

书中涵盖了一些最现代的 Python 语法方法，介绍了 Python 编程风格和文档的社区标准。机器学习一章在引导人们完成 Python 中 ML 所需的样板代码方面做得很好，案例研究部分很好地展示了如何完成此任务。该章的示例非常直观。许多模型评估任务也是非常好的编程实践。我可以想象到读者观看动画化代码时一定会非常兴奋。

——Elizabeth Wickes，伊利诺伊大学信息科学学院讲师

我真的很喜欢实时的 IPython 输入输出方式，也非常喜欢这本 Python 图书，我是作者的超级粉丝。

——Mark Pauley 博士，内布拉斯加大学奥马哈分校

本书对大数据概念做了出色介绍，尤其是 Hadoop、Spark 和 IoT 主题，所讲示例非常现实和实用。作者在结合编程和数据科学主题方面做得非常出色，以易于理解的方式介绍了相关内容，并附有操作示例。几乎所介绍的所有概念都附带一个可运行的示例。通过扑克牌图像示例对 Python 中的面向对象编程进行了全面的概述，这肯定会吸引读者。

——Garrett Dancik，东康涅狄格州立大学

一段时间以来，我一直在寻找一本基于 Python 的数据科学主题的书，这本书应涵盖最相关的那些技术。我终于找到了。本书是该领域从业人员的必备书籍。机器学习章节真的值得推荐！动态可视化效果很棒。

——Ramon Mata-Toledo，詹姆斯·麦迪逊大学教授

译者序 *The Translator's Words*

Python 简单易学，且提供了丰富的第三方库，可以用较少的代码完成较多的工作，使开发者能够专注于如何解决问题而只花较少的时间去考虑如何编程。此外，Python 还具有免费开源、跨平台、面向对象、胶水语言等优点，在系统编程、图形界面开发、科学计算、Web 开发、数据分析、人工智能等方面有广泛应用。尤其是在数据分析和人工智能方面，Python 已成为最受开发者欢迎的编程语言之一，不仅大量计算机专业人员选择使用 Python 进行快速开发，许多非计算机专业人员也纷纷选择 Python 语言来解决专业问题。

由于 Python 应用广泛，关于 Python 的参考书目前已经有很多，但将 Python 编程与数据分析、人工智能等领域紧密结合的参考书尚不多见。这就导致开发者在学习 Python 编程时难以与实际应用结合，从而造成不知道如何应用 Python 去解决实际问题的状况。2019 年，全球畅销的编程语言教材、专业图书作家 Paul Deitel 和 Harvey Deitel 出版了 *Python for Programmers* 一书，书中将 Python 编程基础知识与数据分析、人工智能案例研究有效地结合在一起，在 Python 编程与数据科学、人工智能之间搭建起了桥梁。通过学习本书，开发者可结合理论和实践，快速掌握应用 Python 解决数据分析、人工智能问题的方法。

本书由浅入深，共分为四大部分。第一部分为 Python 基础知识快速入门，由第 1～5 章组成，涉及计算机和 Python、Python 程序设计、控制语句、函数、序列（列表和元组）方面的内容。通过学习该部分，读者应掌握 Python 开发环境的使用方法、Python 中基础数据的存储和处理方法，尤其要熟练运用模块化思想进行问题分解、通过函数实现各模块功能。第二部分为 Python 数据结构、字符串和文件，由第 6～9 章组成，涉及字典和集合、使用 NumPy 进行面向数组的编程、字符串、文件和异常方面的内容。通过学习该部分，读者应掌握字典和集合的适用场景、NumPy 存储数据的优势和具体使用方法、字符串的常用操作、正则表达式的作用。第三部分为 Python 高级主题，即第 10 章的面向对象编程。通过学习该部分，读者应掌握面向对象的概念及面向对象程序的设计和编写方法，在实际中熟练运用面向对象的方式搭建系统。第四部分为人工智能、云和大数据案例研究，由第 11～16 章组成，涉及自然语言处理、Twitter 数据挖掘、IBM Watson 和认知计算、机器学习、深度学习、大数据方面的内容。通过学习该部分，读者应掌握运用 Python 解决数据分析、人工智能相关问题的方法。

除了基础理论知识之外，本书还提供了 500 多个实际上机操作示例，其中包括 40 个具有较大代码量的完整案例。除了第 11～16 章结合具体主题给出的案例之外，在第 1～10 章中，每一章最后还提供了数据科学入门案例。通过研究这些案例，读者能够更好地将所学知识与实际相结合，掌握利用 Python 解决具体问题的方法。

本书的分工如下：王恺负责第 9 章、第 10 章、第 12 章、索引和其他辅助内容的翻译，并对全书进行统稿；王刚负责第 1～4 章、第 13 章的翻译；于名飞负责第 5～8 章的翻译；徐夏负责第 11 章、第 14 章和第 15 章的翻译；李涛负责第 16 章的翻译。

本书可以作为高校计算机专业学生和非计算机专业理工科学生学习 Python 和数据分析相关课程的教材，同时也可作为 Python 开发人员的参考手册。本书附有大量案例，因此特别适合自学者使用。

最后感谢机械工业出版社华章公司的大力支持！由于时间和水平有限，译稿中难免存在疏漏之处，恳请各位同行和读者帮忙指正！

译者

2020 年 12 月

南开大学

前 言 *Preface*

"塔尔山上有黄金!"[一]

欢迎阅读本书!在本书中,读者将学习当今最引人注目的前沿计算技术,并使用Python进行编程。Python是世界上最流行的语言之一,也是编程语言中使用人数增长最快的一种。

开发者经常会很快地发现自己喜欢Python。他们会欣赏Python的表达力、可读性、简洁性和交互性,也会喜欢开源软件开发环境,这个开源环境正在为广泛的应用领域提供快速增长的可重用软件基础。

几十年来,一些趋势已经强有力地显现出来。计算机硬件已经迅速变得更快、更便宜、更小;互联网带宽已经迅速变得越来越大,同时也越来越便宜;优质的计算机软件已经变得越来越丰富,并且通过"开源"方式免费或几乎免费;很快,"物联网"将连接数以百亿计的各种可想象的设备。这将导致以快速增长的速度和数量生成大量数据。

在今天的计算技术中,最新的创新都是关于数据的——数据科学、数据分析、大数据、关系数据库(SQL)以及NoSQL和NewSQL数据库,我们可以通过Python编程的创新处理方式解决每一个问题。

需要数据科学技能的工作

2011年,麦肯锡全球研究院发表了报告"Big data: The next frontier for innovation, competition and productivity"。报告认为:"仅美国就面临着14万到19万深度分析人员的缺口,以及150万能分析大数据并可根据分析结果做决策的经理和分析师的缺口。"[二]目前情况仍然如此。2018年8月的"LinkedIn Workforce Report"称,美国数据科学人员的缺口超

[一] 来源不明,经常被误认为是马克·吐温所说。

[二] https://www.mckinsey.com/~/media/McKinsey/Business%20Functions/McKinsey%20Digital/Our%20Insights/Big%20data%20The%20next%20frontier%20for%20innovation/MGI_big_data_full_report.ashx (P3).

过 15 万[一]。来自 IBM、Burning Glass Technologies 和商业高等教育论坛的 2017 年报告称，到 2020 年，美国有数十万个需要数据科学技能的新工作岗位[二]。

模块化结构

本书的模块化结构（见下图）有助于满足各种专业读者的多样化需求。

第一部分 Python基础知识 快速入门	第二部分 Python数据结构、 字符串和文件	第三部分 Python高级主题	第四部分 人工智能、云和 大数据案例研究
第1章 Python及大数据概述 数据科学入门：人工智能——计算机科学与数据科学的交叉学科	**第6章 字典和集合** 数据科学入门：动态可视化	**第10章 面向对象编程** 数据科学入门：时间序列和简单线性回归	**第11章 自然语言处理** 网页抓取练习
第2章 Python程序设计概述 数据科学入门：基础的描述性统计	**第7章 使用NumPy进行面向数组的编程** 数据科学入门：pandas Series和DataFrame	**CS和其他主题博客**	**第12章 Twitter数据挖掘** 情感分析、JSON和Web服务
第3章 控制语句 数据科学入门：集中趋势度量——均值、中值和众数			**第13章 IBM Watson和认知计算**
第4章 函数 数据科学入门：离中趋势度量	**第8章 字符串：深入讨论** 数据科学入门：pandas、正则表达式和数据治理		**第14章 机器学习：分类、回归和聚类**
第5章 序列：列表和元组 数据科学入门：模拟和静态可视化	**第9章 文件和异常** 数据科学入门：使用CSV文件		**第15章 深度学习** 卷积神经网络和递归神经网络
			第16章 大数据：Hadoop、Spark、NoSQL和IoT

DEITEL® DEVELOPER SERIES

Python® for Programmers

with Introductory AI case studies

- Natural Language Processing
- Data Mining Twitter®
- IBM® Watson™
- Machine Learning with scikit-learn®
- Deep Learning with Keras
- Big Data with Hadoop®, Spark™, NoSQL, and the Cloud
- Internet of Things (IoT)
- Python Standard Library
- Data Science Libraries: NumPy, Pandas, SciPy, NLTK, TextBlob, Tweepy, Matplotlib, Seaborn, Folium and more

PAUL DEITEL · HARVEY DEITEL

可与作者通过邮箱 deitel@deitel.com 联系。

1. 本书适用于已经掌握另一种面向对象编程语言、经验丰富的专业开发人员。

2. 本书不包含入门编程的讨论，也没有相应的练习。

3. 第1~10章中的数据科学入门部分是关于数据科学主题的简短介绍。

4. 第11~16章是基于Python的人工智能、云和大数据的章节，每章都涉及一些案例研究。

5. 全书使用函数式编程。

6. 广泛的可视化。

7. 代码可在扩展名为 .py 的 Python 文件和扩展名为 .ipynb 的 Jupyter Notebook 文件中使用。

第 1~10 章介绍 Python 编程。在这些章中，每一章都包括一个简短的数据科学入门部分，用于介绍人工智能、基础的描述性统计、集中趋势度量、离中趋势度量、模拟、静态和动态可视化、用于数据探索和数据整理的 pandas、使用 CSV 文件、时间序列和简单线性回归。这些内容将帮助读者为第 11~16 章中数据科学、人工智能、大数据和云案例研究方面的学习做好准备，读者通过学习完整的案例研究可学会使用真实的数据集。

在学习完关于 Python 编程的第 1~5 章所有内容及第 6~7 章的部分关键内容之后，读者将能够理解第 11~16 章中的大部分案例研究。前言后面的"章节依赖性"部分将帮助教师在本书独特的结构背景下规划他们的专业课程。

第 11~16 章充满了酷炫、强大、新颖的例子，提供了多种主题的实践案例研究，如自然语言处理，Twitter 数据挖掘，IBM Watson 认知计算，包括分类和回归在内的有监督

[一] https://economicgraph.linkedin.com/resources/linkedin-workforce-report-august-2018.

[二] https://www.burning-glass.com/wp-content/uploads/The_Quant_Crunch.pdf (P3).

机器学习，聚类无监督机器学习，卷积神经网络深度学习，递归神经网络深度学习，包括 Hadoop、Spark、NoSQL、物联网在内的大数据等。在此过程中，读者将掌握广泛的数据科学术语和概念，从简短的定义到在小型、中型和大型程序中使用的概念。通过浏览本书详细的目录和索引能够了解本书所覆盖的内容。

主要特点

保持简单（KIS）、保持小规模（KIS）、保持前沿（KIS）

- ❑ **保持简单**——在本书的每个方面，我们都力求简洁明了。例如，当介绍自然语言处理时，我们使用简单直观的 TextBlob 库而不是更复杂的 NLTK。在深度学习中，我们使用 Keras 而不是 TensorFlow。通常，当可以使用多个库来执行类似的任务时，我们使用最简单的那一个。
- ❑ **保持小规模**——本书 538 个示例中的大多数都规模很小，通常只有几行代码，且后面跟着 IPython 的即时交互式运行结果。书中也包含了 40 个较大的脚本和深入的案例研究。
- ❑ **保持前沿**——我们阅读了大量最新的 Python 编程和数据科学书籍，浏览、阅读或观看了大约 15,000 篇最新文章、研究论文、白皮书、视频、博客文章、论坛帖子和文档片段。这使我们能够掌握 Python、计算机科学、数据科学、人工智能、大数据和云社区的"脉搏"。

即时反馈：用 IPython 探索、发现和实验

- ❑ 学习本书的理想方法是，在阅读的同时运行代码示例。在整本书中，我们始终使用 IPython 解释器，它提供了友好的即时反馈交互模式，以便快速探索、发现和实验 Python 及其大量的库。
- ❑ 大多数代码都是在小型交互式 IPython 会话中呈现的。对于每个代码段，IPython 会立即读取、执行并输出运行结果。这种即时反馈有助于保持读者的注意力、促进学习、促进快速原型化并加速软件开发过程。
- ❑ 本书始终强调实时代码方法，专注于具有实时输入和输出的、完整的、能正常运行的程序。IPython 的"神奇之处"在于，当读者每输入一行代码时，代码都会被实时地执行，这对学习和提高编程实验效果都有积极作用。

Python 编程基础

- ❑ 本书全面覆盖了 Python 编程基础知识。
- ❑ 讨论了 Python 的编程模型，包括过程编程、函数式编程和面向对象编程。
- ❑ 使用最佳实践方式，强调当前的习惯用法。
- ❑ 全书都使用了函数式编程风格。4.17 节中的表列出了 Python 函数式编程的大部分关键功能，以及介绍它们的章。

538 个代码示例

❏ 通过 538 个真实例子（从单个代码段到大量的计算机科学、数据科学、人工智能和大数据案例），读者将看到富有挑战性和趣味性的关于 Python 的生动介绍。

❏ 读者将使用人工智能、大数据、云技术（如自然语言处理、Twitter 数据挖掘、机器学习、深度学习、Hadoop、MapReduce、Spark、IBM Watson），以及关键数据科学库（NumPy、pandas、SciPy、NLTK、TextBlob、spaCy、Textatistic、Tweepy、scikit-learn、Keras）、关键可视化库（Matplotlib、Seaborn、Folium）等来完成重要任务。

避免烦琐的数学，倾向于文字解释

❏ 关注数学的概念本质，并将其用于例子中。通过使用诸如 statistics、NumPy、SciPy、pandas 以及其他许多库来实现这一点，这些库隐藏了数学本身的复杂性。因此，读者可以直接利用线性回归等数学技术解决问题，而无须了解其背后的数学知识。在机器学习和深度学习的例子中，我们专注于创建用于数学运算但隐藏数学细节的对象。

可视化

❏ 67 个静态、动态、动画和交互式可视化数据（图表、图形、图片、动画等），可帮助读者理解概念。

❏ 聚焦于 Matplotlib、Seaborn、pandas 和 Folium（用于交互式地图）所产生的高级可视化效果，而不包括对低级图形编程的处理。

❏ 使用可视化作为教学工具。例如，通过动态模具轧制模拟和条形图使大数定律更加生动形象。随着卷数的增加，读者将看到每个面占总卷数的百分比逐渐接近 16.667%（1/6），并且代表百分比的条形的大小逐渐均衡。

❏ 可视化对于大数据中的数据探索和展示可重复的研究结果至关重要，其中数据项的数量可以是数百万、数十亿甚至更多。一个常见的说法是，一图胜千言——在大数据中，一个可视化结果相当于数据库中数十亿、数万亿甚至更多的数据项。可视化使读者能够"在 4 万公里的高空看数据"，即以更宏观的方式查看并了解这些数据。描述性统计对掌握数据概况有所帮助，但可能会产生误导。例如，Anscombe 的四重奏通过可视化展示出：显著不同的数据集可能具有几乎相同的描述性统计结果。

❏ 展示了可视化和动画化代码，以便读者可以实现自己的代码。本书还在源代码文件和 Jupyter Notebook 中提供动画，因此读者可以方便地自定义代码和动画化参数，重新执行动画并查看更改的效果。

数据实验

❏ 第 11～16 章的数据科学入门和案例研究部分提供了丰富的数据实验。

❏ 读者将使用许多真实数据集和数据源。可以在线获得各种各样的免费开源数据集以进行相关实验。书中引用的一些网站列出了数百或数千个数据集。

❑ 读者可以将使用的许多库与热门数据集捆绑在一起，以方便进行实验。

❑ 读者将学习如何进行下列操作：数据获取和分析前的数据准备，使用多种技术分析数据，调整模型并有效地展示结果（尤其是通过可视化），等等。

GitHub

❑ GitHub 是查找开源代码以将其合并到你的项目中（以及将代码贡献给开源社区）的绝佳场所。它也是软件开发者库中的一个关键元素，其中包含版本控制工具，可帮助开发者团队管理开源（和私有）项目。

❑ 读者将使用各种免费、开源的 Python 库和数据科学库，以及软件和云服务的免费版、免费试用版和免费增值服务。许多库都托管在 GitHub 上。

云计算实践

❑ 大部分的大数据分析都发生在云端，可以轻松地动态扩展应用程序所需的硬件和软件数量。读者将使用各种基于云的服务（直接的或间接的），包括 Twitter、Google Translate、IBM Watson、Microsoft Azure、OpenMapQuest、geopy、Dweet.io 和 PubNub。

❑ 我们鼓励读者使用免费、免费试用或免费增值云服务。我们更喜欢那些不需要使用信用卡支付的服务，因为这样不会存在意外收到大笔账单的风险。如果读者决定使用需要信用卡支付的服务，请确保免费升级的服务不会自动跳转到付费升级。

数据库、大数据和大数据基础设施

❑ 根据 IBM（2016 年 11 月）的报道，世界上 90% 的数据都是在过去两年中创建的。证据表明，数据创建的速度正在迅速加快。

❑ 根据 *AnalyticsWeek* 2016 年 3 月的文章，五年内将有超过 500 亿台设备连接到互联网。到 2020 年，我们将为地球上的每个人每秒生成 1.7MB 的新数据！ $^{\ominus}$

❑ 本书包含使用 SQLite 处理关系数据库和 SQL 的内容。

❑ 数据库是对待处理的大量数据进行存储和操作的关键大数据基础设施。关系数据库用于处理结构化数据，而不适用于大数据应用程序中的非结构化和半结构化数据。因此，随着大数据的发展，NoSQL 和 NewSQL 数据库被创建，以有效地处理这些数据。本书包括关于 NoSQL 和 NewSQL 的概述以及使用 MongoDB JSON 文档数据库的实际案例研究。MongoDB 是最受欢迎的 NoSQL 数据库。

❑ 第 16 章将讨论大数据硬件和软件基础设施。

人工智能案例研究

❑ 在第 11～15 章的案例研究中，给出了人工智能主题的内容，包括自然语言处理、通过 Twitter 数据挖掘做情感分析、使用 IBM Watson 进行认知计算、有监督机器学习、无监督机器学习和深度学习。第 16 章介绍了大数据硬件和软件基础设施，使计

$\ominus$ https://analyticsweek.com/content/big-data-facts/.

算机科学家和数据科学家能够实施基于 AI 的尖端解决方案。

内置类型：列表、元组、集合、字典

❏ 目前大多数应用程序开发人员都没有自己创建数据结构的必要。本书用两章篇幅对 Python 的内置数据结构（列表、元组、字典和集合）进行了详细介绍，使用这些数据结构可以完成大多数任务。

使用 NumPy 数组和 pandas 的 Series、DataFrame 进行面向数组的编程

❏ 我们还关注来自开源库的三个关键数据结构，包括 NumPy 数组、pandas Series 和 pandas DataFrame。它们被广泛用于数据科学、计算机科学、人工智能和大数据。NumPy 提供的数组比内置 Python 列表在性能上高出两个数量级。

❏ 第 7 章对 NumPy 数组进行了详细介绍。许多库（如 pandas）都是基于 NumPy 构建的。第 7～9 章中的数据科学入门部分介绍了 pandas 的 Series 和 DataFrame，在其他章节中它们会与 NumPy 数组组合使用来解决一些问题。

文件处理和序列化

❏ 第 9 章介绍了文本文件处理，然后展示了如何使用流行的 JSON（JavaScript Object Notation，JavaScript 对象表示法）格式序列化对象。JSON 在数据科学章节中会被频繁使用。

❏ 许多数据科学库提供内置的文件处理功能，用于将数据集加载到 Python 程序中。除了纯文本文件之外，我们还使用 Python 标准库的 csv 模块和 pandas 数据科学库的功能，以流行的 CSV（逗号分隔数据值）格式处理文件。

基于对象的编程

❏ 我们强调使用 Python 开源社区已经打包到行业标准类库中的大量有价值的类。读者将专注于了解有什么库可以使用、选择应用程序所需要的库、根据已有的类创建对象（通常使用一行或两行代码），并使它们在程序中发挥作用。基于对象的编程使读者能够快速、简洁地构建功能强大的应用程序，这是 Python 所具有的主要吸引力之一。

❏ 使用这种方法，读者将能够使用机器学习、深度学习和其他人工智能技术快速解决各种有趣的问题，包括认知计算挑战，如语音识别和计算机视觉。

面向对象编程

❏ 开发自定义类是一项关键的面向对象编程技能，同时还包括继承、多态性和鸭子类型。第 10 章将讨论这些问题。

❏ 第 10 章包括关于使用 doctest 做单元测试的讨论，以及一个有趣的洗牌和分牌模拟的问题。

❏ 第 11～16 章只需要定义一些简单的自定义类。在 Python 中，读者可能会使用更多的基于对象的编程方法，而不是完全面向对象的编程。

可重复性

❑ 在一般的科学研究，特别是数据科学研究中，需要复现实验和研究的结果，并结合这些结果进行有效的交流。Jupyter Notebook 是实现这一目标的首选方法。

❑ 我们将在整本书中讨论编程技术和软件（如 Jupyter Notebook 和 Docker）的可重复性。

性能

❑ 在几个示例中，我们使用 `%timeit` 分析工具比较不同方法执行相同任务的性能。其他性能相关的讨论包括生成器表达式、NumPy 数组与 Python 列表、机器学习和深度学习模型的性能，以及 Hadoop 和 Spark 分布式计算性能。

大数据和并行化

❑ 在本书中，读者不必编写自己的并行化代码，而是让像 Keras 这样的库运行在 TensorFlow 上，让 Hadoop 和 Spark 这样的大数据工具自动为你进行并行化操作。在这个大数据／人工智能时代，为了满足海量数据应用程序的处理需求，需要利用多核处理器、图形处理单元（GPU）、张量处理单元（TPU）和云中的大型计算机集群提供的真正并行性。一些大数据任务可以在数千个处理器上并行处理，以便快速完成大量数据的分析。

章节依赖性

如果你是一名为专业培训课程规划教学大纲的培训师，或者是一名要决定阅读哪些章节的开发人员，下面的内容将帮助你做出最佳决策。请阅读前面的模块化结构图，你将很快熟悉这本书独特的结构。按顺序讲授或阅读本书是最容易的，但是，第 1～10 章末尾的数据科学入门部分和第 11～16 章中的案例研究的大部分内容只需要第 1～5 章的知识和下面讨论的第 6～10 章的小部分知识。

第一部分：Python 基础知识快速入门

建议读者按照以下顺序阅读各章：

❑ 第 1 章介绍基本概念，为第 2～10 章中的 Python 编程以及第 11～16 章中的大数据、人工智能和基于云的案例研究奠定基础。本章还包括 IPython 解释器和 Jupyter Notebook 的使用方法。

❑ 第 2 章通过说明关键语言特性的代码示例介绍了 Python 编程的基础知识。

❑ 第 3 章介绍了 Python 的控制语句，并介绍了基本的列表处理方法。

❑ 第 4 章介绍了自定义函数、随机数生成的仿真技术以及元组的基础知识。

❑ 第 5 章更详细地介绍了 Python 内置的列表和元组类型，并开始介绍函数式编程。

第二部分：Python 数据结构、字符串和文件

下面总结了第 6～9 章的章节间依赖性，这里假设读者已经阅读了第 1～5 章：

❑ 第 6 章的数据科学入门部分不依赖于本章的内容。

- ❏ 第 7 章的数据科学入门部分需要用到字典（第 6 章）和数组（第 7 章）的知识。
- ❏ 第 8 章的数据科学入门部分需要原始字符串和正则表达式（见 8.11 节和 8.12 节）的知识，以及 7.14 节的 pandas Series 和 DataFrame 功能。
- ❏ 第 9 章中，对于 JSON 序列化，有必要了解字典的基础知识（6.2 节）。此外，数据科学入门部分需要用到内置的 open 函数和 with 语句（9.3 节），以及 7.14 节的 pandas DataFrame 功能。

第三部分：Python 高级主题

下面总结了第 10 章的章节间依赖性，这里假设读者已经阅读了第 1～5 章：

- ❏ 第 10 章的数据科学入门部分需要用到 7.14 节的 pandas DataFrame 功能。希望只涵盖类和对象的培训师，可以选讲 10.1～10.6 节；希望涵盖更高级主题（如继承、多态性和鸭子类型）的培训师，可以选讲 10.7～10.9 节；10.10～10.15 节提供了更多的高级功能。

第四部分：人工智能、云和大数据案例研究

下面总结了第 11～16 章的章节间依赖性，这里假设读者已经阅读了第 1～5 章。第 11～16 章的大部分内容还需要 6.2 节的字典基础知识。

- ❏ 第 11 章使用 7.14 节的 pandas DataFrame 功能。
- ❏ 第 12 章使用 pandas DataFrame 功能（7.14 节）、字符串的 join 方法（8.9 节）、JSON 基础（9.5 节）、TextBlob（11.2 节）和词云（11.3 节）。一些例子需要通过继承来定义一个类（第 10 章）。
- ❏ 第 13 章使用内置的 open 函数和 with 语句（9.3 节）。
- ❏ 第 14 章使用 NumPy 数组的基础知识和 unique 方法（第 7 章）、pandas DataFrame 功能（7.14 节）和 Matplotlib 的 subplots 函数（10.6 节）。
- ❏ 第 15 章需要 NumPy 数组的基础知识（第 7 章）、字符串的 join 方法（8.9 节）、第 14 章的一般机器学习概念和 14.3 节介绍的一些功能。
- ❏ 第 16 章使用了字符串的 split 方法（6.2.7 节）、Matplotlib FuncAnimation（6.4 节）、pandas Series 和 DataFrame 功能（7.14 节）、字符串的 join 方法（8.9 节）、json 模块（9.5 节）、NLTK 停用词（11.2.13 节），以及第 12 章中的 Twitter 认证、用于流媒体推文的 Tweepy 的 StreamListener 类、geopy 和 folium 库。一些例子需要通过继承来定义类（第 10 章），但是读者可以简单地模仿我们提供的类定义，而不必阅读第 10 章。

Jupyter Notebook

为了方便读者，我们在 Python 源代码（.py）文件中提供了本书的代码示例，供命令行 IPython 解释器使用，以及作为 Jupyter Notebook（.ipynb）文件使用，读者可以将其加载到 Web 浏览器中执行。

Jupyter Notebook 是一个免费、开源的项目，它使我们能够将文本、图形、音频、视频和交互式编码功能结合起来，以便在 Web 浏览器中快速方便地输入、编辑、执行、调试和修改代码。文章"What Is Jupyter?"中介绍过：

> Jupyter 已经成为科学研究和数据分析的标准。它将计算和参数打包在一起，让我们构建"计算故事"；……并简化了将工作软件分发给队友和同事的问题。⊖

根据我们的经验，这是一个很好的学习环境和快速原型制作工具。出于这个原因，我们使用 Jupyter Notebook 而不是传统的 IDE，例如 Eclipse、Visual Studio、PyCharm 或 Spyder。学者和专业人士已经广泛使用 Jupyter 来分享研究成果。Jupyter Notebook 是通过传统的开源社区机制⊜提供支持的（参见后面的"获取 Jupyter 帮助"部分）。有关软件安装的详细信息，请参阅前言后面的"开始阅读本书之前"；有关运行本书示例的信息，请参阅 1.5 节。

协作和共享结果

团队合作和交流研究结果对开发人员来说是很重要的，对于在工业界、政府部门或学术界担任或准备担任数据分析师职位的开发人员来说：

❑ 通过复制文件或 GitHub，你创建的笔记本很容易在团队成员之间共享。

❑ 研究结果（包括代码和见解）可以通过 nbviewer（https://nbviewer.jupyter.org）和 GitHub 等工具共享为静态网页，这两种工具都自动将笔记本呈现为网页。

可重复性：Jupyter Notebook 的有力案例

在数据科学和一般科学中，实验和研究应该是可重复的。这已经在文献中提过多年，包括：

❑ Donald Knuth 1992 年的计算机科学出版物——*Literate Programming*⊜。

❑ 文章"Language-Agnostic Reproducible Data Analysis Using Literate Programming"⊛中提到："Lir（文学、可重复的计算）是以 Donald Knuth 提出的文学程序设计理念为基础的。"

从本质上讲，可重复性捕获了用于生成结果的完整环境，包括硬件、软件、通信、算法（尤其是代码）、数据和数据来源（起源和沿袭）。

Docker

在第 16 章中，我们将使用 Docker。Docker 是一个将软件打包到容器中的工具，而容器可以方便地、可重复地和跨平台可移植地将执行软件所需的所有内容捆绑到该软件中。我们在第 16 章中使用的一些软件包需要复杂的设置和配置。对于其中的许多软件包，读

⊖ https://www.oreilly.com/ideas/what-is-jupyter.

⊜ https://jupyter.org/community.

⊜ Knuth, D., "Literate Programming" (PDF), The Computer Journal, British Computer Society, 1992.

⊛ http://journals.plos.org/plosone/article?id=10.1371/journal.pone.0164023.

者可以下载已有的免费 Docker 容器。这使读者可以避免复杂的安装问题，并在台式机或笔记本电脑上进行本地软件的执行，使 Docker 成为帮助你快速方便地开始使用新技术的好方法。

Docker 还有助于可重复性。读者可以创建自定义 Docker 容器，这些容器配置了每个软件的版本以及你在研究中使用的每个库。这将使其他开发人员能够重新创建你使用的环境，然后重现你的工作，并帮助你重现自己的结果。在第 16 章中，你将使用 Docker 下载并执行一个预配置的容器，以便使用 Jupyter Notebook 编写和运行大数据 Spark 应用程序。

特殊功能：IBM Watson 分析和认知计算

在早期研究中，我们对 IBM Watson 的兴趣日益增长。我们调查了竞争性服务，并发现了 Watson 对于"免费升级"的"无须信用卡支付"政策，这使其成为读者最友好的选择之一。

IBM Watson 是一个广泛应用于各种实际场景的认知计算平台。认知计算系统模拟人类大脑的模式识别和决策能力，以便在"消耗"更多数据时"学习"[⊖]。本书包含一个重要的 Watson 动手实践示例。我们使用免费的"Watson Developer Cloud：Python SDK"，它提供的 API 使我们能够以编程方式与 Watson 的服务进行交互。Watson 使用起来很有趣，也是传播你的创意成果的绝佳平台。本书将演示或使用以下 Watson API：对话、发现、语言翻译、自然语言分类器、自然语言理解、个性洞察服务、语音转文本、文本转语音、语调分析器和视觉识别。

Watson 的 Lite 层服务和一个很酷的 Watson 案例研究

IBM 通过为其许多 API 提供免费的 Lite 层来鼓励大家学习并进行实验[⊖]。在第 13 章中，读者将尝试许多 Watson 服务的演示程序[⊜]。然后，你将使用 Watson 的文本转语音、语音转文本和翻译服务的 Lite 层，实现一个"旅行者助理"翻译应用程序。你以英语问一个问题，然后该应用程序会将你的语音转换为英语文本，再将该文本翻译为西班牙语并朗读。接下来，你将以西班牙语回复（如果你不会说西班牙语，我们会给你提供可以使用的音频文件），然后该应用程序快速把语音转换为西班牙语文本，再将该文本翻译为英语并用英语朗读。很酷的案例！

教学方法

本书包含大量从许多领域提取的示例。读者将使用真实的数据集来完成有趣的、真实的示例。本书注重良好的软件工程规范和程序可读性。

使用字体进行强调

关键术语以粗体显示，方便读者参考相关内容，Python 代码以特殊字体显示，例如，

⊖ http://whatis.techtarget.com/definition/cognitive-computing.
⊖ 请务必查看 IBM 网站上的最新条款，因为条款和服务可能会更改。
⊜ https://console.bluemix.net/catalog/.

x = 5。

538 个代码示例

本书的 538 个示例包含大约 4000 行代码。对于包含这么多内容的一本书来说，这个代码量相对较小，这是因为 Python 是一种表达性语言。此外，本书的编码风格是尽可能地使用强大的类库来完成大部分工作。

160 个图、表

本书提供了丰富的图、表。

编程智慧

本书将两位作者丰富的编程和教学经验融入编程智慧的讨论中，包括：

❏ 良好的编程实践和首选的 Python 惯用语法，可帮助读者编写出更清晰、更易于理解和维护的程序。

❏ 常见的编程错误可以降低读者犯这些错误的可能性。

❏ 避免错误的提示，提供有关发现错误并将其从程序中删除的建议。其中许多提示都描述了避免编程错误的技巧。

❏ 性能提示，突出使程序运行更快或最小化它们所占用内存量的方法。

❏ 软件工程观察，突出了软件构建中的架构和设计问题，特别是大型系统。

本书使用的软件

本书使用的软件适用于 Windows、macOS 和 Linux，可从互联网免费下载。本书的示例是使用免费的 Anaconda Python 发行版编写的。该发行版包括读者需要的大多数 Python 库、可视化库和数据科学库，以及 IPython 解释器、Jupyter Notebook 和 Spyder，这些被认为是最好的 Python 数据科学 IDE 中的一部分。本书仅使用 IPython 和 Jupyter Notebook 进行程序开发。前言后面的"开始阅读本书之前"讨论了安装 Anaconda 的方法以及使用书中示例所需的一些其他项目。

Python 文档

在阅读本书时，你会发现以下文档特别有用：

❏ Python 语言参考：https://docs.python.org/3/reference/index.html

❏ Python 标准库：https://docs.python.org/3/library/index.html

❏ Python 文档列表：https://docs.python.org/3/

获取问题答案

有关 Python 及其常规编程的流行在线论坛包括：

❏ python-forum.io

❏ https://www.dreamincode.net/forums/forum/29-python/

❏ StackOverflow.com

此外，许多供应商为其工具和库提供论坛。本书使用的许多库都在 github.com 上进行管理和维护。一些库维护者通过该库的 GitHub 页面上的 "Issues" 选项卡提供技术支持。如果读者无法在线找到问题的答案，请参阅我们的网页 http://www.deitel.com[⊖]。

获取 Jupyter 帮助

Jupyter Notebook 通过以下方式提供相关支持：

❏ Project Jupyter Google Group，https://groups.google.com/forum/#!forum/jupyter

❏ Jupyter 实时聊天室，https://gitter.im/jupyter/jupyter

❏ GitHub，https://github.com/jupyter/help

❏ StackOverflow，https://stackoverflow.com/questions/tagged/jupyter

❏ Jupyter for Education Google Group（适合使用 Jupyter 教学的教师），https://groups.google.com/forum/#!forum/jupyter-education

补充

为了充分利用本书，读者应该阅读书中的相应讨论并执行每个代码示例。在本书的网页 http://www.deitel.com 上，我们提供了：

❏ 用于本书代码示例的可下载的 Python 源代码（.py 文件）和 Jupyter Notebook（.ipynb 文件）。

❏ 入门视频演示了如何在 IPython 和 Jupyter Notebook 中使用代码示例。1.5 节也介绍了这些工具。

❏ 博文和书籍更新。

有关下载说明，请参阅前言后面的 "开始阅读本书之前"。

联系作者

如有疑问或想提交勘误，请发送电子邮件给我们：

deitel@deitel.com

或通过社交媒体与我们互动：

❏ Facebook（http://www.deitel.com/deitelfan）

❏ Twitter（@deitel）

❏ LinkedIn（http://linkedin.com/company/deitel-&-associates）

❏ YouTube（http://youtube.com/DeitelTV）

⊖ 如果网页不能打开或读者找不到所需的东西，请直接发送电子邮件至 deitel@deitel.com。

致谢

感谢 Barbara Deitel 长时间致力于本项目的互联网研究。我们也很荣幸能够与 Pearson 的专业出版团队合作。感谢我们的朋友兼同事、培生 IT 专家组的副总裁 Mark L. Taub 的工作和 25 年来的指导。Mark 和他的团队在 Safari 服务（https://learning.oreilly.com/）上发布了我们的专业书籍、LiveLessons 视频产品和学习路径。他们还赞助了我们的 Safari 在线培训研讨会。Julie Nahil 负责管理本书的出版。英文原书的封面由 Chuti Prasertsith 设计。

感谢审稿人的辛勤工作。Patricia Byron-Kimball 和 Meghan Jacoby 招募审稿人并管理了审核流程。审稿人严格审查书稿，为提高本书的准确性、完整性和及时性提供了无数的建议。

审稿人

书籍审稿人

Daniel Chen，Lander Analytics 公司的数据科学家

Garrett Dancik，东康涅狄格州立大学计算机科学系与生物信息学系副教授

Pranshu Gupta，迪西尔斯大学计算机科学系助理教授

David Koop，马萨诸塞大学达特茅斯分校助理教授、数据科学委员会副主任

Ramon Mata-Toledo，詹姆斯·麦迪逊大学计算机科学系教授

Shyamal Mitra，得克萨斯大学奥斯汀分校计算机科学系高级讲师

Alison Sanchez，圣地亚哥大学经济学专业助理教授

José Antonio González Seco，IT 顾问

Jamie Whitacre，独立数据科学顾问

Elizabeth Wickes，伊利诺伊大学信息科学学院讲师

提案审稿人

Dr. Irene Bruno，乔治·梅森大学信息科学与技术系副教授

Lance Bryant，西盆斯贝格大学数学系副教授

Daniel Chen，Lander Analytics 公司的数据科学家

Garrett Dancik，东康涅狄格州立大学计算机科学系与生物信息学系副教授

Dr. Marsha Davis，中康涅狄格州立大学数学科学系主任

Roland DePratti，东康涅狄格州立大学计算机科学系兼职教授

Shyamal Mitra，得克萨斯大学奥斯汀分校计算机科学系高级讲师

Dr. Mark Pauley，内布拉斯加大学奥马哈分校跨学科信息学院生物信息学高级研究员

Sean Raleigh，威斯敏斯特学院数学系副教授、数据科学系主任

Alison Sanchez，圣地亚哥大学经济学专业助理教授

Dr. Harvey Siy，内布拉斯加大学奥马哈分校计算机科学系、信息科学与技术系副教授

Jamie Whitacre，独立数据科学顾问

在你阅读本书时，欢迎你提出评论、批评、更正和改进建议，请发送邮件至 deitel@deitel.com，我们会及时回复。

再次欢迎你来到激动人心的 Python 编程开源世界，希望你喜欢使用 Python、IPython、Jupyter Notebook、数据科学、人工智能、大数据和云计算进行先进的计算机应用程序开发。

Paul Deitel 和 Harvey Deitel

保罗·戴特尔（Paul Deitel），Deitel & Associates 公司首席执行官兼首席技术官，毕业于麻省理工学院，拥有 38 年的计算经验。保罗是世界上最有经验的编程语言培训师之一，自 1992 年以来一直教授软件开发人员专业课程。他为国际客户提供了数百个编程课程，这些客户包括思科、IBM、西门子、Sun Microsystems（现为 Oracle）、戴尔、富达、美国国家航空航天局肯尼迪航天中心、美国国家严重风暴实验室、白沙导弹试验场、Rogue Wave 软件、波音、北电网络、Puma、iRobot 等。他和他的合著者哈维·戴特尔博士是畅销的编程语言教科书、专业书籍、视频作者。

哈维·戴特尔（Harvey Deitel），博士，Deitel & Associates 公司董事长兼首席战略官，拥有 58 年的计算经验。戴特尔有麻省理工学院电气工程专业的学士和硕士学位，以及波士顿大学数学专业的博士学位——在分离出计算机科学课程之前他就研究过这些课程中的计算。他拥有丰富的大学教学经验，以及终身教职，并在 1991 年与他的儿子保罗创立 Deitel & Associates 公司之前担任波士顿大学计算机科学系主任。戴特尔的出版物在国际上被广为认可，有 100 多种翻译版，包括日语、德语、俄语、西班牙语、法语、波兰语、意大利语、中文、韩语、葡萄牙语、希腊语、乌尔都语和土耳其语。戴特尔博士为学术、企业、政府和军方客户提供了数百个编程课程。

Deitel & Associates 公司简介

Deitel & Associates 公司由保罗·戴特尔和哈维·戴特尔创立，是一家国际公认的创作和企业培训机构，覆盖计算机编程语言、对象技术、移动应用程序开发以及互联网和网络软件技术。该公司的培训客户包括世界上一些大的公司、政府机构、军队和学术机构的分支机构。该公司通过自身的全球客户站点提供主要编程语言的讲师指导培训课程。

44 年来，通过与 Pearson / Prentice Hall 合作，Deitel & Associates 公司以印刷和电子书的形式出版前沿编程教科书和专业书籍、LiveLessons 视频课程（可在 https://www.informit.com 上购买）、Safari 服务（https://learning.oreilly.com）中的学习路径和在线直播培训研讨

会，以及 Revel 交互式多媒体课程。

要联系 Deitel & Associates 公司和作者，或需要由讲师指导的现场培训，请发邮件至 deitel@deitel.com。

要了解现场培训的更多信息，请访问 http://www.deitel.com/training。

希望购买 Deitel 书籍的个人，请访问 https://www.amazon.com。

公司、政府部门、军队和学术机构的批量订单应直接与 Pearson 签订。更多相关信息，请访问 https://www.informit.com/store/sales.aspx。

Before you begin 开始阅读本书之前

本部分包括读者在开始阅读本书之前所需要了解的信息。如有信息更新，我们会将其放在 http://www.deitel.com 上。

字体和命名规范

本书以特殊字体显示 Python 代码、命令以及文件和文件夹名称，用楷体表示强调内容，用粗体表示关键术语。

获取代码示例

在 http://www.deitel.com 网页上，点击 Download Examples 链接可以将 examples.zip 文件下载到本地计算机，其中包含本书的所有代码示例。下载完成后，在本地系统上找到 examples.zip 文件，将其中的 examples 文件夹提取到用户账户的 Documents 文件夹下：

❏ 在 Windows 系统中是 C:\Users\ 用户账户名 \Documents\examples
❏ 在 macOS 或 Linux 系统中是 ~/Documents/examples

大多数操作系统有内置的提取工具，读者也可以使用 7-Zip（www.7-zip.org）或 WinZip（www.winzip.com）等压缩工具。

examples 文件夹的结构

在本书中，读者将以下面三种形式执行示例（1.5 节会给出具体操作演示）：

❏ 在 IPython 交互式环境中执行的单独代码段。
❏ 完整的应用程序，即脚本。
❏ Jupyter Notebook——一种基于 Web 浏览器的交互式便捷编程环境。在该环境中读者可以编写、执行代码，还可以将代码与文本、图像和视频混合在一起。

examples 文件夹包含多个子文件夹，每个子文件夹对应一章。子文件夹命名为 ch##，## 是两位数字的章编号 01～16，如 ch01。除了第 13 章、第 15 章和第 16 章外，其他章的文件夹包含以下内容：

- ❑ snippets_ipynb——包含该章 Jupyter Notebook 文件的文件夹。
- ❑ snippets_py——包含该章 Python 源代码文件的文件夹。各代码段之间以一个空行分隔。读者可以将这些代码段复制粘贴到 IPython 或 Jupyter Notebook 中运行。
- ❑ 脚本文件及其支持文件。

第 13 章包含一个应用程序。ch15 和 ch16 文件夹中读者所需文件的位置分别在第 15 章和第 16 章进行了说明。

安装 Anaconda

本书使用易于安装的 Anaconda Python 发行版，其中包含了执行示例所需的绝大多数内容，具体如下：

- ❑ IPython 解释器。
- ❑ 本书所使用的大多数 Python 库和数据科学库。
- ❑ Jupyter Notebook 本地服务器，以便读者可以下载并执行我们所提供的 notebook 文件。
- ❑ Spyder 集成开发环境（Integrated Development Environment，IDE）等其他软件包，本书仅使用到 IPython 和 Jupyter Notebook。

从 https://www.anaconda.com/download/ 可以下载 Windows、macOS 或 Linux 的 Python 3.x Anaconda 安装程序。下载完成后，运行安装程序并根据屏幕上的提示完成操作。注意安装完成后不要移动安装好的文件的位置，以确保 Anaconda 能够正常运行。

更新 Anaconda

按下面的方式在本地系统上打开一个命令行窗口：

- ❑ 对于 macOS，从 Applications 文件夹的 Utilities 子文件夹中打开 Terminal。
- ❑ 对于 Windows，从开始菜单中打开 Anaconda Prompt。注意，如果是为了更新 Anaconda 或安装新的软件包，则需要右键单击 Anaconda Prompt，然后选中 More > Run as administrator。（如果在开始菜单中无法找到 Anaconda Prompt，可在屏幕底部的 Type here to search 处进行搜索。）
- ❑ 对于 Linux，打开系统的 Terminal 或 shell（不同 Linux 发行版会有所不同）。

在本地系统的命令行窗口中，执行下面的命令可以将 Anaconda 已安装的包更新到最新版本：

1. conda update conda
2. conda update --all

包管理器

上面使用的 conda 命令会调用 conda 包管理器，这是本书所使用的两个重要的 Python 包管理器之一。本书所使用的另一个包管理器是 pip。软件包包含了安装特定 Python 库或工具所需的文件。在本书中，优先使用 conda 安装软件包，只有在无法使用 conda 安装软件包时，才会使用 pip。有些人喜欢使用 pip，因为目前它支持更多软件包。读者如果在使用 conda 安装软件包时遇到问题，请尝试使用 pip 代替。

安装 Prospector 静态代码分析工具

读者可能需要使用 Prospector 分析工具来分析 Python 代码，该工具会检查代码中的常见错误并帮助读者进行改进。要安装 Prospector 及其使用的 Python 库，请在命令行窗口运行以下命令：

```
pip install prospector
```

安装 jupyter-matplotlib

本书使用名为 Matplotlib 的可视化库实现了一些动画。要在 Jupyter Notebook 中使用它们，必须安装一个名为 ipympl 的工具。在先前打开的 Terminal、Anaconda Prompt 或 shell 中，依次执行以下命令⊖：

```
conda install -c conda-forge ipympl
conda install nodejs
jupyter labextension install @jupyter-widgets/jupyterlab-manager
jupyter labextension install jupyter-matplotlib
```

安装其他包

Anaconda 提供了大约 300 种流行的 Python 库和数据科学库，如 NumPy、Matplotlib、pandas、Regex、BeautifulSoup、requests、Bokeh、SciPy、SciKit-Learn、Seaborn、Spacy、sqlite、statsmodels 等。除此之外，本书示例代码对其他软件包的需要很少，我们将在必要时提供相关安装说明。当读者在实际操作中需要安装新的软件包时，可以参考软件包的说明文档完成安装。

获得一个 Twitter 开发者账号

如果读者要运行本书第 12 章及后续章节中任何基于 Twitter 的示例，请先申请一个 Twitter 开发者账号。Twitter 现在要求先注册才能访问其 API。要申请 Twitter 开发者账号，请在 https://developer.twitter.com/en/apply-for-access 上填写信息并提交申请。

Twitter 会审核每个申请。在撰写本书时，个人开发者账号注册申请会立即通过审批，公司账号注册申请则需要几天到几周的时间才能得到审批，且有可能审批不通过。

部分章节的学习需要连接互联网

使用本书时，读者需要连接互联网才能安装各种附加的 Python 库。在部分章节中，读

⊖　https://github.com/matplotlib/jupyter-matplotlib.

者需要注册云服务账号，使用其免费服务，其中某些服务需要使用信用卡验证用户的身份。在一些情况下，读者会遇到非免费的服务。此时，读者需要利用供应商提供的货币信用额度，从而免费试用它们的服务。注意：设置后，某些云服务会产生成本。因此，当读者使用此类服务完成案例研究时，请确保立即删除分配给你的资源。

程序输出的细微差异

在执行示例时，读者可能会注意到书中给出的结果与自己的运行结果之间存在一些差异，原因如下：

- ❏ 不同操作系统计算浮点数（如 −123.45、7.5 或 0.0236937）的方式不同，因此输出结果可能有细微变化，尤其是右边距离小数点很远的那些数字。
- ❏ 本书在单独窗口中显示输出结果时，会裁剪窗口以删除其边界。

Contents 目 录

第一部分　Python 基础知识快速入门

Python 基础知识
快速入门

Python 及大数据概述

目标

- ❏ 了解计算机领域令人兴奋的最新发展。
- ❏ 回顾面向对象编程的基础知识。
- ❏ 了解 Python 的优势。
- ❏ 了解将要在本书中使用的主要的 Python 库和数据科学库。
- ❏ 练习使用 IPython 解释器以交互模式执行 Python 代码。
- ❏ 执行一个制作动态柱状图的 Python 脚本。
- ❏ 使用基于 Web 浏览器的 Jupyter Notebook 创建并运行 Python 代码。
- ❏ 了解"大数据"到底有多大,以及它如何快速地变得越来越大。
- ❏ 阅读一个关于流行的移动导航 APP 的大数据案例研究。
- ❏ 认识人工智能——一个计算机科学和数据科学的交叉学科。

1.1　简介

　　欢迎来到 Python 世界! Python 是当今世界范围内使用最广泛的计算机编程语言之一。根据 *Popularity of Programming Languages*(PYPL)*Index* 的统计,Python 是目前世界上最受欢迎的编程语言。

　　在这一章中,我们将介绍一些术语和概念,为第 2～10 章中的 Python 程序设计以及第 11～16 章中的大数据、人工智能和基于云的案例研究奠定基础。

　　⊖　https://pyp1.github.io/PYPL.html (as of January 2019).

本章将回顾面向对象编程的术语和概念，并介绍 Python 变得如此受欢迎的原因，还会介绍 Python 标准库和数据科学库，这些库可以帮助我们避免将时间浪费在重复工作上。利用这些库创建软件对象，通过与对象的交互使用适量的代码即可完成重要的任务。

随后，1.5 节通过三个实践练习来学习如何执行 Python 代码：

- 在第一个实践练习（1.5.1 节）中，使用 IPython 以交互模式执行 Python 代码，并立即查看执行结果。
- 在第二个实践练习（1.5.2 节）中，运行一个显示动态柱状图的 Python 应用程序，模拟投掷一个六面骰子可能出现的状态。这个实践练习将展示"大数定律"在实际中的应用。我们将在第 6 章中使用 Matplotlib 可视化库构建此应用程序。
- 在第三个实践练习（1.5.3 节）中，通过 JupyterLab 介绍 Jupyter Notebook 的使用，Jupyter Notebook 是一个基于 Web 浏览器的交互式工具。使用 Jupyter Notebook 可以方便地编写和执行 Python 代码，也可以在其中插入文本、图像、音频、视频、动画和代码。

在过去，大多数计算机应用程序都运行在独立的计算机上（即不联网）。今天，我们可以编写应用程序，通过互联网实现世界上数十亿台计算机之间的通信。因此，本章还将介绍云和物联网（IoT），为第 11～16 章中开发的应用程序奠定基础。 2

接下来，本章还会展示"大数据"到底有多大，以及它如何快速地变得越来越大。然后介绍 Waze 移动导航 APP 的大数据案例研究，该 APP 的功能是使用户尽可能快速、安全地到达目的地，它会使用许多前沿技术来提供动态驾驶路线。在介绍这些技术的同时，我们也会指出在后续的哪些章节中将会使用这些技术。在本章的最后是数据科学入门部分，在其中将讨论计算机科学与数据科学的交叉学科——人工智能。

1.2　快速回顾面向对象技术的基础知识

随着对更新、更强大的软件的需求不断增加，如何快速、正确、经济地构建软件变得越来越重要。对象，更准确地说是构造对象的类，其本质上可以看作可重用的软件组件。对象包括日期对象、时间对象、音频对象、视频对象、汽车对象、人物对象，等等。就其具有的属性（例如名称、颜色和大小）和行为（例如计算、移动和通信）而言，几乎任何名词都可以表示为软件对象。相较于早期流行的软件开发技术（如"结构化编程"），现在的软件开发小组能够使用模块化、面向对象的设计和实现方法使软件开发更加高效。面向对象的程序通常更容易理解、检查和修改。

汽车作为对象

为了更好地理解对象及其内容，我们先从一个简单的类比开始。假设你想要驾驶汽车并通过踩下油门踏板进行加速。那么，在做这些事之前，必须要做哪些准备呢？首先，在开车之前，必须先要有人设计出汽车。类似于盖房子前需要先有房屋的设计蓝图，制造一辆汽车通常也需要先有工程图纸，而油门踏板的设计显然应该包含在其中。油门踏板对驾驶员隐藏了使汽车加速的复杂机制，就好像制动踏板"隐藏"了使汽车减速的机制、方向盘"隐藏"了使汽车转向的机制一样。这种"隐藏"机制使得人们在很少或根本不知道发动机、制动和转向部件如何工作的情况下，依然可以轻松地驾驶汽车。

但是，就好像我们不能在厨房的设计蓝图中做饭一样，我们也无法驾驶汽车的工程图纸。在开车之前，必须先按照汽车的工程图纸制造出汽车。一辆完整的汽车要有一个真实的油门踏板用于加速。但是，光有油门踏板是不够的，因为汽车不会自行加速，需要司机踩下油门踏板。

方法和类

我们通过上面的汽车示例来介绍一些面向对象编程的关键概念。在程序中执行任务需要使用**方法**，方法中包含有完成任务的程序语句。方法对用户隐藏了一些语句，就好像汽车的油门踏板对驾驶员隐藏了使汽车加速的机制一样。在 Python 中，一个称为**类**的程序单元包含完成类任务的一组方法。例如，表示银行账户的类可能包含一个可以将资金存入账户的方法，一个可以从账户中取出资金的方法，以及一个可以查询账户余额的方法。类在概念上类似于汽车的工程图纸，其中包含对油门踏板、方向盘等部件的设计。

实例化

正如在驾驶汽车之前必须根据工程图纸制造出汽车一样，首先要使用类构建对象，然后才能使用对象执行类中定义的方法来完成特定的任务。执行"使用类构建对象"操作的过程称为实例化，其中，对象称为类的**实例**。

重用

汽车的工程图纸可以被多次重复使用来制造多辆汽车，同样，也可以多次重复使用一个类来构建多个对象。此外，在构建新类和编写程序时重用已有的类可以节省时间和精力。因为已有的类和组件通常都经过了大量的测试、调试和性能调优，因此，重用也有利于构建更加可靠和有效的系统。可互换部件的概念对工业革命至关重要，同样，可重复使用的类对于由面向对象技术激发的软件革命也是至关重要的。

在 Python 中，通常会使用类似于搭积木的方法来创建程序。为避免重复工作，应该尽可能使用已有的高质量部件。这种软件重用技术是面向对象编程的主要优点之一。

消息和方法调用

驾驶汽车时，踩下油门踏板会向汽车发送消息以执行"加速"任务。类似地，要对象完成某个任务，也需要向对象发送消息，每条消息都要通过调用完成相应任务的方法来实现。例如，某个程序可能会调用银行账户对象的存入方法来增加账户的余额。

属性和实例变量

除了具有完成任务的能力之外，一辆汽车还具有许多属性，例如颜色、门的数量、油箱中的油量、当前速度、总里程数（即里程表读数）等。与能力一样，汽车的属性在其工程图纸（例如，里程表和燃油表）中也表现为设计的一部分。每辆车都有自己的属性，例如，每辆汽车都知道自己的油箱中有多少汽油，但不会知道其他汽车的油箱中还有多少汽油。

类似地，当在程序中使用一个对象时，每个对象也要具有自身的属性。这些属性被定义为对象所属的类的一部分。例如，银行账户对象具有余额属性，表示该账户中的钱数，每个银行账户对象都知道它所代表的账户中的余额，但不知道其他银行账户的余额。属性的值由类的**实例变量**指定。类（及其对象）的属性和方法密切相关，因此，类将它的属性和方法封装在一起。

继承

通过**继承**可以方便地创建新类。新类（称为**子类**）具有与现有类（称为**超类**）相同的特征，也可以在新类中重新定义这些特征，还可以在新类中添加属于自己的新特征。在汽车的类比中，"敞篷车"类的对象必然是更一般的"汽车"类的对象，但区别于一般"汽车"的地方在于敞篷车的车顶可以升高或降低。 `4`

面向对象的分析与设计

我们很快就会使用 Python 来编写程序，那么将如何创建程序代码呢？也许，像许多程序员一样，打开电脑并输入代码即可。这种方法可能适用于小型程序（如本书前几章要介绍的那些程序），但如果要创建一个控制大型银行的数千台自动柜员机的软件系统，该怎么办呢？或者，如果要组建一个由 1,000 名软件开发人员组成的团队来构建下一代美国空中交通管制系统，该怎么办呢？对于如此庞大和复杂的项目，不应该只是简单地坐下来开始编写程序。

要创建最佳的解决方案，应该遵循详细的**分析**过程，以确定项目的**需求**（即定义系统应该做什么），然后完成满足这些需求的**设计**（即指定系统应该如何运转）。理想情况下，在编写任何代码之前，需要首先完成需求分析和系统设计工作并仔细检查完成的设计（也应让其他的软件专业人员对设计进行审核）。如果这个过程涉及从面向对象的角度分析和设计系统，则该过程称为**面向对象的分析和设计**（Object-Oriented Analysis-and-Design，OOAD）过程。Python 是面向对象的程序设计语言，使用这类语言可以进行**面向对象编程**（Object-Oriented Programming，OOP），因此允许我们采用面向对象的方式设计要构建的系统。

1.3 Python

Python 是一种面向对象的脚本语言，由位于阿姆斯特丹的国家数学与计算机科学研究所的 Guido van Rossum 开发，于 1991 年公开发布。

Python 已迅速成为世界上最流行的编程语言之一。现在，它在教育领域和科学计算工作中特别受欢迎[⊖]，并且最近已经超越 R 语言成为最流行的数据科学编程语言^{⊜⊜}。以下是

⊖ http://www.oreilly.com/ideas/5-things-to-watch-in-python-in-2017.

⊜ https://www.kdnuggets.com/2017/08/python-overtakes-r-leader-analytics-data-science.html.

⊝ https://www.r-bloggers.com/data-science-job-report-2017-r-passes-sas-but-python-leaves-them-both-behind/.

Python 得以流行的一些原因, 每个人都应该考虑学习 Python[一][二][三]:

❏ Python 是开源的、免费的, 并且拥有庞大的开源社区。

❏ Python 比 C、C++、C# 和 Java 等语言更容易学习, 新手和专业开发人员都能够快速掌握。

❏ Python 比许多其他流行的编程语言具有更强的可读性。

❏ Python 广泛应用在教育中[四]。

❏ Python 提供大量的标准库和第三方开源库, 提高了开发人员的工作效率, 因此程序员可以更快地编写代码并以最少的代码执行复杂的任务。这一点将在 1.4 节详细说明。

❏ Python 有大量免费的开源应用程序。

❏ Python 在 Web 开发中很流行 (例如 Django、Flask)。

❏ Python 支持面向过程的、函数式的、面向对象的等一系列流行的编程模式[五]。第 4 章将介绍函数式编程的特性, 后续章节也将使用函数式编程。

❏ Python 使用 asyncio 和 async/await 简化了并发编程, 使用它可以编写单线程并发代码[六], 大大简化了编写、调试和维护代码的过程[七]。

❏ Python 拥有许多可以增强其性能的功能。

❏ Python 既可以用于构建简单的脚本程序, 也可以用于构建拥有大量用户的复杂应用程序, 如 Dropbox、YouTube、Reddit、Instagram 和 Quora 等[八]。

❏ Python 在人工智能领域很受欢迎, 与数据科学的特殊关系是人工智能呈爆炸性增长的原因之一。

❏ Python 在金融领域得到了广泛的应用[九]。

❏ Python 程序员在多种学科领域中都有着广泛的就业市场, 特别是面向数据科学的工

㊀ https://dbader.org/blog/why-learn-python.

㊁ https://simpleprogrammer.com/2017/01/18/7-reasons-why-you-should-learn-python/.

㊂ https://www.oreilly.com/ideas/5-things-to-watch-in-python-in-2017.

㊃ Tollervey, N., Python in Education: Teach, Learn, Program (O'Reilly Media, Inc., 2015).

㊄ https://en.wikipedia.org/wiki/Python_(programming_language).

㊅ https://docs.python.org/3/library/asyncio.html.

㊆ https://www.oreilly.com/ideas/5-things-to-watch-in-python-in-2017.

㊇ https://www.hartmannsoftware.com/Blog/Articles_from_Software_Fans/Most-Famous-Software-Programs-Written-in-Python.

㊈ Kolanovic, M. and R. Krishnamachari, Big Data and AI Strategies: Machine Learning and Alternative Data Approach to Investing (J.P. Morgan, 2017).

作，而且 Python 编程人员是所有编程人员中收入最高的[⊖⊖]。

❑ Python 和 R 是两种使用最广泛的数据科学语言。R 语言是一种流行的应用于统计方面的应用程序和可视化的开源编程语言。

Anaconda Python 发行版

本书使用 Anaconda Python 发行版，因为它易于在 Windows、macOS 和 Linux 上安装，并支持最新版本的 Python、IPython 解释器（在 1.5.1 节中介绍）和 Jupyter Notebook（在 1.5.3 节中介绍）。除此之外，Anaconda 还包括 Python 编程、数据科学中常用的软件包和库，使我们无须在软件安装上花费太多精力，可以专注于 Python 和数据科学。IPython 解释器[⊜]可以帮助我们探索、发现和试验 Python、Python 标准库和大量的第三方库。

⎹ 6 ⎸

Python 之禅

我们奉行 Tim Peters 的 Python 之禅，它总结了 Python 创建者 Guido van Rossum 的语言设计原则。可以使用 `import this` 命令在 IPython 中查看这些原则。Python 之禅是在 PEP（Python Enhancement Proposal）20 中定义的。"PEP 是一个设计文档，用来为 Python 社区提供信息，或是用来描述一个 Python 的新特性[®]。"

1.4　Python 库

在整本书中，我们都着眼于如何使用现有的库来避免重复工作，从而使程序开发工作事半功倍。通常，开发大量原始代码是一个费时费力的工作，为了避免这种情况，我们会尽可能多地使用库中已有的类来创建对象，通常仅需要一行代码。因此，库能够帮助我们使用适量的代码执行重要的任务。在本书中，我们会使用多种 Python 标准库、数据科学库和第三方库。

1.4.1　Python 标准库

Python 标准库提供了丰富的功能，包括文本 / 二进制数据处理、数学运算、函数式编程、文件 / 目录访问、数据持久化、数据压缩 / 归档、加密、操作系统服务、并发编程、进程间通信、网络协议、JSON / XML / 其他 Internet 数据格式、多媒体、国际化、GUI、调试、分析等。下面列出了在本书示例中使用的一部分 Python 标准库模块。

⊖　https://www.infoworld.com/article/3170838/developer/get-paid-10-programming-languages-to-learn-in-2017.html.

⊖　https://medium.com/@ChallengeRocket/top-10-of-programming-languages-with-the- highest-salaries-in-2017-4390f468256e.

⊜　https://ipython.org/.

㉙　https://www.python.org/dev/peps/pep-0001/.

本书中使用的一些 Python 标准库模块

`collections`——建立在列表、元组、字典和集合基础上的加强版数据结构。

`csv`——处理用逗号分隔值的文件。

`datetime`, `time`——日期和时间操作。

`decimal`——定点或浮点运算，包括货币计算。

`doctest`——通过验证测试或嵌入在 `docstring` 中的预期结果进行简单的单元测试。

`json`——处理用于 Web 服务和 NoSQL 文档数据库的 JSON（JavaScript Object Notation）数据。

`math`——常见的数学常量和运算。

`os`——与操作系统进行交互。

`queue`——一种先进先出的数据结构。

`random`——伪随机数操作。

`re`——用于模式匹配的正则表达式。

`sqlite3`——SQLite 关系数据库访问。

`statistics`——数理统计函数，如均值、中值、众数和方差等。

`string`——字符串操作。

`sys`——命令行参数处理，如标准输入流、输出流和错误流。

`timeit`——性能分析。

1.4.2　数据科学库

Python 拥有一个庞大且仍在快速增长的开源社区，社区中的开发者来自许多不同的领域。该社区中有大量的开源库是 Python 受欢迎的最重要的原因之一。本书的目标之一是通过示例和案例研究让读者体会到 Python 编程的趣味性和挑战性，同时也会带领读者动手实践数据科学、关键数据科学库等相关工作。许多任务只需要几行 Python 代码就可以完成，这会令人感到很神奇。下面列出了一些流行的数据科学库，大部分都会在本书的数据科学示例中用到。在数据可视化部分，我们将使用 Matplotlib、Seaborn 和 Folium。当然，可实现数据可视化的库远不止这三个，有关 Python 可视化库的汇总可以参阅 http://pyviz.org/。

用于数据科学的流行的 Python 库

科学计算与统计

　　NumPy（Numerical Python）——Python 没有内置的数组数据结构。它提供的列表类型虽然使用起来更方便，但是处理速度较慢。NumPy 提供了高性能的 `ndarray` 数据结构来表示列表和矩阵，同时还提供了处理这些数据结构的操作。

　　SciPy（Scientific Python）——SciPy 基于 NumPy 开发，增加了用于科学处理的程序，例如积分、微分方程、额外的矩阵处理等。scipy.org 负责管理 SciPy 和 NumPy。

　　StatsModels——为统计模型评估、统计测试和统计数据研究提供支持。

数据处理与分析

　　pandas——一个非常流行的数据处理库。pandas 充分利用了 NumPy 的 `ndarray` 类型，它的两个关键数据结构是 `Series`（一维）和 `DataFrame`（二维）。

用于数据科学的流行的 Python 库

可视化

　　Matplotlib——可高度定制的可视化和绘图库。Matplotlib 可以绘制正规图、散点图、柱状图、等高线图、饼图、矢量场图、网格图、极坐标图、3D 图以及添加文字说明等。

　　Seaborn——基于 Matplotlib 构建的更高级别的可视化库。与 Matplotlib 相比，Seaborn 改进了外观，增加了可视化的方法，并且可以使用更少的代码创建可视化。

机器学习、深度学习和强化学习

　　scikit-learn——一个顶级的机器学习库。机器学习是 AI 的一个子集，深度学习则是机器学习的一个子集，专注于神经网络。

　　Keras——最易于使用的深度学习库之一。Keras 运行在 TensorFlow（谷歌）、CNTK（微软的深度学习认知工具包）或 Theano（蒙特利尔大学）之上。

　　TensorFlow——由谷歌开发，是使用最广泛的深度学习库。TensorFlow 与 GPU（图形处理单元）或谷歌的定制 TPU（Tensor 处理单元）配合使用可以获得最佳的性能。TensorFlow 在人工智能和大数据分析中有非常重要的地位，因为人工智能和大数据对数据处理的需求非常巨大。本书使用 TensorFlow 内置的 Keras 版本。

　　OpenAI Gym——用于开发、测试和比较强化学习算法的库和开发环境。

自然语言处理

　　NLTK（Natural Language Toolkit）——用于完成自然语言处理（NLP）任务。

　　TextBlob——一个面向对象的 NLP 文本处理库，基于 NLTK 和模式 NLP 库构建，简化了许多 NLP 任务。

　　Gensim——功能与 NLTK 类似。通常用于为文档合集构建索引，然后确定另一个文档与索引中每个文档的相似程度。

1.5　试用 IPython 和 Jupyter Notebook

本节将以两种模式使用 IPython 解释器[⊖]：

❑ 在**交互模式**中，输入少量的称为**代码段**的 Python 代码，并立即查看结果。

❑ 在**脚本模式**中，从扩展名为 .py 的文件（Python 的缩写）加载代码并执行。此类文件称为**脚本**或**程序**，它们通常包含比交互模式更长的代码段。

除了 IPython 解释器之外，本节还会介绍如何使用基于浏览器的编程环境 Jupyter Notebook 编写和执行 Python 代码[⊖]。

　⊖　在阅读本节之前，请按照"开始阅读本书之前"部分中的说明安装包含 IPython 解释器的 Anaconda Python 发行版。

　⊖　Jupyter 可以通过安装相关语言的"内核"支持许多编程语言。更多相关信息可以参考 https://github.com/jupyter/jupyter/wiki/jupyter-kernels。

1.5.1　使用 IPython 交互模式作为计算器

我们使用 IPython 交互模式来评估简单的算术表达式。

以交互模式进入 IPython

首先，打开命令行窗口：

❑ 在 macOS 系统中，从 Applications 文件夹的 Utilities 子文件夹打开一个 Terminal。

❑ 在 Windows 系统中，从开始菜单中打开 Anaconda Command Prompt。

❑ 在 Linux 系统中，打开系统的 Terminal 或 shell（取决于 Linux 的发行版本）。

在命令行窗口中，键入 `ipython`，然后按 Enter 键（或 Return 键），你会看到如下文字（内容取决于使用的平台和 IPython 的版本）：

```
Python 3.7.0 | packaged by conda-forge | (default, Jan 20 2019, 17:24:52)
Type 'copyright', 'credits' or 'license' for more information
IPython 6.5.0 -- An enhanced Interactive Python. Type '?' for help.

In [1]:
```

`In [1]:` 是一个提示符，表示 IPython 正在等待输入。可以在此处输入 **?** 获得帮助或开始输入代码段。

评估表达式

在交互模式下，可以评估表达式：

```
In [1]: 45 + 72
Out[1]: 117

In [2]:
```

键入 **45+72** 并按 Enter 键后，IPython 读取该代码段，对其进行评估并在 **Out[1]** 位置输出结果[⊖]。然后，IPython 显示提示符 **In[2]**，表明它正在等待输入第二个代码段。对于每个新代码段，IPython 会令方括号中的数字加 1。本书通常会在一章中的每一节将提示符设置为 **In[1]**，表明开始一个新的交互式会话。

下面评估一个更复杂的表达式：

```
In [2]: 5 * (12.7 - 4) / 2
Out[2]: 21.75
```

Python 使用星号（*）做乘法，使用正斜杠（/）做除法。与数学中的定义一样，括号可以强制改变运算顺序，因此先评估括号表达式（**12.7-4**），得到 **8.7**。然后评估 **5*8.7**，结果为 **43.5**。接着评估 **43.5/2**，得到结果 **21.75**。最后，IPython 将结果显示在 **Out[2]** 中。形如 **5**、**4** 和 **2** 的整数称为**整型数**；带小数点的数字，如 **12.7**、**43.5** 和 **21.75**，称为**浮点数**。

⊖　在下一章中，我们会看到在某些情况下不显示 **out[]**。

退出交互模式

可以通过下面的操作退出交互模式：

❑ 在当前的 In[] 提示符后键入 exit 命令，然后按 Enter 键立即退出。

❑ 按组合键"<Ctrl> + D"（或 <control> + D），会提示"Do you really want to exit([y]/n)?"。y 两侧的方括号表示它是默认响应，按 Enter 键提交默认响应并退出。

❑ 按组合键"<Ctrl> + D"（或 <control> + D）两次（仅限 macOS 和 Linux）。

1.5.2　使用 IPython 解释器执行 Python 程序

在本节中，我们执行一个名为 RollDieDynamic.py 的脚本，该脚本的编写将在第 6 章介绍。.py 扩展名表明该文件包含 Python 源代码。脚本 RollDieDynamic.py 模拟投掷一个六面骰子。它提供了一个彩色的动态可视化效果，可动态绘制骰子每个面出现的次数。 |10|

更改路径为本章的示例文件夹

脚本 RollDieDynamic.py 在本书的 ch01 源代码文件夹中。在"开始阅读本书之前"部分中提到，先将 examples 文件夹解压缩到用户账户的 Documents 文件夹中。本书的每一章都有一个名为 ch## 的文件夹，该文件夹中包含该章源代码，其中 ## 是从 01 到 16 的两位数章节编号。首先，打开系统的命令行窗口。接下来，使用 cd（change directory）命令切换到 ch01 文件夹：

❑ 在 macOS / Linux 系统中，键入 cd~/Documents/examples/ch01，然后按 Enter 键。

❑ 在 Windows 系统中，键入 cd C:\Users\YourAccount\Documents\examples\ch01，然后按 Enter 键。

执行脚本

要执行脚本，在命令行中键入以下命令，然后按 Enter 键：

```
ipython RollDieDynamic.py 6000 1
```

运行脚本会打开一个窗口显示可视化结果。数字 6,000 和 1 是掷骰子的次数和每次掷骰子的个数。在这个实例中，脚本会依次为每一个骰子更新图表 6,000 次。

对于一个六面骰子，点数 1 到 6 应"等概率"出现，即每个面朝上的概率都为 1/6（或约等于 16.667%）。如果投掷 6,000 次骰子，每个面朝上的数学期望大约为 1,000 次。与掷硬币一样，投掷骰子的结果也是随机的，因此可能会有某些点数出现的次数小于 1,000，某些点数正好出现 1,000 次，还有某些点数出现超过 1,000 次。脚本随机生成骰子的点数，因此每次运行的结果会有所不同。依次将值 1 更改为 100、1,000 和 10,000，观察脚本运行的结果可以发现，随着骰子个数的增加，每个点数出现的次数的百分比将无限趋近于 16.667%，这就是"大数定律"的体现。下图是脚本执行期间的屏幕截图。

Roll the dice 6000 times and roll I die each time:
ipython RollDieDynamic.py 6000 1

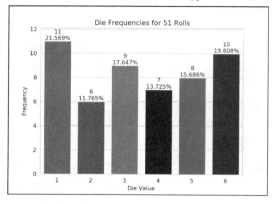
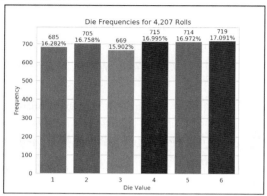

创建脚本

[11] 通常，可以在任何能够编辑文本的编辑器中创建 Python 源代码。在编辑器中可以键入程序、进行必要的更正并将其保存到计算机中。**集成开发环境**（IDE）提供支持整个软件开发过程的工具，例如编辑器、用于定位程序错误的调试器等。一些流行的 Python IDE 包括 Spyder（随 Anaconda 一起提供）、PyCharm 和 Visual Studio Code。

执行时可能出现的问题

程序通常在第一次执行时无法正确运行。例如，程序可能会执行除以零（Python 中的非法操作）的操作，这将导致程序提示错误消息。如果在脚本中出现这种情况，则需要返回编辑器进行必要的更正并重新执行脚本，以确定是否改正了错误。

类似除以零的错误发生在程序运行时，所以这些错误被称为**运行时错误**或**执行时错误**。**致命的运行时错误**会导致程序在没有成功完成其工作的情况下立即终止。**非致命的运行时错误**允许程序运行完成，但通常会产生不正确的结果。

1.5.3 在 Jupyter Notebook 中编写和执行代码

在"开始阅读本书之前"部分中安装的 Anaconda Python 发行版附带了 Jupyter Notebook，这是一个基于浏览器的交互式编程环境，可以在其中编写和执行代码，也可以将代码与文本、图像和视频混合在一起。Jupyter Notebook 是进行基于 Python 的数据分析研究和分享结果的首选编程环境，在科学界，特别是数据科学界得到了广泛的应用。此外，Jupyter Notebook 正在支持越来越多的编程语言。

为方便起见，本书的所有源代码也在 Jupyter Notebook 中提供，使用时只需加载和执行即可。在本节中，我们将使用 JupyterLab 界面管理 Notebook 文件和 Notebook 使用的其他文件（如图像和视频等）。JupyterLab 也可以方便地编写代码、执行代码、查看结果和调试代码等。

在 Jupyter Notebook 中编写代码与在 IPython 中编写代码没有太大差别，因为 Jupyter

Notebook 默认使用 IPython。在本节中，我们将创建一个 Notebook，并将 1.5.1 节中的代码添加到其中执行。

在浏览器中打开 JupyterLab

要打开 JupyterLab，可在 Terminal、shell 或 Anaconda 命令提示符状态下进入 ch01 示例文件夹（如 1.5.2 节所述），键入以下命令，然后按 Enter 键（或 Return 键）：

```
jupyter lab
```

该命令将会在计算机上运行 Jupyter Notebook 服务器，然后在默认的 Web 浏览器中打开 JupyterLab，将 ch01 文件夹中的内容显示在 JupyterLab 界面左侧的 File Browser（▇）选项卡中，如下所示。

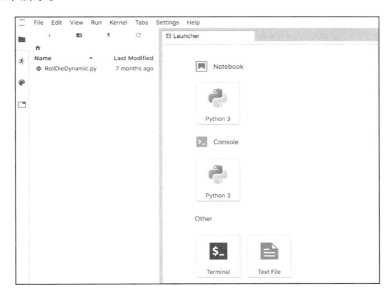

Jupyter Notebook 服务器使我们可以在 Web 浏览器中加载和运行 Jupyter Notebook。在 JupyterLab Files 选项卡中，通过双击相应的文件可以在窗口的右侧（当前显示 Launcher 选项卡）显示文件内容。每个打开的文件都会在窗口的这一部分作为单独的选项卡显示。如果不小心关闭了浏览器，可以在 Web 浏览器中输入地址 http://localhost:8888/lab 重新打开 JupyterLab。

新建一个 Jupyter Notebook

在 Jupyter Notebook 的 Launcher 选项卡中，单击 Python 3 按钮创建名为 Untitled.ipynb 的新 Jupyter Notebook，然后就可以在其中输入和执行 Python 3 代码。文件扩展名 .ipynb 是 IPython Notebook 的缩写（Jupyter Notebook 的原始名称）。

更改 Notebook 文件名

将文件名 Untitled.ipynb 改为 TestDrive.ipynb：

1. 右键单击 `Untitled.ipynb` 选项卡，然后选择 Rename Notebook...。
2. 将名称改为 `TestDrive.ipynb`，然后单击 RENAME。

现在，JupyterLab 的顶部如下图所示。

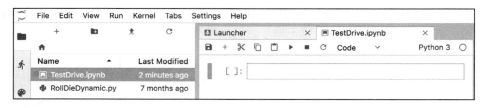

13

评估一个表达式

单元格是 Notebook 的工作单元，可以在其中输入代码段。默认情况下，新 Notebook 只包含一个单元格，就是在 `TestDrive.ipynb` 的 Notebook 中看到的矩形框，不过也可以添加更多的单元格。在单元格的左侧，符号 `[ ]:` 是 Jupyter Notebook 在执行单元格后显示单元格代码段编号的位置。单击单元格，然后键入表达式

```
45 + 27
```

按组合键 Ctrl + Enter（或 Control + Enter）执行当前单元格的代码。JupyterLab 在 IPython 中执行代码，然后在单元格下方显示结果。

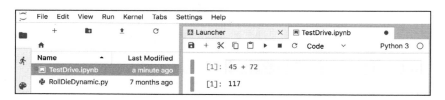

添加并执行另一个单元格

下面，我们来评估一个更复杂的表达式。首先，单击 Notebook 左上角工具栏中的 + 按钮，在当前单元格下方添加一个新单元格。

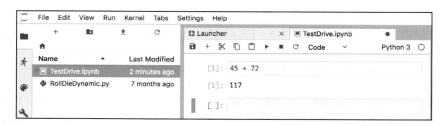

单击新单元格，然后键入表达式

```
5 * (12.7 - 4) / 2
```

按组合键 Ctrl + Enter（或 Control + Enter）执行单元格中的代码。

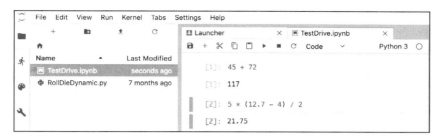

保存 Notebook

如果对 Notebook 做了修改但尚未保存，Notebook 选项卡中的 x 将变为 •。要保存 Notebook，选择 JupyterLab 的 File 菜单（不在浏览器窗口的顶部），然后选择 Save Notebook。 14

各章示例提供的 Notebook

为了方便起见，每章的示例都提供了可以立即执行的 Notebook，但都没有显示输出。可以按照代码段逐个处理这些 Notebook，并在执行每个代码段时查看输出的结果。

现在来看一下如何加载现有的 Notebook 并执行其单元格。首先，重置 TestDrive.ipynb Notebook，删除它的输出和代码段编号，这将使 Notebook 返回到初始状态。然后，从 Kernel 菜单中选择 Restart Kernel and Clear All Outputs...，单击 RESTART 按钮。当需要重新执行 Notebook 的代码段时，也可以使用上面的命令。Notebook 如下图所示。

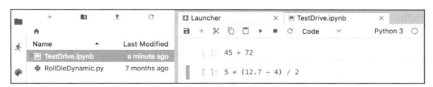

选择 File 菜单中的 Save Notebook，然后单击 TestDrive.ipynb 选项卡的 x 按钮关闭 Notebook。

打开并执行一个已有的 Notebook

当需要从给定章节的示例文件夹中启动 JupyterLab 时，可以从该文件夹或它的任何子文件夹中打开 Notebook。一旦定位到了需要的 Notebook 后，可以双击将其打开。现在再次打开 TestDrive.ipynb Notebook。打开后，可以使用本节前面所述的方法单独执行每个单元格，也可以从 Run 菜单中选择 Run All Cells 立即执行 Notebook 中所有的单元格。Notebook 将按顺序执行每一个单元格，并在每个单元格下方显示该单元格的输出。

关闭 JupyterLab

使用完 JupyterLab 后，可以关闭其浏览器选项卡，然后在运行 JupyterLab 的终端、shell 或 Anaconda 命令提示符中，按组合键 Ctrl + C（或 Control + C）两次。

JupyterLab 提示

以下是使用 JupyterLab 进行工作的几个技巧：

❑ 如果需要输入并执行许多代码段，可以使用组合键 Shift + Enter 代替组合键 Ctrl +
Enter（或 Control + Enter），这样在执行完当前单元格后会在下面添加一个新单元格。

❑ 当学习到后面的章节时，将在 Jupyter Notebook 中输入的一些代码段会包含多行代
码。此时，可以在 JupyterLab 的 View 菜单中选择 Show line numbers 在单元格中显
示行号。

关于 JupyterLab 的更多信息

JupyterLab 还有许多实用的功能。要了解这些功能，可以阅读 Jupyter 团队对 JupyterLab
的介绍，链接为 https://jupyterlab.readthedocs.io/en/stable/index.html。

单击 GETTING STARTED 下的 Overview 可以看到概述。此外，如需了解更多其他
的功能，可以阅读 USER GUIDE，其中有对 JupyterLab 界面、文件操作、文本编辑器和
Notebook 的介绍。

1.6　云和物联网

1.6.1　云

今天，越来越多的计算是在"云"中完成的，即在遍布全球范围内的 Internet 上完成。
我们每天使用的很多 APP 都依赖**基于云的服务**，这些服务会使用大量的计算资源（计算机、
处理器、内存、磁盘驱动器等）和数据库，这些资源和数据库之间以及它们与 APP 之间要
通过 Internet 进行通信。通过 Internet 提供访问自身的服务称为 **Web 服务**。通过 Python 使
用基于云的服务通常非常简便，只需创建软件对象并与之交互即可。该对象会根据具体操
作连接到云并使用相应的 Web 服务。

在第 11～16 章的示例中，将用到以下基于云的服务：

❑ 在第 12 章和第 16 章中，将使用 Twitter 的 Web 服务（通过 Python 的 Tweepy 库）
获取特定 Twitter 用户的信息，搜索过去七天的推文并在有新的推文出现时实时接收
推文流。

❑ 在第 11 章和第 12 章中，将使用 Python 的 TextBlob 库进行文本翻译。TextBlob 会
借助 Google Translate Web 服务来完成这些翻译工作。

❑ 在第 13 章中，会用到 IBM Watson 的文本转语音（text to speech，即语音合成）、语
音转文本（speech to text，即语音识别）和翻译（Translate）服务。我们将设计一个
旅行者翻译伴侣 APP，该 APP 能够将我们说出的英文语音转录为文本，再将英文
文本翻译成西班牙语并朗读出来。同样，我们也可以通过这个 APP 将对方回复的西
班牙语（如果不会说西班牙语，我们会提供音频文件供测试使用）语音转录为文本，
再将文本翻译为英语并用英语朗读。除此之外，在第 13 章中还将在 IBM Watson 示
例中尝试许多其他的基于云的 Watson 服务。

- ❏ 在第 16 章中，当使用 Apache Hadoop 和 Spark 实现大数据 APP 时，将会用到 Microsoft Azure 的 HDInsight 服务和其他 Azure Web 服务。Azure 是 Microsoft 的一组基于云的服务。
- ❏ 在第 16 章中，将使用 dweet.io Web 服务来模拟一款通过 Internet 在线发布温度读数的恒温器，还将使用基于 Web 的服务来创建一个"仪表板"，以实时可视化温度读数，并在温度过低或过高时发出警告。
- ❏ 在第 16 章中，将使用一个基于 Web 的仪表板可视化来自 PubNub Web 服务的模拟实时传感器的数据流，还将创建一个 Python 应用程序，对 PubNub 模拟的实时股票价格变化流进行可视化。

在大多数情况下，我们会创建一个 Python 对象来与 Web 服务进行交互，隐藏通过 Internet 访问这些服务的细节。

16

mashup

我们将在 IBM Watson 旅行者翻译伴侣 APP 中采用 mashup 应用程序开发方法，这样可以通过将补充型 Web 服务和其他形式的信息源进行组合（通常是免费的）来快速开发功能强大的应用程序。最早的 mashup 之一是将 http://www.craigslist.org 提供的房地产列表与 Google 提供的地图绘制功能相结合，提供显示特定区域内待售或出租房屋位置的地图。

ProgrammableWeb（http://www.programmableweb.com/）提供了超过 20,750 个 Web 服务和近 8,000 个 mashup 的目录，还提供了使用 Web 服务和创建 mashup 的操作指南与示例代码。该网站指出，Facebook、Google Map、Twitter 和 YouTube 是目前使用最广泛的网络服务。

1.6.2　物联网

Internet 不再只是一个计算机构成的网络，而是一个**物联网**（IoT）。这里的物可以是任何对象，只要该对象拥有 IP 地址，并且可以通过 Internet 自动发送或接收数据。这类物包括：

- ❏ 带有可以支付通行费的装置的汽车；
- ❏ 车库的停车位监视器；
- ❏ 植入人体的心脏监护仪；
- ❏ 水质监测器；
- ❏ 可以报告电力使用情况的智能电表；
- ❏ 辐射探测器；
- ❏ 仓库中的物品跟踪器；
- ❏ 可跟踪人体运动和位置的移动应用；
- ❏ 可以根据天气预报和家中的活动自动调节室内温度的智能恒温器；
- ❏ 智能家电。

据 statista.com 报道，目前已有超过 230 亿台物联网设备投入使用，到 2025 年预计会有超过 750 亿台物联网设备[○]。

1.7 大数据有多大

当前，对于计算机科学家和数据科学家来说，数据的重要性不亚于编写程序。根据 IBM 的统计，每天大约有 2.5EB 的数据被创建[○]，在过去两年中被创建的数据量占当前世界全部数据总量的 90%。IDC 估计，到 2025 年，每年全球数据供应量将达到 175ZB（相当于 175 万亿 GB 或 1750 亿 TB）。下面是各种流行的有关数据度量的示例。

MB（Megabyte）
1MB 大约是 100 万（实际上是 2^{20}）字节。我们每天使用的许多文件都需要一个或数个 MB 存储空间。例如：

❑ MP3 音频文件——一分钟高质量的 MP3 文件需要 1～2.4 MB 存储空间。

❑ 数码相机拍摄的照片——每张 JPEG 格式的照片需要大约 8～10 MB 存储空间。

❑ 视频——智能手机能够以各种分辨率录制视频。每分钟的视频都需要许多 MB 的存储空间。例如，在某款 iPhone 上，将相机设置为以每秒 30 帧（FPS）的速度录制 1080p 视频，那么每分钟视频需要 130MB 存储空间，而以 30FPS 录制 4K 视频，每分钟则需要 350MB 存储空间。

GB（Gigabyte）
1GB 大约是 1,000 MB（实际上是 2^{30} 字节），一张双层 DVD 最多可存储 8.5 GB 数据，也就是可以存储：

❑ 大约 141 小时的 MP3 音频文件。

❑ 大约 1,000 张 1,600 万像素相机拍的照片。

❑ 大约 7.7 分钟时长的以 30 FPS 录制的 1080p 视频。

❑ 大约 2.85 分钟时长的以 30 FPS 录制的 4K 视频。

目前容量最大的超高清蓝光光盘可存储高达 100 GB 的视频。流式传输的 4K 电影每小时需要 7～10 GB 存储空间（高度压缩）。

TB（Terabyte）
1TB 大约是 1,000 GB 字节（实际上是 2^{40} 字节），目前用于台式计算机的磁盘驱动器的大小最大为 15 TB，可以存储：

❑ 大约 28 年的 MP3 音频文件。

❑ 大约 168 万张 1,600 万像素相机拍的照片。

○ https://www.statista.com/statistics/471264/iot-number-of-connected-devices- worldwide/.

○ https://www.ibm.com/blogs/watson/2016/06/welcome-to-the-world-of-a-i/.

❑ 大约 226 小时时长的以 30FPS 录制的 1080p 视频。

❑ 大约 84 小时时长的以 30 FPS 录制的 4K 视频。

Nimbus Data 现在拥有的最大的固态硬盘（SSD）是 100 TB，存储容量是上面列出的 15TB 的音频、照片或视频文件的 6.67 倍[⊖]。

PB、EB 和 ZB

每天有近 40 亿人在线创建大约 2.5quintillion 字节的数据——2,500PB（每 PB 大约为 1,000TB）或 2.5EB（每 EB 大约为 1,000PB）。*AnalyticsWeek* 在 2016 年 3 月的文章中指出，五年内会有超过 500 亿台设备连接到 Internet（大多数设备通过物联网连接，1.6.2 节和 16.8 节会讨论），2020 年，地球上的每个人平均 1 秒钟会产生 1.7MB 的新数据[⊜]。按照目前的地球人口数量（大约 77 亿人）计算，大致数据如下：

❑ 每秒 13 PB。

❑ 每分钟 780 PB。

❑ 每小时 46,800 PB（46.8EB）。

❑ 每天 1,123EB 或者每天 1.123 ZB（每个 ZB 大约等于 1,000EB）。

这相当于每天新生成超过大约 550 万小时（超过 600 年）的 4K 视频或 1,160 亿张照片！

其他的大数据统计

如需了解更多有趣的实时大数据，可以查看 https://www.internetlivestats.com，其中包含以下最新数据：

❑ 谷歌搜索。

❑ 推文。

❑ YouTube 上的视频。

❑ Instagram 上的照片。

可以单击每个统计了解更多信息。例如，统计信息显示 2018 年有超过 2,500 亿条推文。

其他一些有趣的大数据事实如下：

❑ YouTube 用户每小时上传 24,000 小时视频，他们每天在 YouTube 上观看视频接近 10 亿小时[⊜]。

❑ 每秒会出现 51,773 GB（或 51.773 TB）的互联网流量、7,894 条推文、64,332 条谷歌搜索和 72,029 个 YouTube 视频®。

⊖　https://www.cinema5d.com/nimbus-data-100tb-ssd-worlds-largest-ssd/.

⊜　https://analyticsweek.com/content/big-data-facts/.

⊜　https://www.brandwatch.com/blog/youtube-stats/.

㉔　http://www.internetlivestats.com/one-second.

- 在 Facebook 上每天有 8 亿 "喜欢" ○、6,000 万个表情符号被发送 ○，自该网站启动以来，搜索量超过 20 亿次的帖子超过 2.5 亿个 ○。
- 2017 年 6 月，Planet 公司的首席执行官 Will Marshall 表示，该公司拥有 142 颗卫星，每天对整个地球的陆地进行一次成像，每天将增加 100 万张照片和 7 TB 的新数据。根据这些数据，该公司与合作伙伴一起利用机器学习来提高作物产量、了解特定港口的船舶数量、跟踪森林的砍伐情况等。提到亚马逊森林的砍伐问题，他说："过去，我们会在亚马逊河岸突然发现一个大空洞，而事实上这个空洞在几年前就已经开始形成了，而现在我们可以每天逐一统计地球上的每棵树。" ○

Domo 公司拥有一个制作精良的信息图表，名为 "Data Never Sleeps 6.0"，该图表可以显示每分钟产生的数据量 ○，包括：

- 发送的 473,400 条推文。
- 共享的 2,083,333 张 Snapchat 照片。
- 被观看了 97,222 小时的 Netflix 视频。
- 发送的 12.99 万亿条短信。
- 发布的 49,380 个 Instagram 帖子。
- 接通的 176,220 通 Skype 电话。
- 播放的 750,000 首 Spotify 歌曲。
- 进行的 3,877,140 次 Google 搜索。
- 被观看的 4,333,560 个 YouTube 视频。

多年来的计算能力

随着数据量变得越来越大，处理数据的计算能力也变得越来越强。通常以 FLOPS（每秒浮点运算）来衡处理器的性能。在 20 世纪 90 年代早期到中期，最快的超级计算机速度是 gigaflops（10^9 FLOPS）级。到 20 世纪 90 年代末，英特尔生产出了第一台 teraflops（10^{12} FLOPS）级超级计算机。21 世纪前十年的早期到中期，速度达到了数百 teraflops。随后，IBM 在 2008 年发布了第一台 petaflops（10^{15} FLOPS）级超级计算机。目前，最快的超级计算机出现在位于美国能源部（DOE）橡树岭国家实验室（ORNL）的 IBM 峰会中，计算速度能够达到 122.3petaflops。

分布式计算可以通过 Internet 连接数千台个人计算机，以产生更大的 FLOPS。Folding @ home 是一个分布式网络，在这个分布式网络中人们自愿将其个人计算机的资源贡献出来用于疾病研究和药物设计，截至 2016 年年末，Folding@home 的计算能力超过了 100

○　https://newsroom.fb.com/news/2017/06/two-billion-people-coming-together-on- facebook.

○　https://mashable.com/2017/07/17/facebook-world-emoji-day/.

○　https://techcrunch.com/2016/07/27/facebook-will-make-you-talk/.

○　https://www.bloomberg.com/news/videos/2017-06-30/learning-from-planet-s-shoe-boxed-sized-satellites-video, June 30, 2017.

○　https://www.domo.com/learn/data-never-sleeps-6.

petaflops。像 IBM 这样的公司正在研究能够实现 exaflops（10^{18} FLOPS）级别的超级计算机。

正在研发的**量子计算机**的运行速度可以达到现在"常规计算机"的 180 万亿倍！[一]这个数字是非常令人震惊的，理论上，量子计算机在一秒钟内做的计算可以比自世界上第一台计算机出现以来的所有计算机所做的计算的总数还多。这种几乎难以想象的计算能力可能会对诸如比特币一类的基于区块链的加密货币造成严重破坏。工程师们已经在重新考虑区块链技术，以便为计算能力的大幅提升做好准备[二]。

超级计算的发展最初是从研究实验室开始的，这些研究实验室花费了大量资金来实现高性能计算机，然后努力使"价格合理"的商用计算机系统甚至台式计算机、笔记本电脑、平板电脑和智能手机获得同样的性能。

计算能力的成本，特别是云计算的成本在持续下降。人们曾经问过这样一个问题："我的系统需要多少计算能力才能满足我的峰值处理需求？"今天，这种想法已经变成"我可以随时在云上快速实现我最需要的计算任务吗？"，并且只需要为完成任务所使用的资源付费即可。

处理全世界的数据需要大量电力

来自全球互联网设备的数据正在呈爆炸式增长，处理这些数据需要巨大的电力。根据最近的一篇文章统计，2015 年以来，处理数据的电力消耗以每年 20% 的速度增长，占世界总用电量的 3%～5%。文章称，到 2025 年，用于数据处理的电量可能会达到世界总用电量的 20%[三]。

基于区块链的加密货币比特币是另一个耗电大户。处理一个比特币交易所使用的电力大约相当于一个美国家庭一周的用电量！电力的消耗来自比特币"矿工"证明交易数据有效的过程[四]。

据测算，用于比特币交易的用电量甚至比许多国家的总用电量还要多[五]。比特币和以太坊（另一种流行的基于区块链的平台和加密货币）每年的用电量比以色列全国的用电量还要多，几乎与希腊持平[六]。

摩根士丹利在 2018 年做出预测："今年制造加密货币的电力消耗实际上可能超过该公司预测的 2025 年全球电动汽车的用电量。"[七]这种情况是不可持续的，特别是考虑到人们对

[一] https://medium.com/@n.biedrzycki/only-god-can-count-that-fast-the-world-of-quantum-computing-406a0a91fcf4.

[二] https://singularityhub.com/2017/11/05/is-quantum-computing-an-existential-threat-to-blockchain-technology/.

[三] https://www.theguardian.com/environment/2017/dec/11/tsunami-of-data-could-consume-fifth-global-electricity-by-2025.

[四] https://motherboard.vice.com/en_us/article/ywbbpm/bitcoin-mining-electricity-consumption-ethereum-energy-climate-change.

[五] https://digiconomist.net/bitcoin-energy-consumption.

[六] https://digiconomist.net/ethereum-energy-consumption.

[七] https://www.morganstanley.com/ideas/cryptocurrencies-global-utilities.

基于区块链的应用的巨大兴趣，这一问题甚至比加密货币爆炸还要严重。区块链社区正致力于改善这一状况。^{○□}

大数据的机遇

未来几年，数据可能会呈指数级增长。随着 500 亿台计算设备即将出现，我们很难预测未来几十年会增加多少数据。对于企业、政府、军队甚至个人来说，掌握所有这些数据至关重要。

有趣的是，一些有关大数据、数据科学、人工智能等领域的优秀成果来自一些著名的商业组织，如 J. P. 摩根、麦肯锡等。由于大数据在众多领域不断取得重大成就，各大企业都无法拒绝大数据的吸引力。许多公司正在通过本书介绍的大数据、机器学习、深度学习和自然语言处理等技术进行大量投资并获得有价值的结果。这迫使它们的竞争对手也要进行相应的投资，从而使得对具有数据科学和计算机科学经验的专业人员的需求迅速增加，并且这种需求的增长可能会持续很多年。

1.7.1 大数据分析

数据分析是一门成熟且发展良好的学科。人们使用统计来分析数据最早可追溯到古埃及人[⊜]，已有数千年的历史，而"数据分析"这个术语最早于 1962 年提出[⊗]。"大数据"这个术语最早是在 2000 年左右出现的[⊕]，而"大数据分析"则最近才出现。

大数据的 4 个"V"^{⊗⊕}：

1. 数量（Volume）——全球产生的数据量呈指数级增长。

2. 速度（Velocity）——数据的生成速度、数据的传播速度，以及数据的变化速度都在快速增长^{⊗⊕}。

3. 多样性（Variety）——数据曾经只是字母和数字（即由字母字符、数字、标点符号和一些特殊字符组成）的组合。现如今，它还包括图像、音频、视频以及来自家庭、公司、汽车、城市等场所的呈爆炸数量的物联网传感器采集到的数据。

4. 真实性（Veracity）——或称数据的有效性（validity），是指数据的完整性、准确性，数据是否真实，在做出关键决策时我们能否相信这些数据。

○ https://www.technologyreview.com/s/609480/bitcoin-uses-massive-amounts-of-energy-but-theres-a-plan-to-fix-it/.

□ http://mashable.com/2017/12/01/bitcoin-energy/.

⊜ https://www.flydata.com/blog/a-brief-history-of-data-analysis/.

⊗ https://www.forbes.com/sites/gilpress/2013/05/28/a-very-short-history-of-data-science/.

⊕ https://bits.blogs.nytimes.com/2013/02/01/the-origins-of-big-data-an-etymological-detective-story/.

⊗ https://www.ibmbigdatahub.com/infographic/four-vs-big-data.

⊕ 有很多文章和论文在这个列表中添加了许多其他的"V"。

⊗ https://www.zdnet.com/article/volume-velocity-and-variety-understanding-the-three-vs-of-big-data/.

⊗ https://whatis.techtarget.com/definition/3Vs.

目前，大多数数据都以不同的形式进行数字化，数量非常大，并且还在以惊人的速度传播。摩尔定律和相关观察使我们能够经济地存储数据，并以更快的速度处理和传递数据，而所有这些都随着时间的推移呈指数级增长。数字数据存储已经可以做到海量存储、价格便宜、体积小，这使得我们可以方便、经济地保存我们正在创建的所有数字数据⊖。这就是大数据。

Richard W. Hamming 的名言——尽管是他在 1962 年说的——也可以为本书的其余部分奠定基调，如下：

> *"计算的目的是洞察力，而不是数字。"* ⊖

数据科学以惊人的速度产生更新、更深入、更微妙和更有价值的洞察力，为社会带来了变革。大数据分析是带来这一变革的原因之一。我们将在第 16 章讨论大数据知识的基础设施，包括 NoSQL 数据库的案例研究、Hadoop MapReduce 编程、Spark、实时物联网流编程等。

1.7.2　数据科学和大数据正在带来改变：用例

数据科学领域正在迅速发展，因为它产生的重大成果正在发挥巨大的作用。下表列举了数据科学和大数据用例。希望本书中的用例和示例可以激励你在职业生涯中寻找新的用例。大数据分析可以带来更高的利润和更好的客户关系，甚至可以帮助体育团队在赢得更多比赛的同时减少对球员的支出⊜㉃㊄。

数据科学用例		
异常检测	脸部识别	预测天气敏感性
残疾人辅助	健身追踪	产品销售
汽车保险风险预测	欺诈识别	预测分析
自动隐藏式字幕	打游戏	预防医学
自动图像标题	基因组学和医疗保健	预防疾病爆发
自动投资	地理信息系统（GIS）	手语阅读
自治船舶	GPS 系统	房地产评估
大脑图谱	健康改善	推荐系统
来电识别	降低医院的再入院率	减少超额预订
癌症诊断 / 治疗	人类基因测序	乘车共享
碳减排	身份防窃	风险最小化

⊖　http://www.lesk.com/mlesk/ksg97/ksg.html. [以下文章向我们介绍了迈克尔·莱斯克的这篇文章：https://www.forbes.com/sites/gilpress/2013/05/28/a-very-short-history- of-data-science/.]

⊖　Hamming, R. W., Numerical Methods for Scientists and Engineers (New York, NY., McGraw Hill, 1962). （以下文章向我们介绍了这本书以及所引用的这句名言：https://www.forbes.com/sites/gilpress/2013/05/28/a-very-short-history-of-data-science/.）

⊜　Sawchik, T., Big Data Baseball: Math, Miracles, and the End of a 20-Year Losing Streak (New York, Flat Iron Books, 2015).

㉃　Ayres, I., Super Crunchers (Bantam Books, 2007), pp. 7–10.

㊄　Lewis, M., Moneyball: The Art of Winning an Unfair Game (W. W. Norton & Company, 2004).

数据科学用例

手写字分类	免疫治疗	机器人财务顾问
计算机视觉	保险定价	安全性增强
信用评分	智能助手	自动驾驶汽车
犯罪：预测位置	物联网（IoT）和医疗器械监测	情感分析
犯罪：预测累犯	物联网和天气预报	共享经济
犯罪：预测性警务	库存控制	相似性检测
犯罪：预防	语言翻译	智慧城市
CRISPR 基因编辑	基于位置的服务	智能家居
作物产量提高	忠诚度计划	智能电表
客户流失	恶意软件检测	智能恒温器
客户体验	制图	智能交通控制
客户维系	营销	社交分析
消费者满意度	营销分析	社会图分析
客户服务	音乐生成	垃圾邮件检测
客户服务代理	自然语言翻译	空间数据分析
定制饮食	新药	体育招聘和辅导
网络安全	阿片类药物滥用预防	股市预测
数据挖掘	私人助理	学生表现评估
数据可视化	个性化医疗	总结文字
检测新病毒	个性化购物	远程医疗
乳腺癌诊断	网络钓鱼消除	恐怖袭击预防
心脏病诊断	减少污染	防盗
诊断医学	精准医学	旅行建议
灾难–受害者识别	预测癌症存活率	趋势发现
动态驾驶路线规划	预测疾病爆发	视觉产品搜索
动态定价	预测健康结果	语音识别
电子健康记录	预测学生入学率	声音搜索
情绪检测		天气预报
能耗降低		

1.8 案例研究：大数据移动应用程序

谷歌的 Waze GPS 导航 APP 拥有 9,000 万月活用户[⊖]，是最成功的大数据 APP 之一。早期的 GPS 导航设备和 APP 依靠静态地图和 GPS 坐标来确定到达目的地的最佳路线，无法动态调整以适应不断变化的交通状况。

Waze 处理大量的**众包数据**，即用户及其设备在全球范围内不断提供的数据。当接收到

⊖ https://www.waze.com/brands/drivers/.

数据时，Waze 通过分析数据来确定在最短的时间内到达目的地的最佳路线。为此，Waze 要依靠连接到 Internet 的智能手机自动将位置更新发送到服务器（假设被允许）。Waze 使用这些数据分析当前的交通状况，动态地为用户选择路线并调整地图。用户也可以报告其他信息，例如路障、建筑、障碍物、故障车道中的车辆、警察位置、汽油价格等。然后 Waze 会向处于同样位置的其他司机发出警示。

Waze 提供服务需要使用多种技术。我们并不了解 Waze 的真实实现方式，以下是我们推断的其可能使用的技术列表，并将在第 11～16 章中使用其中的许多内容。

❑ 现在的很多 APP 在开发时会使用一些开源软件。我们将在本书中充分利用开源库和开源工具。

❑ Waze 通过 Internet 在服务器和用户的移动设备之间传递信息。这些数据通常以 JSON（JavaScript Object Notation）格式进行传输，我们将在第 9 章中介绍相关知识，并在后续章节中使用它。用到的 Python 库一般会隐藏 JSON 数据的实现细节。

❑ Waze 使用语音合成来播报行车路线和警报，并使用语音识别来理解语音命令。我们将在第 13 章中使用 IBM Watson 的语音合成和语音识别功能。

❑ 当 Waze 将语音形式的自然语言命令转换为文本时，需要使用自然语言处理（NLP）技术来识别要执行的操作。我们将在第 11 章中介绍 NLP，并在随后的几章中使用它。

❑ Waze 对动态更新进行可视化，例如警报和地图，还允许用户移动、放大或缩小地图。本书使用 Matplotlib 和 Seaborn 创建动态可视化，并在第 12 章和第 16 章中使用 Folium 实现交互式地图。

❑ Waze 将手机用作物联网设备。每部手机都是一个 GPS 传感器，可以通过互联网将数据持续传输到 Waze 服务器。在第 16 章中，我们将介绍物联网并使用模拟物联网流传感器。

❑ Waze 同时接收来自数百万部手机的物联网流数据。它必须实时处理、存储和分析这些数据，以更新手机上的地图，显示和发出相关的警报，并根据情况更新行车路线。这些操作都需要借助云中的计算机集群实现的大规模并行处理能力。在第 16 章中，我们将介绍各种大数据基础技术，这些技术包括接收流数据、使用数据库存储大数据、利用提供大规模并行处理功能的软件和硬件处理数据等。

❑ Waze 利用人工智能来执行数据分析任务，使其能够根据收到的信息预测最佳路线。在第 14 章和第 15 章中，我们分别使用机器学习和深度学习来分析大数据并进行预测。

❑ Waze 可能会将其路由信息存储在图形数据库中。这样的数据库可以有效地计算最短路径。我们将在第 16 章介绍图形数据库，如 Neo4J。

❑ 现在，许多汽车都配备了能够"看到"附近的汽车和障碍物的设备。这些设备可以用来实现自动制动系统，是汽车自动驾驶技术的关键组成部分。导航 APP 可以利用摄像头和传感器，通过基于深度学习的计算机视觉技术"动态"分析图像，自动识别道路上的障碍物和停靠在路边的汽车，而无须用户提供报告。我们将在第 15 章介绍计算机视觉中使用的深度学习技术。

1.9 数据科学入门：人工智能——计算机科学与数据科学的交叉学科

当婴儿第一次睁开眼睛时，他会"看到"父母的脸吗？他是否理解任何面部的概念，甚至任何简单的形状呢？婴儿必须"学习"周围的世界。这就是人工智能（AI）今天所做的事情。它正在研究大量数据并从中学习。AI 被用来玩游戏、实现各种计算机视觉应用、实现汽车的自动驾驶、使机器人能够学习如何执行新任务、诊断医疗状况、近乎实时地将语音翻译成其他语言、创建可以使用大量的知识数据库来回应任何问题的聊天机器人，等等。几年前，谁曾想到，人工智能自动驾驶汽车将被允许在道路上行驶呢？然而，现在这已然成为一个竞争激烈的领域。所有这些学习的最终目标是实现**通用人工智能**，一种能像人类一样执行智能任务的人工智能。对许多人来说，这可能是一个可怕的想法。

人工智能的里程碑

人工智能的一些里程碑式的成果吸引了人们的注意力和想象力，让普通大众开始认识到人工智能是真实的，让企业开始考虑将人工智能商业化：

❑ 1997 年 IBM 的 **DeepBlue** 计算机系统与国际象棋大师 Gary Kasparov 进行了一场比赛并取得了胜利，DeepBlue 成为第一台在实战条件下击败卫冕世界象棋冠军的计算机[一]。IBM 为 DeepBlue 加载了成千上万个大师级的国际象棋棋谱[二]，而 DeepBlue 能够使用蛮力每秒计算高达 2 亿步[三]！这其实就是大数据。IBM 获得了卡内基 - 梅隆大学弗雷德金奖，该奖项于 1980 年提出将向第一台击败世界象棋冠军的计算机的开发人员提供 10 万美元奖金[四]。

❑ 2011 年，IBM 的 **Watson** 在 100 万美元比赛中击败了最优秀的两个人类——"Jeopardy!"玩家。Watson 同时使用数百种语言分析技术在 2 亿页内容（包括所有的维基百科页面）中找到需要 4TB 存储空间的正确答案[五]。Watson 接受了**机器学习**和**强化学习**技术的训练[六]本书将在第 13 章讨论 IBM Watson，在第 14 章讨论机器学习。

❑ 围棋，这一数千年前在中国创造出来的对弈游戏[七]被公认为是有史以来最复杂的游戏之一，有 10^{170} 种可能的棋盘配置[八]，比国际象棋复杂得多。这个数字有多大呢？在已知的宇宙中被确认的原子仅有 $10^{78} \sim 10^{87}$ 个[九]！2015 年，由 Google 的 DeepMind 小组使用两个神经网络深度学习技术开发的 **AlphaGo** 击败了欧洲围棋冠军范辉。本书将在第 15 章讨论神经网络和深度学习。

❑ 最近，Google 将 AlphaGo AI 进行扩展创建了 **AlphaZero**，这是一款对弈 AI，可以自学其他棋类的玩法。2017 年 12 月，AlphaZero 利用强化学习，在不到 4 小时的时间内自学象棋规则，击败了象棋世界冠军程序 Stockfish 8，在 100 场比赛中未曾失败。在学习围棋仅仅 8 个小时之后，AlphaZero 就能够与前辈 AlphaGo 对弈，并赢得了 100 场比赛中的 60 场[⊖]。

个人趣事

本书的作者之一 Harvey Deitel 在 20 世纪 60 年代中期成为麻省理工学院的本科生时，参加了人工智能（AI）创始人之一 Marvin Minsky（仅以本书向他致敬）的研究生级人工智能课程。Harvey 说：

Minsky 教授在课堂上布置了一个学期项目，他让我们思考什么是智能，如何让计算机做一些智能的事情。我们这门课程的成绩也几乎完全取决于这个项目。这对我来说毫无压力！

在研究了学校用来评估学生智力水平的标准化 IQ 测试后，内心住着一个"数学家"的我决定解决一个流行的 IQ 测试问题，即在一系列任意长度和复杂度的数字序列中预测下一个数字。我在早期的 Digital Equipment Corporation PDP-1 上运行了交互式 Lisp，并且能够在一些非常复杂的事物上运行我的序列预测器，处理的挑战远远超出我在 IQ 测试中看到的那些。Lisp 递归操作任意长列表的能力正是我满足项目要求所需要的。Python 提供了递归和通用列表的处理（第 5 章）。

我对许多麻省理工学院的同学试了我的序列预测器。他们组成数字序列并将其输入我的预测器。PDP-1 会"思考"一段时间，这段时间通常很长，但几乎总能找到正确的答案。

但随后我遇到了一个麻烦。我的一个同学输入了一个序列 14、23、34 和 42。预测器开始研究它，但很长时间之后还是没有预测出下一个数字。我也做不到。这个同学给了我一夜的时间来思考，他会在第二天公布答案，并声称这是一个简单的序列。我的努力无济于事。

第二天他告诉我下一个数字是 57。我不明白为什么是这个数字，于是他让我再思考一夜，第三天他说下一个数字是 125。这个答案对我没有一点帮助，这令我很难过。他告诉我，序列是曼哈顿双向交叉街道的数量。我哭了，这是"犯规"，但他说这个序列符合我在数字序列中预测下一个数字的标准。我的世界观是数学，而他的却更加宽泛。

多年来，我多次让我的朋友、亲戚和专业同事尝试这个序列。其中有一些在曼哈顿生活过一段时间的人答对了这个问题。要处理这样的问题，我的序列预测

⊖ https://www.theguardian.com/technology/2017/dec/07/alphazero-google-deepmind-ai-beats-champion-program-teaching-itself-to-play-four-hours.

器仅有数学知识是不够的，它还需要很多（可能是巨大的）其他的知识

Watson 和大数据开辟了新的可能性

当 Paul 和我开始写这本 Python 主题的书时，我们立刻被 IBM 的 Watson 所吸引，因为它使用大数据和人工智能技术，如自然语言处理和机器学习，击败了世界上最好的两个人类"Jeopardy！"玩家。我们意识到 Watson 可能能够处理序列预测器这样的问题，因为它装载了全世界所有街道的地图和更多的其他信息。这激发了我们深入研究大数据和人工智能技术的欲望，并据此完成了本书的第 11～16 章。

需要提醒读者注意的是，第 11～16 章中所有关于数据科学的应用案例研究都根植于人工智能技术或大数据硬件和软件基础设施，这些技术使计算机科学家和数据科学家能够有效地实施先进的基于 AI 的解决方案。

AI：一个有问题但没有解决方案的领域

几十年来，人工智能被视为一个有问题但没有解决方案的领域。这是因为一旦某个特定问题得到解决，人们会说："嗯，这不是智能，它只是一个计算机程序，告诉计算机到底要做什么。"但是，利用机器学习（第 14 章）和深度学习（第 15 章），我们不为特定问题预先编程设定解决方案。相反，我们让计算机通过从数据中学习来解决问题，这个数据量通常是很大的。

许多最有意思和最具挑战性的问题都是通过深度学习来解决的。仅谷歌就有数以千计的深度学习项目正在进行中，而且这个数字还在快速增长☺☺。在学习本书的过程中，我们将介绍许多处在实践前沿的人工智能、大数据和云技术。

1.10　小结

本章介绍了一些术语和概念，这些术语和概念为第 2～10 章介绍的 Python 编程以及第 11～16 章介绍的大数据、人工智能和基于云的案例研究奠定了基础。

我们回顾了面向对象的编程概念，并讨论了 Python 受欢迎的原因，介绍了可以帮助我们避免重复工作的 Python 标准库和数据科学库。在后续章节中，我们将使用这些库来创建可以交互的软件对象，编写简短的代码执行重要任务。

我们通过三个试用程序演示了如何使用 IPython 解释器和 Jupyter Notebook 执行 Python 代码。还介绍了云和物联网，为即将在第 11～16 章中开发 APP 奠定基础。

我们讨论了"大数据"有多大，以及它还在以飞快的速度变得越来越大的原因。接着，提供了一个关于 Waze 移动导航 APP 的大数据案例研究，该 APP 使用许多当下流行的技术提供动态驾驶导航，让用户可以尽可能快速、安全地到达目的地。我们还介绍了这个 APP 用到的技术会在本书的哪些章节中使用。本章的最后是数据科学入门部分，在这一部分中我们讨论了计算机科学与数据科学的交叉学科——人工智能。

⊖ http://theweek.com/speedreads/654463/google-more-than-1000-artificial-intelligence-projects-works.

⊖ https://www.zdnet.com/article/google-says-exponential-growth-of-ai-is-changing-nature-of-compute/.

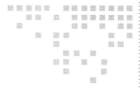

第 2 章  *Chapter 2*

Python 程序设计概述

目标

- ❏ 继续使用 IPython 交互模式输入代码段并立即查看执行结果。
- ❏ 编写简单的 Python 语句和脚本。
- ❏ 掌握创建变量来存储数据的方法。
- ❏ 熟悉内置数据类型。
- ❏ 学会使用算术运算符和比较运算符，了解它们的优先级。
- ❏ 学会使用单引号、双引号和三引号字符串。
- ❏ 学会使用内置函数 print 显示文本。
- ❏ 学会使用内置函数 input 提示用户在键盘上输入数据、获取输入的数据，以及在程序中使用这些数据。
- ❏ 学会使用内置函数 int 将文本转换为整型数。
- ❏ 学会使用比较运算符和 if 语句来决定是否执行一条语句或一组语句。
- ❏ 了解 Python 中的对象和动态类型。
- ❏ 学会使用内置函数 type 获取对象的类型。

2.1 简介

在第 1 章的 IPython 实践部分，已经介绍了 IPython 解释器并用它计算了简单的算术表达式。本章将介绍如何使用 Python 进行程序设计，并给出示例来说明一些 Python 的关键特性。

2.2 变量和赋值语句

在第 1 章中，我们使用 IPython 的交互模式作为计算器评估了如下形式的表达式：

```
In [1]: 45 + 72
Out[1]: 117
```

下面，我们创建一个名为 x 的变量来存储整数 7：

```
In [2]: x = 7
```

每个语句都会执行一个特定的任务。上面的代码段 [2] 是一个**声明语句**，创建变量 x 并使用**赋值号**（=）为 x 赋值。在 Python 中，大多数情况下每行一条语句，但有的语句可能跨越多行。下面的语句创建变量 y 并用整数 3 为其赋值：

```
In [3]: y = 3
```

现在，可以在表达式中使用 x 和 y 的值：

```
In [4]: x + y
Out[4]: 10
```

赋值表达式中的计算

下面的语句将变量 x 和 y 的值相加，并将结果赋值给变量 total，然后显示 total 的值：

```
In [5]: total = x + y

In [6]: total
Out[6]: 10
```

在赋值表达式中，总是先执行 "=" 右侧的表达式，然后再将结果赋值给 "=" 左侧的变量。赋值号 "=" 不是一个运算符。

Python 风格

Style Cuide for Python Code⊖可以指导我们编写符合 Python 编码规范的代码。风格指南建议在赋值号 "=" 和运算符（如 +）的两侧各插入一个空格，使程序具有更好的可读性。

变量名

变量名（例如 x）是一个**标识符**。标识符可以由字母、数字和下划线（_）组成，但不能以数字开头。Python 区分大小写，因此 number 和 Number 是不同的标识符，因为一个以小写字母开头，而另一个以大写字母开头。

类型

Python 中的每个值都有一个**类型**，指明这个值所表示的数据的类型。可以使用 Python 的内置函数 type 查看某个值的类型，如：

⊖　http://www.python.org/dev/peps/pep-0008/.

```
In [7]: type(x)
Out[7]: int

In [8]: type(10.5)
Out[8]: float
```

变量 x 的值为整型值 7（在代码段 [2] 定义并赋值），因此 Python 显示 int（integer 的缩写）。10.5 是一个浮点数，因此 Python 显示 float。

2.3　算术运算

下表总结了 Python 中的**算术运算符**，其中包括一些在代数中没有的符号。

Python 运算	算术运算符	代数表达式	Python 表达式
加法	+	$f + 7$	f + 7
减法	−	$p - c$	p − c
乘法	*	$b \cdot m$	b * m
求幂运算	**	x^y	x ** y
除法	/	x / y 或 $\dfrac{x}{y}$ 或 $x \div y$	x / y
整除	//	$\lfloor x / y \rfloor$ 或 $\left\lfloor \dfrac{x}{y} \right\rfloor$ 或 $\lfloor x \div y \rfloor$	x // y
取余（模）	%	$r \bmod s$	r % s

乘法（*）
Python 将星号（*）作为**乘法运算符**，例如：

```
In [1]: 7 * 4
Out[1]: 28
```

求幂运算（**）
求幂（**）运算符计算一个数的幂，例如：

```
In [2]: 2 ** 10
Out[2]: 1024
```

如需计算平方根，可以使用 1/2（即 0.5）作为指数：

```
In [3]: 9 ** (1 / 2)
Out[3]: 3.0
```

除法（/）和整除（//）
除法（/）运算用分子除以分母，结果为带小数点的浮点数，如下所示：

```
In [4]: 7 / 4
Out[4]: 1.75
```

33

整除（//）用分子除以分母，得到不大于结果的最大整数。Python 会直接**截断**（丢弃）小数部分：

```
In [5]: 7 // 4
Out[5]: 1

In [6]: 3 // 5
Out[6]: 0

In [7]: 14 // 7
Out[7]: 2
```

使用除法（/）时，−13 除以 4 的结果为 −3.25，如下：

```
In [8]: -13 / 4
Out[8]: -3.25
```

整除（//）的结果为不大于 −3.25 的最大整数，即 −4，如下：

```
In [9]: -13 // 4
Out[9]: -4
```

异常和回溯

Python 不允许用"/"或"//"除以零，否则将导致**异常**，表示有问题发生：

```
In [10]: 123 / 0
---------------------------------------------------------------------------
ZeroDivisionError                         Traceback (most recent call last)
<ipython-input-10-cd759d3fcf39> in <module>()
----> 1 123 / 0

ZeroDivisionError: division by zero
```

Python 使用**回溯**来报告异常。上面的回溯表示发生了类型为 `ZeroDivisionError` 的异常（大多数异常的名称以 `Error` 结尾）。在交互模式下，下面这行异常信息中的 10 表示导致异常的代码段编号

```
<ipython-input-10-cd759d3fcf39> in <module>()
```

以 ----> 开头的行显示导致异常的代码。当产生异常的代码段包含多行代码时，---->右侧的数字 1 表示导致异常的语句是代码段内的第 1 行。异常信息的最后一行显示异常名，后跟冒号（:）和更加详细的异常信息：

```
ZeroDivisionError: division by zero
```

[34] 第 9 章对异常进行了详细的讨论。

如果在代码中使用了尚未创建的变量，也会发生异常。以下代码段试图将整数 7 与未定义的变量 z 相加，这将会产生 `NameError` 异常：

```
In [11]: z + 7
---------------------------------------------------------------------------
```

```
NameError                              Traceback (most recent call last)
<ipython-input-11-f2cdbf4fe75d> in <module>()
----> 1 z + 7

NameError: name 'z' is not defined
```

取余运算符

取余运算符（%）计算左操作数除以右操作数后得到的余数：

```
In [12]: 17 % 5
Out[12]: 2
```

上面的代码段中，17 除以 5 的商为 3，余数为 2。取余运算符通常用于整数，但也可以用于其他类型的数字，例如：

```
In [13]: 7.5 % 3.5
Out[13]: 0.5
```

直线形式

在编译器或解释器中一般不能使用形如 $\dfrac{a}{b}$ 的代数形式，必须使用 Python 的运算符以**直线形式**来表示。上面的表达式可以写为 *a/b* 或者 *a//b*（表示整除），这样所有的运算符和操作数都呈水平排列。

用括号表示分组表达式

与在代数中一样，括号将 Python 的表达式组合在一起。例如，下面的代码先计算 5+3，然后再用 10 乘以 5+3 的结果，如下：

```
In [14]: 10 * (5 + 3)
Out[14]: 80
```

如果没有括号，计算结果是不同的，如下：

```
In [15]: 10 * 5 + 3
Out[15]: 53
```

如果去掉括号会得到相同的结果，则括号是**多余的**（不必要的）。

运算符优先级规则

Python 在算术表达式中使用运算符时遵守以下**运算符优先级规则**（通常与代数中的规则相同）：

1. 首先计算括号中的表达式，因此可以使用括号强制表达式按照我们希望的运算顺序进行计算。括号具有最高级别的优先级。在含有**嵌套括号**的表达式中，例如（a/(b−c)），优先计算最内层括号中的表达式（即 b−c）的值。

2. 接下来是求幂运算。如果表达式包含多个求幂运算，Python 会按照从右到左的顺序进行计算。

35

3. 再往下计算乘法、除法、整除和模。如果表达式包含多个乘法、除法、整除和模运算，Python 按照从左到右的顺序计算。乘法、除法、整除和模运算的优先级相同。

4. 最后计算加法和减法。如果表达式包含多个加法和减法运算，Python 会按照从左到右的顺序进行计算。加法和减法也具有相同的优先级。

有关运算符及其优先级的完整列表（从最低到最高的顺序），请参阅 https://docs.python.org/3/reference/expressions.html#operator-prece-dence。

运算符的结合性

当提到 Python 按照从左到右的顺序做运算时，指的是运算的**结合性**。例如，在下面的表达式中：

```
a + b + c
```

加法运算符（+）从左到右结合，就好像加了括号一样，形如（a+b)+c。除了从右到左结合的取幂运算符（**）之外，其他 Python 运算符的结合性都是从左到右。

冗余括号

为了使表达式更加清晰，可以使用冗余括号对子表达式进行分组。例如，二次多项式

```
y = a * x ** 2 + b * x + c
```

可以用括号括起来，如下所示：

```
y = (a * (x ** 2)) + (b * x) + c
```

这样的表达更加清晰。此外，将复杂的表达式分解为由更短、更简单的表达式构成的语句序列，也可以提高程序的清晰度。

操作数的类型

算术运算符既可以连接整数，也可以连接浮点数。如果连接的两个操作数都是整数，计算结果为整数，但除法（/）运算符除外，因为它的结果总是一个浮点数。如果两个操作数都是浮点数，则结果为浮点数。既有整数也有浮点数的表达式称为**混合类型表达式**，这种表达式的结果是浮点型。

2.4　print 函数、单引号和双引号

内置的 print 函数将括号中的参数显示为一行文本，如下：

```
In [1]: print('Welcome to Python!')
Welcome to Python!
```

在上面的代码中，print 函数的参数 'Welcome to Python!' 是一个用单引号（'）括起来的字符序列，称为字符串。与在交互模式下评估表达式不同，此处用 print 显示的文本前面没有 Out[1]。此外，字符串两侧的引号也不会显示出来，后面会介绍如何显示字

符串中的引号。

除单引号（'）外，也可以用双引号（"）括起一个字符串，如下所示：

```
In [2]: print("Welcome to Python!")
Welcome to Python!
```

Python 程序员通常更习惯使用单引号。当 print 执行完输出后，会将屏幕光标定位在下一行的开头。

打印以逗号分隔的项目列表

print 函数可以接收以逗号分隔的参数列表，如下所示：

```
In [3]: print('Welcome', 'to', 'Python!')
Welcome to Python!
```

上面代码的输出与前面两个代码段的输出相同，print 会在输出的每个参数之间加一个空格作为分隔。这里使用逗号分隔的是字符串型列表，也可以是任何其他类型。下一章将演示如何避免自动在值与值之间插入空格，或者使用其他分隔符来代替空格。

使用一条语句打印多行文本

字符串中出现的反斜杠（\）称为**转义字符**。反斜杠和紧随其后的字符形成一个**转义序列**。例如，转义序列"\n"表示**换行符**，它告诉 print 将光标移动到下一行。以下代码段使用三个换行符来创建多行输出：

```
In [4]: print('Welcome\nto\n\nPython!')
Welcome
to

Python!
```

其他转义序列

下表列出了一些常见的转义序列。

转义序列	说　　明
\n	在字符串中插入换行符。显示字符串时，每遇到一个换行符，就要将屏幕光标移动到下一行的开头
\t	在字符串中插入一个水平制表符。显示字符串时，每遇到一个制表符，就要将光标移动到下一个制表位
\\	在字符串中插入反斜杠
\"	在字符串中插入双引号
\'	在字符串中插入单引号

37

忽略长字符串中的续行符

可以使用**续行符**"\"作为一行的最后一个字符来将一个长字符串（或长语句）写成多行，续行符不计入字符串：

```
In [5]: print('this is a longer string, so we \
   ...: split it over two lines')
this is a longer string, so we split it over two lines
```

解释器将分隔开的字符串重新组合成一个没有续行符的字符串。虽然前面代码段中的反斜杠字符在字符串内，但因为它后面没有跟其他字符，所以不是转义字符。

打印表达式的值

可以在 print 语句中执行计算，如下所示：

```
In [6]: print('Sum is', 7 + 3)
Sum is 10
```

2.5 三引号字符串

可以使用一对单引号（'）或一对双引号（"）来表示字符串，也可以用一对**三引号**（三个双引号 " " " 或三个单引号 ' ' '）来表示字符串。*Style Guide for Python Code* 推荐使用三个双引号（" " "）。使用三引号可以创建以下三类字符串：

❏ 多行字符串；

❏ 包含单引号或双引号的字符串；

❏ **文档字符串**，是用来详细记录某些程序组件用途的一种推荐方法。

字符串中包含引号

在由单引号界定的字符串中可以包含双引号：

```
In [1]: print('Display "hi" in quotes')
Display "hi" in quotes
```

但不能包含单引号：

```
In [2]: print('Display 'hi' in quotes')
  File "<ipython-input-2-19bf596ccf72>", line 1
    print('Display 'hi' in quotes')
                    ^
SyntaxError: invalid syntax
```

如果需要包含单引号，需要使用转义字符"\'"

```
In [3]: print('Display \'hi\' in quotes')
Display 'hi' in quotes
```

由于单引号字符串中含有单引号，代码段 [2] 显示语法错误。IPython 显示引起语法错误的代码行的信息，并使用"^"符号指向发生错误的位置。还会显示更详细的信息"SyntaxError: invalid syntax"。

由双引号分隔的字符串中可以含有单引号：

```
In [4]: print("Display the name O'Brien")
Display the name O'Brien
```

但不能包含双引号，如需包含双引号，要使用转义字符"\"：

```
In [5]: print("Display \"hi\" in quotes")
Display "hi" in quotes
```

为了避免在字符串中使用"\'"和"\"", 可以将这些字符串括在三引号中，例如：

```
In [6]: print("""Display "hi" and 'bye' in quotes""")
Display "hi" and 'bye' in quotes
```

多行字符串

下面的代码段将三引号括起来的多行字符串赋值给变量 `triple_quoted_string`：

```
In [7]: triple_quoted_string = """This is a triple-quoted
   ...: string that spans two lines"""
```

因为在按下 Enter 键之前没有输入结束符（" " "），因此 IPython 知道字符串是不完整的，会显示一个**延续提示符**" ...:"。可在其后面输入多行字符串的下一行，直到输入结束符（" " "）并按 Enter 键。下面的代码段显示 `triple_quoted_string` 的值：

```
In [8]: print(triple_quoted_string)
This is a triple-quoted
string that spans two lines
```

Python 通过嵌入换行符来存储多行字符串。例如，当评估 `triple_quoted_string` 而不是打印它时，IPython 会将它显示在单引号中，并在代码段 [7] 中按 Enter 键的位置显示一个转义字符"\n"。IPython 显示的引号不是字符串的一部分，而是表示 `triple_quoted_string` 的类型为字符串，显示如下：

```
In [9]: triple_quoted_string
Out[9]: 'This is a triple-quoted\nstring that spans two lines'
```

2.6　从用户处获取输入

内置函数 `input` 请求并获取用户的输入：

```
In [1]: name = input("What's your name? ")
What's your name? Paul

In [2]: name
Out[2]: 'Paul'

In [3]: print(name)
Paul
```

该代码段的执行过程如下：

❑ 首先，`input` 显示字符串参数作为提示，提示用户要键入的内容并等待用户响应。

用户输入 Paul 并按 Enter 键。代码段中使用粗体表示用户的输入以与提示文本相区别。

❑ 然后，input 函数将这些字符作为一个字符串返回。上面的代码段将返回的字符串赋值给了变量 name。

代码段 [2] 显示 name 的值。评估 name 时显示的值 'Paul' 带有单引号，表示 name 是一个字符串。打印 name 时（在代码段 [3] 中）则显示不带引号的字符串。如果输入引号，那么引号将成为字符串的一部分，如下：

```
In [4]: name = input("What's your name? ")
What's your name? 'Paul'

In [5]: name
Out[5]: "'Paul'"

In [6]: print(name)
'Paul'
```

input 函数始终返回一个字符串

下面的代码段试图读取两个数字并求和：

```
In [7]: value1 = input('Enter first number: ')
Enter first number: 7

In [8]: value2 = input('Enter second number: ')
Enter second number: 3

In [9]: value1 + value2
Out[9]: '73'
```

结果不是整数 7 和 3 相加得到的 10，而是字符串 '73'，因为 Python 将字符串值 '7' 和 '3' 相加，得到字符串 '73'，这个过程称为**字符串拼接**。字符串拼接操作会将 "+" 两端的操作数拼接在一起生成一个新的字符串。

从用户处获取一个整数

如果需要整数，要使用内置的 int 函数将字符串转换为整数：

```
In [10]: value = input('Enter an integer: ')
Enter an integer: 7

In [11]: value = int(value)

In [12]: value
Out[12]: 7
```

可以将代码段 [10] 和 [11] 组合到一起：

```
In [13]: another_value = int(input('Enter another integer: '))
Enter another integer: 13

In [14]: another_value
Out[14]: 13
```

变量 value 和 another_value 现在的值是整数。将它俩相加会得到整数结果（而不是拼接它们）：

```
In [15]: value + another_value
Out[15]: 20
```

如果传递给 int 的字符串无法转换为整数，则会引发 ValueError 的错误：

```
In [16]: bad_value = int(input('Enter another integer: '))
Enter another integer: hello
---------------------------------------------------------------
ValueError                       Traceback (most recent call last)
<ipython-input-16-cd36e6cf8911> in <module>()
----> 1 bad_value = int(input('Enter another integer: '))

ValueError: invalid literal for int() with base 10: 'hello'
```

int 函数也可以将浮点数转换为整数：

```
In [17]: int(10.5)
Out[17]: 10
```

要将字符串转换为浮点数，可以使用内置函数 float。

2.7   决策：if 语句和比较运算符

条件是一个值为 True 或 False 的布尔表达式。下面的代码段判定 7 是否大于 4 以及 7 是否小于 4：

```
In [1]: 7 > 4
Out[1]: True

In [2]: 7 < 4
Out[2]: False
```

True 和 False 的首字母都要大写。True 和 False 是 Python 关键字，使用关键字作为标识符会导致语法错误。

下表列出了 Python 中的**比较运算符**。

代数运算符	Python 运算符	条件示例	含　　义
>	>	x > y	x 大于 y
<	<	x < y	x 小于 y
≥	>=	x >= y	x 大于等于 y
≤	<=	x <= y	x 小于等于 y
=	==	x == y	x 等于 y
≠	!=	x != y	x 不等于 y

运算符 >、<、>= 和 <= 具有相同的优先级。运算符 == 和 != 具有相同的优先级，但低于 >、<、>= 和 <= 的优先级。运算符 ==、!=、>= 和 <= 的两个符号之间不能插入空格，

否则会引发语法错误，例如：

```
In [3]: 7 > = 4
  File "<ipython-input-3-5c6e2897f3b3>", line 1
    7 > = 4
      ^
SyntaxError: invalid syntax
```

如果颠倒运算符中的符号，将 !=、>= 和 <= 写成 =!、=> 和 =<，也会引发语法错误。

使用 if 语句做出决策：首次使用脚本

首先介绍一个简单版本的 if 语句，它根据条件来决定是否执行一条语句（或一组语句）。程序将会读取用户输入的两个整数，并使用 6 条连续的 if 语句对它们进行比较，每条语句使用一种比较运算符。如果 if 语句中的条件为 True，则执行相应的 print 语句；否则直接跳过 print 语句。

IPython 交互模式有利于执行简短的代码段并立即查看结果。但要将多个语句作为一组语句执行，通常会将它们编写为一个脚本存储在以 .py（Python 的缩写）作为扩展名的文件中，例如本示例的脚本 fig02_01.py。脚本也称为程序，有关如何查找和执行本书中的脚本的说明，可以参考 1.5 节。

每次执行脚本 fig02_01.py，6 个条件中都会有 3 个为 True。为了说明这一点，执行脚本 3 次，每次输入两个整数，第一次第一个数较小，第二次两个数相等，第三次第一个数较大，执行的结果会显示在脚本之后。

本书在介绍脚本时，都会首先给出脚本的代码，之后再对脚本的代码进行解释。为方便阅读，会在脚本中显示行号。在 IDE 中可以设置是否显示行号，行号不是 Python 代码的一部分。要执行脚本 fig02_01.py，转到本章的 ch02 示例文件夹，然后输入：

```
ipython fig02_01.py
```

如果已经运行了 IPython，可以使用下面的命令执行脚本：

```
run fig02_01.py
```

```
 1  # fig02_01.py
 2  """Comparing integers using if statements and comparison operators."""
 3
 4  print('Enter two integers, and I will tell you',
 5        'the relationships they satisfy.')
 6
 7  # read first integer
 8  number1 = int(input('Enter first integer: '))
 9
10  # read second integer
11  number2 = int(input('Enter second integer: '))
12
13  if number1 == number2:
14      print(number1, 'is equal to', number2)
15
16  if number1 != number2:
17      print(number1, 'is not equal to', number2)
```

```
18
19   if number1 < number2:
20       print(number1, 'is less than', number2)
21
22   if number1 > number2:
23       print(number1, 'is greater than', number2)
24
25   if number1 <= number2:
26       print(number1, 'is less than or equal to', number2)
27
28   if number1 >= number2:
29       print(number1, 'is greater than or equal to', number2)
```

42

```
Enter two integers and I will tell you the relationships they satisfy.
Enter first integer: 37
Enter second integer: 42
37 is not equal to 42
37 is less than 42
37 is less than or equal to 42
```

```
Enter two integers and I will tell you the relationships they satisfy.
Enter first integer: 7
Enter second integer: 7
7 is equal to 7
7 is less than or equal to 7
7 is greater than or equal to 7
```

```
Enter two integers and I will tell you the relationships they satisfy.
Enter first integer: 54
Enter second integer: 17
54 is not equal to 17
54 is greater than 17
54 is greater than or equal to 17
```

注释

第 1 行以字符井号（#）开头，表示该行的其余部分是**注释**：

```
# fig02_01.py
```

为了便于理解，每个脚本都以一条注释语句开始，该条语句的内容为脚本的文件名。注释也可以从一行代码的右端开始，直到该行的末尾。

文档字符串

Style Guide for Python Code 建议每个脚本都应该以说明脚本用途的文档字符串开头，例如第 2 行中的：

```
"""Comparing integers using if statements and comparison opera-
tors."""
```

对于更复杂的脚本，文档字符串常常包含很多行。在后面的章节中，我们将使用文档字符串来描述自定义的脚本组件，例如新函数和新类型（称为类）。我们还将介绍如何使用

IPython 的帮助机制访问文档字符串。

空行

第 3 行是一个空行。使用空行和空格可以使代码更易于阅读。空行、空格和制表符都称为**空白**。Python 忽略了大多数空白，但有些缩进是必不可少的。

43

将长语句分为多行

第 4～5 行

```
print('Enter two integers, and I will tell you',
      'the relationships they satisfy.')
```

向用户显示提示信息。因为提示信息太长，放在一行会影响程序的可读性，因此将它分成两个字符串放在两行。之前介绍过，可以将一个用逗号分隔的列表作为 print 函数的参数，而 print 会依次显示列表中的值，并用空格作为值与值之间的分隔。

　　一般情况下，会将一条语句写在一行上。但如有必要，也可以使用续行符"\"将长语句拆分为多行。Python 还允许在括号中拆分长代码行而不使用续行符（如第 4～5 行）。这是 *Style Guide for Python Code* 推荐的拆分长代码行的首选方法。在拆分长代码行时应该始终遵循选择有意义的断点这一原则，例如，在 print 函数参数中的某个逗号之后或在长表达式中的某个操作符之前。

从用户的输入中读取整数值

第 8 行和第 11 行使用内置的 input 和 int 函数来提示和读取用户输入的两个整数值。

if 语句

第 13～14 行的 if 语句：

```
if number1 == number2:
    print(number1, 'is equal to', number2)
```

使用比较运算符"=="来判断变量 number1 和 number2 的值是否相等。如果相等，则条件为 True，第 14 行将显示一行文本，说明两个值相等。如果后面的 if 语句的条件为 True（第 16、19、22、25 和 28 行），则对应的 print 语句也会显示一行文本。

　　每个 if 语句都包含关键字 if、要测试的条件和冒号（:），后跟一个缩进的语句块，称为**套件**。每个套件必须包含一条或多条语句。忘记条件后的冒号（:）是一个常见的语法错误。

套件缩进

Python 要求对套件中的语句进行缩进。*Style Guide for Python Code* 推荐使用四个空格作为缩进，本书的代码使用了这种缩进方式。在下一章中我们会看到不正确的缩进可能会导致的错误。

混淆"=="和"="

在 if 语句的条件中使用赋值号（=）而不是相等运算符（==）是一种常见的语法错误。

为了避免这种情况的发生，可以将"=="读作"等于"，将"="读作"被赋值"。在下一章中我们将会看到在赋值语句中误将"="写作"=="可能会导致的不易察觉的问题。

链式比较

为了检测一个值是否在某个范围内，可以使用链式比较。下面的比较要确定 x 是否在 1 到 5 的范围内（包括 1 和 5）：

```
In [1]: x = 3

In [2]: 1 <= x <= 5
Out[2]: True

In [3]: x = 10

In [4]: 1 <= x <= 5
Out[4]: False
```

44

本章介绍的运算符的优先级和结合性

本章介绍的运算符的优先级和结合性如下表所示：

运算符	结合性	类　型
( )	从左到右	括号
**	从右到左	取幂运算
* / // %	从左到右	乘法、除法、整除、取余
+ -	从左到右	加法、减法
< <= > >=	从左到右	小于、小于等于、大于、大于等于
== !=	从左到右	等于、不等于

上表按照优先级的降序从上到下列出了本章介绍的运算符。在书写包含多个运算符的表达式时，为了确保它们会按照期望的顺序进行求值，可以参照网址 https://docs.python.org/3/reference/expressions.html#operator-prece-dence 上的运算符优先级图表。

2.8　对象和动态类型

7（整数）、4.1（浮点数）和 'dog' 都可以称作对象，每个对象都具有一种类型和一个值：

```
In [1]: type(7)
Out[1]: int

In [2]: type(4.1)
Out[2]: float

In [3]: type('dog')
Out[3]: str
```

对象的值是存储在对象中的数据。上面的代码段显示了内置类型 int（整型）、float（浮点型）和 str（字符串型）的对象。

变量引用对象

将对象分配给变量会将该变量的名称**绑定**（关联）到该对象。在代码中可以使用变量访问对象的值，如下所示：

```
In [4]: x = 7

In [5]: x + 10
Out[5]: 17

In [6]: x
Out[6]: 7
```

在代码段 [4] 的赋值语句之后，变量 x **引用**的是值为 7 的整数对象。从代码段 [6] 的结果可知，代码段 [5] 没有改变 x 的值。如需更改 x 的值，可使用下面的赋值语句：

```
In [7]: x = x + 10

In [8]: x
Out[8]: 17
```

动态类型

Python 使用**动态类型**。所谓动态类型是指在代码执行期间才会确定变量所引用的对象的类型。下面的代码通过将变量 x 绑定到不同的对象并测试它们的类型来演示什么是动态类型：

```
In [9]: type(x)
Out[9]: int

In [10]: x = 4.1

In [11]: type(x)
Out[11]: float

In [12]: x = 'dog'

In [13]: type(x)
Out[13]: str
```

垃圾回收

Python 在内存中创建对象，并在必要时将其从内存中清除。在执行代码段 [10] 之后，变量 x 改为引用 float 对象。来自代码段 [7] 的整数对象不再绑定到任何变量。此时，Python 会自动从内存中清除该对象，此过程称为**垃圾回收**。垃圾回收有助于确保有更多的内存能用于所创建的新对象，我们将在后面的章节中具体讨论这一机制。

2.9　数据科学入门：基础的描述性统计

在数据科学中，通常会使用统计信息来描述和汇总数据。本节介绍几个具有此类功能的**描述性统计**数据，包括：

❑ minimum——合集中的最小值；

❑ maximum——合集中的最大值；

❑ range——从最小值到最大值的范围；

❑ count——合集中的值的个数；

❑ sum——合集中的值的总和。

我们将在下一章研究如何确定 count 和 sum。**离中趋势度量**（也称为**离散程度度量**），例如 range，可以帮助我们确定值的分布情况。后面的章节将介绍其他的离中趋势度量，包括方差和标准偏差。

46

确定三个值中的最小值

我们来编写程序确定三个值中的最小值。下面的脚本提示用户按要求输入三个值，然后使用 if 语句确定三个值中的最小值并显示结果：

```
 1  # fig02_02.py
 2  """Find the minimum of three values."""
 3
 4  number1 = int(input('Enter first integer: '))
 5  number2 = int(input('Enter second integer: '))
 6  number3 = int(input('Enter third integer: '))
 7
 8  minimum = number1
 9
10  if number2 < minimum:
11      minimum = number2
12
13  if number3 < minimum:
14      minimum = number3
15
16  print('Minimum value is', minimum)
```

```
Enter first integer: 12
Enter second integer: 27
Enter third integer: 36
Minimum value is 12
```

```
Enter first integer: 27
Enter second integer: 12
Enter third integer: 36
Minimum value is 12
```

```
Enter first integer: 36
Enter second integer: 27
Enter third integer: 12
Minimum value is 12
```

输入三个值后，程序每次处理一个值：

❑ 首先，假设 number1 包含最小值，第 8 行将其赋值给变量 minimum。当然，number2 或 number3 可能包含真正的最小值，因此必须将另外两个值与最小值进行比较。

❑ 然后，第一个 if 语句（第 10～11 行）测试条件 number2<minimum，如果此条件为 True，则将 number2 赋值给 minimum。

❑ 最后，第二个 if 语句（第 13～14 行）测试条件 number3<minimum，如果此条件

为 True，则将 number3 赋值给 minimum。

此时，变量 minimum 中存储的是最小值，因此将它作为结果进行显示。我们执行了三次脚本，无论用户输入的第一个值、第二个值还是第三个值是最小值，脚本总是能够正确地找到最小值。

使用内置函数 min 和 max 确定最小值和最大值

Python 有许多用于执行常见任务的内置函数。内置函数 min 和 max 分别计算一组值的最小值和最大值：

```
In [1]: min(36, 27, 12)
Out[1]: 12

In [2]: max(36, 27, 12)
Out[2]: 36
```

函数 min 和 max 可以接收任意数量的参数。

确定合集中值的范围

值的 range 指的是从最小值到最大值。在上面的例子中，range 是从 12 到 36。许多数据科学致力于了解数据的性质，描述性统计是其中的关键部分，因此，我们需要知道这些统计数据的含义。例如，如果有 100 个数字，范围为 12 到 36，那么这些数字可以均匀地分布在这个范围内。在极端情况下，这 100 个数字也可能会包含 99 个 12 和 1 个 36，或 1 个 12 和 99 个 36。

函数式编程：约简

本书将介绍多种函数式编程的技巧，这些技巧可以使我们能够编写出更简洁、更清晰、更易于**调试**（即查找和纠正错误）的代码。min 和 max 函数是称为**约简**的函数式编程概念的示例，min 和 max 会将一个合集的值约简为一个值。书中还会用到许多其他的约简，例如合集中的值的总和、平均值、方差和标准偏差等，并且还会介绍如何自定义约简。

数据科学部分简介

在接下来的两章中，我们将继续讨论采用集中趋势度量的基础描述性统计，包括均值、中值和众数，以及离中趋势度量，包括方差和标准偏差等。

2.10 小结

本章继续讨论了算术运算以及如何使用变量来存储数据，介绍了 Python 的算术运算符，说明必须以直线形式编写所有表达式，并使用内置函数 print 来显示数据。我们创建了单引号、双引号和三引号字符串，并使用三引号字符串来创建多行字符串和在字符串中嵌入单引号或双引号。

然后，我们演示了如何使用 input 函数显示提示信息，并获取用户的输入，如有必要，可以使用函数 int 或 float 将字符串转换为数值。接着，我们介绍了 Python 的比较运算符，并在脚本中使用了它们，这些脚本会从用户的输入中读取两个整数，再使用一系列 if 语句比较这些整数的值。

　　我们还讨论了 Python 的动态类型，并使用内置函数 type 来显示对象的类型。最后，介绍了基础的描述性统计中的最小值和最大值，并使用它们来计算值合集的范围。在下一章中，我们将介绍 Python 的控制语句。

48

Chapter 3　第 3 章

控制语句

目标

- ❑ 使用 if、if...else 和 if...elif...else 语句进行决策。
- ❑ 使用 while 和 for 重复执行语句。
- ❑ 使用增强赋值运算符缩短赋值表达式。
- ❑ 使用 for 语句和内置的 range 函数重复一系列针对值的操作。
- ❑ 使用 while 执行边界值控制的迭代。
- ❑ 使用布尔运算符 and、or 和 not 创建复合条件。
- ❑ 使用 break 停止循环。
- ❑ 使用 continue 强制执行循环的下一次迭代。
- ❑ 利用函数式编程的特点编写更简洁、更清晰、更易于调试和更易于并行化的脚本。

49

3.1　简介

本章将会介绍 Python 的控制语句 if、if...else、if...elif...else、while、for、break 和 continue。我们将使用 for 语句执行序列控制的迭代。在这种迭代中，序列包含的数据项的个数决定了 for 语句的迭代次数。可以使用 Python 的内置函数 range 生成整数序列。

我们还将使用 while 语句执行边界值控制的迭代，使用 Python 标准库的 Decimal 类型进行精确的货币计算，使用各种格式说明符格式化 f 字符串（即格式字符串）中的数据。我们会演示如何使用布尔运算符 and、or 和 not 创建复合条件。在"数据科学入门"部分中，我们将使用 Python 标准库的 statistics 模块实现集中趋势度量，包括均值、中值和众数。

3.2　控制语句概述

Python 提供了三种选择语句，它们根据条件的取值为 True 或 False 来执行代码：

❏ if 语句在条件为 True 时执行操作，如果条件为 False，则跳过操作。

❏ if...else 语句在条件为 True 时执行一种操作；如果条件为 False，则执行另外一种操作。

❏ if...elif...else 语句根据多个条件为 True 或 False 执行多个不同操作之一。

以上三种选择语句中的操作，既可以是由一条语句完成的单一操作，也可以是由多条语句构成的一组操作。

Python 提供了两种迭代语句——while 和 for，规则如下：

❏ 只要条件为 True，while 语句就会重复同一个操作（或一组操作）；

❏ for 语句针对序列中的每一项重复同一个操作（或一组操作）。

50

关键字

if、elif、else、while、for、True 和 False 是 Python 的关键字。使用关键字作为标识符（如变量名）是语法错误。下表列出了 Python 的关键字。

Python 关键字				
and	as	assert	async	await
break	class	continue	def	del
elif	else	except	False	finally
for	from	global	if	import
in	is	lambda	None	nonlocal
not	or	pass	raise	return
True	try	while	with	yield

3.3　if 语句

下面的代码段执行了一次 if 语句：

```
In [1]: grade = 85
In [2]: if grade >= 60:
   ...:     print('Passed')
   ...:
Passed
```

其中，条件 grade> = 60 为 True，因此 if 套件中被缩进的 print 语句显示 'passed'。

套件缩进

套件需要有相应的缩进，否则，会引发 IndentationError，如下：

```
In [3]: if grade >= 60:
   ...: print('Passed')  # statement is not indented properly
  File "<ipython-input-3-f42783904220>", line 2
```

```
    print('Passed')  # statement is not indented properly
      ^
IndentationError: expected an indented block
```

如果套件中包含多条语句，但这些语句没有相同的缩进，也会引发 IndentationError，例如：

```
In [4]: if grade >= 60:
   ...:      print('Passed')  # indented 4 spaces
   ...:    print('Good job!)  # incorrectly indented only two spaces
  File <ipython-input-4-8c0d75c127bf>, line 3
    print('Good job!')  # incorrectly indented only two spaces
        ^
IndentationError: unindent does not match any outer indentation level
```

有些时候，Python 给出的错误信息可能不够准确，但它提示需要注意的那一行通常可以让我们弄清楚代码发出了什么错误。不均匀的缩进会降低程序的可读性，因此，在整个代码中应该使用统一的缩进规则。

每个表达式都可以被解释为 True 或 False

任何表达式的值都可作为决策依据，非零值为 True，零为 False，如下所示：

```
In [5]: if 1:
   ...:      print('Nonzero values are true, so this will print')
   ...:
Nonzero values are true, so this will print

In [6]: if 0:
   ...:      print('Zero is false, so this will not print')

In [7]:
```

非空的字符串为 True，空字符串（' '、" " 或 " " " "）为 False。

容易混淆的 == 和 =

在赋值语句中使用等于运算符 "=="而不是 "="可能会导致不易发现的问题。例如，在下面的代码段中，代码段 [1] 使用赋值定义了变量 grade：

```
grade = 85
```

如果将其写成下面这样：

```
grade == 85
```

那么 grade 是未定义的，会显示一个 NameError。如果在上面的语句之前定义了 grade，则 grade==85 就是一个逻辑错误，这是一个取值为 True 或 False 的关系表达式，而不是赋值语句，不会将 85 赋值给 grade。

3.4　if...else 和 if...elif...else 语句

if...else 语句根据条件是 True 还是 False 执行不同的套件：

```
In [1]: grade = 85

In [2]: if grade >= 60:
   ...:         print('Passed')
   ...: else:
   ...:         print('Failed')
   ...:
Passed
```

上面的代码段中的条件为 True，因此 if 套件显示 'Passed'。需要注意的是，当键入 print（'Passed'）后按 Enter 键时，IPython 会将下一行缩进四个空格。必须删除这四个空格，以便"else:"套件可以在 if 的字母 i 下正确对齐。

下面的代码将 57 赋值给变量 grade，然后再次执行 if...else 语句，执行结果说明，条件为 False 时只执行 else 的套件：

```
In [3]: grade = 57

In [4]: if grade >= 60:
   ...:         print('Passed')
   ...: else:
   ...:         print('Failed')
   ...:
Failed
```

52

使用向上和向下箭头键可以在交互式会话的当前代码段中向后或向前导航，按 Enter 键可以重新执行选中的代码段。现在，我们将 grade 赋值为 99，按两次向上箭头键导航到代码段 [4]，然后按 Enter 键重新执行该代码段。因为每个被执行的代码段都会获得一个新的 ID，因此，该代码段将显示为 [6]，如下所示：

```
In [5]: grade = 99

In [6]: if grade >= 60:
   ...:         print('Passed')
   ...: else:
   ...:         print('Failed')
   ...:
Passed
```

条件表达式

有时，if...else 语句中的套件可以根据条件为变量赋不同的值，如下所示：

```
In [7]: grade = 87

In [8]: if grade >= 60:
   ...:         result = 'Passed'
   ...: else:
   ...:         result = 'Failed'
   ...:
```

然后我们可以评估这个变量或者用 print 输出这个变量，如下所示：

```
In [9]: result
Out[9]: 'Passed'
```

代码段 [8] 的语句可以改写为简洁的**条件表达式**，如下所示：

```
In [10]: result = ('Passed' if grade >= 60 else 'Failed')

In [11]: result
Out[11]: 'Passed'
```

上面的代码段中的括号不是必需的，但它们能清晰地表明该语句将条件表达式的值赋给了 result。首先，Python 评估条件 grade >= 60：

❑ 如果条件为 True，则代码段 [10] 将 if 左侧表达式的值，即 'Passed'，赋值给 result。else 部分不执行。

❑ 如果条件为 False，则代码段 [10] 将 else 右侧表达式的值，即 'Failed'，赋值给 result。

在交互模式下，还可以直接评估条件表达式，如下所示：

```
In [12]: 'Passed' if grade >= 60 else 'Failed'
Out[12]: 'Passed'
```

套件中的多条语句

下面的代码中，if...else 语句的 else 套件包含两条语句：

53

```
In [13]: grade = 49

In [14]: if grade >= 60:
    ...:     print('Passed')
    ...: else:
    ...:     print('Failed')
    ...:     print('You must take this course again')
    ...:
Failed
You must take this course again
```

上面的代码段中的 grade 小于 60，因此 else 套件中的两条语句都会被执行。

如果第二个 print 没有进行缩进，那么它将不被包含在 else 的套件中。因此，无论 if 语句的条件是 True 还是 False，该条语句都会被执行，这可能会导致错误的输出：

```
In [15]: grade = 100

In [16]: if grade >= 60:
    ...:     print('Passed')
    ...: else:
    ...:     print('Failed')
    ...: print('You must take this course again')
    ...:
Passed
You must take this course again
```

if...elif...else 语句

可以使用 if...elif...else 语句测试多种情况。下面的代码段中，等级 A 表示 grade 大于等于 90，等级 B 表示 grade 为 80～89，等级 C 表示 grade 为 70～79，等级 D 表示 grade 为 60～69，而等级 F 表示其他成绩。在这几个条件中，仅执行第一个值为

True 的条件控制的操作。代码段 [18] 显示结果为 C，因为 grade 的值是 77：

```
In [17]: grade = 77

In [18]: if grade >= 90:
    ...:         print('A')
    ...: elif grade >= 80:
    ...:         print('B')
    ...: elif grade >= 70:
    ...:         print('C')
    ...: elif grade >= 60:
    ...:         print('D')
    ...: else:
    ...:         print('F')
    ...:
C
```

第一个条件 grade>=90 为 False，因此跳过语句 print('A')。第二个条件 grade>=80 也是 False，语句 print('B') 也被跳过。第三个条件 grade>=70 为 True，因此执行语句 print('C')。然后跳过 if...elif...else 语句中的所有剩余代码。if...elif...else 语句的执行速度比单独执行多个 if 语句的速度更快，因为当条件为 True 时，会立即终止测试。

else 是可选项

if...elif...else 语句中的 else 是可选项。包含 else 可以使代码处理不满足任何条件的值。当没有 else 的 if...elif 语句中的条件全部都为 False 时，程序不会执行任何语句套件，而是直接执行 if...elif 语句后的下一条语句。如果在 if...elif 语句中包含 else，则必须把它放在最后一个 elif 之后；否则，会引发 SyntaxError。 [54]

逻辑错误

代码段 [16] 中错误地使用缩进是一个非致命逻辑错误的示例。这个代码段可以执行，但会产生错误的结果。如果脚本中存在致命的逻辑错误，会引发异常（例如尝试除以 0 会引发 ZeroDivisionError），Python 会显示回溯，然后终止脚本。交互模式中的致命错误仅终止当前代码段，然后 IPython 会等待下一个输入。

3.5 while 语句

while 语句在循环测试条件保持为 True 时重复一个或多个操作。下面的代码使用 while 语句来查找第一个大于 50 的 3 的幂：

```
In [1]: product = 3

In [2]: while product <= 50:
    ...:         product = product * 3
    ...:

In [3]: product
Out[3]: 81
```

代码段 [3] 评估 result 的值为 81，这是第一个大于 50 的 3 的幂。

while 语句套件中必须有某些语句可以更改 result 的值，使得循环测试条件最终变为 False，否则，会进入无限循环。在 Terminal、Anaconda 命令提示符或 shell 中执行应用程序时，可以按组合键 Ctrl + C 或 Control + C 来终止无限循环。如果使用 IDE 编写和执行代码，则通常会有用于终止程序执行的工具栏按钮或菜单选项。

3.6 for 语句

for 语句可以为一个**序列**中的每个项重复一个或多个操作。例如，字符串是由单个字符组成的序列，下面的代码段可以将字符串 'Programming' 中的每个字符用两个空格分隔开并显示出来：

```
In [1]: for character in 'Programming':
   ...:     print(character, end='  ')
   ...:
P r o g r a m m i n g
```

for 语句按照如下步骤执行：

❑ 在进入循环语句时，它会将 "Programming" 中的字母 P 分配给关键字 for 和 in 之间的**目标变量**，在本例中是 character。

❑ 接下来执行套件中的语句，显示字符的值，后跟两个空格。

❑ 执行套件后，Python 为 character 分配序列中的下一个项（即 "Programming" 中的字母 r），然后再次执行套件。

❑ 当序列中还有未处理的项时，循环将会继续，直到所有的项都被处理，循环终止。在本例中，循环在显示最后一个字母 g 以及其后的两个空格后终止。

在套件中使用目标变量的情况很常见，例如在本例中显示 character 的值，但也可以不使用。

print 函数的关键字参数 end

内置函数 print 的功能是显示它的参数，然后将光标移到下一行。可以通过设置参数 end 来修改输出的效果，例如语句

```
print(character, end='  ')
```

会在显示 character 的值后继续显示两个空格，而不是换行。因此，光标不会移动到下一行。在 Python 中将 end 称为**关键字参数**（也称为**命名参数**），但 end 本身不是 Python 关键字。关键字参数 end 是可选项，如果参数中不包含 end，会使用默认值换行符（'\n'）。*Style Guide for Python Code* 建议在关键字参数的 "=" 两侧不加空格。

print 函数的关键字参数 sep

可以使用关键字参数 sep（separator 的简称）来指定分隔 print 显示的项之间的字

符串。如果不指定此参数，默认情况下 print 使用空格作为分隔符。下面的代码显示三个
数字，每个数字用逗号和空格分隔，而不仅仅是一个空格：

```
In [2]: print(10, 20, 30, sep=', ')
10, 20, 30
```

要删除默认的空格，可以使用 sep='' （即空字符串）。

3.6.1　可迭代对象、列表和迭代器

在 for 语句中，关键字 in 右侧的序列必须是一个**可迭代**对象，也就是说，for 语句可
以从这个对象中每次获取一个项，直到不再有未处理的项为止。除了字符串，Python 还有
其他的可迭代对象序列类型。**列表**是最常见的一种，它是用方括号（[和]）括起来并用逗
号分隔的项的合集。下面的代码对列表中的 5 个整数求和：

```
In [3]: total = 0

In [4]: for number in [2, -3, 0, 17, 9]:
   ...:         total = total + number
   ...:

In [5]: total
Out[5]: 25
```

每个序列都含有一个**迭代器**。for 语句使用隐藏的迭代器来依次获取序列中的每一个
项，直到没有项需要处理为止。迭代器就像一个书签，使你知道自己在序列中的位置，当
被调用时，它可以返回序列中的下一个项。本书会在第 5 章中详细介绍列表。在这一章里，
将会演示列表中项的顺序的重要性，以及列表中的项是**可变的**（即可修改）。

3.6.2　内置函数 range

下面的代码使用 for 语句和内置函数 range 进行 10 次迭代，显示 0 到 9 之间的值：

```
In [6]: for counter in range(10):
   ...:         print(counter, end=' ')
   ...:
0 1 2 3 4 5 6 7 8 9
```

函数调用 range(10) 创建一个可迭代对象，表示从 0 开始一直到（但不包括）参数值
10 的连续整数序列，本例中为 0、1、2、3、4、5、6、7、8、9。当处理完 range 产生的
最后一个整数时，退出 for 语句。迭代器和可迭代对象是 Python 函数式编程的两个组成部
分，本书将介绍更多的相关内容。

缺一错误

当假设 range 的参数值包含在生成的序列中时，经常会发生缺一错误。例如，在尝试
生成序列 0 到 9 时使用 9 作为 range 的参数，但 range 仅生成 0 到 8 的序列。

3.7 增强赋值

当相同的变量名同时出现在赋值号 "=" 的左右两端，可以使用**增强赋值**对赋值表达式进行缩写，例如下面的代码中的变量 total：

```
for number in [1, 2, 3, 4, 5]:
    total = total + number
```

代码段 [2] 使用**加法增强赋值（+=）语句**重写上面的代码，如下：

```
In [1]: total = 0
In [2]: for number in [1, 2, 3, 4, 5]:
   ...:        total += number  # add number to total
   ...:
In [3]: total
Out[3]: 15
```

代码段 [2] 中的 "+=" 表达式首先将 number 的值加到当前的 total 上，然后再将新值存储在 total 中。下表显示了增强赋值的示例。

增强赋值号	表达式举例	解释	赋值
假设：c = 3, d = 5, e = 4, f = 2, g = 9, h = 12			
+=	c += 7	c = c + 7	10 → c
-=	d -= 4	d = d - 4	1 → d
*=	e *= 5	e = e * 5	20 → e
**=	f **= 3	f = f ** 3	8 → f
/=	g /= 2	g = g / 2	4.5 → g
//=	g //= 2	g = g // 2	4 → g
%=	h %= 9	h = h % 9	3 → h

3.8 序列控制迭代和格式化字符串

本节和下一节将求解两个班级平均成绩的问题。以下是需求声明：

一个班有十个学生参加了一个测验。它们的成绩（0~100 的整数）分别是 98、76、71、87、83、90、57、79、82、94，要求计算班级的平均成绩。

下面用于解决该问题的脚本会使用循环求出成绩的总和，然后计算出平均值并显示结果。该脚本将 10 个成绩放在一个列表中，当然也可以让用户在键盘上输入这些成绩（下一个示例会使用这种方式）或从文件中读取它们（第 9 章会介绍如何操作）。除此之外，我们还将在第 16 章介绍如何从 SQL 和 NoSQL 数据库中读取数据。

```
1  # class_average.py
2  """Class average program with sequence-controlled iteration."""
3
4  # initialization phase
```

```
5   total = 0  # sum of grades
6   grade_counter = 0
7   grades = [98, 76, 71, 87, 83, 90, 57, 79, 82, 94] # list of 10 grades
8
9   # processing phase
10  for grade in grades:
11      total += grade  # add current grade to the running total
12      grade_counter += 1 # indicate that one more grade was processed
13
14  # termination phase
15  average = total / grade_counter
16  print(f'Class average is {average}')
```

```
Class average is 81.7
```

第 5～6 行创建变量 total 和 grade_counter，并将两个变量都初始化为 0。第 7 行

```
grades = [98, 76, 71, 87, 83, 90, 57, 79, 82, 94]  # list of 10 grades
```

创建变量 grades 并使用包含 10 个整数成绩的列表对其进行初始化。

　　for 语句依次处理列表 grades 中的每个 grade。第 11 行将当前的 grade 值加到 total 中，然后，第 12 行将变量 grade_counter 加 1，记录到目前为止已经处理的成绩数量。当处理完列表中的所有 10 个成绩时，迭代终止。*Style Guide for Python Code* 建议在每个控制语句的上方和下方放置一个空行，如第 8 行和第 13 行所示。当 for 语句执行结束后，第 15 行计算成绩的平均值，第 16 行显示计算结果。在本章后面的部分中，我们将介绍如何使用函数式编程来更加简洁地计算列表项的平均值。

格式化字符串简介

　　第 16 行中使用了如下所示的 f 字符串（formatted string，即**格式化字符串**）将 average 的值插入字符串中，以此来格式化脚本的输出结果：

```
f'Class average is {average}'
```

字符串开头的引号前的字母 f 表示它是一个 f 字符串。可以使用由花括号（{ 和 }）分隔的**占位符**指定插入值的位置。占位符先将变量 average 的值转换为以字符串形式表示的 **替换文本**，然后用该替换文本替换 {average}。替换文本表达式可以包含值、变量或其他表达式，例如计算或函数调用。在第 16 行中，可以使用 total/grade_counter 代替 average，从而能够省略第 15 行。

3.9　边界值控制的迭代

　　现在，对求班级平均分问题进行扩展。以下是需求声明：

　　开发一个计算班级平均分的程序，该程序每次执行时可以处理任意数量的成绩。

　　需求声明没有说明成绩是什么或者是多少，所以我们会让用户自行输入成绩。该程序要处理任意数量的成绩。用户每次输入一个成绩，直到输入所有成绩，然后输入**边界值**（也

称为信号值、虚拟值或标记值）以表示不再需要输入成绩。

应用边界值控制的迭代

下面的脚本使用边界值控制的迭代解决求班级平均分问题。需要注意的是，脚本中应该包含测试是否除以零的语句。如果漏检，可能会出现致命的逻辑错误。在第 9 章中，我们编写了能够识别此类异常并采取适当措施的程序。

```python
 1  # class_average_sentinel.py
 2  """Class average program with sentinel-controlled iteration."""
 3
 4  # initialization phase
 5  total = 0  # sum of grades
 6  grade_counter = 0  # number of grades entered
 7
 8  # processing phase
 9  grade = int(input('Enter grade, -1 to end: '))  # get one grade
10
11  while grade != -1:
12      total += grade
13      grade_counter += 1
14      grade = int(input('Enter grade, -1 to end: '))
15
16  # termination phase
17  if grade_counter != 0:
18      average = total / grade_counter
19      print(f'Class average is {average:.2f}')
20  else:
21      print('No grades were entered')
```

```
Enter grade, -1 to end: 97
Enter grade, -1 to end: 88
Enter grade, -1 to end: 72
Enter grade, -1 to end: -1
Class average is 85.67
```

边界值控制的迭代的程序逻辑

在边界值控制的迭代中，程序在到达 while 语句之前读取第一个值（第 9 行）。第 9 行输入的值确定程序的控制流程是否应该进入 while 套件（第 12～14 行）。如果第 11 行中的条件为 False，表明用户直接输入了边界值（−1）而没有输入任何 grade，因此套件不会被执行。如果条件为 True，则执行套件，将 grade 加到 total 中并使 grade_counter 加 1。

接下来，第 14 行从用户输入得到下一个 grade，并使用最新输入的 grade 再次测试条件（第 11 行）。在程序测试 while 条件之前，需要先输入 grade 的值，因此可以先判定刚刚输入的值是否为边界值，然后再决定是否将该值作为成绩处理。

当输入边界值 −1 时，循环终止，程序不会将 −1 加到 total 中。在上面的边界值控制的循环中，由于边界值由用户输入，因此每个提示信息（第 9 行和第 14 行）都应该提示用户边界值是多少。

使用两位小数格式化班级平均分

这个例子将班级平均分格式化为保留小数点后两位。在 f 字符串中，可以选择在替换文本表达式之后跟一个冒号（:）和一个**格式说明符**，用来描述如何格式化替换文本。格式说明符"`.2f`"（第 19 行）将平均值格式化为浮点数（f）、保留小数点后两位（.2）。在这个例子中，成绩的总和是 257，当除以 3 时，会得到 85.666666666…。用"`.2f`"格式化平均值会令其四舍五入到百分位，得到替换文本 85.67。如果平均值的小数点的右侧只有一位小数，则会在末尾补 0（例如，85.50）。第 8 章将会对字符串格式化的功能进行更加深入的讨论。

3.10　内置函数 range：深入讨论

`range` 函数还有两参数和三参数两个版本。前面演示了 `range` 带有一个参数时，会生成一系列连续的整数，从 0 到（但不包括）参数的值。`range` 函数的两参数版本会生成从其第一个参数值开始到（但不包括）第二个参数值为止的一系列连续的整数，例如：

```
In [1]: for number in range(5, 10):
   ...:     print(number, end=' ')
   ...:
5 6 7 8 9
```

`range` 函数的三参数版本会生成从第一个参数的值开始到（但不包括）第二个参数的值为止，并以第三个参数值（称为**步长**）递增的整数序列，例如：

```
In [2]: for number in range(0, 10, 2):
   ...:     print(number, end=' ')
   ...:
0 2 4 6 8
```

如果第三个参数的值为负，则序列从第一个参数的值向下进行，到达（但不包括）第二个参数的值，其中，按第三个参数的值递减，例如：

60

```
In [3]: for number in range(10, 0, -2):
   ...:     print(number, end=' ')
   ...:
10 8 6 4 2
```

3.11　使用 Decimal 类型处理货币金额

本节将介绍用于精确货币计算的 `Decimal` 类型。如果在银行业或其他需要"精确到分"的领域工作，深入了解 `Decimal` 的功能将会为你的工作带来帮助。

对于许多需要使用带小数点数字的科学或数学应用来说，Python 的内置浮点数运算已经可以满足需求。例如，当我们说"正常"体温为 98.6 时，其实际值有可能是98.5999473210643，但其实不需要精确到太多位，数字 98.6 对于大多数的体温应用来说已经足够了。

在计算机中，浮点值以二进制方式存储（我们在第 1 章中介绍了二进制，并在在线"数字系统"附录中对其进行了深入讨论)。某些浮点值在转换为二进制值时使用的是其近似值。例如，包含元和分的变量 amount，其值为 112.31，如果显示变量 amount，它看上去是一个精确值，如下：

```
In [1]: amount = 112.31

In [2]: print(amount)
112.31
```

但是，如果打印出小数点后面的 20 位，则可以看到内存中的实际浮点值不是精确的 112.31，而是一个近似值：

```
In [3]: print(f'{amount:.20f}')
112.31000000000000227374
```

有许多应用程序需要精确表示带小数点的数字。例如，像银行这样每天处理数百万甚至数十亿交易的机构必须将交易"精确到每一分钱"。浮点数可以表示一部分货币金额，但不能表示所有需要精确到分的货币金额。

Python 标准库[一]提供了许多可以在 Python 代码中使用的预定义功能，可以避免重复工作。对于货币计算和其他需要精确表示和操作带小数点数字的应用程序，Python 标准库提供了 Decimal 类型，它使用特殊的编码方案来解决高精度的问题。该方案提供货币计算所需的精度，但需要额外的内存来保存数字以及需要额外的处理时间来执行计算。此外，Decimal 类型也提供一些在银行的日常事务中必须用到的其他功能，例如，在计算账户的每日利息时使用的公平的舍入算法[二]。

从 decimal 模块导入 Decimal 类型

之前，我们使用过几个 Python 内置的类型，如 int（用于整数，如 10）、float（用于浮点数，如 7.5）、str（用于字符串，例如 'Python'）等。Decimal 类型不是 Python 的内置类型，而是来自 Python 标准库。Python 标准库依据相关的功能被分成不同的**模块**，decimal 是其中的一个模块，定义了 Decimal 类型及其功能。

要使用 Decimal 类型，必须首先**导入** decimal 模块，可以导入整个模块，如下：

import decimal

然后使用 decimal.Decimal 引用 Decimal 类型，也可以使用 from...import 指定要导入的特定功能，如下所示：

```
In [4]: from decimal import Decimal
```

这种形式的 import 语句只导入 decimal 模块中的 Decimal 类型，因此可以在代码中直接使用它。我们会在下一章讨论其他形式的 import。

[一]　https://docs.python.org/3.7/library/index.html.
[二]　查看更多 decimal 模块的功能，可以访问 https://docs.python.org/3.7/library/decimal.html.

创建 Decimal

通常会使用字符串来创建一个 Decimal：

```
In [5]: principal = Decimal('1000.00')

In [6]: principal
Out[6]: Decimal('1000.00')

In [7]: rate = Decimal('0.05')

In [8]: rate
Out[8]: Decimal('0.05')
```

在随后的复利计算示例中会使用到变量 principal 和 rate。

Decimal 的算术运算

Decimal 支持标准算术运算符 +、-、*、/、//、** 和 %，以及相应的增强赋值号：

```
In [9]: x = Decimal('10.5')

In [10]: y = Decimal('2')

In [11]: x + y
Out[11]: Decimal('12.5')

In [12]: x // y
Out[12]: Decimal('5')

In [13]: x += y

In [14]: x
Out[14]: Decimal('12.5')
```

可以在 Decimal 和整数之间进行算术运算，但不能在 Decimal 和浮点数之间进行算术运算。

复利问题的需求声明

我们使用 Decimal 类型提供的精确货币计算功能来计算复利。以下是需求声明：

　　某人在储蓄账户中存入了 1000 美元，年利率为 5%。假设该人将所有利息留在账户中而不取出，计算并显示 10 年中每年年底账户中的金额是多少。计算金额时使用下面的公式：

$$a=p(1 + r)^n$$

其中：

p 是存入的初始金额（即本金）；

r 是年利率；

n 是年数；

a 是第 n 年末的存款金额。

计算复利

为了解决这个问题，使用在代码段 [5] 和代码段 [7] 中定义的变量 principal 和 rate，并利用 for 语句计算这 10 年中每年年末的存款金额。对于每一年，循环都会显示一个格式化的字符串，其中包含年份编号和当年年底的存款金额：

```
In [15]: for year in range(1, 11):
    ...:     amount = principal * (1 + rate) ** year
    ...:     print(f'{year:>2}{amount:>10.2f}')
    ...:
 1    1050.00
 2    1102.50
 3    1157.62
 4    1215.51
 5    1276.28
 6    1340.10
 7    1407.10
 8    1477.46
 9    1551.33
10    1628.89
```

代数表达式 $(1 + r)^n$ 表示为

```
(1 + rate) ** year
```

其中，变量 rate 代表 r，变量 year 代表 n。

格式化年份和存款金额

语句

```
print(f'{year:>2}{amount:>10.2f}')
```

使用带有两个占位符的 f 字符串来格式化循环的输出。

占位符

```
{year:>2}
```

使用格式说明符 " >2" 表示显示年份值的字段宽度为 2、**右对齐**（>）。**字段宽度**用来指定在显示值时要使用的字符位置数。对于 1 位数年份值 1～9，格式说明符 " >2" 会在数值前显示一个空格，从而使第一列中的年份右对齐。下图展示了数字 1 和 10 在字段宽度为 2 时的显示效果。

使用 " <" 则可以实现**左对齐**。

占位符中的格式说明符 10.2f，即

```
{amount:>10.2f}
```

将 amount 格式化为浮点数（ f ）、右对齐（ > ）、字段宽度为 10、保留小数点后两位（ .2 ）。以这种方式格式化所有 amount，可以使其像货币金额那样垂直对齐小数点。在 10 个字符位置中，最右边的三个字符是数字的小数点与后跟在其右侧的两个小数部分的数字。其余 7 个字符位置是前导空格和小数点左侧的整数部分的数字。在此示例中，所有美元金额在小数点左侧都有四位数，因此每个数字都使用三个前导空格进行格式化。下图显示了值 1050.00 的格式。

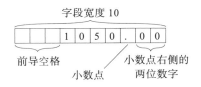

3.12　break 和 continue 语句

break 和 continue 语句可以改变循环的控制流。在 while 循环或 for 循环中执行 break 语句将立即退出该循环。在下面的代码中，range 生成一个 0～99 的整数序列，但是当 number 为 10 时循环将被提前终止，如下：

```
In [1]: for number in range(100):
   ...:     if number == 10:
   ...:         break
   ...:     print(number, end=' ')
   ...:
0 1 2 3 4 5 6 7 8 9
```

在这个脚本中，当 for 循环终止后，会继续执行 for 循环后面的一条语句。while 和 for 语句都有一个可选的 else 子句，但只有当循环正常终止时才会执行，而对于因为中断导致的循环终止，不会执行 else 子句。

在 while 或 for 循环中执行 continue 语句会跳过循环套件的其余部分。在 while 循环中，会转回测试条件以确定循环是否应该继续执行；在 for 循环中，循环将会处理序列中的下一个项（如果有），例如：

```
In [2]: for number in range(10):
   ...:     if number == 5:
   ...:         continue
   ...:     print(number, end=' ')
   ...:
0 1 2 3 4 6 7 8 9
```

3.13　布尔运算符 and、or 和 not

条件运算符 >、<、>=、<=、== 和 != 可用于组成简单条件，例如 grade>=60。要将简单条件进行组合，构成更复杂的条件，可以使用布尔运算符 and、or 和 not。

布尔运算符 and

要在执行控制语句的套件之前确保两个条件都为 True，可以使用布尔运算符 and 来组合条件。下面的代码定义了两个变量，当且仅当两个简单条件都为 True 时，测试条件

为 True，如果两个简单条件中的任何一个（或两个）为 False，则整个 and 表达式的值为
False：

```
In [1]: gender = 'Female'

In [2]: age = 70

In [3]: if gender == 'Female' and age >= 65:
   ...:     print('Senior female')
   ...:
Senior female
```

if 语句包含以下两个简单条件：

❏ gender == 'Female' 决定一个人是否是女性；

❏ age >= 65 决定一个人是否是老年人。

首先评估 and 运算符左侧的简单条件，因为 == 的优先级高于 and。如有必要，接下
来评估 and 右侧的简单条件，因为 >= 也具有比 and 更高的优先级。（后面会简要讨论为什
么只有当左侧条件为 True 时，才会评估 and 运算符右侧的条件。）当且仅当两个简单条件
都为 True 时，整个 if 语句的条件为 True。通过添加冗余括号可以使组合条件更清晰，
如下：

(gender == 'Female') and (age >= 65)

下表称为真值表，通过显示表达式 1 和表达式 2 的值为 False 和 True 的所有四种可
能组合来总结运算符 and 的运算规则。

表达式 1	表达式 2	表达式 1 and 表达式 2
False	False	False
False	True	False
True	False	False
True	True	True

布尔运算符 or

布尔运算符 or 可以测试两个条件中的一个或两个是否为 True。在下面的代码中，如
果其中一个或两个简单条件为 True 时，整个测试条件为 True，当且仅当两个简单条件均
为 False 时，整个测试条件为 False：

```
In [4]: semester_average = 83

In [5]: final_exam = 95

In [6]: if semester_average >= 90 or final_exam >= 90:
   ...:     print('Student gets an A')
   ...:
Student gets an A
```

代码段 [6] 同样包含两个简单的条件：

❑ `semester_average >= 90` 确定学生在学期内的平均成绩是否为 A（90 或以上）；

❑ `final_exam>=90` 确定学生的期末考试成绩是否为 A。

运算符 and 的优先级高于 or。下面的真值表总结了布尔运算符 or 的运算规则。

表达式 1	表达式 2	表达式 1 or 表达式 2
False	False	False
False	True	True
True	False	True
True	True	True

利用短路提高性能

一旦知道整个条件是否为 False，Python 就会停止计算 and 表达式。类似地，一旦知道整个条件是否为 True，Python 就会停止计算 or 表达式。这种机制称为*短路*。因此在条件

```
gender == 'Female' and age >= 65
```

中，如果 gender 不等于 'Female'，立即停止计算，因为整个表达式的值一定为 False；否则继续执行，如果 age 大于或等于 65，整个表达式的值为 True。

同样，在条件

```
semester_average >= 90 or final_exam >= 90
```

中，如果 `semester_average` 大于或等于 90，立即停止计算，因为整个表达式的值一定为 True；否则继续执行，因为如果 `final_exam` 大于或等于 90，整个表达式的值仍然可以是 True。

在使用 and 表示条件时，应该将其值更有可能为 False 的条件放在最左边。同样，在使用运算符 or 的表达式中，应该将其值更有可能为 True 的条件放在最左边。这些技巧可以减少程序的执行时间。

布尔运算符 not

布尔运算符 not 表示"取反"，即 True 变为 False，False 变为 True。not 只有一个操作数，是**一元运算符**。如果原始条件（没有 not 运算符）为 False，可以在条件之前放置 not 运算符来选择执行该路径，例如：

```
In [7]: grade = 87

In [8]: if not grade == -1:
   ...:     print('The next grade is', grade)
   ...:
The next grade is 87
```

通常，我们会避免使用 not，而是以更"自然"或方便的方式表达条件。例如，上面代码中的 if 语句也可以写成如下形式：

66

```
In [9]: if grade != -1:
   ...:     print('The next grade is', grade)
   ...:
The next grade is 87
```

下表是 not 运算符的真值表。

表达式	not 表达式
False	True
True	False

下表从上到下按优先级的降序显示了运算符的优先级和结合性。

运算符	结合性
( )	从左到右
**	从右到左
* / // %	从左到右
+ -	从左到右
< <= > >= == !=	从左到右
not	从左到右
and	从左到右
or	从左到右

3.14 数据科学入门：集中趋势度量——均值、中值和众数

在这一节中，我们继续讨论如何使用描述性统计数据进行数据分析，包括：

❑ 均值——一组值的平均值；

❑ 中值——当所有值按顺序排列时的中间值；

❑ 众数——最常出现的值。

以上这些都是**集中趋势度量**，每种都会产生一个值来表示一组值中的"中心"值，或者说，在某种意义上是这组值中的典型值。

我们来计算一个整数列表的均值、中值和众数。下面的代码段创建一个名为 grades 的列表，然后使用内置的 sum 和 len 函数来"手动"计算平均值——sum 计算 grade 的总和（397），len 计算 grade 的个数（5）：

```
In [1]: grades = [85, 93, 45, 89, 85]

In [2]: sum(grades) / len(grades)
Out[2]: 79.4
```

前一章介绍了使用 Python 的内置函数 len 和 sum 分别计算描述性统计中的计数和求和。与函数 min 和 max（在前一章中介绍）类似，sum 和 len 都是函数式编程中约简的示例，它们会将值合集减少为单个值——值的总和与值的数量。在 3.8 节的计算班级平均分的示例中，可以删除脚本的第 10～15 行，并使用代码段 [2] 替换第 16 行的代码来计算平均值。

Python 标准库的 statistics 模块提供了计算均值、中值和众数的函数，这些同样也是约简。要使用这些功能，首先需要导入 statistics 模块，如下：

```
In [3]: import statistics
```

然后，可以使用"statistics."加上需要调用的函数名称来访问模块的功能。下面的代码使用 statistics 模块的 mean、median 和 mode 函数分别计算列表 grades 的均值、中值和众数：

```
In [4]: statistics.mean(grades)
Out[4]: 79.4

In [5]: statistics.median(grades)
Out[5]: 85

In [6]: statistics.mode(grades)
Out[6]: 85
```

其中，每个函数的参数都必须是可迭代的，在本例中为列表 grades。要确认中值和众数是否正确，可以使用内置的 sorted 函数来得到列表 grades 按值的递增顺序排列的副本：

```
In [7]: sorted(grades)
Out[7]: [45, 85, 85, 89, 93]
```

列表 grades 具有奇数个值（5），因此 median 返回中间值（85）。如果列表包含偶数个值，则 median 会返回两个中间值的平均值。从排好序的列表可以看到 85 是众数，因为它出现的次数最多（两次）。类似于下面的列表会导致 mode 函数产生一个 StatisticsError：

```
[85, 93, 45, 89, 85, 93]
```

因为其中有两个或更多个"出现最多"的值。这样的一组值是**双峰的**，85 和 93 都出现了两次。

⌐68⌐

3.15　小结

本章首先介绍了 Python 中的控制语句，包括 if、if...else、if...elif...else、while、for、break 和 continue。其中，for 语句用来执行序列控制的迭代，依次处理可迭代对象中的每个项，例如一个整数范围、字符串或列表。while 语句则用来执行边界控制的迭代，采用 while 语句构成的循环将一直执行，直到遇到边界值才会终止。break 和 continue 语句可以改变循环的控制流。

然后，介绍了使用内置函数 range 可以生成一个从 0 到（但不包括）其参数的整数序列，可以用来确定 for 语句迭代的次数。使用其双参数版本可以生成一个从第一个参数值到（但不包含）第二个参数值的整数序列。而在其三参数版本中，第三个参数则用来表示 range 生成的整数序列中整数之间的步长。

接下来，介绍了用于精确的货币计算的 Decimal 类型，并使用它来计算复利。同时，使用 f 字符串和各种格式说明符来创建格式化输出。我们还讨论了如何使用布尔运算符 and、or 和 not 将简单条件进行组合来构成复杂条件。

最后，我们继续讨论了描述性统计，介绍了集中趋势度量中的均值、中值和众数，并使用 Python 标准库的 statistics 模块中的函数来计算它们。

在下一章中，我们将介绍 math 和 random 模块中的函数，以及如何创建自定义函数。本章展示了几个预定义的函数式编程的约简示例，在下一章中将会介绍其他函数式编程的功能。

69
~
70

第 4 章　Chapter 4

函　　数

目标

- □ 创建自定义函数。
- □ 导入并使用 Python 标准库模块，如 random 和 math 模块，重用代码以避免重复工作。
- □ 在函数间传递数据。
- □ 生成一系列随机数。
- □ 通过随机数生成器了解模拟技术。
- □ 利用种子控制随机数生成器，保证可重复性。
- □ 将值打包进元组和解包元组中的值。
- □ 通过元组从函数返回多个值。
- □ 理解标识符的作用域如何决定在程序中可以使用它的位置。
- □ 创建带默认参数的函数。
- □ 使用关键字参数调用函数。
- □ 创建可以接收不定长参数的函数。
- □ 使用对象的方法。
- □ 编写并使用递归函数。

4.1　简介

本章继续讨论 Python 自定义函数的相关知识。我们将使用 Python 标准库的 random 模块和随机数生成来模拟六面骰子的滚动，通过为随机数发生器设置种子以确保随机数的可重复性。在实现骰子游戏的脚本中，既包含随机数的生成，也包含自定义函数。同时，在该示例中，还将介绍 Python 的元组序列类型，并使用元组从函数返回多个值。

随后，我们将在脚本中导入 Python 标准库的 math 模块，并使用它了解 IPython 制表符自动补全功能，以加快编码和发现进程。还会创建带有默认参数值的函数和带有不定长参数列表的函数，以及使用关键字参数调用函数和通过对象调用其方法。我们还将讨论标识符的作用域如何决定程序中可以使用它的位置。

接下来会对模块导入进行更深入的讨论。我们还将演示如何创建一个递归函数，并介绍 Python 的函数式编程的功能。

在"数据科学入门"部分，我们将通过引入离中（分散）趋势度量中的方差和标准偏差的计算来继续讨论描述性统计，并使用 Python 标准库的 statistics 模块中的函数计算它们。

4.2　函数定义

在本书前面章节的示例中已经调用过许多内置函数（int、float、print、input、type、sum、len、min 和 max）和 statistics 模块中的一些函数（mean、median 和 mode），每个函数都执行了一项明确定义的任务。除了这些已经定义好的函数外，我们还会经常定义和调用自定义函数。下面的代码段定义了一个 square 函数，用于计算其参数的平方，然后调用了两次 square 函数，第一次计算 int 值 7 的平方（得到 int 值 49），第二次计算 float 值 2.5 的平方（得到 float 值 6.25）：

```
In [1]: def square(number):
   ...:     """Calculate the square of number."""
   ...:     return number ** 2
   ...:

In [2]: square(7)
Out[2]: 49

In [3]: square(2.5)
Out[3]: 6.25
```

在代码段 [1] 中定义函数 square 的语句只需写一次，但可以根据需要在整个程序中多次调用这个函数。如果使用非数值类型的参数（如 'hello'）调用 square 会导致 TypeError，因为取幂运算符（**）只能作用于数值型的操作数。

定义一个自定义函数

函数定义（如代码段 [1] 中的 square）以关键字 def 开头，后跟函数名（square）、一对括号和一个冒号（:）。按照惯例，与变量标识符类似，函数名称应以小写字母开头，在多词名称中，应使用下划线分隔每个单词。

括号中包含**参数列表**，各**参数**以逗号进行分隔，表示函数执行任务时所需的数据。函数 square 只有一个参数 number，是需要计算平方的值。如果括号为空，则该函数执行任务时不需要参数。

冒号（:）后面缩进的行是函数的**语句块**，它包含一个可选的文档字符串，接着是执行函数任务的语句。后面会介绍函数的语句块和控制语句套件之间的区别。

自定义函数的文档字符串

Style Guide for Python Code 指出，在函数的语句块中，第一行应该是一个文档字符串，用来简要说明函数的用途：

```
"""Calculate the square of number."""
```

要提供更详细的信息，可以使用多行文档字符串。*Style Guide for Python Code* 建议从简短说明开始，后跟空行和其他详细信息。

将结果返回给函数的调用者

当一个函数执行完成时，会将控制权返回给它的调用者，即调用该函数的代码行。在 square 的函数块中，**返回语句**

```
return number ** 2
```

首先计算 number 的平方，然后终止该函数并将结果返回给调用者。在上面的例子中，第一个调用者在代码段 [2] 中，因此 IPython 在 Out[2] 中显示结果。第二个调用者在代码段 [3] 中，因此 IPython 在 Out[3] 中显示结果。

函数调用也可以嵌入表达式中。下面的代码会先调用函数 square，然后用 print 显示结果：

```
In [4]: print('The square of 7 is', square(7))
The square of 7 is 49
```

还有另外两种方法可以将控制权从函数返回给调用者：

❑ 执行不带表达式的 return 语句会终止该函数，并隐式地将值 None 返回给调用者。Python 文档规定 None 表示空值，在条件语句中被评估为 False。

❑ 当函数中没有 return 语句时，它会在执行函数语句块中的最后一条语句后隐式地返回 None。

局部变量

虽然上面的例子没有在函数 square 的语句块中定义变量，但事实上 Python 是允许在函数的语句块中定义变量的。在函数的语句块中定义的参数和变量都是**局部变量**，仅在函数执行时存在，且只能在函数内部使用。尝试访问函数语句块之外的局部变量会导致 NameError，表示该变量未定义。

通过 IPython 的帮助机制访问函数的文档字符串

IPython 可以帮助我们了解想要在代码中使用的模块和函数，甚至可以是 IPython 本身。

例如，想要知道如何使用某个函数，可以查看该函数的文档字符串，查看的方法是键入函数的名称，后跟**问号**（**?**），如下所示：

```
In [5]: square?
Signature: square(number)
Docstring: Calculate the square of number.
File:      ~/Documents/examples/ch04/<ipython-input-1-7268c8ff93a9>
Type:      function
```

对于函数 `square`，显示的信息包括：
- ❑ 函数的名称和参数列表，称为函数的**签名**。
- ❑ 函数的文档字符串。
- ❑ 包含函数定义的文件的名称。对于交互式会话中的函数，此行显示定义函数的代码段的信息，例如"`<ipython-input-1-7268c8ff93a9>`"中的 1 表示代码段 `[1]`。
- ❑ 访问 IPython 帮助机制的项的类型，在本例中是"函数"。

如果函数的源代码允许通过 IPython 访问，可以使用"**??**"显示函数定义的完整源代码，例如在当前会话中定义的函数或从 `.py` 文件导入会话中的函数，如下：

```
In [6]: square??
Signature: square(number)
Source:
def square(number):
    """Calculate the square of number."""
    return number ** 2
File:      ~/Documents/examples/ch04/<ipython-input-1-7268c8ff93a9>
Type:      function
```

如果不允许从 IPython 访问源代码，"**??**"只显示其文档字符串。

如果文档字符串的内容可以在当前窗口中完整显示，IPython 将显示下一个 `In[]` 提示符。如果文档字符串太长无法在当前窗口全部显示，IPython 会在窗口底部显示冒号（`:`）表示还有更多内容，按空格键可以显示下一屏。使用向上或向下方向键可以在文档字符串中向后或向前导航。IPython 在文档字符串的末尾显示（`END`）。在任何"`:`"或（`END`）提示符处按 q（表示 quit）可返回到下一个 `In[]` 提示。如需了解 IPython 的功能，可以在任何 `In[]` 提示符下键入 ?，按 Enter 键，然后阅读帮助文档的概述。

4.3　多参数函数

下面的代码定义了一个函数 `maximum`，其功能是确定并返回三个值中的最大值。然后分别用整数、浮点数和字符串作为参数调用 `maximum` 三次：

```
In [1]: def maximum(value1, value2, value3):
   ...:     """Return the maximum of three values."""
   ...:     max_value = value1
   ...:     if value2 > max_value:
```

```
    ...:          max_value = value2
    ...:      if value3 > max_value:
    ...:          max_value = value3
    ...:      return max_value
    ...:

In [2]: maximum(12, 27, 36)
Out[2]: 36

In [3]: maximum(12.3, 45.6, 9.7)
Out[3]: 45.6

In [4]: maximum('yellow', 'red', 'orange')
Out[4]: 'yellow'
```

我们没有在 if 语句的上方和下方放置空行，因为交互模式下在空行处按回车键表示完成函数的定义。

也可以使用混合类型作为参数调用 maximum 函数，例如 int 和 float：

```
In [5]: maximum(13.5, -3, 7)
Out[5]: 13.5
```

调用 maximum(13.5,'hello',7) 会导致 TypeError，因为字符串和数字不能用大于（>）运算符进行比较。

函数 maximum 的定义

函数 maximum 的参数列表包含三个参数，它们以逗号分隔。代码段 [2] 中的参数 12、27 和 36 分别赋值给参数 value1、value2 和 value3。

为了确定三个值中的最大值，函数的代码块每次处理一个值：

❑ 首先，假设 value1 包含最大值，因此将其赋值给局部变量 max_value。当然，value2 或 value3 可能包含实际的最大值，因此必须将它们与 max_value 进行比较。

❑ 然后，第一个 if 语句测试 value2>max_value，如果此条件为 True，则将 value2 赋值给 max_value。

❑ 最后，第二个 if 语句测试 value3>max_value，如果此条件为 True，则将 value3 赋值给 max_value。

现在，max_value 中包含三个值中的最大值，因此将它返回。当控制权返回给调用者时，参数 value1、value2 和 value3 以及函数语句块中的变量 max_value（都是局部变量）都将被回收。

Python 内置函数 max 和 min

Python 中包含许多用于完成常见任务的函数。例如，内置的 max 和 min 函数分别可用于求出各自参数中的最大和最小值，它们的参数可以是两个，也可以是多个：

```
In [6]: max('yellow', 'red', 'orange', 'blue', 'green')
Out[6]: 'yellow'

In [7]: min(15, 9, 27, 14)
Out[7]: 9
```

以上两个函数都可以接收可迭代的参数，例如列表或字符串。使用 Python 内置函数或标准库模块中的函数而不是编写自定义函数可以缩短开发时间并提高程序的可靠性、可移植性和性能。有关 Python 内置函数和模块的列表，可参阅 https://docs.python.org/3/library/index.html。

4.4 随机数生成

本节将简要介绍一种流行的程序应用——模拟和博弈。可以通过 Python 标准库的 `random` 模块模拟**偶然因素**。

投掷六面骰子

可以通过生成 10 个 1～6 的随机数来模拟投掷 10 次六面骰子，如下：

```
In [1]: import random
In [2]: for roll in range(10):
   ...:         print(random.randrange(1, 7), end=' ')
   ...:
4 2 5 5 4 6 4 6 1 5
```

为了使用 `random` 模块的功能，需要先导入模块。`randrange` 函数随机生成一个从第一个参数到（但不包括）第二个参数之间的整数值。使用向上方向键导航到 `for` 语句，然后按 Enter 键重新运行程序，会显示不同的值，如下：

```
In [3]: for roll in range(10):
   ...:         print(random.randrange(1, 7), end=' ')
   ...:
4 5 4 5 1 4 1 4 6 5
```

有些时候，例如在调试程序的时候，可能需要随机序列具有**可重复性**。本节的最后一部分将介绍如何使用 `random` 模块中的 `seed` 函数来保证随机序列重复出现。

投掷一个六面骰子 6,000,000 次

如果 `randrange` 可以生成真正的随机整数，那么每次调用它时，其范围内的每个数字都应该具有相同的**出现概率**（或称为机会、可能性）。下面的脚本模拟了 6,000,000 次投掷，来验证点数 1~6 是否以相同的概率出现。运行脚本时，每个面应该出现大约 1,000,000 次，如例子的输出所示：

```
 1  # fig04_01.py
 2  """Roll a six-sided die 6,000,000 times."""
 3  import random
 4
 5  # face frequency counters
 6  frequency1 = 0
 7  frequency2 = 0
 8  frequency3 = 0
 9  frequency4 = 0
```

```
10    frequency5 = 0
11    frequency6 = 0
12
13    # 6,000,000 die rolls
14    for roll in range(6_000_000):  # note underscore separators
15        face = random.randrange(1, 7)
16
17        # increment appropriate face counter
18        if face == 1:
19            frequency1 += 1
20        elif face == 2:
21            frequency2 += 1
22        elif face == 3:
23            frequency3 += 1
24        elif face == 4:
25            frequency4 += 1
26        elif face == 5:
27            frequency5 += 1
28        elif face == 6:
29            frequency6 += 1
30
31    print(f'Face{"Frequency":>13}')
32    print(f'{1:>4}{frequency1:>13}')
33    print(f'{2:>4}{frequency2:>13}')
34    print(f'{3:>4}{frequency3:>13}')
35    print(f'{4:>4}{frequency4:>13}')
36    print(f'{5:>4}{frequency5:>13}')
37    print(f'{6:>4}{frequency6:>13}')
```

```
Face    Frequency
   1       998686
   2      1001481
   3       999900
   4      1000453
   5       999953
   6       999527
```

上面的脚本使用嵌套控制语句（嵌套在 for 语句中的 if...elif 语句）来确定骰子每个面出现的次数。for 语句一共迭代了 6,000,000 次，可以使用 Python 的数字分隔符下划线（_）将数值 6000000 表示为 6_000_000，使其更具可读性，而不能写成 range(6,000,000)，因为在 Python 的函数调用中使用逗号作为参数之间的分隔符，Python 会将 range(6,000,000) 视为使用三个参数 6、0 和 0 调用函数 range。

根据每次投掷骰子的点数，脚本会将该点数对应的计数器变量加 1。这个程序的运行可能需要几秒钟才能完成。多次运行程序，并观察运行结果，可以发现每次运行产生的结果都不尽相同。上面的脚本使用的 if...elif 语句中没有 else 子句。

为随机数生成器设置种子以保证可重复性

函数 randrange 实际上生成的是一个**伪随机数**。伪随机数是基于以一个称为 seed 的数值开头的内部计算生成的。因为每次启动新的交互式会话或执行的脚本包含随机模块中的函数时，Python 都会使用不同的种子值[⊖]，因此重复调用 randrange 会产生一系列看上去

⊖　根据文档，Python 生成种子值是基于系统时钟或依赖于操作系统的随机源。对于需要使用安全的随机数的应用程序，例如密码学，建议使用 secrets 模块，而不是 random 模块。

随机的数字。当调试的程序中包含有随机生成的数据时，最好使用相同的随机数序列进行调试，在排除了逻辑错误后，再使用其他的数据进行测试。为此，可以使用随机模块中的 seed 函数为**随机数生成器设置种子**，这样可以强制 randrange 从指定的种子开始计算其伪随机数序列。在下面的代码中，代码段 [5] 和代码段 [8] 会产生相同的结果，因为代码段 [4] 和代码段 [7] 中使用相同的种子（32）：

```
In [4]: random.seed(32)
In [5]: for roll in range(10):
   ...:     print(random.randrange(1, 7), end=' ')
   ...:
1 2 2 3 6 2 4 1 6 1
In [6]: for roll in range(10):
   ...:     print(random.randrange(1, 7), end=' ')
   ...:
1 3 5 3 1 5 6 4 3 5
In [7]: random.seed(32)
In [8]: for roll in range(10):
   ...:     print(random.randrange(1, 7), end=' ')
   ...:
1 2 2 3 6 2 4 1 6 1
```

代码段 [6] 则生成了不同的值，因为它是从代码段 [5] 开始的伪随机数序列的延续。

4.5 案例研究：一个运气游戏

在本节中，我们模拟了一种流行的骰子游戏，称为"craps"。以下是需求声明：

> 投掷两个六面骰子，骰子每个面上的点数分别为 1、2、3、4、5、6。当骰子停下来时，计算两个朝上的面上的点数总和。如果第一次掷骰的点数总和是 7 或 11，则游戏胜利。如果第一次掷骰的点数总和为 2、3 或 12（称为"craps"），游戏失败（即"house"获胜）。如果第一次掷骰的点数总和是 4、5、6、8、9 或 10，那么这个总和就被记作"point"。想要获胜，必须继续掷骰子直到再次投出"point"。如果在得到"point"之前，出现了 7，则游戏失败。

下面的脚本模拟了这个游戏并重复执行了几次，分别演示了游戏的四种结果：在第一次投掷时获胜；在第一次投掷时失败；在后续的投掷中获胜；在后续的投掷中失败。

```
 1  # fig04_02.py
 2  """Simulating the dice game Craps."""
 3  import random
 4
 5  def roll_dice():
 6      """Roll two dice and return their face values as a tuple."""
 7      die1 = random.randrange(1, 7)
 8      die2 = random.randrange(1, 7)
 9      return (die1, die2)  # pack die face values into a tuple
10
11  def display_dice(dice):
```

```
12          """Display one roll of the two dice."""
13          die1, die2 = dice  # unpack the tuple into variables die1 and die2
14          print(f'Player rolled {die1} + {die2} = {sum(dice)}')
15
16  die_values = roll_dice()  # first roll
17  display_dice(die_values)
18
19  # determine game status and point, based on first roll
20  sum_of_dice = sum(die_values)
21
22  if sum_of_dice in (7, 11):  # win
23      game_status = 'WON'
24  elif sum_of_dice in (2, 3, 12):  # lose
25      game_status = 'LOST'
26  else:  # remember point
27      game_status = 'CONTINUE'
28      my_point = sum_of_dice
29      print('Point is', my_point)
30
31  # continue rolling until player wins or loses
32  while game_status == 'CONTINUE':
33      die_values = roll_dice()
34      display_dice(die_values)
35      sum_of_dice = sum(die_values)
36
37      if sum_of_dice == my_point:  # win by making point
38          game_status = 'WON'
39      elif sum_of_dice == 7:  # lose by rolling 7
40          game_status = 'LOST'
41
42  # display "wins" or "loses" message
43  if game_status == 'WON':
44      print('Player wins')
45  else:
46      print('Player loses')
```

79

```
Player rolled 2 + 5 = 7
Player wins
```

```
Player rolled 1 + 2 = 3
Player loses
```

```
Player rolled 5 + 4 = 9
Point is 9
Player rolled 4 + 4 = 8
Player rolled 2 + 3 = 5
Player rolled 5 + 4 = 9
Player wins
```

```
Player rolled 1 + 5 = 6
Point is 6
Player rolled 1 + 6 = 7
Player loses
```

函数 roll_dice——通过元组返回多个值

函数 roll_dice(第 5～9 行)用来模拟每次投掷两个骰子。该函数定义一次,随后(第

16 和 33 行）调用了两次。空的参数列表表示 roll_dice 执行任务时不需要参数。

到目前为止，我们调用过的内置函数和自定义函数都只返回一个值。但有些时候需要返回多个值，例如函数 roll_dice，它将两个骰子的值组成一个**元组**返回（第 9 行）。元组是一个不可变（即不可修改）的值序列。要创建元组，可以使用逗号分隔其值，如第 9 行所示：

```
(die1, die2)
```

这个过程称为**打包元组**。括号是可选的，但为了清楚起见，建议使用它们。我们将在下一章深入讨论元组。

函数 display_dice

要使用元组的值，可以将它们赋值给以逗号分隔的变量列表，称为**解包元组**。为了显示每次投掷骰子的结果，函数 display_dice（在第 11～14 行定义并在第 17 行和第 34 行中调用）对它接收的元组参数（第 13 行）进行了解包。"="左边的变量个数必须与元组中元素的个数相匹配，否则，会引发 ValueError。第 14 行打印一个包含两个骰子的点数及点数总和的格式化字符串。我们通过将元组传递给内置的 sum 函数来计算骰子的总和。同列表一样，元组也是一个序列。

通过观察可以发现，函数 roll_dice 和 display_dice 都使用文档字符串作为函数块的开头，用来说明函数的功能。此外，两个函数都包含局部变量 die1 和 die2，这些变量不会发生"冲突"，因为它们属于不同的函数块，而每个局部变量只在定义它的块中可访问。

80

第一次投掷

当脚本开始执行时，第 16～17 行投掷骰子并显示结果。第 20 行计算骰子点数的总和，并在第 22～29 行中使用这个值。第一次投掷以及任何一次后续的投掷都有赢或输的可能，变量 game_status 用来跟踪输 / 赢的状态。

第 22 行

```
sum_of_dice in (7, 11)
```

中的运算符 in 用来测试元组 (7,11) 是否包含 sum_of_dice 的值。如果投出了 7 或 11，此条件为 True。在这种情况下，第一次投掷就赢得游戏，因此脚本将 game_status 设置为 'WON'。运算符 "in" 的右操作数可以是任何可迭代的对象。此外，还可以使用 "not in" 运算符来确定值是否不在可迭代对象中。上面的简明条件相当于

```
(sum_of_dice == 7) or (sum_of_dice == 11)
```

类似地，第 24 行中的条件

```
sum_of_dice in (2, 3, 12)
```

用来测试元组（2,3,12）是否包含 sum_of_dice 的值。如果包含，第一次投掷就输了，所以脚本将 game_status 设置为 'LOST'。

对于骰子的任何其他点数总和（4、5、6、8、9 或 10），按照以下步骤进行处理：

❑ 第 27 行将 game_status 设置为 'CONTINUE'，继续投掷。

❑ 第 28 行将骰子点数的总和存储在 my_point 中，如果想在后续的投掷中获胜，必须再次投出 my_point 的点数。

❑ 第 29 行显示 my_point。

后续的投掷

如果 game_status 等于 'CONTINUE'（第 32 行），则表示还不能确定输赢，因此执行 while 语句的套件（第 33～40 行）。每次循环迭代都会调用函数 roll_dice 来得到骰子的点数并计算它们的总和。如果 sum_of_dice 等于 my_point（第 37 行）或 7（第 39 行），则脚本分别将 game_status 设置为 'WON' 或 'LOST'，并且终止循环；否则，while 循环继续进行下一次投掷。

显示最终结果

当循环终止时，脚本运行到 if...else 语句（第 43～46 行），如果 game_status 为 'WON'，则输出 'Player wins'，否则输出 'Player loses'。

4.6　Python 标准库

在编写程序时经常会用到 Python 中已有的函数和类，例如 Python 标准库或其他库中的函数和类。使用这些已有的函数和类编写程序来避免重复工作是编程工作中的一个重要准则。

模块是一个对相互关联的函数、数据和类进行分组的文件。前面章节中介绍的 Decimal 类型其实就是 Python 标准库中 decimal 模块里的一个类。我们已经在第 1 章中对类进行了简要的介绍，并将在第 10 章中进行更加详细的讨论。包则是相关模块的分组。本书的示例中会使用很多已有的模块和包，同时，也会创建自定义模块。事实上，每个 Python 源代码（.py）文件都是一个模块，而包的创建则不在本书讨论的范围内。包通常用于将大型的库按照功能组织成更小的子集，这些子集更易于维护，并且可以单独导入，方便使用。例如，在 5.17 节中使用的 matplotlib 可视化库具有非常丰富的功能（其文档超过 2300 页），因此我们只导入示例中所需的子集 pyplot 和 animation。

81

Python 标准库与核心 Python 语言都由 Python 来提供。其中的包和模块包含各种编程中常用的功能⊖。可以在以下网址查看标准库模块的完整列表：

https://docs.python.org/3/library/

我们已经使用过 decimal、statistics 和 random 模块中的功能。在下一节中，我们还将使用 math 模块中的数学功能。在本书的多个示例中还会用到许多其他 Python 标准

⊖　Python 教程将其比喻为"插入电池"。

库中的模块，下表列出了其中一些常用的模块。

一些常用的 Python 标准库模块	
collections——列表、元组、字典和集合之外的数据结构。	math——常见的数学常数和操作。
	os——与操作系统交互。
Cryptography 模块——加密数据以实现安全传输。	profile、pstats、timeit——性能分析。
csv——处理用逗号分隔值的文件（如 Excel）。	random——伪随机数。
	re——用于模式匹配的正则表达式。
datetime——日期和时间操作。还有 time 和 calendar 模块。	sqlite3——SQLite 关系数据库访问。
decimal——定点和浮点算术运算，包括货币计算。	statistics——数学统计函数，如 mean、median、mode 和 variance。
doctest——在简单单元测试的文档字符串中嵌入验证测试和预期结果。	string——字符串处理。
	sys——命令行参数处理：标准输入、标准输出和标准错误流。
gettext 和 locale——国际化和本地化模块。	tkinter——图形用户界面（GUI）和基于画布的图形。
json——与 Web 服务和 NoSQL 文档数据库一起使用的 JSON（JavaScript Object Notation）处理。	turtle——海龟图。
	webbrowser——用于在 Python 应用程序中方便地显示网页。

4.7　math 模块中的函数

math 模块中定义了用于执行各种常见数学计算的函数。下面脚本中的 import 语句导入了 math 模块，然后就可以通过模块名加点（.）来使用模块中的函数：

```
In [1]: import math
```

例如，下面的代码段通过调用 math 模块的 sqrt 函数来计算 900 的平方根，该函数将结果作为浮点值返回：

```
In [2]: math.sqrt(900)
Out[2]: 30.0
```

类似地，下面的代码段通过调用 math 模块的 fabs 函数来计算 −10 的绝对值，该函数将结果作为 float 值返回：

```
In [3]: math.fabs(-10)
Out[3]: 10.0
```

下表列出了一些 math 模块中的函数，如果需要查看完整列表，可以参考以下网址：https://docs.python.org/3/library/math.html。

函　　数	说　　明	例　　子
ceil(x)	将 x 向上取整	ceil(9.2) 的值为 10.0 ceil(-9.8) 的值为 -9.0
floor(x)	将 x 向下取整	floor(9.2) 的值为 9.0 floor(-9.8) 的值为 -10.0
sin(x) cos(x) tan(x)	求 x 的正弦（x 是弧度） 求 x 的余弦（x 是弧度） 求 x 的正切（x 是弧度）	sin(0.0) 的值为 0.0 cos(0.0) 的值为 1.0 tan(0.0) 的值为 0.0
exp(x) log(x) log10(x)	指数函数 e^x 求 x 的自然对数（底为 e） 求 x 的对数（底为 10）	exp(1.0) 的值为 2.718282 exp(2.0) 的值为 7.389056 log(2.718282) 的值为 1.0 log(7.389056) 的值为 2.0 log10(10.0) 的值为 1.0 log10(100.0) 的值为 2.0
pow(x,y) sqrt(x)	求 x 的 y 次幂（x^y） 求 x 的平方根	pow(2.0,7.0) 的值为 128.0 pow(9.0,.5) 的值为 3.0 sqrt(900) 的值为 30.0 sqrt(9.0) 的值为 3.0
fabs(x)	求 x 的绝对值——通常返回一个 float 值。Python 还有一个内置的 abs 函数，这个函数会根据其参数返回 int 或 float 类型的值	fabs(5.1) 的值为 5.1 fabs(-5.1) 的值为 5.1
fmod(x,y)	x 除以 y 的余数，返回值为浮点数	fmod(9.8,4.0) 的值为 1.8

4.8　在 IPython 中使用制表符自动补全

在 IPython 交互模式下可以使用**制表符自动补全**功能查看模块的文档来加速编码和发现进程。键入标识符的一部分并按 Tab 键后，IPython 会补全标识符，或者提供以目前键入的标识符开头的标识符列表。这可能因操作系统平台和导入 IPython 会话的内容而异：

```
In [1]: import math

In [2]: ma<Tab>
        map            %macro          %%markdown
        math           %magic          %%matplotlib
        max()          %man
```

可以使用向上和向下方向键滚动标识符。IPython 会根据你的操作突出显示相应的标识符并将其显示在 In[] 的右侧。

查看模块中的标识符
要查看模块中定义的标识符列表，可以键入模块的名称和点（.），然后按 Tab 键：

```
In [3]: math.<Tab>
        acos()     atan()     copysign()   e         expm1()
        acosh()    atan2()    cos()        erf()     fabs()
        asin()     atanh()    cosh()       erfc()    factorial() >
        asinh()    ceil()     degrees()    exp()     floor()
```

83

如果要显示的标识符多于当前能够显示的标识符，IPython 会在右侧边缘显示"＞"符号（在某些平台上），在本例中见 `factorial()` 的右侧。可以使用向上和向下方向键滚动列表。标识符列表中的内容遵循以下规则：

❏ 后跟括号的是函数（或方法，稍后会看到）。

❏ 以大写字母开头的标识符表示类名（前面的列表中没有出现过），包括首字母大写的单字标识符（例如 `Employee`）和每个单词均以大写字母开头的多字标识符（例如 `CommissionEmployee`）。*Style Guide for Python Code* 推荐的这种命名规则因大写字母突出显示就好像骆驼的驼峰，因此被称为 CamelCase。

❏ 没有括号的小写标识符（如 `pi`（前面的列表中未显示）和 `e`）是变量。标识符 `pi` 的评估结果为 3.141592653589793，标识符 `e` 的评估结果为 2.718281828459045。在 `math` 模块中，`pi` 和 `e` 分别代表数学常数 π 和 e。

尽管 Python 中的许多对象是不可变的（不可修改的），但在 Python 中是没有常量的。因此，即使 `pi` 和 `e` 是真实世界中的常量，但也不能为它们赋一个新值，因为这样会改变它们的值。为了帮助用户将常量与其他变量区分开来，*Style Guide for Python Code* 建议使用全部大写字母命名自定义常量。

使用当前突出显示的函数

在浏览标识符时，如果希望使用当前突出显示的函数，只需在括号中键入其参数即可，然后 IPython 会隐藏自动补全列表。如果需要有关当前突出显示项的更多信息，可以在名称后面键入问号（？）并按 Enter 键查看帮助文档中的文档字符串。下面的代码显示了 `fabs` 函数的文档字符串：

```
In [4]: math.fabs?
Docstring:
fabs(x)

Return the absolute value of the float x.
Type:      builtin_function_or_method
```

上面显示的 `builtin_function_or_method` 表示 `fabs` 是 Python 标准库模块的一部分，是内置于 Python 中的。本例中的 `fabs` 是 `math` 模块的内置函数。

4.9　默认参数值

定义函数时，可以指定参数具有**默认值**。调用函数时，如果不给带默认值的参数传递默认值，该参数将自动使用它的默认值。下面的代码用默认参数值定义函数 `rectangle_area`：

```
In [1]: def rectangle_area(length=2, width=3):
   ...:     """Return a rectangle's area."""
   ...:     return length * width
   ...:
```

通过让参数名后跟一个"＝"和一个值来指定默认的参数值。在本例中，length 的默认参数值是 2，width 的默认参数值是 3。参数列表中，任何具有默认值的参数必须在没有默认值的参数的右侧。

下面的代码调用函数 rectangle_area 时没有参数，因此 IPython 会使用两个默认参数值来执行函数，相当于以 rectangle_area(2,3) 的形式调用函数：

```
In [2]: rectangle_area()
Out[2]: 6
```

下面的代码在调用函数 rectangle_area 时只给出一个参数。参数的赋值顺序为从左到右，所以 10 传给了参数 length，参数 width 则使用默认值 3，相当于以 rectangle_area(10,3) 的形式调用函数：

```
In [3]: rectangle_area(10)
Out[3]: 30
```

下面的代码调用 rectangle_area 时给出了 length 和 width 两个参数的值，所以 IPython 会忽略掉默认参数：

```
In [4]: rectangle_area(10, 5)
Out[4]: 50
```

4.10　关键字参数

调用函数时，使用**关键字参数**能够以任何顺序传递参数。下面的代码重新定义了没有默认参数值的 rectangle_area 函数：

```
In [1]: def rectangle_area(length, width):
   ...:     """Return a rectangle's area."""
   ...:     return length * width
   ...:
```

调用函数时，使用关键字参数的格式为"参数名＝值"。下面代码中的调用表明，关键字参数的顺序并不重要，它们不需要匹配函数定义中对应参数的位置：

```
In [2]: rectangle_area(width=5, length=10)
Out[3]: 50
```

在函数调用中，必须将关键字参数放置在函数的位置参数之后（即不指定参数名的参数）。IPython 会根据参数列表中参数的位置，按照从左到右的顺序将位置参数分配给对应的函数参数。关键字参数有助于提高函数调用的可读性，特别是具有多个参数的函数。 85

4.11　不定长参数列表

具有**不定长参数列表**的函数（如内置函数 min 和 max）可以接收任意数量的参数。例如下面的代码中 min 函数的调用：

```
min(88, 75, 96, 55, 83)
```

　　min 的说明文档指出 min 有两个必需的参数（名为 arg1 和 arg2）和一个可选的形如 *args 的参数，表明函数可以接收任意数量的附加参数。参数名称之前的 * 告诉 Python 将剩余的参数打包成元组传递给参数 args。在上面的调用中，参数 arg1 接收 88，参数 arg2 接收 75，参数 args 接收元组（96,55,83）。

定义带不定长参数列表的函数

　　下面的代码定义了 average 函数，它可以接收任意个数的参数：

```
In [1]: def average(*args):
   ...:     return sum(args) / len(args)
   ...:
```

　　依照惯例，上面的代码将参数命名为 args，但这并不是强制性的，可以使用任意标识符。如果函数包含多个参数，那么 *args 参数必须是最右端的一个参数。

　　下面的代码使用不同长度的参数列表调用几次 average 函数：

```
In [2]: average(5, 10)
Out[2]: 7.5

In [3]: average(5, 10, 15)
Out[3]: 10.0

In [4]: average(5, 10, 15, 20)
Out[4]: 12.5
```

　　为了计算平均值，用 args 元组中元素的总和（内置函数 sum 的返回值）除以元素的个数（内置函数 len 的返回值）。观察 average 函数的定义可以知道，如果 args 的长度为 0，会引发 ZeroDivisionError。本书会在下一章演示如何在没有解包的情况下访问元组中的元素。

将可迭代对象的单个元素作为函数的参数

　　可以解包元组、列表或者其他可迭代对象，并将解包得到的元素作为参数单个传递给函数。在调用函数时将操作符 * 作用于可迭代参数可以对该参数解包。下面的代码创建了一个包含 5 个元素的列表 grades，然后使用表达式 *grades 对其解包，所得元素作为 average 函数的参数：

```
In [5]: grades = [88, 75, 96, 55, 83]

In [6]: average(*grades)
Out[6]: 79.4
```

　　上面的代码中的函数调用形式相当于 average(88, 75, 96, 55, 83)。

4.12　方法：属于对象的函数

　　方法是属于对象的函数，其调用方式如下：

object_name.*method_name*(*arguments*)

例如，下面的代码首先创建了字符串变量 s 并将其关联到字符串对象 'Hello'。然后通过对象调用其 lower 和 upper 方法，生成包含原始字符串的全小写和全大写版本的新字符串，s 保持不变：

```
In [1]: s = 'Hello'
In [2]: s.lower()  # call lower method on string object s
Out[2]: 'hello'
In [3]: s.upper()
Out[3]: 'HELLO'
In [4]: s
Out[4]: 'Hello'
```

关于 Python 标准库的详细介绍可以参考网址 https://docs.python.org/3/library/index.html。其中，介绍了属于 Python 内置类型和 Python 标准库中的类型的方法。在第 10 章中，将创建一种自定义类型——类，并定义可以通过其对象调用的自定义方法。

4.13　作用域规则

标识符在程序中可以使用的区域称为标识符的**作用域**。当标识符在这一区域内使用时，称为"在作用域内"。

局部作用域
局部变量的标识符具有**局部作用域**。从局部变量在函数块中的定义开始到函数块的结尾属于"作用域内"。当函数返回时，局部变量将"超出作用域"。因此，局部变量只能在定义它的函数内使用。

全局作用域
在任何函数（或类）之外定义的标识符具有**全局作用域**，这些标识符可以是函数名、变量名和类名。具有全局作用域的变量称为**全局变量**。在 .py 文件或交互式会话中定义了具有全局作用域的标识符后，可以在定义该标识符之后的任何位置使用它。

在函数中访问全局变量
可以在函数中访问全局变量的值：

```
In [1]: x = 7

In [2]: def access_global():
   ...:         print('x printed from access_global:', x)
   ...:

In [3]: access_global()
x printed from access_global: 7
```

但是，在默认情况下，无法在函数中修改全局变量。当在函数块中为全局变量赋值时，

Python 会创建一个与该全局变量同名的新局部变量，如下：

```
In [4]: def try_to_modify_global():
   ...:     x = 3.5
   ...:     print('x printed from try_to_modify_global:', x)
   ...:

In [5]: try_to_modify_global()
x printed from try_to_modify_global: 3.5

In [6]: x
Out[6]: 7
```

在函数 try_to_modify_global 的块中，局部变量 x **屏蔽**了全局变量 x，使其在函数块的范围内不可访问。代码段 [6] 显示全局变量 x 仍然存在，并且在函数 try_to_modify_global 执行后保持其原始值（7）不变。

要在函数块中修改全局变量的值，必须使用 global 语句声明变量是在全局作用域定义的，例如：

```
In [7]: def modify_global():
   ...:     global x
   ...:     x = 'hello'
   ...:     print('x printed from modify_global:', x)
   ...:

In [8]: modify_global()
x printed from modify_global: hello

In [9]: x
Out[9]: 'hello'
```

块与套件

如果定义了函数块和控制语句套件，在函数块中创建变量时，它是该块的局部变量；但是，在控制语句的套件中创建变量时，变量的作用域取决于控制语句定义的位置，规则如下：

❑ 如果控制语句位于全局作用域，则任何在控制语句中定义的变量都具有全局作用域；

❑ 如果控制语句位于函数块中，则任何在控制语句中定义的变量都具有局部作用域。

我们会在第 10 章中介绍自定义类时，对作用域做进一步的讨论。

屏蔽函数

在前面的章节中，当需要对多个值进行求和时，会将总和存储在名为 total 的变量中，而不使用 sum 作为变量名，这样做是因为 sum 是一个内置函数的函数名。如果定义一个名为 sum 的变量，它会将内置函数 sum 屏蔽，使其无法在代码中访问。例如，在下面的代码中为变量 sum 赋值时，Python 会将标识符 sum 绑定到 int 对象，而不再引用内置函数 sum。因此，当尝试将 sum 用作函数名时，会引发 TypeError：

```
In [10]: sum = 10 + 5

In [11]: sum
Out[11]: 15
```

```
In [12]: sum([10, 5])
-----------------------------------------------------------------
TypeError                               Traceback (most recent call last)
<ipython-input-12-1237d97a65fb> in <module>()
----> 1 sum([10, 5])

TypeError: 'int' object is not callable
```

全局作用域的语句

到目前为止，在我们编写过的脚本中，程序语句既有处在函数外部全局作用域的，也有处在函数块内的。当解释器遇到脚本中处于全局作用域的语句时会立即执行，而处于函数块内的语句则仅在调用该函数时才会执行。

4.14　import：深入讨论

如果已经使用下面的语句导入了模块（例如 math 和 random 模块）：

import *module_name*

就可以通过每个模块的名称和一个点（.）访问包含在模块中的函数。如果使用下面的代码从模块中导入特定的标识符（例如 decimal 模块的 Decimal 类型）：

from *module_name* import *identifier*

则可以直接使用该标识符，而不必在其前面加上模块名称和点（.）。

从一个模块导入多个标识符

使用 from...import 语句，可以从模块中导入以逗号分隔的标识符列表，然后在代码中直接使用它们，而不必在它们之前添加模块名和点（.）：

```
In [1]: from math import ceil, floor

In [2]: ceil(10.3)
Out[2]: 11

In [3]: floor(10.7)
Out[3]: 10
```

尝试使用未导入的函数会引发 NameError，表示名称未定义。

警告：避免使用通配符

可以使用**通配符**导入模块中定义的所有标识符，如下所示：

from *modulename* import *

这将使模块内所有的标识符都可以在这段代码中使用。但是，使用通配符导入模块的标识符可能会导致不易察觉的错误，这种做法比较危险，应尽量避免。例如下面的代码段：

```
In [4]: e = 'hello'

In [5]: from math import *

In [6]: e
Out[6]: 2.718281828459045
```

代码段[4]将字符串'hello'赋值给名为e的变量。在执行代码段[5]之后，变量e可能被意外地替换为数学模块中的常数e，表示数学浮点值e。

绑定模块与模块标识符的名称

有时使用缩写来代表导入的模块可以简化程序代码。import语句的as子句允许指定用于引用模块的标识符名称。例如，3.14节中的代码可以按照下面的代码所示的方式导入statistics模块并访问其mean函数：

```
In [7]: import statistics as stats

In [8]: grades = [85, 93, 45, 87, 93]

In [9]: stats.mean(grades)
Out[9]: 80.6
```

语句import...as通常用于导入带有方便简写的Python库，比如将statistics模块简写为stats，再比如使用numpy模块时通常会以下面的方式将其导入：

```
import numpy as np
```

库文档中一般会介绍常用的简写名称。

在导入模块时，应使用import或import...as语句，然后分别通过模块名称或as关键字后面的简写来访问模块。这样做可以确保不会意外导入与代码中的标识符相冲突的标识符。

4.15 向函数传递参数：深入讨论

现在，我们来仔细思考一下如何将参数传递给函数。在许多编程语言中，有两种方法可以传递参数——**按值传递**和**按引用传递**（有时分别称为**按值调用**和**按引用调用**）：

❑ 按值传递时，被调用的函数会建立一个副本接收参数的值，并在函数中使用该副本。对副本的更改不会影响调用者中原始变量的值。

❑ 按引用传递时，被调用的函数可以直接访问调用者中的参数，如果这个值可变，则可以修改该值。

在Python中，参数始终通过引用传递，也可以称之为**按对象的引用传递**，因为"Python中的所有内容都是对象。"[⊖]当函数调用提供参数时，Python会将参数对象的引用（而不是对象本身）复制到相应的参数中，这样做会对性能的提升产生积极的作用。因为函数会

⊖ 甚至在本章中定义的函数和在后面几章中定义的类（自定义类型）也都是Python中的对象。

经常操作大型的对象，复制对象本身而不是对象的引用会消耗大量的计算机内存，这样会显著降低程序的性能。

内存地址、引用和指针

当通过引用与对象进行交互时，事实上在后台使用的是对象在计算机内存中的地址（或位置），在某些语言中被称为"指针"。完成如下的赋值之后

```
x = 7
```

变量 x 中实际上并不包含 7，而是包含一个对含有 7 的对象的引用，这个对象存储在内存中的某个位置。可以说 x "指向"（即引用）包含 7 的对象，如下图所示：

内置函数 id 和对象标识

现在，我们来看一下如何将参数传递给函数。首先，创建上面提到的整数变量 x，后面会将 x 作为函数的参数：

```
In [1]: x = 7
```

现在 x 引用（或"指向"）了包含 7 的整数对象。两个独立的对象不能驻留在内存中的同一个地址中，因此内存中的每个对象都有一个唯一的地址。虽然我们看不到对象的地址，但可以使用内置 id 函数来获取属于这个对象的唯一 int 值，这个值仅在该对象驻留在内存中时才识别该对象（当你在自己的计算机中运行该程序时，可能会得到与本例不同的值）：

```
In [2]: id(x)
Out[2]: 4350477840
```

函数 id 返回的整数结果称为对象的**标识**⊖。内存中的两个对象不能具有相同的标识。接下来，我们使用对象标识来说明对象是通过引用传递的。

将对象传递给函数

下面的代码定义了函数 cube，可以显示其参数的标识并返回参数值的立方值：

```
In [3]: def cube(number):
   ...:     print('id(number):', id(number))
   ...:     return number ** 3
   ...:
```

接下来，使用 x 作为参数调用 cube，x 引用了包含 7 的整数对象：

```
In [4]: cube(x)
id(number): 4350477840
Out[4]: 343
```

⊖　Python 文档指出，根据使用的 Python 工具的不同，对象的标识也可能是对象实际的内存地址。

结果显示 cube 的参数 number 的标识为 4350477840，与之前显示的 x 的标识相同。这说明当执行函数 cube 时，参数 x 和参数 number 引用的是同一个对象，因为每个对象都具有自己唯一的标识。因此，当函数 cube 在其计算中使用参数 number 时，它会从调用者中的原始对象获取 number 的值。

使用 is 运算符测试对象标识

也可以使用 is 运算符证明两个参数引用的是同一个对象。如果 is 运算符的两个操作数具有相同的标识，则返回 True，如下：

```
In [5]: def cube(number):
   ...:     print('number is x:', number is x)  # x is a global variable
   ...:     return number ** 3
   ...:

In [6]: cube(x)
number is x: True
Out[6]: 343
```

不可变对象作为参数

当函数接收对不可变（不可修改）对象（如 int、float、string 或 tuple）的引用作为参数时，即使可以直接访问调用者中的原始对象，也无法修改原始对象的值。为了证明这一点，我们在 cube 函数中使用增强赋值语句将新对象赋值给参数 number，并显示赋值前后的 id(number)：

```
In [7]: def cube(number):
   ...:     print('id(number) before modifying number:', id(number))
   ...:     number **= 3
   ...:     print('id(number) after modifying number:', id(number))
   ...:     return number
   ...:

In [8]: cube(x)
id(number) before modifying number: 4350477840
id(number) after modifying number: 4396653744
Out[8]: 343
```

当调用 cube(x) 时，第一个 print 语句显示的最初的 id(number) 与代码段 [2] 中的 id(x) 相同。这说明数值是不可变的，因此声明

```
    number **= 3
```

实际上会创建一个包含立方值的新对象，然后将该对象的引用赋值给参数 number。根据前面讲过的内容可知，如果没有对原始对象的更多引用，它将被当作垃圾回收。函数 cube 的第二个 print 语句显示新对象的标识。对象的标识必须是唯一的，因此 number 一定引用了不同的对象。为了说明 x 未被修改，我们再次显示它的值和 id，如下：

```
In [9]: print(f'x = {x}; id(x) = {id(x)}')
x = 7; id(x) = 4350477840
```

可变对象作为参数

下一章将会介绍将对像列表这样的可变对象的引用作为参数传递给函数时，函数可以修改调用者中的原始对象。

92

4.16　递归

现在，编写一个程序来完成一个常用的数学计算——计算正整数 n 的阶乘，写作 $n!$。其计算公式如下：

$$n \cdot (n-1) \cdot (n-2) \cdot \ldots \cdot 1$$

例如，5! 为 5·4·3·2·1，其值为 120。其中，1! 的值为 1，0! 的值被定义为 1。

迭代因子方法

可以使用 for 语句通过迭代来计算 5!，如下：

```
In [1]: factorial = 1

In [2]: for number in range(5, 0, -1):
   ...:         factorial *= number
   ...:

In [3]: factorial
Out[3]: 120
```

递归问题求解

递归问题的解决方法有几个共同点。当调用递归函数来求解问题时，它实际上只能对**最简单**的问题或**基本问题**进行求解。如果使用基本问题调用该函数，可以立即返回结果。如果使用更复杂的问题调用该函数，它通常会将问题分解为两部分——一部分函数知道如何操作，而另一部分则不知道。为了使递归可行，后一部分必须是与原始问题相同但更简单或更小的版本。因为这个新问题与原始问题相同，所以函数可以通过调用自身的新副本来处理规模较小的相同问题，这种调用方式称为**递归调用**，也称为**递归步骤**。将问题分成两个较小的部分分别求解的思想是本书前面介绍过的分治法的一种表现形式。

在执行递归调用的同时，其原始函数调用仍处于活动的状态（即它尚未完成执行）。它还会产生更多的递归调用，因为函数会将每个新的子问题都分解成两个部分。为了使递归最终能够终止，函数每次都要使用原始问题的更简单版本调用自身，而逐渐变小的问题构成的序列必须收敛于基本问题。当函数识别到基本问题时，它会将结果返回到它的上一个副本。递归会依序进行一系列的返回，直到最初的函数调用将最终结果返回给调用者。

递归求阶乘

通过观察，我们可以将 $n!$ 写成如下的递归形式：

$$n! = n \cdot (n-1)!$$

例如，5! 等于 5·4!，如下：

$5! = 5 \cdot 4 \cdot 3 \cdot 2 \cdot 1$
$5! = 5 \cdot (4 \cdot 3 \cdot 2 \cdot 1)$
$5! = 5 \cdot (4!)$

递归可视化

计算 5! 的进程如下图所示。左图显示递归调用持续进行，直到计算出 1!（基本问题）的值为 1，终止递归。右图从下到上依序显示每次从递归调用返回到其调用者的值，直到计算出最终值并返回。

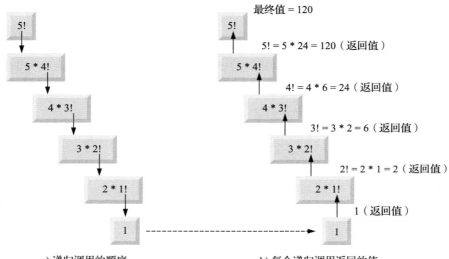

a) 递归调用的顺序   b) 每个递归调用返回的值

实现递归求阶乘函数

下面的代码使用递归来计算并显示整数 0～10 的阶乘：

```
In [4]: def factorial(number):
   ...:     """Return factorial of number."""
   ...:     if number <= 1:
   ...:         return 1
   ...:     return number * factorial(number - 1)  # recursive call
   ...:

In [5]: for i in range(11):
   ...:     print(f'{i}! = {factorial(i)}')
   ...:
0! = 1
1! = 1
2! = 2
3! = 6
4! = 24
5! = 120
6! = 720
7! = 5040
8! = 40320
9! = 362880
10! = 3628800
```

代码段 [4] 的递归函数 factorial 首先确定终止条件 number<=1 是否为 True。如果此
条件为 True（基本问题），则 factorial 返回 1 并且不需要进一步递归。如果 number 大
于 1，则第二个 return 语句将问题表示为 number 和递归调用 factorial(number-1)
的乘积。后者是一个比原始计算（factorial(number)）稍小的问题。请注意，函数
factorial 接收的参数必须是非负的，但是本例没有对这种情况进行测试。

代码段 [5] 中的循环调用从 0 到 10 的 factorial 函数，输出的结果显示出阶乘在快
速增长。与许多其他编程语言不同，Python 不限制整数的大小。

间接递归

递归函数可以调用另一个函数，该函数又可以回调递归函数，称为**间接递归调用**或**间
接递归**。例如，函数 A 调用函数 B，函数 B 又调用函数 A。这种调用方式也是递归，因为
函数 A 的第二次调用发生在对函数 A 的第一次调用还处于活动状态时。也就是说，对函数
A 的第一次调用尚未完成执行（因为它正在等待函数 B 将结果返回给它）并且还没有返回到
函数 A 的原始调用者。

堆栈溢出和无限递归

计算机中的内存量是有限的，因此只能使用一定量的内存将活动记录存储在函数调用
堆栈内。如果递归函数的调用次数超过了堆栈中活动记录的存储上限，则会发生称为**堆栈
溢出**的致命错误。这通常是由无限递归导致的。出现无限递归的原因可能是遗漏了基本问
题或错误地写入递归步骤而导致无法收敛到基本问题。这个错误类似于迭代（非递归）解决
方案中的无限循环问题。

4.17　函数式编程

与 Java、C# 等流行的编程语言一样，Python 不是纯粹的函数式语言。但是，它提供了
"函数样式"的功能，可以帮助我们编写不易出错、更加简洁以及更易于阅读、调试和修改
的代码。函数式编程也更容易实现并行化，以便在多核处理器上获得更好的性能。下表列
出了 Python 的大部分与函数式编程有关的功能，括号中的数字是涉及相应功能的章节。

函数式编程主题		
避免副作用（4）	生成器函数	惰性求值（5）
关闭	高阶函数（5）	列表推导式（5）
声明式编程（4）	不可变性（4）	operator 模块（5、11、16）
装饰器（10）	内部迭代（4）	pure 函数（4）
字典推导式（6）	迭代器（3）	range 函数（3、4）
filter/map/reduce（5）	itertools 模块（16）	约简（3、5）
functools 模块	lambda 表达式（5）	集合推导式（6）
生成器表达式（5）		

以上这些功能中的绝大部分在本书中都有介绍，包括代码示例和文字介绍。我们已经使用了列表、字符串和内置函数 range 迭代器以及几个约简函数（sum、len、min 和 max）。接下来讨论一下声明式编程、不可变性和内部迭代。

做什么与如何做

随着所执行的任务变得越来越复杂，完成任务的代码可能变得越来越难以阅读、调试和修改，并且包含错误的可能性也越来越大。此时，指定代码的工作方式会变得非常复杂。

函数式编程让我们只需简单地说出想要做什么，而隐藏了许多任务执行的细节。通常，库代码会帮我们完成"如何做"这个环节，这样可以避免许多错误。

在许多其他编程语言的 for 语句中，通常需要指定计数器控制的所有细节，包括：设置控制变量、初始化控制变量、设置控制变量的增量，以及如何使用控制变量确定是否继续迭代（循环继续条件）。这种迭代方式称为**外部迭代**，容易出现错误。例如，提供了不正确的初始化程序、增量或循环继续条件等都可能导致错误出现。外部迭代会**改变**（即修改）控制变量，而 for 语句的套件也会改变其他变量，每次修改变量都有可能导致错误出现。函数式编程则强调不可变性，换句话说，就是函数式编程避免了修改变量值的操作。我们将在下一章详细说明这一点。

Python 的 for 语句和 range 函数隐藏了大多数计数器控制的迭代细节。可以指定生成值的范围以及应接收每个生成值的变量。函数 range 知道如何生成这些值。同样，for 语句也知道如何从 range 中获取每个值以及如何在没有更多值时停止迭代。指定做什么而不是如何做，是**内部迭代**的一个重要思想，也是函数式编程中一个关键的概念。

Python 内置函数 sum、min 和 max 均使用内部迭代。要计算列表 grades 元素的总和，只需声明要执行的操作，即 sum(grades)。函数 sum 知道如何遍历列表并将每个元素添加到变化的 total 中。说出想做什么而不是如何做，这种编程方式被称为**声明式编程**。

pure 函数

在 pure 函数式编程语言中，我们会专注于编写 pure 函数。所谓 pure 函数，是指其结果仅取决于传递给它的参数，同时，给定一个或几个特定的参数，也总能生成相同的结果。例如，内置函数 sum 的返回值仅取决于传递给它的可迭代对象。给定一个列表 [1,2,3]，无论调用多少次，sum 总是返回 6。pure 函数的另一个特点是没有副作用。例如，即使将可变列表传递给 pure 函数，列表在函数调用之前和之后也不会发生任何改变。当调用 pure 函数 sum 时，它不会修改其参数：

```
In [1]: values = [1, 2, 3]

In [2]: sum(values)
Out[2]: 6

In [3]: sum(values)   # same call always returns same result
Out[3]: 6

In [4]: values
Out[5]: [1, 2, 3]
```

在下一章中，我们将继续使用函数式编程的概念。此外，我们还将看到函数事实上也是对象，可以作为数据传递给其他函数。

4.18　数据科学入门：离中趋势度量

在前面的章节对描述性统计的讨论中，我们考虑了对表示集中趋势的均值、中值和众数的度量。这些度量可以帮助我们对一组值中的典型值进行分类，例如学生的平均身高或某个国家的居民最常购买的汽车品牌（众数）等。

当讨论一个群体时，这个群体被称为**种群**。有时种群相当庞大，例如，在下一次美国总统选举中可能参加投票的选民，这个数字可能会超过 100,000,000 人。美国民意调查组织试图预测谁将成为下一任总统，但从现实情况考虑，需要在精心挑选的种群子集（称为**样本**）上开展工作。在 2016 年的美国大选中，许多民意调查样本的规模大约为 1000 人。

本节将继续讨论基本的描述性统计数据，并引入**离中趋势度量**（也称为**变异性度量**）帮助人们了解值的分布情况。例如，在一个班的学生中，可能多数学生的身高接近平均水平，但少数学生明显偏矮或偏高。

为了说明这个问题，我们将使用以下 10 个六面骰子的点数构成种群，分别通过手动方式和使用 statistics 模块中的函数来计算每种离中趋势度量：

1, 3, 4, 2, 6, 5, 3, 4, 5, 2

方差

为了确定**方差**[⊖]，我们从这些值的均值 3.5 开始计算。可以通过用点数之和 35 除以投掷次数 10 来得到此结果。接下来，从每个骰子点数中减去平均值（这样会产生一些负数结果），结果如下：

-2.5, -0.5, 0.5, -1.5, 2.5, 1.5, -0.5, 0.5, 1.5, -1.5

然后，计算每一个数值的平方（结果全部为正数），结果如下：

6.25, 0.25, 0.25, 2.25, 6.25, 2.25, 0.25, 0.25, 2.25, 2.25

最后，计算这些平方的平均值，即 2.25（22.5 / 10），这个值称为**总体方差**。计算每个骰子的点数与平均值之差的平方是为了强调**异常值**，即距离均值最远的值。随着我们对数据分析的深入了解，有时我们会特别注意异常值，而有时我们又会忽略它们。以下代码使用 statistics 模块的 pvariance 函数来检验手工计算的结果：

97

⊖　为了简单起见，我们计算的是总体方差。总体方差和样本方差之间存在着微小的差异。样本方差除以 n−1，而不是除以 n（示例中的投掷次数）。对于小样本，这种差异非常明显，但随着样本量的增加而变得越来越微不足道。statistics 模块提供了分别计算总体方差和样本方差的函数 pvariance 和 variance。同样，statistics 模块也提供了 pstdev 和 stdev 函数，用于分别计算相对标准偏差和样本标准偏差。

```
In [1]: import statistics

In [2]: statistics.pvariance([1, 3, 4, 2, 6, 5, 3, 4, 5, 2])
Out[2]: 2.25
```

标准偏差

标准偏差是方差的平方根（在这个例子中为 1.5），它降低了异常值的影响。方差和标准偏差越小，数据值越接近均值，值和均值之间的总体偏差就越小。下面的代码使用 statistics 模块的 pstdev 函数计算总体标准偏差，检查手动计算的结果：

```
In [3]: statistics.pstdev([1, 3, 4, 2, 6, 5, 3, 4, 5, 2])
Out[3]: 1.5
```

将 pvariance 函数的结果传递给 math 模块的 sqrt 函数来验证输出结果 1.5：

```
In [4]: import math

In [5]: math.sqrt(statistics.pvariance([1, 3, 4, 2, 6, 5, 3, 4, 5, 2]))
Out[5]: 1.5
```

标准偏差相对于方差的优点

假设已经记录了我们所在地区 3 月份的华氏温度，可能包含 31 个数字，例如 19、32、28 和 35 等，这些数字的单位是"度"。当对温度求平方以计算总体方差时，总体方差的单位变为"平方度"。而采用总体方差的平方根来计算总体标准偏差时，单位再次变为"度"，这与温度的单位相同。

4.19 小结

在本章中，我们创建了自定义函数，从 random 和 math 模块中导入了函数，还采用随机数生成的方式模拟了六面骰子的投掷。我们将多个值打包到元组中以便从函数返回多个值，同时解包了一个元组来访问它的值。我们讨论了如何使用 Python 标准库的模块来避免重复工作。

我们使用默认参数值创建函数，并使用关键字参数调用函数。还使用不定长参数列表来定义函数。我们调用了对象的方法，讨论了标识符的作用域是如何确定程序中可以使用它的位置。

我们提供了有关导入模块的更多信息，介绍了通过引用向函数传递参数的机制，以及函数调用堆栈以及堆栈帧支持函数调用和返回的机制。我们还展示了一个递归函数，并介绍了 Python 的函数式编程功能。最后两节介绍了基本的列表和元组功能，并将在下一章中详细讨论它们。

最后，我们通过引入离中值（方差和标准偏差）的度量，继续讨论描述性统计，并使用 Python 标准库的 statistics 模块中的函数计算它们。

对于某些类型的问题，需要让函数调用其自身来求解问题。**递归函数**会直接或通过另一个函数间接调用自身。

## 第 5 章

序列：列表和元组

目标

- ❏ 创建和初始化列表和元组。
- ❏ 访问列表、元组和字符串的元素。
- ❏ 对列表排序和搜索，以及搜索元组。
- ❏ 在函数和方法中使用列表和元组。
- ❏ 使用列表来完成常见操作，例如搜索项目、排序列表、插入项目和删除项目。
- ❏ 使用 Python 其他的函数式编程功能，包括 lambda 表达式、函数式编程操作过滤器、映射和归约。
- ❏ 使用函数式列表推导可以轻松快速地创建列表，并且可以使用生成器表达式按需生成值。
- ❏ 使用二维列表。
- ❏ 使用 Seaborn 和 Matplotlib 可视化库，增强数据分析和演示技巧。
- ❏ 这些概念之间的联系不是非常紧密，读者可以有选择性地阅读自己感兴趣的概念。

5.1　简介

在接下来的两节中，我们简要介绍用于表示有序项合集（collection）的列表和元组序列类型。合集是由相关数据项组成的预封装的数据结构。例如智能手机上收藏的歌曲、联系人列表、图书馆中的书籍、纸牌游戏中的卡片、最喜爱的球员、投资组合中的股票、癌症研究中的患者、购物清单。使用 Python 内置的合集可以方便有效地存储和访问数据。在本章中，我们将更详细地讨论列表和元组。

我们将演示常见的列表和元组操作。列表（可变）和元组（不可变）具有许多常用功能，每个都可以容纳相同或不同类型的项目。列表可以根据需要**动态调整大小**，程序执行时可以扩充和收缩。下面讨论一维和二维列表。

本章的前面部分演示随机数生成，并模拟掷六面骰子。本章的最后部分是"数据科学入门"，该部分使用可视化库 Seaborn 和 Matplotlib 采用交互的方式开发一个骰子点数出现频率的静态柱状图。在下一章的"数据科学入门"部分，我们将让静态图动起来，柱状图将随着掷骰子次数的增加而动态变化——你将看到大数定律的"展示"。

5.2 列表

在本节，我们将详细讨论列表，并介绍如何引用特定的列表**元素**。本节演示的许多功能适用于所有序列类型。

创建列表

列表通常存储**同构数据**，即相同数据类型的值。例如列表 c，其中包含五个整数元素：

```
In [1]: c = [-45, 6, 0, 72, 1543]

In [2]: c
Out[2]: [-45, 6, 0, 72, 1543]
```

102

列表还可以存储**异构数据**，即多个不同类型的数据。例如，以下列表包含学生的名字（字符串）、姓氏（字符串）、平均绩点（浮点型）、毕业年份（整型）：

```
['Mary', 'Smith', 3.57, 2022]
```

访问列表的元素

可以用列表名称加上用方括号括起来的元素**索引**（即其**位置编号**）来引用列表元素，`[]` 称为**引用运算符**。下图显示了列表 c 的元素。

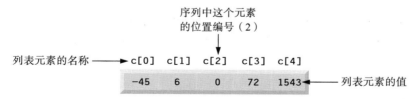

列表中的第一个元素的索引从 0 开始，因此，在包含 5 个元素的列表 c 中，第一个元素是 c[0]，最后一个元素是 c[4]：

```
In [3]: c[0]
Out[3]: -45

In [4]: c[4]
Out[4]: 1543
```

列表的长度

使用**内置函数** len 获取列表的长度：

```
In [5]: len(c)
Out[5]: 5
```

用负数索引访问列表末尾的元素

也可以使用负数索引从末尾访问列表元素，如下图所示。

有正数索引的元素名称 ────➤ c[0]　c[1]　c[2]　　c[3]　　c[4]

| -45 | 6 | 0 | 72 | 1543 |

c[-5] c[-4] c[-3] c[-2] c[-1] ◀──── 有负数索引的元素名称

因此，列表 c 的最后一个元素（c[4]）也可以用 c[-1] 表示，第一个元素用 c[-5] 表示：

```
In [6]: c[-1]
Out[6]: 1543

In [7]: c[-5]
Out[7]: -45
```

索引必须是整数或整数表达式

索引必须是整数或整数表达式（或切片对象，我们很快就会看到）：

```
In [8]: a = 1
In [9]: b = 2
In [10]: c[a + b]
Out[10]: 72
```

使用非整数索引值会引发类型错误（TypeError）。

列表是可变的

列表是可变的——它们的元素可以修改：

```
In [11]: c[4] = 17

In [12]: c
Out[12]: [-45, 6, 0, 72, 17]
```

很快就会看到插入和删除列表元素，列表的长度会同步更改。

不可变的序列

Python 的字符串和元组序列是不可变的，即它们的元素不能被修改。可以在字符串中获取单个字符，但尝试为其中一个字符赋新值会引发 TypeError：

```
In [13]: s = 'hello'

In [14]: s[0]
Out[14]: 'h'
```

```
In [15]: s[0] = 'H'
---------------------------------------------------------------------------
TypeError                                 Traceback (most recent call last)
<ipython-input-15-812ef2514689> in <module>()
----> 1 s[0] = 'H'

TypeError: 'str' object does not support item assignment
```

试图访问不存在的元素

索引超出列表、元组或字符串的范围会引发索引错误（IndexError）：

```
In [16]: c[100]
---------------------------------------------------------------------------
IndexError                                Traceback (most recent call last)
<ipython-input-16-9a31ea1e1a13> in <module>()
----> 1 c[100]

IndexError: list index out of range
```

在表达式中使用列表元素

在表达式中，列表元素可以作为变量使用：

```
In [17]: c[0] + c[1] + c[2]
Out[17]: -39
```

用 += 将元素附加到列表末尾

让我们从一个空列表 [] 开始，然后用一个 for 语句，使用 += 将值 1 到 5 附加到列表中——该列表将会动态增长以适应新增的项目：

104

```
In [18]: a_list = []

In [19]: for number in range(1, 6):
    ...:         a_list += [number]
    ...:

In [20]: a_list
Out[20]: [1, 2, 3, 4, 5]
```

当 += 左边的操作数是一个列表时，+= 右边的操作数必须是可迭代的 (iterable)，否则会引发 TypeError。在代码段 [19] 中，[number] 表示创建一个单元素列表，我们再使用 += 将其附加到列表 a_list 后。如果右操作数包含多个元素，+= 将把它们全部追加。以下将字符 'Python' 附加到列表 letters 中：

```
In [21]: letters = []

In [22]: letters += 'Python'

In [23]: letters
Out[23]: ['P', 'y', 't', 'h', 'o', 'n']
```

如果 += 右边的操作数是元组，其元素也会附加到列表中。在本章的后面，我们将使用列表的 append 方法将元素附添到列表中。

用 + 拼接列表

可以使用运算符 + **拼接**两个列表、两个元组或两个字符串。结果是一个同样类型的新序列，其中包含左操作数的元素，后跟右操作数的元素。原始序列保持不变：

```
In [24]: list1 = [10, 20, 30]

In [25]: list2 = [40, 50]

In [26]: concatenated_list = list1 + list2

In [27]: concatenated_list
Out[27]: [10, 20, 30, 40, 50]
```

如果 + 运算符两边的操作数是不同类型的序列，则会引发 TypeError。例如，拼接列表和元组就是错误的。

使用 for 和 range 访问列表索引和值

列表的元素也可以通过 [ ] 运算符和索引访问：

```
In [28]: for i in range(len(concatenated_list)):
    ...:     print(f'{i}: {concatenated_list[i]}')
    ...:
0: 10
1: 20
2: 30
3: 40
4: 50
```

通过调用函数 range(len(concatenated_list))，生成了一个表示数组 concatenated_list 的索引的整数序列（在本例中为 0～4）。注意，以这种方式循环输出数组的元素时，必须确保索引保持在有效范围内。很快，我们将展示能更安全地访问元素索引和值的内置函数 enumerate。

|105|

比较运算符

可以使用比较运算符逐个元素地比较整个列表：

```
In [29]: a = [1, 2, 3]

In [30]: b = [1, 2, 3]

In [31]: c = [1, 2, 3, 4]

In [32]: a == b  # True: corresponding elements in both are equal
Out[32]: True

In [33]: a == c  # False: a and c have different elements and lengths
Out[33]: False

In [34]: a < c  # True: a has fewer elements than c
Out[34]: True

In [35]: c >= b  # True: elements 0-2 are equal but c has more elements
Out[35]: True
```

5.3 元组

正如前一节所讨论的，元组是不可变的，通常用来存储异构数据，但数据可以是同构的。元组的长度等于元素的数量，在程序执行期间不能更改。

创建元组

要创建空元组，请使用空括号 `()`：

```
In [1]: student_tuple = ()

In [2]: student_tuple
Out[2]: ()

In [3]: len(student_tuple)
Out[3]: 0
```

回想一下，可以直接通过用逗号分隔的值来构造元组：

```
In [4]: student_tuple = 'John', 'Green', 3.3

In [5]: student_tuple
Out[5]: ('John', 'Green', 3.3)

In [6]: len(student_tuple)
Out[6]: 3
```

外边的括号是可选的，输出元组时，Python 始终在括号中显示元组的内容：

```
In [7]: another_student_tuple = ('Mary', 'Red', 3.3)

In [8]: another_student_tuple
Out[8]: ('Mary', 'Red', 3.3)
```

下面的代码创建了一个单元素元组：

```
In [9]: a_singleton_tuple = ('red',)  # note the comma

In [10]: a_singleton_tuple
Out[10]: ('red',)
```

字符串 `'red'` 后面跟着逗号 `(,)` 表示 `a_singleton_tuple` 是一个元组——括号是可选的。如果省略逗号，括号就不起作用了，`a_singleton_tuple` 将等于字符串 `'red'` 而不是一个元组了。

访问元组的元素

元组的元素虽然相关，但通常含有多种类型。一般情况下，都是独立访问每个元素，不会迭代访问它们。与列表的索引一样，元组索引也从 0 开始。下面的代码首先创建元组 `time_tuple`，元素分别为小时、分钟和秒，然后显示元组，最后使用元组的元素计算自午夜以来的秒数——请注意我们对元组中的每个值执行不同的操作：

```
In [11]: time_tuple = (9, 16, 1)

In [12]: time_tuple
Out[12]: (9, 16, 1)

In [13]: time_tuple[0] * 3600 + time_tuple[1] * 60 + time_tuple[2]
Out[13]: 33361
```

为元组元素赋值会引发 TypeError。

将项附加到字符串或元组

与列表一样，+= 扩充赋值语句可以与字符串和元组一起使用，即使它们是不可变的。在下面代码中有两次赋值，最终元组 tuple1 和 tuple2 具有相同的元素：

```
In [14]: tuple1 = (10, 20, 30)

In [15]: tuple2 = tuple1

In [16]: tuple2
Out[16]: (10, 20, 30)
```

+= 运算和元组不可变不矛盾，元组 tuple1 拼接上元组 (40, 50) 构造了一个新的元组，再重新赋值给元组 tuple1——元组 tuple2 保持不变：

```
In [17]: tuple1 += (40, 50)

In [18]: tuple1
Out[18]: (10, 20, 30, 40, 50)

In [19]: tuple2
Out[19]: (10, 20, 30)
```

对于字符串或元组，+= 右边的项必须分别是字符串或元组——混合类型会引发 TypeError。 |107|

将元组添加到列表中

可以使用 += 将元组附加到列表中：

```
In [20]: numbers = [1, 2, 3, 4, 5]

In [21]: numbers += (6, 7)

In [22]: numbers
Out[22]: [1, 2, 3, 4, 5, 6, 7]
```

元组可能包含可变对象

我们创建一个元组 student_tuple，它包含名字、姓氏和成绩列表：

```
In [23]: student_tuple = ('Amanda', 'Blue', [98, 75, 87])
```

尽管元组是不可变的，但它的列表元素是可变的：

```
In [24]: student_tuple[2][1] = 85

In [25]: student_tuple
Out[25]: ('Amanda', 'Blue', [98, 85, 87])
```

student_tuple[2][1] 是双下标名称，元组的元素 student_tuple[2] 包含列表 [98，75，87]，下标 [1] 指向该列表的元素 75，代码段 [24] 将该成绩替换为 85。

5.4　序列解包

本节介绍元组解包。通过将序列分配给由逗号分隔的变量列表可以解包任何序列的元素。如果赋值符号左侧的变量数与右侧序列中的元素数不同，则会引发赋值错误（ValueError）：

```
In [1]: student_tuple = ('Amanda', [98, 85, 87])

In [2]: first_name, grades = student_tuple

In [3]: first_name
Out[3]: 'Amanda'

In [4]: grades
Out[4]: [98, 85, 87]
```

下面的代码用于解包字符串、列表和由 range 函数产生的序列：

```
In [5]: first, second = 'hi'

In [6]: print(f'{first}  {second}')
h i

In [7]: number1, number2, number3 = [2, 3, 5]

In [8]: print(f'{number1}  {number2}  {number3}')
2 3 5

In [9]: number1, number2, number3 = range(10, 40, 10)

In [10]: print(f'{number1}  {number2}  {number3}')
10  20  30
```

[108]

通过打包和解包交换值

可以使用序列打包和解包来交换两个变量的值：

```
In [11]: number1 = 99

In [12]: number2 = 22

In [13]: number1, number2 = (number2, number1)

In [14]: print(f'number1 = {number1}; number2 = {number2}')
number1 = 22; number2 = 99
```

使用内置函数 enumerate 安全地访问索引和值

在前面，我们调用 range 函数生成一系列索引值，然后使用引用运算符（[]）和索引值循环访问列表的元素。这很容易出错，因为可能会给 range 函数传递错误的参数。如果由 range 函数产生的索引值越界了，使用它作为索引会导致索引错误（IndexError）。

访问元素索引和值的首选机制是内置函数 enumerate，函数的输入是一个可迭代对象（iterable），输出是一个迭代器（iterator），对于每个元素，它都返回一个包含元素索引和值的元组。下面的代码使用内置函数 list 创建一个列表，把 enumerate 的输出结果包含到里面：

```
In [15]: colors = ['red', 'orange', 'yellow']

In [16]: list(enumerate(colors))
Out[16]: [(0, 'red'), (1, 'orange'), (2, 'yellow')]
```

以此类推，内置函数 tuple 能从序列创建元组：

```
In [17]: tuple(enumerate(colors))
Out[17]: ((0, 'red'), (1, 'orange'), (2, 'yellow'))
```

下面用 for 循环把函数 enumerate 输出的每个**元组**解包为变量 index 和 value 并显示出来：

```
In [18]: for index, value in enumerate(colors):
    ...:     print(f'{index}: {value}')
    ...:
0: red
1: orange
2: yellow
```

创建原始柱状图

以下脚本创建一个原始**柱状图**，其中每个条由星号（*）组成，条的长度与列表对应元素值成比例。我们使用函数 enumerate 安全地访问列表的索引和值。要运行此示例，请转到本章的 ch05 示例文件夹，然后输入：

```
ipython fig05_01.py
```

或者，如果已经在 IPython 中，请使用以下命令：

109

```
run fig05_01.py
```

```
1  # fig05_01.py
2  """Displaying a bar chart"""
3  numbers = [19, 3, 15, 7, 11]
4
5  print('\nCreating a bar chart from numbers:')
6  print(f'Index{"Value":>8}   Bar')
7
8  for index, value in enumerate(numbers):
9      print(f'{index:>5}{value:>8}   {"*" * value}')
```

```
Creating a bar chart from numbers:
Index    Value   Bar
    0       19   *******************
    1        3   ***
    2       15   ***************
    3        7   *******
    4       11   ***********
```

for 语句使用 enumerate 获取每个元素的索引和值，然后格式化显示索引、元素值和相应的星号条。表达式

```
"*" * value
```

创建一个由 value 个星号组成的字符串。

当与序列一起使用时，用乘法运算符（*）来重复序列——在本例中，字符 "*" 重复 value 次。在本章的后面部分，我们将使用开源 Seaborn 和 Matplotlib 库来显示出版物质量的柱状图。

5.5　序列切片

可以通过**切片**（slice）序列，来创建出一个同种类型的包含原始元素子集的新序列。切片操作既支持可变序列，也支持不可变序列——对列表、元组和字符串的操作方式都一样。

有开始和结束索引的切片

让我们构造一个由列表中索引为 2~5 的元素组成的切片：

```
In [1]: numbers = [2, 3, 5, 7, 11, 13, 17, 19]

In [2]: numbers[2:6]
Out[2]: [5, 7, 11, 13]
```

切片的过程是从第一个想要的对象开始，到第一个不想要的对象结束。上面的代码段中，切片包括冒号左侧的起始索引（2），不包括冒号右侧的结束索引（6）。切片不会改变原对象，而是构造了一个新的对象。

只有结束索引的切片

如果省略起始索引，则默认从 0 开始。因此，切片 numbers[:6] 相当于切片 numbers[0:6]：

```
In [3]: numbers[:6]
Out[3]: [2, 3, 5, 7, 11, 13]
In [4]: numbers[0:6]
Out[4]: [2, 3, 5, 7, 11, 13]
```

只有开始索引的切片

如果省略结束索引，Python 会默认到序列末尾结束（此例为列表的长度 8），因此代码段 [5] 的切片包含索引为 6 和 7 的 numbers 元素：

```
In [5]: numbers[6:]
Out[5]: [17, 19]

In [6]: numbers[6:len(numbers)]
Out[6]: [17, 19]
```

没有开始索引和结束索引的切片

省略开始索引和结束索引会复制整个序列：

```
In [7]: numbers[:]
Out[7]: [2, 3, 5, 7, 11, 13, 17, 19]
```

尽管切片构造了新对象，但切片会生成元素的**浅拷贝**。也就是说，它们会复制元素的引用，但不会复制它们指向的对象。因此，在上面的代码段中，新列表的元素引用与原始列表元素相同的对象，而不是独立的副本。在第 7 章中，我们将解释深拷贝，它实际上复制了引用的对象本身，我们将指出什么情况下首选深拷贝。

切片的步长

下面的代码以 2 为步长，构造 numbers 的间隔 1 个元素的切片：

```
In [8]: numbers[::2]
Out[8]: [2, 5, 11, 17]
```

我们省略了开始索引和结束索引，默认使用值 0 和 len(numbers)。

步长为负数的切片⊖

可以使用负数步长以倒序构造切片。以下代码可以简便地构造出一个倒序列表：

```
In [9]: numbers[::-1]
Out[9]: [19, 17, 13, 11, 7, 5, 3, 2]
```

这段代码等价于

```
In [10]: numbers[-1:-9:-1]
Out[10]: [19, 17, 13, 11, 7, 5, 3, 2]
```

通过切片来修改列表

可以通过给切片赋值来修改列表——列表的其余部分保持不变。以下代码替换了 numbers 的前三个元素，其余部分保持不变：

```
In [11]: numbers[0:3] = ['two', 'three', 'five']

In [12]: numbers
Out[12]: ['two', 'three', 'five', 7, 11, 13, 17, 19]
```

111

以下代码仅通过为 numbers 前三个元素的切片分配空列表就可以简单地删除列表的前三个元素：

```
In [13]: numbers[0:3] = []

In [14]: numbers
Out[14]: [7, 11, 13, 17, 19]
```

⊖　注意：切片时，一定要保证开始索引到结束索引的方向与步长的方向同向，否则会切出空的序列。——译者注

以下代码给 numbers 的间隔 1 个元素的切片赋值列表元素：

```
In [15]: numbers = [2, 3, 5, 7, 11, 13, 17, 19]

In [16]: numbers[::2] = [100, 100, 100, 100]

In [17]: numbers
Out[17]: [100, 3, 100, 7, 100, 13, 100, 19]

In [18]: id(numbers)
Out[18]: 4434456648
```

使用切片删除 numbers 的所有元素，使现有列表为空：

```
In [19]: numbers[:] = []

In [20]: numbers
Out[20]: []

In [21]: id(numbers)
Out[21]: 4434456648
```

删除 numbers 的内容（代码段 [19]）和直接给 numbers 分配一个新的空列表 []（代码段 [22]）是不同的。为了证明这一点，我们在每次操作后显示 numbers 的"身份标识"。可以看到，身份标识是不同的，因此它们代表内存中的不同对象：

```
In [22]: numbers = []

In [23]: numbers
Out[23]: []

In [24]: id(numbers)
Out[24]: 4406030920
```

将新对象分配给变量时（代码段 [22]），如果没有其他变量引用原始对象，才会对其进行垃圾回收。

5.6　使用 del 声明

使用 del 声明可从列表中删除元素，也可以从交互式会话中删除变量。可以用它删除任何有效索引处的元素，也可以删除任何有效切片中的元素。

从列表删除特定索引的元素

我们构造一个列表，然后用 del 来删除最后一个元素：

```
In [1]: numbers = list(range(0, 10))

In [2]: numbers
Out[2]: [0, 1, 2, 3, 4, 5, 6, 7, 8, 9]

In [3]: del numbers[-1]

In [4]: numbers
Out[4]: [0, 1, 2, 3, 4, 5, 6, 7, 8]
```

从列表中删除切片

以下代码删除列表的前两个元素：

```
In [5]: del numbers[0:2]

In [6]: numbers
Out[6]: [2, 3, 4, 5, 6, 7, 8]
```

下面使用切片中的步长，每隔一个步长删除列表中的一个元素：

```
In [7]: del numbers[::2]

In [8]: numbers
Out[8]: [3, 5, 7]
```

用切片删除整个列表的元素

以下代码删除列表的所有元素：

```
In [9]: del numbers[:]

In [10]: numbers
Out[10]: []
```

从当前会话中删除变量

del 声明可以删除任何变量。从当前交互式会话中删除变量 numbers，然后尝试显示变量 numbers 的值，这会引发变量未定义错误（NameError）：

```
In [11]: del numbers

In [12]: numbers
-------------------------------------------------------------------------
NameError                               Traceback (most recent call last)
<ipython-input-12-426f8401232b> in <module>()
----> 1 numbers

NameError: name 'numbers' is not defined
```

5.7　将列表传递给函数

在上一章中，我们提到所有的对象都通过引用传递，并演示了在函数中将不可变对象作为参数传递。在这里，我们通过检查程序将可变列表对象传递给函数时会发生什么来进一步讨论引用。

将整个列表传递给函数

我们构思一个函数 modify_elements，它接收列表引用，并将列表的每个元素乘以 2： 113

```
In [1]: def modify_elements(items):
   ...:     """Multiplies all element values in items by 2."""
   ...:     for i in range(len(items)):
   ...:         items[i] *= 2
   ...:
```

```
In [2]: numbers = [10, 3, 7, 1, 9]

In [3]: modify_elements(numbers)

In [4]: numbers
Out[4]: [20, 6, 14, 2, 18]
```

函数 modify_elements 的 items 参数接收的是原始列表的引用，因此循环语句中是对原始列表对象中的每个元素进行修改。

将元组传递给函数

将元组传递给函数时，尝试修改元组的不可变元素会导致 TypeError：

```
In [5]: numbers_tuple = (10, 20, 30)

In [6]: numbers_tuple
Out[6]: (10, 20, 30)

In [7]: modify_elements(numbers_tuple)
---------------------------------------------------------------
TypeError                                 Traceback (most recent call last)
<ipython-input-7-9339741cd595> in <module>()
----> 1 modify_elements(numbers_tuple)

<ipython-input-1-27acb8f8f44c> in modify_elements(items)
      2         """Multiplies all element values in items by 2."""
      3         for i in range(len(items)):
----> 4             items[i] *= 2
      5
      6

TypeError: 'tuple' object does not support item assignment
```

回想一下，元组可能包含可变对象，例如列表。当元组传递给函数时，仍然能够修改这些可变对象。

关于 traceback 的说明

前面的 traceback 显示了导致类型错误的两个代码段：第一个是代码段 [7] 的函数调用；第二个是代码段 [1] 的函数定义。行号在每个代码段的前面。我们主要演示了单行代码段，当这样的代码段中发生异常时，总是在它前面加上 ----->1，表示第 1 行（代码段唯一的行）导致异常。多行代码段（如 modify_elements 的定义），从 1 开始显示连续的行号。符号 ----->4 表示 modify_elements 的第 4 行发生异常。无论 traceback 有多长，最后一行代码都会有 ----> 指出异常。

[114]

5.8 列表排序

排序是指将数据按升序或降序排列。

按升序排序列表

列表的 sort 方法可以变更列表的元素顺序。下面的代码是按升序排列列表元素：

```
In [1]: numbers = [10, 3, 7, 1, 9, 4, 2, 8, 5, 6]

In [2]: numbers.sort()

In [3]: numbers
Out[3]: [1, 2, 3, 4, 5, 6, 7, 8, 9, 10]
```

按降序排序列表

要按降序对列表进行排序，在调用列表的 sort 方法时将可选参数中的 reverse 关键词设置为 True（默认值为 False）：

```
In [4]: numbers.sort(reverse=True)

In [5]: numbers
Out[5]: [10, 9, 8, 7, 6, 5, 4, 3, 2, 1]
```

内置函数 sorted

内置函数 sorted 返回一个新的列表，其包含序列的已排序元素——原始序列没有改变。下面的代码演示了使用 sorted 函数对列表、字符串和元组排序：

```
In [6]: numbers = [10, 3, 7, 1, 9, 4, 2, 8, 5, 6]

In [7]: ascending_numbers = sorted(numbers)

In [8]: ascending_numbers
Out[8]: [1, 2, 3, 4, 5, 6, 7, 8, 9, 10]

In [9]: numbers
Out[9]: [10, 3, 7, 1, 9, 4, 2, 8, 5, 6]

In [10]: letters = 'fadgchjebi'

In [11]: ascending_letters = sorted(letters)

In [12]: ascending_letters
Out[12]: ['a', 'b', 'c', 'd', 'e', 'f', 'g', 'h', 'i', 'j']

In [13]: letters
Out[13]: 'fadgchjebi'

In [14]: colors = ('red', 'orange', 'yellow', 'green', 'blue')

In [15]: ascending_colors = sorted(colors)

In [16]: ascending_colors
Out[16]: ['blue', 'green', 'orange', 'red', 'yellow']

In [17]: colors
Out[17]: ('red', 'orange', 'yellow', 'green', 'blue')
```

115

将可选关键词参数中的 reverse 设置为 True 可按降序对元素进行排序。

5.9　序列搜索

经常需要确定序列（例如列表、元组或字符串）是否包含匹配于特定**关键词**值的元素，

搜索就是查找关键词的过程。

列表的 index 方法

列表的 index 方法使用关键词（要搜索的值）作为参数，然后从索引 0 开始搜索列表，并返回与关键词匹配的第一个元素的索引：

```
In [1]: numbers = [3, 7, 1, 4, 2, 8, 5, 6]

In [2]: numbers.index(5)
Out[2]: 6
```

如果列表中不包含所搜索的值，则会出现值错误（ValueError）。

指定搜索的起始索引

使用 index 方法的可选参数，可以搜索列表元素的子集。使用 *=，可以成倍地扩充序列，也就是说，一个序列追加到自身多次。执行下面的代码段，numbers 变为包含原始列表内容的两份副本：

```
In [3]: numbers *= 2

In [4]: numbers
Out[4]: [3, 7, 1, 4, 2, 8, 5, 6, 3, 7, 1, 4, 2, 8, 5, 6]
```

以下代码在新列表 numbers 中，从索引 7 到列表末尾的所有元素中搜索 5：

```
In [5]: numbers.index(5, 7)
Out[5]: 14
```

指定搜索的起始索引和结束索引

在 index 方法中指定起始索引和结束索引，会搜索从起始索引到结束索引（不包括结束索引）的匹配元素位置。在代码段 [5] 中调用 index 方法：

```
numbers.index(5, 7)
```

可选的第三个参数的默认值为 numbers 的长度，相当于：

```
numbers.index(5, 7, len(numbers))
```

下面将在索引 0 到 3 的范围内查找值等于 7 的元素：

```
In [6]: numbers.index(7, 0, 4)
Out[6]: 1
```

成员运算符 in 和 not in

运算符 in 的右边是可迭代的序列，左边是要查找的值。如果在指定的序列中找到值，则返回 True，否则，返回 False：

```
In [7]: 1000 in numbers
Out[7]: False

In [8]: 5 in numbers
Out[8]: True
```

类似地，运算符 not in 如果在指定的序列中没有找到值，则返回 True，否则，返回 False：

```
In [9]: 1000 not in numbers
Out[9]: True

In [10]: 5 not in numbers
Out[10]: False
```

使用运算符 in 来防止 ValueError

搜索序列中不存在的关键词时，使用 in 运算符不像使用 index 方法，不会导致 ValueError：

```
In [11]: key = 1000

In [12]: if key in numbers:
    ...:     print(f'found {key} at index {numbers.index(search_key)}')
    ...: else:
    ...:     print(f'{key} not found')
    ...:
1000 not found
```

内置函数 any 和 all

有时只需要知道可迭代对象中的任意项是 True 还是所有项都是 True。如果可迭代对象中的任何项为 True，则内置函数 any 返回 True。如果可迭代对象中的所有项都为 True，则内置函数 all 返回 True。回想一下，非零值为 True，而 0 为 False。非空的可迭代对象的值为 True，而空的可迭代对象的值都为 False。函数 any 和 all 是函数式编程中内部迭代的附加示例。

5.10　列表的其他方法

列表还有添加和删除元素的方法。考虑列表 color_names：

```
In [1]: color_names = ['orange', 'yellow', 'green']
```

在列表特定索引处插入元素

用 insert 方法在指定的索引处添加新项。下面的代码在索引 0 处插入 'red'：

```
In [2]: color_names.insert(0, 'red')

In [3]: color_names
Out[3]: ['red', 'orange', 'yellow', 'green']
```

将元素添加到列表的末尾

使用 append 方法可以将新元素添加到列表的末尾：

```
In [4]: color_names.append('blue')

In [5]: color_names
Out[5]: ['red', 'orange', 'yellow', 'green', 'blue']
```

将序列的所有元素添加到列表的末尾

使用列表的 extend 方法将另一个序列的所有元素添加到列表的末尾：

```
In [6]: color_names.extend(['indigo', 'violet'])

In [7]: color_names
Out[7]: ['red', 'orange', 'yellow', 'green', 'blue', 'indigo', 'violet']
```

列表的 extend 方法等效于 +=。下面的代码先将字符串的所有字符附加到列表中，然后将元组的所有元素附加到列表中：

```
In [8]: sample_list = []

In [9]: s = 'abc'

In [10]: sample_list.extend(s)

In [11]: sample_list
Out[11]: ['a', 'b', 'c']

In [12]: t = (1, 2, 3)

In [13]: sample_list.extend(t)

In [14]: sample_list
Out[14]: ['a', 'b', 'c', 1, 2, 3]
```

可能希望将元组直接作为参数传递给列表的 extend 方法，而不是先创建一个临时变量 t 来存储元组。因为 extend 方法的参数必须是可迭代的对象，这个时候可以直接用在参数部分显示的括号构造一个元组（元组的括号不可以省略）：

```
In [15]: sample_list.extend((4, 5, 6))   # note the extra parentheses

In [16]: sample_list
Out[16]: ['a', 'b', 'c', 1, 2, 3, 4, 5, 6]
```

如果省略元组的括号，则会引发 TypeError。

删除列表中某个元素的第一个匹配项

remove 方法用于移除列表中某个值的第一个匹配项——如果 remove 的参数不在列表中，则会引发 ValueError：

```
In [17]: color_names.remove('green')

In [18]: color_names
Out[18]: ['red', 'orange', 'yellow', 'blue', 'indigo', 'violet']
```

清空列表

要删除列表中的所有元素，请使用方法 clear：

```
In [19]: color_names.clear()

In [20]: color_names
Out[20]: []
```

这相当于前面出现的给切片分配空数组：

```
color_names[:] = []
```

118

计算元素出现的次数

列表的 `count` 方法用于统计某个元素在列表中出现的次数：

```
In [21]: responses = [1, 2, 5, 4, 3, 5, 2, 1, 3, 3,
    ...:              1, 4, 3, 3, 3, 2, 3, 3, 2, 2]
    ...:

In [22]: for i in range(1, 6):
    ...:     print(f'{i} appears {responses.count(i)} times in responses')
    ...:
1 appears 3 times in responses
2 appears 5 times in responses
3 appears 8 times in responses
4 appears 2 times in responses
5 appears 2 times in responses
```

反转列表的元素

列表的 `reverse` 方法反转列表中的元素，注意区别于前面使用切片创建列表的反向副本：

```
In [23]: color_names = ['red', 'orange', 'yellow', 'green', 'blue']

In [24]: color_names.reverse()

In [25]: color_names
Out[25]: ['blue', 'green', 'yellow', 'orange', 'red']
```

复制列表

列表的 `copy` 方法返回一个包含原始对象浅拷贝的新列表：

```
In [26]: copied_list = color_names.copy()

In [27]: copied_list
Out[27]: ['blue', 'green', 'yellow', 'orange', 'red']
```

这相当于前面使用切片创建副本的操作：

```
copied_list = color_names[:]
```

5.11　使用列表模拟堆栈

上一章介绍了函数调用堆栈。Python 没有内置堆栈类型，但可以将堆栈视为约束列表。使用列表的 `append` 方法来实现入栈，该方法将新元素添加到列表的末尾。使用不带参数的 `pop` 方法来实现出栈，该方法移除列表中的最后一个元素，并且返回该元素的值。

让我们创建一个名为 `stack` 的空列表，用 `append` 方法令两个字符串入栈，然后用 `pop` 方法使其出栈，来确认一下它们是否保持**后进先出**（Last-In，First-Out，LIFO）的顺序：

```
In [1]: stack = []

In [2]: stack.append('red')

In [3]: stack
Out[3]: ['red']

In [4]: stack.append('green')

In [5]: stack
Out[5]: ['red', 'green']

In [6]: stack.pop()
Out[6]: 'green'

In [7]: stack
Out[7]: ['red']

In [8]: stack.pop()
Out[8]: 'red'

In [9]: stack
Out[9]: []

In [10]: stack.pop()
---------------------------------------------------------------
IndexError                             Traceback (most recent call last)
<ipython-input-10-50ea7ec13fbe> in <module>()
----> 1 stack.pop()

IndexError: pop from empty list
```

对于每个出栈的代码段，pop 方法移除并且返回该元素的值。对空堆栈做出栈操作会引发 IndexError，就像用 [] 访问列表中某个不存在的元素一样。要避免出现 IndexError，就需要在每次做出栈之前，确保堆栈的项目数大于 0。如果入栈的速度大于出栈的速度，可能会耗尽内存。

还可以使用列表来模拟另一个常用的合集——**队列**，队列好比排队，依次鱼贯而行，以先进先出（First-In, First-Out，FIFO）顺序来处理项目。

5.12　列表推导式

列表推导式（List Comprehension）是将一个列表转换成另一个列表的工具。在转换过程中，可以指定元素必须符合一定的条件，才能添加至新的列表中，这样每个元素都可以按需要进行转换。对于熟悉函数式编程（functional programming）的读者，可以把列表推导式看作结合了 filter 函数与 map 函数功能的语法糖。如果不熟悉函数式编程，也不用担心。这里先给出一个 for 循环的示例：

```
In [1]: list1 = []

In [2]: for item in range(1, 6):
   ...:         list1.append(item)
   ...:
```

```
In [3]: list1
Out[3]: [1, 2, 3, 4, 5]
```

使用列表推导式来创建整数列表

可以使用列表推导式在一行代码中完成相同的任务：

```
In [4]: list2 = [item for item in range(1, 6)]

In [5]: list2
Out[5]: [1, 2, 3, 4, 5]
```

120

列表推导式的 for 子句与代码段 [2] 的 for 循环语句一样：

```
for item in range(1, 6)
```

对于由 range(1,6) 迭代生成的序列中的每个元素，列表推导式计算 for 子句左侧的表达式，并将表达式的值放在新列表（在本例中为 item 自身）中。使用下面的 list 函数可以更简洁地表达代码段 [4] 的特殊推导式：

```
list2 = list(range(1, 6))
```

映射：在列表推导式的表达式中执行操作

列表推导式的表达式可以执行将元素**映射**到新值（可能是不同类型）的任务，例如某种运算。映射是一种常见的函数式编程操作，它生成与原始数据元素数量相等的映射结果。下面的推导式使用表达式 item**3 将每个值的立方映射到新列表：

```
In [6]: list3 = [item ** 3 for item in range(1, 6)]

In [7]: list3
Out[7]: [1, 8, 27, 64, 125]
```

过滤：在列表推导式中使用 if 子句

另一种常见的函数式编程操作是**过滤**，只选择满足条件的元素，满足条件的元素的数量通常比原始元素的数量要少，我们使用 if 子句在列表推导式中执行此操作。下面的代码让列表 list4 中仅包括由 for 子句产生的偶数值：

```
In [8]: list4 = [item for item in range(1, 11) if item % 2 == 0]

In [9]: list4
Out[9]: [2, 4, 6, 8, 10]
```

用列表推导式处理另一个列表的元素

for 子句可以处理任何可迭代的序列。让我们创建一个小写字符串的列表，然后用列表推导式来创建一个包含其大写版本的新列表：

```
In [10]: colors = ['red', 'orange', 'yellow', 'green', 'blue']

In [11]: colors2 = [item.upper() for item in colors]
```

```
In [12]: colors2
Out[12]: ['RED', 'ORANGE', 'YELLOW', 'GREEN', 'BLUE']

In [13]: colors
Out[13]: ['red', 'orange', 'yellow', 'green', 'blue']
```

5.13 生成器表达式

生成器表达式类似于列表推导式。当序列过长，而每次只需要获取一个元素时，应当考虑使用生成器表达式，这称为**惰性计算**（lazy evaluation）。列表推导式使用贪婪计算（greedy evaluation）——执行时一次性创建包含了所有值的列表。对于大序列，创建列表需要大量的内存和时间。如果不需要整个列表，生成器表达式可以大大减少程序消耗的内存数量，并提高性能。

生成器表达式的语法和列表解析一样，只不过生成器表达式是被（）括起来的，而不是 [ ]。代码段 [2] 中的生成器表达式仅返回列表 numbers 中的奇数的平方值：

```
In [1]: numbers = [10, 3, 7, 1, 9, 4, 2, 8, 5, 6]

In [2]: for value in (x ** 2 for x in numbers if x % 2 != 0):
   ...:         print(value, end=' ')
   ...:
9 49 1 81 25
```

为了证明生成器表达式不创建列表，让我们将上面代码段的生成器表达式赋给变量并查看该变量：

```
In [3]: squares_of_odds = (x ** 2 for x in numbers if x % 2 != 0)

In [3]: squares_of_odds
Out[3]: <generator object <genexpr> at 0x1085e84c0>
```

"`generator object <genexpr>`" 说明 `square_of_odds` 是一个从生成器表达式（genexpr）创建的生成器对象。

5.14 过滤、映射和归约

这一节介绍几个函数式功能：过滤、映射和归约。这里先分别演示内置函数 `filter` 和 `map` 的过滤和映射的功能。然后继续讨论归约，其将元素合集处理为单个值，例如计数、求和、乘积、平均、最小值或最大值。

使用内置函数 `filter` 过滤序列的值

使用内置函数 `filter` 来得到列表 numbers 中的奇数元素：

```
In [1]: numbers = [10, 3, 7, 1, 9, 4, 2, 8, 5, 6]

In [2]: def is_odd(x):
```

```
    ...:          """Returns True only if x is odd."""
    ...:          return x % 2 != 0
    ...:
In [3]: list(filter(is_odd, numbers))
Out[3]: [3, 7, 1, 9, 5]
```

与数据一样，Python 函数可以当作对象赋值给变量，传递给其他函数以及从函数返回对象。能接收其他函数作为参数的函数是一种编程范式，称为**高阶函数**。上面的例子中，`filter` 函数的第一个参数 is_odd 必须是一个函数，该函数接收一个参数，如果该参数是奇数，则返回 True。`filter` 函数对第二个参数的可迭代对象（`numbers`）中的每个值调用 is_odd 一次。高阶函数也可能返回一个函数。

122

`filter` 函数返回的是迭代器，因此 `filter` 在迭代它们之前不会产生结果，这是另一个惰性计算的例子。在代码段 [3] 中，`list` 函数创建包含遍历结果的列表。通过使用带有 if 子句的列表推导式，可以获得与上面相同的结果：

```
In [4]: [item for item in numbers if is_odd(item)]
Out[4]: [3, 7, 1, 9, 5]
```

使用 lambda 表达式代替函数

对于 is_odd 这种功能简单只返回一个**单一表达式值**的函数，可以在函数原来的位置，使用一个 lambda 表达式（或简称为 lambda）直接把函数定义出来：

```
In [5]: list(filter(lambda x: x % 2 != 0, numbers))
Out[5]: [3, 7, 1, 9, 5]
```

我们将函数 `filter` 的返回值（迭代器）传递给函数 `list`，将结果转换为列表并显示出来。

lambda 表达式是一个匿名函数——没有名称的函数。在 `filter` 的调用中：

```
filter(lambda x: x % 2 != 0, numbers)
```

第一个参数是 lambda：

```
lambda x: x % 2 != 0
```

lambda 函数以 lambda 关键字开头，后跟由逗号分隔的参数列表、冒号（:）和表达式。在这个例子里，参数列表只有一个名为 x 的参数。lambda 函数隐式返回其表达式的值。类似下面这种类型的简单函数：

```
def function_name(parameter_list):
    return expression
```

都可以表示为更简洁的 lambda 形式：

```
lambda parameter_list: expression
```

将序列的值映射到新值

让我们用内置函数 map 与 lambda 计算 numbers 中每个值的平方：

```
In [6]: numbers
Out[6]: [10, 3, 7, 1, 9, 4, 2, 8, 5, 6]

In [7]: list(map(lambda x: x ** 2, numbers))
Out[7]: [100, 9, 49, 1, 81, 16, 4, 64, 25, 36]
```

函数 map 的第一个参数是一个函数：接收一个值并返回一个新值。在这个例子中，它是一个求平方的 lambda 参数。第二个参数是要作用到映射上的可迭代序列。函数 map 是惰性计算，所以，我们使用函数 list 接收 map 返回的迭代器，从迭代器创建包含映射值的列表。下面列出等价的列表推导式：

123

```
In [8]: [item ** 2 for item in numbers]
Out[8]: [100, 9, 49, 1, 81, 16, 4, 64, 25, 36]
```

结合 filter 和 map

可以将前面的 filter 和 map 操作组合起来使用：

```
In [9]: list(map(lambda x: x ** 2,
   ...:             filter(lambda x: x % 2 != 0, numbers)))
   ...:
Out[9]: [9, 49, 1, 81, 25]
```

代码段 [9] 中有很多值，让我们仔细看一下。首先，filter 返回一个只含有 numbers 中奇数值的迭代器。然后 map 返回一个包含上一步结果的平方值的迭代器。最后，list 从 map 返回的迭代器中创建列表。读者可能更喜欢用这个列表推导式来表示上面的代码段：

```
In [10]: [x ** 2 for x in numbers if x % 2 != 0]
Out[10]: [9, 49, 1, 81, 25]
```

对于列表 numbers 中的每一个值 x，仅在满足 x % 2 != 0 为 True 的条件下执行表达式 x ** 2。

归约：用 sum 对序列中的元素求和

众所周知，归约将序列的元素处理为单个值。可以使用内置的函数 len、sum、min 和 max 来执行归约，还可以使用 functools 模块的 reduce 函数来创建自定义的归约。请参考 https://docs.python.org/3/library/functools.html 上的代码示例。我们在第 16 章中研究大数据和 Hadoop 时，将演示 MapReduce 编程，它以函数式编程中的过滤、映射和归约操作为基础。

5.15 其他的序列处理函数

Python 还提供了其他用于操作序列的内置函数。

使用 Key 函数查找最小值和最大值

之前已经展示了内置的归约函数 min 和 max，它们使用 ints 或 ints 列表作为参数。有时需要在更复杂的对象中找最小值和最大值，比如说比较字符串。思考一下这个比较：

```
In [1]: 'Red' < 'orange'
Out[1]: True
```

字母表中，'R' 在 'o' 的后面，所以可能认为 'Red' 小于 'orange' 的结果是 False。然而，字符串比较用的是字母的 ASCII 值（数值），小写字母的码值比大写字母的码值大。可以用内置函数 ord 返回字符的数字值：

```
In [2]: ord('R')
Out[2]: 82

In [3]: ord('o')
Out[3]: 111
```

下面的列表 colors，既有首字母大写又有首字母小写的字符串：

```
In [4]: colors = ['Red', 'orange', 'Yellow', 'green', 'Blue']
```

124

假设我们想要使用字母表顺序而不是数字（词典）顺序来确定最小和最大字符串。如果按字母顺序排列颜色：

```
'Blue', 'green', 'orange', 'Red', 'Yellow'
```

可以看到 'Blue' 是最小的（也就是说，最接近字母表的开头），'Yellow' 是最大的（也就是说，最接近字母表的末尾）。

由于 Python 使用数值比较字符串，因此必须先将每个字符串转换为全部小写或全部大写字母。这样它们的数值就是字母表顺序了。以下代码段按字母表顺序用 min 和 max 分别确定最小和最大字符串：

```
In [5]: min(colors, key=lambda s: s.lower())
Out[5]: 'Blue'

In [6]: max(colors, key=lambda s: s.lower())
Out[6]: 'Yellow'
```

关键字 key 的参数必须是一个返回值的单参数函数。在这个例子中，这个函数用 lambda 表示，功能是调用字符串的 lower 方法来得到小写的字符串。每个元素都调用 key 参数的这个函数，再对结果用函数 min 和 max 进行比较。

反向迭代序列

内置函数 reversed 返回一个迭代器，用于反向迭代序列的值。下面的列表推导式创建一个新列表，其中包含 numbers 反向排列的值的平方：

```
In [7]: numbers = [10, 3, 7, 1, 9, 4, 2, 8, 5, 6]

In [7]: reversed_numbers = [item for item in reversed(numbers)]

In [8]: reversed_numbers
Out[8]: [36, 25, 64, 4, 16, 81, 1, 49, 9, 100]
```

将可迭代对象合并成对应元素的元组

使用内置函数 zip 可以在同一时间遍历多个可迭代对象的数据，该函数以一个或多个可迭代序列作为参数，并且返回一个迭代器，该迭代器把每个参数中相同索引的元素提取出来配对成元组。下面的例子中，代码段 [11] 调用函数 zip 提取每个列表中 0、1、2 索引的元素，分别生成元组（'Bob', 3.5），（'Sue', 4.0）和（'Amanda', 3.75）：

```
In [9]: names = ['Bob', 'Sue', 'Amanda']

In [10]: grade_point_averages = [3.5, 4.0, 3.75]

In [11]: for name, gpa in zip(names, grade_point_averages):
    ...:     print(f'Name={name}; GPA={gpa}')
    ...:
Name=Bob; GPA=3.5
Name=Sue; GPA=4.0
Name=Amanda; GPA=3.75
```

我们把每个元组解包成 name 和 gpa 并显示出来。函数 zip 生成的元组数量取决于最短参数的长度，本例中的两个参数的长度相同。

5.16 二维列表

列表的元素可以是其他列表。嵌套（或多维）列表的典型使用场景是用来表示**表格**，用**行**和**列**来表示某个位置的信息。为了定位表中的特定元素，我们指定了 2 个索引——按照惯例，第一个用来标识元素的行，第二个标识元素的列。

用两个索引来标识元素的列表称为**二维列表**（或**双索引列表**或**双下标列表**）。多维列表可以有两个以上的索引。这里，我们介绍二维列表。

创建二维列表

想象一个包含三行四列的二维列表（即一个 3×4 的列表），这些列表可能代表三名学生的成绩，每名学生在一门课程中参加四次考试：

```
In [1]: a = [[77, 68, 86, 73], [96, 87, 89, 81], [70, 90, 86, 81]]
```

这里通过修改列表的格式，以使行列结构更清晰：

```
a = [[77, 68, 86, 73],   # first student's grades
     [96, 87, 89, 81],   # second student's grades
     [70, 90, 86, 81]]   # third student's grades
```

二维列表说明

下图显示了列表 a，其中包含考试成绩的行和列：

	列0	列1	列2	列3
行0	77	68	86	73
行1	96	87	89	81
行2	70	90	86	81

识别二维列表中的元素

下图显示了列表 a 中的元素名称：

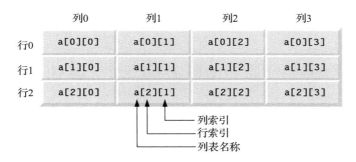

每个元素用标识 a[i][j] 来表示——a 是列表名称，i 和 j 分别是唯一标识每个元素行和列的索引。第 0 行中的元素用 0 作为第一个索引，第 3 列中的元素用 3 作为第二个索引。

在二维列表 a 中：

- a[0][0]、a[0][1]、a[0][2]、a[0][3] 的初始值分别为 77、68、86 和 73；
- a[1][0]、a[1][1]、a[1][2]、a[1][3] 的初始值分别为 96、87、89 和 81；
- a[2][0]、a[2][1]、a[2][2]、a[2][3] 的初始值分别为 70、90、86 和 81。

具有 m 行和 n 列的列表被称为 **m × n 列表**并且具有 $m × n$ 个元素。

用下面的嵌套 for 语句按行输出上面的二维列表：

```
In [2]: for row in a:
   ...:     for item in row:
   ...:         print(item, end=' ')
   ...:     print()
   ...:
77 68 86 73
96 87 89 81
70 90 86 81
```

嵌套循环如何执行

让我们改一下嵌套循环，以显示列表的名称以及每个元素的行和列索引以及值：

```
In [3]: for i, row in enumerate(a):
   ...:     for j, item in enumerate(row):
   ...:         print(f'a[{i}][{j}]={item} ', end=' ')
   ...:     print()
   ...:
a[0][0]=77  a[0][1]=68  a[0][2]=86  a[0][3]=73
a[1][0]=96  a[1][1]=87  a[1][2]=89  a[1][3]=81
a[2][0]=70  a[2][1]=90  a[2][2]=86  a[2][3]=81
```

外部 for 语句每执行一次迭代二维列表的一行。在外部 for 语句的每次迭代期间，内部 for 语句迭代当前行中的每一列，所以在外循环的第一次迭代中，row0 等于：

[77, 68, 86, 73]

通过嵌套循环迭代输出列表的四个元素：a[0][0]=77，a[0][1]=68，a[0][2]=86 和 a[0][3]=73。

在外循环的第二次迭代中，row1 等于：

[96, 87, 89, 81]

通过嵌套循环迭代输出列表的四个元素：a[1][0]=96，a[1][1]=87，a[1][2]=89 和 a[1][3]=81。

在外循环的第三次迭代中，row2 等于：

[70, 90, 86, 81]

通过嵌套循环迭代输出列表的四个元素：a[2][0]=70，a[2][1]=90，a[2][2]=86 和 a[2][3]=81。

在第 7 章中，我们将介绍 NumPy 库的 ndarray 合集和 pandas 库的 DataFrame 合集。使用这些新的方式操作多维合集，比起本节中用到的二维列表的操作方法，更简洁、更方便。

5.17　数据科学入门：模拟和静态可视化

这一节讨论基本的描述性统计。在这里，我们专注于数据可视化，可视化可以帮助开发者"了解"自己的数据。数据可视化不仅仅是查看原始数据，更为开发者提供了一种强大的方式来理解数据。

这里用到两个开源可视化库——Seaborn 和 Matplotlib——通过静态柱状图来显示模拟掷六面骰子的最终结果。Seaborn 可视化库基于 Matplotlib 可视化库，比起 Matplotlib 简化了许多操作。要用到两个库的原因是：从 Matplotlib 库返回对象，再用 Seaborn 操作。在接下来的部分，我们将通过动态可视化使数据"动起来"。

5.17.1　掷 600、60,000、6,000,000 次骰子的图例

下面的屏幕截图显示了掷 600 次骰子，六个面中每个面的出现次数和百分比的垂直柱

状图。Seaborn 将这种类型的图表称为**柱状图**。

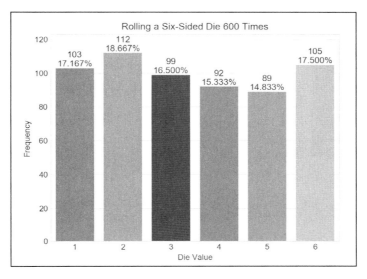

在这里，我们猜测每个面大约出现 100 次。然而，在这么少的次数里，没有一个面的出现次数正好是 100（尽管有几个是接近的），并且大多数点数的出现次数百分比也不在 16.667%（约 1/6）附近。当我们模拟掷 60,000 次骰子时，各个柱子的尺寸变得更加接近。模拟掷 6,000,000 次骰子时，每个柱子的尺寸看起来完全相同，这是"大数定律"在起作用。5.17.2 节将展示柱状图高度的动态变化。

下面将讨论如何控制图表的外观和内容，包括：

❑ 图表窗口的标题：掷 600 次骰子；
❑ 坐标轴的描述性标签：x 轴为点数，y 轴为出现次数；
❑ 每个柱子上方的文本，表示点数的出现次数和百分比；
❑ 柱子的颜色。

128

我们使用 Seaborn 各种选项的默认值。例如，Seaborn 根据骰子的点数 1～6 确定 x 轴的文字，根据点数出现的次数确定 y 轴的文本。在后台，Matplotlib 根据窗口的大小和柱子对应值的大小来确定柱子的位置和大小，它还在每个柱子上方显示对应点数的出现次数和百分比。读者可以根据个人喜好调整这些属性，定义更多功能。

下面的第一个屏幕截图显示了掷 60,000 次骰子的结果——想象一下用手完成这件事情有多么复杂。在这种情况下，我们预计每面出现约 10,000 次。下面的第二幅图显示了掷 6,000,000 次骰子的结果——你在生活中肯定没这么干过！在这种情况下，我们预计每个面出现约 1,000,000 次，并且每个柱子的长度看起来相同（接近但高度不完全相同）。请注意，随着掷骰子次数的增多，百分比越来越接近预期的 16.667%。

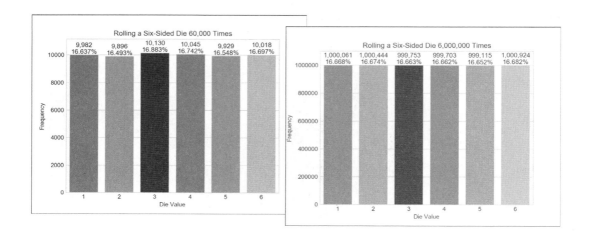

5.17.2 实现掷骰子中不同点数出现次数和百分比的可视化

在本节中，将以交互的方式开发上一节中显示的柱状图。

启动 IPython 实现交互式 Matplotlib 开发

IPython 内置支持交互式开发 Matplotlib 图表，后面还需要开发 Seaborn 图表。我们只需使用以下命令启动 IPython：

```
ipython --matplotlib
```

导入库

首先，让我们导入将要用到的库：

```
In [1]: import matplotlib.pyplot as plt

In [2]: import numpy as np

In [3]: import random

In [4]: import seaborn as sns
```

129

1. `matplotlib.pyplot` 模块包含 Matplotlib 库的图形功能。导入此模块后通常用缩写 `plt` 来表示。

2. NumPy（Numerical Python）库包含函数 `unique`，用于汇总掷骰子点数。导入此模块后通常用缩写 `np` 来表示。

3. `random` 模块包含 Python 的随机数生成函数。

4. `seaborn` 模块包含 Seaborn 库的图形功能。导入此模块后通常用缩写 `sns` 来表示。读者可以搜索一下用这种奇特缩写的原因。

掷骰子并统计点数出现频率

接下来，让我们使用列表推导式来创建包含 600 个随机点数的列表，然后使用 NumPy 的 unique 函数来对点数去重（很可能六个面都有）并且统计每个点数出现的次数：

```
In [5]: rolls = [random.randrange(1, 7) for i in range(600)]

In [6]: values, frequencies = np.unique(rolls, return_counts=True)
```

NumPy 库提供高性能的 ndarray 合集，它通常比列表快很多⊖。虽然我们不直接在这里使用 ndarray，但 NumPy 的 unique 函数需要一个 ndarray 参数并返回一个 ndarray。如果传递一个列表（如 rolls），NumPy 会将其转换为更好性能的 ndarray。我们将 unique 函数返回的 ndarray 简单地分配给一个变量，用于 Seaborn 的绘图函数。

指定关键字参数 return_counts=True 告诉 unique 函数计算每个唯一值出现的次数。在这种情况下，unique 返回的 ndarray 包含两个一维元组，一个是点数值，另一个是对应的出现次数。我们把 ndarray 解包后传给变量 values 和 frequencies。如果 return_counts 等于 False，则仅返回唯一值列表。

创建基本柱状图

接下来给柱状图创建标题，设置样式，然后绘制点数及其出现次数：

```
In [7]: title = f'Rolling a Six-Sided Die {len(rolls):,} Times'

In [8]: sns.set_style('whitegrid')

In [9]: axes = sns.barplot(x=values, y=frequencies, palette='bright')
```

代码段 [7] 的 f 字符串用逗号（,）格式化柱状图标题中的掷骰子总次数。

```
{len(rolls):,}
```

千位分隔符每隔三位数加进一个逗号，因此，60000 将显示为 60,000。

默认情况下，Seaborn 使用白色块作为背景图，不过它也提供了其他选择（'darkgrid'、'whitegrid'、'dark'、'white' 和 'ticks'）。代码段 [8] 指定了 'whitegrid' 样式，在垂直柱状图中显示浅灰色水平线。这些可以帮助开发者更方便地查看每个柱状图的高度与 y 轴的刻度标签的对应关系。 |130|

代码段 [9] 使用 Seaborn 的函数 barplot 绘制点数的出现次数。执行代码段时，将显示以下窗口（因为前面使用了 --matplotlib 选项启动 IPython）。

⊖ 将在第 7 章中深入讨论 ndarray 并进行性能比较。

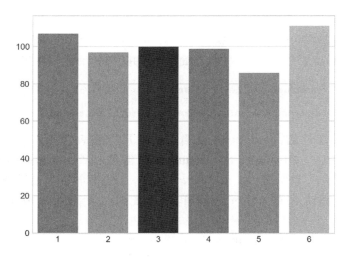

Matplotlib 模块创建 Matplotlib **Axes** 对象，在对象的管理窗口中，交互使用 Seaborn 模块来显示柱状图。在后台，Seaborn 模块使用 Matplotlib **Figure** 对象来管理 **Axes** 的可视窗口。函数 **barplot** 的前两个参数是 *N* 维数组对象 **ndarray**，分别包含 *x* 轴和 *y* 轴值。我们使用可选的 **palette** 关键字参数，选择 Seaborn 的预定义调色板 **'bright'**。在下面网页中可以查看完整的调色板选项：

https://seaborn.pydata.org/tutorial/color_palettes.html

函数 **barplot** 返回可配置的 **Axes** 对象，我们将其命名为变量 **axes**，可以使用它来配置其他选项，生成最终的绘图。执行相应的代码段后，对柱状图所做的任何更改都会立刻显示出来。

设置窗口标题并标记 *x* 和 *y* 轴

接下来用两个代码段为柱状图添加一些描述性文本：

```
In [10]: axes.set_title(title)
Out[10]: Text(0.5,1,'Rolling a Six-Sided Die 600 Times')

In [11]: axes.set(xlabel='Die Value', ylabel='Frequency')
Out[11]: [Text(92.6667,0.5,'Frequency'), Text(0.5,58.7667,'Die Value')]
```

代码段 **[10]** 使用 **Axes** 对象的 **set_title** 方法在图上方居中的位置显示标题字符串。此方法返回一个包含标题及其在窗口中位置的 **Text** 对象。IPython 只是将其输出显示以供用户确认，可以忽略上面 **Out[]** 代码段中的内容。

代码段 **[11]** 为每个轴添加标签。用 **set** 方法接收关键字参数，设置 **Axes** 对象的属性。该方法沿 *x* 轴显示文本对象 **xlabel**，沿 *y* 轴显示文本对象 **ylabel**，返回的 **Text** 对象包含标签文本及其位置。其显示如下所示的柱状图。

131

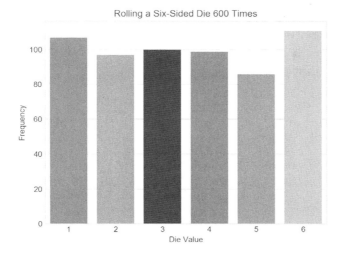

最终的柱状图

接下来的两个代码段，在每个柱子上方的空白处留出空间显示文本，以完成最终的柱状图：

```
In [12]: axes.set_ylim(top=max(frequencies) * 1.10)
Out[12]: (0.0, 122.10000000000001)

In [13]: for bar, frequency in zip(axes.patches, frequencies):
    ...:     text_x = bar.get_x() + bar.get_width() / 2.0
    ...:     text_y = bar.get_height()
    ...:     text = f'{frequency:,}\n{frequency / len(rolls):.3%}'
    ...:     axes.text(text_x, text_y, text,
    ...:               fontsize=11, ha='center', va='bottom')
    ...:
```

为了给柱状图上方的文本留出空间，代码片段 [12] 将 y 轴扩展了 10%，这是通过实验最终选择的比例。Axes 对象的 set_ylim 方法有很多可选关键字参数。在这里，我们只使用了 top 参数，更改了 y 轴的最大值，我们将最大的点数出现次数乘以 1.10，来确保 y 轴比最高的柱子高 10%。

最后，代码段 [13] 显示每个点数出现的次数及其占总掷骰次数的百分比。Axes 对象的 patches 合集包含二维的彩色形状，用来在图形上显示柱子。for 语句使用 zip 遍历 patches 合集和相应的 frequency 值，每次循环都会把元组解包成 bar 和 frequency 并返回。for 语句的循环体完成了如下操作：

❑ 第一条语句计算文本的横坐标的中心点位置，对柱子左边沿的 x 坐标（bar.get_x()）和柱子宽度的一半（bar.get_width()/2.0）求和，得到这个坐标。

❑ 第二条语句计算文本的纵坐标 y，bar.get_y() 表示柱子的顶部坐标。

❑ 第三条语句创建包括点数出现的次数和相应百分比的双行字符串。

132

❏ 最后一条语句调用 Axes 对象的 text 方法显示柱子上方的文本，该方法的前两个
   参数设置文本的 x 和 y 坐标，第三个参数是要显示的文本。关键字参数 ha 表示水平
   对齐的方式——在 x 坐标上水平居中。关键字参数 va 表示垂直对齐的方式——在 y
   坐标上对齐文本的底部。最终生成的柱状图如下所示：

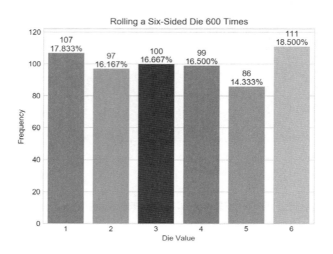

再次掷骰子并更新柱状图——介绍 IPython 魔术命令

现在已经创建了一个漂亮的柱状图，读者可能想要尝试不同掷骰次数的例子。首先，
通过调用 Matplotlib 的 cla（清除 Axes）函数清除现有图形：

```
In [14]: plt.cla()
```

IPython 提供了称为魔术的特殊命令，可以方便地执行各种任务。我们使用 %recall
魔术命令来获取代码段 [5]，创建 rolls 列表，并将代码放在下一个 In[] 提示符处：

```
In [15]: %recall 5

In [16]: rolls = [random.randrange(1, 7) for i in range(600)]
```

现在可以编辑代码段，将次数更改为 60,000，然后按 Enter 键创建新列表：

```
In [16]: rolls = [random.randrange(1, 7) for i in range(60000)]
```

接下来，重新获取代码段 [6] 到 [13]。这将在下一个 In[] 提示符处显示指定范围内
的所有代码段。按 Enter 键重新执行这些代码段：

```
In [17]: %recall 6-13

In [18]: values, frequencies = np.unique(rolls, return_counts=True)
    ...: title = f'Rolling a Six-Sided Die {len(rolls):,} Times'
    ...: sns.set_style('whitegrid')
    ...: axes = sns.barplot(x=values, y=frequencies, palette='bright')
    ...: axes.set_title(title)
    ...: axes.set(xlabel='Die Value', ylabel='Frequency')
    ...: axes.set_ylim(top=max(frequencies) * 1.10)
```

```
...: for bar, frequency in zip(axes.patches, frequencies):
...:     text_x = bar.get_x() + bar.get_width() / 2.0
...:     text_y = bar.get_height()
...:     text = f'{frequency:,}\n{frequency / len(rolls):.3%}'
...:     axes.text(text_x, text_y, text,
...:              fontsize=11, ha='center', va='bottom')
...:
```

更新后的柱状图如下图所示：

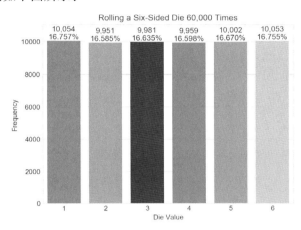

使用 %save 魔术命令将代码段保存到文件

一旦以交互方式创建了一个绘图，你可能希望将代码保存到文件中，以便将其转换为脚本并在未来可重复运行。我们使用 %save 魔术命令将代码段 1–13 保存为文件 RollDie.py。IPython 在下面显示了保存到文件中的每行内容：

```
In [19]: %save RollDie.py 1-13
The following commands were written to file `RollDie.py`:
import matplotlib.pyplot as plt
import numpy as np
import random
import seaborn as sns
rolls = [random.randrange(1, 7) for i in range(600)]
values, frequencies = np.unique(rolls, return_counts=True)
title = f'Rolling a Six-Sided Die {len(rolls):,} Times'
sns.set_style("whitegrid")
axes = sns.barplot(values, frequencies, palette='bright')
axes.set_title(title)
axes.set(xlabel='Die Value', ylabel='Frequency')
axes.set_ylim(top=max(frequencies) * 1.10)
for bar, frequency in zip(axes.patches, frequencies):
    text_x = bar.get_x() + bar.get_width() / 2.0
    text_y = bar.get_height()
    text = f'{frequency:,}\n{frequency / len(rolls):.3%}'
    axes.text(text_x, text_y, text,
             fontsize=11, ha='center', va='bottom')
```

134

命令行参数，用脚本显示绘图

这里用的是上面保存的文件 RollDie.py 的修改版本，我们添加了注释，做了两处改动，以便读者可以在运行脚本的时候，使用参数来指定掷骰次数，如下所示：

```
ipython RollDie.py 600
```

Python 标准库的 `sys` 模块使脚本能够在命令行下接收传递过来的参数，包括脚本的名称以及执行脚本时右侧显示的任何值，`sys` 模块的 `argv` 列表中包含这些参数。在上面的命令行中，`argv[0]` 等于字符串 `'RollDie.py'`，`argv[1]` 等于字符串 `'600'`，要使用命令行参数来控制掷骰数，我们修改了创建列表 `rolls` 的语句，如下所示：

```
rolls = [random.randrange(1, 7) for i in range(int(sys.argv[1]))]
```

注意，这里需要将 `argv[1]` 字符串转换为 `int`。

在脚本中创建完柱状图后，Matplotlib 和 Seaborn 不会自动显示该图。因此，在脚本的最后面，我们添加了如下代码，调用 Matplotlib 的 `show` 函数，该函数显示包含图形的窗口：

```
plt.show()
```

5.18 小结

本章介绍了列表和元组序列的更多细节。你可以创建列表，访问它们的元素并确定它们的长度。列表是可变的，可以修改其内容，包括在程序执行时扩大和缩短列表。访问不存在的元素会导致 `IndexError`。可以使用 `for` 语句迭代列表元素。

对于元组，它们像列表一样，也是序列，但是不可变的。可以将元组的元素解包到单独的变量中。使用 `enumerate` 创建一个可迭代的元组，每个元组都有一个列表索引和相应的元素值。

所有的序列都支持切片，这会创建具有原始元素子集的新序列。可使用 `del` 语句从列表中删除元素并从交互式会话中删除变量。本章介绍了如何将列表、列表元素和列表切片传递给函数，如何搜索和排序列表，以及如何搜索元组。还有使用 `list` 方法来插入、追加和删除元素，以及反转列表的元素和复制列表。

本章展示了如何使用列表模拟堆栈，使用简洁的列表推导式来创建新列表，还使用其他的内置方法对列表元素求和、向后遍历列表、查找最小值和最大值、过滤值并将值映射到新值。我们展示了嵌套列表如何表示二维列表，其中的数据按行和列排列，了解了嵌套 `for` 循环如何处理二维列表。

本章最后介绍了数据科学入门部分，该部分介绍了掷骰子模拟和静态可视化。我们举了详细的代码示例，使用 Seaborn 和 Matplotlib 可视化库来创建模拟最终结果的静态柱状图可视化。在下一章的数据科学入门部分，我们使用掷骰子模拟和动态柱状图可视化来使图表"动起来"。

135 在下一章中，我们将继续讨论 Python 的内置合集，将使用字典来存储不可变键映射到值的无序键–值对合集，就像传统字典将单词映射到定义一样。我们将使用集合来存储无序的独特元素合集。

　　在第 7 章中，我们将更详细地讨论 NumPy 的 ndarray 合集。读者会看到列表适用于少量数据，对于在大数据分析应用程序中遇到的大量数据效率不高。对于这种情况，应该使用 NumPy 库的高度优化的 ndarray 合集。ndarray（n 维数组）比列表快得多，我们将运行 Python 分析测试来看看它到底有多快。正如后面将看到的，NumPy 还包括许多用于方便和有效地操作多维数组的功能。在大数据分析应用程序中，处理需求可能非常庞大，因此我们为显著提高性能所做的一切都非常重要。在第 16 章中，我们将使用最流行的高性能大数据数据库之一——MongoDB[⊖]。

⊝　这个数据库的名字源于单词"humongous"。

Python 数据结构、字符串和文件

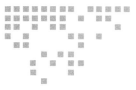

 第 6 章

字典和集合

目标

☐ 使用字典表示键-值对的无序合集。

☐ 使用集合来表示不重复值的无序合集。

☐ 创建、初始化、引用字典和集合的元素。

☐ 遍历字典的键、值和键-值对。

☐ 添加、删除、更新字典的键-值对。

☐ 使用字典和集合的比较运算符。

☐ 用集合运算符和方法来组合集合。

☐ 使用运算符 in 和 not in 确定字典是否包含某个键或值。

☐ 使用可变集合操作来修改集合的内容。

☐ 使用推导式快速方便地创建词典和集合。

☐ 了解如何构建动态可视化内容。

137 ☐ 增强读者对可变类型和不变类型的理解。

6.1 简介

我们已经讨论了三个内置序列合集——字符串、列表和元组。接下来学习内置的非序列合集——字典和集合（set）。**字典**是无序的**键-值对**的合集，就像传统的字典中字和定义的映射一样，键-值对存储不可变的键到值的映射。

集合是一种无序、元素值不重复且元素必须为不可变类型的合集。

6.2　字典

字典包含键和关联的值，每个键都映射到特定的值。下表包含字典及其键、键类型、值和值类型的示例。

键	键类型	值	值类型
国名	`str`	互联网国家代码	`str`
十进制数	`int`	罗马数字	`str`
状态	`str`	农产品	`str` 列表
医院病人	`str`	生命体征	`int` 和 `float` 的元组
棒球运动员	`str`	击打平均分数	`float`
公制测量	`str`	缩略语	`str`
库存代码	`str`	库存数量	`int`

唯一的键

字典的键必须是不可变的（例如字符串、数字或元组）且必须唯一（即没有重复）。多个键可以具有相同的值，例如两个不同库存代码有相同的库存数量。

6.2.1　创建字典

可以使用花括号 `{}` 创建一个字典，用"键：值"表示键 – 值对，列表中的多个键 – 值对之间用逗号隔开。用 `{}` 可以创建一个空字典。

让我们创建一个用国家名称 `'Finland'`、`'South Africa'` 和 `'Nepal'` 作为键的字典，它们对应互联网国家代码值 `'fi'`、`'za'` 和 `'np'`：

138

```
In [1]: country_codes = {'Finland': 'fi', 'South Africa': 'za',
   ...:                   'Nepal': 'np'}
   ...:

In [2]: country_codes
Out[2]: {'Finland': 'fi', 'South Africa': 'za', 'Nepal': 'np'}
```

输出字典时，始终用花括号把由逗号分隔的键 – 值对列表括起来。由于字典是无序合集，输出的顺序可能和键 – 值对添加到字典时的顺序不同。在代码段 `[2]` 的输出中，键 – 值对按插入顺序显示，没有按照键 – 值对的字母顺序输出。

确定字典是否为空

内置函数 `len` 返回字典中键 – 值对的数量：

```
In [3]: len(country_codes)
Out[3]: 3
```

可以直接使用字典作为条件来确定它是否为空——非空的字典等价于 `True`：

```
In [4]: if country_codes:
   ...:         print('country_codes is not empty')
   ...: else:
   ...:         print('country_codes is empty')
   ...:
country_codes is not empty
```

空字典的计算结果等于 False。为了证明这一点，在下面的代码中我们调用方法 clear 来删除字典的键－值对，然后在代码段 [6] 中调用代码段 [4] 并重新执行：

```
In [5]: country_codes.clear()

In [6]: if country_codes:
   ...:         print('country_codes is not empty')
   ...: else:
   ...:         print('country_codes is empty')
   ...:
country_codes is empty
```

6.2.2 遍历字典

下面这个字典做了月份名字符串到当月有多少天的 int 值的映射，注意，多个键有相同的值：

```
In [1]: days_per_month = {'January': 31, 'February': 28, 'March': 31}

In [2]: days_per_month
Out[2]: {'January': 31, 'February': 28, 'March': 31}
```

同样，字典是按照键－值对的插入顺序显示它们的，不过这一点不能确保，因为字典是无序的。本章后面将介绍如何按字母顺序处理键。

下面的 for 语句遍历了字典 days_per_month 的键－值对，items 方法返回由键-值构成的元组，然后代码再将元组解包成 month 和 days：

```
In [3]: for month, days in days_per_month.items():
   ...:         print(f'{month} has {days} days')
   ...:
January has 31 days
February has 28 days
March has 31 days
```

6.2.3 基本的字典操作

在本节中，我们首先创建并显示一个 roman_numerals 字典。我们故意为键 'X' 提供不正确的值 100（后面很快会纠正过来）：

```
In [1]: roman_numerals = {'I': 1, 'II': 2, 'III': 3, 'V': 5, 'X': 100}

In [2]: roman_numerals
Out[2]: {'I': 1, 'II': 2, 'III': 3, 'V': 5, 'X': 100}
```

访问与键关联的值

获取键 `'V'` 对应的值：

```
In [3]: roman_numerals['V']
Out[3]: 5
```

更新已有键－值对的值

可以用赋值语句更新与键关联的值，在此处替换键 `'X'` 所关联的错误值：

```
In [4]: roman_numerals['X'] = 10

In [5]: roman_numerals
Out[5]: {'I': 1, 'II': 2, 'III': 3, 'V': 5, 'X': 10}
```

添加新的键－值对

给不存在的键赋值会在字典中插入新的键－值对：

```
In [6]: roman_numerals['L'] = 50

In [7]: roman_numerals
Out[7]: {'I': 1, 'II': 2, 'III': 3, 'V': 5, 'X': 10, 'L': 50}
```

键是区分大小写的。给不存在的键分配值会插入新的键－值对，可能是故意这么做的，但也可能是逻辑错误。

删除键－值对

可以使用下面的 `del` 语句从字典中删除键－值对：

```
In [8]: del roman_numerals['III']

In [9]: roman_numerals
Out[9]: {'I': 1, 'II': 2, 'V': 5, 'X': 10, 'L': 50}
```

还可以使用字典的 `pop` 方法删除键－值对，该方法返回已删除键的值： | 140 |

```
In [10]: roman_numerals.pop('X')
Out[10]: 10

In [11]: roman_numerals
Out[11]: {'I': 1, 'II': 2, 'V': 5, 'L': 50}
```

试图访问不存在的键

访问不存在的键会导致 `KeyError`：

```
In [12]: roman_numerals['III']
-------------------------------------------------------------------------
KeyError                                Traceback (most recent call last)
<ipython-input-12-ccd50c7f0c8b> in <module>()
----> 1 roman_numerals['III']

KeyError: 'III'
```

可以使用字典的 get 方法来防止此错误，该方法通常返回其参数的对应值。如果找不到该键，则 get 方法返回 None。代码段 [13] 返回 None 时，IPython 不显示任何内容。get 方法的第二个参数是自定义消息，在未找到键时返回该自定义消息：

```
In [13]: roman_numerals.get('III')

In [14]: roman_numerals.get('III', 'III not in dictionary')
Out[14]: 'III not in dictionary'

In [15]: roman_numerals.get('V')
Out[15]: 5
```

测试字典是否包含特定的键

运算符 in 和 not in 用于确定字典是否包含指定的键：

```
In [16]: 'V' in roman_numerals
Out[16]: True

In [17]: 'III' in roman_numerals
Out[17]: False

In [18]: 'III' not in roman_numerals
Out[18]: True
```

6.2.4 字典的 keys 和 values 方法

在前面，我们使用字典的 items 方法遍历键–值对构成的元组。类似地，方法 keys 和 values 可以分别只遍历字典的键或值：

```
In [1]: months = {'January': 1, 'February': 2, 'March': 3}

In [2]: for month_name in months.keys():
   ...:     print(month_name, end=' ')
   ...:
January  February  March

In [3]: for month_number in months.values():
   ...:     print(month_number, end=' ')
   ...:
1  2  3
```

字典视图

字典的 items、keys、values 方法返回的是字典的数据视图。当遍历一个视图时，它"看到"的是字典当前的实际内容，而不是复制出一个数据副本。

为了表明视图没有维护一份自己的字典数据副本，首先将 keys 方法返回的视图保存到变量 months_view 中，然后遍历它：

```
In [4]: months_view = months.keys()

In [5]: for key in months_view:
   ...:     print(key, end=' ')
   ...:
January  February  March
```

接下来，在字典 months 中添加一个新的键－值对并显示更新后的字典：

```
In [6]: months['December'] = 12

In [7]: months
Out[7]: {'January': 1, 'February': 2, 'March': 3, 'December': 12}
```

现在，再遍历一遍 months_view，可以看到上面添加的键确实显示出来了：

```
In [8]: for key in months_view:
   ...:     print(key, end=' ')
   ...:
January February March December
```

在遍历视图的时候，不要修改字典。参照 Python 标准库文档的 4.10.1 节[⊖]，这可能会导致运行时错误（RuntimeError），或者可能无法处理视图中的所有值。

将字典的键、值和键－值对转换为列表

有时候需要列出一个字典的键、值和键－值对。要得到这样的一个列表，请将 keys、values 或 items 方法返回的视图传递给内置的 list 函数，修改这些列表不会造成对应字典的改变：

```
In [9]: list(months.keys())
Out[9]: ['January', 'February', 'March', 'December']

In [10]: list(months.values())
Out[10]: [1, 2, 3, 12]

In [11]: list(months.items())
Out[11]: [('January', 1), ('February', 2), ('March', 3), ('December', 12)]
```

|142|

用字母顺序遍历键

要按字母顺序遍历键，可以使用内置的 sorted 函数，如下所示：

```
In [12]: for month_name in sorted(months.keys()):
   ...:     print(month_name, end=' ')
   ...:
December February January March
```

6.2.5　字典的比较

比较运算符 == 和 != 分别用于确定两个字典是否具有相同或不同的内容。当两个字典具有相同的键－值对时，相等运算符（==）返回 True，而不管这些键－值对在字典里的顺序如何：

```
In [1]: country_capitals1 = {'Belgium': 'Brussels',
   ...:                      'Haiti': 'Port-au-Prince'}
   ...:
```

⊖　https://docs.python.org/3/library/stdtypes.html#dictionary-view-objects.

```
In [2]: country_capitals2 = {'Nepal': 'Kathmandu',
   ...:                       'Uruguay': 'Montevideo'}
   ...:

In [3]: country_capitals3 = {'Haiti': 'Port-au-Prince',
   ...:                       'Belgium': 'Brussels'}
   ...:

In [4]: country_capitals1 == country_capitals2
Out[4]: False

In [5]: country_capitals1 == country_capitals3
Out[5]: True

In [6]: country_capitals1 != country_capitals2
Out[6]: True
```

6.2.6 示例：学生成绩字典

下面的脚本用字典来表示教师的成绩册，将学生姓名（字符串）作为键，对应的值是包含该学生 3 次考试成绩（整数）的列表。在遍历数据的每个循环中（第 13～17 行），我们将键 – 值对解包到包含学生名字的变量 name 和对应学生 3 次成绩的列表 grades 中，第 14 行使用内置的 sum 函数来汇总该学生的总分 total，第 15 行计算该学生的平均成绩：用总分 total 除以成绩的数量（len(grades)）。第 16～17 行分别计算了全部学生的总分和全部的成绩数量，第 19 行输出了班级平均成绩：

```
 1  # fig06_01.py
 2  """Using a dictionary to represent an instructor's grade book."""
 3  grade_book = {
 4      'Susan': [92, 85, 100],
 5      'Eduardo': [83, 95, 79],
 6      'Azizi': [91, 89, 82],
 7      'Pantipa': [97, 91, 92]
 8  }
 9
10  all_grades_total = 0
11  all_grades_count = 0
12
13  for name, grades in grade_book.items():
14      total = sum(grades)
15      print(f'Average for {name} is {total/len(grades):.2f}')
16      all_grades_total += total
17      all_grades_count += len(grades)
18
19  print(f"Class's average is: {all_grades_total / all_grades_count:.2f}")
```

```
Average for Susan is 92.33
Average for Eduardo is 85.67
Average for Azizi is 87.33
Average for Pantipa is 93.33
Class's average is: 89.67
```

6.2.7 示例：单词计数⊖

以下脚本构建一个字典，用以计算字符串中每个单词的出现次数。第 4～5 行创建了一个用于将整段文本分成单词的字符串 text——这个过程称作**标记化字符串**。Python 会自动把括号中用空格分隔的字符串拼接起来。第 7 行创建了一个空字典，把不重复的单词作为字典的键，把每个单词的总出现次数作为字典的值：

```
 1  # fig06_02.py
 2  """Tokenizing a string and counting unique words."""
 3
 4  text = ('this is sample text with several words '
 5          'this is more sample text with some different words')
 6
 7  word_counts = {}
 8
 9  # count occurrences of each unique word
10  for word in text.split():
11      if word in word_counts:
12          word_counts[word] += 1  # update existing key-value pair
13      else:
14          word_counts[word] = 1  # insert new key-value pair
15
16  print(f'{"WORD":<12}COUNT')
17
18  for word, count in sorted(word_counts.items()):
19      print(f'{word:<12}{count}')
20
21  print('\nNumber of unique words:', len(word_counts))
```

144

```
WORD         COUNT
different    1
is           2
more         1
sample       2
several      1
some         1
text         2
this         2
with         2
words        2
Number of unique words: 10
```

第 10 行通过调用字符串方法 split 来标记 text，该方法使用定界符参数来分隔单词。如果不提供参数，默认使用空格来拆分。该方法返回标记列表（即文本中的单词）。第 10～14 行遍历单词列表。对于每个单词，第 11 行确定该单词（键）是否已经在字典中。如果是，第 12 行给该单词的计数加一；否则，第 14 行将为该单词插入一个新的键–值对，初始计数为 1。

第 16～21 行将结果汇总到一个包含两个列的表中，分别表示每个单词及其对应的计

⊖ 词频计数等技术通常用于分析已发表的作品。例如，有些人认为威廉·莎士比亚的作品实际上可能是弗朗西斯·培根爵士、克里斯托弗·马洛或其他人写的。将他们的作品中的词频与莎士比亚的作品中的词频进行比较可以揭示写作风格的相似之处。我们将在第 11 章中学习其他文档分析技术。

数。第 18 和 19 行中的 for 语句遍历字典的键－值对。它将每个键和值解压缩到变量 word 和 count 中，然后在两列中显示它们。第 21 行显示有多少个不重复的单词。

Python 标准库 collections 模块

Python 标准库已经包含了第 10～14 行中使用字典和循环实现的计数功能。collections 模块包含类型**计数器**，用于接收一个可递归的对象并汇总计算它的元素。使用计数器可以让我们用更少的代码实现前述功能：

```
In [1]: from collections import Counter

In [2]: text = ('this is sample text with several words '
   ...:         'this is more sample text with some different words')
   ...:

In [3]: counter = Counter(text.split())

In [4]: for word, count in sorted(counter.items()):
   ...:     print(f'{word:<12}{count}')
   ...:
different    1
is           2
more         1
sample       2
several      1
some         1
text         2
this         2
with         2
words        2

In [5]: print('Number of unique keys:', len(counter.keys()))
Number of unique keys: 10
```

[145]

代码片段 [3] 创建了一个计数器，它汇总了 text.split() 返回的单词列表。在代码片段 [4] 中，计数器的 items 方法以元组的形式返回每个单词及其关联的计数。我们使用内置的 sort 函数以升序排列这些元组的列表。默认情况下，按单词的第一个字符排序。如果它们相同，那么比较第二个字符，以此类推。for 语句遍历排序后的列表，在两列中显示每个单词及其出现次数。

6.2.8 字典的 update 方法

可以使用字典的 update 方法插入和更新键－值对。首先，让我们创建一个空的 country_codes 字典：

```
In [1]: country_codes = {}
```

下面调用字典的 update 方法接收要插入或更新的键－值对：

```
In [2]: country_codes.update({'South Africa': 'za'})

In [3]: country_codes
Out[3]: {'South Africa': 'za'}
```

update 方法可以将关键字参数转换为要插入的键－值对。下面的代码会自动将参数名称 Australia 转换为字符串键 'Australia'，并将值 'ar' 与该键关联起来：

```
In [4]: country_codes.update(Australia='ar')

In [5]: country_codes
Out[5]: {'South Africa': 'za', 'Australia': 'ar'}
```

代码片段 [4] 提供了一个错误的澳大利亚国家代码。让我们使用另一个关键字参数来更新与 'Australia' 相关的值以纠正这个错误：

```
In [6]: country_codes.update(Australia='au')

In [7]: country_codes
Out[7]: {'South Africa': 'za', 'Australia': 'au'}
```

update 方法还可以接收包含键－值对的迭代对象，例如二元元组列表。

6.2.9 字典推导式

字典推导式为快速生成字典提供了一种方便的表示方法，通常是将一个字典映射到另一个字典。例如，在具有不重复值的字典中，可以对键－值对进行反向操作：

```
In [1]: months = {'January': 1, 'February': 2, 'March': 3}

In [2]: months2 = {number: name for name, number in months.items()}

In [3]: months2
Out[3]: {1: 'January', 2: 'February', 3: 'March'}
```

字典推导式用花括号表示，for 子句左边的表达式指定了 key: value 形式的键－值对。推导式遍历 months.items()，将每个键－值对元组解包到变量 name 和 number 中。表达式 number:name 反转键和值，得到一个从月份数映射到月份名的新字典。 | 146 |

如果月份包含重复的值怎么办？当值成为 months2 中的键时，试图插入一个重复的键只会更新现有键的值。因此，如果 'February' 和 'March' 最初都映射到 2，则前面的代码将生成：

```
{1: 'January', 2: 'March'}
```

字典推导式还可以将字典的值映射到新值。下面的推导式将一个关于名字和成绩列表的字典转换成一个关于名字和平均成绩的字典。通常用变量 k 和 v 表示键和值：

```
In [4]: grades = {'Sue': [98, 87, 94], 'Bob': [84, 95, 91]}

In [5]: grades2 = {k: sum(v) / len(v) for k, v in grades.items()}

In [6]: grades2
Out[6]: {'Sue': 93.0, 'Bob': 90.0}
```

推导式将 grades.items() 返回的每个元组解包为 k（名称）和 v（成绩列表）。然后，推导式用键 k 和 sum(v)/len(v) 的值创建一个新的键－值对，sum(v)/len(v) 的意思是取成绩的平均值。

6.3　集合

集合是元素值不重复的无序合集。集合只可以包含不可变的对象，比如字符串、整型、浮点数和元组。虽然集合是可迭代的，但它们不是序列，并且不支持方括号 [] 形式的索引和切片。字典也不支持切片。

用花括号创建一个集合
下面的代码创建了一个名为 colors 的字符串集合：

```
In [1]: colors = {'red', 'orange', 'yellow', 'green', 'red', 'blue'}

In [2]: colors
Out[2]: {'blue', 'green', 'orange', 'red', 'yellow'}
```

注意，重复的字符串 'red' 被忽略（没有引起错误）。集合的一个重要用途是**去重**，这在创建集合时是自动进行的。此外，集合的值不会按照代码段 [1] 中列出的顺序显示。虽然颜色名称按首字母的顺序显示，但集合是无序的。注意不应该编写依赖于其元素顺序的代码。

确定一个集合的长度
可以通过内置 len 函数来确定一个集合中元素的数量：

```
In [3]: len(colors)
Out[3]: 5
```

检查集合中是否有某个值
可以使用 in 和 not in 操作符检查一个集合是否包含特定的值：

```
In [4]: 'red' in colors
Out[4]: True

In [5]: 'purple' in colors
Out[5]: False

In [6]: 'purple' not in colors
Out[6]: True
```

遍历一个集合
集合是可迭代的，所以可以用 for 循环处理集合中的每个元素：

```
In [7]: for color in colors:
   ...:         print(color.upper(), end=' ')
   ...:
RED GREEN YELLOW BLUE ORANGE
```

集合是无序的，所以迭代处理方法不能依赖元素访问顺序。

使用内置的 `set` 函数创建集合

可以通过使用内置的 `set` 函数根据一组元素值创建出一个集合。这里创建了一个包含多个重复整数值的列表，并将该列表用作 `set` 函数的参数：

```
In [8]: numbers = list(range(10)) + list(range(5))

In [9]: numbers
Out[9]: [0, 1, 2, 3, 4, 5, 6, 7, 8, 9, 0, 1, 2, 3, 4]

In [10]: set(numbers)
Out[10]: {0, 1, 2, 3, 4, 5, 6, 7, 8, 9}
```

如果需要创建一个空集合，则必须使用 `set()` 函数，而不是空花括号 `{}`，因为 `{}` 代表创建一个空字典：

```
In [11]: set()
Out[11]: set()
```

Python 将空集合显示为 `set()`，以避免与 Python 空字典的字符串表示形式（`{}`）混淆。

`frozenset`：一个不可变的集合类型

集合是可变的，即可以添加和删除元素，但是集合元素必须是不可变的。因此，一个集合不能将其他集合作为元素。`frozenset` 是一个不可变的集合，即在创建 `frozenset` 对象之后，它不能被修改，所以一个集合可以包含 `frozenset` 对象作为元素。内置的 `frozenset` 函数可以根据可迭代对象创建一个 `frozenset`。

6.3.1　集合的比较

可以使用多种操作符和方法来比较集合。以下集合包含相同的值，因此 `==` 返回 `True`，`!=` 返回 `False`。

```
In [1]: {1, 3, 5} == {3, 5, 1}
Out[1]: True

In [2]: {1, 3, 5} != {3, 5, 1}
Out[2]: False
```

`<` 运算符检验左边的集合是否是右边集合的**真子集**，也就是说，左边操作数中的所有元素都在右边操作数中，并且集合不相等：

```
In [3]: {1, 3, 5} < {3, 5, 1}
Out[3]: False

In [4]: {1, 3, 5} < {7, 3, 5, 1}
Out[4]: True
```

`<=` 运算符测试左边的集合是否是右边集合的一个**非真子集**，也就是说，左边操作数中的所有元素都在右边操作数中，并且集合可能是相等的：

```
In [5]: {1, 3, 5} <= {3, 5, 1}
Out[5]: True

In [6]: {1, 3} <= {3, 5, 1}
Out[6]: True
```

也可以用集合的 issubset 方法来检查一个非真子集：

```
In [7]: {1, 3, 5}.issubset({3, 5, 1})
Out[7]: True

In [8]: {1, 2}.issubset({3, 5, 1})
Out[8]: False
```

> 操作符测试其左边的集合是否是其右边的集合的一个**真超集**，也就是说，右边操作数中的所有元素都在左边操作数中，而左边操作数有更多的元素：

```
In [9]: {1, 3, 5} > {3, 5, 1}
Out[9]: False

In [10]: {1, 3, 5, 7} > {3, 5, 1}
Out[10]: True
```

操作符 >= 测试它左边的集合是否是右边集合的一个**非真超集**，也就是说，右边操作数中的所有元素都在左边操作数中，并且集合可能是相等的：

```
In [11]: {1, 3, 5} >= {3, 5, 1}
Out[11]: True

In [12]: {1, 3, 5} >= {3, 1}
Out[12]: True

In [13]: {1, 3} >= {3, 1, 7}
Out[13]: False
```

也可以用集合的 issuperset 方法检查一个非真超集：

```
In [14]: {1, 3, 5}.issuperset({3, 5, 1})
Out[14]: True

In [15]: {1, 3, 5}.issuperset({3, 2})
Out[15]: False
```

issubset 或 issuperset 的参数可以是任何可迭代的对象。当方法接收到一个非集合的可迭代参数时，它首先将可迭代参数转换为集合，然后执行操作。

6.3.2　集合的数学运算

本节介绍集合类型的数学运算符 |、&、- 和 ^ 以及相应的方法。

并集

两个集合的**并集**（union）是由两个集合中的所有元素组成的集合，其中，重复元素只保留一个。可以使用 | 运算符或集合的 union 方法计算并集：

```
In [1]: {1, 3, 5} | {2, 3, 4}
Out[1]: {1, 2, 3, 4, 5}

In [2]: {1, 3, 5}.union([20, 20, 3, 40, 40])
Out[2]: {1, 3, 5, 20, 40}
```

运算符两边的操作数，比如 | 的两边，必须都是集合。不过集合的方法可以接收任何可迭代的对象作为参数。这里我们传递了一个列表。当一个集合的数学运算方法接收到一个非集合的可迭代参数时，它首先将这个可迭代参数转换成一个集合，然后应用数学运算。同样，尽管新集合的字符串以升序显示值，但不应该编写依赖于此的代码。

交集

两个集合的**交集**（intersection）是由两个集合共有的元素组成的集合。可以使用 & 运算符或集合的 intersection 方法计算交集：

```
In [3]: {1, 3, 5} & {2, 3, 4}
Out[3]: {3}

In [4]: {1, 3, 5}.intersection([1, 2, 2, 3, 3, 4, 4])
Out[4]: {1, 3}
```

差集

两个集合的**差集**（difference）是由左操作数中不属于右操作数的元素组成的集合。可以用 – 运算符或集合的 difference 方法计算差集：

```
In [5]: {1, 3, 5} - {2, 3, 4}
Out[5]: {1, 5}

In [6]: {1, 3, 5, 7}.difference([2, 2, 3, 3, 4, 4])
Out[6]: {1, 5, 7}
```

对称差集

两个集合的**对称差集**（symmetric difference）是由两个集合中互不相同的元素组成的集合。可以使用 ^ 运算符或集合的 symmetric_difference 方法计算对称差集：

```
In [7]: {1, 3, 5} ^ {2, 3, 4}
Out[7]: {1, 2, 4, 5}

In [8]: {1, 3, 5, 7}.symmetric_difference([2, 2, 3, 3, 4, 4])
Out[8]: {1, 2, 4, 5, 7}
```

不相交集

如果两个集合没有任何公共元素，它们就是**不相交的**（disjoint）。可以用集合的 isdisjoint 方法来确定：

```
In [9]: {1, 3, 5}.isdisjoint({2, 4, 6})
Out[9]: True

In [10]: {1, 3, 5}.isdisjoint({4, 6, 1})
Out[10]: False
```

6.3.3 集合的可变运算符和方法

上一节介绍的运算符和方法每个都产生一个新的集合。在这里，我们讨论修改现有集合的运算符和方法。

集合的可变数学运算

与运算符 **|** 类似，**并集增强赋值 |=** 运算符执行集合并集操作，且会修改其左操作数：

```
In [1]: numbers = {1, 3, 5}

In [2]: numbers |= {2, 3, 4}

In [3]: numbers
Out[3]: {1, 2, 3, 4, 5}
```

类似地，集合的 `update` 方法执行一个 `union` 操作，修改调用它的集合——参数可以是任何可迭代的对象：

```
In [4]: numbers.update(range(10))

In [5]: numbers
Out[5]: {0, 1, 2, 3, 4, 5, 6, 7, 8, 9}
```

其他的可变集合方法是：
❑ 交集增强赋值 `&=`
❑ 差集增强赋值 `-=`
❑ 对称差集增强赋值 `^=`
它们对应的具有可迭代参数的方法如下：
❑ `intersection_update`
❑ `difference_update`
❑ `symmetric_difference_update`

用于添加和删除元素的方法

如果参数不在集合中，集合的 `add` 方法会把参数插入进来；否则，集合保持不变：

```
In [6]: numbers.add(17)

In [7]: numbers.add(3)

In [8]: numbers
Out[8]: {0, 1, 2, 3, 4, 5, 6, 7, 8, 9, 17}
```

集合的 `remove` 方法将参数从集合中移除。如果值不在集合中，就会发生键异常（`KeyError`）：

```
In [9]: numbers.remove(3)

In [10]: numbers
Out[10]: {0, 1, 2, 4, 5, 6, 7, 8, 9, 17}
```

discard 方法也将参数从集合中移除，但如果该值不在集合中，不会导致异常。

也可以用 pop 方法删除集合中的任意一个元素，并输出这个元素，但是 set 是无序的，所以无法确定哪个元素会被删除并输出：

```
In [11]: numbers.pop()
Out[11]: 0

In [12]: numbers
Out[12]: {1, 2, 4, 5, 6, 7, 8, 9, 17}
```

如果在调用 pop 时集合为空，则会发生 KeyError。

最后，clear 方法用于清空调用它的集合：

```
In [13]: numbers.clear()

In [14]: numbers
Out[14]: set()
```

6.3.4　集合推导式

与字典推导式一样，在花括号中定义集合推导式。这里创建一个新的集合，其只包含列表 numbers 中不重复的偶数：

```
In [1]: numbers = [1, 2, 2, 3, 4, 5, 6, 6, 7, 8, 9, 10, 10]

In [2]: evens = {item for item in numbers if item % 2 == 0}

In [3]: evens
Out[3]: {2, 4, 6, 8, 10}
```

6.4　数据科学入门：动态可视化

前一章的数据科学入门部分介绍了可视化。其中，我们模拟了掷骰子，并使用 Seaborn 和 Matplotlib 可视化库创建了一个具有发表质量的静态柱状图，显示每个点数的出现次数和百分比。在本节中，我们将使用动态可视化使图表"动起来"。

152

大数定律

在介绍随机数生成时，我们提到使用随机模块的 randrange 函数随机生成整数，那么指定范围内的每个数字在每次调用该函数时都有相同的被选中的概率（或可能性）。对于一个六面骰子，1 到 6 每个值的出现概率应该是 1/6，所以这些值中任何一个值出现的概率都是 1/6，或者说是 16.667%。

在下一节中，我们将创建并执行一个动态（即动画）的掷骰子模拟脚本。一般来说，读者会发现我们尝试的次数越多，每个点数出现的次数占总次数的百分比就越接近 16.667%，每个柱子的高度也逐渐变得相近。这是大数定律的一种表现。

6.4.1 动态可视化的工作原理

在前一章的数据科学入门部分中，使用 Seaborn 和 Matplotlib 生成的图可以帮助我们分析模拟完成后固定数量的掷骰结果。本节使用 Matplotlib 的 animation 模块的 FuncAnimation 函数强化了这段代码，该函数动态更新柱状图。随着掷骰次数不断更新，读者会看到柱子、点数出现次数和百分比"动起来"了。

动画帧

FuncAnimation 驱动**逐帧动画**。每个**动画帧**指出在一个情景更新期间应该更改全部内容。随着时间的推移，将这些更新串在一起就可以创建出动画效果。可以定义 FuncAnimation 函数的参数来决定每个帧的显示内容。

每个动画帧将完成如下工作：

- ❑ 掷骰子一定次数（从 1 次到想掷的次数），每次都更新骰子点数的出现次数；
- ❑ 清除当前的图形；
- ❑ 创建一组表示点数出现次数的新柱子；
- ❑ 为每个柱子创建新的出现次数和百分比文本。

通常，每秒显示的帧数越多，动画效果就越流畅。例如，具有快速移动元素的视频游戏试图以每秒至少 30 帧的速度显示，而且往往使用更高的帧率。虽然可以指定动画帧之间的毫秒数，但每秒显示的帧的实际数量可能受在每一帧中执行的工作量和计算机处理器速度的影响。下面的示例中每 33ms 显示一个动画帧——每秒大约生成 30(1000 / 33）帧。尝试更大和更小的值，看看它们如何影响动画。在开发最好的可视化效果时，实践出真知。

运行 RollDieDynamic.py

在前一章的数据科学入门部分中，我们采用交互方式开发了静态可视化效果，读者可以看到在执行每条语句时代码是如何更新柱状图的。带有最终点数出现次数和百分比的实际柱状图只绘制了一次。

对于动态可视化，屏幕结果不断刷新，以便可以看到动画。很多东西都在不断变化——柱子的长度、点数出现次数和百分比、坐标轴上的间距和标签，以及标题中显示的掷骰总次数。基于这个原因，我们将此可视化作为脚本呈现，而不是交互式地开发它。

该脚本有两个命令行参数：

- ❑ number_of_frames——要显示的动画帧数。此值确定 FuncAnimation 更新图形的总次数。对于每个动画帧，FuncAnimation 调用定义的函数（在本例中为 update）来指定如何更改图形。
- ❑ rolls_per_frame——在每个动画帧中掷骰子的次数。我们将使用一个循环来掷这个次数的骰子，汇总结果，然后用表示点数出现次数的柱状图和文本更新图形。

要理解如何使用这两个值，请思考以下命令：

```
ipython RollDieDynamic.py 6000 1
```

在这个例子里，FuncAnimation 调用 update 函数 6000 次，每帧投掷一次骰子，共投掷 6000 次。这使我们能够看到掷一次骰子更新一次柱状图、点数出现次数和百分比。在我们的系统中，这个动画大约播放了 3.33 分钟（6000 帧 /30 帧每秒 /60 秒每分钟），只显示了 6000 次掷骰子。

与掷骰子相比，在屏幕上显示动画帧是一个相对较慢的输入 – 输出 – 限制操作，而掷骰子是在计算机的超级快的 CPU 速度下进行的。如果在每个动画帧中只投掷一次骰子，我们将无法在合理的时间内模拟大量的掷骰子。此外，对于少量的掷骰子次数，不太可能看到点数出现次数百分比收敛于预期的 16.667%。

要查看大数定律的作用，可以通过在每个动画帧中掷更多次的骰子来提高执行速度。思考一下这个命令：

```
ipython RollDieDynamic.py 10000 600
```

在这个例子里，FuncAnimation 将调用 update 函数 10,000 次，每帧执行 600 次掷骰，共 6,000,000 次掷骰。在我们的系统中，这需要大约 5.55 分钟（10000 帧 /30 帧每秒 /60 秒每分钟），每秒显示大约 18,000 次掷骰结果（30 帧每秒 * 600 次每帧)，所以我们可以很快看到点数出现次数及其百分比收敛到预期值，即每个点数约出现 1,000,000 次和每个点数出现次数百分比为 16.667%。

试验掷骰次数和帧数，直到你觉得该程序帮助你最有效地可视化了结果。观看它的运行并调整它，直到你对动画质量感到满意。

示例执行

我们在两个示例执行过程中分别获取以下四个屏幕截图。首先是 6000 次掷骰，屏幕上显示的是掷骰 64 次之后的图形，接着是掷骰 604 次对应的图形。实时运行此脚本，以了解柱状图是如何动态更新的。在第二次执行 6,000,000 次掷骰中，屏幕截图显示掷骰 7200 次后的图形，然后显示掷骰 166,200 次后的图形。随着更多次掷骰，可以看到点数出现次数百分比接近大数定律预测的 16.667% 的期望值。

154

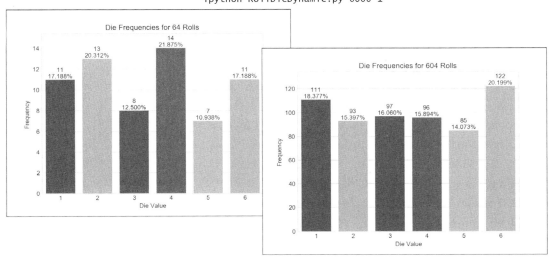

Execute 6000 animation frames rolling the die once per frame:
```
ipython RollDieDynamic.py 6000 1
```

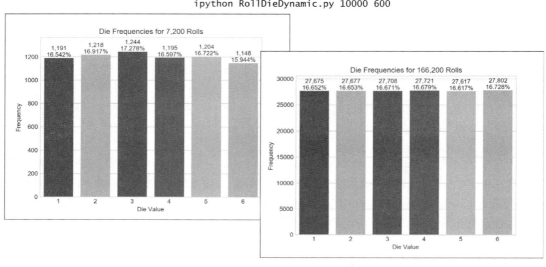

Execute 10,000 animation frames rolling the die 600 times per frame:
ipython RollDieDynamic.py 10000 600

6.4.2 实现动态可视化

本节展示的脚本使用了与前一章数据科学入门部分相同的 Seaborn 和 Matplotlib 特性。这里使用 Matplotlib 的动画功能重新组织了代码。

导入 Matplotlib 的 animation 模块

155 我们主要关注本例中使用的新特性。第 3 行导入 Matplotlib 的 animation 模块：

```
 1  # RollDieDynamic.py
 2  """Dynamically graphing frequencies of die rolls."""
 3  from matplotlib import animation
 4  import matplotlib.pyplot as plt
 5  import random
 6  import seaborn as sns
 7  import sys
 8
```

update 函数

第 9～27 行定义了 FuncAnimation 在每个动画帧调用一次的 update 函数。此函数必须提供至少一个参数。第 9～10 行显示了函数定义的第一行。它的参数如下：

- ❏ frame_number——将在后面讨论 FuncAnimation 帧参数的下一个值。虽然 FuncAnimation 要求 update 函数要有这个参数，但是这里的这个 update 函数中没有使用它。
- ❏ rolls——每个动画帧的掷骰次数。
- ❏ faces——每面的点数，用作图形中 x 轴的文本标签。
- ❏ frequencies——每面出现次数的列表。

我们将在接下来的几个小节中讨论函数体的其余部分。

```
9   def update(frame_number, rolls, faces, frequencies):
10      """Configures bar plot contents for each animation frame."""
```

update 函数：掷骰并且更新 frequencies 列表

第 12～13 行掷骰并且更新 frequencies 列表。注意，在为 frequencies 列表添加元素之前，我们从点数值（1～6）中减去 1——正如将看到的，frequencies 是一个 6 元素列表（在第 36 行中定义），它的索引是从 0 到 5。

```
11      # roll die and update frequencies
12      for i in range(rolls):
13          frequencies[random.randrange(1, 7) - 1] += 1
14
```

update 函数：配置柱状图和文本

update 函数中的第 16 行调用 matplotlib.pyplot 模块的 cla（清除坐标轴）函数，以在为当前动画帧绘制新的柱状图元素之前删除现有的柱状图元素。前一章的数据科学入门部分讨论了第 17～27 行中的代码。第 17～20 行代码创建柱状图，设置柱状图的标题，设置 x 轴和 y 轴的标签，并缩放柱状图，为每个柱子上方显示每种点数的出现次数及其百分比的文本留出空间。第 23～27 行显示每种点数的出现次数及其百分比文本。

```
15      # reconfigure plot for updated die frequencies
16      plt.cla()  # clear old contents contents of current Figure
17      axes = sns.barplot(faces, frequencies, palette='bright')  # new bars
18      axes.set_title(f'Die Frequencies for {sum(frequencies):,} Rolls')
19      axes.set(xlabel='Die Value', ylabel='Frequency')
20      axes.set_ylim(top=max(frequencies) * 1.10)  # scale y-axis by 10%
21
22      # display frequency & percentage above each patch (bar)
23      for bar, frequency in zip(axes.patches, frequencies):
24          text_x = bar.get_x() + bar.get_width() / 2.0
25          text_y = bar.get_height()
26          text = f'{frequency:,}\n{frequency / sum(frequencies):.3%}'
27          axes.text(text_x, text_y, text, ha='center', va='bottom')
28
```

用于配置图形和维护状态的变量

第 30 和 31 行使用 sys 模块的 argv 列表获取脚本的命令行参数。第 33 行指定了 Seaborn 的 'whitegrid' 样式。第 34 行调用 matplotlib.pyplot 模块的 figure 函数来获取 Figure 对象，Figure 对象的 FuncAnimation 函数显示动画。函数的参数是窗口的标题。你很快会看到，这是 FuncAnimation 所需的参数之一。第 35 行创建一个列表，其中包含要显示在绘图的 x 轴上的每面的点数值 1～6。第 36 行创建了包含 6 个元素的 frequencies 列表，每个元素初始化为 0——我们使用每个面出现的次数更新该列表的计数：

```
29  # read command-line arguments for number of frames and rolls per frame
30  number_of_frames = int(sys.argv[1])
31  rolls_per_frame = int(sys.argv[2])
32
33  sns.set_style('whitegrid')  # white background with gray grid lines
34  figure = plt.figure('Rolling a Six-Sided Die')  # Figure for animation
35  values = list(range(1, 7))  # die faces for display on x-axis
36  frequencies = [0] * 6  # six-element list of die frequencies
37
```

156

调用 animation 模块的 FuncAnimation 函数

第 39～41 行调用 Matplotlib 的 animation 模块的 FuncAnimation 函数来动态更新柱状图。函数返回一个表示动画的对象。虽然没有显式地使用这个动画对象，但必须存储动画对象的引用；否则，Python 将立即终止动画并将其内存释放给系统：

```
38    # configure and start animation that calls function update
39    die_animation = animation.FuncAnimation(
40        figure, update, repeat=False, frames=number_of_frames, interval=33,
41        fargs=(rolls_per_frame, values, frequencies))
42
43    plt.show()  # display window
```

FuncAnimation 有两个必需的参数：

❑ figure——要在其中显示动画的 Figure 对象；

❑ update——每个动画帧都要调用一次的函数。

在这个例子里，我们还使用以下可选关键字参数：

❑ repeat——如果为 False，则在指定的帧数之后终止动画。如果为 True（默认值），则当动画完成时，它将从头开始重新播放。

❑ frames——动画帧的总数，它控制 FunctAnimation 调用 update 的次数。传递一个整数相当于传递一个范围——例如，600 表示 range(600)。FuncAnimation 将此范围中的一个值作为每次 update 调用的第一个参数传递。

157

❑ interval——动画帧之间的毫秒数（本例中为 33，缺省值为 200）。在每次调用 update 之后，FuncAnimation 将等待 33ms，然后再执行下一次调用。

❑ fargs（function arguments 的缩写）——传递给 FuncAnimation 的第二个参数中指定的函数的其他参数的元组。在 fargs 元组中指定的参数对应于 update 的参数 roll、faces 和 frequency（第 9 行）。

有关 FuncAnimation 的其他可选参数的列表，请参见 https://matplotlib.org/api/_as_gen/matplotlib.animation.FuncAnimation.html。

最后，第 43 行显示窗口。

6.5 小结

在本章中，讨论了 Python 的字典和集合合集，说明了什么是字典，并举了几个例子。我们展示了键–值对的语法，以及如何使用它们在花括号 {} 中创建以逗号分隔的键–值对列表的字典。我们还创建了带有字典推导式的字典。

我们使用方括号 [] 来检索与键对应的值，并插入和更新键–值对。还使用字典的 update 方法来更改键的关联值。遍历字典的键、值和项。

我们创建了包含不可变元素且元素值不重复的集合。使用比较运算符比较集合，使用集合运算符和方法组合集合，使用可变集合操作更改集合的值，使用集合推导式创建集合。

集合是可变的，frozenset 是不可变的，因此 frozenset 对象可以作为集合的元素。

在数据科学入门部分，继续介绍可视化，创建了一个掷骰子的动态柱状图，使大数定律"活"了起来。此外，除了在前一章的数据科学入门部分中显示的 Seaborn 和 Matplotlib 特性外，我们还使用了 Matplotlib 的 FuncAnimation 函数来控制逐帧动画。通过为 FuncAnimation 函数传递参数，指定在每个动画帧中显示什么内容。

在下一章中，我们将使用流行的 NumPy 库讨论面向数组的编程。读者将看到，在执行许多相同的操作时，使用 NumPy 的 ndarray 合集比使用 Python 的内置列表要快两个数量级。这种能力在今天的大数据应用中会派上用场。

158

使用 NumPy 进行面向数组的编程

目标

❏ 了解数组与列表的不同之处。

❏ 使用 numpy 模块的高性能 ndarray。

❏ 用 IPython 的 %timeit 魔术命令比较列表和 ndarray 的性能。

❏ 使用 ndarray 有效地存储和检索数据。

❏ 创建和初始化 ndarray。

❏ 引用单个的 ndarray 元素。

❏ 通过 ndarray 进行迭代。

❏ 创建和操作多维 ndarray。

❏ 执行普通的 ndarray 操作。

❏ 创建和操作 pandas 一维 Series 对象和二维 DataFrame 结构。

❏ 自定义 Series 对象和 DataFrame 结构的索引。

❏ 在一个 Series 对象和一个 DataFrame 结构中计算基本的描述性统计数据。

❏ 自定义 pandas 库输出格式中的浮点数精度。

7.1 简介

NumPy（Numerical Python）库首次出现于 2006 年，是实现 Python 数组的首选的库。它提供了一种高性能的、功能丰富的 *n* 维数组类型 ndarray，从现在开始，我们将用它的同义词 array 来指代它。NumPy 是 Anaconda Python 发行版安装的众多开源库之一。数组上的操作比列表上的操作快两个数量级。在大数据世界中，应用程序可能要对大量基于数组的数据进行处理，因此这种性能优势至关重要。据 libraries.io 的统计，超过 450 个 Python 库依赖于 NumPy。许多流行的数据科学库，如 pandas、SciPy（Scientific Python）和 Keras（用于深度学习），都是基于或依赖于 NumPy 的。

　　在本章中，我们将探讨 array 的基本功能。列表可以有多个维度，通常使用嵌套循环处理多维列表或使用多个 for 子句处理列表推导式。NumPy 的一个优点是"面向数组的编程"，它使用带有内部迭代的函数式编程，使数组操作简洁明了，消除了显式编程循环的外部迭代可能出现的各种错误。

　　在本章的数据科学入门部分，我们用几节介绍 pandas 库——本书第四部分的许多章节也会用到它。大数据应用程序通常需要比 NumPy 的数组更灵活的合集——支持混合数据类型、自定义索引、缺失数据、结构不一致的数据以及需要被处理为适合数据库和数据分析包使用的数据。我们将介绍类似于数组的 pandas 的一维 Series 和二维 DataFrame，并展示它们强大的功能。阅读本章之后，读者将熟悉四种类似于数组的合集——list、array、Series 和 DataFrame。我们将在第 15 章中增加第五种：张量（tensor）。

7.2　从现有数据创建数组

　　NumPy 文档建议将 NumPy 模块作为 np 导入，这样就可以使用"np."访问它的成员。

```
In [1]: import numpy as np
```

|160|

　　numpy 模块提供了用于创建数组的各种函数。在这里使用 array 函数，它接收一个数组或其他元素合集作为参数，并返回一个由参数元素组成的新数组。这里传递一个列表：

```
In [2]: numbers = np.array([2, 3, 5, 7, 11])
```

　　array 函数将其参数的内容复制到数组中。让我们看看 array 函数返回的对象类型，并显示它的内容：

```
In [3]: type(numbers)
Out[3]: numpy.ndarray

In [4]: numbers
Out[4]: array([ 2,  3,  5,  7, 11])
```

　　注意类型是 numpy.ndarray。但是所有的数组都是作为"array"输出的。当输出一个数组时，NumPy 用逗号和空格分隔值，并使用相同的字段宽度右对齐所有值。它根据占据最多字符位置的值来确定字段宽度。在本例中，值 11 占据两个字符位置，因此所有的值都在两个字符的字段中进行格式化。这就是为什么 [和 2 之间有一个前导空格。

多维参数

array 函数复制其参数的维数。让我们从一个 2 行 3 列的列表创建一个数组：

```
In [5]: np.array([[1, 2, 3], [4, 5, 6]])
Out[5]:
array([[1, 2, 3],
       [4, 5, 6]])
```

NumPy 根据数组的维数自动格式化数组，对齐每行的列。

7.3 数组属性

数组对象提供的属性使读者能够发现关于其结构和内容的信息。在本节中，我们将使用以下数组：

```
In [1]: import numpy as np

In [2]: integers = np.array([[1, 2, 3], [4, 5, 6]])

In [3]: integers
Out[3]:
array([[1, 2, 3],
       [4, 5, 6]])

In [4]: floats = np.array([0.0, 0.1, 0.2, 0.3, 0.4])

In [5]: floats
Out[5]: array([ 0. ,  0.1,  0.2,  0.3,  0.4])
```

161 | NumPy 在浮点值中不显示小数点右侧尾随的 0。

确定数组的元素类型

array 函数根据参数的元素类型确定数组的元素类型。可以用数组的 dtype 属性检查元素类型：

```
In [6]: integers.dtype
Out[6]: dtype('int64')   # int32 on some platforms

In [7]: floats.dtype
Out[7]: dtype('float64')
```

在下一节中，将通过配置各种数组创建函数的 dtype 关键字参数，来指定数组的元素类型。

出于性能原因，NumPy 是用 C 编程语言编写的，并使用 C 的数据类型。默认情况下，NumPy 把整数存储为 NumPy 的 int64 类型——对应 C 语言的 64 位整数（8 字节），把浮点数存储为 NumPy 的 float64 类型——对应 C 语言的 64 位（8 字节）浮点值。在我们的例子中，通常会看到 int64 类型、float64 类型、bool（布尔）类型以及非数值数据的对象（如字符串）类型。NumPy 支持的完整的类型列表可在网址 https://docs.scipy.org/doc/numpy/user/basics.types.html 上查看。

确定数组的维数

属性 ndim 包含数组的维数，属性 shape 包含指定数组维数的元组：

```
In [8]: integers.ndim
Out[8]: 2

In [9]: floats.ndim
Out[9]: 1

In [10]: integers.shape
Out[10]: (2, 3)

In [11]: floats.shape
Out[11]: (5,)
```

这里，integers 有 2 行 3 列（6 个元素），浮点数是一维的，因此代码段 [11] 显示了一个包含浮点数（5）的单元素元组（由逗号表示）。

确定数组的元素数和元素大小

可以用 size 属性查看一个数组的元素总数，用 itemsize 属性查看存储每个元素所需的字节数：

```
In [12]: integers.size
Out[12]: 6

In [13]: integers.itemsize   # 4 if C compiler uses 32-bit ints
Out[13]: 8

In [14]: floats.size
Out[14]: 5

In [15]: floats.itemsize
Out[15]: 8
```

注意，integers 的大小是行列元素的乘积——两行三列、共有六个元素。在每个例子里，itemsize 都是 8，因为 integers 包含 int64 值，float 包含 float64 值，每个浮点数占用 8 个字节。

162

遍历多维数组的元素

通常会使用简洁的函数式编程来操作数组。但是，由于数组是可迭代的，如果愿意，可以使用外部迭代：

```
In [16]: for row in integers:
    ...:        for column in row:
    ...:            print(column, end='  ')
    ...:        print()
    ...:
1 2 3
4 5 6
```

可以使用其 flat 属性迭代一个多维数组，就像它是一维的：

```
In [17]: for i in integers.flat:
    ...:        print(i, end='  ')
    ...:
1 2 3 4 5 6
```

7.4 用特定值填充数组

NumPy 提供 zeros、ones 和 full 函数，分别用于创建包含 0、1 或指定值的数组。默认情况下，zeros 和 ones 创建包含 float64 值的数组，下面马上会展示如何自定义数组的元素类型。上述函数的第一个参数必须是一个整数或指定所需维数的整数元组。对于整数参数，函数返回一维数组，数组中含有等同参数数量的元素：

```
In [1]: import numpy as np

In [2]: np.zeros(5)
Out[2]: array([ 0.,  0.,  0.,  0.,  0.])
```

对于整数元组，这些函数返回具有指定维数的多维数组。可以通过设置 zeros 和 ones 函数的 dtype 关键字参数来指定数组的元素类型：

```
In [3]: np.ones((2, 4), dtype=int)
Out[3]:
array([[1, 1, 1, 1],
       [1, 1, 1, 1]])
```

full 函数返回含有第二个参数的值和类型的数组：

```
In [4]: np.full((3, 5), 13)
Out[4]:
array([[13, 13, 13, 13, 13],
       [13, 13, 13, 13, 13],
       [13, 13, 13, 13, 13]])
```

|163|

7.5 从范围创建数组

NumPy 提供了用于从范围创建数组的优化函数。我们主要关注简单的等间距的整数和浮点范围，但是 NumPy 也支持非线性范围⊖。

使用 arange 创建整数范围

使用 NumPy 的 arange 函数创建整数范围类似于使用内置函数 range。在下面的每个例子里，arange 首先确定所求数组的元素数量，分配内存，然后在数组中存储值的指定范围：

```
In [1]: import numpy as np

In [2]: np.arange(5)
Out[2]: array([0, 1, 2, 3, 4])

In [3]: np.arange(5, 10)
Out[3]: array([5, 6, 7, 8, 9])

In [4]: np.arange(10, 1, -2)
Out[4]: array([10, 8, 6, 4, 2])
```

虽然可以通过将范围作为参数来创建数组，但始终要使用针对数组进行优化的 arange。

⊖ https: // docs.scipy.org/doc/numpy/reference/routines.array-creation.html.

很快我们将展示各种操作的执行时间，以便比较它们的性能。

使用 `linspace` 创建浮点范围

可以使用 NumPy 的 `linspace` 函数生成等间距的浮点范围。函数的前两个参数指定范围内的起始值和结束值，结束值包含在数组中。可选关键字参数 `num` 指定要产生多少个等间距元素——该参数的默认值为 50：

```
In [5]: np.linspace(0.0, 1.0, num=5)
Out[5]: array([ 0.  ,  0.25,  0.5 ,  0.75,  1.  ])
```

重塑一个数组

还可以从一系列元素中创建一个数组，然后使用数组的 `reshape` 方法将一维数组转换为多维数组。让我们创建一个包含值 1～20 的数组，然后将其重塑为 4 行 5 列：

```
In [6]: np.arange(1, 21).reshape(4, 5)
Out[6]:
array([[ 1,  2,  3,  4,  5],
       [ 6,  7,  8,  9, 10],
       [11, 12, 13, 14, 15],
       [16, 17, 18, 19, 20]])
```

注意前面的代码段中的链式方法调用。首先，`arange` 生成一个包含值 1～20 的数组。然后调用该数组的 `reshape` 方法获得新的 4×5 数组。

只要新数组的元素数量与原始的相同，就可以重塑任何数组。因此，一个含有 6 个元素的一维数组可以变成 3×2 或 2×3 数组，反之亦然，但是试图将一个含有 15 个元素的数组改造成一个 4×4 的数组（16 个元素）会导致 ValueError。

|164

显示大数组

在显示一个数组时，如果有 1000 个或更多的项，NumPy 会从输出中删除中间的行、列或两者。下面的代码段生成 100,000 个元素。第一种情况显示了所有四行，但只显示 25,000 列中的前三列和后三列。省略号表示隐藏的数据。第二种情况显示 100 行中的前三行和后三行，以及 1000 列中的前三列和后三列：

```
In [7]: np.arange(1, 100001).reshape(4, 25000)
Out[7]:
array([[     1,      2,      3, ...,  24998,  24999,  25000],
       [ 25001,  25002,  25003, ...,  49998,  49999,  50000],
       [ 50001,  50002,  50003, ...,  74998,  74999,  75000],
       [ 75001,  75002,  75003, ...,  99998,  99999, 100000]])

In [8]: np.arange(1, 100001).reshape(100, 1000)
Out[8]:
array([[     1,      2,      3, ...,    998,    999,   1000],
       [  1001,   1002,   1003, ...,   1998,   1999,   2000],
       [  2001,   2002,   2003, ...,   2998,   2999,   3000],
       ...,
       [ 97001,  97002,  97003, ...,  97998,  97999,  98000],
       [ 98001,  98002,  98003, ...,  98998,  98999,  99000],
       [ 99001,  99002,  99003, ...,  99998,  99999, 100000]])
```

7.6 列表与数组的性能比较：引入 **%timeit**

大多数数组操作的执行速度明显快于相应的列表操作。为了演示，我们将使用 IPython **%timeit** 魔术命令，该命令给出操作的平均持续时间。注意，系统上显示的时间可能与这里显示的时间不同。

对包含 6,000,000 次掷骰结果的列表的创建过程计时

我们已经演示了掷骰 6,000,000 次。在这里，让我们使用随机模块的 **randrange** 函数和一个列表推导式来创建一个包含 6,000,000 次掷骰的列表，并使用 **%timeit** 对操作进行计时。注意，我们使用续行字符（\）将代码片段 **[2]** 中的语句分成两行：

```
In [1]: import random

In [2]: %timeit rolls_list = \
   ...:     [random.randrange(1, 7) for i in range(0, 6_000_000)]
6.29 s ± 119 ms per loop (mean ± std. dev. of 7 runs, 1 loop each)
```

默认情况下，**%timeit** 在循环中执行一个语句，并循环运行 7 次。如果没有指示循环的次数，**%timeit** 将自行选择一个适当的值。在我们的测试中，平均花费超过 500ms 的操作只迭代一次，而花费少于 500ms 的操作迭代 10 次或更多。

执行语句后，**%timeit** 显示语句的平均执行时间，以及所有执行的标准偏差。它平均花费 6.29s（标准偏差为 119ms）创建一个列表。前面的代码段运行 7 次总共花费了 44s。

对包含 6,000,000 次掷骰结果的数组的创建过程计时

现在，让我们使用 **numpy.random** 模块的 **randint** 函数来创建一个包含 6,000,000 次掷骰结果的数组：

```
In [3]: import numpy as np

In [4]: %timeit rolls_array = np.random.randint(1, 7, 6_000_000)
72.4 ms ± 635 µs per loop (mean ± std. dev. of 7 runs, 10 loops each)
```

%timeit 表明创建数组平均只花了 72.4ms，标准偏差为 635µs。总之，在计算机上执行上面的代码段只用了不到半秒的时间——大约是执行代码段 **[2]** 所需时间的百分之一。相较于列表，数组操作快了两个数量级！

60,000,000 和 600,000,000 次掷骰

现在，让我们创建一个 60,000,000 次掷骰结果的数组：

```
In [5]: %timeit rolls_array = np.random.randint(1, 7, 60_000_000)
873 ms ± 29.4 ms per loop (mean ± std. dev. of 7 runs, 1 loop each)
```

平均而言，创建一个数组只需要花费 873ms。

最后，让我们来做 600,000,000 次掷骰：

```
In [6]: %timeit rolls_array = np.random.randint(1, 7, 600_000_000)
10.1 s ± 232 ms per loop (mean ± std. dev. of 7 runs, 1 loop each)
```

使用 NumPy 创建含有 600,000,000 个元素的数组大约需要 10s，而使用列表推导式创建含有 6,000,000 个元素的列表大约需要 6s。

根据这些计时研究，可以清楚地看到为什么在计算密集型操作中首选数组而不是列表。在本书第四部分有关数据科学的案例研究中，我们将进入大数据和人工智能的性能密集型世界，会看到如何将智能硬件、软件、通信和算法设计结合起来，以应对当今应用程序中经常出现的巨大计算挑战。

自定义 %timeit 迭代

每个 %timeit 循环内的迭代次数和循环次数可以使用 -n 和 -r 选项进行自定义。下面的代码段 [4] 对每个循环执行三次语句，并运行两次循环⊖：

```
In [7]: %timeit -n3 -r2 rolls_array = np.random.randint(1, 7, 6_000_000)
85.5 ms ± 5.32 ms per loop (mean ± std. dev. of 2 runs, 3 loops each)
```

其他 IPython 魔术命令

IPython 为各种不同的任务提供了几十个魔术命令。完整的列表请参阅 IPython 魔术命令文档⊖。以下是一些有用的建议：

❏ %load：从本地文件或 URL 将代码读入 IPython。

❏ %save：将代码段保存到文件中。

❏ %run：从 IPython 里执行 .py 文件。

❏ %precision：更改 IPython 输出的默认浮点精度。

❏ %cd：更改目录，而不必先退出 IPython。

❏ %edit：如果需要修改更复杂的代码段，%edit 可以启动外部编辑器，这很方便。

❏ %history：查看在当前 IPython 会话中执行的所有历史代码段和命令的列表。

7.7　数组运算符

NumPy 提供了许多运算符，使我们能够编写可在整个数组上执行操作的简单表达式。在这里，我们演示一下数组和数值以及相同形状的数组之间的计算。

数组和单个数值的算术运算

首先，让我们使用算术运算符和增强赋值来对数组和数值执行元素方面的算术运算。运算操作是对每个元素进行的，因此代码段 [4] 对每个元素乘以 2，代码段 [5] 对每个元素做立方运算。每种运算返回一个包含结果的新数组：

```
In [1]: import numpy as np

In [2]: numbers = np.arange(1, 6)
```

⊖　对于大多数读者来说，使用 %timeit 的默认设置就很好。

⊖　http://ipython.readthedocs.io/en/stable/interactive/magics.html。

```
In [3]: numbers
Out[3]: array([1, 2, 3, 4, 5])

In [4]: numbers * 2
Out[4]: array([ 2, 4, 6, 8, 10])

In [5]: numbers ** 3
Out[5]: array([ 1, 8, 27, 64, 125])

In [6]: numbers  # numbers is unchanged by the arithmetic operators
Out[6]: array([1, 2, 3, 4, 5])
```

代码段 [6] 显示算术运算符没有修改 numbers。运算符 + 和 * 的两边是可交换的，因此代码段 [4] 也可以写成 2*numbers。

增强赋值修改左操作数中的每个元素。

```
In [7]: numbers += 10

In [8]: numbers
Out[8]: array([11, 12, 13, 14, 15])
```

传播

通常，算术运算需要两个大小和形状都相同的数组作为操作数。当一个操作数是称为标量的单个值时，NumPy 执行元素方面的计算时，就把这个标量当作一个与另一个操作数形状相同且元素都等于标量值的数组。这就是**传播**。代码段 [4]、[5] 和 [7] 都使用了此功能。例如，代码段 [4] 等价于：

```
numbers * [2, 2, 2, 2, 2]
```

传播还可以应用于大小和形状不同的数组之间，从而实现一些简洁而强大的操作。在本章后面介绍 NumPy 的通用函数时，我们将展示更多有关传播的例子。

数组间的算术运算

可以在相同形状的数组之间执行算术运算和增强赋值。让我们将一维数组 numbers 和 numbers2（下面创建）相乘，每个数组包含 5 个元素：

```
In [9]: numbers2 = np.linspace(1.1, 5.5, 5)

In [10]: numbers2
Out[10]: array([ 1.1, 2.2, 3.3, 4.4, 5.5])

In [11]: numbers * numbers2
Out[11]: array([ 12.1, 26.4, 42.9, 61.6, 82.5])
```

结果是，每个操作数中的数组元素相乘形成一个新数组——11 * 1.1、12 * 2.2、13 * 3.3，等等。整数数组和浮点数数组之间的算术运算结果是一个浮点数数组。

比较数组

可以将数组与单个值或其他数组进行比较。比较是按元素顺序执行的。这种比较会产生布尔值数组，其中每个元素的 `True` 值或 `False` 值表示比较结果：

```
In [12]: numbers
Out[12]: array([11, 12, 13, 14, 15])

In [13]: numbers >= 13
Out[13]: array([False, False,  True,  True,  True])

In [14]: numbers2
Out[14]: array([ 1.1,  2.2,  3.3,  4.4,  5.5])

In [15]: numbers2 < numbers
Out[15]: array([ True,  True,  True,  True,  True])

In [16]: numbers == numbers2
Out[16]: array([False, False, False, False, False])

In [17]: numbers == numbers
Out[17]: array([ True,  True,  True,  True,  True])
```

代码段 [13] 使用传播来确定每个数字元素是否大于或等于 13。其余的代码段比较每个操作数数组的对应元素。

168

7.8　NumPy 计算方法

数组有各种使用其内容执行计算的方法。默认情况下，这些方法忽略数组的形状并使用数组的所有元素来计算。例如，不管数组的形状如何，用所有元素的总和除以元素的总数，计算其所有元素的平均值。也可以在每个维度上执行这些计算。例如，在二维数组中，可以计算每一行和每一列的平均值。

考虑一个表示四名学生在三次考试中的成绩的数组：

```
In [1]: import numpy as np

In [2]: grades = np.array([[87, 96, 70], [100, 87, 90],
   ...:                    [94, 77, 90], [100, 81, 82]])
   ...:

In [3]: grades
Out[3]:
array([[ 87,  96,  70],
       [100,  87,  90],
       [ 94,  77,  90],
       [100,  81,  82]])
```

可以使用 `sum`、`min`、`max`、`mean`、`std` 和 `var` 方法来计算总和、最小值、最大值、平均值、标准偏差和方差。每一种方法都是函数式编程约简：

```
In [4]: grades.sum()
Out[4]: 1054

In [5]: grades.min()
Out[5]: 70
```

```
In [6]: grades.max()
Out[6]: 100

In [7]: grades.mean()
Out[7]: 87.83333333333333

In [8]: grades.std()
Out[8]: 8.792357792739987

In [9]: grades.var()
Out[9]: 77.30555555555556
```

按行或列计算

许多计算方法可以在特定的数组维度（即数组的轴）上执行。这些方法接收一个 `axis` 关键字参数，该参数指定在计算中使用哪个维度，从而为我们提供一种在二维数组中按行或按列执行计算的快速方法。

假设希望计算每次考试的平均成绩，用成绩列表示。指定 `axis=0` 对每个列中的所有值执行计算：

```
In [10]: grades.mean(axis=0)
Out[10]: array([95.25, 85.25, 83. ])
```

上面的 **95.25** 是第一列成绩的平均值（87、100、94 和 100），**85.25** 是第二列成绩的平均值（96、87、77 和 81），83 是第三列成绩的平均值（70、90、90 和 82）。同样，NumPy 在"**83.**"中小数点的右端不显示尾随的 0。还要注意，它确实按照相同的字段宽度显示所有的元素值，这就是为什么"**83.**"后面跟了两个空格。

类似地，指定 `axis=1` 对每一行中的所有列值执行计算。要计算每名学生所有考试的平均成绩，可以使用：

```
In [11]: grades.mean(axis=1)
Out[11]: array([84.33333333, 92.33333333, 87.        , 87.66666667])
```

这将产生四个平均值——每一行中的值对应一个平均值。因此，**84.33333333** 是第一行成绩（87、96 和 70）的平均值，其他平均值是其余行的。

NumPy 数组有更多的计算方法，有关完整列表，请参见 https://docs.scipy.org/doc/numpy/reference/arrays.ndarray.html。

7.9 通用函数

NumPy 提供了许多独立的**通用函数**（或 `ufunc`），以执行各种元素操作。每个函数都使用一个或两个数组或类数组（如列表）参数执行任务。当对数组使用 **+** 和 ***** 之类的运算符时，将调用其中一些函数。每个函数返回一个包含结果的新数组。

让我们创建一个数组，并使用 `sqrt` 通用函数计算其元素值的平方根：

```
In [1]: import numpy as np

In [2]: numbers = np.array([1, 4, 9, 16, 25, 36])

In [3]: np.sqrt(numbers)
Out[3]: array([1., 2., 3., 4., 5., 6.])
```

下面使用通用函数 add 把两个形状相同的数组相加：

```
In [4]: numbers2 = np.arange(1, 7) * 10

In [5]: numbers2
Out[5]: array([10, 20, 30, 40, 50, 60])

In [6]: np.add(numbers, numbers2)
Out[6]: array([11, 24, 39, 56, 75, 96])
```

表达式 np.add(numbers, numbers2) 等价于：

```
numbers + numbers2
```

通用函数的传播

让我们使用通用函数 multiply 将 numbers2 的每个元素乘以标量值 5：

```
In [7]: np.multiply(numbers2, 5)
Out[7]: array([ 50, 100, 150, 200, 250, 300])
```

表达式 np.multiply(numbers2, 5) 等价于：

```
numbers2 * 5
```

让我们将 numbers2 重新定义为一个 2×3 的数组，然后令其值乘以一个包含三个元素的一维数组：

```
In [8]: numbers3 = numbers2.reshape(2, 3)

In [9]: numbers3
Out[9]:
array([[10, 20, 30],
       [40, 50, 60]])

In [10]: numbers4 = np.array([2, 4, 6])

In [11]: np.multiply(numbers3, numbers4)
Out[11]:
array([[ 20,  80, 180],
       [ 80, 200, 360]])
```

因为 numbers4 与 numbers3 的每一行长度相同，所以 NumPy 可以通过将 numbers4 看作下面的数组来运用乘法运算：

```
array([[2, 4, 6],
       [2, 4, 6]])
```

如果一个通用函数接收两个不支持传播的不同形状的数组，就会引发 ValueError。读者可从网址 https://docs.scipy.org/doc/numpy/user/basics.broadcasting.html 浏览传播规则。

其他通用函数

NumPy 文档将通用函数分为五类：数学函数、三角函数、位运算、比较和浮点运算。下表列出了每个类别的一些函数。读者可以在网址 https://docs.scipy.org/doc/numpy/reference/ufuncs.html 上查看完整的列表，获取更多关于通用函数的信息。

NumPy 通用函数
数学函数——add、subtract、multiply、divide、remainder、exp、log、sqrt、power 等。
三角函数——sin、cos、tan、hypot、arcsin、arccos、arctan 等。
位运算函数——bitwise_and、bitwise_or、bitwise_xor、invert、left_shift、right_shift。
比较函数——greater、greater_equal、less、less_equal、equal、not_equal、logical_and、logical_or、logical_xor、logical_not、minimum、maximum 等。
浮点运算函数——floor、ceil、isinf、isnan、fabs、trunc 等。

7.10　索引和切片

一维数组可以使用第 5 章中演示的相同的语法和技术进行索引和切片。在这里，我们主要关注用于数组的索引和切片功能。

二维数组索引

要在二维数组中选择一个元素，请指定一个元组在其方括号中包含该元素的行和列索引（见代码段 [4]）：

```
In [1]: import numpy as np

In [2]: grades = np.array([[87, 96, 70], [100, 87, 90],
   ...:                    [94, 77, 90], [100, 81, 82]])
   ...:

In [3]: grades
Out[3]:
array([[ 87,  96,  70],
       [100,  87,  90],
       [ 94,  77,  90],
       [100,  81,  82]])

In [4]: grades[0, 1]  # row 0, column 1
Out[4]: 96
```

选择二维数组的行子集

要选择单行，只需在方括号中指定一个索引：

```
In [5]: grades[1]
Out[5]: array([100, 87, 90])
```

要选择多个连续的行，可以用切片表示：

```
In [6]: grades[0:2]
Out[6]:
array([[ 87, 96, 70],
       [100, 87, 90]])
```

若要选择多个非连续行，请使用行索引列表：

```
In [7]: grades[[1, 3]]
Out[7]:
array([[100, 87, 90],
       [100, 81, 82]])
```

选择二维数组的列子集

可以通过提供指定了要选择的行和列的元组来选择列的子集。每一个列子集都可以是一个特定的索引、一个切片或一个列表。让我们只选择第一列中的元素：

```
In [8]: grades[:, 0]
Out[8]: array([ 87, 100, 94, 100])
```

逗号后面的 0 表示只选择了列 0。逗号前的“：”表示要选择该列中的哪些行。在本例中，“：”是表示所有行的切片。它也可以是一个特定的行号、一个表示行子集的切片或一个选中的特定行索引的列表，如代码段 [5]～[7]。

可以使用切片选择连续的列：

```
In [9]: grades[:, 1:3]
Out[9]:
array([[96, 70],
       [87, 90],
       [77, 90],
       [81, 82]])
```

172

或使用列索引列表选择特定列：

```
In [10]: grades[:, [0, 2]]
Out[10]:
array([[ 87, 70],
       [100, 90],
       [ 94, 90],
       [100, 82]])
```

7.11　视图：浅拷贝

前一章介绍了视图对象，即能“看到”其他对象中的数据的对象，而不是拥有自己的数据副本。视图是浅拷贝。各种数组方法和切片操作生成数组数据的视图。

数组 view 方法返回一个新的数组对象，其中包含原始数组对象数据的视图。首先，让我们创建一个数组和该数组的一个视图：

```
In [1]: import numpy as np

In [2]: numbers = np.arange(1, 6)

In [3]: numbers
Out[3]: array([1, 2, 3, 4, 5])

In [4]: numbers2 = numbers.view()

In [5]: numbers2
Out[5]: array([1, 2, 3, 4, 5])
```

可以使用内置的 id 函数来查看 numbers 和 numbers2 是不同的对象：

```
In [6]: id(numbers)
Out[6]: 4462958592

In [7]: id(numbers2)
Out[7]: 4590846240
```

为了证明 numbers2 视图与 numbers 数组有相同的数据，让我们修改 numbers 中的一个元素，然后显示两个数组：

```
In [8]: numbers[1] *= 10

In [9]: numbers2
Out[9]: array([ 1, 20,  3,  4,  5])

In [10]: numbers
Out[10]: array([ 1, 20,  3,  4,  5])
```

同样，改变视图中的值也会改变原始数组中的值：

```
In [11]: numbers2[1] /= 10

In [12]: numbers
Out[12]: array([1, 2, 3, 4, 5])

In [13]: numbers2
Out[13]: array([1, 2, 3, 4, 5])
```

切片视图

切片也可用于创建视图。让我们把 numbers2 设为 numbers 的前三个元素的切片：

```
In [14]: numbers2 = numbers[0:3]

In [15]: numbers2
Out[15]: array([1, 2, 3])
```

再次确认了 numbers 和 numbers2 是有不同 id 的对象：

```
In [16]: id(numbers)
Out[16]: 4462958592
```

```
In [17]: id(numbers2)
Out[17]: 4590848000
```

可以通过尝试访问 numbers2[3] 来确认 numbers2 只是 numbers 前三个元素的一个视图，这会引发一个 IndexError：

```
In [18]: numbers2[3]
-------------------------------------------------------------------
IndexError                          Traceback (most recent call last)
<ipython-input-18-582053f52daa> in <module>()
----> 1 numbers2[3]

IndexError: index 3 is out of bounds for axis 0 with size 3
```

现在，让我们修改两个数组共享的元素，然后显示它们。同样，可看到 numbers2 是 numbers 的一个视图：

```
In [19]: numbers[1] *= 20

In [20]: numbers
Out[20]: array([1, 2, 3, 4, 5])

In [21]: numbers2
Out[21]: array([ 1, 40,  3])
```

7.12　视图：深拷贝

尽管视图是独立的数组对象，但它们通过共享来自其他数组的元素数据来节省内存。但是，在共享值可变时，有时需要使用原始数据的**深拷贝**以保持数据独立性。这在多核编程中尤其重要，在多核编程中，程序的各个部分可能同时尝试修改数据，从而可能破坏数据。

数组的 copy 方法返回一个新的数组对象，该对象是对原始数组对象数据的深拷贝。首先，让我们创建一个数组及其深拷贝：

```
In [1]: import numpy as np

In [2]: numbers = np.arange(1, 6)

In [3]: numbers
Out[3]: array([1, 2, 3, 4, 5])

In [4]: numbers2 = numbers.copy()

In [5]: numbers2
Out[5]: array([1, 2, 3, 4, 5])
```

174

为了证明 numbers2 中有一个独立的 numbers 拷贝，修改 numbers 的一个元素，然后显示这两个数组：

```
In [6]: numbers[1] *= 10

In [7]: numbers
Out[7]: array([ 1, 20,  3,  4,  5])

In [8]: numbers2
Out[8]: array([ 1,  2,  3,  4,  5])
```

可见，这种变化只出现在 `numbers` 中。

对于其他类型的 Python 对象，模块复制是浅拷贝还是深拷贝

在前几章中，我们讨论了浅拷贝。在本章中，我们讨论了如何使用数组对象的 `copy` 方法来对它们进行深拷贝。如果需要其他类型的 Python 对象的深拷贝，请使用 `copy` 模块的 `deepcopy` 函数。

7.13 重塑和转置

我们使用数组方法从一维范围内生成二维数组。NumPy 提供了各种重塑数组的其他方法。

`reshape` 和 `resize`

数组的 `reshape` 和 `resize` 方法都能够更改数组的维数。`reshape` 方法返回具有新维度的原始数组的视图（浅拷贝）。它不修改原始数组：

```
In [1]: import numpy as np

In [2]: grades = np.array([[87, 96, 70], [100, 87, 90]])

In [3]: grades
Out[3]:
array([[ 87,  96,  70],
       [100,  87,  90]])

In [4]: grades.reshape(1, 6)
Out[4]: array([[ 87,  96,  70, 100,  87,  90]])

In [5]: grades
Out[5]:
array([[ 87,  96,  70],
       [100,  87,  90]])
```

`resize` 方法改变原始数组的形状：

```
In [6]: grades.resize(1, 6)

In [7]: grades
Out[7]: array([[ 87,  96,  70, 100,  87,  90]])
```

`flatten` 和 `ravel`

可以使用 `flatten` 和 `ravel` 方法将多维数组压扁到一维中。`flatten` 方法创建原始数组数据的深拷贝：

```
In [8]: grades = np.array([[87, 96, 70], [100, 87, 90]])

In [9]: grades
Out[9]:
array([[ 87,  96,  70],
       [100,  87,  90]])

In [10]: flattened = grades.flatten()

In [11]: flattened
Out[11]: array([ 87,  96,  70, 100,  87,  90])

In [12]: grades
Out[12]:
array([[ 87,  96,  70],
       [100,  87,  90]])
```

为了确认 grades 数组和 flattened 数组不共享数据，我们修改 flattened 数组的一个元素，然后显示这两个数组：

```
In [13]: flattened[0] = 100

In [14]: flattened
Out[14]: array([100,  96,  70, 100,  87,  90])

In [15]: grades
Out[15]:
array([[ 87,  96,  70],
       [100,  87,  90]])
```

ravel 方法产生一个原始数组的视图，该视图共享 grades 数组的数据：

```
In [16]: raveled = grades.ravel()

In [17]: raveled
Out[17]: array([ 87,  96,  70, 100,  87,  90])

In [18]: grades
Out[18]:
array([[ 87,  96,  70],
       [100,  87,  90]])
```

为了确认 grades 数组和 raveled 数组共享相同的数据，让我们修改 raveled 数组的一个元素，然后显示这两个数组：

```
In [19]: raveled[0] = 100

In [20]: raveled
Out[20]: array([100,  96,  70, 100,  87,  90])

In [21]: grades
Out[21]:
array([[100,  96,  70],
       [100,  87,  90]])
```

转置行和列

可以快速地**转置**一个数组的行和列——这就是"翻转"数组，使行变成列，列变成行。T 属性返回一个颠倒的数组视图（浅拷贝）。原始的 grades 数组表示三次考试（列）中两名学生的成绩（行）。让我们转置行和列来查看两名学生（列）的三次考试成绩（行）的数据：

```
In [22]: grades.T
Out[22]:
array([[100, 100],
       [ 96,  87],
       [ 70,  90]])
```

转置不修改原始数组：

```
In [23]: grades
Out[23]:
array([[100,  96,  70],
       [100,  87,  90]])
```

水平堆叠和垂直堆叠

可以通过添加更多的列或行来组合数组，这称为水平堆叠和垂直堆叠。让我们创建另一个 2×3 的成绩数组：

```
In [24]: grades2 = np.array([[94, 77, 90], [100, 81, 82]])
```

假设 grades2 代表两名学生的三次额外的考试成绩。可以通过传递一个包含要组合的数组的元组，用 NumPy 的 hstack（水平堆叠）函数将 grades 和 grades2 组合起来。代码中需要再加一层括号，因为 hstack 需要一个参数：

```
In [25]: np.hstack((grades, grades2))
Out[25]:
array([[100,  96,  70,  94,  77,  90],
       [100,  87,  90, 100,  81,  82]])
```

接下来，假设 grades2 代表了另外两名学生在三次考试中的成绩。在这种情况下，可以用 NumPy 的 vstack（垂直堆叠）函数将 grades 和 grades2 组合起来：

```
In [26]: np.vstack((grades, grades2))
Out[26]:
array([[100,  96,  70],
       [100,  87,  90],
       [ 94,  77,  90],
       [100,  81,  82]])
```

7.14 数据科学入门：pandas Series 和 DataFrame

NumPy 的数组针对通过整数索引访问的同构数值数据进行了优化。数据科学提出了独特的需求，为此需要更多定制的数据结构。大数据应用程序必须支持混合数据类型、自定义索引、缺失数据、结构不一致的数据以及需要被处理为适合数据库和数据分析包使用的数据。

pandas 是处理此类数据的最受欢迎的库。它提供了两个关键的合集，读者将在本节以及本书第四部分中的数据科学案例研究中使用它们：用于一维合集的 Series 和针对二维合集的 DataFrame。可以使用 pandas 的 MultiIndex 在 Series 和 DataFrame 的上下文中处理多维数据。

2008 年，Wes McKinney 在业界工作时创造了 pandas。pandas 这个名称来源于"面板数据"一词，所谓面板数据是指一段时间内的测量数据，如股票价格或者历史温度读数。McKinney 需要一个库，其中相同的数据结构可以同时处理基于时间和非基于时间的数据，并支持数据对齐、缺失数据处理、常见的数据库式的数据操作，等等⊖。

NumPy 和 pandas 有着密切的关系。Series 和 DataFrame 在底层都使用 array。Series 和 DataFrame 可作为许多 NumPy 操作的有效参数。同样，array 是很多 Series 和 DataFrame 操作的有效参数。

pandas 是一个广泛的主题——它的 PDF 说明文档⊖超过 2000 页。在本章和下一章的数据科学入门部分，将介绍 pandas。我们会对它的 Series 和 DataFrame 合集进行讨论，并使用它们来支持数据准备。读者将看到，Series 和 DataFrame 使我们可以轻松地执行一些常见任务，比如以多种方式选择元素、执行过滤 / 映射 / 归约操作（这是函数式编程和大数据的核心）、执行数学操作和可视化等。

7.14.1 Series

Series 是一个增强的一维数组。数组仅使用从零开始的整数索引，而 Series 支持自定义索引，甚至包括字符串等非整数索引。Series 还提供额外的功能，使它们能更方便地完成许多面向数据科学的任务。例如，考虑到 Series 中可能有缺失数据，默认情况下，许多 Series 操作都会忽略缺失数据。

使用默认索引创建 Series

默认情况下，一个 Series 的整数索引是从 0 开始顺序编号的。下面从一个整数列表中创建一个学生成绩的 Series：

```
In [1]: import pandas as pd

In [2]: grades = pd.Series([87, 100, 94])
```

初始化变量也可以是元组、字典、数组、另一个 Series 或单个值。稍后将展示使用单个值的情况。

Series 的显示

pandas 以两列格式显示 Series，其索引在左列中左对齐，而值在右列中右对齐。在列

⊖ McKinney, Wes. Python for Data Analysis: Data Wrangling with Pandas, NumPy, and IPython, pp.123–165. Sebastopol, CA: OReilly Media, 2018.

⊖ 最新的 pandas 说明文档请见 http://pandas.pydata.org/pandas-docs/stable/。

|178| 出 Series 元素之后，pandas 显示了底层 array 元素的数据类型（dtype）：

```
In [3]: grades
Out[3]:
0     87
1    100
2     94
dtype: int64
```

可以看到，与以相同的两列格式显示列表的对应代码相比，以这种格式显示 Series 非常容易。

创建一个内部元素值相同的 Series

可以创建具有相同元素值的 Series：

```
In [4]: pd.Series(98.6, range(3))
Out[4]:
0    98.6
1    98.6
2    98.6
dtype: float64
```

第二个参数是一个一维的可迭代对象（例如列表、数组或范围），它包含了 Series 的索引。索引的数量决定了元素的数量。

访问 Series 中的元素

可以通过包含索引的方括号来访问 Series 的元素：

```
In [5]: grades[0]
Out[5]: 87
```

为 Series 生成描述性统计信息

Series 提供了许多用于常见任务（包括生成各种描述性统计信息）的方法。以下列出了 count（元素个数）、mean（均值）、min（最小值）、max（最大值）和 std（标准偏差）方法：

```
In [6]: grades.count()
Out[6]: 3

In [7]: grades.mean()
Out[7]: 93.66666666666667

In [8]: grades.min()
Out[8]: 87

In [9]: grades.max()
Out[9]: 100

In [10]: grades.std()
Out[10]: 6.506407098647712
```

这些都是函数式约简。调用 Series 的 describe 方法会给出所有的统计信息以及更多信息：

```
In [11]: grades.describe()
Out[11]:
count      3.000000
mean      93.666667
std        6.506407
min       87.000000
25%       90.500000
50%       94.000000
75%       97.000000
max      100.000000
dtype: float64
```

其中，25%、50% 和 75% 是**四分位数**：

❑ 50% 表示排序值的中值。

❑ 25% 代表排序后前一半值的中值。

❑ 75% 代表排序后后一半值的中值。

对于四分位数，如果有两个中间元素，那么它们的平均值就是该四分位数的中值。而我们的 Series 中只有三个值，因此 25% 的四分位数是 87 和 94 的平均值，而 75% 的四分位数是 94 和 100 的平均值。**四分位数间距**是 75% 的四分位数减去 25% 的四分位数，这是像标准偏差和方差的另一种度量离散度的方法。当然，四分位数和四分位数间距在较大的数据集中会更有用。

创建带自定义索引的 Series

可以使用关键字参数 index 来指定自定义索引：

```
In [12]: grades = pd.Series([87, 100, 94], index=['Wally', 'Eva', 'Sam'])

In [13]: grades
Out[13]:
Wally     87
Eva      100
Sam       94
dtype: int64
```

在本例中，我们使用了字符串作为索引，但是也可以使用其他不可变类型，包括不是从 0 开始的整数和非连续整数。同样，请再次注意 pandas 如何精确地格式化一个 Series 以供显示。

字典作为初始化值

如果使用字典初始化 Series，则它的键将成为 Series 的索引，它的值会被设定为 Series 的元素值：

```
In [14]: grades = pd.Series({'Wally': 87, 'Eva': 100, 'Sam': 94})

In [15]: grades
Out[15]:
Wally     87
Eva      100
Sam       94
dtype: int64
```

使用自定义索引访问 Series 中的元素

在使用自定义索引的 Series 中，可以通过包含自定义索引值的方括号来访问单个元素：

```
In [16]: grades['Eva']
Out[16]: 100
```

如果自定义索引是可以表示有效 Python 标识符的字符串，则 pandas 会自动将它们添加到 Series 中，作为可以通过点（.）访问的属性：

```
In [17]: grades.Wally
Out[17]: 87
```

Series 还具有内置属性。例如，dtype 属性返回底层 array 的元素类型：

```
In [18]: grades.dtype
Out[18]: dtype('int64')
```

values 属性返回底层 array：

```
In [19]: grades.values
Out[19]: array([ 87, 100,  94])
```

创建一个字符串 Series

如果一个 Series 包含字符串，那么可以使用它的 str 属性来调用元素上的字符串方法。首先，让我们创建一个硬件相关的字符串 Series：

```
In [20]: hardware = pd.Series(['Hammer', 'Saw', 'Wrench'])

In [21]: hardware
Out[21]:
0     Hammer
1        Saw
2     Wrench
dtype: object
```

请注意，pandas 还会将字符串元素值右对齐，并且字符串的 dtype 是 object。
调用每个元素上的字符串方法 contains 来确定每个元素的值是否包含 'a'：

```
In [22]: hardware.str.contains('a')
Out[22]:
0     True
1     True
2     False
dtype: bool
```

pandas 返回了一个包含布尔值的新 Series，该值指示了 contains 方法对每个元素的执行结果——索引 2（'Wrench'）处的元素不包含 'a'，因此其在所得 Series 中的对应位置的元素为 False。请注意，pandas 在内部处理了迭代——这是函数式编程的另一个示例。str 属性提供了许多类似于 Python 字符串类型的字符串处理方法。有关方法列表，请参见：

https://pandas.pydata.org/pandas-docs/stable/api.html# string-handling。

以下使用字符串方法 upper 生成一个新的 Series，其中包含 hardware 变量中每个元素的大写版本：

```
In [23]: hardware.str.upper()
Out[23]:
0    HAMMER
1       SAW
2    WRENCH
dtype: object
```

181

7.14.2　DataFrame

DataFrame 是增强的二维数组。与 Series 类似，DataFrame 可以具有自定义的行和列索引，并提供额外的操作和功能，使其能更方便地执行许多面向数据科学的任务。DataFrame 还支持缺失数据情况下的处理。DataFrame 中的每一列都是一个 Series。代表每个列的 Series 可能包含不同的元素类型，在我们讨论将数据集加载到 DataFrame 时，会看到这一点。

从字典中创建一个 DataFrame

让我们从字典中创建一个 DataFrame，它表示学生在三次考试中的成绩：

```
In [1]: import pandas as pd

In [2]: grades_dict = {'Wally': [87, 96, 70], 'Eva': [100, 87, 90],
   ...:                'Sam': [94, 77, 90], 'Katie': [100, 81, 82],
   ...:                'Bob': [83, 65, 85]}
   ...:

In [3]: grades = pd.DataFrame(grades_dict)

In [4]: grades
Out[4]:
   Wally  Eva  Sam  Katie  Bob
0     87  100   94    100   83
1     96   87   77     81   65
2     70   90   90     82   85
```

pandas 以表格格式显示 DataFrame，其中索引在索引列中左对齐，其余列的值右对齐。字典的键变成列名，而与每个键相关联的值成为对应列中的元素值。稍后，我们将展示如何"翻转"行和列。默认情况下，行索引是从 0 开始自动生成的整数。

使用 index 属性自定义 DataFrame 的索引

在创建 DataFrame 时，可以使用 index 关键字参数指定自定义索引，如下所示：

```
pd.DataFrame(grades_dict, index=['Test1', 'Test2', 'Test3'])
```

使用 index 属性将 DataFrame 的索引从连续整数更改为标签：

```
In [5]: grades.index = ['Test1', 'Test2', 'Test3']

In [6]: grades
Out[6]:
       Wally  Eva  Sam  Katie  Bob
Test1     87  100   94    100   83
Test2     96   87   77     81   65
Test3     70   90   90     82   85
```

在指定索引时，必须提供元素数等于 DataFrame 中的行数的一维合集；否则，将引发 ValueError。Series 还提供了一个 index 属性，用于更改现有 Series 的索引。

访问 DataFrame 元素的列

使用 pandas 的一个好处是可以通过多种不同的方式方便快速地查看数据，包括选择部分数据。让我们先按名称获取 Eva 的成绩，这会将她所在的列显示为一个 Series：

```
In [7]: grades['Eva']
Out[7]:
Test1    100
Test2     87
Test3     90
Name: Eva, dtype: int64
```

如果 DataFrame 的列名字符串是有效的 Python 标识符，则可以将它们用作属性。让我们用 Sam 属性来得到 Sam 的成绩：

```
In [8]: grades.Sam
Out[8]:
Test1    94
Test2    77
Test3    90
Name: Sam, dtype: int64
```

通过 loc 和 iloc 属性选择行

尽管 DataFrame 支持使用 [] 建立索引的功能，但 pandas 的文档建议使用属性 loc、iloc、at 和 iat 来进行行操作。这些属性已被优化为专门用于访问 DataFrame，还能提供除了 [] 之外的其他功能。此外，文档还指出，使用 [] 建立索引通常会产生数据副本，如果试图通过赋值给 [] 操作的结果来为 DataFrames 设定新值，则会导致一个逻辑错误。

可以使用 DataFrame 的 loc 属性通过行标签访问行。下面列出了 'Test1' 行中的所有成绩：

```
In [9]: grades.loc['Test1']
Out[9]:
Wally     87
Eva      100
Sam       94
Katie    100
Bob       83
Name: Test1, dtype: int64
```

还可以使用 iloc 属性通过基于零的整数索引访问行（iloc 中的 i 表示它与整数索引一起使用）。下面列出了第二行中的所有成绩：

```
In [10]: grades.iloc[1]
Out[10]:
Wally    96
Eva      87
Sam      77
Katie    81
Bob      65
Name: Test2, dtype: int64
```

183

通过带有 loc 和 iloc 属性的切片和列表选择行

索引可以是一个切片。当使用包含带有 loc 的标签的切片时，指定的范围包括切片右端的索引（'Test3'）：

```
In [11]: grades.loc['Test1':'Test3']
Out[11]:
       Wally  Eva  Sam  Katie  Bob
Test1     87  100   94    100   83
Test2     96   87   77     81   65
Test3     70   90   90     82   85
```

当将 iloc 属性与包含整数索引的切片一起使用时，指定的范围不包括切片右端的索引（2）：

```
In [12]: grades.iloc[0:2]
Out[12]:
       Wally  Eva  Sam  Katie  Bob
Test1     87  100   94    100   83
Test2     96   87   77     81   65
```

要选择特定的行，请在 loc 或 iloc 属性中使用列表代替切片：

```
In [13]: grades.loc[['Test1', 'Test3']]
Out[13]:
       Wally  Eva  Sam  Katie  Bob
Test1     87  100   94    100   83
Test3     70   90   90     82   85

In [14]: grades.iloc[[0, 2]]
Out[14]:
       Wally  Eva  Sam  Katie  Bob
Test1     87  100   94    100   83
Test3     70   90   90     82   85
```

选择行与列的子集

到目前为止，我们只选择了整行。可以使用两个切片、两个列表或切片和列表的组合来选择行与列，从而专注于 DataFrame 的一个小子集。

假设只想查看 Test1 和 Test2 中 Eva 和 Katie 的成绩，可以通过使用带有两个连续行的切片的 loc 和两个非连续列的列表来实现：

```
In [15]: grades.loc['Test1':'Test2', ['Eva', 'Katie']]
Out[15]:
        Eva  Katie
Test1   100    100
Test2    87     81
```

切片 'Test1':'Test2' 选择索引为 Test1 和 Test2 的这两行。列表 ['Eva','Katie']
表示仅从这两列中选择相应的成绩。

让我们使用带有列表和切片的 iloc 来选择第一个和第三个测试成绩，并获取这些测试
成绩的前三列：

```
In [16]: grades.iloc[[0, 2], 0:3]
Out[16]:
        Wally  Eva  Sam
Test1      87  100   94
Test3      70   90   90
```

184

布尔索引

pandas 更强大的选择功能之一是**布尔索引**。例如，让我们选择所有的 A 等成绩，即大
于或等于 90 分的成绩：

```
In [17]: grades[grades >= 90]
Out[17]:
        Wally    Eva   Sam  Katie  Bob
Test1     NaN  100.0  94.0  100.0  NaN
Test2    96.0    NaN   NaN    NaN  NaN
Test3     NaN   90.0  90.0    NaN  NaN
```

pandas 检查每个成绩，以确定其值是否大于或等于 90，如果是，则令其包含在新的
DataFrame 中。条件为 False 的成绩在新的 DataFrame 中表示为 NaN（不是数字）。NaN
是 pandas 用来表示缺失值的符号。

让我们选择出分数为 80～89 的所有的 B 等成绩：

```
In [18]: grades[(grades >= 80) & (grades < 90)]
Out[18]:
        Wally   Eva  Sam  Katie   Bob
Test1    87.0   NaN  NaN    NaN  83.0
Test2     NaN  87.0  NaN   81.0   NaN
Test3     NaN   NaN  NaN   82.0  85.0
```

pandas 的布尔索引使用 Python 位运算符 &（按位与）而不是布尔运算符 and 来组合多
个条件。对于 or 条件，使用 |（按位或）。NumPy 还支持 arrays 的布尔索引，但始终返
回仅包含满足条件的值的一维数组。

通过行和列访问特定的 DataFrame 单元格

可以使用 DataFrame 的 at 和 iat 属性从 DataFrame 获取单个值。像 loc 和 iloc
一样，at 使用标签，而 iat 使用整数索引。在每种情况下，行和列的索引必须用逗号分隔。
让我们选择出 Eva 的 Test2 成绩（87）和 Wally 的 Test3 成绩（70）：

```
In [19]: grades.at['Test2', 'Eva']
Out[19]: 87

In [20]: grades.iat[2, 0]
Out[20]: 70
```

还可以为特定的元素分配新值。让我们使用 at 将 Eva 的 Test2 成绩更改为 100，然后使用 iat 将其更改回 87：

```
In [21]: grades.at['Test2', 'Eva'] = 100

In [22]: grades.at['Test2', 'Eva']
Out[22]: 100

In [23]: grades.iat[1, 2] = 87

In [24]: grades.iat[1, 2]
Out[24]: 87.0
```

描述性统计

Series 和 DataFrame 都有一个 describe 方法，该方法计算数据的基本描述性统计并将结果以 DataFrame 的形式返回。在 DataFrame 中，统计数据是按列计算的（我们很快将看到如何翻转行和列）：

```
In [25]: grades.describe()
Out[25]:
             Wally         Eva        Sam       Katie          Bob
count     3.000000    3.000000   3.000000    3.000000     3.000000
mean     84.333333   92.333333  87.000000   87.666667    77.666667
std      13.203535    6.806859   8.888194   10.692677    11.015141
min      70.000000   87.000000  77.000000   81.000000    65.000000
25%      78.500000   88.500000  83.500000   81.500000    74.000000
50%      87.000000   90.000000  90.000000   82.000000    83.000000
75%      91.500000   95.000000  92.000000   91.000000    84.000000
max      96.000000  100.000000  94.000000  100.000000    85.000000
```

可见，describe 为我们提供了一种快速汇总数据的方法。它通过简洁的函数式调用很好地展示了面向数组编程的强大功能。pandas 在内部处理计算每个列的统计数据的所有细节。读者可能想在逐个测试的基础上查看类似的统计信息，以便了解所有学生在 Test1、Test2 和 Test3 中的表现。稍后将展示如何做到这一点。

默认情况下，pandas 使用浮点值计算描述性统计信息，并以六位数字的精度显示它们。可以使用 pandas 的 set_option 函数控制精度和其他默认设置：

```
In [26]: pd.set_option('precision', 2)

In [27]: grades.describe()
Out[27]:
        Wally    Eva    Sam   Katie    Bob
count    3.00   3.00   3.00    3.00   3.00
mean    84.33  92.33  87.00   87.67  77.67
std     13.20   6.81   8.89   10.69  11.02
```

```
min    70.00    87.00    77.00    81.00    65.00
25%    78.50    88.50    83.50    81.50    74.00
50%    87.00    90.00    90.00    82.00    83.00
75%    91.50    95.00    92.00    91.00    84.00
max    96.00   100.00    94.00   100.00    85.00
```

对于学生成绩，这些统计数据中最重要的可能是平均值。只需在 `DataFrame` 上调用 `mean` 方法即可为每名学生计算该值：

```
In [28]: grades.mean()
Out[28]:
Wally    84.33
Eva      92.33
Sam      87.00
Katie    87.67
Bob      77.67
dtype: float64
```

186 接下来，我们将展示如何通过一行附加代码来获得每个测试中所有学生的平均成绩。

使用 T 属性转置 DataFrame

可以使用 T 属性快速地转置行和列——这样行就变成了列，列就变成了行：

```
In [29]: grades.T
Out[29]:
         Test1   Test2   Test3
Wally       87      96      70
Eva        100      87      90
Sam         94      77      90
Katie      100      81      82
Bob         83      65      85
```

T 属性返回 `DataFrame` 的转置视图（不是副本）。

假设不是按学生获取摘要统计信息，而是针对测试来进行分析。对此，我们只需在 `grades.T` 上调用 `describe`，如下所示：

```
In [30]: grades.T.describe()
Out[30]:
         Test1    Test2    Test3
count     5.00     5.00     5.00
mean     92.80    81.20    83.40
std       7.66    11.54     8.23
min      83.00    65.00    70.00
25%      87.00    77.00    82.00
50%      94.00    81.00    85.00
75%     100.00    87.00    90.00
max     100.00    96.00    90.00
```

要查看每个测试中所有学生的平均成绩，只需在 T 属性上调用 `mean`：

```
In [31]: grades.T.mean()
Out[31]:
Test1    92.8
Test2    81.2
Test3    83.4
dtype: float64
```

按行索引排序

通常会对数据进行排序，以提高可读性。可以根据 DataFrame 的索引或值对其行或列进行排序。让我们使用 sort_index 及其关键字参数 ascending=False（默认情况下是按升序排序）对各行按行索引降序排序。这将返回一个包含已排序数据的新 DataFrame：

```
In [32]: grades.sort_index(ascending=False)
Out[32]:
       Wally  Eva  Sam  Katie  Bob
Test3    70    90   90     82   85
Test2    96    87   77     81   65
Test1    87   100   94    100   83
```

按列索引排序

现在根据列名按升序（从左到右）排序。传递 axis=1 关键字参数表示我们希望依据列索引进行排序，而不是行索引——axis=0（默认值）表示按行索引排序：

```
In [33]: grades.sort_index(axis=1)
Out[33]:
       Bob  Eva  Katie  Sam  Wally
Test1   83  100    100   94     87
Test2   65   87     81   77     96
Test3   85   90     82   90     70
```

按列元素值排序

假定想按降序查看 Test1 的成绩，以便可以按分数从高到低的顺序查看学生的姓名。对此，可以按以下方式调用 sort_values 方法：

187

```
In [34]: grades.sort_values(by='Test1', axis=1, ascending=False
Out[34]:
       Eva  Katie  Sam  Wally  Bob
Test1  100    100   94     87   83
Test2   87     81   77     96   65
Test3   90     82   90     70   85
```

by 和 axis 关键字参数共同决定哪些值将被排序。在本例中，我们根据 Test1 的列值（axis=1）进行排序。

当然，如果成绩和名称位于一列中，则可能更易于阅读，因此我们可以对转置的 DataFrame 进行排序。在这里，我们不需要指定 axis 关键字参数，因为默认情况下 sort_values 对指定列中的数据进行排序：

```
In [35]: grades.T.sort_values(by='Test1', ascending=False)
Out[35]:
       Test1  Test2  Test3
Eva      100     87     90
Katie    100     81     82
Sam       94     77     90
Wally     87     96     70
Bob       83     65     85
```

最后，由于只需要对 Test1 的成绩排序，所以可能根本不想看到其他测试。为此，让我们把选择和排序结合起来：

```
In [36]: grades.loc['Test1'].sort_values(ascending=False)
Out[36]:
Katie     100
Eva       100
Sam        94
Wally      87
Bob        83
Name: Test1, dtype: int64
```

原址排序与副本排序

默认情况下，`sort_index` 和 `sort_values` 返回原始 `DataFrame` 的副本，这在大数据应用中可能需要使用大量内存。可以对 `DataFrame` 进行原址排序，而不是创建副本。为此，请将关键字参数 `inplace = True` 传递给 `sort_index` 或 `sort_values`。

我们已经展示了 pandas `Series` 和 `DataFrame` 的许多功能。在下一章的数据科学入门部分，我们将使用 `Series` 和 `DataFrame` 来进行数据整理——清洗数据并将其准备为数据库或分析软件所需的格式。

7.15　小结

本章探讨了如何使用 NumPy 的高性能 `ndarray` 来存储和检索数据，以及如何使用函数式编程来简洁地执行常见的数据操作，从而减少出错。我们简单地用 `ndarray` 的同义词 `array` 来指代它自身。

本章的示例演示了如何创建、初始化、引用一维数组和二维数组的单个元素。我们使用属性来确定数组的大小、形状和元素类型，展示了用于创建 0、1、特定值或范围值的数组的函数，使用 IPython 的 `%timeit` 魔术命令比较了列表和数组的性能，发现数组的性能相较列表提高了两个数量级。

我们使用数组运算符和 NumPy 通用函数对具有相同形状的数组的每个元素执行计算。还看到 NumPy 使用传播在数组和标量值之间以及不同形状的数组之间执行元素操作。我们介绍了使用数组的所有元素执行计算的各种内置数组方法，并展示了如何逐行或逐列执行这些计算。我们演示了各种数组切片和索引功能，它们比 Python 的内置合集提供的功能更强大，也演示了各种重塑数组的方法，还讨论了如何对数组和其他 Python 对象进行浅拷贝和深拷贝。

在本章数据科学入门部分，我们用多个小节对流行的 pandas 库进行介绍，在本书第四部分的许多章节中也将会使用它。许多大数据应用程序需要比 NumPy 的数组更灵活的合集——它支持混合数据类型、自定义索引、缺失数据、结构不一致的数据以及需要被处理为适合数据库和数据分析包使用的数据。

我们演示了如何创建和操作类似于数组的 pandas 一维 `Series` 和二维 `DataFrame`，定制了 `Series` 和 `DataFrame` 索引。我们看到了 pandas 的有良好格式的输出，并定制了浮点值的精度。我们展示了访问和选择 `Series` 和 `DataFrame` 中的数据的各种方法，并使用 `describe` 方法来计算 `Series` 和 `DataFrame` 的基本描述性统计信息。我们展示了如何通过 T 属性转置 `DataFrame` 的行和列。我们看到了使用索引值、列名、行数据和列数据对 `DataFrame` 进行排序的几种方法。现在，你已经熟悉了四种强大的类似于数组的合集——列表、数组、`Series` 和 `DataFrame`——以及它们的使用场景。我们将在第 15 章增加第五种类似于数组的合集的介绍。

　　在下一章中，我们将深入了解字符串、字符串格式和字符串方法，并介绍正则表达式，我们将使用它来匹配文本中的模式。这些功能将帮助读者为学习第 11 章和其他重要的数据科学章节做准备。在下一章的数据科学入门部分，我们将介绍为数据库或分析软件准备数据的 pandas 数据整理。在接下来的章节中，我们将使用 pandas 进行基本的时间序列分析，并介绍 pandas 的可视化功能。

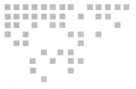

第8章

字符串：深入讨论

目标

❑ 理解文本处理。

❑ 字符串方法的使用。

❑ 格式化字符串内容。

❑ 拼接以及重复字符串。

❑ 去除字符串结尾的空白字符。

❑ 改变字母的大小写。

❑ 使用比较运算符对字符串进行比较。

❑ 在字符串中查找和替换子串。

❑ 字符串拆分。

❑ 依据指定的分隔符拼接一组字符串得到单个新字符串。

❑ 创建并使用正则表达式来匹配字符串中的模式，替换子字符串并验证数据。

❑ 使用正则表达式的元字符、量词、字符类和分组。

❑ 了解字符串操作对自然语言处理的重要性。

❑ 理解数据科学术语——数据整理、数据规整和数据清理。使用正则表达式将数据整理为需要的格式。

8.1　简介

我们已经简要介绍过了字符串、基本的字符串格式化以及一些字符串操作符和方法。可以看到字符串支持许多与列表和元组相同的序列操作，而且字符串与元组一样是不可变的。在本章中，我们将更深入地研究字符串并介绍在匹配文本中模式 时会用到的正则表达式（Regular Expression，RE）和 re 模块。正则表达式在当今数据丰富的应用程序中尤为重要。此处提供的功能将帮助读者为学习第 11 章和其他重要数据科学章节做好准备。在第 11 章中，我们将探讨让计算机操作甚至"理解"文本的其他方法。下表展示了许多与字符串处理和 NLP 相关的应用程序。在数据科学入门部分中，我们会简要介绍 pandas Series 和 DataFrame 的数据整理、规整和清理。

字符串和 NLP 应用程序		
易位构词	语法检查器	垃圾邮件分类
自动批改书面作业	语际翻译	语音识别引擎
自动化教学系统	法律文件准备	拼写检查器
文章分类	社交媒体内容监控	隐写术
聊天机器人	自然语言理解	文字编辑器
编译器和解释器	意见分析	语音合成引擎
创意写作	页面排版软件	网页抓取
密码学	回文判别	莎士比亚作品源头研究
文档分类	词性标注	标签云
文档相似度	古腾堡工程	单词游戏
文档摘要	机器阅读文档并抽取知识	基于 X 射线、扫描、验血等检
电子书阅读器	搜索引擎	查结果，撰写医学诊断报告
欺诈检测	情感分析	其他

192

8.2 格式化字符串

正确的文本格式可使数据更易于阅读和理解。接下来，我们将介绍多种文本格式化功能。

8.2.1 表示类型

我们之前已经介绍过使用 f 字符串进行基本的字符串格式化。当为 f 字符串中的值指定占位符时，除非指定另一种类型，否则 Python 假定该值应该显示为字符串。在某些情况下，指定类型是必需的。例如，让我们对浮点数 17.489 格式化，将其四舍五入到百分位：

```
In [1]: f'{17.489:.2f}'
Out[1]: '17.49'
```

⊖ 在文本中搜索模式是机器学习的关键部分。

Python 仅对浮点型和 Decimal 类型支持精度。格式化是与类型相关的——如果试图使用 .2f 来格式化一个像 'hello' 这样的字符串，将会引发一个 ValueError。因此，格式说明符 .2f 中的**表示类型** f 是必需的。它指示要格式化的类型，以便 Python 可以确定该类型是否允许其他格式化信息。在这里，我们将展示一些常见的表示类型。读者可以在网址 https://docs.python.org/3/library/string.html#formatspec 上查看完整的表示类型列表。

整数
d 表示类型将整数值格式化为字符串：

```
In [2]: f'{10:d}'
Out[2]: '10'
```

还有一些整数表示类型（b、o 和 x 或 X），它们使用二进制、八进制或十六进制数字系统来格式化整数。

字符
c 表示类型将整数字符代码格式化为对应的字符：

```
In [3]: f'{65:c} {97:c}'
Out[3]: 'A a'
```

字符串
s 表示类型是默认的表示类型。如果显式指定 s，则要格式化的值必须是引用字符串的变量、生成字符串或字符串文字的表达式，如下面的第一个占位符所示。如果不指定表示类型，那么就像下面的第二个占位符那样，像整数 7 这样的非字符串值将被转换为字符串：

```
In [4]: f'{"hello":s} {7}'
Out[4]: 'hello 7'
```

在这段代码中，"hello" 被用双引号括起来。请记住，不能将单引号放在单引号字符串中。

浮点数和 Decimal 值
我们已经使用过 f 表示类型来格式化浮点值和 Decimal 值（参见本节代码段 [1]）。对于这些类型的极大值和极小值，可以使用**指数（科学）记数法**来更紧凑地格式化。让我们来看看 f 和 e 之间的差别，对于一个大的值，每一个值的精度都能达到小数点右边三位：

```
In [5]: from decimal import Decimal

In [6]: f'{Decimal("10000000000000000000000000.0"):.3f}'
Out[6]: '10000000000000000000000000.000'

In [7]: f'{Decimal("10000000000000000000000000.0"):.3e}'
Out[7]: '1.000e+25'
```

对于代码段 [5] 中的 e 表示类型，格式化后的值 1.000e+25 等于

1.000×10^{25}

如果读者喜欢使用大写 E 作为指数，请使用 E 表示类型代替 e 表示类型。

8.2.2 字段宽度和对齐方式

之前已经使用过字段宽度来设置指定宽度字符串中文本出现的位置。默认情况下，Python 对数字进行右对齐，对字符串等其他值进行左对齐——下面在方括号中（[ ]）显示结果，这样就可以看到字段中的值是如何对齐的：

```
In [1]: f'[{27:10d}]'
Out[1]: '[        27]'

In [2]: f'[{3.5:10f}]'
Out[2]: '[  3.500000]'

In [3]: f'[{"hello":10}]'
Out[3]: '[hello     ]'
```

代码段 [2] 显示，Python 默认将浮点值的精度设置为小数点右边六位数字。对于字符数少于字段宽度的值，其余字符位置用空格填充。字符数多于字段宽度的值将根据需要使用尽可能多的字符位置。

在字段中显式指定左对齐和右对齐

回想一下，可以使用 < 和 > 指定左对齐和右对齐：

```
In [4]: f'[{27:<15d}]'
Out[4]: '[27             ]'

In [5]: f'[{3.5:<15f}]'
Out[5]: '[3.500000       ]'

In [6]: f'[{"hello":>15}]'
Out[6]: '[          hello]'
```

在字段中将值居中

可以使用 ^ 来将值居中：

```
In [7]: f'[{27:^7d}]'
Out[7]: '[  27   ]'

In [8]: f'[{3.5:^7.1f}]'
Out[8]: '[  3.5  ]'

In [9]: f'[{"hello":^7}]'
Out[9]: '[ hello ]'
```

居中尝试将剩余的未占用的字符位置平均分散到格式化值的左侧和右侧。如果剩余奇数个字符位置，Python 会将多余的空间放在右侧。

8.2.3 数字格式化

以下介绍几种数字格式化功能。

在正数前显示符号

有时，需要强制显示正数的符号 +：

```
In [1]: f'[{27:+10d}]'
Out[1]: '[       +27]'
```

字段宽度前的 + 表示正数前面应该有一个 +，负数总是以 − 开头。如果要用 0 而不是默认的空格来填充字段的其余字符，请在字段宽度前加上 0（如果有 +，则在 + 之后）：

```
In [2]: f'[{27:+010d}]'
Out[2]: '[+000000027]'
```

在正数前显示空格

空格表示正数应该在符号位置显示空格字符，这对为了显示而对齐正负值很有用：

```
In [3]: print(f'{27:d}\n{27: d}\n{-27: d}')
27
 27
-27
```

可以看到，格式说明符中有空格的数字和 −27 是对齐的。如果指定了字段宽度，则空格应出现在字段宽度之前。

数字分组

可以使用逗号（,）将数字与**千位分隔符**格式化，如下所示：

```
In [4]: f'{12345678:,d}'
Out[4]: '12,345,678'

In [5]: f'{123456.78:,.2f}'
Out[5]: '123,456.78'
```

8.2.4　字符串的 format 方法

在 3.6 版本之后，f 字符串被引入 Python 语言中。在此之前，使用字符串方法 format 进行格式化。实际上，f 字符串格式化是基于 format 方法的。本节会向读者介绍 format 方法，因为在 Python 3.6 之前编写的代码中会遇到它。在 Python 文档以及在引入 f 字符串之前编写的许多 Python 书籍和文章中，经常会看到 format 方法。但是，还是建议读者使用本书目前介绍的较新的 f 字符串格式。

在包含花括号（{}）占位符的格式字符串上调用方法 format，然后将要格式化的值传递给方法。让我们格式化浮点值 **17.489**，使其四舍五入到百分位：

```
In [1]: '{:.2f}'.format(17.489)
Out[1]: '17.49'
```

占位符中可以使用格式说明符。与在 f 字符串中相同，在占位符中，如果有格式说明符，则在它前面加上冒号（:）。format 调用的结果是一个包含格式化结果的新字符串。

多个占位符

格式字符串可以包含多个占位符，在这种情况下，`format` 方法的参数从左到右对应于占位符：

```
In [2]: '{} {}'.format('Amanda', 'Cyan')
Out[2]: 'Amanda Cyan'
```

通过索引位置号引用参数

格式字符串可以通过 `format` 方法的参数列表中的索引位置引用特定的参数，索引从位置 0 开始：

```
In [3]: '{0} {0} {1}'.format('Happy', 'Birthday')
Out[3]: 'Happy Happy Birthday'
```

注意到我们使用了两次索引位置 0 的参数 `'Happy'`——可以随意引用任意顺序的任意参数。

引用关键字参数

可以通过占位符中的关键字来引用关键字参数：

```
In [4]: '{first} {last}'.format(first='Amanda', last='Gray')
Out[4]: 'Amanda Gray'

In [5]: '{last} {first}'.format(first='Amanda', last='Gray')
Out[5]: 'Gray Amanda'
```

8.3　拼接和重复字符串

在之前的章节中，我们已经展示过使用 + 运算符来拼接字符串，用 * 运算符来进行字符串重复。还可以在进行增强赋值中进行这些操作。值得指出的是，字符串本身其实是不可变的，所以每次赋值操作都会为变量分配一个新的字符串对象：

```
In [1]: s1 = 'happy'

In [2]: s2 = 'birthday'

In [3]: s1 += ' ' + s2

In [4]: s1
Out[4]: 'happy birthday'

In [5]: symbol = '>'

In [6]: symbol *= 5

In [7]: symbol
Out[7]: '>>>>>'
```

8.4 去除字符串中的空白字符

有几种字符串方法可用于删除字符串末尾的空白字符。每种方式都会返回一个新字符串，而原始字符串保持不变。请再次牢记：字符串是不可变的，因此那些看起来修改字符串的方法其实都是返回一个新值。

删除字符串首尾的空白字符

使用 strip 方法删去一个字符串开头和结尾的空白字符：

```
In [1]: sentence = '\t  \n  This is a test string. \t\t \n'

In [2]: sentence.strip()
Out[2]: 'This is a test string.'
```

只删除前导的空白字符

lstrip 方法只删去一个字符串开头的空白字符：

```
In [3]: sentence.lstrip()
Out[3]: 'This is a test string. \t\t \n'
```

只删除结尾的空白字符

rstrip 方法只删去一个字符串结尾的空白字符：

```
In [4]: sentence.rstrip()
Out[4]: '\t  \n  This is a test string.'
```

正如以上样例代码的输出结果所示，这些方法去除了包括空格、换行符和水平制表符（Tab）在内的所有类型的空白字符。

8.5 字符大小写转换

在前面的内容中，已经使用过字符串方法 lower 和 upper 将一个字符串转化为全小写或全大写。我们还可以使用 capitalize 和 title 方法来更改一个字符串的大小写情况。

只将字符串的首字母大写

capitalize 方法对原来的字符串进行复制，然后返回一个只有首字母大写的新字符串（这种方式被称为句子大写）：

```
In [1]: 'happy birthday'.capitalize()
Out[1]: 'Happy birthday'
```

将字符串中的每个单词的首字母转为大写

title 方法复制原来的字符串，然后返回一个仅大写每个单词的首字母的新字符串（这种方式就是所说的标题大写）：

```
In [2]: 'strings: a deeper look'.title()
Out[2]: 'Strings: A Deeper Look'
```

8.6 字符串的比较运算符

可以使用比较运算符来比较字符串。请回想一下，字符串是基于它们底层存储的整数值来进行比较的。因为大写字母对应的整数值更小，所以在比较中大写字母小于小写字母。举例来说，大写字母 'A' 的 ASCII 值为 65，而小写 'a' 的值为 97。我们已经展示过可以用 ord 函数来查看字符对应的整数：

```
In [1]: print(f'A: {ord("A")}; a: {ord("a")}')
A: 65; a: 97
```

下面使用各种比较运算符来比较字符串 'Orange' 和 'orange'：

```
In [2]: 'Orange' == 'orange'
Out[2]: False

In [3]: 'Orange' != 'orange'
Out[3]: True

In [4]: 'Orange' < 'orange'
Out[4]: True

In [5]: 'Orange' <= 'orange'
Out[5]: True

In [6]: 'Orange' > 'orange'
Out[6]: False

In [7]: 'Orange' >= 'orange'
Out[7]: False
```

8.7 查找子字符串

可以在字符串中搜索一个或多个连续字符片段（一般称为子字符串），来统计子字符串的出现次数、判断字符串中是否包含该子字符串以及找到在整个字符串中这个子字符串所在的起始索引位置。下面所列出的每个方法都基于字符对应的底层数值进行词典序比较。

计算子字符串出现次数

字符串的 count 方法返回传入的子字符串在调用该方法的整个字符串中的出现次数：

```
In [1]: sentence = 'to be or not to be that is the question'

In [2]: sentence.count('to')
Out[2]: 2
```

如果指定 start_index 作为第二个参数，则 count 方法只搜索从 start_index 到字符串结尾的字符串切片 [start_index:]：

```
In [3]: sentence.count('to', 12)
Out[3]: 1
```

如果指定 start_index 和 end_index 作为第二个和第三个参数，那么 count 方法只搜索从 start_index 到 end_index 但不包括 end_index 的字符串切片 [start_index:end_index]：

```
In [4]: sentence.count('that', 12, 25)
Out[4]: 1
```

与 count 方法类似，本节介绍的每个其他字符串方法都有 start_index 和 end_index 参数，在提供二者中至少一个时，只搜索原始字符串的切片。

在字符串中定位子字符串

字符串方法 index 在字符串中搜索子字符串，并返回该子字符串所在的第一个索引。如果没有找到子字符串，则会引起 ValueError：

```
In [5]: sentence.index('be')
Out[5]: 3
```

字符串方法 rindex 执行与 index 相同的操作，但是会从字符串的末尾进行搜索，并返回该子字符串所在的最后一个索引。否则，会引起 ValueError：

```
In [6]: sentence.rindex('be')
Out[6]: 16
```

字符串方法 find 和 rfind 能完成与 index 和 rindex 相同的任务，但是，如果没有找到指定的子字符串，则返回 -1，而不是引发 ValueError。

确定字符串是否包含子字符串

如果只需要知道字符串是否包含指定的子字符串，请使用运算符 in 或 not in：

```
In [7]: 'that' in sentence
Out[7]: True

In [8]: 'THAT' in sentence
Out[8]: False

In [9]: 'THAT' not in sentence
Out[9]: True
```

在字符串的开头或结尾定位子字符串

如果字符串以指定的子字符串开始或结束，则字符串方法 startswith 和 endswith 返回 True：

```
In [10]: sentence.startswith('to')
Out[10]: True

In [11]: sentence.startswith('be')
Out[11]: False

In [12]: sentence.endswith('question')
Out[12]: True
```

```
In [13]: sentence.endswith('quest')
Out[13]: False
```

8.8　替换子字符串

找到子字符串并替换其值是一种常见的文本操作。replace 方法接收两个子字符串。它在一个字符串中搜索第一个参数传入的子字符串，并用第二个参数的子字符串替换每个匹配项。该方法返回一个包含替换结果的新字符串。让我们试试看用逗号来替换制表符：

199

```
In [1]: values = '1\t2\t3\t4\t5'

In [2]: values.replace('\t', ',')
Out[2]: '1,2,3,4,5'
```

replace 方法可以接收可选的第三个参数，该参数指定要执行的最大替换次数。

8.9　字符串拆分和连接

在阅读一个句子时，我们的大脑会将其分解为单个单词或标记，每个单词或标记都有含义。像 IPython 这样的解释器会标记化语句，将它们分解为各个独立组件，例如关键字、标识符、运算符和编程语言的其他元素。标记通常由空白字符（如空格、制表符和换行符）分隔，但也可以使用其他字符。我们称这些分隔符为**定界符**。

拆分字符串

前面已经介绍过，不带参数的 split 方法通过在每个空白字符处将字符串分成子字符串来对原字符串进行标记，然后返回标记列表。若要在自定义定界符（例如每个逗号 – 空格对）处对字符串进行标记，则请指定 split 用于标记字符串的定界符串（例如 ', '）：

```
In [1]: letters = 'A, B, C, D'

In [2]: letters.split(', ')
Out[2]: ['A', 'B', 'C', 'D']
```

如果提供整数作为第二个参数，则它会指定最大拆分数。最后一个标记将是经最多次拆分后字符串的其余部分：

```
In [3]: letters.split(', ', 2)
Out[3]: ['A', 'B', 'C, D']
```

还有一个 rsplit 方法，它与 split 方法执行相同的任务，但是会从字符串末尾到开头逆向处理给定最多次数的标记拆分。

连接字符串

字符串方法 join 将其参数中的字符串拼接起来，该参数必须是仅包含字符串值的可选代对象。否则，将引发 TypeError。拼接项之间的分隔符是调用 join 方法的字符串。下面的代码创建了包含由逗号分隔的值列表的字符串：

```
In [4]: letters_list = ['A', 'B', 'C', 'D']

In [5]: ','.join(letters_list)
Out[5]: 'A,B,C,D'
```

接下来的代码段连接了生成出来的字符串列表：

```
In [6]: ','.join([str(i) for i in range(10)])
Out[6]: '0,1,2,3,4,5,6,7,8,9'
```

在第 9 章中，我们将看到如何使用和处理包含由逗号分隔的值的文件。它们被称为 CSV（Comma-Separated Value）文件，是一种常见的存储数据的格式，可以由诸如 Microsoft Excel 或 Google 表格之类的电子表格应用程序加载。在第 11～15 章中，读者将看到许多关键库，如 NumPy、pandas 和 Seaborn，它们都提供了用于处理 CSV 数据的内置功能。

字符串方法 partition 和 rpartition

字符串的 partition 方法根据分隔符参数将一个字符串拆分成有三个字符串的元组。这三个字符串分别是：
- ❏ 分隔符之前的原始字符串部分；
- ❏ 分隔符本身；
- ❏ 分隔符之后的字符串部分。

这对于拆分更复杂的字符串可能很有用。考虑一个表示学生姓名和成绩的字符串：

`'Amanda: 89, 97, 92'`

让我们将原始字符串拆分为学生姓名、分隔符 ':' 和表示成绩列表的字符串：

```
In [7]: 'Amanda: 89, 97, 92'.partition(': ')
Out[7]: ('Amanda', ': ', '89, 97, 92')
```

要从字符串末尾搜索分隔符，请使用方法 rpartition 进行拆分。例如，考虑以下 URL 字符串：

`'http://www.deitel.com/books/PyCDS/table_of_contents.html'`

让我们使用 rpartition 方法将 'table_of_contents.html' 与其余的网址拆分开来：

```
In [8]: url = 'http://www.deitel.com/books/PyCDS/table_of_contents.html'

In [9]: rest_of_url, separator, document = url.rpartition('/')

In [10]: document
Out[10]: 'table_of_contents.html'

In [11]: rest_of_url
Out[11]: 'http://www.deitel.com/books/PyCDS'
```

字符串方法 `splitlines`

在第 9 章中，将从文件中读取文本。如果将大量文本读入一个字符串，则可能希望根据换行符将该字符串拆分为一个行列表。`splitlines` 方法返回一个新字符串列表，其中包含在原始字符串中的每个换行字符处拆分的文本行。回忆一下，Python 使用内嵌的 `\n` 表示换行符，如代码段 `[13]` 所示：

```
In [12]: lines = """This is line 1
    ...: This is line2
    ...: This is line3"""

In [13]: lines
Out[13]: 'This is line 1\nThis is line2\nThis is line3'

In [14]: lines.splitlines()
Out[14]: ['This is line 1', 'This is line2', 'This is line3']
```

若传入 True 作为给 `splitlines` 方法的参数，则会保留每个字符串末尾的换行符：

```
In [15]: lines.splitlines(True)
Out[15]: ['This is line 1\n', 'This is line2\n', 'This is line3']
```

8.10　字符串测试方法

许多编程语言都有单独的字符串和字符类型。而在 Python 中，字符只是一个单字符字符串。

Python 提供了用于测试字符串是否与某些特征匹配的字符串方法。例如，如果调用方法的字符串只包含数字字符（0～9），则字符串方法 `isdigit` 返回 True。在验证只能包含数字的用户输入时，可以使用该方法：

```
In [1]: '-27'.isdigit()
Out[1]: False

In [2]: '27'.isdigit()
Out[2]: True
```

如果一个字符串是字母数字字符串，即其中仅包含数字和字母字符，则对其调用字符串方法 `isalnum` 将返回 True：

```
In [3]: 'A9876'.isalnum()
Out[3]: True

In [4]: '123 Main Street'.isalnum()
Out[4]: False
```

下表列出了多种字符串测试方法。如果不满足所描述的条件，则相应方法将返回 `False`：

字符串测试方法	描述说明
isalnum()	如果字符串仅包含数字和字母，则返回 True
isalpha()	如果字符串仅包含字母，则返回 True
isdecimal()	如果字符串仅包含十进制整数字符（即基 10 整数），且不包含 + 或 − 符号，则返回 True
isdigit()	如果字符串仅包含数字，则返回 True
isidentifier()	如果字符串表示有效标识符，则返回 True
islower()	如果字符串中的所有字母均为小写字符（例如 'a'、'b'、'c'），则返回 True
isnumeric()	如果字符串中的字符表示不带正负号和小数点的数值，则返回 True
isspace()	如果字符串仅包含空白字符，则返回 True
istitle()	如果字符串中每个单词的第一个字符是单词中的唯一大写字符，则返回 True
isupper()	如果字符串中的所有字母都是大写字符（例如 'A'、'B'、'C'），则返回 True

8.11　原始字符串

回想一下，字符串中的反斜杠字符会引入转义序列，例如 \n 表示换行符，\t 表示制表符。因此，如果希望在字符串中包含反斜杠，则必须使用两个反斜杠字符 \\。这使得一些字符串难以阅读。例如，Windows 系统在指定文件位置时使用反斜杠分隔文件夹名称。要表示文件在 Windows 系统中的位置，需要这样写：

```
In [1]: file_path = 'C:\\MyFolder\\MySubFolder\\MyFile.txt'

In [2]: file_path
Out[2]: 'C:\\MyFolder\\MySubFolder\\MyFile.txt'
```

对于这种情况，以字符 r 开头的**原始字符串**更方便使用。它们将每个反斜杠视为普通字符，而不是转义序列的开头：

```
In [3]: file_path = r'C:\MyFolder\MySubFolder\MyFile.txt'

In [4]: file_path
Out[4]: 'C:\\MyFolder\\MySubFolder\\MyFile.txt'
```

如最后一个代码段所示，Python 将原始字符串转换为在其内部表示中仍然使用反斜杠字符转义的常规字符串。原始字符串可以使代码更具可读性，特别是在使用下一节将讨论的正则表达式时尤为如此。正则表达式通常包含许多反斜杠字符。

8.12　正则表达式介绍

我们经常需要去识别文本中的模式，例如电话号码、邮箱地址、邮政编码、网页地址、社会保险号等。正则表达式正是用于描述匹配其他字符串中字符的搜索模式。

正则表达式能帮助我们提取诸如社交网站帖文这类无结构文本中的数据，也对我们在处理数据之前确保数据处于正确格式非常重要[⊖]。

数据验证

在处理文本数据之前，我们经常需要使用正则表达式来对数据进行验证。比如说，可以检验：

❑ 美国邮政编码的格式为五位数字（例如 02215）或五位数字再后跟一个连字符和另外四位数字（例如 02215-4775）；

❑ 人的姓氏仅包含字母、空格、撇号和连字符；

❑ 电子邮件地址仅能按特定的顺序包含允许的字符；

❑ 美国的社会保险号组成按序可描述为三位数字、一个连字符、两位数字、一个连字符、四位数字，并且每组数字满足特定的数字使用规则。

几乎不需要为以上这类常见项目创建自己的正则表达式。

下面的网站提供了可供直接复制使用的现有正则表达式的项目库：

❑ https://regex101.com

❑ http://www.regexlib.com

❑ https://www.regular-expressions.info

许多这类网站还提供了接口来测试正则表达式是否满足用户的需求。

正则表达式的其他用法

除了验证数据，正则表达式还经常被用于：

❑ 从文本中提取数据（我们一般称之为抓取）——例如，找到网页中的所有 URL 地址。一些人可能更喜欢使用 BeautifulSoup、XPath 和 lxml 这类工具；

❑ 数据清理——例如，删除不需要的或重复的数据、处理不完整的数据、修正错字、确保数据格式一致性、处理异常值等；

❑ 将数据转换为其他格式——例如，对于要求数据为 CSV 格式的应用程序，将原来以制表符或空格分隔的值收集起来，并重新格式化为由逗号分隔的值。

8.12.1　re 模块与 fullmatch 函数

为了使用正则表达式，需要导入 Python 标准库的 re 模块：

```
In [1]: import re
```

最简单的正则表达式函数之一是 fullmatch，它的作用是检查第二个参数传入的整个字符串是否与第一个参数传入的模式匹配。

⊖　本节介绍的正则表达式可能比读者使用的其他大多数 Python 功能更具挑战性。与常见的字符串处理技术相比，掌握了这个技术，便可编写更加简洁的代码，从而加快代码开发过程。读者还将处理通常不会想到的"边缘"情况，从而避免犯一些小错误。

匹配字面字符

首先来匹配字面字符，即那些与自身匹配的字符：

```
In [2]: pattern = '02215'

In [3]: 'Match' if re.fullmatch(pattern, '02215') else 'No match'
Out[3]: 'Match'

In [4]: 'Match' if re.fullmatch(pattern, '51220') else 'No match'
Out[4]: 'No match'
```

该函数的第一个参数是要匹配的正则表达式模式。任何字符串都可以是正则表达式。变量 pattern 的值 '02215' 仅包含能与自身按指定顺序匹配的字面数字。第二个参数是应该完全匹配模式的字符串。

如果第二个参数与第一个参数中的模式匹配，则 fullmatch 返回包含匹配文本的对象，其计算结果为 True。稍后我们将详细介绍该对象。在代码段 [4] 中，虽然第二个参数包含与正则表达式完全相同的数字，但由于它们的排列顺序不同，因此不能匹配，fullmatch 返回 None，其结果在表达式中被视为 False。

元字符、字符类和量词

正则表达式通常包含各种称为**元字符**的特殊符号：

正则表达式元字符
[ ] { } ( ) \ * + ^ $? . |

\ 元字符作为预定义**字符类**的开始，每个字符类都能匹配一组特定的字符。 让我们验证一个有五位数字的美国邮政编码：

```
In [5]: 'Valid' if re.fullmatch(r'\d{5}', '02215') else 'Invalid'
Out[5]: 'Valid'

In [6]: 'Valid' if re.fullmatch(r'\d{5}', '9876') else 'Invalid'
Out[6]: 'Invalid'
```

在正则表达式 \d{5} 中，\d 是表示一位数字（0～9）的字符类。字符类是与单个字符匹配的正则表达式转义序列。若要匹配多个字符，请在字符类后面加上一个**量词**。量词 {5} 重复 \d 五次，就像写了 \d\d\d\d\d 以匹配五个连续的数字。在代码段 [6] 中，因为 '9876' 只包含四个连续的数字字符，fullmatch 返回 None。

其他预定义的字符类

下表列出了一些常见的预定义字符类及其匹配的字符组。要匹配任何元字符文本的字面值，请在它的前面加上反斜杠（\）来进行转义。例如 \\ 匹配反斜杠（\）、\$ 匹配美元符号（$）。

字符类	匹配字符
\d	任意数字（0～9）
\D	任意非数字字符
\s	任意空白字符（例如空格、制表符和换行符）
\S	任意非空白字符
\w	**任意单词字符**（也称为**字母数字字符**），即任何大写或小写字母、任何数字或下划线
\W	任意非单词字符

自定义字符集

使用方括号 [] 来定义与单个字符匹配的**自定义字符类**。例如，[aeiou] 匹配小写元音字母，[A-Z] 匹配大写字母，[a-z] 匹配小写字母，[a-zA-Z] 匹配任何小写或大写字母。

让我们验证一个没有空格或标点符号的简单名字。我们将确保它以大写字母（A～Z）开头，后跟任意数量的小写字母（a～z）：

```
In [7]: 'Valid' if re.fullmatch('[A-Z][a-z]*', 'Wally') else 'Invalid'
Out[7]: 'Valid'

In [8]: 'Valid' if re.fullmatch('[A-Z][a-z]*', 'eva') else 'Invalid'
Out[8]: 'Invalid'
```

名字可能包含许多字母。量词 * 匹配其左边的子表达式零次或多次（在本例中为 [a～z]），所以 [A-Z][a-z]* 匹配后面跟零个或多个小写字母的大写字母，比如 'Amanda'、'Bo' 甚至 'E'。

当自定义字符类以插入符号（^）开头时，该类将匹配指定范围以外的任何字符，所以，[^a-z] 将匹配任何不是小写字母的字符：

```
In [9]: 'Match' if re.fullmatch('[^a-z]', 'A') else 'No match'
Out[9]: 'Match'

In [10]: 'Match' if re.fullmatch('[^a-z]', 'a') else 'No match'
Out[10]: 'No match'
```

自定义字符类中的元字符被视为文字字符，即字符本身。因此，[*+$] 匹配单个 *、+ 或 $ 字符：

```
In [11]: 'Match' if re.fullmatch('[*+$]', '*') else 'No match'
Out[11]: 'Match'

In [12]: 'Match' if re.fullmatch('[*+$]', '!') else 'No match'
Out[12]: 'No match'
```

量词 * 与 +

如果希望在名字中至少包含一个小写字母，可以用量词 + 替换代码段 [7] 中的 * 量词，该量词的作用是匹配子表达式至少一次：

205

```
In [13]: 'Valid' if re.fullmatch('[A-Z][a-z]+', 'Wally') else 'Invalid'
Out[13]: 'Valid'

In [14]: 'Valid' if re.fullmatch('[A-Z][a-z]+', 'E') else 'Invalid'
Out[14]: 'Invalid'
```

* 和 + 都是**贪婪的**，它们会匹配尽可能多的字符。因此，正则表达式 [A-Z][a-z]+ 匹配像 'Al'、'Eva'、'Samantha'、'Benjamin' 和任何其他以大写字母开头、后跟至少一个小写字母的单词。

其他量词

? 量词用于匹配子表达式的零次或一次：

```
In [15]: 'Match' if re.fullmatch('labell?ed', 'labelled') else 'No match'
Out[15]: 'Match'

In [16]: 'Match' if re.fullmatch('labell?ed', 'labeled') else 'No match'
Out[16]: 'Match'

In [17]: 'Match' if re.fullmatch('labell?ed', 'labellled') else 'No
match'
Out[17]: 'No match'
```

正则表达式 labell?ed 匹配 labelled（英式英语拼写）和 labeled（美式英语拼写），但不包括拼错的单词 labellled。在上面的每个代码段中，正则表达式中的前五个文字字符（label）与第二个参数的前五个字符匹配。l? 指示在余下的字面字符 ed 之前可以有零个或一个 l 字符。

可以使用 {n,} 量词匹配子表达式至少 n 次。下面的正则表达式匹配至少包含连续三位数字的字符串：

```
In [18]: 'Match' if re.fullmatch(r'\d{3,}', '123') else 'No match'
Out[18]: 'Match'

In [19]: 'Match' if re.fullmatch(r'\d{3,}', '1234567890') else 'No match'
Out[19]: 'Match'

In [20]: 'Match' if re.fullmatch(r'\d{3,}', '12') else 'No match'
Out[20]: 'No match'
```

可以使用 {n,m} 量词来匹配子表达式 n 到 m 次（包含 n 次和 m 次这两个边界情况）。下面的正则表达式匹配包含 3 到 6 位数字的字符串：

```
In [21]: 'Match' if re.fullmatch(r'\d{3,6}', '123') else 'No match'
Out[21]: 'Match'

In [22]: 'Match' if re.fullmatch(r'\d{3,6}', '123456') else 'No match'
Out[22]: 'Match'

In [23]: 'Match' if re.fullmatch(r'\d{3,6}', '1234567') else 'No match'
Out[23]: 'No match'

In [24]: 'Match' if re.fullmatch(r'\d{3,6}', '12') else 'No match'
Out[24]: 'No match'
```

8.12.2　替换子字符串和拆分字符串

re 模块提供用于替换字符串中模式的 sub 函数，以及用于根据模式将字符串拆分开来的 split 函数。

sub 函数——替换模式

默认情况下，re 模块的 sub 函数将使用指定的替换文本替换模式匹配的文本。让我们将以制表符 Tab 分隔的字符串转换为以逗号分隔的字符串：

```
In [1]: import re

In [2]: re.sub(r'\t', ', ', '1\t2\t3\t4')
Out[2]: '1, 2, 3, 4'
```

sub 函数接收三个必需的参数：
❏ 要匹配的模式（制表符 '\t'）；
❏ 替换文本（','）；
❏ 要搜索的字符串（'1\t2\t3\t4'）。

并返回一个新字符串。关键字参数 count 可用于指定最多替换次数：

```
In [3]: re.sub(r'\t', ', ', '1\t2\t3\t4', count=2)
Out[3]: '1, 2, 3\t4'
```

split 函数

split 函数使用正则表达式指定定界符来标记字符串，并返回字符串列表。让我们在后跟零或多个空白字符的任何逗号处拆分字符串，其中 \s 是空白字符类，而 * 表示该子表达式出现了零次或多次：

|207|

```
In [4]: re.split(r',\s*', '1,  2,  3,4,    5,6,7,8')
Out[4]: ['1', '2', '3', '4', '5', '6', '7', '8']
```

使用关键字参数 maxsplit 可以指定最多拆分数：

```
In [5]: re.split(r',\s*', '1,  2,  3,4,    5,6,7,8', maxsplit=3)
Out[5]: ['1', '2', '3', '4,    5,6,7,8']
```

在本例中，经过 3 次拆分后，第四个字符串包含原始字符串的其余部分。

8.12.3　其他搜索功能、访问匹配

前面使用了 fullmatch 函数来确定整个字符串是否与正则表达式匹配，而此外还有其他几个搜索函数。在本节中，我们将讨论 search、match、findall 和 finditer 函数，并展示如何访问匹配到的子字符串。

search 函数——查找字符串中任意位置的第一个匹配项

search 函数在字符串中查找与正则表达式相匹配的第一个子字符串，并返回包含匹配

子字符串的**匹配对象**（类型为 SRE_Match）。匹配对象的 group 方法会返回该子字符串：

```
In [1]: import re

In [2]: result = re.search('Python', 'Python is fun')

In [3]: result.group() if result else 'not found'
Out[3]: 'Python'
```

如果字符串无法与传入模式匹配，则 search 函数返回 None：

```
In [4]: result2 = re.search('fun!', 'Python is fun')

In [5]: result2.group() if result2 else 'not found'
Out[5]: 'not found'
```

如果只需要从字符串开头检查是否与指定模式相匹配，则可以使用 match 函数。

通过设置可选 flags 关键字参数在匹配中忽略大小写

re 模块中的许多函数都接收一个可选的 flags 关键字参数，该参数可以改变正则表达式的匹配方式。例如，默认情况下匹配项是大小写敏感的，但是通过使用 re 模块的 IGNORECASE 常量，可以执行大小写不敏感的搜索：

```
In [6]: result3 = re.search('Sam', 'SAM WHITE', flags=re.IGNORECASE)

In [7]: result3.group() if result3 else 'not found'
Out[7]: 'SAM'
```

此处，'SAM' 与模式 'Sam' 匹配，因为两者具有相同的拼写，即使 'SAM' 仅包含大写字母。

将匹配限制在字符串的开头或结尾的元字符

正则表达式开头（并非在方括号内）的元字符 ^ 是表示该表达式仅匹配字符串的开头的锚：

```
In [8]: result = re.search('^Python', 'Python is fun')

In [9]: result.group() if result else 'not found'
Out[9]: 'Python'

In [10]: result = re.search('^fun', 'Python is fun')

In [11]: result.group() if result else 'not found'
Out[11]: 'not found'
```

同样，位于正则表达式末尾的元字符 $，表示该表达式只匹配字符串的末尾：

```
In [12]: result = re.search('Python$', 'Python is fun')

In [13]: result.group() if result else 'not found'
Out[13]: 'not found'

In [14]: result = re.search('fun$', 'Python is fun')

In [15]: result.group() if result else 'not found'
Out[15]: 'fun'
```

函数 findall 和 finditer——查找字符串中的所有匹配项

函数 findall 查找字符串中所有的匹配子字符串，并返回匹配子字符串的列表。让我们从字符串中提取所有的美国电话号码。简单起见，假设美国电话号码的格式为 ###-###-####：

```
In [16]: contact = 'Wally White, Home: 555-555-1234, Work: 555-555-4321'

In [17]: re.findall(r'\d{3}-\d{3}-\d{4}', contact)
Out[17]: ['555-555-1234', '555-555-4321']
```

函数 finditer 的功能与 findall 类似，但返回一个匹配对象的**惰性迭代**。对于大量匹配结果，使用 finditer 函数可以节省内存，因为它一次返回一个匹配项，而 findall 函数一次返回所有的匹配：

```
In [18]: for phone in re.finditer(r'\d{3}-\d{3}-\d{4}', contact):
    ...:         print(phone.group())
    ...:
555-555-1234
555-555-4321
```

捕获匹配中的子字符串

可以使用**括号元字符**"（"和"）"来捕获匹配项中的子字符串。例如，让我们抓取字符串文本中的姓名和电子邮件地址，使其成为单独的子字符串：

```
In [19]: text = 'Charlie Cyan, e-mail: demo1@deitel.com'

In [20]: pattern = r'([A-Z][a-z]+ [A-Z][a-z]+), e-mail: (\w+@\w+\.\w{3})'

In [21]: result = re.search(pattern, text)
```

正则表达式用括号元字符指定了要捕获的两个子字符串。这些元字符不影响是否在字符串文本中找到模式——match 函数仅在字符串文本中找到整个模式时才返回 match 对象。

让我们看看上面用到的正则表达式：

- '([A-Z] [a-z]+ [A-Z] [a-z]+)' 匹配两个由空格分隔的单词。每个单词的首字母必须大写。
- ', e-mail:' 包含与自身匹配的字面字符。
- (\w+@\w+\.\w{3}) 匹配由一个或多个字母数字字符（\w+）、@ 字符、一个或多个字母数字字符（\w+）、一个点（\.）和三个字母数字字符（\w{3}）组成的简单的电子邮件地址。在点之前加上 \，是因为点（.）是匹配任意一个字符的正则表达式元字符。

匹配对象的 groups 方法返回抓取到的子字符串的元组：

```
In [22]: result.groups()
Out[22]: ('Charlie Cyan', 'demo1@deitel.com')
```

匹配对象的 group 方法以单个字符串的形式返回整个匹配结果：

```
In [23]: result.group()
Out[23]: 'Charlie Cyan, e-mail: demo1@deitel.com'
```

可以通过向 group 方法传递一个整数来访问每个抓取到的子字符串。抓取到的子字符串从 1 开始编号（请注意这与列表索引不同，列表索引从 0 开始）：

```
In [24]: result.group(1)
Out[24]: 'Charlie Cyan'

In [25]: result.group(2)
Out[25]: 'demo1@deitel.com'
```

8.13　数据科学入门：pandas、正则表达式和数据治理

数据并不总是以可供分析的格式出现。例如，它的格式可能是错误的、不正确的，甚至是缺失的。行业经验表明，数据科学家在开始做研究之前甚至要花费多达 75% 的时间准备数据。为分析准备数据的行为被称为**数据整理**（data munging）或**数据规整**（data wrangling）。二者其实属于同义词，因此从现在开始，我们将统一称其为**数据治理**。

数据治理中最重要的两个步骤是*数据清理*和*将数据转换为可供数据库系统和分析软件处理的最佳格式*。以下是一些常见的数据清理示例：

- ❑ 删除具有缺失值的观测值；
- ❑ 用合理的值代替缺失值；
- ❑ 删除具有错误值的观察值；
- ❑ 用合理的值代替不良值；
- ❑ 抛弃离群值（也称异常值）(尽管有时希望保留它们)；
- ❑ 消除重复（尽管有时重复是有效的）；
- ❑ 处理不一致的数据；
- ❑ ……

读者可能已经感觉到了数据清理是一个困难和混乱的过程。在此过程中，很容易做出错误的决定，从而对结果产生负面影响。这种感觉没错。在本书第四部分的数据科学案例研究中，读者会发现数据科学更多是像医学的**经验科学**，而不是像理论物理学的理论科学。经验科学把结论建立在观察和经验的基础上。例如，许多能有效解决当今医学问题的药物是通过观察这些药物的早期版本对实验动物以及最终对人类的影响，并逐步改进成分和剂量开发出来的。数据科学家采取的行动可能因项目而异，具体取决于数据的质量和性质，并且会受不断发展的组织和专业标准的影响。

一些常见的数据转换包括：

- ❑ 删除不必要的数据和特征（我们将在本书第四部分的数据科学案例研究中更多地讨论特征）；
- ❑ 关联相关的特征；

    ❑ 进行数据抽样以获得有代表性的子集（在本书第四部分的数据科学案例研究中我们将看到随机采样对此特别有效，届时会说明原因）；

    ❑ 标准化数据格式；

    ❑ 进行数据分组；

    ……

保留原始数据始终是明智之举。下面将展示在 pandas Series 和 DataFrame 上下文中清理和转换数据的简单示例。

数据清理

不良数据值和缺失数据值会显著影响数据分析。一些数据科学家建议不要尝试插入"合理的值"。相反，他们主张明确标记缺失数据，并将其留给数据分析包来处理。但其他人对此提出了强烈的警告⊖。

让我们考虑一家每天记录四次病人体温（可能还有其他生命体征）的医院。假设数据由一个姓名和四个浮点值组成，例如

```
['Brown, Sue', 98.6, 98.4, 98.7, 0.0]
```

上面记录的患者的前三次体温值分别为 99.7、98.4 和 98.7（华氏温度）。可能是因为传感器故障，最后一个温度记录丢失了并显示为 0.0。前三个值的平均值为 98.57，接近正常值。但是，如果计算包括被 0.0 替换的缺失值在内的平均温度，那么仅为 73.93，这显然是一个有问题的结果。当然，医生不希望对这位患者采取激烈的补救措施——可以看到"获得正确的数据"是至关重要的。

数据清理的一种常见方法是用一个合理的值代替缺失的值，例如该患者的其他体温值的平均值。如果如此操作，那么患者的平均体温将保持在 98.57 华氏度——根据其他体温读数来看，这是一个可能性更大的平均体温值。

数据验证

首先，让我们在城市名称－五位数邮政编码这个键－值对的字典中创建一个包含五位数邮政编码的 Series 对象。请注意我们故意为迈阿密输入了无效的邮政编码（只有四位）：

```
In [1]: import pandas as pd

In [2]: zips = pd.Series({'Boston': '02215', 'Miami': '3310'})

In [3]: zips
Out[3]:
Boston    02215
Miami      3310
dtype: object
```

⊖ 该脚注摘自本书审稿人 Alison Sanchez 博士于 2018 年 7 月 20 日发送给我们的评论。她评论道："在提及用'合理的值'代替缺失值或不良值时要谨慎。一个严厉的警告是，使用'替代值'来增加统计显著性意义或给出'更合理''更好'的结果是不应被允许的。'替代'数据不应变成'伪造'或'捏造'数据。读者应该学习的首要准则是，不要消除或改变与他们的假设相抵触的数值。'替代合理的值'并不意味着读者可以通过随意改变值来获得他们想要的结果。"

虽然 zips 看起来像一个二维数组，但它实际上是一维的。"第二列"表示该 Series 对象的邮政编码值（来自字典的值），"第一列"表示它们的索引（来自字典的键）。

可以使用正则表达式与 pandas 一起来验证数据。Series 对象的 str 属性提供字符串处理和各种正则表达式方法。让我们使用 str 属性的 match 方法来检查每个邮政编码是否有效：

```
In [4]: zips.str.match(r'\d{5}')
Out[4]:
Boston      True
Miami       False
dtype: bool
```

match 方法将正则表达式 \d{5} 应用于每个 Series 元素，并试图确保该元素恰好由 5 位数字组成。我们不需要显式地遍历所有的邮政编码——match 方法完成了这一工作。这是使用内部迭代而非外部迭代进行函数式编程的另一个例子。该方法为每个有效元素返回一个包含 True 的新 Series 对象。在本例中，迈阿密的邮政编码不符合匹配条件，因此其元素为 False。

有几种处理无效数据的方法。一种是从它的来源截获它，并与数据源交互以进行修正。但这并非总是可能的。例如，数据可能来自物联网中的高速传感器。在这种情况下，我们将无法在数据源中纠正它，因此可以应用数据清理技术。在迈阿密邮编错误地为 3310 的情况下，可能会查找以 3310 开头的迈阿密邮编。会找到两个，即 33101 和 33109，可以从中选择其中之一。

有时，可能只想知道某个值是否包含与特定模式匹配的子字符串，而不是将整个值与该模式进行匹配。在这种情况下，请使用 contains 方法代替 match 方法。让我们创建一个字符串 Series 对象，每个字符串包含一个美国城市、州和邮政编码，然后确定每个字符串是否包含与模式 ' [A-Z]{2} '（一个空格，后跟两个大写字母，再接一个空格）匹配的子字符串：

```
In [5]: cities = pd.Series(['Boston, MA 02215', 'Miami, FL 33101'])

In [6]: cities
Out[6]:
0    Boston, MA 02215
1     Miami, FL 33101
dtype: object

In [7]: cities.str.contains(r' [A-Z]{2} ')
Out[7]:
0    True
1    True
dtype: bool

In [8]: cities.str.match(r' [A-Z]{2} ')
Out[8]:
0    False
1    False
dtype: bool
```

由于没有指定索引值，因此该 Series 默认使用从零开始的索引（见代码段 [6]）。代码段 [7] 使用 contains 方法来表明两个 Series 元素都包含与 ' [A-Z]{2} ' 匹配的子字符串。代码段 [8] 使用 match 方法来展示两个元素的值都不能完全与该模式匹配，因为每个元素的完整值中都还包含其他字符。

重新格式化数据

我们已经讨论了数据清理。现在让我们考虑将数据整理为其他格式。举一个简单的例子，假设应用程序需要处理格式为 ###-###-#### 的美国电话号码，每组数字之间用连字符隔开。电话号码已经以不含连字符的 10 位数字串提供给了我们。让我们先创建一个 DataFrame 对象：

```
In [9]: contacts = [['Mike Green', 'demo1@deitel.com', '5555555555'],
   ...:             ['Sue Brown', 'demo2@deitel.com', '5555551234']]
   ...:

In [10]: contactsdf = pd.DataFrame(contacts,
   ...:                            columns=['Name', 'Email', 'Phone'])
   ...:

In [11]: contactsdf
Out[11]:
         Name              Email         Phone
0  Mike Green   demo1@deitel.com    5555555555
1   Sue Brown   demo2@deitel.com    5555551234
```

在这个 DataFrame 中，通过 columns 关键字参数指定了列索引，但是没有指定行索引，因此从 0 开始对行进行索引。此外，在默认情况下各列值右对齐输出。这与 Python 格式不同，在 Python 格式中，字段中的数字默认右对齐，而非数字值默认左对齐。

现在，让我们用稍微更函数式的编程来处理这些数据。通过调用在 DataFrame 对象的 'phone' 列上的 Series 方法 map，可以将电话号码映射为适当的格式。map 方法的参数是一个接收原始值并返回映射值的函数。函数 get_formatted_phone 将 10 个连续的数字映射为 ###-###-#### 格式：

```
In [12]: import re

In [13]: def get_formatted_phone(value):
   ...:     result = re.fullmatch(r'(\d{3})(\d{3})(\d{4})', value)
   ...:     return '-'.join(result.groups()) if result else value
   ...:
   ...:
```

函数 get_formatted_phone 的第一条语句中的正则表达式只能与 10 个连续数字相匹配，它抓取包含前面三位、中间三位和最后四位为数的子字符串。return 语句的操作如下：
- ❑ 如果结果为 None，则返回未修改的值。
- ❑ 否则，调用 result.groups() 来获得一个包含所抓取到的子字符串的元组，并将该元组传递给字符串方法 join 来拼接元素，用 '-' 将每个元素与下一个元素分开，从而形成映射得到的电话号码。

Series 方法 map 返回一个新的 Series 对象，其中包含对列中的每个值调用其函数参数的结果。代码段 [15] 展示了经 map 方法处理后的运行结果，包括列的名称和类型：

```
In [14]: formatted_phone = contactsdf['Phone'].map(get_formatted_phone)

In [15]: formatted_phone
0      555-555-5555
1      555-555-1234
Name: Phone, dtype: object
```

在确认数据格式正确后，可以通过将得到的新 Series 对象赋值给 'Phone' 列来更新原始 DataFrame 对象中的数据：

```
In [16]: contactsdf['Phone'] = formatted_phone

In [17]: contactsdf
Out[17]:
         Name             Email           Phone
0  Mike Green    demo1@deitel.com   555-555-5555
1   Sue Brown    demo2@deitel.com   555-555-1234
```

下一章的数据科学入门部分将继续讨论 pandas，并在后面的章节中继续使用它。

8.14　小结

在本章中，我们介绍了多种字符串格式化和处理功能，讲解了如何使用 f 字符串和字符串方法 format 格式化数据，用于拼接和重复字符串的增强赋值，如何使用字符串方法来删除字符串开头和结尾的空白字符并更改它们的大小写，用于拆分字符串和连接字符串可迭代对象的其他方法以及各种字符串测试方法。

我们也展示了将反斜杠（\）视为字面字符而不是转义序列开头的原始字符串。这对定义通常包含许多反斜杠的正则表达式特别有用。

接下来，我们还介绍了正则表达式以及 re 模块中函数的强大的模式匹配功能，使用 fullmatch 函数来确保整个字符串与模式匹配，这对于验证数据非常有用。我们展示了如何使用 replace 函数搜索和替换子字符串，如何使用 split 函数根据与正则表达式模式匹配的定界符对字符串进行标记。之后，展示了搜索字符串中的模式并访问所得匹配项的各种方法。

在数据科学入门部分，我们介绍了同义词——数据整理和数据规整，并展示了数据转换操作。还讨论了在 pandas 的 Series 和 DataFrame 的基础上，如何使用正则表达式验证和治理数据。

在下一章中，我们会介绍从文件中读取文本和向文件中写入文本的操作，也将继续使用各种字符串处理功能，还将使用 csv 模块来操作 CSV 文件。之后，会介绍异常处理，以便在异常发生时做一些处理，而不只是显示回溯信息。

第 9 章　*Chapter 9*

文件和异常

目标

- ❑ 理解文件和持久数据的概念。
- ❑ 读、写和更新文件。
- ❑ 读、写 CSV 文件。CSV 是机器学习数据集常用的一种格式。
- ❑ 将对象序列化为 JSON，或将 JSON 反序列化为对象。JSON 是 Internet 中传输数据时广泛使用的一种数据交换格式。
- ❑ 使用 with 语句确保资源能够正确释放，避免"资源泄露"。
- ❑ 使用 try 语句分隔可能发生异常的代码，并使用关联的 except 子句处理这些异常。
- ❑ 使用 try 语句的 else 子句执行代码。只有在 try 子句的语句序列中没有发生任何异常时 else 子句中的代码才会执行。
- ❑ 使用 try 语句的 finally 子句执行代码。无论 try 子句的语句序列中是否发生异常，finally 子句中的代码都会执行。
- ❑ 引发异常以指示运行时问题。
- ❑ 理解导致异常的函数和方法的回溯。
- ❑ 使用 pandas 加载 CSV 文件数据到 DataFrame 中，并进行泰坦尼克号灾难数据集的处理。　217

9.1　简介

变量、列表、元组、字典、集合、数组、pandas Series 和 pandas DataFrame 仅提供了数据的临时存储。当一个局部变量超出它的作用域或当程序终止时，数据将会丢失。**文件**提供了数据（通常是大量的）的长期保存方法，即便在创建数据的程序终止之后，文件中的数据也能被持久地保存。计算机将文件存储在包括固态驱动器、硬盘等在内的辅助存储设备上。在本章中，我们将解释 Python 程序如何创建、更新和处理数据文件。

我们考虑几种流行的文本文件格式，包括纯文本、JSON（JavaScript Object Notation，JavaScript 对象表示法）和 CSV（Comma-Separated Values，逗号分隔数据值）。我们将使用 JSON 来序列化和反序列化对象，以便将这些对象保存到辅助存储设备并通过 Internet 传输数据。请务必阅读本章的"数据科学入门"部分（9.12 节）的内容，其中，将使用 Python 标准库的 csv 模块和 pandas 来加载、操作 CSV 数据。特别地，我们将给出 CSV 文件格式的泰坦尼克号灾难数据集的操作示例。后面第四部分关于数据科学案例研究的章节也会使用许多流行的数据集。

作为强调 Python 安全性的内容，我们将讨论使用 Python 标准库的 pickle 模块序列化和反序列化数据时所产生的安全漏洞问题。因此，建议使用 JSON 序列化而不是 pickle。

我们也会介绍**异常处理**方面的内容。异常是指程序运行时产生的问题，大家在前面的学习中已经看到了 ZeroDivisionError、NameError、ValueError、StatisticsError、TypeError、IndexError、KeyError 和 RuntimeError 这些异常。这里将展示当出现异常时，如何使用 try 语句以及相应的 except 子句来处理异常。另外，我们也将讨论 try 语句中 else 子句和 finally 子句的作用。异常处理可帮助编程人员编写鲁棒性更强和容错性更高的程序，从而使得程序在执行某条语句时即使出现问题，也可以继续正常执行后面的代码并最终正常结束程序。

218

在程序执行期间，程序通常会请求和释放一些资源（如文件）。这些资源一般是有限的，或者一次只能由一个程序使用，因此资源使用结束时及时释放这些资源至关重要。这里，我们展示了 with 语句的具体使用方法。通过 with 语句，即使程序使用资源之后发生了异常，资源也能被正常释放，从而可以继续被其他程序使用。

9.2 文件

Python 将**文本文件**视作一个字符序列，而将**二进制文件**（图像、视频等）视作一个字节序列。与列表和数组中的元素相同，文本文件中的第一个字符和二进制文件中的第一个字节的位置编号为 0。因此，对于有 n 个字符或 n 个字节的文件，其字符或字节的最大位置编号为 $n-1$。下图显示了文件的概念性视图。

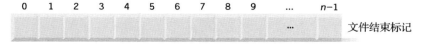

对于每一个打开的文件，Python 都创建了一个**文件对象**，我们可以使用这个文件对象操作文件。

文件尾

每个操作系统都提供了一种表示文件尾的机制。有些操作系统用**文件结束标记**表示文件尾（如上图所示），而有些操作系统则可能保存文件中的总字符数或总字节数。编程语言通常会对编程人员隐藏这些操作系统的细节信息，因此我们在编程时不需要考虑操作系统表示文件尾的具体机制。

标准文件对象

当一个 Python 程序开始执行时，它会创建 3 个标准文件对象：

❏ `sys.stdin`：标准输入文件对象；
❏ `sys.stdout`：标准输出文件对象；
❏ `sys.stderr`：标准错误文件对象。

虽然这些对象被视作文件对象，但默认情况下它们不会进行文件的读取或写入操作。`input` 函数隐式地使用 `sys.stdin` 来获取用户从键盘输入的数据；`print` 函数隐式地将数据输出到 `sys.stdout`，输出结果会出现在命令行界面中；Python 隐式地将程序错误和回溯输出到 `sys.stderr`，输出结果也会出现在命令行界面中。如果需要在代码中显式地引用这些对象，则必须导入 `sys` 模块，但这种显式使用的情况很少见。

9.3 文本文件处理

本节中，我们将通过写入操作生成一个简单的可供应收账款系统使用的文本文件，以跟踪公司客户所欠的款项。然后，读取这个文本文件以确认它包含了我们写入的数据。对于每个客户，我们将存储客户的账号、名字和欠公司的款项，这些数据字段合起来代表一条客户记录。Python 对文件没有任何结构上的约定，因此 Python 本身并不存在记录等概念。编程人员必须自己定义并构建文件以满足应用程序的要求。这里我们按账号顺序创建和维护这个文件，从这个意义上讲，账号可以被认为是**记录的键**。在编写和运行本章的示例代码时，请确保是从 `ch09` 示例文件夹启动的 IPython。

219

9.3.1 向文本文件中写入数据：`with` 语句的介绍

让我们创建一个 `accounts.txt` 文件，并将五条客户记录写入该文件。通常，文本文件中的一行对应一条记录，因此使用换行符（`\n`）作为每条记录的结束标记：

```
In [1]: with open('accounts.txt', mode='w') as accounts:
   ...:     accounts.write('100 Jones 24.98\n')
   ...:     accounts.write('200 Doe 345.67\n')
   ...:     accounts.write('300 White 0.00\n')
   ...:     accounts.write('400 Stone -42.16\n')
   ...:     accounts.write('500 Rich 224.62\n')
   ...:
```

读者也可以使用 `print`（自动输出 `\n`）完成文件写入操作，如下所示：

```
print('100 Jones 24.98', file=accounts)
```

with 语句

许多应用程序需要获取文件、网络连接、数据库连接等资源。当不再使用这些资源时，请一定要及时释放它们，以确保这些资源能够再被其他应用程序使用。Python 的 with 语句的作用如下：

❑ 获取一个资源（本例中的资源是与 accounts.txt 关联的文件对象），并将对应的对象赋给一个变量（本例中的变量名为 accounts）；

❑ 允许应用程序通过变量操作资源；

❑ 当程序执行到 with 语句序列的结束位置时，自动调用资源对象的 close 方法释放资源。

内置函数 open

内置的 open 函数打开 accounts.txt 文件，并将该文件与一个文件对象相关联。mode 参数指定了**文件打开方式**，其对应着允许对文件所做的操作（如读文件、写文件或读/写文件）。本例使用 'w' 方式打开文件以进行写文件操作，文件不存在时，会自动创建该文件。如果未指定文件的路径，Python 会在当前文件夹（即 ch09）中创建该文件。需要特别注意的是，使用 'w' 方式打开文件时，如果文件已存在，则该文件中的内容会被自动清空（即将文件中的数据全部删除）。另外，按照惯例，.txt 文件扩展名表示这是一个纯文本文件。

写文件

with 语句通过 as 子句将 open 函数返回的对象赋给了 accounts 变量。这样，在 with 语句序列中，我们就可以使用 accounts 变量完成文件操作。本例中，我们通过调用 5 次文件对象的 write 方法，向文件中写入了 5 条记录（每条记录对应以换行符结尾的一行文本）。在 with 语句序列执行结束时，with 语句隐式地（自动）调用文件对象的 close 方法以关闭文件。

accounts.txt 文件的内容

在执行前面的代码段后，ch09 目录将包含一个名为 accounts.txt 的文件。对于该文件，可使用文本编辑器直接打开查看，其内容如下所示：

```
100 Jones 24.98
200 Doe 345.67
300 White 0.00
400 Stone -42.16
500 Rich 224.62
```

220
下一节中，我们将读取这个文件并显示其内容。

9.3.2 从文本文件中读取数据

我们刚刚创建了文本文件 accounts.txt，并向这个文件中写入了数据，现在让我们按从文件开始到结束的顺序读取这些数据。下面的代码段从文件 `accounts.txt` 中读取所有的记录，并按列显示每一条记录的内容。其中，`Account` 列和 `Name` 列左对齐显示，而 `Balance` 列右对齐显示（这样，小数点能够垂直对齐）：

```
In [1]: with open('accounts.txt', mode='r') as accounts:
   ...:     print(f'{"Account":<10}{"Name":<10}{"Balance":>10}')
   ...:     for record in accounts:
   ...:         account, name, balance = record.split()
   ...:         print(f'{account:<10}{name:<10}{balance:>10}')
   ...:
Account   Name         Balance
100       Jones          24.98
200       Doe           345.67
300       White           0.00
400       Stone         -42.16
500       Rich          224.62
```

　　如果文件内容不需要被修改，那么应该以只读方式打开文件，这可以有效地防止文件被程序意外地修改。通过将文件打开方式 `'r'` 传递给 open 函数的第 2 个参数，文件以读方式打开。如果没有指定存储该文件的文件夹，open 函数则会打开当前文件夹中的文件。

　　如前面程序中的 for 语句所示，迭代一个文件对象时，每次将读取文件中的一行数据并以字符串形式返回。对于文件中的每一条记录（即每一行数据），通过字符串的 split 方法可以将各字段数据分离并以列表形式返回，这里将返回的列表中所包含的 3 个元素分别解包到了 `account`、`name` 和 `balance` 变量中[⊖]。for 语句序列中的最后一条语句通过设置字段宽度按列显示了这些变量的值。

文件对象的 readlines 方法

　　使用文件对象的 readlines 方法也能够读取整个文本文件。readlines 方法返回字符串列表，其中每一个字符串对应一行数据。对于较小规模的文件，readlines 方法能够有效地完成数据读取；但使用前面的程序所示的迭代文件行的方式，可以更有效地完成相应工作[⊖]。对于较大规模的文件，调用 readlines 方法将是一个非常耗时的操作，而且只有在该操作完成后，才能够开始使用其返回的字符串列表来获取文件中的每一行数据。通过 for 语句迭代文件对象的方法，我们则可以逐行读取数据并对其进行相应处理。

定位到指定的文件位置

　　当读取文件时，系统会维护一个**文件位置指针**。该指针指向了要读取的下一个字符的位置。在有些情况下，程序在执行过程中需要多次从文件开始位置顺序处理文件。在每次处理前，都必须将文件位置指针重新定位到文件开始位置。为了实现这样的功能，一种方式是在每次处理前关闭并重新打开文件，另一种方式是直接调用文件对象的 seek 方法，如：

⊖　当使用空格（默认情况）分隔字符串时，split 函数会自动丢掉换行符。
⊖　https://docs.python.org/3/tutorial/inputoutput.html#methods-of-file-objects.

file_object.seek(0)

其中，`file_object` 是一个文件对象。后一种方法会更高效。

9.4　更新文本文件

在修改一个文本文件中的格式化数据时，有可能会造成对其他数据的破坏。例如，如果需要将 accounts.txt 中的名字 White 修改为 Williams，那么简单地用新的名字覆盖原来的名字会引起其他数据被破坏的问题。对于名字为 White 的原记录，其对应的存储数据为：

300 White 0.00

如果用 Williams 覆盖 White，这条记录将变为：

300 Williams00

新的名字比原来的名字多了 3 个字符，因此 Williams 中第 2 个 i 后面的那些字符（即 ams）会覆盖原文本行中的其他字符（即 White 后面的空格、0 和点这 3 个字符）。造成这种问题的原因在于，在格式化的输入输出方式中，记录及其字段的长度可能会有所不同。例如，7、14、−117、2074 和 27383 都是整数，它们在系统内部以"原始数据"形式存储时占据相同字节数的空间（目前系统中一般是 4 字节或 8 字节）。然而，当以格式化文本形式输出这些整数时，它们成为不同长度的字段数据。例如，在格式化文本中，7 是 1 个字符，14 是 2 个字符，而 27383 是 5 个字符。

为了使前面的名字修改操作能够正常进行，我们需要按如下步骤完成操作：

❑ 将 300 White 0.00 前面的所有记录拷贝到一个临时文件中；

❑ 将账号为 300 的这条记录正确更新和格式化后（即 300　Williams　0.00）写入临时文件中；

❑ 将 300 White 0.00 后面的所有记录拷贝到临时文件中；

❑ 删除旧的文件；

❑ 将临时文件重命名为原文件的名字。

即使我们只需要更新一条记录，也需要对文件中的每条记录进行处理，这显然是一个烦琐、低效的过程。当应用程序需要一次更新文件中的很多条记录时，上述的这个更新文件的过程则会显得更高效一些[⊖]。

更新 accounts.txt

这里按照上面描述的步骤、使用 `with` 语句完成 accounts.txt 文件的更新操作，将账号为 300 的记录中的名字由 White 修改为 Williams：

⊖　在第 16 章中，我们将看到数据库系统有效地解决了"原地更新"这个问题。

```
In [1]: accounts = open('accounts.txt', 'r')

In [2]: temp_file = open('temp_file.txt', 'w')

In [3]: with accounts, temp_file:
   ...:     for record in accounts:
   ...:         account, name, balance = record.split()
   ...:         if account != '300':
   ...:             temp_file.write(record)
   ...:         else:
   ...:             new_record = ' '.join([account, 'Williams', balance])
   ...:             temp_file.write(new_record + '\n')
   ...:
```

为了增强程序的可读性，在代码段 [1] 和 [2] 中打开文件对象，在代码段 [3] 的第一行中指定它们的变量名。这条 with 语句管理了两个资源对象，这两个对象在 with 后面 |222|
由逗号分隔的列表中被指定。for 语句将每条记录的字段数据分别解包到 account、name 和 balance 变量中。如果当前记录的账号不是 300，则直接将该记录（包括换行符）写入 temp_file 中；否则，用 Williams 替换 White，组装一条新记录并将其写入 temp_file 中。在执行代码段 [3] 后，temp_file.txt 包含如下内容：

```
100 Jones 24.98
200 Doe 345.67
300 Williams 0.00
400 Stone -42.16
500 Rich 224.62
```

os 模块的文件处理函数

目前，我们有旧的 accounts.txt 文件和新的 temp_file.txt 文件。为了完成文件更新操作，需要先删除 accounts.txt 文件，然后将 temp_file.txt 文件重命名为 accounts.txt。os 模块[⊖]提供了与操作系统交互的函数，其中有几个函数负责处理操作系统的文件和目录。首先，使用 remove 函数[⊖]删除原来的 accounts.txt 文件：

```
In [4]: import os

In [5]: os.remove('accounts.txt')
```

然后，使用 rename 函数将临时文件 temp_file.txt 重命名为 accounts.txt：

```
In [6]: os.rename('temp_file.txt', 'accounts.txt')
```

9.5 使用 JSON 进行序列化

我们将使用的与云服务（如 Twitter、IBM Watson 等）交互的许多库都是使用 JSON 对

⊖ https://docs.python.org/3/library/os.html.

⊖ 使用 remove 函数时需要特别注意，remove 函数将会在不提供任何警告信息的情况下永久地删除指定文件。

象来与应用程序进行沟通的。JSON 是一种基于文本表示、人－机可读、将对象表示为名－值对合集的数据交换格式，它甚至能够用于表示自定义类对象（自定义类将在下一章介绍）。

JSON 已经成为跨平台传输对象的首选数据格式，尤其适用于调用基于云的 Web 服务（即通过 Internet 调用的函数和方法）。在第 12 章中，我们将访问包含推文及其元数据的 JSON 对象。在第 13 章中，我们将访问由 Watson 服务返回的 JSON 响应数据。在第 16 章，我们将对从 MongoDB（一种流行的 NoSQL 数据库）的 Twitter 中获取的 JSON 格式的推文对象进行存储。另外，我们也将在其他网络服务中进行 JSON 对象数据的发送和接收。

JSON 数据格式

JSON 对象类似于 Python 中的字典。每一个 JSON 对象对应一个用花括号括起来的由逗号分隔的属性名－属性值列表。例如，下面的键－值对可以用来表示一条客户记录：

```
{"account": 100, "name": "Jones", "balance": 24.98}
```

JSON 也支持数组。数组类似于 Python 中的列表，是用方括号括起来、由逗号分隔的值。例如，下面是一个数值类型的 JSON 数组：

```
[100, 200, 300]
```

JSON 对象和数组中的值可以是：
❑ 双引号括起来的字符串（如 "Jones"）;
❑ 数值（如 100 或 24.98）;
❑ JSON 布尔值（JSON 中表示为 true 或 false）;
❑ null（表示没有值，类似于 Python 中的 None）;
❑ 数组（如 [100, 200, 300]）;
❑ 其他 JSON 对象。

Python 标准库模块 json

利用 json 模块可以将对象转为 JSON 文本格式，即**序列化**数据。考虑下面给出的字典，该字典包含 1 个键－值对，其中键是 'accounts'，值是表示两个账户信息的字典列表。每个账户对应的字典又包含 3 个键－值对，分别用于表示账号、名字和余额信息。

```
In [1]: accounts_dict = {'accounts': [
   ...:     {'account': 100, 'name': 'Jones', 'balance': 24.98},
   ...:     {'account': 200, 'name': 'Doe', 'balance': 345.67}]}
```

将对象序列化为 JSON

下面的代码展示了如何将 JSON 格式的对象写入文件：

```
In [2]: import json

In [3]: with open('accounts.json', 'w') as accounts:
   ...:     json.dump(accounts_dict, accounts)
   ...:
```

代码段 [3] 打开了 accounts.json 文件，并使用 json 模块的 dump 函数将 accounts_dict 字典序列化到文件中。生成的文件包含以下文本，为了增强程序可读性，我们对其进行了少量的格式化处理：

```
{"accounts":
  [{"account": 100, "name": "Jones", "balance": 24.98},
   {"account": 200, "name": "Doe", "balance": 345.67}]}
```

注意，JSON 是以双引号作为字符串的分隔符。

反序列化 JSON 文本

使用 json 模块的 load 函数可以读取其文件对象参数所对应的全部 JSON 文本，并将 JSON 文本转换为一个 Python 对象，即**反序列化**数据。下面的代码展示了如何从 JSON 文本中重构原始的 Python 对象：

```
In [4]: with open('accounts.json', 'r') as accounts:
   ...:     accounts_json = json.load(accounts)
   ...:
   ...:
```

224

然后，我们就可以操作刚刚被加载的对象。例如，可以显示这个字典：

```
In [5]: accounts_json
Out[5]:
{'accounts': [{'account': 100, 'name': 'Jones', 'balance': 24.98},
  {'account': 200, 'name': 'Doe', 'balance': 345.67}]}
```

另外，与我们所预期的一样，还可以访问这个字典的内容。例如，可以获取 'accounts' 键所对应的值（即包含两个字典的列表）：

```
In [6]: accounts_json['accounts']
Out[6]:
[{'account': 100, 'name': 'Jones', 'balance': 24.98},
 {'account': 200, 'name': 'Doe', 'balance': 345.67}]
```

还可以获取每一个账户字典：

```
In [7]: accounts_json['accounts'][0]
Out[7]: {'account': 100, 'name': 'Jones', 'balance': 24.98}

In [8]: accounts_json['accounts'][1]
Out[8]: {'account': 200, 'name': 'Doe', 'balance': 345.67}
```

我们也可以修改字典。例如，可以在列表中添加或删除账户，然后将这个字典再写回到 JSON 文件中。

显示 JSON 文本

利用 json 模块的 dumps 函数（dumps 是"dump string"的缩写），可以将一个 JSON 格式的对象以 Python 字符串形式返回。通过结合使用 dumps 与 load，我们可以从文件中读取 JSON，并将其以缩进格式显示出来，这种格式有时被称作"完美打印"的 JSON。如果调用 dumps 函数时指定了 indent 关键字参数，返回的字符串会包含换行符和良好的缩进。在调用 dump 函数将对象写入文件时，也可以使用 indent 关键字参数：

```
In [9]: with open('accounts.json', 'r') as accounts:
   ...:     print(json.dumps(json.load(accounts), indent=4))
   ...:
{
    "accounts": [
        {
            "account": 100,
            "name": "Jones",
            "balance": 24.98
        },
        {
            "account": 200,
            "name": "Doe",
            "balance": 345.67
        }
    ]
}
```

225

9.6　关注安全：`pickle` 序列化和反序列化

Python 标准库的 pickle 模块可以将对象序列化为指定的 Python 数据格式。但需要注意，Python 文档提供了关于 pickle 的下列警告信息：

❑ pickle 文件可能会被黑客攻击。如果我们通过网络接收到了一个原始的 pickle 文件，一定不要信任这个文件！这个 pickle 文件中可能包含恶意代码，当我们尝试反序列化这个文件时，有可能会执行任意（包括可能具有破坏性的）Python 代码。如果我们读 / 写的是自己的 pickle 文件，那么这个操作是安全的（当然，前提是没有其他人可以访问到这个 pickle 文件）。

❑ pickle 是一种允许任意复杂的 Python 对象序列化的协议。因此，pickle 的使用范围限定在 Python 程序，其不能用于与其他语言编写的应用程序进行通信。默认情况下，pickle 也是不安全的：如果数据是由技术熟练的攻击者创建的，那么对来自不受信任源的 pickle 数据进行反序列化，可能会执行任意（包括可能具有破坏性的）代码[⊖]。

我们不推荐使用 pickle，但由于 pickle 已经被使用了很多年，所以我们可能会在一些遗留代码（即通常不再被维护的旧代码）中遇到它。

9.7　关于文件的附加说明

下表总结了文本文件的不同打开模式，包括前面已经介绍过的读模式和写模式。当使

⊖　https://docs.python.org/3/tutorial/inputoutput.html#reading-and-writing-files.

用写模式和追加模式时，在文件不存在的情况下会自动创建新文件。当使用读模式时，在文件不存在的情况下会引发 FileNotFoundError 异常。每一个文本文件打开模式都有一个对应的二进制文件打开模式（通过 b 指定），如 'rb' 或 'wb+'。当进行图像、语音、视频、ZIP 压缩文件及其他常用二进制文件的读 / 写操作时，我们将会用到这些二进制文件打开模式。

模　　式	描　　述
'r'	打开一个文本文件进行读操作。这是默认打开模式，即如果打开文件时没有指定文件打开模式，则自动使用该模式
'w'	打开一个文本文件进行写操作。如果文件已存在，则文件内容会被自动清空
'a'	打开一个文本文件进行追加操作。如果文件不存在，则会创建该文件。新数据会被写到文件的已有数据的后面
'r+'	打开一个文本文件进行读 / 写操作
'w+'	打开一个文本文件进行读 / 写操作。如果文件已存在，则文件内容会被自动清空
'a+'	打开一个文本文件进行读 / 追加操作。如果文件不存在，则会创建该文件。新数据会被写到文件的已有数据的后面

226

文件对象的其他方法

这里给出文件对象的几个常用方法：

❏ 对于文本文件，read 方法返回一个字符串，该字符串所包含字符的数量由整数参数指定。对于一个二进制文件，read 方法返回指定数量的字节。如果调用 read 方法时没有传入参数，该方法返回文件的全部内容。

❏ readline 方法以字符串形式返回一行文本，如果有换行符的话，返回的字符串的末尾会包含该换行符。当已经到达文件结束位置时，readline 方法会返回一个空字符串。

❏ writelines 方法接收一个字符串列表，并将其内容写入文件中。

Python 标准库的 io 模块（见 https://docs.python.org/3/library/io.html）定义了 Python 用于创建文件对象的类。

9.8 处理异常

当操作文件时，可能会遇到不同类型的异常，包括：

❏ 如果试图用 'r' 或 'r+' 模式打开一个不存在的文件进行读操作，则会引发 FileNotFoundError 异常。

❏ 如果试图执行一个没有权限的操作，则会引发 PermissionsError 异常。例如，试图打开一个没有访问权限的文件，或者试图在一个没有写权限的文件夹（如操作系统所在的文件夹）中创建一个文件。

❑ 如果试图向一个已经关闭的文件写数据，则会引发 ValueError 异常（同时产生 "I/O operation on closed file."这样的错误信息）。

9.8.1 被零除和无效输入

我们回顾一下前面讲过的两个异常。

被零除

试图被零除会导致 ZeroDivisionError 异常：

```
In [1]: 10 / 0
---------------------------------------------------------------------------
ZeroDivisionError                         Traceback (most recent call last)
<ipython-input-1-a243dfbf119d> in <module>()
----> 1 10 / 0

ZeroDivisionError: division by zero

In [2]:
```

在这种情况下，解释器引发了一个 ZeroDivisionError 类型的异常。当在 IPython 中引发了一个异常时，将会：

❑ 结束代码段的执行；

❑ 显示异常的回溯信息；

❑ 显示下一个 In[] 提示，用于输入下一个代码段。

如果在一个脚本中引发了一个异常，则脚本会结束执行，并在 IPython 中显示回溯信息。

无效输入

如果试图用 int 函数将一个非数字的字符串（如 'hello'）转成一个整数，则会引发 ValueError 异常：

```
In [2]: value = int(input('Enter an integer: '))
Enter an integer: hello
---------------------------------------------------------------------------
ValueError                                Traceback (most recent call last)
<ipython-input-2-b521605464d6> in <module>()
----> 1 value = int(input('Enter an integer: '))

ValueError: invalid literal for int() with base 10: 'hello'

In [3]:
```

9.8.2 try 语句

下面，让我们看一下如何处理这些异常，以使得在出现异常时代码仍然能继续执行。考虑下面的脚本和执行示例。程序中的循环试图读取用户输入的两个整数，并将第一个数除以第二个数的结果显示出来。这个脚本通过异常处理捕获并处理 ZeroDivisionErrors

和 ValueErrors 这两种类型的异常，且在出现异常时允许用户重新输入数据：

```
 1  # dividebyzero.py
 2  """Simple exception handling example."""
 3
 4  while True:
 5      # attempt to convert and divide values
 6      try:
 7          number1 = int(input('Enter numerator: '))
 8          number2 = int(input('Enter denominator: '))
 9          result = number1 / number2
10      except ValueError:  # tried to convert non-numeric value to int
11          print('You must enter two integers\n')
12      except ZeroDivisionError:  # denominator was 0
13          print('Attempted to divide by zero\n')
14      else:  # executes only if no exceptions occur
15          print(f'{number1:.3f} / {number2:.3f} = {result:.3f}')
16          break  # terminate the loop
```

```
Enter numerator: 100
Enter denominator: 0
Attempted to divide by zero

Enter numerator: 100
Enter denominator: hello
You must enter two integers

Enter numerator: 100
Enter denominator: 7
100.000 / 7.000 = 14.286
```

try 子句

Python 使用 try 语句（第 6～16 行代码）进行异常处理。try 语句中的 try 子句（第 6～9 行代码）以关键字 try 开始，后面跟着一个冒号（:）以及一组可能引发异常的语句。 |228|

except 子句

一个 try 子句后面可以有一个或多个 except 子句（第 10 和 11 行代码、第 12 和 13 行代码）。在书写代码时，这些 except 子句应紧跟着 try 子句的语句序列，它们也被称为异常处理程序。每一个 except 子句指定它所处理的异常类型。本例中，每一个异常处理程序仅显示一条消息，用来说明出现的问题。

else 子句

在最后一个 except 子句后面，一个可选的 else 子句（第 14～16 行代码）定义了 try 子句的语句序列中没有发生任何异常的情况下所执行的代码。本例中，如果 try 子句的语句序列中没有出现任何异常，则会先执行第 15 行代码显示除法结果，再执行第 16 行代码结束循环。

用于 ZeroDivisionError 异常的控制流程

我们基于输出示例的前 3 行来分析 ZeroDivisionError 的控制流程：

❑ 首先，执行到第 7 行代码时，用户输入 100 作为被除数。

❑ 然后，执行到第 8 行代码时，用户输入 0 作为除数。

❑ 此时，我们有两个整数值。第 9 行代码试图用 0 去除 100，此时会导致 Python 引发 ZeroDivisionError 异常。程序中发生异常的点通常被称作**引发点**。

在 try 子句的语句序列中发生一个异常时，try 子句的语句序列会立刻结束执行。如果 try 子句的语句序列后面有异常处理程序，则程序控制会转移到第一个异常处理程序。如果没有异常处理程序，则会发生一个称为堆栈展开的处理过程（本章将在后面讨论这个过程）。

本例中，有多个异常处理程序，因此解释器会搜索第一个与所引发的异常类型相匹配的异常处理程序：

❑ 第 10 和 11 行的 except 子句用来处理 ValueErrors 异常，与 try 子句的语句序列中发生的 ZeroDivisionError 异常类型并不匹配。因此，这个 except 子句的语句序列不会被执行，并且程序控制会转移到下一个异常处理程序。

❑ 第 12 和 13 行的 except 子句用来处理 ZeroDivisionErrors 异常，这与 try 子句的语句序列中发生的异常类型匹配。因此，这个 except 子句的语句序列会被执行，显示 'Attempted to divide by zero'。

当一个 except 子句成功地处理了异常时，程序会继续执行 finally 子句（如果有的话），然后再去执行 try 语句后面的代码。本例中，try 语句结束也是一次循环结束，因此会开始下一次循环。这里需要注意的是，在一个异常被处理后，程序控制不会返回到异常引发点继续执行，而是直接执行 try 语句后面的代码。关于 finally 子句，后面会进行简单的讨论。

用于 ValueError 的控制流程

我们基于输出示例的第 4～6 行来分析 ValueError 的控制流程：
❑ 首先，执行到第 7 行代码时，用户输入 100 作为被除数。
❑ 然后，执行到第 8 行代码时，用户输入 hello 作为除数。输入的数据不是一个有效的整数，因此 int 函数将会引发 ValueError 异常。

这个异常会结束 try 子句的语句序列的执行，程序控制会转移到第一个异常处理程序。本例中，第 10 和 11 行的 except 子句与引发的异常类型匹配，因此其语句序列会被执行，显示 'You must enter two integers'。然后，程序会继续执行 try 语句后面的代码。try 语句结束也是一次循环结束，因此会开始下一次循环。

成功完成除法运算的控制流程

我们基于输出示例的最后 3 行来分析成功完成除法运算的控制流程：
❑ 首先，执行到第 7 行代码时，用户输入 100 作为被除数；
❑ 然后，执行到第 8 行代码时，用户输入 7 作为除数；
❑ 此时，我们有两个有效的整数值且除数不为 0，因此第 9 行代码能成功完成 100 除以 7 的运算。

在 try 子句的语句序列中没有出现任何异常时，程序将继续执行 else 子句（如果有的话），然后再执行 try 语句后面的代码。本例的 else 子句中，先显示了除法运算结果，然后结束了循环，程序终止。

9.8.3 在一条 except 子句中捕获多个异常

一个 try 子句后面跟着多个 except 子句以处理不同类型的异常，这是很常见的情况。如果其中几个 except 子句的语句序列相同，则可以在一个单独的异常处理程序中，以元组形式指定这些具有相同处理代码的异常类型，如：

except (*type1*, *type2*, ...) **as** *variable_name*:

其中，as 子句是可选的。通常情况下，程序不需要直接引用所捕获的异常对象，此时就不需要 as 子句。如果使用了 as 子句，则在 except 子句的语句序列中，就可以使用 as 子句中的变量去访问所捕获的异常对象。

9.8.4 一个函数或方法引发了什么异常

在 try 子句的语句序列中，执行一些语句时可能会引发异常，直接或间接调用函数或方法时也可能会引发异常。

在使用任何函数或方法前，首先要阅读它的在线 API 文档，文档中会说明这个函数或方法可能会抛出什么异常；然后，针对每种异常类型阅读在线 API 文档，分析出现某种异常的潜在原因。

9.8.5 try 子句的语句序列中应该书写什么代码

编写程序时，一般原则是，将重要的逻辑代码放在一个 try 子句的语句序列中，其中的多条语句可能会引发异常；而不是将每条可能引发异常的语句都单独放在一个 try 语句中。然而，从异常处理的合适粒度角度来说，每个 try 语句应该只包含足够小的代码段。这样，当一个异常发生时，就能够确定发生异常的上下文环境，以使得异常处理程序可以恰当地处理这个异常。如果一个 try 子句的语句序列中，多条语句会引发相同类型的异常，则最好用多个 try 语句来确定每个异常的上下文。

230

9.9 finally 子句

操作系统通常可以防止多个程序同时操作一个文件。当一个程序处理完一个文件后，应关闭文件释放资源，以便其他程序可以再访问这个文件。关闭文件有助于防止**资源泄露**。

try 语句的 finally 子句

try 语句可以在所有 except 子句或 else 子句（如果有的话）之后书写一个 finally 子句。finally 子句必然会被执行到[⊖]。在其他支持 finally 的编程语言中，finally 子

⊖ 如果程序控制进入了相应的 try 子句的语句序列，那么 finally 子句不会被执行的唯一原因是：在执行 finally 子句前应用程序被终止，例如通过调用 sys 模块的 exit 函数终止程序执行。

句的语句序列中通常会放置一些资源释放代码，用于释放相应的 try 子句的语句序列中获得的资源。然而，在 Python 中，我们更倾向于使用 with 语句来达到这个目的，而将其他类型的"清理"代码放在 finally 子句的语句序列中。

示例

下面的 IPython 会话展示了无论相应的 try 子句的语句序列中是否发生异常，finally 子句都会被执行。首先，我们考虑 try 子句的语句序列中没有发生异常的情况：

```
In [1]: try:
   ...:         print('try suite with no exceptions raised')
   ...: except:
   ...:         print('this will not execute')
   ...: else:
   ...:         print('else executes because no exceptions in the try suite')
   ...: finally:
   ...:         print('finally always executes')
   ...:
try suite with no exceptions raised
else executes because no exceptions in the try suite
finally always executes

In [2]:
```

前面的代码中 try 子句的语句序列显示了一条消息，但没有引发任何异常。当程序控制成功到达 try 子句的语句序列的结束位置时，except 子句会被跳过，else 子句会被执行，finally 子句显示了它将一直执行的消息。当 finally 子句执行结束时，程序控制会继续执行 try 语句后面的代码。在 IPython 会话中，将出现下一个 In[] 提示，以输入下面要执行的代码。

下面，我们再考虑 try 子句的语句序列中发生异常的情况：

```
In [2]: try:
   ...:         print('try suite that raises an exception')
   ...:         int('hello')
   ...:         print('this will not execute')
   ...: except ValueError:
   ...:         print('a ValueError occurred')
   ...: else:
   ...:         print('else will not execute because an exception occurred')
   ...: finally:
   ...:         print('finally always executes')
   ...:
try suite that raises an exception
a ValueError occurred
finally always executes

In [3]:
```

在 try 子句的语句序列中，第一条语句显示了一条消息；第二条语句试图将字符串 'hello' 转换为整数，这会导致 int 函数引发 ValueError 异常。此时，try 子句的语句序列会立刻终止执行，跳过最后一条 print 语句。except 子句捕获 ValueError 异常并显示一条消息。因为发生了异常，所以 `else` 子句不会被执行。最后，`finally` 子句显示了它将一直执行的消息。当 `finally` 子句执行结束时，程序控制会继续执行 `try` 语句后面的代码。在 IPython 会话中，将出现下一个 `In[]` 提示，以输入下面要执行的代码。

with 语句和 try...except 语句结合使用

对于大多数需要显式释放的资源（如文件、网络连接和数据库连接），在操作这些资源时都存在发生异常的可能。例如，程序在操作文件时可能会引发 `IOErrors` 异常。因此，为了保证文件处理代码的鲁棒性，我们通常将这些代码放在 `try` 子句的语句序列中，以在异常处理程序中捕获任何可能出现的异常，同时结合 `with` 语句确保资源能够被释放。这里不需要使用 `finally` 子句，因为 `with` 语句已经有效地处理了资源释放问题。

假设程序要求用户提供一个文件名，此时用户提供了不正确的名字，如 `gradez.txt`，而不是前面创建的文件 `grades.txt`。在这种情况下，由于试图以读模式打开一个不存在的文件，`open` 函数的调用会引发 `FileNotFoundError` 异常：

```
In [3]: open('gradez.txt')
---------------------------------------------------------------------
FileNotFoundError                         Traceback (most recent call last)
<ipython-input-3-b7f41b2d5969> in <module>()
----> 1 open('gradez.txt')

FileNotFoundError: [Errno 2] No such file or directory: 'gradez.txt'
```

为了捕获打开文件时产生的异常（如打开不存在的文件进行读操作所引发的 `FileNotFoundError` 异常），需要将 `with` 语句放在 `try` 子句的语句序列中，如：

```
In [4]: try:
   ...:     with open('gradez.txt', 'r') as accounts:
   ...:         print(f'{"ID":<3}{"Name":<7}{"Grade"}')
   ...:         for record in accounts:
   ...:             student_id, name, grade = record.split()
   ...:             print(f'{student_id:<3}{name:<7}{grade}')
   ...: except FileNotFoundError:
   ...:     print('The file name you specified does not exist')
The file name you specified does not exist
```

9.10　显式地引发一个异常

前面已经看到了 Python 代码所引发的不同异常。有些情况下，我们可能需要写一个函数，通过引发异常以通知调用者发生的错误。`raise` 语句可以显式地引发一个异常，其最简单的形式是：

raise *ExceptionClassName*

`raise` 语句创建了一个指定异常类的对象。可选地，异常类名称的后面可以加上一对括号，在括号里指定用于初始化异常对象的参数（通常是一个自定义的错误消息字符串）。需要注意，在执行显式引发异常的代码前，应该释放前面获得的任何资源。在下一节中，我们将给出显式引发异常的程序示例。

在大多数情况下，当需要显式引发一个异常时，建议使用 Python 内置的异常类型⊖。关于 Python 内置的异常类型，请查阅 https://docs.python.org/3/library/exceptions.html。

9.11 （选学）堆栈展开和回溯

每个异常对象存储了导致异常发生的函数调用序列的信息，这个信息有助于调试代码中的问题。考虑下面的函数定义，function1 调用了 function2，function2 引发了异常：

```
In [1]: def function1():
   ...:     function2()
   ...:

In [2]: def function2():
   ...:     raise Exception('An exception occurred')
   ...:
```

调用 function1 将产生下面的回溯信息。为了突出重点，我们以粗体显示回溯的部分，指出导致异常的代码行：

```
In [3]: function1()
---------------------------------------------------------------------------
Exception                                 Traceback (most recent call last)
<ipython-input-3-c0b3cafe2087> in <module>()
----> 1 function1()

<ipython-input-1-a9f4faeeeb0c> in function1()
      1 def function1():
----> 2     function2()
      3

<ipython-input-2-c65e19d6b45b> in function2()
      1 def function2():
----> 2     raise Exception('An exception occurred')

Exception: An exception occurred
```

回溯细节

回溯首先显示了发生的异常的类型（在上面示例中是 Exception），然后显示了导致异常引发点的完整函数调用栈。栈的底部函数调用列在最前面而顶部函数调用列在最后面，因此解释器显示了以下文本作为提示：

```
Traceback (most recent call last)
```

⊖ 我们也可以根据一个应用程序的需要，创建自定义异常类。关于自定义异常，我们将在下一章中详细介绍。

在这个回溯信息中，下面的文本指示了函数调用栈的底部，即代码段 [3]（表示为 ipython-input-3）中的 function1 函数调用：

```
<ipython-input-3-c0b3cafe2087> in <module>()
----> 1 function1()
```

然后，可以看到在代码段 [1] 的第 2 行，function1 调用了 function2：

```
<ipython-input-1-a9f4faeeeb0c> in function1()
      1 def function1():
----> 2     function2()
      3
```

最后，可以看到异常引发点。在本例中，代码段 [2] 的第 2 行引发了异常：

```
<ipython-input-2-c65e19d6b45b> in function2()
      1 def function2():
----> 2     raise Exception('An exception occurred')
```

堆栈展开

在前面给出的那些异常处理示例程序中，异常引发点都出现在 try 子句的语句序列中，并且该异常由 try 语句对应的多个异常处理程序中的一个进行处理。当一个异常没有被当前函数捕获时，就出现了**堆栈展开**。这里，我们结合当前这个示例程序来理解堆栈展开：

- ❑ 在 function2 中，raise 语句引发了一个异常。这条 raise 语句不在 try 子句的语句序列中，因此 function2 终止执行。它的堆栈帧被从函数调用栈中移除，程序控制返回到 function1 调用 function2 的那条语句。
- ❑ 在 function1 中，调用 function2 的语句不在 try 子句的语句序列中，因此 function1 终止执行。它的堆栈帧也被从函数调用栈中移除，程序控制返回到调用 function1 的语句，即 IPython 会话的代码段 [3]。
- ❑ 代码段 [3] 中，调用 function1 的语句不在 try 子句的语句序列中，因此这个函数调用终止执行。因为这个异常没有被捕获（被称为**未捕获的异常**），IPython 显示了回溯信息，然后等待下一个代码段的输入。如果脚本中出现这种情况，脚本将会终止执行⊖。

关于分析回溯信息的提示

我们经常会调用别人编写的代码库中的函数和方法，而这些函数和方法在执行时有可能会引发异常。当分析回溯信息时，应该从回溯信息的最下方开始，先阅读错误消息；然后，向上阅读回溯信息，找到自己编写的第一行代码，通常这就是导致异常发生的代码。

₂₃₄

finally 子句中的异常

在 finally 子句的语句序列中引发异常，可能会导致细微的、难以发现的问题。如果 try 子句的语句序列中发生了异常，并且在执行 finally 子句的语句序列前没有处理这个

⊖　在使用线程的更高级的应用程序中，未捕获的异常仅会终止发生异常的那个线程，而不是整个应用程序。

异常，则会引发堆栈展开。如果 try 子句的语句序列中发生了异常且其未被异常处理程序捕获，而在 finally 子句的语句序列中又引发了一个新的异常且该异常也没有被捕获，则 try 子句中引发的异常会丢失，finally 子句中引发的新异常将传递给下一个封闭的 try 语句。因此，finally 子句的语句序列应始终将可能引发异常的任何代码放在 try 语句中，以便在 finally 子句的语句序列中能够处理所产生的异常。

9.12　数据科学入门：使用 CSV 文件

在本书中，在我们学习数据科学概念时，将用到很多数据集。CSV（逗号分隔数据值）是一种特别流行的文件格式。在本节中，我们将看到如何利用 Python 标准库模块和 pandas 处理 CSV 文件。

9.12.1　Python 标准库模块 csv

csv 模块[⊖]提供了操作 CSV 文件的函数。许多其他的 Python 库也提供了内置的 CSV 支持。

向 CSV 文件写数据

在这里创建一个 CSV 格式的文件 accounts.csv。csv 模块的文档建议在打开 CSV 文件时使用额外的关键字参数 newline=''，以确保正确处理新行：

```
In [1]: import csv

In [2]: with open('accounts.csv', mode='w', newline='') as accounts:
   ...:     writer = csv.writer(accounts)
   ...:     writer.writerow([100, 'Jones', 24.98])
   ...:     writer.writerow([200, 'Doe', 345.67])
   ...:     writer.writerow([300, 'White', 0.00])
   ...:     writer.writerow([400, 'Stone', -42.16])
   ...:     writer.writerow([500, 'Rich', 224.62])
   ...:
```

.csv 文件扩展名表示这是一个 CSV 格式的文件。csv 模块的 writer 函数返回一个对象，该对象用于将 CSV 数据写入指定的文件对象中。每次调用 writer 对象的 writerow 方法，都会将传入的可迭代对象存储在文件中，这里传入的可迭代对象是列表。默认情况下，writerow 方法以逗号分隔写入文件的数据值，但我们也可以自己指定其他的分隔符[⊖]。在执行完上面的代码段后，accounts.csv 中包含的数据如下：

```
100,Jones,24.98
200,Doe,345.67
300,White,0.00
400,Stone,-42.16
500,Rich,224.62
```

⊖　https://docs.python.org/3/library/csv.html.

⊖　https://docs.python.org/3/library/csv.html#csv-fmt-params.

CSV 文件通常在逗号后不包含空格，但有些人通过在逗号后添加空格来增强程序的可读性。上面的多条调用 `writerow` 方法的语句可以由一条调用 `writerows` 方法的语句替代。`writerows` 方法可以一次将一个可迭代对象中包含的多个由逗号分隔的列表输出到文件中，其中每个列表对应一条记录。

如果要写入 CSV 文件的字符串中包含逗号，则调用 `writerow` 方法写入文件的字符串会用双引号括起来。例如，考虑下面的 Python 列表：

```
[100, 'Jones, Sue', 24.98]
```

单引号括起来的字符串 `'Jones,Sue'` 中包含了用于分隔姓和名的逗号。在这种情况下，`writerow` 方法将在文件中以下面的形式输出记录：

```
100,"Jones, Sue",24.98
```

`"Jones, Sue"` 两边的双引号表示这是单个数据值，程序从这个 CSV 文件中读取这条记录时，该记录会被分为 3 部分，即 100、`'Jones,Sue'` 和 24.98。

从 CSV 文件读数据

下面从文件中读取 CSV 数据。下面的代码段从文件 `accounts.csv` 中读取记录并显示每条记录的内容，我们可以看到，这里的输出结果与本章前面的一个示例的输出结果一致：

```
In [3]: with open('accounts.csv', 'r', newline='') as accounts:
   ...:     print(f'{"Account":<10}{"Name":<10}{"Balance":>10}')
   ...:     reader = csv.reader(accounts)
   ...:     for record in reader:
   ...:         account, name, balance = record
   ...:         print(f'{account:<10}{name:<10}{balance:>10}')
   ...:
Account   Name          Balance
100       Jones           24.98
200       Doe            345.67
300       White             0.0
400       Stone          -42.16
500       Rich           224.62
```

`csv` 模块的 `reader` 函数返回一个对象，该对象用于从指定的文件对象中读取 CSV 格式的数据。就像能够迭代一个文件对象一样，我们也可以迭代 `reader` 对象，每次返回由逗号分隔数据值的一条记录。前面程序中的 `for` 语句以值列表的形式返回每一条记录，我们将其解包到变量 `account`、`name` 和 `balance` 中并显示它们。

注意：CSV 数据字段中的逗号

使用含逗号的字符串（如 `'Jones, Sue'`）时要注意。如果不小心将其输入成了两个字符串 `'Jones'` 和 `'Sue'`，那么 `writerow` 将创建一条有 4 个字段而不是 3 个字段的 CSV 记录。读取 CSV 文件的程序通常希望每条记录具有相同数量的字段；否则，将会出现问题。例如，考虑下面两个列表：

```
[100, 'Jones', 'Sue', 24.98]
[200, 'Doe'  ,  345.67]
```

第一个列表包含了 4 个值，而第二个列表仅包含了 3 个值。如果将这两条记录写入 CSV 文件，然后再用前面的代码段把这两条记录从文件读取到程序，那么下面的语句试图将含有 4 个字段的记录解包到 3 个变量中时会执行失败：

```
account, name, balance = record
```

注意：CSV 文件中缺少逗号和多了逗号

准备和处理 CSV 文件时要注意。例如，假设我们的文件包含多条记录，其中每条记录有 4 个由逗号分隔的 int 数据值，如

```
100,85,77,9
```

如果不小心漏掉了一个逗号，如

```
100,8577,9
```

那么这条记录只有 3 个字段，其中 8577 是一个实际并不存在的无效值。

再考虑另外一种情况，如果在只应放置一个逗号的地方放置了连续的两个逗号，如

```
100,85,,77,9
```

那么这条记录将有 5 个字段而不是 4 个，其中存在一个错误的空字段。

上面所述的每种逗号相关的错误，都会使得用于处理记录的程序无法正确读取数据。

9.12.2 将 CSV 文件数据读入 pandas DataFrame 中

在前两章的数据科学入门小节中，我们介绍了许多 pandas 基础知识。这里，首先演示 pandas 加载 CSV 格式文件的能力，然后执行一些基本的数据分析任务。

数据集

在本书第四部分的第 11～15 章中，我们将使用各种免费、开放的数据集来理解机器学习和自然语言处理的概念。网上有各种各样的免费数据集，著名的 Rdatasets 存储库提供了超过 1100 个免费的 CSV 格式数据集的链接。这些数据集最初是用于人们基于 R 编程语言学习和开发统计软件的，但它们也可以在其他编程语言中使用。目前，这些数据集在 GitHub 上可以下载，网址是 https://vincentarelbundock.github.io/Rdatasets/datasets.html。

这个存储库非常流行，因此存在一个 pydataset 模块，专门用来访问 Rdatasets。有关安装 pydataset 和使用它访问数据集的说明，请参阅存在 https://github.com/iamaziz/PyDataset。

另一个大规模的数据集源可参见 https://github.com/awesomedata/awesome-public-datasets。

对于初学者来说，一个常用的机器学习数据集是泰坦尼克号灾难数据集，它包含每一名乘客的信息，以及该乘客在泰坦尼克号于 1912 年 4 月 14 日至 15 日撞上冰山并沉没时是否幸存下来的信息。在这里，我们将以该数据集为例展示如何加载数据集、查看数据并显示一些描述性统计信息。另外，我们将在本书后面的第 11～15 章中深入研究各种流行的数据集。

使用本地存储的 CSV 文件

我们可以使用 pandas 的 `read_csv` 函数将 CSV 格式的数据集加载到 DataFrame 中。下面的代码段加载并显示了本章前面创建的 CSV 文件 `accounts.csv`：

```
In [1]: import pandas as pd
In [2]: df = pd.read_csv('accounts.csv',
   ...:                  names=['account', 'name', 'balance'])
   ...:

In [3]: df
Out[3]:
   account   name  balance
0      100  Jones    24.98
1      200    Doe   345.67
2      300  White     0.00
3      400  Stone   -42.16
4      500   Rich   224.62
```

`names` 参数指定了 DataFrame 的列标题。如果不指定 `names` 这个参数，则 `read_csv` 函数将 CSV 文件的第一行作为由逗号分隔的列标题列表。

如果要将 DataFrame 保存到 CSV 格式的文件中，可以调用 DataFrame 的 `to_csv` 方法：

```
In [4]: df.to_csv('accounts_from_dataframe.csv', index=False)
```

`index=False` 关键字参数不将行标题（即代码段 [3] 中 DataFrame 的输出的左侧的 0~4）写入文件，生成的文件中的第一行是列标题：

```
account,name,balance
100,Jones,24.98
200,Doe,345.67
300,White,0.0
400,Stone,-42.16
500,Rich,224.62
```

9.12.3 读取泰坦尼克号灾难数据集

泰坦尼克号灾难数据集是最流行的机器学习数据集之一，该数据集提供了包括 CSV 在内的多种文件格式。

通过 URL 加载泰坦尼克号数据集

如果我们有一个 CSV 数据集所对应的 URL，则可以使用 `read_csv` 将其加载到 DataFrame 中。在这里，直接从 GibHub 加载泰坦尼克号灾难数据集：

```
In [1]: import pandas as pd
In [2]: titanic = pd.read_csv('https://vincentarelbundock.github.io/' +
   ...:     'Rdatasets/csv/carData/TitanicSurvival.csv')
   ...:
```

查看泰坦尼克号数据集中某些行的数据

该数据集包含了 1300 多行数据，每一行对应一名乘客。根据维基百科，有大约 1317

名乘客，其中 815 名乘客死于这场灾难。对于大规模数据集，输出 DataFrame 时，会先显示前 30 行数据、再显示省略号"…"、最后显示后 30 行数据。为了节省空间，这里使用 DataFrame 的 head 和 tail 方法查看前 5 行和后 5 行数据。head 和 tail 这两个方法默认都是返回 5 行数据，我们也可以通过参数指定要显示的行数：

```
In [3]: pd.set_option('precision', 2)  # format for floating-point values

In [4]: titanic.head()
Out[4]:
                 Unnamed: 0 survived     sex    age passengerClass
0    Allen, Miss. Elisabeth Walton     yes  female  29.00            1st
1     Allison, Master. Hudson Trevor    yes    male   0.92            1st
2        Allison, Miss. Helen Loraine    no  female   2.00            1st
3     Allison, Mr. Hudson Joshua Crei    no    male  30.00            1st
4     Allison, Mrs. Hudson J C (Bessi    no  female  25.00            1st

In [5]: titanic.tail()
Out[5]:
                 Unnamed: 0 survived     sex    age passengerClass
1304         Zabour, Miss. Hileni    no  female  14.50            3rd
1305        Zabour, Miss. Thamine    no  female    NaN            3rd
1306    Zakarian, Mr. Mapriededer    no    male  26.50            3rd
1307          Zakarian, Mr. Ortin    no    male  27.00            3rd
1308          Zimmerman, Mr. Leo    no    male  29.00            3rd
```

请注意，pandas 会根据列中最宽的数据值或列标题（以较宽者为准）调整每列的宽度。另外，请注意，第 1305 行 age 列的值是 NaN（即非数值），用于表示缺失值。

自定义列标题

此数据集的第一列有一个奇怪的列标题（'Unnamed:0'），我们可以通过设置列标题的方式进行修改。下面的代码段将列标题 'Unnamed: 0' 改为 'name'，并将 'passengerClass' 缩写为 'class'：

```
In [6]: titanic.columns = ['name', 'survived', 'sex', 'age', 'class']

In [7]: titanic.head()
Out[7]:
                       name survived     sex    age class
0    Allen, Miss. Elisabeth Walton     yes  female  29.00   1st
1     Allison, Master. Hudson Trevor    yes    male   0.92   1st
2        Allison, Miss. Helen Loraine    no  female   2.00   1st
3     Allison, Mr. Hudson Joshua Crei    no    male  30.00   1st
4     Allison, Mrs. Hudson J C (Bessi    no  female  25.00   1st
```

9.12.4　用泰坦尼克号灾难数据集做简单的数据分析

现在，我们能够使用 pandas 做一些简单的数据分析。例如，让我们看一些描述性统计分析。当我们在包含数值列和非数值列的 DataFrame 上调用 describe 时，describe 仅针对数值列计算统计信息。在本例中，我们仅计算了 age 列的统计信息：

```
In [8]: titanic.describe()
Out[8]:
```

```
                 age
count    1046.00
mean       29.88
std        14.41
min         0.17
25%        21.00
50%        28.00
75%        39.00
max        80.00
```

注意计数（1046）与数据集的行数（1309，当我们调用 tail 时最后一行的索引为 1308）之间的差异。在 1309 行数据中，只有 1046（count）行记录包含年龄值，其余记录的年龄值都是标记为 NaN 的缺失值，如第 1305 行所示。当执行计算时，pandas 默认会忽略缺失数据（NaN）。对于 1046 名具有有效年龄值的乘客，他们的平均（mean）年龄为 29.88 岁。最小的乘客（min）仅 2 个多月（0.17×12=2.04），最年长的乘客（max）有 80 岁。所有乘客的中位年龄值是 28 岁（以 50% 四分位数表示）；25% 四分位数是较年轻的一半乘客的中位年龄值；75% 四分位数是较年长的一半乘客的中位年龄值。

假设想获取一些关于生还者的统计数据，可以将 survived 列与 'yes' 进行比较，以获得包含 True/False 值的新 Series，然后就可以使用 describe 来汇总结果：

```
In [9]: (titanic.survived == 'yes').describe()
Out[9]:
count      1309
unique        2
top       False
freq        809
Name: survived, dtype: object
```

对于非数值数据，describe 显示了不同的描述性统计信息：

❑ count 是结果中的项目总数。

❑ unique 是结果中的唯一值（2）的数量，即 True（生还）和 False（死亡）。

❑ top 是结果中最频繁出现的值。

❑ freq 是结果中最频繁出现的值的出现次数。

9.12.5　乘客年龄直方图

可视化是了解数据的一个好方法。pandas 具有许多使用 Matplotlib 实现的内置的可视化功能，要使用这些功能，首先需要在 IPython 中启用 Matplotlib 支持：

```
In [10]: %matplotlib
```

直方图可以用于可视化一个取值范围中的数值数据的分布情况。DataFrame 的 hist 方法能够自动分析每一个数值列的数据，并生成相应的直方图。为了查看每一个数值数据列的直方图，可以调用 DataFrame 的 hist 方法：

```
In [11]: histogram = titanic.hist()
```

泰坦尼克号灾难数据集仅包含一个数值数据列，因此该图只显示一个年龄分布的直方图。对于有多个数值列的数据集，`hist` 将为每个数值列单独创建一个直方图。

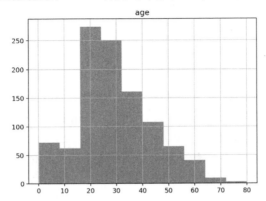

9.13 小结

在本章中，我们学习了文本文件处理和异常处理。文件被用于永久地保存数据。讨论了文件对象，并提到 Python 将文件视作字符或字节的序列，以及当 Python 程序开始执行时会自动创建的标准文件对象。

我们学习了如何创建、读取、写入或更新文本文件，其中涉及几种流行的文件格式，包括纯文本、JSON 和 CSV。我们可以使用内置的 `open` 函数结合 `with` 语句打开一个文件，并对文件进行读 / 写操作，当 `with` 语句执行结束时可以自动地关闭文件，以防止资源泄露。使用 Python 标准库的 `json` 模块，可以将对象序列化为 JSON 格式并将其存储到文件中，也可以从文件中加载 JSON 对象，将其反序列化为 Python 对象并完美打印 JSON 对象以增强数据可读性。

我们讨论了如何用异常表示运行时问题，并列出了前面已经了解的各种异常。展示了如何通过将代码包含在 `try` 语句中来处理异常，`try` 语句提供 `except` 子句来处理 `try` 子句的语句序列中可能出现的特定类型的异常，从而使我们编写的程序更加鲁棒和能更好地容错。

我们讨论了如果程序流进入相应的 `try` 子句的语句序列，`try` 语句的 `finally` 子句会被执行。为了防止资源泄露，我们既可以使用 `with` 语句，也可以使用 `try` 语句的 `finally` 子句，但我们偏向于使用 `with` 语句。

在数据科学入门小节中，我们使用 Python 标准库的 `csv` 模块和 pandas 库提供的功能来加载、操作和存储 CSV 数据。最后，我们演示了如何将泰坦尼克号灾难数据集加载到 pandas 的 `DataFrame` 中、修改列标题以增强数据可读性、显示数据集的头部数据（`head`）和尾部数据（`tail`），以及对数据做一些简单的分析。在下一章中，我们将讨论 Python 的面向对象编程功能。

Python 高级主题

面向对象编程

目标

- ❑ 创建自定义类和类对象。
- ❑ 理解创建有价值的类的作用。
- ❑ 掌握属性的访问控制。
- ❑ 理解面向对象的优点。
- ❑ 使用 Python 特殊方法 __repr__、__str__ 和 __format__ 得到对象的字符串表示。
- ❑ 使用 Python 特殊方法重载（重定义）用于新类对象的运算符。
- ❑ 从已有类中继承方法和属性到新类中，然后再自定义新类。
- ❑ 理解基类（父类）和派生类（子类）的继承概念。
- ❑ 理解用于实现"一般化编程"的鸭子类型和多态性。
- ❑ 理解所有类继承基本功能的 object 类。
- ❑ 比较组合和继承。
- ❑ 将测试用例构建到文档字符串中，并使用 doctest 运行这些测试。
- ❑ 理解命名空间以及它们如何影响作用域。

10.1　简介

　　2.1 节介绍了面向对象编程的基本术语和概念。Python 中的每一个数据都是一个对象，所以在本书前面的内容中实际上已经在一直不断地使用对象。正如房屋是照蓝图建造的一样，对象是用类创建的。类是面向对象编程的核心技术之一。用一个类（甚至是很复杂的类）创建一个新对象很简单，通常只需编写一条语句。

创建有价值的类

在前面的内容中，已经使用了许多由其他人创建的类，本章将创建自定义类。专注于"创建有价值的类"，对构建满足需求的应用程序会有所帮助。面向对象编程方法具有类、对象、继承和多态这些核心技术。软件应用程序正变得越来越庞大、功能越来越丰富，面向对象编程使得设计、实现、测试、调试和更新这样的应用程序变得更加容易。阅读 10.1～10.9 节，可以通过包含大量代码的实例理解面向对象编程的上述核心技术。绝大多数读者可以忽略 10.10～10.15 节的内容，这些小节提供了关于这些核心技术的附加内容并给出了其他相关功能的介绍。

244

类库和基于对象的编程

在 Python 中进行的绝大多数面向对象编程，实际上是**基于对象的编程**（主要是创建和使用已有类的对象）。在本书前面的内容中，已经在不断地完成根据已有类创建并使用对象的工作，这些已有类包括 `int`、`float`、`str`、`list`、`tuple`、`dict` 和 `set` 这些内置类型，也包括 `Decimal` 这种 Python 标准库类型，以及 Numpy 的 `array`、Matplotlib 的 `Figures` 和 `Axes`、pandas 的 `Series` 和 `DataFrame`。

为了充分利用 Python，必须先熟悉 Python 中的已有类。多年来，Python 开源社区已经创建了大量有价值的类，并将它们封装在了类库中。重用这些已有类而不是"重复发明轮子"，将使编程工作变得更容易。广泛使用的这些开源类库，更可能是经过了全面测试和性能调优的，无缺陷，并且具有可移植性（即可在各种设备、操作系统和 Python 版本中使用）。在互联网上可以找到丰富的 Python 库，例如 GitHub、BitBucket、SourceForge 等网站，使用 conda 和 pip 是安装 Python 库的最简单方法。丰富的库是 Python 被广泛使用的关键原因。在编程过程中需要使用的绝大多数类，实际上都可能是开源库中免费可用的类。

创建自定义类

创建自定义类就是创建一种新的数据类型。Python 标准库和第三方库中的每个类都是由其他人创建的自定义类型。本章中，将结合具体应用程序开发相关的类，如 `CommissionEmployee`、`Time`、`Card`、`DeckOfCards` 等。

在创建自己使用的大多数应用程序时，通常不需要创建自定义类，或者仅需创建几个自定义类。如果作为业界开发团队的成员，则可能会进行包含几百甚至几千个类的应用程序的开发。可以将自定义类贡献到 Python 开源社区，但这并不是义务，是否贡献类完全由自己来决定。公司通常有与开源代码相关的政策和程序。

继承

也许最令人兴奋的是，新类可以通过对丰富类库中的已有类进行继承或基于已有类的组合来创建。最终，软件将主要由**标准化**、**可重用的组件**构建，就像现在的硬件由可更换的部件构成一样，这将有助于应对开发功能更强大的软件的挑战。

在创建新类时，并不需要重新编写所有的代码，可以通过**继承**已定义**基类**（也称作**父类**）的属性（类版本的变量）和方法（类版本的函数）指定新类的初始组成。新类被称为**派**

生类（或子类）。继承后，还可以自定义派生类以满足应用程序的具体需求。为了使自定义的工作量最小化，应该始终对最接近实际需求的基类进行继承来定义派生类。为了能够有效地完成这个工作，自己应该先熟悉那些适用于所构建应用程序的类库。

多态

这里，我们会解释和演示**多态**的功能。利用多态，能够方便地进行"一般化"而非"特定化"编程。可以简单地将同样的方法调用发送到可能是许多不同类型的对象，每一个对象都会"执行正确的处理"（即根据对象所属类型决定执行哪个类的方法），因此同样的方法调用可能产生多种不同的处理，这是"多态"这个术语的由来。我们将解释如何通过继承和 Python 中称为鸭子类型的功能实现多态，并会给出相应的程序示例。

一个有趣的案例研究：洗牌和分牌模拟

在前面已经使用了基于随机数的投掷骰子模拟，并使用那些技术实现了流行的掷骰子游戏。这里，我们给出一个洗牌和分牌模拟案例，通过这个案例能够实现那些广受欢迎的扑克牌游戏。另外，在洗牌前后，还可以使用 Matplotlib 以吸引人的扑克牌图像形式显示整副牌。

数据类

Python 3.7 新提供的数据类，通过更简洁的表示法和类的部分自动生成，能够帮助开发人员更快速地创建类。Python 社区对数据类的早期反应是正面的。与任何重要的新功能一样，数据类可能需要一段时间才能被广泛使用。我们将分别使用原来的技术和新的技术展示类的开发。

其他概念

本章给出的其他概念包括：

❏ 如何指定某些标识符仅能在类中使用而不能由类的使用者访问。
❏ 用于创建类对象的字符串表示形式的特殊方法，以及指定类的对象如何与 Python 的内置运算符一起工作（称为运算符重载）的特殊方法。
❏ Python 异常类层次结构的介绍和创建自定义异常类。
❏ 利用 Python 标准库的 `doctest` 模块测试代码。
❏ Python 如何使用命名空间决定标识符的作用域。

10.2　自定义 Account 类

我们以银行的 `Account`（账户）类开始本节内容，这里考虑的 `Account` 类仅包括持有者姓名和余额这两个信息。实际上，银行账户类通常还会包含许多其他信息，如地址、出生日期、电话号码、账户编号等，这里做了问题的简化处理以方便读者通过简短的代码理解自定义类的方法。`Account` 类具有使余额增加的存款操作和使余额减少的取款操作。

10.2.1　试用 Account 类

我们创建的每个新类都是一种新的数据类型，可以用于创建对象，这是 Python 被称为是**可扩展语言**的一个原因。在开始查看 Account 类的定义之前，先演示一下 Account 类的功能。

导入 Account 类和 Decimal 类

为了使用 Account 类，从 ch10 文件夹启动 IPython 会话，然后导入 Account 类：

```
In [1]: from account import Account
```

246

Account 类以 Decimal 类型保存和操作账户余额，因此我们也导入 Decimal 类：

```
In [2]: from decimal import Decimal
```

使用构造器表达式创建 Account 对象

为了创建 Decimal 对象，可以写：

```
value = Decimal('12.34')
```

这被称为**构造器表达式**，因为它创建并初始化了一个类对象。这类似于根据蓝图建造一栋房子、再涂上买家喜欢的颜色。构造器表达式创建了新对象（对应一栋房子），并利用小括号中指定的参数初始化新对象中的数据（对应房子的颜色）。类名后面必须有小括号，即便没有任何参数也要有小括号。

下面使用构造器表达式创建一个 Account 对象，并用账户持有者姓名（一个字符串）和余额（Decimal 类型的数据）初始化这个对象：

```
In [3]: account1 = Account('John Green', Decimal('50.00'))
```

获取账户的持有者姓名和余额

下面访问 Account 对象的 name 和 balance 属性：

```
In [4]: account1.name
Out[4]: 'John Green'

In [5]: account1.balance
Out[5]: Decimal('50.00')
```

为账户存款

Account 的 deposit 方法接收一个正数美元金额并将其加到余额上：

```
In [6]: account1.deposit(Decimal('25.53'))

In [7]: account1.balance
Out[7]: Decimal('75.53')
```

Account 方法参数验证

Account 类的方法需要验证传入的参数是否有效。例如，如果存款金额是负数，则 deposit 方法会引发 ValueError 异常：

```
In [8]: account1.deposit(Decimal('-123.45'))
---------------------------------------------------------------------------
ValueError                                Traceback (most recent call last)
<ipython-input-8-27dc468365a7> in <module>()
----> 1 account1.deposit(Decimal('-123.45'))

~/Documents/examples/ch10/account.py in deposit(self, amount)
    21          # if amount is less than 0.00, raise an exception
    22          if amount < Decimal('0.00'):
---> 23              raise ValueError('Deposit amount must be positive.')
    24
    25          self.balance += amount

ValueError: Deposit amount must be positive.
```

247

10.2.2　Account 类的定义

现在，来看一下 Account 类的定义，其代码在 account.py 文件中。

定义一个类

一个类的定义以 class 关键字开始（第 5 行），后面跟着类名和一个冒号（ : ），这行代码被称为**类头**。*Style Guide for Python Code* 建议，应该将多单词类名中的每个单词的首字母大写（如 CommissionEmployee）。类体中的每条语句都需要缩进。

```
1   # account.py
2   """Account class definition."""
3   from decimal import Decimal
4
5   class Account:
6       """Account class for maintaining a bank account balance."""
7
```

每个类通常提供一个描述性的文档字符串（第 6 行）。如果提供的话，则这个文档字符串必须出现在紧跟着类头的一行或多行中。为了在 IPython 中查看一个类的文档字符串，可以输入类名和一个问号，然后按 Enter 键：

```
In [9]: Account?
Init signature: Account(name, balance)
Docstring:      Account class for maintaining a bank account balance.
Init docstring: Initialize an Account object.
File:           ~/Documents/examples/ch10/account.py
Type:           type
```

标识符 Account 既是类名，也是用于创建 Account 对象并调用类的 __init__ 方法的构造器表达式中使用的名字。因此，IPython 的帮助机制既显示了类的文档字符串（"Docstring:"），也显示了 __init__ 方法的文档字符串（"Init docstring:"）。

初始化 Account 对象：__init__ 方法

前面的代码段 [3] 中的构造器表达式：

```
account1 = Account('John Green', Decimal('50.00'))
```

创建了一个新对象，并通过调用类的 __init__ 方法初始化了该对象的数据。所创建的每个新类都可以提供一个 __init__ 方法，以指定一个对象的数据属性的初始化方式。需要注意，__init__ 方法返回一个非 None 的值将会引发 TypeError 异常。当一个函数或方法不包含 return 语句时，其返回的是 None，因此，在 __init__ 方法中我们通常不写 return 语句。Account 类的 __init__ 方法（第 8~16 行）初始化了一个 Account 对象的 name 和 balance 属性（如果 balance 参数值有效的话）：

```
 8        def __init__(self, name, balance):
 9            """Initialize an Account object."""
10
11            # if balance is less than 0.00, raise an exception
12            if balance < Decimal('0.00'):
13                raise ValueError('Initial balance must be >= to 0.00.')
14
15            self.name = name
16            self.balance = balance
17
```

|248|

当通过指定对象调用一个方法时，Python 隐式地将这个对象的引用传递给所调用的方法并作为这个方法的第一个参数。因此，一个类中的每个方法都必须至少包含一个参数。按照惯例，大多数 Python 程序员将方法的第一个参数命名为 self。一个类的方法必须使用对象的引用（self）访问对象的属性和其他方法。Account 类的 __init__ 方法也为 name 和 balance 指定了参数。

if 语句用于验证 balance 参数是否有效。如果 balance 参数小于 0.00，则 __init__ 方法引发一个 ValueError 异常，该异常将终止 __init__ 方法的执行。否则，该方法将创建一个新的 Account 对象并初始化这个对象的 name 和 balance 属性。

当 Account 类的一个对象被创建时，它实际上还没有任何属性，这些属性是通过下面形式的赋值运算动态添加的：

self.*attribute_name* = *value*

Python 类可以定义许多**特殊方法**，如 __init__，每一个特殊方法的方法名都是以双下划线（__）开头和结尾。本章在后面会讨论 Python 的 object 类，定义可用于所有 Python 对象的特殊方法。

deposit 方法

Account 类的 deposit 方法将一个正数的 amount（金额）加到了 Account 的 balance 属性上。如果 amount 参数小于 0.00，则 deposit 方法会引发 ValueError 异常，即存款金额必须是正数。如果 amount 参数有效，则第 25 行会将其加到对象的 balance 属性上。

```
18        def deposit(self, amount):
19            """Deposit money to the account."""
20
```

```
21              # if amount is less than 0.00, raise an exception
22              if amount < Decimal('0.00'):
23                  raise ValueError('amount must be positive.')
24
25              self.balance += amount
```

10.2.3　组合：对象引用作为类的成员

每个 Account 类对象都有 name 和 balance 属性。前面提到，Python 中的每一个数据都是一个对象，这意味着一个对象的属性实际上是其他类对象的引用。例如，一个 Account 对象的 name 属性是一个字符串对象的引用，而一个 Account 对象的 balance 属性是一个 Decimal 对象的引用。将其他类型对象的引入嵌入一个类中，是软件重用性的一种形式，被称为组合，有时候也被称为"has a"（包含）关系。在本章后面的内容中，我们将讨论继承，其对应"is a"（是）关系。

10.3　属性访问控制

Account 类的方法通过参数验证以确保 balance 始终保存有效值（即大于等于 0.00）。在前面的例子中，我们仅对 name 和 balance 属性的值进行获取操作。事实上，我们也可以对这些属性进行修改操作，考虑下面的 IPython 会话中的 Account 对象：

```
In [1]: from account import Account

In [2]: from decimal import Decimal

In [3]: account1 = Account('John Green', Decimal('50.00'))

In [4]: account1.balance
Out[4]: Decimal('50.00')
```

初始时，account1 包含一个有效 balance 值。现在，我们将 balance 属性先设置为一个无效的负数值，再显示 balance 的值：

```
In [5]: account1.balance = Decimal('-1000.00')

In [6]: account1.balance
Out[6]: Decimal('-1000.00')
```

如代码段 [6] 的输出所示，当前 account1 的 balance 属性值是负数值。可见，与方法不一样，直接给数据属性赋值无法对所赋值的有效性进行验证。

封装

一个类的**客户端代码**是使用类对象的任何代码。大多数面向对象编程语言能够**封装**（或隐藏）一个对象的数据，这些被隐藏的数据称为私有数据。

以下划线（_）开头的命名约定

Python 没有私有数据，但可以在设计类时，通过命名约定使数据能够被正确地访问。

通常，Python 编程人员将名字以一个下划线（_）开始的属性视作仅供类内使用的属性。客户端代码应使用类的方法和类的 property[⊖]（请参考下一节的内容）操作每个对象中的那些仅限内部使用的数据属性。名字不以下划线（_）开始的那些属性，则被认为是可以在客户端代码中使用的可公开访问的属性。在下一节中，我们将定义一个 Time 类并使用上述这些命名约定。需要注意，即使我们使用了这些约定，那些名字以下划线（_）开始的属性仍然可以在客户端代码中访问。

10.4　用于数据访问的 property

让我们开发一个 Time 类，用于存储 24 小时时钟格式的时间，小时的范围是 0～23，分钟和秒的范围是 0～59，我们将为这个类提供 property。对于客户端代码编写人员来说，property 与数据属性的使用方法相同，但 property 可以控制获取和修改对象数据的方式。这里假设其他编程人员按照 Python 约定正确地使用由自定义类创建的对象。

10.4.1　试用 Time 类

在定义 Time 类前，先看一下这个类的功能。首先，确认当前工作目录是 ch10 文件夹；然后，从 timewithproperties.py 导入 Time 类：

```
In [1]: from timewithproperties import Time
```

250

创建一个 Time 对象

下面，我们创建一个 Time 对象。Time 类的 __init__ 方法有 hour、minute 和 second 共 3 个参数，每个参数的默认值是 0。这里，我们指定 hour 和 minute 参数，second 参数取默认值 0：

```
In [2]: wake_up = Time(hour=6, minute=30)
```

显示 Time 对象

Time 类定义了两个方法，用于生成 Time 对象的字符串表示。当在 IPython 中按代码段 [3] 评估一个变量时，IPython 会调用对象的 __repr__ 特殊方法生成该对象的字符串表示。我们实现的 __repr__ 创建了下面格式的字符串：

```
In [3]: wake_up
Out[3]: Time(hour=6, minute=30, second=0)
```

我们也提供了 __str__ 特殊方法，当一个对象被转换成字符串（如使用 print 输出对

⊖　这里的 property 与 attribute 对应的中文含义都是属性。attribute 表示对象本身所固有的那些属性；property 表示通过方法间接访问属性的方式。在区分不开的情况下，译稿中保留了 property 的英文表示。——译者注

象）时，该方法会被调用[⊖]。我们实现的 __str__ 创建了 12 小时时钟格式的字符串：

```
In [4]: print(wake_up)
6:30:00 AM
```

通过 property 获取一个属性的值

Time 类提供了 hour、minute 和 second 这 3 个 property，使用它们可以方便地获取或修改一个对象的数据属性的值。后面将会介绍，property 以方法的形式实现，因此它们可以包含额外的逻辑处理。例如，可以指定返回的数据属性值的格式，或者在修改一个数据属性值前验证新值是否有效。这里，我们获取 wake_up 对象的小时值：

```
In [5]: wake_up.hour
Out[5]: 6
```

虽然这个代码段好像是简单地获取了 hour 数据属性的值，但实际上它会调用 hour 方法返回数据属性的值（在下一节中会看到，这个数据属性被命名为 _hour）。

设置时间

通过调用 Time 对象的 set_time 方法可以设置一个新的时间。类似于 __init__ 方法，set_time 方法提供了 hour、minute 和 second 这 3 个参数，它们的默认值都是 0：

```
In [6]: wake_up.set_time(hour=7, minute=45)

In [7]: wake_up
Out[7]: Time(hour=7, minute=45, second=0)
```

通过 property 设置属性值

Time 类也支持通过 property 分别设置 hour、minute 和 second 值。这里，我们将
hour 值修改为 6：

```
In [8]: wake_up.hour = 6

In [9]: wake_up
Out[9]: Time(hour=6, minute=45, second=0)
```

虽然代码段 [8] 好像是简单地给一个数据属性赋值，但实际上它将调用 hour 方法并以 6 作为参数。这个方法会先验证值是否有效，再将该值赋给相应的数据属性（在下一节中会看到，这个数据属性被命名为 _hour）。

尝试设置一个无效值

为了证明 Time 类的 property 确实对所赋的值进行了有效性验证，我们试着将一个无效值通过 property 赋给 hour，这会导致 ValueError 异常：

⊖ 如果一个类没有提供 __str__ 方法，则当该类的一个对象被转换为字符串时，该类的 __repr__ 方法会被调用。

```
In [10]: wake_up.hour = 100
----------------------------------------------------------------
ValueError                              Traceback (most recent call last)
<ipython-input-10-1fce0716ef14> in <module>()
----> 1 wake_up.hour = 100

~/Documents/examples/ch10/timewithproperties.py in hour(self, hour)
    20          """Set the hour."""
    21          if not (0 <= hour < 24):
---> 22              raise ValueError(f'Hour ({hour}) must be 0-23')
    23
    24          self._hour = hour

ValueError: Hour (100) must be 0-23
```

10.4.2　Time 类的定义

我们已经看到了 Time 类如何使用，下面看一下它的定义。

Time 类：带有默认参数值的 __init__ 方法

Time 类的 __init__ 方法包括 hour、minute 和 second 这 3 个参数，每一个参数的默认值都是 0。类似于 Account 类的 __init__ 方法，self 参数是对正在被初始化的 Time 对象的一个引用。包含 self.hour、self.minute 和 self.second 的这些语句，看上去正在为新的 Time 对象（self）创建 hour、minute 和 second 这 3 个属性，但实际上，这些语句调用了实现类的 hour、minute 和 second 这 3 个 property 的方法（第 13～50 行）。然后，这些方法再去创建名字分别为 _hour、_minute 和 _second 的 3 个属性，属性名以下划线（_）开始意味着这些属性应仅在类内使用：

```
 1    # timewithproperties.py
 2    """Class Time with read-write properties."""
 3
 4    class Time:
 5        """Class Time with read-write properties."""
 6
 7        def __init__(self, hour=0, minute=0, second=0):
 8            """Initialize each attribute."""
 9            self.hour = hour      # 0-23
10            self.minute = minute  # 0-59
11            self.second = second  # 0-59
12
```

|252|

Time 类：命名为 hour 的可读写 property

第 13～24 行代码定义了可公开访问的、命名为 hour 的可读写 property，可操作名字为 _hour 的数据属性。以单下划线（_）开始的命名约定，意味着客户端代码不应该直接访问 _hour。如在前面的代码段 [5] 和 [8] 所看到的，对于正在使用 Time 对象的编程人员来说，property 就像是数据属性。但需要注意，property 被实现为方法。每个 property 都定义了一个 getter 方法，用于获取（即返回）一个数据属性的值，并可以选择性地定义一个 setter 方法，用于设置一个数据属性的值：

```
13        @property
14        def hour(self):
```

```
15          """Return the hour."""
16          return self._hour
17
18      @hour.setter
19      def hour(self, hour):
20          """Set the hour."""
21          if not (0 <= hour < 24):
22              raise ValueError(f'Hour ({hour}) must be 0-23')
23
24          self._hour = hour
25
```

getter 方法以 @property 装饰器开始，它仅有一个 self 参数。装饰器将代码添加到被装饰的函数中，该装饰器使得 hour 函数能够像属性一样被操作。getter 方法的名字就是 property 的名字，这个 getter 方法返回了 _hour 数据属性的值。下面的客户端代码表达式会调用这个 getter 方法：

```
wake_up.hour
```

后面马上就会看到，getter 方法也可以在类内使用。

一个 property 的 setter 方法以 @property_name.setter 形式的装饰器开始（本例中是 @hour.setter）。该 setter 方法接收两个参数，一个是 self，另一个是用于接收给该 property 赋值的参数 hour。如果 hour 参数的值有效，该 setter 方法会将 hour 参数值赋给对象的 _hour 属性；否则，该 setter 方法会引发 ValueError 异常。下面的客户端代码表达式通过给 property 赋值调用了对应的 setter 方法：

```
wake_up.hour = 8
```

实际上，我们也在类内 __init__ 方法的第 9 行调用了这个 setter 方法：

```
self.hour = hour
```

使用 setter 方法，我们能够在创建和初始化对象的 _hour 属性前，验证 __init__ 的 hour 参数是否有效。执行第 9 行代码时，hour 这个 property 的 setter 方法第一次被执行。可读写 property 既有 getter 方法，也有 setter 方法；而一个只读 property 只有一个 getter 方法。

Time 类：分别命名为 minute 和 second 的可读写 property

第 26～37 行代码和第 39～50 行代码定义了分别命名为 minute 和 second 的可读写 property。每个 property 的 setter 方法确保其第 2 个参数在 0～59 范围取值（分钟和秒钟的有效值范围）：

253

```
26      @property
27      def minute(self):
28          """Return the minute."""
29          return self._minute
30
31      @minute.setter
32      def minute(self, minute):
```

```
33                """"Set the minute."""
34                if not (0 <= minute < 60):
35                    raise ValueError(f'Minute ({minute}) must be 0-59')
36
37                self._minute = minute
38
39          @property
40          def second(self):
41                """"Return the second."""
42                return self._second
43
44          @second.setter
45          def second(self, second):
46                """"Set the second."""
47                if not (0 <= second < 60):
48                    raise ValueError(f'Second ({second}) must be 0-59')
49
50                self._second = second
51
```

Time 类：set_time 方法

使用 set_time 方法以单一的方法调用同时修改 3 个属性的值，这是一种便利的方式。第 54～56 行分别调用了 hour、minute 和 second 这 3 个 property 的 setter 方法：

```
52          def set_time(self, hour=0, minute=0, second=0):
53                """"Set values of hour, minute, and second."""
54                self.hour = hour
55                self.minute = minute
56                self.second = second
57
```

Time 类：__repr__ 特殊方法

将一个对象传递给内置函数 repr 时（如在 IPython 会话中评估一个变量，就会隐式地执行 repr 函数），对应类的 __repr__ 方法会被调用以得到该对象的字符串表示：

```
58          def __repr__(self):
59                """"Return Time string for repr()."""
60                return (f'Time(hour={self.hour}, minute={self.minute}, ' +
61                        f'second={self.second})')
62
```

Python 文档指出，__repr__ 返回对象的"官方"字符串表示，该字符串看上去像一个用于创建并初始化对象的构造器表达式[⊖]，如

|254|

```
'Time(hour=6, minute=30, second=0)'
```

这与前一节中代码段 [2] 给出的构造器表达式类似。Python 有一个内置函数 eval，该函数能够接收字符串 'Time(hour=6, minute=30, second=0)' 作为参数，并使用该字符串包含的值（即 Time(hour=6, minute=30, second=0)）创建并初始化一个 Time 对象。

Time 类：__str__ 特殊方法

我们也为 Time 类定义了 __str__ 特殊方法。当使用内置函数 str 将一个对象转成字

　⊖　https://docs.python.org/3/reference/datamodel.html.

符串时（如使用 print 输出一个对象或显式调用 str），该方法被隐式调用。我们实现的 __str__ 创建了一个以 12 小时时钟格式表示的字符串，如 '7:59:59 AM' 或 '12:30:45 PM'：

```
63        def __str__(self):
64            """Print Time in 12-hour clock format."""
65            return (('12' if self.hour in (0, 12) else str(self.hour % 12)) +
66                    f':{self.minute:0>2}:{self.second:0>2}' +
67                    (' AM' if self.hour < 12 else ' PM'))
```

10.4.3 Time 类定义的设计说明

下面结合 Time 类，考虑一些类设计方面的问题。

一个类的接口

Time 类的 property 和方法定义了该类的**公共接口**，即编程人员所使用的用于操作类对象的 property 和方法集合。

属性应始终是可访问的

虽然我们提供了良好定义的接口，但 Python 并不会禁止编程人员直接操作 _hour、_minute 和 _second 这些数据属性，如

```
In [1]: from timewithproperties import Time

In [2]: wake_up = Time(hour=7, minute=45, second=30)

In [3]: wake_up._hour
Out[3]: 7

In [4]: wake_up._hour = 100

In [5]: wake_up
Out[5]: Time(hour=100, minute=45, second=30)
```

在执行代码段 [4] 后，wake_up 对象包含了无效的数据。与 C++、Java 和 C# 等其他面向对象编程语言不同，Python 不会对客户端代码隐藏数据属性。按 Python 教程所说："Python 没有提供隐藏数据的功能，所有的数据操作方式都是基于约定的。"⊖

内部数据表示

[255] 在这里，将时间表示为 3 个整数值，分别对应时、分和秒。实际上，类内部将时间表示为午夜后的秒数也完全合理。由于内部数据表示的改变，我们将不得不重写 hour、minute 和 second 这 3 个 property，但对于编程人员来说，他们并不需要关心内部数据表示的改变，他们可以使用相同的接口并得到相同的结果。请读者完成内部数据表示的修改（即改为用午夜后的秒数表示时间），并展示使用 Time 对象的客户端代码不需要做任何修改。

⊖ https://docs.python.org/3/tutorial/classes.html#random-remarks.

改进类的实现细节

设计一个类时，在将这个类提供给其他开发者使用前，请务必仔细考虑类的接口。理想情况下，对于所设计的类接口来说，在更改类的实现细节（如内部数据表示或方法体实现方式）时，客户端代码不需要做任何修改也可正常使用。

如果 Python 编程者遵循约定，不直接访问名字以单下划线（_）开始的那些属性，则类设计者能够在不影响客户端代码的情况下改进类的实现细节。

property

与直接访问数据属性相比，使用具有 setter 和 getter 的 property 似乎并没有带来什么优势，但需要注意二者之间存在的一些细微差异：getter 似乎允许客户端代码随意读取数据，但能够控制返回数据的格式；setter 能够对试图修改数据属性值的操作进行检查，以防止数据被设置为无效值。

工具方法

在一个类中，并不是所有的方法都需要作为该类的接口。一些方法可以作为仅在类内使用的**工具方法**，而不应在客户端代码中调用。与仅在类内部使用的数据属性相同，这些仅在类内使用的工具方法在命名时，也应以单下划线开始。在 C++、Java 和 C# 等其他面向对象语言中，这些工具方法通常被实现为私有方法。

datetime 模块

在专业的 Python 程序开发中，通常不用自己创建类来表示时间和日期，而是直接使用 Python 标准库中 datetime 模块的功能。关于 datetime 模块的更多细节信息，请参阅 https://docs.python.org/3/library/datetime.html。

10.5　模拟"私有"属性

在 C++、Java 和 C# 等编程语言中，类会显式地声明哪些类成员是可公开访问的。不允许在类定义体外访问的类成员是**私有的**，这些私有成员仅在定义它们的类内可直接访问。Python 编程者经常使用"私有"属性表示仅在类内使用而不作为类的公开接口的那些属性和工具方法。

可见，Python 对象的属性始终是可访问的。然而，Python 对"私有"属性有命名约定。如果我们想创建一个 Time 类的对象，并禁止下面的赋值语句

```
wake_up._hour = 100
```

即禁止将小时设置为无效值，则不应该用以单下划线开始的属性名 _hour，而应该用以双下划线开始的属性名 __hour。以双下划线开始的命名约定，说明 __hour 是"私有"的，不应该在客户端代码中直接访问它。为了帮助避免客户端代码直接访问这些"私有"属性，Python 会对"私有"属性加前缀 _ClassName（ClassName 要替换为具体的类名）进行重命名，如 _Time__hour，这被称为**命名修饰**。如果尝试给 __hour 赋值，如

```
wake_up.__hour = 100
```

则 Python 会引发 `AttributeError` 异常，即类中没有 `__hour` 这个属性，下面我们将通过代码示例展示这一点。

IPython 自动补全仅显示 "公有" 属性

当试着通过按 Tab 键自动补全下面的表达式时，IPython 不会显示以单下划线或双下划线开始的那些属性：

```
wake_up.
```

IPython 自动补全列表中仅会显示作为 `wake_up` 对象 "公有" 接口的那些属性。

"私有" 属性示例

为了证实前面介绍的命名修饰，这里考虑 `PrivateClass` 类，其具有一个 "公有" 数据属性 `public_data` 和一个 "私有" 数据属性 `__private_data`：

```
 1   # private.py
 2   """Class with public and private attributes."""
 3
 4   class PrivateClass:
 5       """Class with public and private attributes."""
 6
 7       def __init__(self):
 8           """Initialize the public and private attributes."""
 9           self.public_data = "public"   # public attribute
10           self.__private_data = "private"  # private attribute
```

下面创建一个 `PrivateClass` 类的对象，以展示对数据属性的访问：

```
In [1]: from private import PrivateClass

In [2]: my_object = PrivateClass()
```

代码段 [3] 说明能够直接访问 `public_data` 属性：

```
In [3]: my_object.public_data
Out[3]: 'public'
```

然而，当尝试在代码段 [4] 中直接访问 `__private_data` 属性时，我们得到 `AttributeError` 异常，这说明在 `PrivateClass` 类中没有名字为 `__private_data` 的属性：

```
In [4]: my_object.__private_data
---------------------------------------------------------------
AttributeError                        Traceback (most recent call last)
<ipython-input-4-d896bfdf2053> in <module>()
----> 1 my_object.__private_data

AttributeError: 'PrivateClass' object has no attribute '__private_data'
```

这是因为 Python 通过命名修饰自动修改了这个 "私有" 属性的名字。不幸的是，`_private_data` 仍然不能直接访问。

10.6　案例研究：洗牌和分牌模拟

本节中的例子给出了两个自定义类，利用这两个类可以进行洗牌和分牌。Card 类用于表示一张扑克牌，有牌面（face）和花色（suit）两个属性，牌面的取值范围是（'Ace'，'2'，'3'，…，'Jack'，'Queen'，'King'），花色的取值范围是（'Hearts'，'Diamonds'，'Clubs'，'Spades'）。DeckOfCards 类用于表示一副扑克牌，是包括 52 张扑克牌的 Card 对象列表。首先，我们在 IPython 会话中试用这些类，演示洗牌、分牌以及以文本形式显示牌的功能。然后，我们将看到类的定义方法。最后，我们将使用另一个 IPython 会话，利用 Matplotlib 以图像形式显示 52 张牌。

10.6.1　试用 Card 类和 DeckOfCards 类

在分析 Card 类和 DeckOfCards 类的具体实现前，先通过一个 IPython 会话演示它们的功能。

创建对象，洗牌和分牌

首先，从 deck.py 导入 DeckOfCards 类，并创建该类的对象：

```
In [1]: from deck import DeckOfCards

In [2]: deck_of_cards = DeckOfCards()
```

DeckOfCards 类的 __init__ 方法先按花色、再对每一种花色按牌面创建 52 个 Card 对象。通过打印 deck_of_cards 对象，可以看到 DeckOfCards 类的 __str__ 方法被调用以获得整副牌的字符串表示。从左向右阅读每一行，以证实所有的牌按每一种花色（Hearts、Diamonds、Clubs 和 Spades）的牌面顺序依次显示：

```
In [3]: print(deck_of_cards)
Ace of Hearts      2 of Hearts       3 of Hearts       4 of Hearts
5 of Hearts        6 of Hearts       7 of Hearts       8 of Hearts
9 of Hearts        10 of Hearts      Jack of Hearts    Queen of Hearts
King of Hearts     Ace of Diamonds   2 of Diamonds     3 of Diamonds
4 of Diamonds      5 of Diamonds     6 of Diamonds     7 of Diamonds
8 of Diamonds      9 of Diamonds     10 of Diamonds    Jack of Diamonds
Queen of Diamonds  King of Diamonds  Ace of Clubs      2 of Clubs
3 of Clubs         4 of Clubs        5 of Clubs        6 of Clubs
7 of Clubs         8 of Clubs        9 of Clubs        10 of Clubs
Jack of Clubs      Queen of Clubs    King of Clubs     Ace of Spades
2 of Spades        3 of Spades       4 of Spades       5 of Spades
6 of Spades        7 of Spades       8 of Spades       9 of Spades
10 of Spades       Jack of Spades    Queen of Spades   King of Spades
```

下面来洗牌并再次打印 deck_of_cards 对象。我们没有指定可以保证结果可重现的种子，因此每次洗牌都会得到不同的结果：

```
In [4]: deck_of_cards.shuffle()

In [5]: print(deck_of_cards)
King of Hearts   Queen of Clubs   Queen of Diamonds  10 of Clubs
5 of Hearts      7 of Hearts      4 of Hearts        2 of Hearts
```

```
5 of Clubs          8 of Diamonds      3 of Hearts        10 of Hearts
8 of Spades         5 of Spades        Queen of Spades    Ace of Clubs
8 of Clubs          7 of Spades        Jack of Diamonds   10 of Spades
4 of Diamonds       8 of Hearts        6 of Spades        King of Spades
9 of Hearts         4 of Spades        6 of Clubs         King of Clubs
3 of Spades         9 of Diamonds      3 of Clubs         Ace of Spades
Ace of Hearts       3 of Diamonds      2 of Diamonds      6 of Hearts
King of Diamonds    Jack of Spades     Jack of Clubs      2 of Spades
5 of Diamonds       4 of Clubs         Queen of Hearts    9 of Clubs
10 of Diamonds      2 of Clubs         Ace of Diamonds    7 of Diamonds
9 of Spades         Jack of Hearts     6 of Diamonds      7 of Clubs
```

分牌

通过调用 deal_card 方法，可以一次得到一个 Card 对象。IPython 调用所返回 Card 对象的 __repr__ 方法，生成 Out[] 提示符中显示的字符串输出：

```
In [6]: deck_of_cards.deal_card()
Out[6]: Card(face='King', suit='Hearts')
```

Card 类的其他功能

为了演示 Card 类的 __str__ 方法，我们分牌得到另一个 Card 对象并将它传递给内置函数 str：

```
In [7]: card = deck_of_cards.deal_card()

In [8]: str(card)
Out[8]: 'Queen of Clubs'
```

每个 Card 对象都有对应的图像文件名，通过 image_name 这个只读 property 可以获取图像文件名。后面以图像形式显示牌时，将使用这个文件名：

```
In [9]: card.image_name
Out[9]: 'Queen_of_Clubs.png'
```

10.6.2 Card 类：引入类属性

每个 Card 对象包含 3 个字符串 property，分别表示牌面（face）、花色（suit）和图像文件名（image-name）。如在前面的 IPython 会话中所看到的，Card 类也提供了用于初始化 Card 对象和获取不同字符串表示的方法。

类属性 FACES 和 SUITS

一个类的每个对象都有关于类中数据属性的自己的副本。例如，每一个 Account 对象都有它自己的 name 和 balance 属性（以使不同的 Account 对象可以保存不同的数据）。有些情况下，一个属性需要由一个类的所有对象共享。**类属性**（也称为**类变量**）用于表示类范围的信息，这个信息属于类，而不属于该类的一个特定对象。Card 类定义了两个类属性（第 5～7 行）：

❑ FACES 是一个牌面名称列表。

❑ SUITS 是一个花色名称列表。

```
I    # card.py
2    """Card class that represents a playing card and its image file name."""
3
4    class Card:
5        FACES = ['Ace', '2', '3', '4', '5', '6',
6                 '7', '8', '9', '10', 'Jack', 'Queen', 'King']
7        SUITS = ['Hearts', 'Diamonds', 'Clubs', 'Spades']
8
```

在类定义内部但在所有方法和 property 外，可以通过赋值定义一个类属性（在某一方法或 property 内通过赋值会定义局部变量）。FACES 和 SUITS 是不需要修改的常量，因此按 *StyleGuide for Python Code* 的建议，命名常量时所有的字母应大写⊖。

我们将使用这两个列表中的元素初始化所创建的每个 Card 对象。然而，我们不需要在每个 Card 对象中单独保存这两个列表。类属性可以通过该类的任一对象访问，但通常是通过类名访问（如 Card.FACES 或 Card.SUITS）。一旦导入了类定义，则该类的类属性就存在了。

Card 类的 __init__ 方法

创建一个 Card 对象时，__init__ 方法定义了对象的 _face 和 _suit 数据属性：

```
9        def __init__(self, face, suit):
10           """Initialize a Card with a face and suit."""
11           self._face = face
12           self._suit = suit
13
```

只读 property：face、suit 和 image_name

一旦一个 Card 对象被创建，则它的 face、suit 和 image_name 都不会再改变，因此我们将它们实现为只读 property（第 14～17 行、第 19～22 行和第 24～27 行）。face 和 suit 这两个 property 会返回相应的数据属性 _face 和 _suit。一个 property 并不需要有相应的数据属性。为了演示这一点，image_name 这个 property 的值被动态创建：先用 str(self) 获得 Card 对象的字符串表示，再用下划线替换空格、加上 '.png' 文件扩展名。这样，'Ace of Spades' 变成了 'Ace_of_Spades.png'。我们将使用这个文件名加载当前 Card 对象对应的 PNG 格式的图像。PNG（Portable Network Graphic，便携式网络图形）是一种流行的 Web 图像格式。

```
14           @property
15           def face(self):
16               """Return the Card's self._face value."""
17               return self._face
18
19           @property
20           def suit(self):
21               """Return the Card's self._suit value."""
22               return self._suit
```

260

⊖　Python 中并没有真正的常量，因此 FACES 和 SUITS 实际上仍然是可修改的。

```
23
24          @property
25          def image_name(self):
26              """Return the Card's image file name."""
27              return str(self).replace(' ', '_') + '.png'
28
```

返回 Card 对象的字符串表示的方法

Card 类提供了 3 个返回字符串表示的方法。与 Time 类中一样，__repr__ 方法返回一个字符串表示，该字符串看上去像一个用于创建并初始化 Card 对象的构造器表达式：

```
29          def __repr__(self):
30              """Return string representation for repr()."""
31              return f"Card(face='{self.face}', suit='{self.suit}')"
32
```

__str__ 方法返回 'face of suit' 格式的字符串，如 'Ace of Hearts'：

```
33          def __str__(self):
34              """Return string representation for str()."""
35              return f'{self.face} of {self.suit}'
36
```

前面的 IPython 会话打印整副牌时，所有的牌以 4 列、左对齐方式显示。如同将在 DeckOfCards 类的 __str__ 方法中所看到的，我们使用 f 字符串进行每张牌对应字符串的格式化，每个字符串显示在有 19 个字符的字段中。当 Card 对象被格式化为字符串时，Card 类的特殊方法 __format__ 被调用。例如，下面的代码以 f 字符串形式完成了字符串格式化：

```
37          def __format__(self, format):
38              """Return formatted string representation for str()."""
39              return f'{str(self):{format}}'
```

该方法的第 2 个参数是用于格式化对象的格式化字符串。为了将 format 参数的值用作格式说明符，这里将参数名 format 放在冒号右边的花括号中。在本例中，我们对 str(self) 返回的 Card 对象的字符串表示进行格式化。在介绍 DeckOfCards 类的 __str__ 方法时，我们将再讨论 __format__。

10.6.3 DeckOfCards 类

DeckOfCards 类有一个类属性 NUMBER_OF_CARDS，用于表示一副牌中牌的数量。另外，还有两个数据属性：

❑ _current_card 用于记录下一次被发放的牌（0～51）。

❑ _deck（第 12 行）是一个包含 52 个 Card 对象的列表。

__init__ 方法

DeckOfCards 类的 __init__ 方法初始化了 Card 的 _deck 属性。for 语句通过循环将新的 Card 对象添加到列表 _deck 的尾部。其中，每个新的 Card 对象用两个字符串

进行初始化，这两个字符串分别取自列表 Card.FACES 和 Card.SUITS。count%13 这个
运算将返回 0～12 的值（即列表 Card.FACES 的 13 个索引），而 count//13 这个运算将返
回 0～3 的值（即列表 Card.SUITS 的 4 个索引）。当初始化 _deck 列表时，先添加的是花
色为 Hearts、牌面从 'Ace' 到 'King' 的 13 张牌，其次是花色为 Diamonds 的 13 张牌，
再次是花色为 Clubs 的 13 张牌，最后是花色为 Spades 的 13 张牌。

```python
1   # deck.py
2   """Deck class represents a deck of Cards."""
3   import random
4   from card import Card
5
6   class DeckOfCards:
7       NUMBER_OF_CARDS = 52  # constant number of Cards
8
9       def __init__(self):
10          """Initialize the deck."""
11          self._current_card = 0
12          self._deck = []
13
14          for count in range(DeckOfCards.NUMBER_OF_CARDS):
15              self._deck.append(Card(Card.FACES[count % 13],
16                  Card.SUITS[count // 13]))
17
```

shuffle 方法

shuffle 方法先将 _current_card 重置为 0，然后使用 random 模块的 shuffle 函
数将 _deck 中的 Card 对象的顺序打乱：

```python
18      def shuffle(self):
19          """Shuffle deck."""
20          self._current_card = 0
21          random.shuffle(self._deck)
22
```

deal_card 方法

deal_card 方法从 _deck 中得到一个 Card 对象。前面已介绍，_current_card 表
示下一张要被发放的牌（即整副牌中最上面的那张牌）的索引，其取值范围是 0～51。第
26 行代码从 _deck 中获取索引为 _current_card 的元素。如果成功，则将 _current_
card 增 1，然后返回得到的 Card 对象；否则，返回 None，表示已经没有可以发放的牌。

```python
23      def deal_card(self):
24          """Return one Card."""
25          try:
26              card = self._deck[self._current_card]
27              self._current_card += 1
28              return card
29          except:
30              return None
31
```

262

__str__ 方法

DeckOfCards 类也定义了特殊方法 __str__，用于获取整副牌的字符串表示。字符串
分 4 列，每张牌对应的字符串以左对齐的方式放在 19 个字符宽的字段中。当第 37 行代码

格式化一个给定的 Card 对象时，该 Card 对象的 __format__ 特殊方法被调用，格式说明符 '<19' 作为 __format__ 方法的 format 参数。然后，__format__ 方法使用 '<19' 创建 Card 对象的格式化的字符串表示。

```
32          def __str__(self):
33              """Return a string representation of the current _deck."""
34              s = ''
35
36              for index, card in enumerate(self._deck):
37                  s += f'{self._deck[index]:<19}'
38                  if (index + 1) % 4 == 0:
39                      s += '\n'
40
41              return s
```

10.6.4　利用 Matplotlib 显示扑克牌图像

到目前为止，我们都是以文本形式显示扑克牌的。现在，我们来看一下如何以图像形式显示。为了展示程序，我们需要从 Wikimedia Commons（https://commons.wikimedia.org/wiki/Category:SVG_English_pattern_playing_cards）下载 public-domain 扑克牌图像。

这些扑克牌图像放在了本书 ch10 文件夹的 card_images 子文件夹中。首先，我们创建一个 DeckOfCards 对象：

```
In [1]: from deck import DeckOfCards

In [2]: deck_of_cards = DeckOfCards()
```

在 IPython 中使用 Matplotlib

下面，在 IPython 中通过使用 %matplotlib 魔术命令启动 Matplotlib 支持：

```
In [3]: %matplotlib
Using matplotlib backend: Qt5Agg
```

为每幅图像创建基路径

在显示每幅图像前，必须从 card_images 文件夹中加载图像。我们使用 pathlib 模块的 Path 类构造每幅图像在我们系统中的完整路径。代码段 [5] 为当前文件夹（即 ch10 文件夹）创建了一个 Path 对象，其表示为 '.'。然后使用 Path 的 joinpath 方法追加包含扑克牌图像的子文件夹：

```
In [4]: from pathlib import Path

In [5]: path = Path('.').joinpath('card_images')
```

导入 Matplotlib 功能

下面，我们导入显示图像所需要的那些 Matplotlib 模块。matplotlib.image 中的一个函数将被用于加载图像：

```
In [6]: import matplotlib.pyplot as plt

In [7]: import matplotlib.image as mpimg
```

创建 Figure 对象和 Axes 对象

下面的代码段使用 Matplotlib 的 subplots 函数创建了一个 Figure 对象。在这个 Figure 对象中，我们将在 52 个 subplots（子图）中以 4 行（nrows）、13 列（ncols）显示图像。subplots 函数返回一个元组，该元组中包含一个 Figure 对象和由 subplots 的 Axes 对象组成的一个数组（52 个元素）。下面将它们解包到变量 figure 和 axes_list 中：

```
In [8]: figure, axes_list = plt.subplots(nrows=4, ncols=13)
```

在 IPython 中执行这条语句时，Matplotlib 窗口会立即出现，并且窗口中会出现 52 个空的子图。

配置 Axes 对象并显示图像

下面，我们迭代 axes_list 中的所有 Axes 对象。根据前面的介绍，ravel 提供了多维数组的一维视图。对于每一个 Axes 对象，我们执行下面的处理：

❑ 我们不是在绘制数据，因此对于每幅图像不需要轴线和标签。循环中的前两条语句隐藏了 x 轴和 y 轴。

❑ 由第 3 条语句可得到一个 Card 对象并获取其 image_name。

❑ 第 4 条语句使用 Path 的 joinpath 方法将 image_name 添加到路径中，然后调用 Path 的 resolve 方法确定图像在我们系统中的完整路径。我们将 resolve 返回的包含完整路径的 Path 对象传递给内置函数 str，得到图像路径的字符串表示。再将这个字符串传递给 matplotlib.image 模块的 imread 函数，即可完成图像加载。

❑ 最后一条语句调用了 Axes 的 imshow 方法，在当前子图中显示了当前的图像。

```
In [9]: for axes in axes_list.ravel():
   ...:     axes.get_xaxis().set_visible(False)
   ...:     axes.get_yaxis().set_visible(False)
   ...:     image_name = deck_of_cards.deal_card().image_name
   ...:     img = mpimg.imread(str(path.joinpath(image_name).resolve()))
   ...:     axes.imshow(img)
   ...:
```

最大化图像尺寸

目前，所有的图像都显示出来了。为了使扑克牌显示得尽可能大，可以最大化窗口，然后调用 Matplotlib 的 Figure 对象的 tight_layout 方法。这将去掉窗口中的大多数多余空白：

```
In [10]: figure.tight_layout()
```

下图显示了结果窗口的内容。

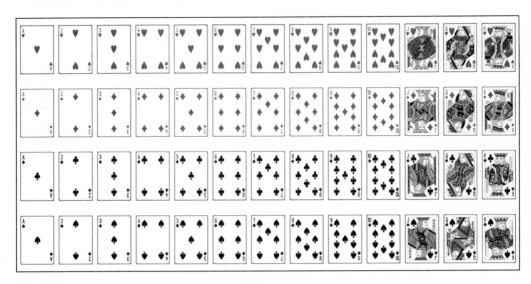

洗牌和重新分牌

为了看到打乱有顺序的图像，可以调用 shuffle 方法，然后重新执行代码段 [9] 的代码：

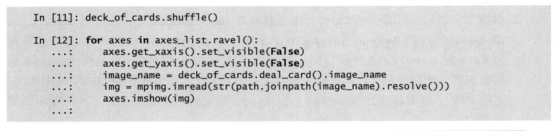

```
In [11]: deck_of_cards.shuffle()

In [12]: for axes in axes_list.ravel():
    ...:     axes.get_xaxis().set_visible(False)
    ...:     axes.get_yaxis().set_visible(False)
    ...:     image_name = deck_of_cards.deal_card().image_name
    ...:     img = mpimg.imread(str(path.joinpath(image_name).resolve()))
    ...:     axes.imshow(img)
    ...:
```

10.7　继承：基类和子类

一个类的一个对象经常也是另一个类的一个对象。例如，一个 CarLoan（车贷）对象也是一个 Loan（贷款）对象；同样，HomeImprovementLoan（住房改善贷款）和 MortgageLoan（抵押贷款）的对象也是 Loan 对象。CarLoan 类可以说成继承自 Loan 类。在这种情况下，Loan 类是基类，而 CarLoan 类是子类。CarLoan 是一种特定类型的 Loan，但如果反过来说，每一个 Loan 对象都是一个 CarLoad 对象，则这是不正确的，因为 Loan 也可以是车贷以外的其他类型的贷款。下面的表格列出了一些基类和子类的简单示例，基类趋向于表示更一般的事物，而子类趋向于表示更具体的事物（即基类表示的事物范围比子类更广）。

基　　类	子　　类
Student（学生）	GraduateStudent（研究生），UndergraduateStudent（本科生）
Shape（形状）	Circle（圆），Triangle（三角形），Rectangle（矩形），Sphere（球体），Cube（立方体）
Loan（贷款）	CarLoan（车贷），HomeImprovementLoan（房屋改善贷款），MortgageLoan（抵押贷款）
Employee（员工）	Faculty（教员），Staff（行政人员）
BankAccount（银行账户）	CheckingAccount（支票账户），SavingsAccount（储蓄账户）

每个子类对象都是其基类的一个对象，并且一个基类可以有很多子类。因此，由基类表示的对象集合比其任一子类表示的对象集合更大。例如，基类 Vehicle 表示所有的交通工具，包括小汽车、卡车、小船、自行车等，相比之下，子类 Car（小汽车）表示交通工具的一个更小、更具体的子集。

CommunityMember 继承层次结构

继承关系形成了树形层次结构。基类与它的子类是一种层次关系。在这里，我们设计一个简单的类层次结构（如下图所示），类层次结构也称为**继承层次结构**。一个大学社区有上千名成员，包括员工（Employee）、学生（Student）和校友（Alum）。员工可以分为教员（Faculty）和行政人员（Staff），教员（Faculty）又可以分为管理人员（Administrator，如院长和系主任）和教师（Teacher）。这个层次结构还可以再包含许多其他类。例如，学生（Student）可以分为研究生（GraduateStudent）和本科生（UndergraduateStudent），本科生又可以分为大一、大二、大三或大四的学生。对于**单继承**，一个类从一个基类派生；对于**多重继承**，一个子类对两个或更多基类进行继承。单继承比较简单易懂，多重继承不属于本书的讨论范围。在使用多重继承前，请在线搜索"diamond problem in Python multiple inheritance."。

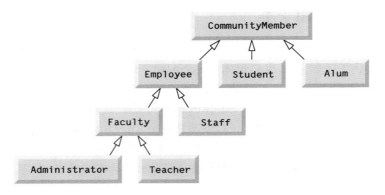

层次结构中的每一个箭头表示一个"是"（is a）关系。例如，当我们在这个类层次结构中沿着箭头向上，我们可以说"一名员工（Employee）是一名大学社区成员（CommunityMember）""一名教师（Teacher）是一名教员（Faculty）"。CommunityMember 是 Employee、Student 和 Alum 的直接基类，是该图中其他所有类的间接基类。从底部开始，沿着箭头应用"是"关系能够到达最顶部的父类。例如，一名管理人员（Administrator）是一名教员（Faculty），是一名员工（Employee），是一名大学社区成员（CommunityMember），当然最终是一个 object（后面会介绍，实际上 object 类是所有类的直接或间接基类）。

Shape 继承层次结构

现在考虑下面类图中的 Shape 继承层次结构。该层次结构从基类 Shape 开始，Shape 有 TwoDimensionalShape 和 ThreeDimensionalShape 两个子类，即每个形状（Shape）可以是一个二维形状（TwoDimensionalShape），也可以是一个三维形状（ThreeDimensionalShape）。同前面一样，我们能够从图的底部开始，沿着箭头通过几个"是"关系到达这个类层次结构最顶部的基类。例如，一个三角形（Triangle）是一个二维形状（TwoDimensionalShape），也是一个形状（Shape）；而一个球体（Sphere）是一个三维形状（ThreeDimensionalShape），也是一个形状（Shape）。这个层次结构也可以包含许多其他类。例如，椭圆和梯形也是二维形状（TwoDimensionalShape），而锥体和圆柱体也是三维形状（ThreeDimensionalShape）。

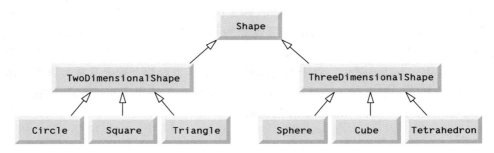

"是"(is a)与 "有"(has a)两种关系的区别

继承产生 "是" 关系,即一个子类类型的对象也可以被视作一个基类类型的对象。前面已经介绍了 "有"(组合)关系,即一个类中可以包括一个或多个其他类对象的引用作为该类的成员。

10.8　构建继承层次结构:引入多态性

一个公司的工资单应用程序中包含不同类型的员工,这里使用员工类层次结构,讨论基类和其子类之间的关系。公司里的员工有许多共同点,但佣金员工(commission employee,将被表示为基类的对象)的收入只有销售提成,而带薪佣金员工(salaried commission employee,将被表示为子类的对象)的收入是底薪加销售提成。

首先,我们给出基类 CommissionEmployee(佣金员工)。然后,我们通过继承 CommissionEmployee 类,创建子类 SalariedCommissionEmployee(带薪佣金员工)。最后,我们使用 IPython 会话创建一个 SalariedCommissionEmployee 对象,并演示该对象同时拥有基类和子类的功能,但其收入计算方式与基类对象不同。

267

10.8.1　基类 CommissionEmployee

CommissionEmployee 类提供了下列功能:

❑ __init__ 方法(第 8~15 行)——创建了数据属性 _first_name、_last_name 和 _ssn(社会保障号),并使用 gross_sales 和 commission_rate 这两个 property 的 setter 方法创建相应的数据属性。

❑ first_name(第 17~19 行)、last_name(第 21~23 行)和 ssn(第 25~27 行)这 3 个只读 property——返回相应的数据属性。

❑ gross_sales(第 29~39 行)和 commission_rate(第 41~52 行)这 2 个读写 property——其中的 setter 方法会执行数据有效性验证。

❑ earnings 方法(第 54~56 行)——计算并返回一个 CommissionEmployee 对象的收入。

❑ __repr__ 方法(第 58~64 行)——返回一个 CommissionEmployee 对象的字符串表示。

```
 1   # commmissionemployee.py
 2   """CommissionEmployee base class."""
 3   from decimal import Decimal
 4
 5   class CommissionEmployee:
 6       """An employee who gets paid commission based on gross sales."""
 7
 8       def __init__(self, first_name, last_name, ssn,
 9                    gross_sales, commission_rate):
10           """Initialize CommissionEmployee's attributes."""
11           self._first_name = first_name
```

```
12              self._last_name = last_name
13              self._ssn = ssn
14              self.gross_sales = gross_sales  # validate via property
15              self.commission_rate = commission_rate  # validate via property
16
17          @property
18          def first_name(self):
19              return self._first_name
20
21          @property
22          def last_name(self):
23              return self._last_name
24
25          @property
26          def ssn(self):
27              return self._ssn
28
29          @property
30          def gross_sales(self):
31              return self._gross_sales
32
33          @gross_sales.setter
34          def gross_sales(self, sales):
35              """Set gross sales or raise ValueError if invalid."""
36              if sales < Decimal('0.00'):
37                  raise ValueError('Gross sales must be >= to 0')
38
39              self._gross_sales = sales
40
41          @property
42          def commission_rate(self):
43              return self._commission_rate
44
45          @commission_rate.setter
46          def commission_rate(self, rate):
47              """Set commission rate or raise ValueError if invalid."""
48              if not (Decimal('0.0') < rate < Decimal('1.0')):
49                  raise ValueError(
50                      'Interest rate must be greater than 0 and less than 1')
51
52              self._commission_rate = rate
53
54          def earnings(self):
55              """Calculate earnings."""
56              return self.gross_sales * self.commission_rate
57
58          def __repr__(self):
59              """Return string representation for repr()."""
60              return ('CommissionEmployee: ' +
61                  f'{self.first_name} {self.last_name}\n' +
62                  f'social security number: {self.ssn}\n' +
63                  f'gross sales: {self.gross_sales:.2f}\n' +
64                  f'commission rate: {self.commission_rate:.2f}')
```

first_name、last_name 和 ssn 这 3 个 property 是只读的。原则上，我们应该验证它们的 3 个属性（即 _first_name、_last_name 和 _ssn）的取值的有效性。例如，我们可以验证姓和名的长度是否在合理的范围、社会保障号是否包含 9 个数字以及是否带有短横线（即验证社保号是否符合 ###-##-#### 或 ######### 格式，其中每个 # 是一个数字）。但在这里我们并没有做这些验证工作。

所有的类直接或间接继承自 `object` 类

使用继承可以根据已有类创建新类。实际上，每个 Python 类都继承自一个已有类。在创建新类时，如果没有显式指定基类，Python 会认为这个新类是直接从 `object` 类继承的。因此，Python 类层次结构从 `object` 类开始，其他每个类都是 `object` 类的直接或间接子类。这样，`CommissionEmployee` 的类头也可以写为：

```
class CommissionEmployee(object):
```

类名 `CommissionEmployee` 后的括号用于说明继承关系，括号里可以只是一个基类（单继承），也可以是由逗号分开的基类列表（多重继承）。这里再一次说明，多重继承不在本书的讨论范围内。

CommissionEmployee 类继承了 `object` 类的所有方法。`object` 类没有任何数据属性，而 `__repr__` 和 `__str__` 是其他每个类从 `object` 类继承的众多方法中的两个。因此，每个类都具有这两个方法，当它们被调用时将返回对象的字符串表示。当一个基类方法的实现不适用于某个派生类时，则在该派生类中可以对继承自基类的方法进行重写（即重定义），根据需要给出新的实现。例如，第 58～64 行为 `CommissionEmployee` 定义的 `__repr__` 方法，就是对 `CommissionEmployee` 类从 `object` 类继承的方法的重写[⊖]。

测试 `CommissionEmployee` 类

下面测试 CommissionEmployee 类的一些功能。首先，创建并显示 CommissionEmployee 对象：

```
In [1]: from commissionemployee import CommissionEmployee

In [2]: from decimal import Decimal

In [3]: c = CommissionEmployee('Sue', 'Jones', '333-33-3333',
   ...:     Decimal('10000.00'), Decimal('0.06'))
   ...:

In [4]: c
Out[4]:
CommissionEmployee: Sue Jones
social security number: 333-33-3333
gross sales: 10000.00
commission rate: 0.06
```

然后，计算并显示这个 CommissionEmployee 对象的收入：

```
In [5]: print(f'{c.earnings():,.2f}')
600.00
```

最后，我们改变这个 CommissionEmployee 对象的总销售额和提成比例，再重新计算其收入：

⊖ 请在 https://docs.python.org/3/reference/datamodel.html 上阅读 `object` 的可重写方法。

右侧页边：269

```
In [6]: c.gross_sales = Decimal('20000.00')

In [7]: c.commission_rate = Decimal('0.1')

In [8]: print(f'{c.earnings():,.2f}')
2,000.00
```

10.8.2 子类 SalariedCommissionEmployee

在单继承方式下，初始时，子类和基类基本相同。继承的真正优势在于，子类中可以增加新的成员，或者对继承自基类的功能进行替换或改进。

SalariedCommissionEmployee 类与 CommissionEmployee 类在许多功能上是相似的。两种类型的员工都有名、姓、社会保障号、总销售额和提成比例这些数据属性，以及用于操作这些数据的 property 和方法。如果创建 SalariedCommissionEmployee 类时不使用继承，则需要从 CommissionEmployee 类复制代码并粘贴到 SalariedCommissionEmployee 类中，然后再为这个新类增加一个底薪数据属性，以及操作这个底薪数据的 property 和方法，并重新实现 earnings 方法。这种复制－粘贴方式容易产生错误，更糟糕的是，这种方式会使得系统中包含很多重复的代码（包括错误），增加了代码维护的难度（如需要在多处相同的代码中重复做相同的修改）。继承使我们能够在不复制代码的情况下重用已有类的功能，下面来看一下这是如何实现的。

声明 SalariedCommissionEmployee 类

现在声明子类 SalariedCommissionEmployee，该类所具有的大多数功能是从 CommissionEmployee 类继承而来的（第 6 行）。一个 SalariedCommissionEmployee 对象是一个 CommissionEmployee 对象，继承传递了 CommissionEmployee 类的所有功能，但 SalariedCommissionEmployee 类还实现了下面列出的功能：

❑ __init__ 方法（第 10～15 行）——先初始化了从 CommissionEmployee 类继承的所有数据，然后使用 base_salary 这个 property 的 setter 方法创建了 _base_salary 数据属性。

❑ base_salary 这个可读写 property（第 17～27 行），其 setter 方法执行了数据验证。

❑ earnings 方法的自定义版本（第 29～31 行）。

❑ __repr__ 方法的自定义版本（第 33～36 行）。

```
1   # salariedcommissionemployee.py
2   """SalariedCommissionEmployee derived from CommissionEmployee."""
3   from commissionemployee import CommissionEmployee
4   from decimal import Decimal
5
6   class SalariedCommissionEmployee(CommissionEmployee):
7       """An employee who gets paid a salary plus
8       commission based on gross sales."""
9
```

```
10      def __init__(self, first_name, last_name, ssn,
11               gross_sales, commission_rate, base_salary):
12          """Initialize SalariedCommissionEmployee's attributes."""
13          super().__init__(first_name, last_name, ssn,
14                       gross_sales, commission_rate)
15          self.base_salary = base_salary  # validate via property
16
17      @property
18      def base_salary(self):
19          return self._base_salary
20
21      @base_salary.setter
22      def base_salary(self, salary):
23          """Set base salary or raise ValueError if invalid."""
24          if salary < Decimal('0.00'):
25              raise ValueError('Base salary must be >= to 0')
26
27          self._base_salary = salary
28
29      def earnings(self):
30          """Calculate earnings."""
31          return super().earnings() + self.base_salary
32
33      def __repr__(self):
34          """Return string representation for repr()."""
35          return ('Salaried' + super().__repr__() +
36              f'\nbase salary: {self.base_salary:.2f}')
```

271

从 CommissionEmployee 类继承

为了从一个类继承，必须首先导入该类的定义（第 3 行）。第 6 行

```
class SalariedCommissionEmployee(CommissionEmployee):
```

指定 SalariedCommissionEmployee 类 从 CommissionEmployee 类 继 承。 虽 然 在 SalariedCommissionEmployee 类中没有看到 CommissionEmployee 类的那些数据属性、property 和方法，但后面马上会看到，通过继承，SalariedCommissionEmployee 类中已经包含了这些数据属性、property 和方法。

__init__ 方法和 super 内置函数

每个子类中的 __init__ 方法必须显式调用其基类的 __init__ 方法，以初始化从基类继承的那些数据属性，而这个显式调用通常是子类的 __init__ 方法的第一条语句。如在第 13 和 14 行代码中，SalariedCommissionEmployee 类的 __init__ 方法显式调用 CommissionEmployee 类 的 __init__ 方 法， 以 初 始 化 一 个 SalariedCommission-Employee 对象的基类部分（即从 CommissionEmployee 类继承的 5 个数据属性）。super().__init__ 通过内置函数 super 找到并调用基类的 __init__ 方法，并传入 5 个参数，用以初始化继承过来的那些数据属性。

重写 earnings 方法

SalariedCommissionEmployee 类 的 earnings 方 法（第 29～31 行）重写了 CommissionEmployee 类的 earnings 方法（10.8.1 节，第 54～56 行），以 实 现 一 个

SalariedCommissionEmployee 对象的收入计算。SalariedCommissionEmployee 类重定义的这个新版本的 earnings 方法，先通过表达式 super().earnings()（第 31 行）调用 CommissionEmployee 类的 earnings 方法得到销售提成收入，然后将 base_salary 和销售提成收入相加计算出总收入。通过在 SalariedCommissionEmployee 类的 earnings 方法中调用 CommissionEmployee 类的 earnings 方法来计算一个 SalariedCommission-Employee 对象的销售提成收入，使我们避免了代码重复问题并减少了代码维护工作量。

重写 __repr__ 方法

SalariedCommissionEmployee 类的 __repr__ 方法（第 33～36 行）重写了 Commission-Employee 类的 __repr__ 方法（10.8.1 节，第 58～64 行），以返回适合一个 Salaried-CommissionEmployee 对象的字符串表示。子类的 __repr__ 方法中，先通过拼接 'Salaried' 和 super().__repr__() 返回的字符串，创建了适合子类对象的部分字符串表示，其中 super().__repr__() 的作用是调用 CommissionEmployee 类的 __repr__ 方法；然后再将前面返回的字符串与底薪信息拼接，形成最后返回的结果字符串。

测试 SalariedCommissionEmployee 类

下面来测试 SalariedCommissionEmployee 类，以展示其确实继承了 Commission-Employee 类的功能。首先，创建一个 SalariedCommissionEmployee 对象，并打印它的所有 property：

```
In [9]: from salariedcommissionemployee import SalariedCommissionEmployee

In [10]: s = SalariedCommissionEmployee('Bob', 'Lewis', '444-44-4444',
    ...:          Decimal('5000.00'), Decimal('0.04'), Decimal('300.00'))
    ...:

In [11]: print(s.first_name, s.last_name, s.ssn, s.gross_sales,
    ...:          s.commission_rate, s.base_salary)
Bob Lewis 444-44-4444 5000.00 0.04 300.00
```

可见，SalariedCommissionEmployee 对象具有 CommissionEmployee 类和 Salaried-CommissionEmployee 类给出的所有 property。

然后，计算并显示这个 SalariedCommissionEmployee 对象的收入。因为我们通过一个 SalariedCommissionEmployee 对象调用 earnings 方法，所以该方法的子类版本（即 SalariedCommissionEmployee 类中重写的 earnings 方法）被执行：

```
In [12]: print(f'{s.earnings():,.2f}')
500.00
```

现在，我们修改 gross_sales、commission_rate 和 base_salary 这 3 个 property，再通过 SalariedCommissionEmployee 的 __repr__ 方法显示更新后的数据：

```
In [13]: s.gross_sales = Decimal('10000.00')

In [14]: s.commission_rate = Decimal('0.05')
```

```
In [15]: s.base_salary = Decimal('1000.00')

In [16]: print(s)
SalariedCommissionEmployee: Bob Lewis
social security number: 444-44-4444
gross sales: 10000.00
commission rate: 0.05
base salary: 1000.00
```

与前面相同，因为通过一个 SalariedCommissionEmployee 对象调用了 __repr__ 方法，所以该方法的子类版本被执行。最后，计算并显示这个 SalariedCommission-Employee 对象更新后的收入：

```
In [17]: print(f'{s.earnings():,.2f}')
1,500.00
```

测试 "是" 关系

Python 提供了 issubclass 和 isinstance 这两个内置函数来测试 "是" 关系。issubclass 函数用于判断一个类是否是从另一个类继承而来的：

```
In [18]: issubclass(SalariedCommissionEmployee, CommissionEmployee)
Out[18]: True
```

isinstance 函数用于判断一个对象是否与一个指定类型满足 "是" 关系。因为 SalariedCommissionEmployee 类继承自 CommissionEmployee 类，所以下面的两个代码段都返回 True，确认了满足 "是" 关系：

```
In [19]: isinstance(s, CommissionEmployee)
Out[19]: True

In [20]: isinstance(s, SalariedCommissionEmployee)
Out[20]: True
```

|273|

10.8.3　以多态方式处理 CommissionEmployee 和 SalariedCommissionEmployee

通过继承，子类的每个对象也可以被视为该子类的基类的对象，我们可以利用这个 "子类对象也是一个基类对象" 关系来执行一些有趣的操作。例如，可以通过继承将相关的对象放入列表中，然后遍历列表并将每个元素视为基类对象进行处理。这就使得我们能够以一般化的方式处理各种对象。在这里，我们把 CommissionEmployee 对象和 SalariedCommissionEmployee 对象放在一个列表中，然后对列表中的每个元素显示其对应的字符串表示和收入：

```
In [21]: employees = [c, s]

In [22]: for employee in employees:
    ...:     print(employee)
    ...:     print(f'{employee.earnings():,.2f}\n')
    ...:
CommissionEmployee: Sue Jones
social security number: 333-33-3333
```

```
gross sales: 20000.00
commission rate: 0.10
2,000.00

SalariedCommissionEmployee: Bob Lewis
social security number: 444-44-4444
gross sales: 10000.00
commission rate: 0.05
base salary: 1000.00
1,500.00
```

可见，对于每名员工，都显示了正确的字符串表示和收入。这就是所谓的多态，多态是面向对象编程的一项重要特性。

10.8.4 关于基于对象和面向对象编程的说明

支持方法重写的继承，是基于已存在的相似组件、根据应用程序的独特需求自定义软件组件的一种有效方式。在 Python 开源世界中，有大量良好设计的类库。基于这些类库，通常采用的编程方式是：

❏ 掌握有哪些库可以使用；
❏ 掌握有哪些类可以使用；
❏ 根据已有类创建对象；
❏ 向已创建的对象发送消息（即调用它们的方法）。

这种编程方式被称为**基于对象的编程**（Object-Based Programming，OBP）。当基于已知类的对象进行组合时，所进行的仍然是基于对象的编程。一旦增加了继承功能，则相应的编程方式被称为面向对象编程（Object-Oriented Programming，OOP）。在继承中，可以通过重写方法来满足应用程序的独特需求，也可以以多态方式处理对象。如果基于派生的子类的对象进行组合，则所进行的也是面向对象编程。

274

10.9 鸭子类型和多态性

其他大多数面向对象编程语言，需要通过基于继承的"是"关系来实现多态。Python则更加灵活，其借助被称为**鸭子类型**（duck typing）的概念来实现多态。Python 文档将鸭子类型描述为：

　　一种编程风格，它不会根据对象的类型来确定一个对象是否具有正确的接口；相反，方法或属性被简单地调用或使用（"如果它看起来像鸭子，像鸭子一样嘎嘎叫，那么它就是鸭子。"）[⊖]。

因此，在执行程序并操作对象时，对象的类型无关紧要。只要对象具有你希望访问的数据属性、property 或方法（具有与方法调用相匹配的参数），代码就可以正常工作。

　　⊖ https://docs.python.org/3/glossary.html#term-duck-typing.

这里重新考虑 10.8.3 节结尾处的循环，该循环操作员工列表：

```
for employee in employees:
    print(employee)
    print(f'{employee.earnings():,.2f}\n')
```

在 Python 中，只要 employees 中包含的对象满足下列条件，这个循环就可以正常工作：

❑ 能够通过 print 函数显示对象信息（即对象有字符串表示）；

❑ 有不带任何参数的 earnings 方法。

所有类直接或间接继承自 object 类，因此所有类都继承了用于获取字符串表示的方法，即所有类的对象都可以用 print 函数显示信息。如果一个类提供了不带任何参数的 earnings 方法，则即使这个类的对象与 CommissionEmployee 之间不满足"是"关系，我们也可以在 employees 列表中包含这个类的对象。为了演示这一点，这里考虑 WellPaidDuck 类：

```
In [1]: class WellPaidDuck:
   ...:     def __repr__(self):
   ...:         return 'I am a well-paid duck'
   ...:     def earnings(self):
   ...:         return Decimal('1_000_000.00')
   ...:
```

WellPaidDuck 对象（显然不是员工）将能够在前面的循环中被正常处理。为了证明这一点，我们分别创建了 CommissionEmployee 类、SalariedCommissionEmployee 类和 WellPaidDuck 类的对象，并将这些对象放在一个列表中：

```
In [2]: from decimal import Decimal

In [3]: from commissionemployee import CommissionEmployee

In [4]: from salariedcommissionemployee import SalariedCommissionEmployee

In [5]: c = CommissionEmployee('Sue', 'Jones', '333-33-3333',
   ...:                         Decimal('10000.00'), Decimal('0.06'))
   ...:

In [6]: s = SalariedCommissionEmployee('Bob', 'Lewis', '444-44-4444',
   ...:     Decimal('5000.00'), Decimal('0.04'), Decimal('300.00'))
   ...:

In [7]: d = WellPaidDuck()

In [8]: employees = [c, s, d]
```

现在，我们使用 10.8.3 节的循环处理这个列表。如输出所显示的，Python 能够通过鸭子类型以多态方式处理列表中的这三类对象：

```
In [9]: for employee in employees:
   ...:     print(employee)
   ...:     print(f'{employee.earnings():,.2f}\n')
   ...:
CommissionEmployee: Sue Jones
social security number: 333-33-3333
```

```
gross sales: 10000.00
commission rate: 0.06
600.00

SalariedCommissionEmployee: Bob Lewis
social security number: 444-44-4444
gross sales: 5000.00
commission rate: 0.04
base salary: 300.00
500.00

I am a well-paid duck
1,000,000.00
```

10.10　运算符重载

前面已经看到，通过访问对象的属性和 property 或调用对象的方法，能够与对象交互。对于某些类型的操作，例如算术运算，通过方法调用的方式实现这些操作会让人感觉不太直观。此时，使用 Python 中丰富的内置运算符集合会更加方便。

本节介绍如何使用**运算符重载**来重定义 Python 的运算符，使这些运算符能够支持自定义类型的对象的运算。实际上，前面已经在频繁地使用各种类型的运算符重载。例如，前面已经使用了：

❑ + 运算符——用于数值相加、拼接列表、拼接字符串，以及用一个特定值与 NumPy 数组中的每个元素相加。

❑ [] 运算符——用于访问列表、元组、字符串和数组中的元素，以及根据特定键访问字典中的元素值。

❑ * 运算符——用于数值相乘、重复序列，以及用一个特定值与 NumPy 数组中的每个元素相乘。

大多数运算符能够被重载。对于每一个可重载的运算符，object 类都定义了一个内置方法，如 __add__ 对应加法（+）运算符、__mul__ 对应乘法（*）运算符。通过重写这些方法，能够定义一个给定运算符如何处理自定义类对象。关于这些特殊方法的完整列表，请参考 https://docs.python.org/3/reference/datamodel.html#special-methodnames。

运算符重载限制

运算符重载存在一些限制：

❑ 不能通过重载更改运算符的优先级，但通过括号可以指定表达式的运算顺序。

❑ 不能通过重载更改运算符的左结合性或右结合性。

❑ 无论是一元运算符还是二元运算符，一个运算符的操作数个数无法更改。

❑ 无法创建新的运算符，即只能重载已有运算符。

❑ 一个运算符如何处理内置类型对象，这一点无法更改。例如，不能更改 + 使其执行两个整数的减法运算。

❑ 运算符重载仅适用于自定义类的对象，或者混合使用自定义类的对象和内置类型的对象，即运算符重载中，至少有一个操作数应该是自定义类的对象。

复数

为了演示运算符重载，我们将定义一个名字为 Complex 的类来表示复数⊖。复数（如 –3+4i 和 6.2–11.73i）具有如下形式：

*realPart + imaginaryPart * i*

其中，i 等于 –1 的平方根。类似于整数、浮点数和十进制数，复数是算术类型。本节中，我们将创建一个 Complex 类，该类重载了 + 加法运算符和 += 增强赋值运算符。因此，我们可以通过 Python 的数学表示形式完成 Complex 对象的加法运算。

10.10.1　试用 Complex 类

首先，通过使用 Complex 类演示它所具有的功能。我们将在下一节讨论 Complex 类的实现细节。从 complexnumber.py 中导入 Complex 类：

```
In [1]: from complexnumber import Complex
```

然后，创建多个 Complex 对象并显示。代码段 [3] 和 [5] 隐式调用了 Complex 类的 __repr__ 方法，以获取每个对象的字符串表示：

```
In [2]: x = Complex(real=2, imaginary=4)

In [3]: x
Out[3]: (2 + 4i)

In [4]: y = Complex(real=5, imaginary=-1)

In [5]: y
Out[5]: (5 - 1i)
```

代码段 [3] 和 [5] 中显示的 __repr__ 方法生成的字符串格式，是对 Python 内置 complex 类型的 __repr__ 字符串的模仿⊖。

现在，我们使用 + 运算符将 Complex 对象 x 和 y 相加。这个表达式将两个操作数的实部（2 和 5）和两个操作数的虚部（4i 和 –1i）分别相加，得到包含计算结果的一个新的 Complex 对象：

```
In [6]: x + y
Out[6]: (7 + 3i)
```

这个 + 运算符并不会更改操作数的值：

```
In [7]: x
Out[7]: (2 + 4i)

In [8]: y
Out[8]: (5 - 1i)
```

⊖ Python 已经内置了对复数操作的支持，因此这里定义的 Complex 类仅用于演示目的。

⊖ Python 使用 j 而不是 i 来表示 –1 的平方根。例如，3+4j（运算符两边没有空格）创建了一个具有 real 和 imag 两个属性的复数对象。这个复数的 __repr__ 字符串是 '(3+4j)'。

最后，我们使用 += 运算符将 y 加到 x 上，x 中保存了运算结果。这个 += 运算符更改了左操作数的值，但右操作数不会改变：

```
In [9]: x += y

In [10]: x
Out[10]: (7 + 3i)

In [11]: y
Out[11]: (5 - 1i)
```

10.10.2　Complex 类的定义

前面已经看到了 Complex 类具有哪些功能，下面通过 Complex 类的定义来看这些功能是如何实现的。

__init__ 方法

Complex 类的 __init__ 方法通过接收到的参数初始化 real 和 imaginary 这两个数据属性：

```
 1    # complexnumber.py
 2    """Complex class with overloaded operators."""
 3
 4    class Complex:
 5        """Complex class that represents a complex number
 6        with real and imaginary parts."""
 7
 8        def __init__(self, real, imaginary):
 9            """Initialize Complex class's attributes."""
10            self.real = real
11            self.imaginary = imaginary
12
```

重载 + 运算符

下面的代码通过重写特殊方法 __add__，定义了如何重载用于两个 Complex 对象的 + 运算符：

```
13        def __add__(self, right):
14            """Overrides the + operator."""
15            return Complex(self.real + right.real,
16                           self.imaginary + right.imaginary)
17
```

用于重载二元运算符的方法必须提供两个参数：第一个参数（self）对应左操作数，第二个参数（right）对应右操作数。Complex 类的 __add__ 方法接收两个 Complex 对象作为参数并返回一个新的 Complex 对象，这个新 Complex 对象中存储了两个操作数的实部之和及虚部之和。

我们并没有修改两个原始操作数的内容。这与加法运算符原有的功能相符，即将两个数相加的结果返回但不会修改这两个操作数的值。

重载 += 增强赋值运算符

第 18～22 行代码重写了特殊方法 __iadd__，其定义了如何通过 += 运算符将两个 Complex 对象相加：

```
18      def __iadd__(self, right):
19          """Overrides the += operator."""
20          self.real += right.real
21          self.imaginary += right.imaginary
22          return self
23
```

增强赋值运算符会修改左操作数。因此，__iadd__ 方法修改了对应左操作数的 self 对象，然后将修改后的 self 作为返回值。

__repr__ 方法

第 24～28 行代码返回 Complex 对象的字符串表示：

```
24      def __repr__(self):
25          """Return string representation for repr()."""
26          return (f'({self.real} ' +
27                  ('+' if self.imaginary >= 0 else '-') +
28                  f' {abs(self.imaginary)}i)')
```

10.11　异常类层次结构和自定义异常

在前一章中，我们介绍了异常处理。实际上，每个异常都是 Python 异常类层次结构中某个类的对象[⊖]，或者是已有异常类的派生类的对象。异常类都是以 BaseException 作为基类、通过直接或间接继承它而得到，它们在 exceptions 模块中定义。

Python 定义了 4 个重要的 BaseException 子类，即 SystemExit、KeyboardInterrupt、GeneratorExit 和 Exception：

- ❑ 终止程序执行（或终止一个交互式会话）时，会发生 SystemExit 异常。当该异常未被捕获时，不会像其他异常类型一样产生回溯信息。
- ❑ 当用户在大多数系统中键入中断命令 Ctrl + C（或 Control + C）时，会发生 KeyboardInterrupt 异常。
- ❑ 当生成器关闭（通常是生成器完成生成值的操作或其 close 方法被显式调用）时，会发生 GeneratorExit 异常。
- ❑ Exception 是大多数常见异常的基类。前面已经看到过一些 Exception 的子类类型的异常，包括 ZeroDivisionError、NameError、ValueError、StatisticsError、TypeError、IndexError、KeyError、RuntimeError 和 AttributeError。

捕获基类异常

异常类层次结构的一个优点是，异常处理程序可以捕获特定类型的异常，或者可

⊖　https://docs.python.org/3/library/exceptions.html.

以使用基类类型来捕获基类异常和所有相关的子类异常。例如，一个指定为捕获基类 Exception 的异常处理程序，也可以用于捕获 Exception 的任何子类异常。在其他类型的异常处理程序之前放置一个用于捕获 Exception 类型的异常处理程序，这样会导致逻辑错误（程序运行时不会报错，但逻辑上不正确）。这是因为，所有的异常都会被 Exception 异常处理程序捕获，而后续的其他异常处理程序永远不会被执行。

自定义异常类

从代码中引发异常时，通常应该使用 Python 标准库中的一个现有异常类。然而，使用本章前面介绍的继承技术，也可以创建自己的自定义异常类，这些自定义异常类从 Exception 类直接或间接派生。但一般来说，不建议自定义异常类，尤其是新手程序员，建议直接使用已有异常类。在创建自定义异常类之前，请先在 Python 异常层次结构中查找是否有合适的已有异常类。仅当需要以不同于其他已有异常类型的方式捕获和处理异常时，才定义新的异常类，而这种情况是很少见的。

10.12　具名元组

前面已经使用元组将多个数据属性聚合到一个对象中。Python 标准库的 collections 模块还提供了**具名元组**，通过使用具名元组，可以按名字而不是索引号引用元组的成员。

这里创建一个简单的具名元组，其可以表示一副扑克牌中的一张牌。首先，导入 namedtuple 函数：

```
In [1]: from collections import namedtuple
```

namedtuple 函数创建了内置元组类型的一个子类类型。该函数的第一个参数是新创建的类型的名字，第二个参数是一个字符串列表（用于表示将用来引用新类型成员的标识符）：

```
In [2]: Card = namedtuple('Card', ['face', 'suit'])
```

目前已经创建了一个名字为 Card 的新元组类型，我们可以在任何需要用元组的地方使用 Card 类型。下面创建一个 Card 对象，通过名字访问其成员，并显示其字符串表示：

```
In [3]: card = Card(face='Ace', suit='Spades')

In [4]: card.face
Out[4]: 'Ace'

In [5]: card.suit
Out[5]: 'Spades'

In [6]: card
Out[6]: Card(face='Ace', suit='Spades')
```

具名元组的其他功能

每个具名元组类型还有一些其他方法。具名元组类型的 **_make** 类方法（即可以通过类调用的方法）接收一个可迭代值作为参数并返回一个具名元组类型的对象：

```
In [7]: values = ['Queen', 'Hearts']

In [8]: card = Card._make(values)

In [9]: card
Out[9]: Card(face='Queen', suit='Hearts')
```

这在实际中是有用的。例如，如果有一个以具名元组类型表示记录的 CSV 文件，从 CSV 文件中读取这些记录时，可以利用 _make 方便地将它们转换为具名元组对象。

对于一个给定的具名元组类型的对象，可以得到一个由对象中成员的名字和值构成的 OrderedDict 字典表示。OrderedDict 会记住其键 – 值对在字典中的插入顺序：

```
In [10]: card._asdict()
Out[10]: OrderedDict([('face', 'Queen'), ('suit', 'Hearts')])
```

关于具名元组的其他功能，请参考 https://docs.python.org/3/library/collections.html #collections.namedtuple。

10.13　Python 3.7 的新数据类简介

虽然具名元组允许通过名字引用其成员，但它们仍然只是元组而不是类。通过 Python 标准库的 dataclasses 模块可以使用 Python 3.7 的新数据类[一]，其兼具了具名元组的优点以及传统 Python 类提供的功能。

数据类是 Python 3.7 中最重要的新功能之一。通过更简洁的表示方法以及自动生成大多数类中常见的"样板代码"，数据类可以用于更快地构建类。它们很可能会成为定义许多 Python 类的首选方式。在本节中，我们将介绍数据类的基础知识。在本节最后，我们将提供关于更多参考信息的链接。

数据类自动生成代码

所定义的大多数类，都提供了 __init__ 方法来创建并初始化一个对象的属性，以及提供了 __repr__ 方法来返回一个对象的自定义字符串表示。如果一个类有许多数据属性，则创建这些方法将会是一个烦琐的过程。

数据类能够自动生成这些数据属性以及 __init__ 和 __repr__ 方法，这对主要用于聚合相关数据项的类会特别有用。例如，在一个用于处理 CSV 记录的应用程序中，可能会需要一个类，其中，每条 CSV 记录的字段与该类对象中的数据属性一一对应。数据类也可以从字段名称列表中动态生成。

数据类也会自动生成 __eq__ 方法，其用于重载 == 运算符。另外，具有 __eq__ 方法的任何类也隐式支持 != 运算符：所有的类都继承了 object 类的默认 __ne__（不等于）

方法实现，其作用是对 __eq__ 方法的结果取反后返回（如果类中没有定义 __eq__，则返回 NotImplemented）。数据类不会自动为 <、<=、> 和 >= 这些比较运算符自动生成方法，但实际上它们也可以生成。

10.13.1　创建 Card 数据类

这里以数据类的形式重新实现 10.6.2 节中的 Card 类，这个新的 Card 类在 carddataclass.py 中定义。后面将会看到，定义数据类需要一些新的语法。在随后的小节中，我们将在 DeckOfCards 类中使用新定义的 Card 数据类，以表明这个 Card 数据类可以与原来的 Card 类互换使用。然后，我们会讨论，相对于具名元组和传统的 Python 类，数据类具有哪些优点。

从 dataclasses 和 typing 模块进行导入

Python 标准库的 dataclasses 模块定义了用于实现数据类的装饰器和函数。我们使用 @dataclass 装饰器（在第 4 行代码导入）将一个新的类指定为一个数据类，其会生成不同的代码。在前面的内容中，我们为原来的 Card 类定义了类变量 FACES 和 SUITS，这两个类变量是用于初始化 Card 对象的字符串列表。我们使用 Python 标准库 typing 模块中的 ClassVar 和 List（在第 5 行代码导入），以说明 FACES 和 SUITS 是引用列表的类变量。后面很快会再对这些内容进行更多的讨论：

```
1   # carddataclass.py
2   """Card data class with class attributes, data attributes,
3   autogenerated methods and explicitly defined methods."""
4   from dataclasses import dataclass
5   from typing import ClassVar, List
6
```

使用 @dataclass 装饰器

要将一个类指定为数据类，则在其定义前需要使用 @dataclass 装饰器[⊖]：

```
7   @dataclass
8   class Card:
```

可选地，@dataclass 装饰器的后面可以加上括号并指定包含的参数，这些参数能够帮助数据类确定要自动生成的方法。例如，装饰器 @dataclass(order=True) 将使数据类为 <、<=、> 和 >= 自动生成比较运算符的重载方法。这在实际中可能是有用的，例如，如果需要对数据类对象排序，则会用到这些比较运算符的重载方法。

变量注释：类属性

与普通类不同，数据类在类中但在类的方法之外声明类属性和数据属性。在普通类中，仅类属性采用这种声明方式，数据属性则通常在 __init__ 方法中创建。因此，数据类需要额外的信息（或提示）来区分类属性和数据属性，这也会影响自动生成方法的实现细节。

⊖　https://docs.python.org/3/library/dataclasses.html#module-level-decoratorsclasses-and-functions.

第 9～11 行代码定义并初始化了类属性 FACES 和 SUITS：

```
 9        FACES: ClassVar[List[str]] = ['Ace', '2', '3', '4', '5', '6', '7',
10                                      '8', '9', '10', 'Jack', 'Queen', 'King']
11        SUITS: ClassVar[List[str]] = ['Hearts', 'Diamonds', 'Clubs', 'Spades']
12
```

在第 9～11 行代码中，下面的表示

: ClassVar[List[str]]

是一个**变量注释**^{⊖⊖}（有时候被称作类型提示），其指定 FACES 是一个引用字符串列表（List[str]）的类属性（ClassVar）。同样，SUITS 也是一个引用字符串列表的类属性。

类变量在其定义中初始化，并且其与类有关而与类的个体对象无关。然而，__init__、__repr__ 和 __eq__ 这些方法是用于类的对象。当一个数据类生成这些方法时，它会检查所有的变量注释，并且在方法实现中仅考虑*数据属性*。

变量注释：数据属性

通常，我们在类的 __init__ 方法（或由 __init__ 方法调用的方法）中，通过 self.attribute_name = value 这种形式的赋值来创建对象的数据属性。但因为一个数据类是自动生成它的 __init__ 方法，所以需要以另一种方式在数据类的定义中指定数据属性。我们不能简单地将数据属性的名字放在类中，这会产生 NameError 异常，如：

```
In [1]: from dataclasses import dataclass

In [2]: @dataclass
   ...: class Demo:
   ...:     x  # attempting to create a data attribute x
   ...:
---------------------------------------------------------------
NameError                         Traceback (most recent call last)
<ipython-input-2-79ffe37b1ba2> in <module>()
----> 1 @dataclass
      2 class Demo:
      3     x  # attempting to create a data attribute x
      4

<ipython-input-2-79ffe37b1ba2> in Demo()
      1 @dataclass
      2 class Demo:
----> 3     x  # attempting to create a data attribute x
      4

NameError: name 'x' is not defined
```

类似于类属性，数据类中的每个数据属性在声明时都必须使用变量注释。第 13 和 14 行代码定义了数据属性 face 和 suit。变量注释 ":str" 表示每一个数据属性都应该引用一个字符串对象：

⊖　https://www.python.org/dev/peps/pep-0526/.

⊖　变量注释是最新的语言功能，对于普通类是可选的。在大多数遗留的 Python 代码中都不会看到它们。

```
13        face: str
14        suit: str
```

定义 property 和其他方法

数据类也是类，所以数据类可以包含 property 和方法，也可以作为类层次结构中的一员。与本章前面给出的 Card 类相同，对于这个 Card 数据类，我们也定义了 image_name 这个只读 property 以及自定义特殊方法 __str__ 和 __format__：

```
15        @property
16        def image_name(self):
17            """Return the Card's image file name."""
18            return str(self).replace(' ', '_') + '.png'
19
20        def __str__(self):
21            """Return string representation for str()."""
22            return f'{self.face} of {self.suit}'
23
24        def __format__(self, format):
25            """Return formatted string representation."""
26            return f'{str(self):{format}}'
```

关于变量注释的说明

在指定变量注释时，可以使用内置类型名字（如 str、int 和 float），也可以使用类类型或由 typing 模块定义的类型（如前面所示的 ClassVar 和 List）。需要注意，即便使用了类型注释，Python 仍然是一种动态类型语言。因此，在执行程序时，类型注释并不会起到限定数据类型的作用。例如，虽然 Card 的 face 数据属性应该对应一个字符串，但实际上可以将任何类型的对象赋给 face。

10.13.2   使用 Card 数据类

这里演示新的 Card 数据类的使用。首先，创建一个 Card 对象：

```
In [1]: from carddataclass import Card

In [2]: c1 = Card(Card.FACES[0], Card.SUITS[3])
```

然后，使用 Card 自动生成的 __repr__ 方法显示这个 Card 对象：

```
In [3]: c1
Out[3]: Card(face='Ace', suit='Spades')
```

当将一个 Card 对象作为参数传给 print 函数时，会调用自定义的 __str__ 方法，返回 'face of suit' 这种形式的字符串：

```
In [4]: print(c1)
Ace of Spades
```

下面来访问数据类的属性和只读 property：

```
In [5]: c1.face
Out[5]: 'Ace'
```

```
In [6]: c1.suit
Out[6]: 'Spades'

In [7]: c1.image_name
Out[7]: 'Ace_of_Spades.png'
```

接下来，我们演示通过自动生成的 == 运算符和派生的 != 运算符进行 Card 对象的比较。首先，再创建两个新的 Card 对象，一个与前面创建的 c1 相同，另一个与 c1 不同：

```
In [8]: c2 = Card(Card.FACES[0], Card.SUITS[3])

In [9]: c2
Out[9]: Card(face='Ace', suit='Spades')

In [10]: c3 = Card(Card.FACES[0], Card.SUITS[0])

In [11]: c3
Out[11]: Card(face='Ace', suit='Hearts')
```

现在，可以使用 == 和 != 比较这些对象：

```
In [12]: c1 == c2
Out[12]: True

In [13]: c1 == c3
Out[13]: False

In [14]: c1 != c3
Out[14]: True
```

新定义的 Card 数据类与本章前面定义的 Card 类可以互换使用。为了证明这一点，我们创建了 deck2.py 文件，其包含本章前面给出的 DeckOfCards 类的副本，并导入了 Card 数据类。下面的代码段导入了 DeckOfCards 类、创建了一个 DeckOfCards 对象并通过 print 函数打印了该对象。print 函数会隐式调用 DeckOfCards 的 __str__ 方法，其在一个 19 个字符宽的字段中显示每一个 Card 对象的格式化字符串，而得到 Card 对象的格式化字符串时又会调用每个 Card 对象的 __format__ 方法。从左向右阅读每一行，可以看到所有的扑克牌对每一花色（Hearts、Diamonds、Clubs 和 Spades）按牌面顺序依次显示。

```
In [15]: from deck2 import DeckOfCards  # uses Card data class

In [16]: deck_of_cards = DeckOfCards()

In [17]: print(deck_of_cards)
Ace of Hearts      2 of Hearts       3 of Hearts       4 of Hearts
5 of Hearts        6 of Hearts       7 of Hearts       8 of Hearts
9 of Hearts        10 of Hearts      Jack of Hearts    Queen of Hearts
King of Hearts     Ace of Diamonds   2 of Diamonds     3 of Diamonds
4 of Diamonds      5 of Diamonds     6 of Diamonds     7 of Diamonds
8 of Diamonds      9 of Diamonds     10 of Diamonds    Jack of Diamonds
Queen of Diamonds  King of Diamonds  Ace of Clubs      2 of Clubs
3 of Clubs         4 of Clubs        5 of Clubs        6 of Clubs
7 of Clubs         8 of Clubs        9 of Clubs        10 of Clubs
Jack of Clubs      Queen of Clubs    King of Clubs     Ace of Spades
2 of Spades        3 of Spades       4 of Spades       5 of Spades
6 of Spades        7 of Spades       8 of Spades       9 of Spades
10 of Spades       Jack of Spades    Queen of Spades   King of Spades
```

10.13.3　数据类相对于具名元组的优势

相对于具名元组，数据类具有下面这些优势⊖：

❑ 尽管从技术角度看，每个具名元组代表一种不同的类型，但具名元组仍然是一个元组，且所有的元组都可以相互比较。因此，如果不同具名元组类型的对象具有相同数量的成员且这些成员的值相同，则不同具名元组类型的对象会得到相等的比较结果。而比较不同数据类的对象，则总是返回 False，将数据类对象与元组对象进行比较也是如此。

❑ 如果有解包元组的代码，则向该元组添加更多成员时会使那些解包代码无法正常工作。数据类对象不支持解包操作，因此，可以在不破坏现有代码的情况下向数据类添加更多的数据属性。

❑ 在一个继承层次结构中，数据类可以是基类，也可以是子类。

10.13.4　数据类相对于传统类的优势

相对于在本章前面看到的传统 Python 类，数据类也具有一些优势：

❑ 数据类自动生成了 __init__、__repr__ 和 __eq__ 这些方法，能够节省开发时间。

❑ 数据类能自动生成用于重载 <、<=、> 和 >= 这些比较运算符的特殊方法。

❑ 当更改数据类中定义的数据属性，然后在脚本或交互式会话中使用它时，自动生成的代码会自动更新。因此，需要维护和调试的代码量会更少。

❑ 通过类属性和数据属性所需的变量注释，可以更好地利用静态代码分析工具。因此，在错误代码被执行前，就可以根据静态分析结果消除一些错误。

❑ 如果代码中使用了错误的数据类型，则某些静态代码分析工具和 IDE 可以检查变量注释并发出警告。这样可以在执行代码前找到代码中的逻辑错误。

更多信息

数据类还具有其他功能。例如，创建"冻结"实例，其特殊之处在于：一旦这样的数据类对象被创建，则不再允许为该对象的属性赋值。有关数据类优点和功能的完整列表，请参阅 https://www.python.org/dev/peps/pep-0557/ 和 https://docs.python.org/3/library/dataclasses.html。

10.14　使用文档字符串和 doctest 进行单元测试

软件开发的一个关键步骤是进行代码测试，以发现并解决错误，确保程序能正常工作。然而，即便已经进行了大量测试，代码中仍可能会包含错误。著名的荷兰计算机科学家

⊖ https://www.python.org/dev/peps/pep-0526/.

Edsger Dijkstra 说过："测试不是为了证明程序没有缺陷，而是为了证明程序存在缺陷。"[一]

doctest 模块和 testmod 函数

Python 标准库提供了 doctest 模块，辅助编程人员进行代码测试，以及在修改代码后进行回归测试（即用原来的测试用例重新测试代码）。当执行 doctest 模块的 testmod 函数时，它会检查函数、方法和类的文档字符串，并搜索以 >>> 开头的示例 Python 语句。如果该示例 Python 语句有输出，则在示例 Python 语句的下一行会有期望的输出结果[二]。然后，testmod 函数执行那些示例语句，并确认这些语句的实际输出结果是否与期望的输出结果一致。如果二者不一致，testmod 会报告错误，表明测试失败，根据错误提示可以定位并解决代码中的问题。在文档字符串中定义的每一个测试用例通常都是对特定的代码单元进行测试，如一个函数、一个方法或一个类，因此这个测试被称为**单元测试**。

修改的 Account 类

accountdoctest.py 文件包含本章第一个例子中给出的 Account 类。这里修改 __init__ 方法的文档字符串，使其包含 4 个测试用例，这些测试用例能够用于测试 __init__ 方法是否正常工作：

- ❑ 第 11 行代码中的测试用例创建了一个名字为 account1 的 Account 对象，该语句不会产生任何输出。
- ❑ 如果第 11 行代码被成功执行，则第 12 行代码中的测试用例会显示 account1 对象的 name 属性值。第 13 行显示第 12 行代码的期望输出。
- ❑ 如果第 11 行代码被成功执行，则第 14 行代码中的测试用例会显示 account1 对象的 balance 属性值。第 15 行显示第 14 行代码的期望输出。
- ❑ 第 18 行代码中的测试用例创建一个 Account 对象，需要注意，该对象在初始化时所传入的余额值是无效的。期望输出说明该测试用例应该产生一个 ValueError 异常。对于这种产生异常的情况，doctest 模块的文档建议仅显示回溯信息的第一行和最后一行[三]。

在文档字符串中，可以使用第 17 行所示的描述性文本发布测试用例：

```
 1  # accountdoctest.py
 2  """Account class definition."""
 3  from decimal import Decimal
 4
 5  class Account:
 6      """Account class for demonstrating doctest."""
 7
 8      def __init__(self, name, balance):
 9          """Initialize an Account object.
10
```

[一] J. N. Buxton and B. Randell, eds, Software Engineering Techniques, April 1970, p. 16. Report on a conference sponsored by the NATO Science Committee, Rome, Italy, 27–31 October 1969.

[二] 符号 >>> 模仿的是标准 Python 解释器的输入提示。

[三] https://docs.python.org/3/library/doctest.html?highlight=doctest#module-doctest.

```
11         >>> account1 = Account('John Green', Decimal('50.00'))
12         >>> account1.name
13         'John Green'
14         >>> account1.balance
15         Decimal('50.00')
16
17         The balance argument must be greater than or equal to 0.
18         >>> account2 = Account('John Green', Decimal('-50.00'))
19         Traceback (most recent call last):
20             ...
21         ValueError: Initial balance must be >= to 0.00.
22         """
23
24         # if balance is less than 0.00, raise an exception
25         if balance < Decimal('0.00'):
26             raise ValueError('Initial balance must be >= to 0.00.')
27
28         self.name = name
29         self.balance = balance
30
31     def deposit(self, amount):
32         """Deposit money to the account."""
33
34         # if amount is less than 0.00, raise an exception
35         if amount < Decimal('0.00'):
36             raise ValueError('amount must be positive.')
37
38         self.balance += amount
39
40 if __name__ == '__main__':
41     import doctest
42     doctest.testmod(verbose=True)
```

__main__ 模块

在加载任何模块时，Python 都将一个包含模块名的字符串赋值给模块的全局属性 __name__。而在以脚本方式执行 Python 源文件（如 accountdoctest.py）时，Python 使用字符串 '__main__' 作为模块名。因此，可以使用类似于第 40～42 行所示代码的形式，在 if 语句中判断 __name__ 属性的取值。这样，仅在源文件以脚本方式执行（此时，该源文件的 __name__ 属性的值是 '__main__'）时，if 语句中的这些代码才会被执行。本例中，第 41 行代码导入了 doctest 模块，第 42 行代码通过调用 doctest 模块的 testmod 函数执行文档字符串中的单元测试。

运行测试

以脚本方式运行 accountdoctest.py 文件，就会执行文档字符串中的测试用例。默认情况下，在调用 testmod 函数时可以不传入任何参数，此时显示的测试结果中就不会包含运行成功的测试用例。本例中，第 42 行代码调用 testmod 函数时指定了关键字参数 verbose=True，该参数的作用是显示每个测试用例的详细输出：

```
Trying:
    account1 = Account('John Green', Decimal('50.00'))
Expecting nothing
ok
Trying:
```

```
    account1.name
Expecting:
    'John Green'
ok
Trying:
    account1.balance
Expecting:
    Decimal('50.00')
ok
Trying:
    account2 = Account('John Green', Decimal('-50.00'))
Expecting:
    Traceback (most recent call last):
        ...
    ValueError: Initial balance must be >= to 0.00.
ok
3 items had no tests:
    __main__
    __main__.Account
    __main__.Account.deposit
1 items passed all tests:
    4 tests in __main__.Account.__init__
4 tests in 4 items.
4 passed and 0 failed.
Test passed.
```

在 verbose 模式下，对于每个测试用例，testmod 函数首先在 "Trying" 中显示该测试
用例要执行的代码，然后在 "Expecting" 中显示期望的输出结果，最后，如果测试成功，
则显示 "ok"。在 verbose 模式下完成测试后，testmod 函数显示测试结果的摘要信息。

　　为了演示测试失败的情况，这里通过在前面加 # 的方式，将 accountdoctest.py 中
的第 25 和 26 行代码注释掉，然后再以脚本方式运行 accountdoctest.py。为了节省篇
幅，这里仅显示表明测试失败的部分 doctest 输出结果：

```
...
**********************************************************************
File "accountdoctest.py", line 18, in __main__.Account.__init__
Failed example:
    account2 = Account('John Green', Decimal('-50.00'))
Expected:
    Traceback (most recent call last):
        ...
    ValueError: Initial balance must be >= to 0.00.
Got nothing
**********************************************************************
1 items had failures:
    1 of   4 in __main__.Account.__init__
4 tests in 4 items.
3 passed and 1 failed.
***Test Failed*** 1 failures.
```

从输出中可以看到，本例第 18 行的测试用例未通过。testmod 函数在执行第 18 行的
测试用例时，期望的输出结果是一个回溯信息，以表明由于初始余额值无效而引发了
ValueError 异常。但因为前面已将第 25 和 26 行的代码注释掉了，所以不会产生任何
异常、测试失败。作为负责定义此类的程序员，通过这个失败的测试用例，可以看出
__init__ 方法中用于验证数据值是否有效的代码存在问题。

IPython 的 %doctest_mode 魔术命令

为已有代码创建 doctest 的一种便捷方法是，使用 IPython 交互式会话来测试代码，然后将该会话中的内容（包括测试代码和期望输出）复制并粘贴到文档字符串中。需要注意，IPython 的 In[] 和 Out[] 提示与 doctest 不兼容，因此 IPython 提供了魔术命令 %doctest_mode，以能够用与 doctest 兼容的格式显示提示信息。该魔术命令可以使 IPython 提示在两种方式之间切换：在第一次执行 %doctest_mode 时，IPython 提示会切换到"以 >>> 作为输入提示、没有输出提示"的方式（该方式与 doctest 要求的格式一致）；而在第二次执行 %doctest_mode 时，IPython 提示会切换回"In[] 和 Out[] 提示"的方式。

10.15　命名空间和作用域

在第 4 章中，已经展示了每个标识符都有一个作用域，其决定了一个标识符可以在程序中的哪些地方使用。前面已经介绍了局部作用域和全局作用域，这里介绍命名空间并在命名空间的基础上讨论作用域。

命名空间决定了作用域，其以字典形式将标识符与对象相关联。所有的命名空间相互独立，因此，同样的标识符可以出现在多个命名空间中。主要有局部、全局和内置 3 种命名空间，下面分别介绍。

局部命名空间

每个函数或方法都有一个**局部命名空间**，其将局部标识符（如参数和局部变量）与对象相关联。一个局部命名空间从一个函数或方法被调用的时刻开始存在，直到该函数或方法执行结束，该局部命名空间终止，且该局部命名空间仅在被调用的这个函数或方法中可访问。在一个函数或方法的语句序列中，为一个不存在的变量赋值会创建一个局部变量并将其加到局部命名空间中。对于局部命名空间中的标识符，其作用域是从定义它们的位置开始，直到其所在函数或方法结束的位置终止。

全局命名空间

每个模块有一个**全局命名空间**，其将一个模块的全局标识符（如全局变量、函数名和类名）与对象相关联。当加载一个模块时，Python 会创建该模块的全局命名空间，且该模块的全局命名空间直到程序（或交互式会话）结束时才终止。对于全局命名空间中的标识符，其作用域是其所在模块中的代码。一个 IPython 会话有自己的全局命名空间，其包含了在该会话中创建的所有标识符。

每个模块的全局命名空间中都有一个名字为 __name__ 的标识符，其存储了模块的名字，如 math 模块中 __name__ 的值是 'math'、random 模块中 __name__ 的值是 'random'。如前面所讲的 doctest 程序示例所展示的，当以脚本方式运行 .py 文件时，该模块中 __name__ 的值是 '__main__'。

内置命名空间

在内置命名空间中，将 Python 内置标识符（如 input、range 等函数和 int、float、str 等类型）与定义这些内置标识符的对象相关联。当解释器开始执行时，Python 会创建内置命名空间。对于内置命名空间中的标识符，其作用域是所有代码[○]。

在命名空间中查找标识符

在使用一个标识符时，Python 会在当前可访问的命名空间中搜索该标识符。搜索顺序是先局部命名空间、再全局命名空间，最后是内置命名空间。这里以下面的 IPython 会话为例说明命名空间的搜索顺序：

```
In [1]: z = 'global z'

In [2]: def print_variables():
   ...:     y = 'local y in print_variables'
   ...:     print(y)
   ...:     print(z)
   ...:

In [3]: print_variables()
local y in print_variables
global z
```

在 IPython 会话中定义的标识符（这里指代码段 [1] 中的 z）会被放在会话的全局命名空间中。当代码段 [3] 调用 print_variables 时，Python 按下列方式搜索局部、全局和内置命名空间：

❑ 代码段 [3] 并没有在一个函数或方法的内部，因此当前可访问的命名空间包括会话的全局命名空间和内置命名空间。Python 会先搜索会话的全局命名空间，其包含了 print_variables，所以 print_variables 在作用域中，Python 使用相应的对象调用 print_variables。

❑ 在 print_variables 函数开始执行时，Python 会创建该函数的局部命名空间。当 print_variables 函数定义局部变量 y 时，Python 则将 y 添加到函数的局部命名空间中。当前 y 在作用域中，直到函数执行结束，y 的作用域才终止。

❑ print_variables 函数调用了内置函数 print，并将 y 作为参数传给了 print。为了执行这个调用，Python 必须解析 y 和 print 这两个标识符。标识符 y 是定义在局部命名空间中，因此 y 在作用域中，Python 将使用相应的对象（即字符串 'local y in print_variables'）作为 print 的参数。接下来，Python 查找 print 对应的对象。首先，在局部命名空间中查找，该命名空间中没有定义 print；然后，在会话的全局命名空间中查找，该命名空间中也没有定义 print；最后，在内置命名空间中找到了 print 的定义。因此，print 在作用域中，Python 可以使用内置命名空间中找到的相应对象调用 print 函数。

○　这里假设不会通过在局部命名空间或全局命名空间中重定义内置标识符来屏蔽内置函数或类型。有关屏蔽的内容可参见第 4 章。

❑ print_variables 函数再次调用内置函数 print，并将 z 作为参数传给了

291

print。局部命名空间中没有定义 z，则 Python 继续在全局命名空间中查找 z，而
全局命名空间中定义了 z。因此，z 在作用域中，Python 使用相应的对象（即字符
串 'global z'）作为 print 的参数。然后，Python 仍然是在内置命名空间中找到
了标识符 print，并使用相应的对象调用 print。

❑ 此时，已执行到 print_variables 函数语句序列的结束位置。因此，该函数执行
结束，其局部命名空间被销毁，局部变量 y 也就成为未定义的标识符。

下面通过显示 y 来证明 y 是未定义的标识符：

```
In [4]: y
---------------------------------------------------------------------
NameError                                 Traceback (most recent call last)
<ipython-input-4-9063a9f0e032> in <module>()
----> 1 y

NameError: name 'y' is not defined
```

本例中，没有局部命名空间，因此 Python 直接在会话的全局命名空间中搜索 y。全局命名
空间中没有定义 y，因此 Python 继续在内置命名空间中搜索 y。同样，内置命名空间中也
没有定义 y。此时已经没有其他命名空间供继续搜索了，因此 Python 引发了 NameError 异
常，表明 y 是未定义的标识符。

标识符 print_variables 和 z 仍然存在于会话的全局命名空间中，因此可以继续使
用这两个标识符。例如，下面的代码显示了 z 的值：

```
In [5]: z
Out[5]: 'global z'
```

嵌套函数

前面所介绍的内容没有涉及的一个命名空间是**封闭命名空间**。Python 允许在其他函数
或方法内部定义**嵌套函数**。例如，如果一个函数或方法多次执行同样的任务，则可以定义
一个嵌套函数，以避免在这个封闭函数（即包含嵌套函数定义的那个函数）中重复书写多
次同样的代码。在一个嵌套函数中访问一个标识符时，Python 会先搜索嵌套函数的局部命
名空间，再搜索封闭函数的局部命名空间，然后是全局命名空间，最后搜索内置命名空间。
这有时被称作 LEGB 规则，即 local（局部）、enclosing（封闭）、global（全局）、built-in（内置）
的首字母组合。

类命名空间

每个类都有一个命名空间，其存储了类属性。在访问一个类属性时，Python 会先在
类命名空间中搜索这个属性，然后搜索基类命名空间，按此规则直至找到这个属性（则查
找成功），或者直到在 object 类中也没有找到这个属性（查找失败）。查找失败时会引发
NameError 异常。

对象命名空间

每个对象都有自己的命名空间，其存储了该对象的方法和数据属性。类的 __init__ 方法从一个空对象（self）开始，将每个属性依次添加到对象的命名空间中。一旦在一个对象的命名空间中定义了一个属性，则使用这个对象的客户端代码就可以访问这个属性的值。　292

10.16　数据科学入门：时间序列和简单线性回归

前面已经介绍了列表、元组和数组等序列数据，本节将讨论**时间序列**。时间序列是与时间点相关联的值（称作**观测**）的序列，如每日收盘价格、每小时温度读数、飞机飞行中的位置变化、每年作物产量、每季度公司利润这些都是时间序列数据。来自全球 Twitter 用户的带时间戳的推文流也是一个时间序列数据，第 12 章将深入讨论 Twitter 数据。

本节将使用一个称为简单线性回归的技术，完成时间序列数据的预测。这里使用 1895～2018 年纽约市的 1 月份平均高温数据，一方面预测未来的 1 月份平均高温，另一方面估计 1895 年以前那些年的 1 月份平均高温。

第 14 章将使用 scikit-learn 库再次讨论这个例子，而第 15 章将使用递归神经网络（RNN）分析时间序列。

时间序列在金融应用和物联网（IoT）领域非常流行，第 16 章对此会做具体讨论。

本节利用 Seaborn 和 pandas 显示图形，而 Seaborn 和 pandas 都使用了 Matplotlib，因此在启动 IPython 时需要启用 Matplotlib 支持：

```
ipython --matplotlib
```

时间序列

这里使用的时间序列数据是按年份顺序排列的。**单变量时间序列**中，每个时间点只有一个观测值，如某年纽约市 1 月份高温的平均值。而**多变量时间序列**中每个时间点有两个或更多个观测值，如天气应用中的温度、湿度和气压读数。这里分析的是单变量时间序列。

常对时间序列执行的两个任务如下：

❏ **时间序列分析**，即根据现有时间序列数据得到其模式信息，以帮助数据分析师理解数据。一个常见的分析任务是查找数据中的**季节性**规律，如纽约市月平均高温随季节（春、夏、秋、冬）的显著变化情况。

❏ **时间序列预测**，即使用过去的数据预测未来的数据。

本节讨论时间序列预测任务。

简单线性回归

使用称为**简单线性回归**的技术，可以通过对月份（即每年的 1 月份）和纽约市 1 月份平均高温建立线性关系，完成预测任务。给定表示**自变量**（年 – 月）和**因变量**（该年 – 月的平均高温）的值合集，简单线性回归使用一条直线表示这两个变量之间的关系，这条直线被称

293 作**回归线**。

线性关系

这里通过华氏温度（Fahrenheit）和摄氏温度（Celsius）理解线性关系的概念。给定华氏温度，则可以使用以下公式计算相应的摄氏温度：

```
c = 5 / 9 * (f - 32)
```

在这个公式中，f（华氏温度）是自变量，而 c（摄氏温度）是因变量，即 c 的取值依赖于计算中所使用的 f 的值。

绘制华氏温度及其相应的摄氏温度将产生一条直线。为了展示这一点，首先创建一个 lambda 函数实现前面的公式，并用这个 lambda 函数计算华氏温度以 10 为增量、在 0~100 的范围依次取值时对应的摄氏温度。每一个华氏温度 / 摄氏温度对以元组的形式保存在 temps 中：

```
In [1]: c = lambda f: 5 / 9 * (f - 32)

In [2]: temps = [(f, c(f)) for f in range(0, 101, 10)]
```

然后，将数据放在一个 DataFrame 中，并调用该 DataFrame 的 plot 方法显示华氏温度和摄氏温度之间的线性关系。plot 方法的 style 关键字参数决定了数据的显示风格，字符串 '.-' 中的点表示每个数据显示为一个点，而短横线表示用线连接这些点。plot 方法默认仅在图形的左上角显示 'Celsius'，这里将 y 轴标签手动设置为 'Celsius'。

```
In [3]: import pandas as pd

In [4]: temps_df = pd.DataFrame(temps, columns=['Fahrenheit', 'Celsius'])

In [5]: axes = temps_df.plot(x='Fahrenheit', y='Celsius', style='.-')

In [6]: y_label = axes.set_ylabel('Celsius')
```

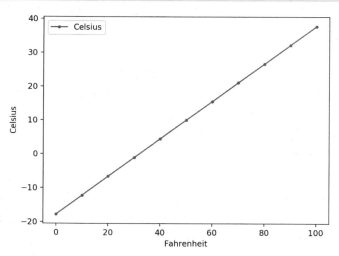

简单线性回归方程的组成

对于二维情况下沿着任一直线排列的那些点（类似于前面的图形所示的情况），可以使用以下等式表示：

$$y = mx + b$$

其中，

❏ m 是直线的**斜率**；
❏ b 是 x=0 处直线在 y 轴上的**截距**；
❏ x 是自变量（下图中的 date）；
❏ y 是因变量（下图中的 temperature）。

在简单线性回归中，y 是给定 x 的预测值。

SciPy 的 `stats` 模块中的 `linregress` 函数

简单线性回归通过对数据的最佳拟合确定一条直线的斜率（m）和截距（b）。下图显示了后面要处理的时间序列数据的几个点以及对应的回归线，并通过竖线表示了每个数据点到回归线的距离。

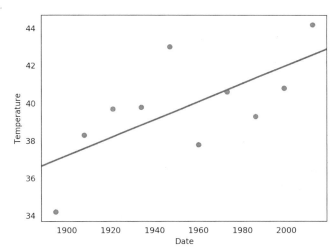

简单线性回归算法迭代地调整斜率和截距。在每次迭代中，以每个点到直线的距离的平方作为调整依据。调整斜率和截距，使所有的数据点到直线的平方距离和最小，此时就得到了最佳拟合结果。这个过程被称为**普通最小二乘计算**。

在 Python 中，SciPy（Scientific Python）库广泛应用于工程、科学和数学等领域的问题求解。其中，`scipy.stats` 模块的 `linregress` 函数可以完成简单线性回归任务。在调用 `linregress` 后，可以得到回归线的斜率和截距，将它们代入 $y = mx + b$ 方程式即可进行预测。

pandas

在前面几章的数据科学入门小节中，已经使用了 pandas 进行数据操作，本书的后面会继续使用 pandas。本例将保存在 CSV 文件中的纽约市 1895～2018 年的 1 月份平均高温数

据加载到了一个 `DataFrame` 中。接着，我们将格式这些数据以在示例中使用。

Seaborn 可视化

本例将使用 Seaborn 绘制 `DataFrame` 的数据，并使用回归线显示 1895～2018 年的平均高温趋势。

从 NOAA 获取天气数据

美国国家海洋和大气管理局（NOAA）[⊖]提供了大量的公开历史数据，其中包括不同时间段内特定城市的平均高温时间序列。

我们可从 NOAA 的 " Climate at a Glance " 时间序列（见 https://www.ncdc.noaa.gov/cag/）中获得纽约市 1895～2018 年的 1 月份平均高温数据。

在上述网页上，可以选择整个美国、美国某些地区、某些州、某些城市等不同区域，也可以选择温度、降水量或其他等不同数据。设置好区域和时间范围后，单击 Plot 按钮可以显示图表和包含所选数据的表格。该表的顶部显示了供以多种格式（包括 CSV）下载数据的链接，在第 9 章中已对此进行过讨论。在撰写本书时，NOAA 提供的最大日期范围是 1895～2018 年。为方便起见，本书 ch10 示例文件夹的 ave_hi_nyc_jan_1895-2018.csv 文件中提供了本例所使用的数据。如果使用自己下载的数据，请注意将 "Date,Value,Anomaly" 所在行前面的那些行都删除。

该数据的每个观测值包含三列：

❑ `Date`：`'YYYYMM'` 形式的值（如 `'201801'`）。由于仅下载了每年 1 月份的数据，所以 `MM` 的值总是 `01`。

❑ `Value`：浮点数形式的华氏温度。

❑ `Anomaly`：当前日期的值与所有日期的平均值之间的差异。本例并没有使用该列数据。

将平均高温数据加载到一个 `DataFrame` 中

下面从 ave_hi_nyc_jan_1895-2018.csv 文件加载并显示纽约市数据：

```
In [7]: nyc = pd.read_csv('ave_hi_nyc_jan_1895-2018.csv')
```

通过查看 `DataFrame` 的头部和尾部可以了解数据的情况：

```
In [8]: nyc.head()
Out[8]:
     Date  Value  Anomaly
0  189501   34.2     -3.2
1  189601   34.7     -2.7
2  189701   35.5     -1.9
3  189801   39.6      2.2
4  189901   36.4     -1.0
In [9]: nyc.tail()
Out[9]:
      Date  Value  Anomaly
119 201401   35.5     -1.9
```

⊖　http://www.noaa.gov.

```
120   201501    36.1    -1.3
121   201601    40.8     3.4
122   201701    42.8     5.4
123   201801    38.7     1.3
```

清理数据

后面会使用 Seaborn 来绘制 Date-Value 对和回归线。在绘制 DataFrame 数据时，Seaborn 使用 DataFrame 的列名称作为轴标签。为了便于阅读，这里将 'Value' 列重命名为 'Temperature'：

```
In [10]: nyc.columns = ['Date', 'Temperature', 'Anomaly']

In [11]: nyc.head(3)
Out[11]:
     Date  Temperature  Anomaly
0  189501         34.2     -3.2
1  189601         34.7     -2.7
2  189701         35.5     -1.9
```

Seaborn 用 Date 值标记 x 轴上的刻度线。本示例仅处理 1 月份的温度，如果 x 轴的标签不包含 01（1 月份），那么会有更好的可读性，因此这里将每个 Date 数据最后的 01 删除。首先，检查 Date 列的数据类型：

```
In [12]: nyc.Date.dtype
Out[12]: dtype('int64')
```

可见，Date 列的数据值是整数，因此可以通过除以 100 将最后两位数字截掉。前面介绍过，一个 DateFrame 中的每一列是一个 Series。调用 Series 的 floordiv 方法即可对 Series 的每个元素执行整数除运算：

```
In [13]: nyc.Date = nyc.Date.floordiv(100)

In [14]: nyc.head(3)
Out[14]:
   Date  Temperature  Anomaly
0  1895         34.2     -3.2
1  1896         34.7     -2.7
2  1897         35.5     -1.9
```

计算数据集的基本描述性统计信息

通过 Temperature 列调用 describe 方法，可快速得到数据集关于温度的统计信息。从结果中可以看到，该数据集包含 124 个观测值，这些观测值的均值是 37.60，最低值和最高值分别是 26.10 和 47.60：

```
In [15]: pd.set_option('precision', 2)

In [16]: nyc.Temperature.describe()
Out[16]:
count    124.00
mean      37.60
std        4.54
```

```
min         26.10
25%         34.58
50%         37.60
75%         40.60
max         47.60
Name: Temperature, dtype: float64
```

预测未来 1 月份的平均高温

在 Python 中，SciPy 库广泛应用于工程、科学和数学领域的问题求解。其 stats 模块所提供的 linregress 函数，可以根据给定数据点集合计算回归线的斜率和截距：

```
In [17]: from scipy import stats

In [18]: linear_regression = stats.linregress(x=nyc.Date,
    ...:                                       y=nyc.Temperature)
    ...:
```

linregress 函数接收两个长度相同的一维数组作为参数⊖，这两个一维数组分别表示数据点的 x 坐标和 y 坐标。关键字参数 x 表示自变量，y 表示因变量。linregress 函数返回的对象包含了回归线的斜率和截距：

```
In [19]: linear_regression.slope
Out[19]: 0.00014771361132966167

In [20]: linear_regression.intercept
Out[20]: 8.694845520062952
```

将斜率和截距代入简单线性回归方程 $y = mx + b$，即可根据给定年份预测纽约市 1 月份的平均高温。首先预测 2019 年 1 月的平均华氏温度。在下面的计算中，linear_regression.slope 是 m，2019 是 x（即所要预测温度的日期值），而 linear_regression.intercept 是 b：

```
In [21]: linear_regression.slope * 2019 + linear_regression.intercept
Out[21]: 38.51837136113298
```

另外，也可以估算 1895 年之前那些年的平均高温。例如，下面的代码估算了 1890 年 1 月份的平均高温：

```
In [22]: linear_regression.slope * 1890 + linear_regression.intercept
Out[22]: 36.612865774980335
```

本例在拟合简单线性回归的斜率和截距时，使用了 1895～2018 年的数据。一般来说，要预测的年份超出此范围越多，预测结果的可靠性就越低。

绘制平均高温和回归线

接下来，使用 Seaborn 的 regplot 函数绘制每个数据点，其中，x 轴为 Date，y 轴为 Temperature。regplot 函数创建了下面所示的散点图，其中，零散的点表示给定日期对应的温度，穿过这些点的那条直线是回归线。

⊖　这些参数也可以是类似于一维数组的对象，如列表或 pandas 的 Series。

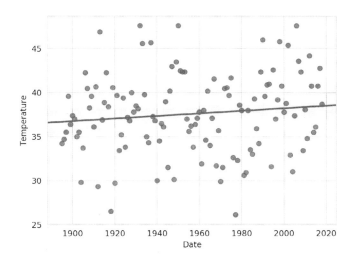

请注意，执行下面的代码前，先关闭之前显示的 Matplotlib 窗口。否则，regplot 将使用已包含图形的现有窗口进行散点图的绘制。regplot 函数的关键字参数 x 和 y 是具有相同长度的一维数组[⊖]，表示要绘制的 x–y 坐标对。前面介绍过，如果名称是有效的 Python 标识符，则 pandas 会自动为每个列名创建属性[⊖]：

```
In [23]: import seaborn as sns

In [24]: sns.set_style('whitegrid')

In [25]: axes = sns.regplot(x=nyc.Date, y=nyc.Temperature)
```

回归线的斜率（左侧较低，右侧较高）表示过去 124 年的变暖趋势。在该图中，y 轴在最小值 26.1 和最大值 47.6 之间的 21.5 的范围内取值，因此数据看起来显著地分布在回归线的上方和下方，难以看出线性关系。这是数据分析可视化中的一个常见问题，即如果有反映不同类型数据的轴（本例中分别是日期和温度），应如何合理地确定它们各自的尺度？在上图中，纯粹是图形高度的问题，Seaborn 和 Matplotlib 会根据数据的取值范围自动对轴进行缩放。对于该问题，可以通过缩放 y 轴的取值范围来使线性关系更加明显，这里将 y 轴从 21.5 的范围缩放到 60 的范围（从 10 到 70）：

```
In [26]: axes.set_ylim(10, 70)
Out[26]: (10, 70)
```

⊖　这些参数也可以是类似于一维数组的对象，如列表或 pandas 的 Series。

⊖　对于具有更多统计背景知识的读者说明，回归线周围的阴影区域是回归线的 95% 置信区间 (https://en.wikipedia.org/wiki/Simple_linear_regression#Confidence_interval)。要绘制没有置信区间的图表，请在 regplot 函数的参数列表中指定关键字参数 ci=None。

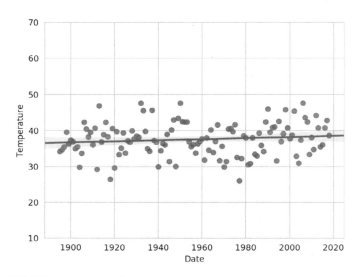

获取时间序列数据集

以下给出一些热门网站，在这些网站中可以找到供你学习的时间序列数据：

时间序列数据集来源
https://www.ncdc.noaa.gov/cag/ 这是美国国家海洋和大气管理局（NOAA）的"Climate at a Glance"网站，其提供了全球和美国天气相关的时间序列数据。
https://www.esrl.noaa.gov/psd/data/timeseries/ 这是 NOAA 的地球系统研究实验室（ESRL）网站，其提供了月度和季节性气候相关的时间序列数据。
https://www.quandl.com/search Quandl 提供了数百个免费的金融相关的时间序列数据，同时也提供了收费的时间序列数据。
https://datamarket.com/data/list/?q=provider:tsdl 时间序列数据库（TSDL）提供了涉及许多行业的数百个时间序列数据集的链接。
http://inforumweb.umd.edu/econdata/econdata.html 马里兰大学的 EconData 服务提供了来自美国各政府机构的数千个与经济时间序列有关的链接。

10.17　小结

本章详细讨论了如何制作有价值的类。通过本章应掌握如何定义类、如何创建类的对象、如何访问对象的属性以及调用对象的方法。另外，也应掌握特殊方法 __init__ 的使用，其用于创建和初始化新对象的数据属性。

本章还讨论了属性的访问控制和 property 的使用。客户端代码可以直接访问对象的所有属性。以单下划线（_）开始的标识符，表示不应该由客户端代码直接访问的属性。通过以双下划线（__）开始的命名约定可以实现"私有"属性，Python 会自动修改这些"私有"属性的名称。

本章实现了一个洗牌和分牌模拟程序，其包括一个 Card 类和一个用于维护扑克牌列表的 DeckOfCards 类，并使用 Matplotlib 分别以字符串和图像形式显示整副牌。该程序中引入了特殊方法 __repr__、__str__ 和 __format__，以创建对象的字符串表示。

本章研究了 Python 用于创建基类和子类的功能。在创建子类时，该子类能够从其基类继承许多功能，然后再根据需要增加新的功能，在子类中也可以重写基类的方法。通过创建一个同时包含基类对象和子类对象的列表，演示了 Python 编程中的多态。

本章介绍了运算符重载，其用来定义 Python 的内置运算符如何处理自定义类类型的对象。实际上，运算符重载是通过对所有类从 object 类继承的各种特殊方法进行重写来实现的。本章讨论了 Python 异常类层次结构并创建了自定义异常类。

本章展示了如何创建一个具名元组，利用具名元组可以通过属性名称而不是索引号来访问元组元素。接下来，本章介绍了 Python 3.7 中新增的数据类，使用数据类可以自动生成类定义中通常包含的各种样板代码，如 __init__、__repr__ 和 __eq__ 这些特殊方法中的代码。

本章介绍了如何在文档字符串中为代码编写单元测试用例，并展示了如何通过 doctest 模块的 testmod 函数方便地执行这些测试用例。本章还讨论了 Python 用于确定标识符作用域的各种命名空间。

本书后面将给出一系列使用 AI 和大数据技术的案例研究，讨论自然语言处理、Twitter 数据挖掘、IBM Watson 和认知计算、监督和无监督机器学习、涉及卷积神经网络和递归神经网络的深度学习等方面的内容。此外，还会讨论大数据软件和硬件基础设施，包括 NoSQL 数据库、Hadoop 和 Spark。

第四部分 *Part 4*

人工智能、云和
大数据案例研究

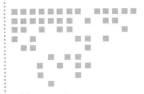

自然语言处理

目标

- ❑ 执行自然语言处理任务，这是后面有关数据科学案例研究章节的基础。
- ❑ 运行大量的 NLP 演示程序。
- ❑ 使用 TextBlob、NLTK、Textatistic 和 spaCy NLP 库及其预训练模型来执行各种 NLP 任务。
- ❑ 将文本标记为单词和句子。
- ❑ 使用词性标注。
- ❑ 使用情感分析来确定文本是正面的、负面的还是中性的。
- ❑ 使用 TextBlob 库的 Google Translate 支持检测文本语言，并进行跨语言翻译。
- ❑ 通过词干提取和词形还原得到词根。
- ❑ 使用 TextBlob 库的拼写检查和拼写校正功能。
- ❑ 获取单词定义、同义词和反义词。
- ❑ 从文本中删除停用词。
- ❑ 创建词云。
- ❑ 使用 Textatistic 库确定文本可读性。
- ❑ 使用 spaCy 库进行命名实体识别和相似性检测。

11.1 简介

闹钟将你唤醒，你可以点击"关闭闹钟"按钮。你可以使用智能手机阅读短信并查看最近的新闻。你可以听电视节目主持人采访名人，与家人、朋友和同事交谈并倾听他们的回应。你有一个听力受损的朋友，他喜欢可隐藏字幕的视频节目，你们通过手语交流。你有一个盲人同事，他读盲文、听电脑阅读器阅读的书籍，并通过屏幕阅读器了解电脑屏幕上的内容。你会阅读电子邮件、区分垃圾邮件与重要邮件，并发送电子邮件。你读过小说或非小说作品。你开车时会观察路标，如"停止""限速 35"和"道路正在施工"。你向自己的汽车下达口头命令，如"给家里打电话""播放古典音乐"，或提出问题，如"最近的加油站在哪里？"。你教孩子如何说和读，发一张慰问卡给朋友。你看书、报纸和杂志，在课堂或会议期间做笔记。你学习外语，准备出国旅游。你收到客户用西班牙语发来的电子邮件，并通过免费的翻译软件理解邮件内容。你用英语回复邮件，知道客户可以轻松地将邮件翻译回西班牙语。如果你不确定电子邮件的语言，语言检测软件会自动为你确定语言并将邮件翻译成英语。

这些是文本、语音、视频、手语、盲文等自然语言**通信**的示例，还有其他形式的语言，如英语、西班牙语、法语、俄语、中文、日语和数百种其他语言。在本章中，我们将通过一系列需要动手实践的演示程序和 IPython 会话掌握多种自然语言处理（Natural Language Processing，NLP）功能，并在后面的数据科学案例研究章节中使用这些 NLP 功能。

自然语言处理是在文本合集上进行的，包括推文、Facebook 帖子、对话、影评、莎士比亚戏剧、历史文献、新闻、会议日志，等等。一个文本合集称为一个**语料库**（corpus）。〔304〕

自然语言不像数学一样精密，意思间的细微差别使得它理解起来并不容易，文本的含义可能受其上下文和读者"世界观"的影响，例如，搜索引擎可以通过我们的搜索历史"了解我们"，这样可以给我们提供更好的搜索结果，但缺点是，可能侵犯我们的个人隐私。

11.2 TextBlob

TextBlob[⊖]是一个面向对象的 NLP 文本处理库，基于 NLTK 库和 pattern 库构建，但简化了它们的许多功能。TextBlob 可以执行的一些 NLP 任务，包括：

❏ 分词——将文本拆分为有意义的单元（即标记），如单词和数字。

❏ 词性（POS）标注——识别每个单词的词性，例如名词、动词、形容词等。

❏ 名词短语提取——定位代表名词的单词组，例如"red brick factory"[⊖]。

❏ 情感分析——确定文本是否具有正面、中性或负面的情感。

❏ 由 Google Translate 提供跨语言翻译和语言检测支持。

❏ 变形——把单词复数化或单数化。变形还有其他方面的内容，但不属于 TextBlob 库的范畴。

⊖ https://textblob.readthedocs.io/en/latest/.

⊖ 短语"red brick factory"可以说明自然语言处理的困难。它可以有多种理解：这是一家叫作"red brick factory"的红砖制作工厂吗？这是一家可以制作任何颜色砖的红色工厂吗？它是一个生产任何类型产品的用红砖建造的工厂吗？在今天的音乐世界中，它甚至可以是摇滚乐队的名字或智能手机上的游戏名称。

❑ 拼写检查和拼写校正。

❑ 词干提取——通过删除前缀或后缀把单词缩减为词干。例如，varieties 的词干是 varieti。

❑ 词形还原——类似于词干提取，但它是基于原始词的上下文生成真实的单词。例如，varieties 的词形还原是"variety"。

❑ 词频——确定每个单词在语料库中出现的频率。

❑ WordNet 集成——用于查找单词的定义、同义词和反义词。

❑ 去停用词——删除一些常用单词，例如 a、an、the、I、we、you 等，以分析语料库中的重要单词。

[305]

❑ n 元——语料库中产生的连续单词集合，用于识别经常彼此相邻的单词。

其中，很多功能都可以用作更复杂的 NLP 任务，本节将使用 TextBlob 和 NLTK 执行这些 NLP 任务。

安装 textblob 模块

为了安装 textblob，需打开 Anaconda Prompt（Windows）、Terminal（macOS / Linux）或 shell（Linux），然后执行以下命令：

```
conda install -c conda-forge textblob
```

Windows 用户可能需要以管理员身份运行 Anaconda Prompt，才能获得正确的软件安装权限。为此，需要在开始菜单中右键单击 Anaconda Prompt 选项，然后选择 More > Run as administrator。

安装完成后，执行以下命令下载 TextBlob 使用的 NLTK 语料库：

```
ipython -m textblob.download_corpora
```

其中包括：

❑ Brown Corpus（出自布朗大学），用于词性标注。

❑ Punkt，用于英文句子分词。

❑ WordNet，用于单词的定义、同义词和反义词。

❑ Averaged Perceptron Tagger，用于词性标注。

❑ conll2000，用于组块分析，将文本分成组块，如名词、动词、名词短语等。conll2000 的名字的取自"Conference on Computational Natural Language Learning"，conll2000 语料库由该会议推出。

❑ Movie Reviews，用于情感分析。

古腾堡工程

古腾堡工程的免费电子书是文本分析的重要来源，请参阅 https://www.gutenberg.org。该网站提供 57,000 多种不同格式的电子书，包括纯文本文件，它们在美国不受版权保护。有关古腾堡工程在其他国家 / 地区的使用条款和版权信息，请参阅 https://www.gutenberg.

org/wiki/Gutenberg:Terms_of_Use。

　　在本节的一些示例中，我们使用莎士比亚的 *Romeo and Juliet* 的纯文本电子书文件，请参阅 https://www.gutenberg.org/ebooks/1513。古腾堡工程不允许以编程方式访问该电子书，除非只是复制书籍。如果想将 *Romeo and Juliet* 作为纯文本电子书下载，需右键单击书籍网页上的"Plain Text UTF-8"链接，然后选择"Save Link As...（Chrome / FireFox）""Download Linked File As...（Safari）"或"Save target as（Microsoft Edge）"选项将书籍保存到系统中。在 ch11 示例文件夹中，我们将其保存为 RomeoAndJuliet.txt，以确保代码正常工作。出于分析目的，我们删除了"THE TRAGEDY OF ROMEO AND JULIET"之前的古腾堡工程文本，以及文件末尾的古腾堡工程信息，该信息从以下内容开始：

```
End of the Project Gutenberg EBook of Romeo and Juliet,
by William Shakespeare
```

11.2.1　创建一个 TextBlob 对象

TextBlob 类[⊖]是基于 textblob 模块的 NLP 基础类，下面创建一个包含两个句子的 TextBlob 对象：

```
In [1]: from textblob import TextBlob

In [2]: text = 'Today is a beautiful day. Tomorrow looks like bad weather.'

In [3]: blob = TextBlob(text)

In [4]: blob
Out[4]: TextBlob("Today is a beautiful day. Tomorrow looks like bad
weather.")
```

　　TextBlob 类（还有接下来会看到的 Sentence 类和 Word 类）支持字符串处理方法，可以与字符串进行比较，为多种 NLP 任务提供支持。Sentence、Word 和 TextBlob 类都继承自 BaseBlob 类，因此它们有很多共同的方法和属性。

11.2.2　将文本标记为句子和单词

　　自然语言处理通常需要在执行其他 NLP 任务之前对文本进行标记，TextBlob 类提供了方便的属性来访问其中的句子和单词。下面我们使用 sentences 属性来获取一个包含 Sentence 对象的列表：

```
In [5]: blob.sentences
Out[5]:
[Sentence("Today is a beautiful day."),
 Sentence("Tomorrow looks like bad weather.")]
```

　　words 属性会返回一个 WordList 对象，包含一个 Word 对象的列表，表示 TextBlob 对象中删除标点符号后的单词：

　　⊖　http://textblob.readthedocs.io/en/latest/api_reference.html#textblob.blob.TextBlob.

```
In [6]: blob.words
Out[6]: WordList(['Today', 'is', 'a', 'beautiful', 'day', 'Tomorrow',
'looks', 'like', 'bad', 'weather'])
```

11.2.3 词性标注

词性标注是根据上下文确定单词词性的过程，有 8 个主要的英语词性——名词、代词、动词、形容词、副词、介词、连词和感叹词（感叹词是表达情感的单词，通常后跟感叹号，如 "Yes！" 或 "Ha！"）。每个词性类别中有很多子类别。

有些词有多重含义，例如，单词 "set" 和 "run" 各有几百个含义！如果看一下 "run" 这个词在 dictionary.com 中的定义，会发现它可以是动词、名词、形容词或动词短语的一部分。词性标注的一个重要用途是确定单词在其可能的许多含义中的其中一个，这对于帮助计算机 "理解" 自然语言非常重要。

tags 属性会返回一个元组列表，每个元组包含一个单词和一个表示其词性的字符串：

```
In [7]: blob
Out[7]: TextBlob("Today is a beautiful day. Tomorrow looks like bad
weather.")

In [8]: blob.tags
Out[8]:
[('Today', 'NN'),
 ('is', 'VBZ'),
 ('a', 'DT'),
 ('beautiful', 'JJ'),
 ('day', 'NN'),
 ('Tomorrow', 'NNP'),
 ('looks', 'VBZ'),
 ('like', 'IN'),
 ('bad', 'JJ'),
 ('weather', 'NN')]
```

默认情况下，TextBlob 类使用 PatternTagger 来确定词性，该类使用了 pattern 库（https://www.clips.uantwerpen.be/pattern）的词性标注功能。

可以在 https://www.clips.uantwerpen.be/pages/MBSP-tags 上查看 pattern 库中的 63 种词性标注。

在前面的代码中：

❑ Today、day 和 weather 被标注为 NN——单数名词或不可数名词。

❑ is 和 looks 被标注为 VBZ——第三人称单数现在时动词。

❑ a 被标注为 DT——限定词。

❑ beautiful 和 bad 被标注为 JJ——形容词。

❑ Tomorrow 被标注为 NNP——专有单数名词。

❑ like 被标注为 IN——从属连词或介词。

11.2.4　提取名词短语

假如我们准备买滑水板，会先上网查一下，搜索"最好的滑水板"，这里"滑水板"是一个名词短语，如果搜索引擎没有正确解析名词短语，可能无法给出最佳搜索结果，这时候可以尝试搜索"最好的水""最好的滑板"和"最好的滑水板"，看看分别能搜出什么。 308

TextBlob 类的 noun_phrases 属性会返回一个 WordList 对象，它是一个包含多个 Word 对象的文本列表，文本中每个名词短语对应一个 Word 对象：

```
In [9]: blob
Out[9]: TextBlob("Today is a beautiful day. Tomorrow looks like bad
weather.")

In [10]: blob.noun_phrases
Out[10]: WordList(['beautiful day', 'tomorrow', 'bad weather'])
```

请注意，表示名词短语的 Word 对象可以包含多个单词，WordList 是 Python 内置列表类型的扩展，提供了额外的用于词干提取、词形还原、单数化和复数化的方法。

11.2.5　使用 TextBlob 的默认情感分析器进行情感分析

最常见和最有价值的 NLP 任务之一是**情感分析**，用来确定文本是正面的、中性的还是负面的，例如，有些公司可能会用它来判断人们是否在网上对他们的产品做出正面或负面的评论。我们都知道表达积极的单词"好"和表达消极的单词"坏"，但不能仅仅因为一个句子包含"好"或"坏"来判定它表达的情感必然是积极的或消极的。例如下面的句子：

```
The food is not good.
```

显然有负面情绪。同样，

```
The movie was not bad.
```

显然有积极的情绪，虽然它可能没有下面这句话积极：

```
The movie was excellent!
```

情感分析是一个复杂的机器学习问题，但 TextBlob 库已经包含了用来执行情感分析的预训练机器学习模型。

获取 TextBlob 的 Sentiment

TextBlob 对象的 sentiment 属性会返回一个 Sentiment 对象，指示文本是正面的还是负面的，以及是客观的还是主观的：

```
In [11]: blob
Out[11]: TextBlob("Today is a beautiful day. Tomorrow looks like bad
weather.")

In [12]: blob.sentiment
Out[12]: Sentiment(polarity=0.07500000000000007,
subjectivity=0.8333333333333333)
```

polarity 表示情感，其值为 –1.0（负面的）到 1.0（正面的），0.0 为中性情感。subjectivity 是从 0.0（客观的）到 1.0（主观的）的值。根据 TextBlob 对象的情感分析结果，其整体情感接近中性，文本倾向主观。

从 Sentiment 对象中获取 polarity 和 subjectivity

上面的情感分析结果提供的精度可能高于大多数情况下我们的需求，这会降低数字输出的可读性。IPython 的魔术命令 %precision 允许为独立 float 对象和 float 对象在内置类型（比如列表、字典和元组）中指定默认精度，下面使用这个魔术命令将 polarity 和 subjectivity 的值四舍五入到小数点后的第三位：

```
In [13]: %precision 3
Out[13]: '%.3f'

In [14]: blob.sentiment.polarity
Out[14]: 0.075

In [15]: blob.sentiment.subjectivity
Out[15]: 0.833
```

获取一个句子的情感

我们也可以以单个句子为单位获取情感，使用 sentences 属性来获取一个 Sentence 对象的列表⊖，然后遍历并显示每个句子的 sentiment 属性：

```
In [16]: for sentence in blob.sentences:
    ...:         print(sentence.sentiment)
    ...:
Sentiment(polarity=0.85, subjectivity=1.0)
Sentiment(polarity=-0.6999999999999998, subjectivity=0.6666666666666666)
```

这个结果可能解释了为什么整个 TextBlob 对象的 sentiment 属性接近 0.0（中性），因为该对象中一个句子的情感是正面的（0.85），而另一个是负面的（-0.6999999999999998）。

11.2.6 使用 NaiveBayesAnalyzer 进行情感分析

默认情况下，TextBlob 对象以及从中获得的 Sentence 和 Word 对象使用 PatternAnalyzer 情感分析器来确定情感，它使用与 pattern 库相同的情感分析技术。TextBlob 库还附带了一个在影评数据库上训练的 NaiveBayesAnalyzer 情感分析器⊖（textblob.sentiments 模块），其中的朴素贝叶斯方法是一种常用的机器学习文本分类算法，回想一下上文，我们正在进行的 IPython 会话中，text 包含的语句为 "Today is a beautiful day. Tomorrow looks like bad weather."。下面的代码使用 analyzer 关键字参数来指定情感分析器：

```
In [17]: from textblob.sentiments import NaiveBayesAnalyzer

In [18]: blob = TextBlob(text, analyzer=NaiveBayesAnalyzer())

In [19]: blob
Out[19]: TextBlob("Today is a beautiful day. Tomorrow looks like bad
weather.")
```

⊖ http://textblob.readthedocs.io/en/latest/api_reference.html#textblob.blob.Sentence.

⊖ https://textblob.readthedocs.io/en/latest/api_reference.html#moduletextblob.en.sentiments.

下面使用 TextBlob 类的 sentiment 属性，通过指定的 NaiveBayesAnalyzer 情感分析器来展示文本的情感：

```
In [20]: blob.sentiment
Out[20]: Sentiment(classification='neg', p_pos=0.47662917962091056,
p_neg=0.5233708203790892)
```

整体情感被归类为负面（classification='neg'），但 Sentiment 对象中的 p_pos 显示该 TextBlob 对象有 47.66% 的正面情感，p_neg 显示有 52.34% 的负面情感，由于整体情感略微偏负面，我们认为这个 TextBlob 对象的情感为中性。

下面来获取每个句子的情感：

```
In [21]: for sentence in blob.sentences:
    ...:         print(sentence.sentiment)
    ...:
Sentiment(classification='pos', p_pos=0.8117563121751951,
p_neg=0.18824368782480477)
Sentiment(classification='neg', p_pos=0.174363226578349,
p_neg=0.8256367734216521)
```

请注意，我们从 NaiveBayesAnalyzer 得到的 Sentiment 对象不是 polarity 值和 subjectivity 值，而是情感类别——'pos'（正面的）或 'neg'（负面的），即从 0.0 到 1.0 的 p_pos（正面百分比）值和 p_neg（负面百分比）值。从结果中可以再次看到 TextBlob 对象的第一句话是正面的，第二句是负面的。

11.2.7　语言检测与翻译

跨语言翻译在自然语言处理和人工智能中是一个具有挑战性的问题。随着机器学习、人工智能和自然语言处理的进步，Google Translate（100 多种语言）和微软 Bing 翻译器（60 多种语言）等可以在不同语言之间实现即时翻译。

对于前往国外旅行的人来说，跨语言翻译也很有用。他们可以使用翻译 APP 来翻译菜单、路标等，甚至还可以现场语音翻译，以便与不了解自己语言的人实时交谈[一][二]。有些智能手机现在可以通过耳机提供许多语言的实时翻译[三]。在第 13 章中，我们将会开发一个可以在 Watson 支持的语言中实现近乎实时跨语言翻译的脚本。

TextBlob 库使用 Google Translate 来检测文本语言并将 TextBlob、Sentence 和 Word 对象转换成其他语言[四]。下面使用 detect_language 方法来检测文本语言（'en' 代表英语）：

```
In [22]: blob
Out[22]: TextBlob("Today is a beautiful day. Tomorrow looks like bad
weather.")

In [23]: blob.detect_language()
Out[23]: 'en'
```

㊀　https://www.skype.com/en/features/skype-translator/.

㊁　https://www.microsoft.com/en-us/translator/business/live/.

㊂　http://www.chicagotribune.com/bluesky/originals/ct-bsi-google-pixel-buds-review-20171115-story.html.

㊃　这些功能需要联网。

接下来,使用 translate 方法将文本翻译为西班牙语('es'),并检验翻译结果。关键字参数 to 指定了目标语言:

```
In [24]: spanish = blob.translate(to='es')

In [25]: spanish
Out[25]: TextBlob("Hoy es un hermoso dia. Mañana parece mal tiempo.")

In [26]: spanish.detect_language()
Out[26]: 'es'
```

再将 TextBlob 对象翻译为简体中文(指定为 'zh' 或 'zh-CN'),检验翻译结果:

```
In [27]: chinese = blob.translate(to='zh')

In [28]: chinese
Out[28]: TextBlob ("今天是美好的一天。明天看起来像恶劣的天气。")

In [29]: chinese.detect_language()
Out[29]: 'zh-CN'
```

尽管 translate 函数可以通过 'zh' 或 'zh-CN' 指定简体中文,detect_language 方法输出时通常将简体中文显示为 'zh-CN'。

在上述情况中,Google Translate 都会自动检测源语言,我们也可以通过将 from_lang 关键字参数传递给 translate 函数来显式地指定源语言,如:

```
chinese = blob.translate(from_lang='en', to='zh')
```

Google Translate 使用的是 iso-639-1[⊖]语言代码,请参阅 https://en.wikipedia.org/wiki/List_of_ISO_639-1_codes。对于支持的语言,可以使用这些代码作为 from_lang 和 to 关键字参数的值。Google Translate 支持的语言列表可参见 https://cloud.google.com/translate/docs/languages。在不带指定参数的情况下调用 translate 函数会将检测到的源语言翻译成英语:

```
In [30]: spanish.translate()
Out[30]: TextBlob("Today is a beautiful day. Tomorrow seems like bad
weather.")

In [31]: chinese.translate()
Out[31]: TextBlob("Today is a beautiful day. Tomorrow looks like bad
weather.")
```

请注意翻译结果的细微差别。

11.2.8 变形:复数化和单数化

单词变形是指单词的不同形式之间的转化,例如单数和复数之间的转化(如 "person"和 "people")、不同的动词时态(如 "run"和 "ran")。为了更加精确地计算词频,可能需要

⊖ ISO 是国际标准化组织(见 https://www.iso.org/)。

首先将所有的变形单词转换为相同的形式，Word 和 Wordlist 都支持将单词转化为相应的单数或复数形式，下面来将一组 Word 对象进行单复数转化：

```
In [1]: from textblob import Word

In [2]: index = Word('index')

In [3]: index.pluralize()
Out[3]: 'indices'

In [4]: cacti = Word('cacti')

In [5]: cacti.singularize()
Out[5]: 'cactus'
```

单复数转化非常复杂，正如上面所讲的，并不像在单词末尾添加或删除"s"或"es"那么简单。

可以使用 WordList 执行相同的操作：

```
In [6]: from textblob import TextBlob

In [7]: animals = TextBlob('dog cat fish bird').words

In [8]: animals.pluralize()
Out[8]: WordList(['dogs', 'cats', 'fish', 'birds'])
```

请注意，单词"fish"的单复数形式是相同的。

11.2.9　拼写检查和拼写校正

对于自然语言处理任务，确保文本没有拼写错误是非常重要的，用于编写和编辑文本的软件包（如 Microsoft Word、Google Docs 和其他软件包）会在键入单词时自动检查拼写，并且通常会在拼写有误的单词下画红线，当然也可以手动调用其他拼写检查器。

我们可以使用 spellcheck 方法检查单词的拼写，该方法返回一个包含可能的正确拼写和对应置信度的元组列表。假设打算输入单词"they"，但我们误将其拼写为"theyr"，拼写检查结果会显示两个可能的更正，其中"they"这个词具有最高的置信度：

```
In [1]: from textblob import Word

In [2]: word = Word('theyr')

In [3]: %precision 2
Out[3]: '%.2f'

In [4]: word.spellcheck()
Out[4]: [('they', 0.57), ('their', 0.43)]
```

请注意，具有最高置信度的单词可能不是符合给定上下文的正确单词。

TextBlob、Sentence 和 Word 对象都可以通过 correct 方法校正拼写错误，在 Word 对象上调用 correct 方法会返回具有最高置信度的正确拼写的单词（正如拼写检查的返回）：

313

```
In [5]: word.correct()  # chooses word with the highest confidence value
Out[5]: 'they'
```

在 TextBlob 或 Sentence 对象上调用 correct 方法可以检查每个单词的拼写，对于不正确的单词，correct 都会将其替换为具有最高置信度的正确拼写的单词：

```
In [6]: from textblob import Word

In [7]: sentence = TextBlob('Ths sentense has missplled wrds.')

In [8]: sentence.correct()
Out[8]: TextBlob("The sentence has misspelled words.")
```

11.2.10 规范化：词干提取和词形还原

词干提取旨在删除单词的前缀或后缀，只留下词干，词干可能是也可能不是真正的单词。**词形还原**与之类似，但它会影响单词的词性和意义，并产生真实的单词。

词干提取和词形还原是**规范化**操作，可以通过它们来准备用于分析的单词，例如，在对文本中的单词做统计计算之前，可以将所有的单词转换为小写，以便不区分大写和小写单词。有时候我们可能希望使用词根来表示单词的各种形式，例如，在给定的应用程序中，可能希望将单词 program、programs、programmer、programming 和 programmed（以及英式拼写 programmes）都视为"program"。

Word 和 Wordlist 对象都通过 stem 和 lemmatize 方法进行词干提取和词形还原，下面在一个 Word 对象上尝试一下：

```
In [1]: from textblob import Word

In [2]: word = Word('varieties')

In [3]: word.stem()
Out[3]: 'varieti'

In [4]: word.lemmatize()
Out[4]: 'variety'
```

11.2.11 词频

用于检测文档之间相似性的各种技术都依赖于**词频**，接下来我们将会看到，TextBlob 会自动计算词频。首先，将莎士比亚的 *Romeo and Juliet* 电子书加载到 TextBlob 对象中，为此，我们使用 Python 标准库中 pathlib 模块的 Path 类：

```
In [1]: from pathlib import Path

In [2]: from textblob import TextBlob

In [3]: blob = TextBlob(Path('RomeoAndJuliet.txt').read_text())
```

使用之前下载的 RomeoAndJuliet.txt 文件[○]，假设从该文件夹启动 IPython 会话，当

○ 每个古腾堡工程电子书都包含其他文本，例如许可信息，这些文本不属于电子书本身。对于此示例，我们使用文本编辑器删除这些文本。

使用 `Path` 类的 `read_text` 方法读取文件时，它会在完成文件读取后立即关闭文件。 314

可以通过 `TextBlob` 类中的 `word_counts` 字典计算词频，下面来看看该书中几个单词的词频：

```
In [4]: blob.word_counts['juliet']
Out[4]: 190

In [5]: blob.word_counts['romeo']
Out[5]: 315

In [6]: blob.word_counts['thou']
Out[6]: 278
```

如果已将一个 `TextBlob` 对象标记为 `WordList`，则可以通过 `count` 方法计算列表中指定单词的词频：

```
In [7]: blob.words.count('joy')
Out[7]: 14

In [8]: blob.noun_phrases.count('lady capulet')
Out[8]: 46
```

11.2.12　从 WordNet 中获取单词定义、同义词和反义词

WordNet[一]是普林斯顿大学创建的一个单词数据库，TextBlob 库使用 NLTK 库的 WordNet 接口，能够查找单词定义，并获取其同义词和反义词。更多相关信息请查看 NLTK 的 WordNet 接口文档，见 https://www.nltk.org/api/nltk.corpus.reader.html#module-nltk.corpus.reader.wordnet。

获取定义

首先，创建一个 `Word` 对象：

```
In [1]: from textblob import Word

In [2]: happy = Word('happy')
```

`Word` 类中的 `definitions` 属性会返回 WordNet 数据库中该单词所有定义的一个列表：

```
In [3]: happy.definitions
Out[3]:
['enjoying or showing or marked by joy or pleasure',
 'marked by good fortune',
 'eagerly disposed to act or to be of service',
 'well expressed and to the point']
```

这个数据库不一定包含给定单词的所有定义。另外，`define` 方法能够将词性作为参数传递，这样就可以获得仅与特定词性匹配的单词定义。

一　https://wordnet.princeton.edu/.

获取同义词

可以通过 synsets 属性获取 Word 对象的同义词集合，结果可得一个 Synset 对象列表：

```
In [4]: happy.synsets
Out[4]:
[Synset('happy.a.01'),
 Synset('felicitous.s.02'),
 Synset('glad.s.02'),
 Synset('happy.s.04')]
```

每个 Synset 代表一组同义词，以 happy.a.01 为例：

❑ happy 是源词的词形还原（这里与源词是一样的）。

❑ a 为词性。其中 a 代表形容词，n 代表名词，v 代表动词，r 代表副词，s 代表形容词附属。WordNet 中很多形容词的同义词集都有与其类似的形容词附属。

❑ 01 是索引号。许多单词具有多种含义，这是该单词在 WordNet 数据库中对应含义的索引号。

我们也可以通过 get_synsets 方法将词性作为参数传递，从而得到仅与特定词性匹配的 Synset。

遍历 synsets 列表就可以找到源词的所有同义词，每个 Synset 都有一个 lemmas 方法，该方法返回一个 Lemma 对象列表来表示相应的同义词。同时 Lemma 的 name 方法将该同义词作为字符串返回。在以下代码中，对于 synsets 列表中的每个 Synset，嵌套的 for 循环遍历该 Synset 的 Lemmas（如果有的话），然后将同义词添加到名为的 synonyms 的集合中。这里使用了集合，以便自动消除重复项：

```
In [5]: synonyms = set()

In [6]: for synset in happy.synsets:
   ...:     for lemma in synset.lemmas():
   ...:         synonyms.add(lemma.name())
   ...:

In [7]: synonyms
Out[7]: {'felicitous', 'glad', 'happy', 'well-chosen'}
```

获取反义词

如果 Lemma 所代表的单词在 WordNet 数据库中有反义词，则可以调用 Lemma 的 antonyms 方法返回一个表示该反义词的 Lemmas 列表（如果数据库中没有反义词，则返回空列表）。在代码段 [4] 中，看到有四个 "happy" 的 Synset。首先，我们在 synsets 列表的索引 0 处获取相应 Synset 的 Lemmas：

```
In [8]: lemmas = happy.synsets[0].lemmas()

In [9]: lemmas
Out[9]: [Lemma('happy.a.01.happy')]
```

lemmas 返回一个包含 Lemma 对象的列表。现在可以检查数据库中是否包含该 Lemma 的反义词：

```
In [10]: lemmas[0].antonyms()
Out[10]: [Lemma('unhappy.a.01.unhappy')]
```

结果是包含反义词的一个 `Lemmas` 列表，可以看到 WordNet 数据库中有" happy "的
一个反义词"unhappy"。

316

11.2.13　删除停用词

停用词是文本中的常用词，通常在分析文本之前进行删除，因为它们通常不能提供有
用的信息。下面显示了 NLTK 库中的英语停用词表，该列表由 NLTK 中 `stopwords` 模块的
`words` 函数返回[⊖]：

NLTK 的英语停用词表

```
['a', 'about', 'above', 'after', 'again', 'against', 'ain', 'all', 'am', 'an', 'and',
'any', 'are', 'aren', "aren't", 'as', 'at', 'be', 'because', 'been', 'before', 'being',
'below', 'between', 'both', 'but', 'by', 'can', 'couldn', "couldn't", 'd', 'did', 'didn',
"didn't", 'do', 'does', 'doesn', "doesn't", 'doing', 'don', "don't", 'down', 'during',
'each', 'few', 'for', 'from', 'further', 'had', 'hadn', "hadn't", 'has', 'hasn', "hasn't",
'have', 'haven', "haven't", 'having', 'he', 'her', 'here', 'hers', 'herself', 'him',
'himself', 'his', 'how', 'i', 'if', 'in', 'into', 'is', 'isn', "isn't", 'it', "it's",
'its', 'itself', 'just', 'll', 'm', 'ma', 'me', 'mightn', "mightn't", 'more', 'most',
'mustn', "mustn't", 'my', 'myself', 'needn', "needn't", 'no', 'nor', 'not', 'now', 'o',
'of', 'off', 'on', 'once', 'only', 'or', 'other', 'our', 'ours', 'ourselves', 'out',
'over', 'own', 're', 's', 'same', 'shan', "shan't", 'she', "she's", 'should', "should've",
'shouldn', "shouldn't", 'so', 'some', 'such', 't', 'than', 'that', "that'll", 'the',
'their', 'theirs', 'them', 'themselves', 'then', 'there', 'these', 'they', 'this',
'those', 'through', 'to', 'too', 'under', 'until', 'up', 've', 'very', 'was', 'wasn',
"wasn't", 'we', 'were', 'weren', "weren't", 'what', 'when', 'where', 'which', 'while',
'who', 'whom', 'why', 'will', 'with', 'won', "won't", 'wouldn', "wouldn't", 'y', 'you',
"you'd", "you'll", "you're", "you've", 'your', 'yours', 'yourself', 'yourselves']
```

NLTK 库还列出了其他几种语言的停用词，在使用 NLTK 的停用词表之前，必须先使
用 `nltk` 模块的 `download` 函数把它下载下来：

```
In [1]: import nltk

In [2]: nltk.download('stopwords')
[nltk_data] Downloading package stopwords to
[nltk_data]     C:\Users\PaulDeitel\AppData\Roaming\nltk_data...
[nltk_data]   Unzipping corpora\stopwords.zip.
Out[2]: True
```

⊖　https://www.nltk.org/book/ch02.html.

对于此示例，我们将加载 'english' 停用词表，首先从 nltk.corpus 模块导入 stopwords，然后利用 stopwords 类中的 words 方法来加载 'english' 停用词表：

```
In [3]: from nltk.corpus import stopwords

In [4]: stops = stopwords.words('english')
```

下面创建一个 TextBlob 对象并从中移除停用词：

```
In [5]: from textblob import TextBlob

In [6]: blob = TextBlob('Today is a beautiful day.')
```

最后，为了删除停用词，在一个列表推导式中访问 TextBlob 对象中的单词，只有当该单词不在 stops 中时才将其返回：

```
In [7]: [word for word in blob.words if word not in stops]
Out[7]: ['Today', 'beautiful', 'day']
```

11.2.14　n 元

一个 n 元是 n 个文本条目组成的一个序列，例如单词中的 n 个字母或句子中的 n 个单词。在自然语言处理中，n 元可用于识别经常彼此相邻的字母或单词，对于基于文本的用户输入，它可以帮助预测用户将键入的下一个字母或单词，例如，使用制表符补全功能补全 IPython 中的输入时，或者通过你最喜爱的 APP 向朋友发送消息时。对于语音转文本，n 元可用于提高转录质量，它是一种**共生形式**，其中单词或字母在文本中以彼此相邻的形式出现。

TextBlob 类的 ngrams 方法默认生成一个长度为 3 的 n 元 WordList 对象列表，称为三元。也可以传递关键字参数 n 来生成任何长度的 n 元。下面的代码段的输出显示了包含句子中的前三个单词（Today、is 和 a）的第一个三元，然后，ngrams 创建一个以第二个单词（is、a 和 beautiful）开头的三元，以此类推，直到创建一个包含 TextBlob 对象中最后三个单词的三元：

```
In [1]: from textblob import TextBlob

In [2]: text = 'Today is a beautiful day. Tomorrow looks like bad weather.'

In [3]: blob = TextBlob(text)

In [4]: blob.ngrams()
Out[4]:
[WordList(['Today', 'is', 'a']),
 WordList(['is', 'a', 'beautiful']),
 WordList(['a', 'beautiful', 'day']),
 WordList(['beautiful', 'day', 'Tomorrow']),
 WordList(['day', 'Tomorrow', 'looks']),
 WordList(['Tomorrow', 'looks', 'like']),
 WordList(['looks', 'like', 'bad']),
 WordList(['like', 'bad', 'weather'])]
```

下面的代码会产生由 5 个单词组成的 n 元：

```
In [5]: blob.ngrams(n=5)
Out[5]:
[WordList(['Today', 'is', 'a', 'beautiful', 'day']),
 WordList(['is', 'a', 'beautiful', 'day', 'Tomorrow']),
 WordList(['a', 'beautiful', 'day', 'Tomorrow', 'looks']),
 WordList(['beautiful', 'day', 'Tomorrow', 'looks', 'like']),
 WordList(['day', 'Tomorrow', 'looks', 'like', 'bad']),
 WordList(['Tomorrow', 'looks', 'like', 'bad', 'weather'])]
```

318

11.3 使用柱状图和词云可视化词频

早些时候，我们在 *Romeo and Juliet* 电子书中获得了几个单词的词频，词频可视化可以提高对语料库的分析。通常有多种方法可以可视化词频，但它们各有优势，例如，我们可能对相对词频感兴趣，或者只对语料库中单词的相对使用感兴趣。本节中将介绍两种可视化词频的方法：

❑ 柱状图：可以定量地将 *Romeo and Juliet* 中词频最高的前 20 个单词可视化为表示每个单词及其频率的柱状图。

❑ 词云：定性地将较频繁出现的单词以较大字体显示，较少出现的单词以较小字体显示。

11.3.1 使用 pandas 可视化词频

下面将 *Romeo and Juliet* 中出现频率最高的前 20 个单词可视化，这些单词不是停用词。为此，我们将使用 TextBlob、NLTK 和 pandas 中的功能。pandas 的可视化功能是基于 Matplotlib 的，因此使用以下命令启动 IPython：

```
ipython --matplotlib
```

加载数据

首先，加载 *Romeo and Juliet* 电子书。在执行以下代码之前，从 **ch11** 示例文件夹启动 IPython，以便可以访问前面下载的电子书文件 **RomeoAndJuliet.txt**：

```
In [1]: from pathlib import Path
```

```
In [2]: from textblob import TextBlob
```

```
In [3]: blob = TextBlob(Path('RomeoAndJuliet.txt').read_text())
```

然后，加载 NLTK 停用词表：

```
In [4]: from nltk.corpus import stopwords
```

```
In [5]: stop_words = stopwords.words('english')
```

获取词频

为了可视化词频最高的前 20 个单词，我们需要知道文本中的每一个单词及其对应的词频，下面调用 **blob.word_counts** 字典的 **items** 方法来获取一个词频元组的列表：

```
In [6]: items = blob.word_counts.items()
```

删除停用词

接下来，使用列表推导式来删除包含停用词的元组：

```
In [7]: items = [item for item in items if item[0] not in stop_words]
```

其中，`item[0]` 从每个元组中获取单词，以便检查它在 `stop_words` 中是否存在。

按频率对单词进行排序

为了确定前 20 个单词，按词频的降序对 `items` 中的元组进行排序，可以使用带有 `key` 参数的内置函数根据元组中的词频来排序，为了指定排序所依据的元组中的元素，使用 Python 标准库中 `operator` 模块的 `itemgetter` 函数：

```
In [8]: from operator import itemgetter

In [9]: sorted_items = sorted(items, key=itemgetter(1), reverse=True)
```

`sorted` 函数为 `items` 中的元素排序时，通过表达式 `itemgetter(1)` 访问每个元组中索引 1 处的元素。`reverse=True` 关键字参数表示元组应按降序排序。

获取前 20 个单词

接下来，我们使用切片从 `sorted_items` 中获取前 20 个单词。当 TextBlob 对一个语料库进行标注时，它会在撇号处对所有格缩写词进行分割，并将撇号的总数计为"单词"之一。*Romeo and Juliet* 有很多所有格缩写词，如果把 `sorted_items [0]` 显示出来，会发现最常出现的"单词"就是撇号，有 867 个[○]，但我们只想显示单词，所以把索引为 0 处的元素忽略，获取一个仅包含第 1 到 20 个元素的切片：

```
In [10]: top20 = sorted_items[1:21]
```

将 `top20` 转换为 DataFrame

接下来，我们将 `top20` 的元组列表转换为 pandas 的 `DataFrame`，以便将其可视化：

```
In [11]: import pandas as pd

In [12]: df = pd.DataFrame(top20, columns=['word', 'count'])

In [13]: df
Out[13]:
        word  count
0      romeo    315
1       thou    278
2     juliet    190
3        thy    170
4    capulet    163
5      nurse    149
6       love    148
7       thee    138
8       lady    117
9      shall    110
10     friar    105
11      come     94
12  mercutio     88
13  lawrence     82
```

───────────────────
○ 在某些语言环境中元素 0 对应的确实是"romeo"。

```
14       good        80
15    benvolio      79
16     tybalt       79
17      enter        75
18        go         75
19      night        73
```

320

可视化 `DataFrame`

为了可视化这些数据，我们将使用 `DataFrame` 类中 `plot` 属性的 `bar` 方法，下面的参数指示了哪些列的数据应沿 x 轴和 y 轴显示，并且指示不希望在图表上显示图例：

```
In [14]: axes = df.plot.bar(x='word', y='count', legend=False)
```

`bar` 方法会创建并显示 Matplotlib 柱状图。

查看柱状图，会注意到某些单词被截断，要解决这个问题，可使用 Matplotlib 中的 `gcf`（获取当前图像）函数来获取 pandas 显示的 Matplotlib 图，然后调用 `tight_layout` 方法，这样会压缩柱状图以确保其所有的组件都合适：

```
In [15]: import matplotlib.pyplot as plt
```

```
In [16]: plt.gcf().tight_layout()
```

最终的柱状图如下所示。

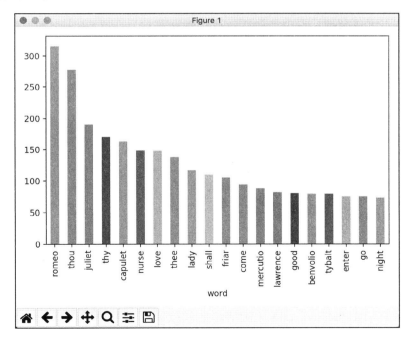

11.3.2　使用词云可视化词频

接下来，我们将构建一个可视化 *Romeo and Juliet* 中词频最高的前 200 个单词的词云，

使用开源 `wordcloud` 模块[⊖]的 `WordCloud` 类，只需几行代码就可以生成词云，默认情况下，`wordcloud` 会创建矩形词云，但它其实可以创建任何形状的词云。

安装 `wordcloud` 模块

为了安装 `wordcloud`，需打开 Anaconda Prompt（Windows）、Terminal（macOS / Linux）或 shell（Linux）并输入命令：

```
conda install -c conda-forge wordcloud
```

Windows 用户可能需要以管理员身份运行 Anaconda Prompt，才能获取正确的软件安装权限。为此，需在开始菜单中右键单击 Anaconda Prompt 选项，然后选择 More > Run as administrator。

加载文本

首先，加载 *Romeo and Juliet* 电子书。在执行以下代码之前，从 ch11 示例文件夹启动 IPython，以便可以访问之前下载的电子书文件 `RomeoAndJuliet.txt`：

```
In [1]: from pathlib import Path

In [2]: text = Path('RomeoAndJuliet.txt').read_text()
```

加载指定词云形状的掩膜图

要创建给定形状的词云，可以使用掩膜图来初始化 `WordCloud` 对象，`WordCloud` 会用文本填充掩膜图的非白色区域。我们在此示例中使用心形，掩膜图为 ch11 示例文件夹中的 `mask_heart.png` 文件，使用越复杂的掩膜图创建词云，需要的时间越长。

下面使用 Anaconda 自带的 `imageio` 模块中的 `imread` 函数加载掩膜图：

```
In [3]: import imageio

In [4]: mask_image = imageio.imread('mask_heart.png')
```

此函数将掩膜图作为 NumPy 数组返回，以便 `WordCloud` 处理。

配置 `WordCloud` 对象

接下来创建和配置 `WordCloud` 对象：

```
In [5]: from wordcloud import WordCloud

In [6]: wordcloud = WordCloud(colormap='prism', mask=mask_image,
   ...:         background_color='white')
   ...:
```

除非指定了 `width` 和 `height` 关键字参数或掩膜图，否则默认 `WordCloud` 对象的宽度和高度（以像素为单位）为 400×200。如果指定了掩膜图，`WordCloud` 对象的大小就是掩膜图的大小。`WordCloud` 在底层使用 Matplotlib，从颜色表中随机分配颜色，也可

⊖ https://github.com/amueller/word_cloud.

以通过 colormap 关键字参数指定颜色。有关颜色表中的颜色名及其对应颜色，请参阅 https://matplotlib.org/examples/color/colormaps_reference.html。mask 关键字参数指定使用先前加载的 mask_image 掩膜图。默认情况下，单词是在黑色背景上绘制的，但我们使用 background_color 关键字参数指定在白色（white）背景上绘制。有关 WordCloud 关键字参数的完整列表，请参阅 http://amueller.github.io/word_cloud/generated/wordcloud.WordCloud.html。

322

生成词云

WordCloud 类的 generate 方法接收在词云中需使用的文本作为参数，并创建词云，它将作为 WordCloud 对象返回：

```
In [7]: wordcloud = wordcloud.generate(text)
```

在创建词云之前，generate 方法首先通过 wordcloud 模块的内置停用词表将 text 中的停用词删除，然后计算剩余单词的词频。默认情况下，该方法最多使用 200 个单词，但可以使用 max_words 关键字参数进行自定义。

将词云保存为图像文件

最后，我们使用 WordCloud 类的 to_file 方法将词云图保存到指定文件：

```
In [8]: wordcloud = wordcloud.to_file('RomeoAndJulietHeart.png')
```

现在可以转到 ch11 示例文件夹，并双击系统中的 RomeoAndJuliet.png 图像进行查看——由于版本不同，可能与下图所示的单词位置和颜色不同。

从字典生成词云

如果已经有一个表示单词计数的键–值对字典，则可以将其传递给 WordCloud 类的
fit_words 方法，此方法假设已经删除了停用词。

使用 Matplotlib 显示图像

如果想在屏幕上显示图像，可以使用 IPython 的魔术命令

```
%matplotlib
```

它可以在 IPython 中启用交互式 Matplotlib 支持，然后执行以下语句，就可以在屏幕上显示
词云图：

```
import matplotlib.pyplot as plt
plt.imshow(wordcloud)
```

11.4　使用 Textatistic 库进行可读性评估

自然语言处理的一个有趣用途是评估文本**可读性**。可读性受所使用的词汇、句子结构、
句子长度、主题等方面的影响。在编写本书时，我们使用了付费工具 Grammarly 来调整文
字以确保文本的可读性。

本节将使用 Textatistic 库⊖来评估文本可读性⊖。有很多用于计算自然语言处理的可
读性的公式，Textatistic 使用五种流行的公式 ——Flesch Reading Ease、Flesch-Kincaid、
Gunning Fog、Simple Measure of Gobbledygook（SMOG）和 Dale-Chall。

安装 Textatistic

为了安装 Textatistic，需打开 Anaconda Prompt（Windows）、Terminal（macOS/Linux）
或 shell（Linux）并输入以下命令：

```
pip install textatistic
```

Windows 用户可能需要以管理员身份运行 Anaconda Prompt，才能获得正确的软件安装
权限。为此，请在开始菜单中右键单击 Anaconda Prompt 选项，然后选择 More > Run as
administrator。

计算统计得分和可读性得分

首先，将 *Romeo and Juliet* 文本加载到 text 变量中：

```
In [1]: from pathlib import Path

In [2]: text = Path('RomeoAndJuliet.txt').read_text()
```

为了计算文本统计数据和可读性得分，需要将其转化为 Textatistic 对象：

⊖　https://github.com/erinhengel/Textatistic.

⊖　其他一些 Python 可读性评估库包括 readability-score、textstat、readability 和 pylinguistics。

```
In [3]: from textatistic import Textatistic

In [4]: readability = Textatistic(text)
```

Textatistic 类的 dict 方法会返回一个包含统计信息和可读性得分的字典：

```
In [5]: %precision 3
Out[5]: '%.3f'
In [6]: readability.dict()
Out[6]:
{'char_count': 115141,
 'word_count': 26120,
 'sent_count': 3218,
 'sybl_count': 30166,
 'notdalechall_count': 5823,
 'polysyblword_count': 549,
 'flesch_score': 100.892,
 'fleschkincaid_score': 1.203,
 'gunningfog_score': 4.087,
 'smog_score': 5.489,
 'dalechall_score': 7.559}
```

字典中的每个值都可以通过与其键名同名的 Textatistic 属性访问。dict 方法产生的统计结果包括：

❑ char_count——文本中的字符数。

❑ word_count——文本中的单词数。

❑ sent_count——文本中的句子数。

❑ sybl_count——文本中的字节数。

❑ notdalechall_count——不在 Dale-Chall 列表中的单词数。Dale-Chall 列表是 80% 的五年级学生所能理解的单词列表[⊖]，notdalechall_count 值与总单词数相比，若越高，则文本的可读性越低。

❑ polysyblword_count——包含三个或三个以上字节的单词数。

❑ flesch_score——Flesch 易读性得分，其可以映射到年级。90 分以上的文本被认为对五年级学生是可读的，30 分以下的文本对应于大学生，30～90 分对应于两者之间的其他年级。

❑ fleschkincaid_score——Flesch-Kincaid 得分，与不同年级对应。

❑ gunningfog_score——Gunning Fog 指数，与不同年级对应。

❑ smog_score——Simple Measure of Gobbledygook（SMOG），对应理解文本所需的教育年限，这个指标对医学材料非常有用。

❑ dalechall_score——Dale-Chall 得分，可以映射到从 4 年级到 16 年级（大学）及以上的年级。该得分被认为对于包含多种文本类型的文本更有意义。

想了解更多可读性得分的相关信息，请参考 https://en.wikipedia.org/wiki/Readability。Textatistic 文档还给出了所使用的可读性公式，参见 http://www.erinhengel.com/software/textatistic/。

⊖　http://www.readabilityformulas.com/articles/dale-chall-readability-word-list.php.

11.5 使用 spaCy 命名实体识别

NLP 可以分析出文本的内容，其中的一个关键部分就是**命名实体识别**。命名实体识别可以定位和分类文本中的日期、时间、数量、地点、人员、事物、组织等。在本节中，我们将使用 spaCy NLP 库[□][□]中的命名实体识别功能来分析文本。

安装 spaCy

为了安装 spaCy，需打开 Anaconda Prompt（Windows）、Terminal（macOS / Linux）或 shell（Linux），然后执行以下命令：

```
conda install -c conda-forge spacy
```

Windows 用户可能需要以管理员身份运行 Anaconda Prompt，才能获得正确的软件安装权限。为此，请在开始菜单中右键单击 Anaconda Prompt 选项，然后选择 More > Run as administrator。

安装完成后，还需要执行以下命令，使得 spaCy 可以下载处理英语（en）文本所需的其他组件：

```
python -m spacy download en
```

加载语言模型

使用 spaCy 的第一步是，加载表示文本所属自然语言的语言模型。为此，需调用 `spacy` 模块的 `load` 函数，下面加载之前下载的英语模型：

```
In [1]: import spacy

In [2]: nlp = spacy.load('en')
```

spaCy 文档建议使用变量名称 `nlp`。

创建一个 spaCy Doc

接下来，使用上面的 `nlp` 对象创建一个表示所处理文档的 Doc 对象[□]。这里使用很多书籍在介绍万维网时用的一句话：

```
In [3]: document = nlp('In 1994, Tim Berners-Lee founded the ' +
   ...:         'World Wide Web Consortium (W3C), devoted to ' +
   ...:         'developing web technologies')
   ...:
```

获取命名实体

Doc 对象的 `ents` 属性会返回一个 Span 对象的元组，以表示在 Doc 中找到的命名实

⊖ https://spacy.io/.

⊜ 你可能还想查看 Textacy 库（见 https://github.com/chartbeat-labs/textacy）——在 spaCy 上构建的 NLP 库，它还支持一些其他的 NLP 任务。

⊜ https://spacy.io/api/doc.

体。每个 Span 对象都有很多属性[⊖]。下面遍历 Span 对象并显示出 `text` 和 `label_` 属性：

```
In [4]: for entity in document.ents:
   ...:         print(f'{entity.text}: {entity.label_}')
   ...:
1994: DATE
Tim Berners-Lee: PERSON
the World Wide Web Consortium: ORG
```

每个 Span 对象的 `text` 属性都将实体作为字符串返回，`label_` 属性返回一个表示实体类型的字符串。此处 spaCy 对象找到了三个代表 `DATE`（1994）、`PERSON`（Tim Berners-Lee）和 `ORG`（组织，the World Wide Web Consortium）的实体。更多关于 spaCy 的信息请参阅 https://spacy.io/usage/models#section-quickstart。

11.6　使用 spaCy 进行相似性检测

相似性检测是分析文档以确定其相似程度的过程，一种可能的相似性检测技术是词频计数。例如，有些人认为莎士比亚的作品实际上可能是 Sir Francis Bacon、Christopher Marlowe 等人所写的，将他们的作品的词频进行比较，可以发现写作风格的相似之处。

本书后面的章节讨论的各种机器学习技术都可用于研究文档相似性，但诸如 spaCy 和 Gensim 这样的库也可以进行文档相似性检测。这里将使用 spaCy 的相似性检测功能来比较莎士比亚的 *Romeo and Juliet* 与 Christopher Marlowe 的 *Edward the Second*。*Edward the Second* 可以从古腾堡工程中找到，下载方法与 *Romeo and Juliet* 的下载方法一样。

加载语言模型并创建 spaCy Doc

同上节，首先加载英文模型：

```
In [1]: import spacy

In [2]: nlp = spacy.load('en')
```

创建 spaCy Doc

接下来，创建两个 Doc 对象——一个用于 *Romeo and Juliet*，另一个用于 *Edward the Second*：

```
In [3]: from pathlib import Path

In [4]: document1 = nlp(Path('RomeoAndJuliet.txt').read_text())

In [5]: document2 = nlp(Path('EdwardTheSecond.txt').read_text())
```

327

比较书籍的相似性

最后，我们使用 Doc 类的 `similarity` 方法会得到一个 0.0（毫不相似）到 1.0（完全相同）的值，来表示文档的相似程度：

⊖　https://spacy.io/api/span.

```
In [6]: document1.similarity(document2)
Out[6]: 0.9349950179100041
```

spaCy 认为这两个文档有很大的相似之处。为了进行比较，我们还创建了一个表示近期新闻的 Doc 对象，并将其与 *Romeo and Juliet* 进行了比较。正如所料，spaCy 会返回一个很低的值，表明它们之间几乎没有相似之处，大家可以尝试将最近的新闻文章复制到文本文件中，然后执行相似性检测看看结果。

11.7 其他 NLP 库和工具

本章展示了各种 NLP 相关的库，但可供使用的库还有更多，以便我们能够用最优的方式解决不同的任务。下面是一些其他的主要的 NLP 库和 API，大部分都是免费开源的：

❑ Gensim——相似性检测和主题建模。
❑ Google Cloud Natural Language API——针对 NLP 任务的云 API，如命名实体识别、情感分析、词性分析和可视化等。
❑ Microsoft Linguistic Analysis API。
❑ Bing 情感分析——微软的 Bing 搜索引擎现在将情感融入搜索结果，目前仅在美国可用。
❑ PyTorch NLP 库——NLP 的深度学习库。
❑ Stanford CoreNLP 库——基于 Java 的 NLP 库，它还提供了 Python 包装类，包括共指消解（可以通过它找到同一对象的所有指称）。
❑ Apache OpenNLP 库——基于 Java 的 NLP 库，用于执行常见任务，包括共指消解。Python 包装类也是可用的。
❑ PyNLPl（pineapple）库——Python NLP 库，包括基本的和更复杂的 NLP 功能。
❑ SnowNLP 库——简化了中文文本处理的 Python 库。
❑ KoNLPy 库——韩语 NLP 库。
❑ stop-words 库——带有多种语言停用词的 Python 库。本章使用了 NLTK 库的停用词表。
❑ TextRazor——一个付费的云 API，提供一个免费层。

11.8 机器学习和深度学习自然语言应用

有很多自然语言应用需要机器学习和深度学习技术，我们将在后面的机器学习和深度学习章节中讨论以下内容：

❑ 回答自然语言问题——例如，本书的出版商 Pearson Education 有一个合作伙伴 IBM Watson，IBM Watson 使用 Watson 作为虚拟导师，学生可以利用自然语言向 Watson 提问并获取答案。

❑ 文档总结——分析文档并生成简短总结（也称为摘要），可以把它包含在搜索结果中，帮助读者决定是否阅读此文档。

❑ 语音合成（语音转文本）和语音识别（文本转语音）——第 13 章会使用这些功能，结合跨语言文本到文本的翻译，来开发一种近乎实时的跨语言语音到语音翻译器。

❑ 协同过滤——用于创建推荐系统（"如果你喜欢这部电影，可能也喜欢……"）。

❑ 文本分类——例如，按类别对新闻文章进行分类，分为世界新闻、国家新闻、当地新闻、体育、商业、娱乐等。

❑ 主题建模——查找文档中讨论的主题。

❑ 讽刺检测——常和情感分析一起使用。

❑ 文本简化——使文本更简洁、更易于阅读。

❑ 语音转手语，反之亦然——帮助与听障人士对话。

❑ 唇语识别——适用于不会说话的人，将唇部动作转换为文本或语音以帮助交流。

❑ 隐藏式字幕——为视频添加文字字幕。

11.9　自然语言数据集

有大量文本数据源可用于自然语言处理任务：

❑ 维基百科——维基百科的部分或全部内容（https://meta.wikimedia.org/wiki/Datasets）。

❑ IMDB（Internet Movie Database）——内含多种电影和电视剧数据集。

❑ UCI 文本数据集——包含 Spambase 等很多数据集。

❑ 古腾堡工程——50,000 多种免费电子书，在美国不受版权保护。

❑ Jeopardy! 数据集——来自电视节目 Jeopardy! 的 200,000 多个题目。人工智能的一个里程碑事件发生在 2011 年，当时 IBM Watson 击败了两个世界级 Jeopardy! 玩家。

❑ 自然语言处理数据集：https://machinelearningmastery.com/ datasets-natural-language-processing /。

❑ NLTK 数据：https://www.nltk.org/data.html。

❑ 有情感标签的句子数据集（包括 IMDB.com、amazon.com、yelp.com 等）。

❑ AWS 上的开放数据注册表——亚马逊网络服务上托管的数据集目录（https://registry.opendata.aws）。

❑ 亚马逊客户评论数据集——超过 1.3 亿条产品评论（https：//registry.open data.AWS/Amazon-reviews/）。

❑ Pitt.edu 语料库（http://mpqa.cs.pitt.edu/corpora/）。

11.10　小结

本章使用了多个 NLP 库执行了大量自然语言处理任务，我们看到了 NLP 是在称为语料库的文本合集上执行的。我们讨论了句子意思间的细微差别会使自然语言理解起来很困难。

本章主要关注 TextBlob 库，它建立在 NLTK 库和 pattern 库之上，但更易于使用。我们创建了 TextBlob 对象并将其标记为 Sentence 和 Word，确定了 TextBlob 对象中每个单词的词性，并提取了其中的名词短语。

本章演示了如何使用 TextBlob 库的默认情感分析器和 NaiveBayesAnalyzer 情感分析器评估 TextBlob 和 Sentence 的情感，结合 TextBlob 库与 Google Translate 检测了文本语言并执行了跨语言翻译。

本章展示了一些其他的 NLP 任务，包括单数化和复数化、拼写检查和拼写校正、通过词干提取和词形还原规范化，以及词频获取。我们从 WordNet 获取了单词定义、同义词和反义词，还使用了 NLTK 库的停用词表来消除文本中的停用词，并创建了包含连续单词组的 n 元。

本章展示了如何使用 pandas 内置绘图功能定量地将词频可视化为柱状图，然后使用 wordcloud 模块定性地将词频可视化为词云，使用 Textatistic 库评估了文本可读性，最后，使用 spaCy 查找了命名实体并执行了相似性检测。下一章将继续使用自然语言处理，通过 Twitter API 对推文进行数据挖掘。

第 12 章 *Chapter 12*

Twitter 数据挖掘

目标

❑ 了解 Twitter 在商业、品牌、声誉、情感分析、预测等方面的作用。

❑ 使用 Tweepy 进行 Twitter 数据挖掘，Tweepy 是应用于客户端代码中最流行的 Python Twitter API 之一。

❑ 使用 Twitter 搜索 API 来下载符合要求的历史推文。

❑ 使用 Twitter 流 API 对实时推文流进行采样。

❑ 了解 Twitter 返回的推文对象中所包含的推文文本之外的有价值信息。

❑ 使用上一章中的自然语言处理技术，对推文进行清理和预处理，为后续的分析做好准备。

❑ 对推文进行情感分析。

❑ 使用 Twitter 热门话题 API 发现热门话题。

❑ 使用 folium 和 OpenStreetMap 进行推文映射。

❑ 了解如何利用本书中所讨论的技术存储推文。

12.1　简介

我们一直在尝试着预测未来。即将到来的野餐会赶上下雨天吗？股票市场或个人证券是涨是跌？以及什么时候涨跌多少？在一次选举中人们将如何投票？一家新的石油勘探企业开采出石油的可能性有多大？如果能开采出石油，它的生产量可能是多少？如果一支棒球队的击球理念改变为"用力挥棒，力求打出一个全垒打"，它会赢得更多的比赛吗？航空公司预计未来几个月的客流量，以及该公司应该如何购买石油商品期货，以确保它能够以最低成本获得所需的能源供应？飓风可能会走哪条路径？它的强度将如何变化（1～5 类）？这种信息对于应急准备工作至关重要。一笔金融交易是否可能具有欺诈性？一笔抵押贷款会违约吗？一种疾病是否有可能迅速传播？如果传播，会传播到哪些地域？

预测是一个具有挑战性且往往成本高昂的任务，但其潜在回报也非常巨大。本章和下一章将展示如何利用人工智能（通常与大数据配合）快速提高预测能力。

本章主要关注 Twitter 数据挖掘，对推文进行情感分析。**数据挖掘**是通过搜索大量数据（通常是大数据），找出对个人和组织有价值的信息的过程。从推文中收集的信息，可以帮助预测选举结果、新电影可能产生的收入以及公司营销活动是否成功，还可以帮助公司发现竞争产品的弱点。

通过 Web 服务可以连接到 Twitter。使用 Twitter 搜索 API 可以访问大量的历史推文，使用 Twitter 流 API 可以对新的推文进行大量采样，使用 Twitter 热门话题 API 可以看到热门话题。第 11 章介绍的大部分内容，在构建 Twitter 应用程序方面都很有用。

正如在本书前面所看到的，由于强大的库的支持，通常仅需要几行代码就可以完成强大的功能。这是 Python 及其开源社区如此富有活力的主要原因。

目前 Twitter 已经取代了主要的新闻机构，成为有新闻价值的事件的第一来源。大多数 Twitter 帖子都是公开的且会实时公布全球发生的各种事件。人们直言任何话题，发表与个人和商务相关的推文，并对社交、娱乐、政治等各方面的内容进行评论。通过手机，他们还可以拍摄和发布事件的照片和视频。目前流行的两个术语 Twitterverse 和 Twittersphere 指的是与发送、接收和分析推文有关的数亿用户。

什么是 Twitter

Twitter 是一家成立于 2006 年的微博公司，目前已成为 Internet 上最流行的网站之一。其概念很简单，人们在 Twitter 上可以发布称为推文的短信息，推文最初限制为 140 个字符，但最近大多数语言都增加到了 280 个字符。一名用户可以选择关注任何其他用户，这与其他社交媒体平台上相对封闭、严格的社区不同，如 Facebook、LinkedIn 和许多其他社交媒体平台中"关注关系"必须是相互的。

Twitter 统计数据

Twitter 拥有数亿用户，每天发送数亿条推文（即平均每秒发送数千条）[⊖]。在线搜索" Internet statistics "和" Twitter statistics "可以直观地看到这些数据。一些 Twitter 用户拥有超过 1 亿关注者。活跃 Twitter 用户通常每天发布几条推文，以让他们的关注者参与进来。具有最多关注者的 Twitter 用户通常是演艺人员和政治家。开发人员可以实时地获取最新的推文流，并显示给用户，使用户能够快速获取最新信息。

Twitter 和大数据

Twitter 已成为最受全球研究人员和商业人士欢迎的大数据源。Twitter 允许普通用户免费访问最新的一小部分推文。通过与 Twitter 的特殊合约，一些第三方企业（以及 Twitter 本

　　⊖　http://www.internetlivestats.com/twitter-statistics/.

身）提供付费访问服务，用户通过付费可以访问大部分历史推文数据。

注意事项

Internet 上的内容并不一定可信，推文也不例外。例如，人们可能会使用虚假信息操纵金融市场或影响政治选举。对冲基金通常会部分参考它们所关注的推文流进行证券交易，但它们对信息的可靠度也会持谨慎态度。网络信息的不完全可信问题，是基于社交媒体内容构建业务关键型或任务关键型系统的挑战之一。

后面将广泛使用 Web 服务。然而，需要注意，在使用 Web 服务时，将无法构建与桌面应用程序具有相同可靠性的程序。Internet 连接可能会丢失，Web 服务可能会改变，有些服务在一些区域可能会不可用，这些是基于云进行编程需要考虑的问题。

333

12.2　Twitter API 概况

Twitter 的 API 是基于云的 Web 服务，因此执行本章的代码时需要有 Internet 连接。**Web 服务**是在云中执行的方法，如在本章中使用的 Twitter API、下一章介绍的 IBM Watson API 以及基于云计算的其他 API。每个 API 方法都有一个 Web 服务**端点**，该端点表示为一个 URL，使用这个 URL 可以调用 Internet 上的方法。

Twitter API 提供了多种类别的功能，其中，有免费的，也有付费的。大多数 API 都有**速率限制**，其约定了在 15 分钟间隔内可以使用它们的次数。本章将使用 Tweepy 库，调用以下 Twitter API 提供的方法：

- ❑ 身份验证 API：将 Twitter 凭据（稍后讨论）传递给 Twitter，以便可以使用其他 API。
- ❑ 账户和用户 API：访问一个账户的相关信息。
- ❑ 推文 API：搜索历史推文，访问推文流以获取最新的推文等。
- ❑ 热门话题 API：查找有热门话题的地点，并按地点获取热门话题列表。

在网址 https://developer.twitter.com/en/docs/api-reference-index.html 上可以查看 Twitter API 类别、子类别和方法的详细列表。

速率限制

每个 Twitter API 方法都有一个**速率限制**，即在 15 分钟窗口期内可以进行的最大请求（即调用）数。对于一个给定的 API 方法，如果在达到速率限制后继续调用它，则 Twitter 会阻塞该调用。

在使用任何 API 方法之前，请阅读它的文档并了解其速率限制[⊖]。通过配置 Tweepy，可以在达到速率限制时使 API 保持等待，这有助于防止超出速率限制而引起的问题。某些方法列出了用户速率限制和应用程序速率限制，本章的所有示例均使用应用程序速率限制。用户速率限制适用于允许个人用户登录 Twitter 的 APP，如来自其他供应商的智能手机 APP，其代表用户完成 Twitter 操作。

⊖　注意 Twitter 在未来可能会改变这些限制。

有关速率限制的详细信息，请参阅 https://developer.twitter.com/en/docs/basics/rate-limiting。有关各个 API 方法的特定速率限制，请参阅 https://developer.twitter.com/en/docs/basics/rate-limits 和每个 API 方法的文档。

其他限制

Twitter 是用于数据挖掘的重要工具，利用 Twitter 提供的免费服务可以完成很多任务。但是，需要注意遵守 Twitter 的规则和规定，否则开发者账户可能会被禁用。请仔细阅读以下链接上的文档：

❑ 服务条款：https://twitter.com/tos。

❑ 开发者协议：https://developer.twitter.com/en/developerterms/agreement-and-policy.html。

❑ 开发者政策：https://developer.twitter.com/en/developer-terms/policy.html。

❑ 其他限制：https://developer.twitter.com/en/developer-terms/more-on-restricted-use-cases。

在本章后面将会看到，使用免费的 Twitter API，只能搜索过去七天的推文，并且只能获取有限数量的推文。一些书籍和文章中提到，可以直接从 twitter.com 抓取推文以避开这些限制。但是，服务条款规定"明确禁止未经 Twitter 允许的抓取服务"。

12.3　创建一个 Twitter 账户

Twitter 要求用户申请开发者账户后才能使用其 API。可访问 https://developer.twitter.com/en/apply-for-access 并提交申请。如果还没有注册过账户，则需要先注册一个账户。注册账户时，系统会询问有关账户用途的问题。必须仔细阅读并同意 Twitter 的条款才能完成申请，然后确认电子邮件地址。

Twitter 会审核每个申请，有的申请可能会被拒绝。在撰写本书时，个人账户会立即审核通过。而对于公司账户，根据 Twitter 开发者论坛的说法，审核过程需要几天到几周的时间。

12.4　获取 Twitter 凭据，创建应用程序

拥有 Twitter 开发者账户后，需要创建一个应用程序，并获取使用 Twitter API 的凭据。注意，每个应用程序都需要一个单独的凭据。要创建应用程序，请登录 https://developer.twitter.com 并执行以下步骤：

1. 在页面右上角，单击账户的下拉菜单，然后选中 Apps 选项。

2. 单击"Create an app"选项。

3. 在"App name"字段中指定应用程序名称。如果通过 API 发送推文，该应用程序的名称将作为推文的发件人。如果创建需要用户通过 Twitter 登录的应用程序，该应用程序的名称也会显示给用户。这里直接填入"*YourName* Test App"。

4. 在"Application description"字段中，输入应用程序的说明。在创建将由其他人使用的基于 Twitter 的应用程序时，这将用于描述应用程序的功能。这里直接填入"Learning to use the Twitter API"。

5. 在"Website URL"字段中，输入网址。在创建基于 Twitter 的应用程序时，该网址对应托管应用程序的网站。可以使用 Twitter 的 URL：https://twitter.com/*YourUserName*。其中，*YourUserName* 是 Twitter 账户名。例如，https://twitter.com/nasa 对应的账户名是 @nasa。

6. 在"Tell us how this app will be used"字段中，输入至少 100 个字符的描述，这可使 Twitter 员工了解应用程序的功能。这里我们输入"I am new to Twitter app development and am simply learning how to use the Twitter APIs for educational purposes"。

7. 不填写其余字段并单击"Create"按钮，然后仔细阅读开发者条款并再次单击"Click"按钮。

获取凭据

完成上述的步骤 7 后，Twitter 将显示一个用于管理应用程序的页面。在页面顶端有"App details""Keys and tokens"和"Permissions"这些选项卡，单击"Keys and tokens"选项卡可以查看应用程序的凭据。初始时，页面显示了使用者的两个 API 密钥，即"API key"和"API secret key"。单击"Create"按钮，可以获取"access token"和"access token secret"这两个访问令牌。利用这四项信息可以通过 Twitter 认证，通过认证后即可以调用 Twitter API。

存储凭据

不要将 API 密钥和访问令牌（或任何其他凭据，如用户名和密码）直接放在源代码中，因为这样会将它们直接暴露给任何阅读代码的人。应该将密钥存储在一个单独的文件中，并且不要将该文件共享给其他人[○]。

在后面要执行的代码中，假定密钥和访问令牌已放在如下所示的 `keys.py` 文件中，在 ch12 示例文件夹中可以找到该文件：

```
consumer_key='YourConsumerKey'
consumer_secret='YourConsumerSecret'
access_token='YourAccessToken'
access_token_secret='YourAccessTokenSecret'
```

编辑此文件，将 `YourConsumerkey`、`YourConsumerSecret`、`YourAccessToken`、`YourAccess-TokenSecret` 替换为有效的密钥和访问令牌，然后保存文件。

336

OAuth 2.0

每个密钥和访问令牌都是 OAuth 2.0 身份验证过程的一部分[○][⊜]，有时称其为 OAuth

[○] 建议的方法是：使用加密库（如 bcrypt，见 https://github.com/pyca/bcrypt/）对密钥、访问令牌或代码中使用的任何其他凭据进行加密，然后在将它们传递到 Twitter 时再进行读入和解密操作。

[○] https://developer.twitter.com/en/docs/basics/authentication/overview.

[⊜] https://oauth.net/.

dance。Twitter 通过这些信息开启对其 API 的访问权限。Tweepy 库提供了相应接口，用于接收密钥和访问令牌并完成 OAuth 2.0 身份验证。

12.5　什么是推文

Twitter API 方法返回 JSON 对象。JSON（Javascript 对象表示）是一个基于文本的数据交换格式，其用于将对象表示为名称 – 值对的合集。JSON 通常在调用 Web 服务时使用，是一种人类可读和计算机可读的格式，使数据易于通过 Internet 发送和接收。

JSON 对象类似于 Python 中的字典。每个 JSON 对象都包含一个由属性名称和值组成的列表，使用一对花括号括起来：

{*propertyName1*：*value1*，*propertyName2*：*value2*}

与在 Python 中一样，JSON 列表使用一对方括号括起各元素值并通过逗号分隔它们：

[*value1*，*value2*，*value3*]

为方便起见，Tweepy 会自动处理 JSON，使用 Tweepy 库中定义的类将 JSON 转换为 Python 对象。

推文对象的关键属性

推文（也称为**状态更新**）最多可包含 280 个字符，但 Twitter API 返回的推文对象包含许多用于描述推文的**元数据**属性，例如

❑ 创建时间；
❑ 创建者；
❑ 推文中包含的主题标签（`hashtags`）列表、网址（`urls`）列表、@ 某用户（`@-mentions`）列表，以及通过网址指定的图片、视频等媒体（`media`）列表；
❑ 其他属性。

下表列出了推文对象的一些关键属性。

属　　性	描　　述
`created_at`	UTC（协调世界时）格式的创建日期和时间
`entities`	Twitter 从推文中提取 `hashtags`、`urls`、`user_mentions`（即 @ 某用户）、`media`（如图像和视频）、`symbols` 和 `polls`，并将它们以列表形式存在 `entities` 字典中，通过 `hashtags` 等键可以访问这些列表
`extended_tweet`	对于超过 140 个字符的推文，其包含了推文的 `full_text`、`entities` 等细节信息
`favorite_count`	其他用户点赞该推文的次数
`coordinates`	发布推文时用户的坐标位置（纬度和经度）。许多用户禁用发送位置数据的功能，因此该值通常为 null（在 Python 中为 None）
`place`	用户可以将地点与推文相关联。如果做了关联，则其是一个 `place` 对象，见 https: //devel-oper. twitter.com/en/docs/tweets/data-dictionary/overview/ geo-objects # place-dictionary；否则，其为 null（Python 中为 None）

337

（续）

属　　性	描　　述
id	整数类型的推文 ID。Twitter 建议使用 id_str 以方便移植
id_str	推文 ID 的字符串表示
lang	推文的语言，如 'en' 表示英语，'fr' 表示法语
retweet_count	其他用户转发该推文的次数
text	推文的文本内容。如果推文使用新的 280 个字符限制并包含超过 140 个字符，则此属性将被截断，且 truncated 属性被置为 true。如果转发 140 个字符的推文并且转发的推文超过 140 个字符，则也会出现截断现象
user	发布推文的用户所对应的 User 对象。对于 User 对象的 JSON 属性，请参阅 https://developer.twitter.com/en/docs/tweets/data-dictionary/overview/user-object

JSON 格式的推文示例

以下是来自 @nasa 账户的 JSON 格式的推文示例：

@NoFear1075 Great question, Anthony! Throughout its seven-year mission, our Parker #SolarProbe spacecraft... https://t.co/xKd6ym8waT'

这里对原始 JSON 数据添加了行号并对部分内容进行了重新格式化。请注意，在 JSON 格式的推文中，并不是每个字段都被所有的 Twitter API 方法所支持，每种方法的在线文档都给出了相关的详细说明。

```
 1  {'created_at': 'Wed Sep 05 18:19:34 +0000 2018',
 2  'id': 1037404890354606082,
 3  'id_str': '1037404890354606082',
 4  'text': '@NoFear1075 Great question, Anthony! Throughout its seven-year
        mission, our Parker #SolarProbe spacecraft… https://t.co/xKd6ym8waT',
 5  'truncated': True,
 6  'entities': {'hashtags': [{'text': 'SolarProbe', 'indices': [84, 95]}],
 7    'symbols': [],
 8    'user_mentions': [{'screen_name': 'NoFear1075',
 9      'name': 'Anthony Perrone',
10      'id': 284339791,
11      'id_str': '284339791',
12      'indices': [0, 11]}],
13    'urls': [{'url': 'https://t.co/xKd6ym8waT',
14      'expanded_url': 'https://twitter.com/i/web/status/
        1037404890354606082',
15      'display_url': 'twitter.com/i/web/status/1…',
16      'indices': [117, 140]}]},
17  'source': '<a href="http://twitter.com" rel="nofollow">Twitter Web
        Client</a>',
18  'in_reply_to_status_id': 1037390542424956928,
19  'in_reply_to_status_id_str': '1037390542424956928',
20  'in_reply_to_user_id': 284339791,
21  'in_reply_to_user_id_str': '284339791',
22  'in_reply_to_screen_name': 'NoFear1075',
23  'user': {'id': 11348282,
24    'id_str': '11348282',
25    'name': 'NASA',
26    'screen_name': 'NASA',
```

338

```
27      'location': '',
28      'description': 'Explore the universe and discover our home planet with
            @NASA. We usually post in EST (UTC-5)',
29      'url': 'https://t.co/TcEE6NS8nD',
30      'entities': {'url': {'urls': [{'url': 'https://t.co/TcEE6NS8nD',
31              'expanded_url': 'http://www.nasa.gov',
32              'display_url': 'nasa.gov',
33              'indices': [0, 23]}]},
34       'description': {'urls': []}},
35      'protected': False,
36      'followers_count': 29486081,
37      'friends_count': 287,
38      'listed_count': 91928,
39      'created_at': 'Wed Dec 19 20:20:32 +0000 2007',
40      'favourites_count': 3963,
41      'time_zone': None,
42      'geo_enabled': False,
43      'verified': True,
44      'statuses_count': 53147,
45      'lang': 'en',
46      'contributors_enabled': False,
47      'is_translator': False,
48      'is_translation_enabled': False,
49      'profile_background_color': '000000',
50      'profile_background_image_url': 'http://abs.twimg.com/images/themes/
            theme1/bg.png',
51      'profile_background_image_url_https': 'https://abs.twimg.com/images/
            themes/theme1/bg.png',
52      'profile_image_url': 'http://pbs.twimg.com/profile_images/188302352/
            nasalogo_twitter_normal.jpg',
53      'profile_image_url_https': 'https://pbs.twimg.com/profile_images/
            188302352/nasalogo_twitter_normal.jpg',
54      'profile_banner_url': 'https://pbs.twimg.com/profile_banners/11348282/
            1535145490',
55      'profile_link_color': '205BA7',
56      'profile_sidebar_border_color': '000000',
57      'profile_sidebar_fill_color': 'F3F2F2',
58      'profile_text_color': '000000',
59      'profile_use_background_image': True,
60      'has_extended_profile': True,
61      'default_profile': False,
62      'default_profile_image': False,
63      'following': True,
64      'follow_request_sent': False,
65      'notifications': False,
66      'translator_type': 'regular'},
67  'geo': None,
68  'coordinates': None,
69  'place': None,
70  'contributors': None,
71  'is_quote_status': False,
72  'retweet_count': 7,
73  'favorite_count': 19,
74  'favorited': False,
75  'retweeted': False,
76  'possibly_sensitive': False,
77  'lang': 'en'}
```

Twitter JSON 对象资源

有关推文对象属性的完整列表，请参阅 https://developer.twitter.com/en/docs/tweets/

data-dictionary/overview/tweet-object.html。

　　关于 Twitter 将每条推文的限制从 140 个字符增加到 280 个字符的其他详细信息，请参阅 https://developer.twitter.com/en/docs/tweets/data-dictionary/overview/intro-to-tweet-json.html#extendedtweet。

　　关于 Twitter API 返回的所有 JSON 对象的概况，以及跳转到特定对象详细信息的链接，请参阅 https://developer.twitter.com/en/docs/tweets/data-dictionary/overview/intro-to-tweet-json。

12.6　Tweepy

　　我们将使用 Tweepy 库[○]（见 http://www.tweepy.org/）操作 Twitter API。Tweepy 库是最受欢迎的 Python 库之一。通过 Tweepy 库，可以在不知道 Twitter API 返回的 JSON 对象的处理细节的情况下，轻松地使用 Twitter 的各种功能。关于 Tweepy 库的文档[○]，请参阅 http://docs.tweepy.org/en/latest/。

　　关于 Tweepy 库的附加信息和源代码，请参阅 https://github.com/tweepy/tweepy。

安装 Tweepy

　　要安装 Tweepy 库，请打开 Anaconda Prompt（Windows）、Terminal（macOS / Linux）或 shell（Linux），然后执行以下命令：

```
pip install tweepy==3.7
```

340

　　Windows 用户可能需要以管理员身份运行 Anaconda Prompt，才能获得正确的软件安装权限。因此，请在开始菜单中右键单击 Anaconda Prompt 选项，然后选择 More>Run as administrator。

安装 geopy

　　在本章所提供的使用 Tweepy 库的示例代码中，将会用到我们编写的 **tweetutilities.py** 文件。该文件中的一个实用函数用到了 geopy 库（见 https://github.com/geopy/geopy），12.15 节将介绍这个 geopy 库的相关内容。要安装 geopy 库，请执行以下命令：

```
conda install -c conda-forge geopy
```

　　○　Twitter 推荐的其他 Python 库包括 Birdy、python-twitter、Python Twitter Tools、TweetPony、TwitterAPI、twitter-gobject、TwitterSearch 和 twython。相关详细信息请参阅 https://developer.twitter.com/en/docs/developer-utilities/twitter-libraries.html。

　　○　Tweepy 库的文档还在编写中。在撰写本书时，Tweepy 库还没有与 Twitter API 返回的 JSON 对象相对应的类的文档。Tweepy 的类使用与 JSON 对象相同的属性名称和结构，因此可以通过查看 Twitter 的 JSON 文档来确定要访问的属性名称。我们将解释在代码中使用的任何属性，并提供脚注以及关于 Twitter JSON 描述的链接。

12.7 通过 Tweepy 进行 Twitter 身份验证

下面几节将演示如何通过 Tweepy 调用各种基于云的 Twitter API。这里首先使用 Tweepy 进行 Twitter 身份验证并创建一个 Tweepy API 对象，这是通过 Internet 使用 Twitter API 的基础。在后续部分中，将通过调用 Tweepy API 对象的方法来使用各种 Twitter API。

在调用任何 Twitter API 之前，必须使用 API 密钥（API key 和 API secret key）和访问令牌（access token 和 access token secret）进行 Twitter 身份验证⊖。从 ch12 示例文件夹启动 IPython，然后导入 tweepy 模块和本章前面修改过的 keys.py 文件。通过 import 语句，使用去除 .py 扩展名的文件名，可以将任何 .py 文件作为模块导入：

```
In [1]: import tweepy

In [2]: import keys
```

将 keys.py 作为模块导入，则可以使用 keys.*variable_name* 单独访问该文件中定义的四个变量中的每一个。

创建和配置 OAuthHandler 进行 Twitter 身份验证

通过 Tweepy 进行 Twitter 身份验证包括两个步骤：首先，创建 tweepy 模块的 OAuth-Handler 类对象，并将 API 密钥（API key 和 API secret key）传递给其构造方法。**构造方法**是一个与类同名的函数（在本例中为 OAuthHandler），其可以接收用于配置新对象的参数：

```
In [3]: auth = tweepy.OAuthHandler(keys.consumer_key,
   ...:                            keys.consumer_secret)
   ...:
```

然后，通过调用 OAuthHandler 对象的 set_access_token 方法指定访问令牌（access token 和 access token secret）：

```
In [4]: auth.set_access_token(keys.access_token,
   ...:                       keys.access_token_secret)
   ...:
```

创建 API 对象

接下来，创建用于与 Twitter 交互的 API 对象：

```
In [5]: api = tweepy.API(auth, wait_on_rate_limit=True,
   ...:                  wait_on_rate_limit_notify=True)
   ...:
```

我们为 API 的构造方法指定了三个参数：

⊖ 开发者可能会创建应用程序，使用户能够登录其 Twitter 账户，管理、发布推文，阅读其他用户的推文，搜索推文等。有关用户身份验证的详细信息，请参阅 Tweepy 身份验证教程：http://docs.tweepy.org/en/latest/auth_tutorial.html。

- ❑ auth 是包含 Twitter 凭据的 OAuthHandler 对象。
- ❑ 关键字参数 wait_on_rate_limit = True 的作用是，让 Tweepy 每次达到给定 API 方法的速率限制时等待 15 分钟，这可以确保不会违反 Twitter 的限速限制。
- ❑ 关键字参数 wait_on_rate_limit_notify = True 的作用是，由于达到速率限制 而需要等待时，Tweepy 在命令行显示通知消息。

到目前为止，已完成了通过 Tweepy 操作 Twitter 的准备工作。请注意，接下来几个部分中 的代码示例应在一个 IPython 会话中完成，这样可以使得前面已完成的授权过程无须再重复执行。

12.8　获取一个 Twitter 账户的相关信息

在进行 Twitter 身份验证后，可以使用 Tweepy API 对象的 get_user 方法获取 tweepy. models.User 对象，该对象包含了用户 Twitter 账户信息。下面的代码获取了 NASA 的 @nasa Twitter 账户的 User 对象：

```
In [6]: nasa = api.get_user('nasa')
```

get_user 方法调用 Twitter API 的 users/show 方法⊖。请注意，通过 Tweepy 调用的每 一个 Twitter 方法都有相应的速率限制。对于 Twitter 的 users/show 方法，其作用是获取特 定用户的账户信息，每 15 分钟最多可调用 900 次。本章对提到的每一个 Twitter API 方法， 都通过脚注形式给出了该方法的文档链接，可在文档中查看方法的速率限制。

tweepy.models 的每个类都与 Twitter 返回的 JSON 相对应。例如，User 类对应 了 Twitter 的 user 对象，参见 https://developer.twitter.com/en/docs/tweets/data-dictionary/ overview/user-object。

tweepy.models 的每个类都提供了一个方法，该方法用于读取 JSON 并将其转换为相 应的 Tweepy 类的对象。

获取基本账户信息

下面的代码通过访问 User 对象的属性以显示有关 @nasa 账户的信息：

- ❑ id 属性是账户的 ID 号，当用户加入 Twitter 时由 Twitter 自动分配。
- ❑ name 属性是与用户账户关联的名字。
- ❑ screen_name 属性是用户的 Twitter 句柄（@nasa）。name 和 screen_name 都可以 使用自己定义的名字（即不必是真名），以保护用户的隐私。
- ❑ description 属性是用户配置中的描述信息。

```
In [7]: nasa.id
Out[7]: 11348282

In [8]: nasa.name
Out[8]: 'NASA'
```

⊖　https://developer.twitter.com/en/docs/accounts-and-users/follow-search-get-users/api-reference/get-users-show.

```
In [9]: nasa.screen_name
Out[9]: 'NASA'

In [10]: nasa.description
Out[10]: 'Explore the universe and discover our home planet with @NASA.
We usually post in EST (UTC-5)'
```

获取最新状态更新

User 对象的 status 属性返回一个 tweepy.models.Status 对象，该对象对应于 Twitter 的推文对象，参见 https://developer.twitter.com/en/docs/tweets/data-dictionary/overview/tweet-object。

Status 对象的 text 属性包含账户的最新推文的文本：

```
In [11]: nasa.status.text
Out[11]: 'The interaction of a high-velocity young star with the cloud of
gas and dust may have created this unusually sharp-... https://t.co/
J6uUf7MYMI'
```

text 属性最初用于最多 140 个字符的推文。当 Twitter 将限制增加到 280 个字符时，其增加了一个 extended_tweet 属性（稍后介绍），用于访问推文中第 141 到 280 个字符之间的文本和其他信息。在这种情况下，Twitter 将 text 设置为 extended_tweet 文本的删减版本，代码中的 ... 表示被删减的部分。此外，需要注意，转发推文时，会添加可能超出字符数限制的字符，因此通常会导致推文的部分信息被截断。

获取关注者的数量

通过 followers_count 属性可以查看一个账户的关注者数量：

```
In [12]: nasa.followers_count
Out[12]: 29453541
```

虽然 nasa 的关注者数量已经很多了，但实际上还有超过 1 亿关注者的账户[⊖]。

获取朋友的数量

类似地，可以使用 friends_count 属性查看一个账户的朋友数量（即该账户所关注的账户数）：

```
In [13]: nasa.friends_count
Out[13]: 287
```

获取自己的账户信息

对于自己的账户，也可以访问前面介绍的这些属性信息。通过调用 Tweepy API 对象的 me 方法：

```
me = api.me()
```

可以返回进行 Twitter 身份验证的账户所对应的 User 对象。

⊖ https://friendorfollow.com/twitter/most-followers/.

12.9　Tweepy Cursor 简介：获得一个账户的关注者和朋友

在调用 Twitter API 方法时，经常会接收到对象合集形式的返回结果。例如，Twitter 时间线中的推文、另一账户时间线中的推文或符合指定搜索条件的推文列表。**时间线**由该用户和该用户的朋友发送的推文组成。朋友就是该用户所关注的其他账户。

每个 Twitter API 方法的文档都讨论了方法在一次调用中可以返回的最多数据项数，即结果页面。当请求的结果项数多于给定方法可以返回的结果项数时，从 Twitter 的 JSON 响应中会看到可以获得更多页面的信息。使用 Tweepy 的 Cursor 类，可以方便地完成相应处理。Cursor 调用指定的方法，检查 Twitter 响应中是否说明了还有更多结果。如果还有更多结果，Cursor 会再次自动调用该方法来获得这些结果。重复该过程直至没有更多的结果。如果将 API 对象配置为在达到速率限制时等待（正如前面所做的那样），则 Cursor 将遵循速率限制，并在达到速率限制的情况下根据需要进行等待。下面几个小节讨论了 Cursor 的基本原理。有关更多详细信息，请参阅网址 http://docs.tweepy.org/en/latest/cursor_tutorial.html 中的 Cursor 教程。

12.9.1　确定一个账户的关注者

这里使用 Tweepy Cursor 调用 API 对象的 followers 方法，该方法通过调用 Twitter API 的 follows/list 方法⊖获取一个账户的关注者。Twitter 默认以 20 个数据项为一组返回结果，但一次最多可以请求 200 个数据项。这里以抓取 NASA 的 10 个关注者为例给出示例代码。

followers 方法返回多个 tweepy.models.User 对象，这些对象包含每一个关注者的信息。首先创建一个列表，用于存储这些 User 对象：

```
In [14]: followers = []
```

创建 Cursor

下面，创建一个 Cursor 对象，该对象将为 NASA 账户调用 followers 方法，该方法使用 screen_name 关键字参数指定账户信息：

```
In [15]: cursor = tweepy.Cursor(api.followers, screen_name='nasa')
```

Cursor 的构造方法接收 api.followers 方法名称作为第一个参数，其表明该 Cursor 对象将用于调用 api 对象的 followers 方法。Cursor 构造方法所接收的其他关键字参数，如 screen_name，将传递给构造方法的第一个参数所指定的方法（即 api.followers）。因此，这个 Cursor 对象专门用于获取 @nasaTwitter 账户的关注者。

获取结果

现在，可以使用 Cursor 来获取关注者。下面的 for 语句完成了对表达式 cursor.items(10) 返回结果的遍历。Cursor 的 items 方法将完成对 api.followers 方法的调

⊖　https://developer.twitter.com/en/docs/accounts-and-users/follow-search-get-users/api-reference/get-followers-list.

用并将 `api.followers` 方法的调用结果返回。本例中，将 10 传递给 `items` 方法，即仅获取 10 个关注者：

```
In [16]: for account in cursor.items(10):
    ...:         followers.append(account.screen_name)
    ...:

In [17]: print('Followers:',
    ...:         ' '.join(sorted(followers, key=lambda s: s.lower())))
    ...:
Followers: abhinavborra BHood1976 Eshwar12341 Harish90469614 heshamkisha
Highyaan2407 JiraaJaarra KimYooJ91459029 Lindsey06771483 Wendy_UAE_NL
```

前面的代码段通过调用内置的 `sorted` 函数以升序方式显示了关注者。`sorted` 函数的第二个参数是用于指定关注者排序方式的函数。本例中，使用 `lambda` 函数将每个关注者名称转换为小写字母，以不区分大小写的方式完成排序。

自动分页

如果请求的数量超过一次调用可以返回的关注者数量，则 `items` 方法会通过多次调用 `api.followers` 方法自动完成结果分页获取。默认情况下，`api.followers` 方法一次最多返回 20 个关注者，因此前面的代码只需要调用一次 `api.followers`。如果需要一次获得 200 个关注者，则可以使用 `count` 关键字参数创建 `Cursor` 对象，如下所示：

```
cursor = tweepy.Cursor(api.followers, screen_name='nasa', count=200)
```

如果没有为 `items` 方法指定参数，则 `Cursor` 会尝试获取该账户的所有关注者。对于有大量关注者的账户，由于 Twitter 的速率限制，这个过程可能会花费大量时间。Twitter API 的 `followers/list` 方法一次最多可以返回 200 个关注者，每 15 分钟最多允许 15 次调用。因此，使用 Twitter 的免费 API，每 15 分钟最多只能获得 3000 个关注者。前面已经将 API 对象配置为在达到速率限制时自动等待，因此如果尝试获取所有关注者且关注者数超过 3000，则 Tweepy 将在每获取 3000 个关注者后自动暂停 15 分钟并显示通知消息。在撰写本书时，NASA 拥有超过 2950 万关注者。按每小时可以获取 12,000 个关注者计算，则需要 100 多天才能获得 NASA 的所有关注者。

请注意，这里主要是为了展示如何通过 `Cursor` 完成 `followers` 方法调用。在该示例中，只是获得少量的关注者，因此也可以直接调用 `followers` 方法，而不必使用 `Cursor`。在后面的一些示例中，将不使用 `Cursor`，而是直接调用 API 方法以获取仅包含少量数据项的结果。

获取关注者 ID

虽然可以一次获得最多 200 个关注者的完整 User 对象，但也可以通过调用 API 对象的 `followers_ids` 方法获得更多的 Twitter ID 号。`followers_ids` 方法会调用 Twitter API 的 `followers/ids` 方法，一次最多可返回 5000 个 ID 号（同样，这些速率限制有更改的可能）[⊖]。每 15 分钟最多可以调用 15 次，这样在每个速率限制间隔中就可以获得 75,000

[⊖] https://developer.twitter.com/en/docs/accounts-and-users/follow-search-get-users/api-reference/get-followers-ids.

个账户的 ID 号。`followers_ids` 方法常与 API 对象的 `lookup_users` 方法结合使用，以获取更多的关注者信息。`lookup_users` 方法会调用 Twitter API 的 `users/lookup` 方法[⊖]，一次最多可返回 100 个用户对象，每 15 分钟最多可调用 300 次。因此，通过结合使用 `followers_ids` 和 `lookup_users`，每个速率限制间隔最多可以获得 30,000 个 User 对象。

12.9.2　确定一个账户的关注对象

API 对象的 `friends` 方法调用 Twitter API 的 `friends/list` 方法[⊜]，以获取表示一个账户的朋友信息的 User 对象列表。Twitter 默认以 20 个数据项为一组返回结果，但也可以一次获取最多 200 个朋友（与前面讨论的 `followers` 方法相同）。Twitter 允许每 15 分钟最多调用 15 次 `friends/list` 方法。下面的代码用于获取 NASA 的 10 个朋友账户：

```
In [18]: friends = []

In [19]: cursor = tweepy.Cursor(api.friends, screen_name='nasa')

In [20]: for friend in cursor.items(10):
    ...:     friends.append(friend.screen_name)
    ...:

In [21]: print('Friends:',
    ...:       ' '.join(sorted(friends, key=lambda s: s.lower())))
    ...:
Friends: AFSpace Astro2fish Astro_Kimiya AstroAnnimal AstroDuke NA-
SA3DPrinter NASASMAP Outpost_42 POTUS44 VicGlover
```

12.9.3　获取一个用户的最新推文

API 对象的 `user_timeline` 方法根据一个特定账户的时间线返回推文。一个时间线包括该账户的推文和来自该账户的朋友的推文。`user_timeline` 方法调用 Twitter API 的 `statuses/user_timeline` 方法[⊜]，其默认返回最新的 20 条推文，但可设置为一次最多返回 200 条。此方法只能返回账户的 3200 条最新推文，每 15 分钟最多可调用 1500 次。

`user_timeline` 方法返回多个 Status 对象，每个对象代表一条推文。每个 Status 对象的 `user` 属性对应一个 `tweepy.models.User` 对象，其中包含有关发送该推文的用户的信息，如该用户的 `screen_name`。Status 的 `text` 属性包含推文的文本。下面的代码 [346] 显示了来自 @nasa 的三条推文的 `screen_name` 和 `text` 属性信息：

```
In [22]: nasa_tweets = api.user_timeline(screen_name='nasa', count=3)

In [23]: for tweet in nasa_tweets:
    ...:     print(f'{tweet.user.screen_name}: {tweet.text}\n')
    ...:
NASA: Your Gut in Space: Microorganisms in the intestinal tract play an
especially important role in human health. But wh… https://t.co/uLO-
```

⊖　https://developer.twitter.com/en/docs/accounts-and-users/follow-search-get-users/api-reference/get-users-lookup.

⊜　https://developer.twitter.com/en/docs/accounts-and-users/follow-search-get-users/api-reference/get-friends-list.

⊜　https://developer.twitter.com/en/docs/tweets/timelines/api-reference/get-statuses-user_timeline.

```
sUhwn5p

NASA: We need your help! Want to see panels at @SXSW related to space ex-
ploration? There are a number of exciting panels… https://t.co/ycqMMdGKUB

NASA: "You are as good as anyone in this town, but you are no better than
any of them," says retired @NASA_Langley mathem… https://t.co/nhMD4n84Nf
```

由于使用了较新的 280 个字符的推文限制，因此这些推文以 ... 表示删减的内容。后面将使用 extended_tweet 属性来访问此类推文的全文。

在前面的代码段中，直接调用 user_timeline 方法并使用 count 关键字参数指定要检索的推文数。如果需要获得超过每次调用的最大推文数（200），那么应该按前面介绍的方式使用 Cursor 来调用 user_timeline，Cursor 会通过多次调用方法完成结果的自动分页。

根据自己的时间线抓取最新推文

通过调用 API 对象的 home_timeline 方法：

```
api.home_timeline()
```

可以根据自己的时间线⊖获取推文，包括自己发布的推文和所关注的账户发布的推文。home_timeline 方法调用 Twitter 的 statuses/home_timeline 方法⊜。默认情况下，home_timeline 返回最新的 20 条推文，但一次最多可以返回 200 条。同样，如果需要获取超过 200 条的推文，应该使用 Tweepy Cursor 来调用 home_timeline。

12.10 搜索最新的推文

Tweepy API 对象的 search 方法返回与查询字符串匹配的推文。根据该方法的文档，Twitter 仅为最近七天的推文维护其搜索索引，并且不保证通过搜索能够返回所有匹配的推文。search 方法会调用 Twitter 的 search/tweets 方法⊜，默认情况下，一次返回 15 条推文，但最多可一次返回 100 条。

tweetutilities.py 中的实用函数 print_tweets

本节创建了一个实用函数 print_tweets，该函数将调用 API 对象的 search 方法所返回的结果作为参数，对每条推文显示用户的 screen_name 和推文的内容。如果推文不是英文的并且 tweet.lang 不是 'und'（未定义的），则会使用 TextBlob 将推文翻译成英文，如同在第 11 章中所做的那样。在使用该函数前，需要从 tweetutilities.py 导入该函数：

```
In [24]: from tweetutilities import print_tweets
```

print_tweets 函数的定义如下所示：

⊖ 指进行 Twitter 身份验证的账户。

⊜ https://developer.twitter.com/en/docs/tweets/timelines/api-reference/getstatuses-home_timeline.

⊜ https://developer.twitter.com/en/docs/tweets/search/api-reference/get-searchtweets.

```
def print_tweets(tweets):
    """For each Tweepy Status object in tweets, display the
    user's screen_name and tweet text. If the language is not
    English, translate the text with TextBlob."""
    for tweet in tweets:
        print(f'{tweet.screen_name}:', end=' ')

        if 'en' in tweet.lang:
            print(f'{tweet.text}\n')
        elif 'und' not in tweet.lang:   # translate to English first
            print(f'\n  ORIGINAL: {tweet.text}')
            print(f'TRANSLATED: {TextBlob(tweet.text).translate()}\n')
```

使用特定词搜索

这里搜索三篇关于 NASA 的"Mars Opportunity Rover"的最新推文。search 方法的 q 关键字参数用于指定查询字符串，即要搜索的内容；count 关键字参数用于指定要返回的推文数：

```
In [25]: tweets = api.search(q='Mars Opportunity Rover', count=3)

In [26]: print_tweets(tweets)
Jacker760: NASA set a deadline on the Mars Rover opportunity! As the dust
on Mars settles the Rover will start to regain power… https://t.co/
KQ7xaFgrzr

Shivak32637174: RT @Gadgets360: NASA 'Cautiously Optimistic' of Hearing
Back From Opportunity Rover as Mars Dust Storm Settles
https://t.co/O1iTTwRvFq

ladyanakina: NASA's Opportunity Rover Still Silent on #Mars. https://
t.co/njcyP6zCm3
```

与其他方法一样，如果需要获取的结果多于一次调用返回的结果，则应使用 Cursor 对象。

使用 Twitter 搜索运算符搜索

在查询字符串中可以使用各种 Twitter 搜索运算符来优化搜索结果。下表给出了几个 Twitter 搜索运算符，在实际应用中，可以组合多个运算符以构造更复杂的查询。要查看所有的运算符，请访问 https://twitter.com/search-home，并点击 operator 链接。

348

示　　例	功能描述
python twitter	隐式地使用逻辑与运算符，查找包含 python 和 twitter 的推文
python OR twitter	逻辑或运算符，查找包含 python 或 twitter 或两者都包含的推文
python ?	?（问号），找到有关 python 问题的推文
planets -mars	-（减号），查找包含 planets 但不包含 mars 的推文
python :)	:)（笑脸），找到包含 python 的带有积极情绪的推文
python :(	:(（悲伤的脸），找到包含 python 的带有负面情绪的推文
since:2018-09-01	查找指定日期当天或之后的推文，其格式必须为 YYYY-MM-DD
near:"New York City"	查找在"New York City"附近发送的推文
from:nasa	查找来自 @nasa 账户的推文
to:nasa	查找发送给 @nasa 账户的推文

下面的代码使用 `from` 和 `since` 运算符从 NASA 获取 2018 年 9 月 1 日开始的三条推文。请注意，在执行此代码之前应将日期（即 2018-09-01）改为七天内的一个日期：

```
In [27]: tweets = api.search(q='from:nasa since:2018-09-01', count=3)

In [28]: print_tweets(tweets)
NASA: @WYSIW Our missions detect active burning fires, track the trans-
port of fire smoke, provide info for fire managemen… https://t.co/jx2iUoM-
lIy

NASA: Scarring of the landscape is evident in the wake of the Mendocino
Complex fire, the largest #wildfire in California… https://t.co/Nboo5GD9Om

NASA: RT @NASAglenn: To celebrate the #NASA60th anniversary, we're explor-
ing our history. In this image, Research Pilot Bill Swann prepares for a…
```

搜索主题标签

推文通常包含以 # 开头的**主题标签**，以表示某些重要内容，如热门话题。下面的代码用于获取两条包含 #collegefootball 主题标签的推文：

```
In [29]: tweets = api.search(q='#collegefootball', count=2)

In [30]: print_tweets(tweets)
dmcreek: So much for #FAU giving #OU a game. #Oklahoma #FloridaAtlantic
#CollegeFootball #LWOS

theangrychef: It's game day folks! And our BBQ game is strong. #bbq #at-
lanta #collegefootball #gameday @ Smoke Ring https://t.co/J4lkKhCQE7
```

12.11　热门话题发现：Twitter 热门话题 API

如果一个话题传播得非常快速，则可能会有成千上万甚至数百万人同时发布该话题相关的推文。Twitter 将这些话题视为**热门话题**，并维护全球热门话题列表。通过 Twitter 热门话题 API，可以获得有热门话题的地点的列表以及每个地点的前 50 个热门话题的列表。

12.11.1　有热门话题的地点

Tweepy API 的 `trends_available` 方法调用 Twitter API 的 `trends/available` 方法[○]，以获取 Twitter 中具有热门话题的所有地点的列表。`trends_available` 方法返回用于表示这些地点的字典列表。当执行下面的代码时，能够得到 467 个（撰写本书时）具有热门话题的地点：

```
In [31]: trends_available = api.trends_available()

In [32]: len(trends_available)
Out[32]: 467
```

`trends_available` 返回的列表中，每个字典类型的元素具有各种信息，包括地点的名字和 `woeid`（下面将会讨论）：

　○　https://developer.twitter.com/en/docs/trends/locations-with-trending-topics/apireference/get-trends-available.

```
In [33]: trends_available[0]
Out[33]:
{'name': 'Worldwide',
 'placeType': {'code': 19, 'name': 'Supername'},
 'url': 'http://where.yahooapis.com/v1/place/1',
 'parentid': 0,
 'country': '',
 'woeid': 1,
 'countryCode': None}

In [34]: trends_available[1]
Out[34]:
{'name': 'Winnipeg',
 'placeType': {'code': 7, 'name': 'Town'},
 'url': 'http://where.yahooapis.com/v1/place/2972',
 'parentid': 23424775,
 'country': 'Canada',
 'woeid': 2972,
 'countryCode': 'CA'}
```

Twitter 热门话题 API 的 trends/place 方法使用 Yahoo! WOEID（Where on Earth IDs）查找热门话题。WOEID 用 1 代表全世界，其他地点的唯一 WOEID 值大于 1。在接下来的两个小节中将使用 WOEID 来获取全球的热门话题和特定城市的热门话题。下表给出了几个地标、城市、州和大陆所对应的 WOEID 值。请注意，虽然这些都是有效的 WOEID 值，但 Twitter 并不一定具有所有这些地点的热门话题。

地　　点	WOEID	地　　点	WOEID
自由女神像	23617050	伊瓜苏瀑布	468785
加利福尼亚州洛杉矶	2442047	美国	23424977
华盛顿特区	2514815	北美	24865672
法国巴黎	615702	欧洲	24865675

350

另外，通过 Tweepy API 的 trends_closest 方法，也可以使用纬度和经度值搜索指定位置附近的地点，该方法调用 Twitter API 的 trends/closest 方法[一]。

12.11.2　获取热门话题列表

Tweepy API 的 trends_place 方法调用 Twitter 热门话题 API 的 trends/place 方法[二]，以获得指定 WOEID 所对应地点的前 50 个热门话题。利用上一节介绍的 trends_available 或 trends_closest 方法，可以从返回的每个字典中根据 woeid 键获取 WOEID，或者也可以在网址 http://www.woeidlookup.com 上通过搜索城市 / 城镇、州、国家、地址、邮政编码或地标获取一个地点的 WOEID。

另外，还可以通过 Python 库（如 woeid[三]，见 https://github.com/Ray-SunR/woeid）使用

[一] https://developer.twitter.com/en/docs/trends/locations-with-trending-topics/apireference/get-trends-closest.

[二] https://developer.twitter.com/en/docs/trends/trends-for-location/api-reference/get-trends-place.

[三] 如 woeid 模块的文档所述，需要一个 Yahoo! API 密钥。

Yahoo! 的 Web 服务以编程方式查找 WOEID。

全球的热门话题

下面的代码显示了目前的全球热门话题（由于运行代码的实际日期不同，所以读者会得到不同的结果）：

```
In [35]: world_trends = api.trends_place(id=1)
```

trends_place 方法返回仅包含一个字典的单元素列表。字典的 'trends' 键指向一个字典列表，该列表中的每个字典对应一个热门话题：

```
In [36]: trends_list = world_trends[0]['trends']
```

每个热门话题字典都有 name、url、promote_content（表示该推文是广告）、query 和 tweet_volume 键（如下所示）。下面的热门话题是西班牙文，#BienvenidoSeptiembre 的意思是"欢迎九月"：

```
In [37]: trends_list[0]
Out[37]:
{'name': '#BienvenidoSeptiembre',
 'url': 'http://twitter.com/search?q=%23BienvenidoSeptiembre',
 'promoted_content': None,
 'query': '%23BienvenidoSeptiembre',
 'tweet_volume': 15186}
```

对于超过 10,000 条推文的热门话题，tweet_volume 的值是推文的数量；否则，它的值是 None。下面的代码使用列表推导式来过滤列表，使其仅包含超过 10,000 条推文的热门话题：

```
In [38]: trends_list = [t for t in trends_list if t['tweet_volume']]
```

接下来，将热门话题按 tweet_volume 降序排序：

```
In [39]: from operator import itemgetter
```

351
```
In [40]: trends_list.sort(key=itemgetter('tweet_volume'), reverse=True)
```

现在，显示前五大热门话题的名称：

```
In [41]: for trend in trends_list[:5]:
    ...:     print(trend['name'])
    ...:
#HBDJanaSenaniPawanKalyan
#BackToHogwarts
Khalil Mack
#ItalianGP
Alisson
```

纽约市的热门话题

下面的代码显示了纽约市（WOEID 为 2459115）的前五大热门话题：

```
In [42]: nyc_trends = api.trends_place(id=2459115)   # New York City WOEID

In [43]: nyc_list = nyc_trends[0]['trends']
```

```
In [44]: nyc_list = [t for t in nyc_list if t['tweet_volume']]

In [45]: nyc_list.sort(key=itemgetter('tweet_volume'), reverse=True)

In [46]: for trend in nyc_list[:5]:
    ...:     print(trend['name'])
    ...:
#IDOL100M
#TuesdayThoughts
#HappyBirthdayLiam
NAFTA
#USOpen
```

12.11.3　根据热门话题创建词云

在第 11 章中，使用了 WordCloud 库来创建词云。这里再次使用词云进行纽约市热门话题的可视化，每个热门话题都有超过 10,000 条推文。首先，创建一个由热门话题的名称和 tweet_volumes 组成的键 – 值对字典：

```
In [47]: topics = {}

In [48]: for trend in nyc_list:
    ...:     topics[trend['name']] = trend['tweet_volume']
    ...:
```

接下来，根据 topics 字典的键 – 值对创建一个 WordCloud，然后将词云输出到图像文件 TrendingTwitter.png（在代码之后显示了该图）。参数 prefer_horizontal = 0.5 表明应该有 50% 的单词保持水平，但软件可能会忽略该参数以适应内容：

```
In [49]: from wordcloud import WordCloud

In [50]: wordcloud = WordCloud(width=1600, height=900,
    ...:     prefer_horizontal=0.5, min_font_size=10, colormap='prism',
    ...:     background_color='white')
    ...:

In [51]: wordcloud = wordcloud.fit_words(topics)
In [52]: wordcloud = wordcloud.to_file('TrendingTwitter.png')
```

352

下面显示了生成的词云图。需要注意，由于运行代码的实际日期不同，得到的热门话题也会不同。

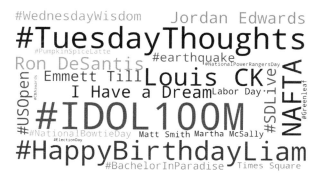

12.12 推文分析前的清理或预处理

数据清理是数据科学家执行的最常见任务之一。基于要对推文所做的处理，需要使用自然语言处理技术，通过执行下表中的部分或全部数据清理任务，以进行推文的规范化。其中许多清理任务可以使用第 11 章介绍的库来完成。

推文清理任务	
将所有的文本转换为相同的大小写	删除停用词
从主题标签中删除 # 符号	删除 RT（转发）和 FAV（收藏）
删除 @ 某用户	删除网址
删除重复项	提取词干
删除多余的空格	词形还原
删除主题标签	分词
删除标点符号	

tweet-preprocessor 库和 TextBlob 实用函数

本节将使用 tweet-preprocessor 库（见 https://github.com/s/preprocessor）执行一些基本的推文清理任务。使用 tweet-preprocessor 库可以自动删除：

❑ 网址；

❑ @ 某用户（如 @nasa）；

❑ 主题标签（如 #mars）；

❑ Twitter 保留字（如表示转发的 RT 和表示收藏的 FAV）；

❑ 表情符号（全部或只是微笑）；

❑ 数字。

[353] 下表展示了表示上述选项的模块常量。

选　　项	选项常量
@ 某用户（如 @nasa）	OPT.MENTION
表情符号	OPT.EMOJI
主题标签（如 #mars）	OPT.HASHTAG
数字	OPT.NUMBER
保留字（RT 和 FAV）	OPT.RESERVED
笑脸表情符号	OPT.SMILEY
网址	OPT.URL

安装 tweet-preprocessor 库

要 安 装 tweet-preprocessor 库， 请 打 开 Anaconda Prompt（Windows）、Terminal （macOS / Linux）或 shell（Linux），然后执行以下命令：

```
pip install tweet-preprocessor
```

Windows 用户可能需要以管理员身份运行 Anaconda Prompt，才能获得安装软件的权限。因此，请在开始菜单中右键单击 Anaconda Prompt 选项，然后选择 More>Run as administrator。

清理推文

下面做一些基本的推文清理工作，这些清理操作将在本章后面的例子中使用。`tweet-preprocessor` 库的模块名称是 `preprocessor`，其文档建议以如下方式导入模块：

```
In [1]: import preprocessor as p
```

通过调用 `preprocessor` 模块的 `set_options` 函数，可以设置所使用的清理选项。本例中，要删除网址和 Twitter 保留字：

```
In [2]: p.set_options(p.OPT.URL, p.OPT.RESERVED)
```

下面的代码对一个包含保留字（`RT`）和网址的示例推文完成了清理：

```
In [3]: tweet_text = 'RT A sample retweet with a URL https://nasa.gov'

In [4]: p.clean(tweet_text)
Out[4]: 'A sample retweet with a URL'
```

12.13　Twitter 流 API

免费的 Twitter 流 API 会动态地向应用程序推送随机选择的推文，推送的推文最多能达到每天推文量的百分之一。根据 InternetLiveStats.com 的统计结果，每秒大约有 6000 条推文，每天的推文超过了 5 亿条[⊖]。因此，通过 Twitter 流 API 每天大约可以访问 500 万条推文。Twitter 曾经允许免费访问 10% 的推文流，但这项服务（称为消防水带（fire hose））目前已经改为付费服务。本节将使用一个类定义和一个 IPython 会话来完成推文流处理过程的示例。请注意，接收推文流的代码需要放在一个自定义类中，该自定义类通过继承另一个已有类而得到创建。关于继承的相关知识已在第 10 章讨论。354

12.13.1　创建 `StreamListener` 的子类

推文流 API 会在匹配搜索条件时发送推文。需要注意，推文流并不是在每次调用方法时才连接到 Twitter，而是通过一个持久连接将推文推送（即发送）到应用程序。根据搜索条件的不同，推文在推送速度上的差别会很大。一个话题越流行，则推文就越有可能更快速地被推送。

处理推文流时，需要对 Tweepy 的 `StreamListener` 类进行继承，创建一个子类。该子类的对象是一个侦听器，用于接收每条新推文（或 Twitter 发送的其他消息[⊖]）的到达

⊖　http://www.internetlivestats.com/twitter-statistics/.

⊖　关于更多的细节信息，请参阅 https://developer.twitter.com/en/docs/tweets/filterrealtime/guides/streaming-message-types.html。

通知。Twitter 发送的每条消息都会导致一个 StreamListener 类的方法被自动调用，下表列出了几个会被自动调用的方法。StreamListener 类已经定义了这些方法，因此在创建子类时只需要对所需的方法进行重新定义（即重写）即可。关于 StreamListener 类的其他方法，请参阅 https://github.com/tweepy/tweepy/blob/master/tweepy/streaming.py。

方　　法	描　　述
on_connect(self)	成功连接到 Twitter 流时被调用。该方法中应包括仅在应用程序连接到流时才执行的语句
on_status(self, status)	当推文到达时被调用。status 是 Tweepy 的 Status 类的一个对象
on_limit(self, track)	在限制通知到达时被调用。如果搜索条件匹配的推文数多于 Twitter 可以根据其当前的流速率限制提供的推文数，则会产生限制通知。该限制通知包含匹配但无法传递的推文数
on_error(self, status_code)	响应 Twitter 发送的错误代码时被调用
on_timeout(self)	如果连接超时（即 Twitter 服务器没有响应），则被调用
on_warning(self, notice)	如果 Twitter 发送断开连接警告以表明连接可能关闭，则此方法被调用。例如，Twitter 为每个应用程序维护着一个推送给它们的推文队列。如果一个应用程序没有足够快地读取推文，on_warning 的 notice 参数将包含一条警告消息，表示如果队列已满，连接将会终止

TweetListener 类

下面的代码在 tweetlistener.py 中定义了 StreamListener 类的子类 TweetListener，其中第 6 行表示 TweetListener 类是 tweepy.StreamListener 类的子类。通过继承，[355] TweetListener 这个新类具有在 StreamListener 类中实现的那些方法。

```
1   # tweetlistener.py
2   """tweepy.StreamListener subclass that processes tweets as they arrive."""
3   import tweepy
4   from textblob import TextBlob
5
6   class TweetListener(tweepy.StreamListener):
7       """Handles incoming Tweet stream."""
8
```

TweetListener 类：__init__ 方法

下面的代码定义了 TweetListener 类的 __init__ 方法，该方法在创建新的 TweetListener 对象时被调用。api 参数是 TweetListener 用于与 Twitter 交互的 Tweepy API 对象；limit 参数是要处理的推文总数，默认为 10，通过此参数可以控制要接收的推文数量。后面将会看到，在达到该限制时 Twitter 流会自动终止；如果将 limit 设置为 None，则 Twitter 流不会自动终止。第 11 行代码创建了一个实例变量，用于跟踪到目前为止处理的推文数量（初始值为 0）；第 12 行代码创建了一个常量，用于保存推文数量限制；第 13 行代码调用父类的 __init__ 方法，用于保存 api 对象以供侦听器对象使用。

```
9        def __init__(self, api, limit=10):
10           """Create instance variables for tracking number of tweets."""
11           self.tweet_count = 0
12           self.TWEET_LIMIT = limit
13           super().__init__(api)  # call superclass's init
14
```

TweetListener 类：on_connect 方法

当一个应用程序成功连接到 Twitter 流时，on_connect 方法将会自动被调用。下面的代码重写了 StreamListener 类的 on_connect 方法以显示"Connection successful"消息。

```
15        def on_connect(self):
16           """Called when your connection attempt is successful, enabling
17           you to perform appropriate application tasks at that point."""
18           print('Connection successful\n')
19
```

TweetListener 类：on_status 方法

当一条推文到达时，Tweepy 会自动调用 on_status 方法。该方法的第二个参数 status 用于接收表示推文的 Tweepy Status 对象。第 23～26 行代码用于获取推文的文本内容。首先，假设推文使用新的 280 个字符限制，因此在 try 子句中尝试访问 tweet 的 extended_tweet 属性并获取其 full_text。如果推文没有 extended_tweet 属性，则会发生异常，此时将在 except 子句中访问 text 属性。然后，第 28～30 行代码显示发送推文的用户的 screen_name、推文的 lang（即语言）和 tweet_text。如果语言不是英语（'en'），则第 32～33 行代码会使用 TextBlob 翻译推文并以英语显示。第 36 行代码将 self.tweet_count 的值增 1，然后在第 39 行代码中将 self.tweet_count 与 self.TWEET_LIMIT 进行比较并通过 return 将比较结果返回。如果 on_status 返回 True，则 Twitter 流保持打开状态。否则，如果 on_status 返回 False，则 Tweepy 会断开 Twitter 流连接。

|356|

```
20        def on_status(self, status):
21           """Called when Twitter pushes a new tweet to you."""
22           # get the tweet text
23           try:
24               tweet_text = status.extended_tweet.full_text
25           except:
26               tweet_text = status.text
27
28           print(f'Screen name: {status.user.screen_name}:')
29           print(f'    Language: {status.lang}')
30           print(f'       Status: {tweet_text}')
31
32           if status.lang != 'en':
33               print(f' Translated: {TextBlob(tweet_text).translate()}')
34
35           print()
36           self.tweet_count += 1  # track number of tweets processed
37
38           # if TWEET_LIMIT is reached, return False to terminate streaming
39           return self.tweet_count != self.TWEET_LIMIT
```

12.13.2 启动流处理

这里使用一个 IPython 会话来测试 TweetListener 类。

身份验证

首先，必须进行 Twitter 身份验证并创建一个 Tweepy API 对象：

```
In [1]: import tweepy

In [2]: import keys

In [3]: auth = tweepy.OAuthHandler(keys.consumer_key,
   ...:                            keys.consumer_secret)
   ...:

In [4]: auth.set_access_token(keys.access_token,
   ...:                       keys.access_token_secret)
   ...:

In [5]: api = tweepy.API(auth, wait_on_rate_limit=True,
   ...:                  wait_on_rate_limit_notify=True)
   ...:
```

创建一个 TweetListener 对象

接下来，创建一个 TweetListener 类的对象并使用 api 对象初始化它：

```
In [6]: from tweetlistener import TweetListener

In [7]: tweet_listener = TweetListener(api)
```

这里没有指定 limit 参数，因此这个 TweetListener 对象会在接收 10 条推文之后终止。

创建一个 Stream 对象

Tweepy 的 Stream 对象用于管理与 Twitter 流的连接，并将信息传递给 TweetListener 对象。Stream 构造函数的 auth 关键字参数接收 api 对象的 auth 属性，该属性包含了前面配置的 OAuthHandler 对象。listener 关键字参数接收侦听器对象 tweet_listener：

```
In [8]: tweet_stream = tweepy.Stream(auth=api.auth,
   ...:                              listener=tweet_listener)
   ...:
```

启动推文流

通过 Stream 对象的 filter 方法开始进行流处理。这里跟踪关于 NASA Mars rovers 的推文，并使用 track 参数传递搜索词列表：

```
In [9]: tweet_stream.filter(track=['Mars Rover'], is_async=True)
```

流 API 将返回匹配推文的完整 JSON 对象，进行匹配时考虑了推文中的所有数据项，不仅包括推文的文本信息，还包括 @ 某用户、主题标签、扩展的 URL 以及在一个推文对象的 JSON 中维护的其他 Twitter 信息。因此，在推文的文本中有可能找不到正在跟踪的搜索词（即搜索词可能出现在 @ 某用户、主题标签等其他 Twitter 信息中）。

异步流与同步流

参数 is_async = True 表示 filter 方法应启动**异步推文流**。这使得代码在侦听器等待接收推文时可以继续执行，同时也允许提前终止流。当在 IPython 中执行异步推文流时，将会看到下一个 In [] 提示，并可以通过将 Stream 对象的 running 属性设置为 False 来终止推文流，如下所示：

```
tweet_stream.running=False
```

如果不指定参数 is_async = True，则 filter 方法将启动**同步推文流**。这种情况下，IPython 在流终止后才会显示下一个 In [] 提示符。异步流在 GUI（即图形用户界面）应用程序中特别有用，其使得用户可以在推文到达时继续与应用程序的其他部分进行交互。以下显示了两条推文的部分输出内容：

```
Connection successful

Screen name: bevjoy:
    Language: en
     Status: RT @SPACEdotcom: With Mars Dust Storm Clearing, Opportunity
Rover Could Finally Wake Up https://t.co/OIRP9UyB8C https://t.co/gTf-
FR3RUkG

Screen name: tourmaline1973:
    Language: en
     Status: RT @BennuBirdy: Our beloved Mars rover isn't done yet, but
she urgently needs our support! Spread the word that you want to keep
calling ou…

...
```

filter 方法的其他参数

filter 方法还具有用于按 Twitter 用户 ID 号（用来跟踪来自特定用户的推文）和按位置来细化推文搜索结果的参数。有关这些参数的详细信息，请参阅 https://developer.twitter.com/en/docs/tweets/filter-realtime/guides/basic-stream-parameters。

358

关于 Twitter 限制的注意事项

营销人员、研究人员和其他人经常将他们从流 API 接收到的推文存储起来。Twitter 要求用户在接收到一条删除信息时，将该删除信息对应的推文或位置数据从已存储的推文数据中删除。如果一名 Twitter 用户在 Twitter 推送其发布的推文后删除了推文或位置数据，那么 Twitter 就会向接收了这些数据的用户发送删除信息。当接收到删除信息时，侦听器的 on_delete 方法会被自动调用。有关删除规则和详细信息，请参阅 https://developer.twitter.com/en/docs/tweets/filter-realtime/guides/streaming-message-types。

12.14　推文情感分析

第 11 章已经展示了句子的情感分析方法，许多研究人员和公司会对推文进行情感分析。例如，政治研究人员可能会在选举时期通过推文情感分析，了解人们对特定政治家和问题的看法；公司可能会通过推文情感分析，了解人们对其产品和竞争对手产品的看法。

本节将使用前一节中介绍的技术创建一个脚本（`sentimentlistener.py`），用于分析特定主题的推文的情感。该脚本将分别统计具有正面、中性和负面情感的推文的总数，并显示统计结果。

该脚本接收两个命令行参数，分别表示希望接收的推文的主题以及用于分析情感的推文的数量。使用的推文中，不包括那些被删除的推文；对于有大量转推的"病毒"主题，也不计算在内。因此，需要花费一些时间来获取指定数量的推文。从 ch12 文件夹运行脚本

```
ipython sentimentlistener.py football 10
```

则会产生下面的输出结果。具有正面情感的推文的前面有一个 +，具有负面情感的推文的前面有一个 -，而具有中性情感的推文的前面有一个空格：

```
- ftblNeutral: Awful game of football. So boring slow hoofball complete
waste of another 90 minutes of my life that I'll never get back #BURMUN

+ TBulmer28: I've seen 2 successful onside kicks within a 40 minute span.
I love college football

+ CMayADay12: The last normal Sunday for the next couple months. Don't
text me don't call me. I am busy. Football season is finally here?

  rpimusic: My heart legitimately hurts for Kansas football fans

+ DSCunningham30: @LeahShieldsWPSD It's awsome that u like college foot-
ball, but my favorite team is ND - GO IRISH!!!

  damanr: I'm bummed I don't know enough about football to roast @sames-
fandiari properly about the Raiders

+ jamesianosborne: @TheRochaSays @WatfordFC @JackHind Haha.... just when
you think an American understands Football.... so close. Wat…

+ Tshanerbeer: @PennStateFball @PennStateOnBTN Ah yes, welcome back col-
lege football. You've been missed.

- cougarhokie: @hokiehack @skiptyler I can verify the badness of that
football

+ Unite_Reddevils: @Pablo_di_Don Well make yourself clear it's football
not soccer we follow European football not MLS soccer

Tweet sentiment for "football"
Positive: 6
 Neutral: 2
Negative: 2
```

下面分析脚本 `sentimentlistener.py` 中的代码，这里只关注此示例中的新功能。

导入库
第 4～8 行导入 `keys.py` 文件和整个脚本中使用的库：

```
 1    # sentimentlisener.py
 2    """Script that searches for tweets that match a search string
 3    and tallies the number of positive, neutral and negative tweets."""
 4    import keys
 5    import preprocessor as p
 6    import sys
 7    from textblob import TextBlob
 8    import tweepy
 9
```

SentimentListener 类：__init__ 方法

除了与 Twitter 交互的 API 对象之外，__init__ 方法还接收其他三个参数：

❑ sentiment_dict：用于记录各种情感的推文的数量的字典；

❑ topic：正在搜索的主题，该主题应出现在推文的文本中；

❑ limit：要处理的推文数量（不包括被删除的那些推文）。

这些参数值都存储在当前的 SentimentListener 对象（self）中。

```
10    class SentimentListener(tweepy.StreamListener):
11        """Handles incoming Tweet stream."""
12
13        def __init__(self, api, sentiment_dict, topic, limit=10):
14            """Configure the SentimentListener."""
15            self.sentiment_dict = sentiment_dict
16            self.tweet_count = 0
17            self.topic = topic
18            self.TWEET_LIMIT = limit
19
20            # set tweet-preprocessor to remove URLs/reserved words
21            p.set_options(p.OPT.URL, p.OPT.RESERVED)
22            super().__init__(api)  # call superclass's init
23
```

on_status 方法

收到推文后，on_status 方法完成下面的操作：

❑ 得到推文的文本（第 27～30 行）；

❑ 如果是转发的推文，则忽略（第 33 和 34 行）；

❑ 清理推文，删除 URL 以及 RT、FAV 等保留字（第 36 行）；

❑ 如果推文的文本中不包括指定的主题，则跳过该推文（第 39 和 40 行）；

❑ 使用 TextBlob 分析推文的情感并相应地更新 sentiment_dict（第 43～52 行）；

❑ 打印推文的文本（第 55 行），分别在正面、中性和负面情感前面加 +、空格和 -；

❑ 检查我们处理的推文是否已经达到了指定数量（第 57～60 行）。

```
24        def on_status(self, status):
25            """Called when Twitter pushes a new tweet to you."""
26            # get the tweet's text
27            try:
28                tweet_text = status.extended_tweet.full_text
29            except:
30                tweet_text = status.text
31
32            # ignore retweets
```

```
33          if tweet_text.startswith('RT'):
34              return
35
36          tweet_text = p.clean(tweet_text)  # clean the tweet
37
38          # ignore tweet if the topic is not in the tweet text
39          if self.topic.lower() not in tweet_text.lower():
40              return
41
42          # update self.sentiment_dict with the polarity
43          blob = TextBlob(tweet_text)
44          if blob.sentiment.polarity > 0:
45              sentiment = '+'
46              self.sentiment_dict['positive'] += 1
47          elif blob.sentiment.polarity == 0:
48              sentiment = ' '
49              self.sentiment_dict['neutral'] += 1
50          else:
51              sentiment = '-'
52              self.sentiment_dict['negative'] += 1
53
54          # display the tweet
55          print(f'{sentiment} {status.user.screen_name}: {tweet_text}\n')
56
57          self.tweet_count += 1  # track number of tweets processed
58
59          # if TWEET_LIMIT is reached, return False to terminate streaming
60          return self.tweet_count != self.TWEET_LIMIT
61
```

主程序

主程序在 main 函数中定义（第 62～87 行，将在代码后讨论其含义）。以脚本方式执行该文件，则 main 函数会被第 90 和 91 行的代码调用；也可以将 sentimentlistener.py 作为模块导入 IPython 或其他模块中，以使用 SentimentListener 类。

```
62  def main():
63      # configure the OAuthHandler
64      auth = tweepy.OAuthHandler(keys.consumer_key, keys.consumer_secret)
65      auth.set_access_token(keys.access_token, keys.access_token_secret)
66
67      # get the API object
68      api = tweepy.API(auth, wait_on_rate_limit=True,
69                       wait_on_rate_limit_notify=True)
70
71      # create the StreamListener subclass object
72      search_key = sys.argv[1]
73      limit = int(sys.argv[2])  # number of tweets to tally
74      sentiment_dict = {'positive': 0, 'neutral': 0, 'negative': 0}
75      sentiment_listener = SentimentListener(api,
76          sentiment_dict, search_key, limit)
77
78      # set up Stream
79      stream = tweepy.Stream(auth=api.auth, listener=sentiment_listener)
80
81      # start filtering English tweets containing search_key
82      stream.filter(track=[search_key], languages=['en'], is_async=False)
83
84      print(f'Tweet sentiment for "{search_key}"')
85      print('Positive:', sentiment_dict['positive'])
```

```
86          print(' Neutral:', sentiment_dict['neutral'])
87          print('Negative:', sentiment_dict['negative'])
88
89     # call main if this file is executed as a script
90     if __name__ == '__main__':
91          main()
```

第 72 和 73 行用于获取命令行参数；第 74 行创建了 `sentiment_dict` 字典，用于记录各种情感的推文数量；第 75 和 76 行创建了 `SentimentListener` 对象；第 79 行创建了 `Stream` 对象；第 82 行通过调用 `Stream` 的 `filter` 方法启动流，此示例使用了同步流，以便第 84～87 行仅在处理指定 `limit` 数量的推文后才显示情感分析报告。在 `filter` 方法的调用中，还提供了关键字参数 `languages`，其对应包含语言代码的列表。本例的列表中只包括语言代码 `'en'`，其表示 Twitter 应该只返回英文推文。

12.15　地理编码和映射

本节将收集流推文，然后绘制这些推文包含的位置信息。Twitter 默认为所有的用户禁用位置功能，因此大多数推文不包括经度、纬度坐标。如果希望在推文中包含精确位置，则用户必须选中位置功能。虽然大多数推文不包含精确的位置信息，但很大一部分推文包括了用户的家庭位置信息。然而，即使是这个家庭的位置信息，有时也是无效的，例如有的用户将该信息指定为"远方"或其最喜欢的电影中的一个虚构位置。

为简单起见，本节将使用推文的 `User` 对象的 `location` 属性在交互式地图上绘制用户的位置。地图支持缩放和拖动功能，以便可以查看不同的区域（称为平移）。每条推文都将显示一个地图标记，单击该标记可以在弹出的窗口中查看用户的屏幕名称和推文文本。

那些转推的推文和不包含搜索主题的推文将被忽略。对于其他推文，将统计包含位置信息的推文的百分比。当获取这些位置的经度和纬度信息时，也会统计那些包含无效位置数据的推文的百分比。

geopy 库

这里使用 geopy 库（见 https://github.com/geopy/geopy）将位置数据转换为经度和纬度坐标（此过程称为**地理编码**），以便可以在地图上放置标记，12.6 节已介绍了 geopy 库的安装方法。该库支持大量的地理编码 Web 服务，其中许多具有免费或精简的优点。本示例使用 OpenMapQuest 地理编码服务，稍后将会讨论具体方法。

OpenMapQuest 地理编码 API

这里使用 OpenMapQuest 地理编码 API 将位置数据（如马萨诸塞州波士顿）转换为经度和维度（如 42.3602534 和 –71.0582912），以便在地图上进行绘制。对于免费的 OpenMapQuest 服务，目前允许一名用户每月进行 15,000 次处理。要使用该服务，请先在网址 https://developer.mapquest.com/ 上注册。

成功登录后，将跳转到网页 https://developer.mapquest.com/user/me/apps，然后，单击

该网页上的"Create a New Key"选项，在"App Name"字段中填入应用程序的名称，将"Callback URL"字段保留为空，再单击"Create App"按钮以创建 API 密钥。接下来，在网页中单击应用程序的名称查看使用者密钥，并在本章前面使用的 `keys.py` 文件中将以下文本行的 *YourKeyHere* 替换为使用者密钥：

```
mapquest_key = 'YourKeyHere'
```

正如在本章前面所做的那样，通过导入 `keys.py` 可以访问此密钥。

folium 库和 Leaflet.js JavaScript 映射库

本示例将使用 folium 库（见 https://github.com/python-visualization/folium）提供的地图功能。folium 库使用流行的 JavaScript 映射库 Leaflet.js 来显示地图。将其生成的地图保存为 HTML 文件，便可以在 Web 浏览器中查看地图。通过执行以下命令可以安装 folium 库：

```
pip install folium
```

来自 OpenStreetMap.org 的地图

默认情况下，`Leaflet.js` 使用 OpenStreetMap.org 提供的开源地图，这些地图的版权归 OpenStreetMap.org 的贡献者们所有。要使用这些地图[⊖]，必须给出下面的版权声明：

```
Map data © OpenStreetMap contributors
```

另外，必须明确说明数据在开源数据库许可下可用。这可以通过提供"许可"或"条款"链接来实现，链接指向 www.openstreetmap.org/copyright 或 www.opendatacommons.org/licenses/odbl。

12.15.1　获取和映射推文

这里以交互方式编写用于绘制推文位置的代码，其中使用了 `tweetutilities.py` 文件中的实用函数和 `locationlistener.py` 中的 `LocationListener` 类。关于这些实用函数和类的详细信息，将在后续内容中讨论。

获取 API 对象

与其他关于流的示例一样，首先进行 Twitter 身份验证并获取 Tweepy API 对象。本示例通过 `tweetutilities.py` 中的 `get_API` 实用函数完成此操作：

```
In [1]: from tweetutilities import get_API
In [2]: api = get_API()
```

LocationListener 类所需的数据

`LocationListener` 类需要两个数据：一个列表 `tweets`，用于存储所接收的推文；一个字典 `counts`，用于记录接收的推文的总数和包含位置数据的推文数量。

```
In [3]: tweets = []
In [4]: counts = {'total_tweets': 0, 'locations': 0}
```

⊖ https://wiki.osmfoundation.org/wiki/Licence/Licence_and_Legal_FAQ.

创建 LocationListener 对象

本示例将通过 LocationListener 对象接收 50 条关于"football"的推文：

```
In [5]: from locationlistener import LocationListener

In [6]: location_listener = LocationListener(api, counts_dict=counts,
   ...:     tweets_list=tweets, topic='football', limit=50)
   ...:
```

LocationListener 将使用实用函数 get_tweet_content 从每条推文中提取用户的
屏幕名称、推文的文本和位置数据，并将这些数据保存在一个字典中。

配置并启动推文流

下面配置 Stream 以查找包含"football"的英文推文：

```
In [7]: import tweepy

In [8]: stream = tweepy.Stream(auth=api.auth, listener=location_listener)

In [9]: stream.filter(track=['football'], languages=['en'], is_async=False)
```

364

执行上面的代码后，会开始等待接收推文。这里为了节省空间而没有显示这些推文，实际
运行时，LocationListener 会显示每条推文的用户屏幕名称和文本等实时流信息。如果
运行代码时没有接收到任何内容，则也许是因为目前不是足球赛季。此时，可以输入 Ctrl +
C 来终止该代码段的执行，然后尝试使用其他搜索词来接收推文。

显示位置统计信息

当显示下一个 In [] 提示时，表示推文流的处理已结束。此时，可以查看所处理的推
文数量、包含位置信息的推文数量以及有位置信息的推文的百分比：

```
In [10]: counts['total_tweets']
Out[10]: 63

In [11]: counts['locations']
Out[11]: 50

In [12]: print(f'{counts["locations"] / counts["total_tweets"]:.1%}')
79.4%
```

本次执行中，79.4% 的推文包含位置数据（读者运行这些代码时会获得不同数据，因此
得到的结果也会与此处的结果不同）。

对位置数据进行地理编码

现在，使用 tweetutilities.py 的 get_geocodes 实用函数，以对 tweets 列表中
存储的每条推文的位置数据进行地理编码：

```
In [13]: from tweetutilities import get_geocodes

In [14]: bad_locations = get_geocodes(tweets)
Getting coordinates for tweet locations...
OpenMapQuest service timed out. Waiting.
OpenMapQuest service timed out. Waiting.
Done geocoding
```

OpenMapQuest 地理编码服务有时会超时，这意味着它无法立即处理用户所发送的请求，此时用户需要再次尝试，重新发送请求。在超时情况下，get_geocodes 函数会显示一条提示信息，并在等待一小段时间后重新发送地理编码请求。

正如很快将会看到的，对于每条具有有效位置的推文，get_geocodes 函数会在 tweets 列表的推文字典中添加 'latitude' 和 'longitude' 这两个新键，并使用 OpenMapQuest 返回的推文坐标作为这两个新键所对应的值。

显示错误的位置统计信息

当显示下一个 In [] 提示时，可以计算具有无效位置数据的推文的百分比：

```
In [15]: bad_locations
Out[15]: 7

In [16]: print(f'{bad_locations / counts["locations"]:.1%}')
14.0%
```

本次执行中，在包含位置数据的 50 条推文中，其中 7 条（14%）具有无效位置（读者运行这些代码时会获得不同数据，因此得到的结果也会与此处的结果不同）。

清理数据

在地图上绘制推文位置之前，可以使用 pandas DataFrame 来清理数据。当根据 tweets 列表创建 DataFrame 时，对于没有有效位置的推文，其 'latitude' 和 'longitude' 的值为 NaN。通过调用 DataFrame 的 dropna 方法，可以删除所有包含 NaN 无效数据的行：

```
In [17]: import pandas as pd
In [18]: df = pd.DataFrame(tweets)
In [19]: df = df.dropna()
```

使用 Folium 创建地图

现在，创建一个 folium Map 对象，其将被用于绘制推文位置：

```
In [20]: import folium
In [21]: usmap = folium.Map(location=[39.8283, -98.5795],
    ...:                    tiles='Stamen Terrain',
    ...:                    zoom_start=5, detect_retina=True)
    ...:
```

location 关键字参数指定了一个序列，该序列包含地图中心点的经度和纬度坐标，这里给出的值是美国大陆的地理中心（见 http://bit.ly/CenterOfTheUS）。实际绘制的一些推文位置可能在美国之外的地方，当打开地图时并不会马上看到这些位置。此时，可以使用地图左上角的 + 和 − 按钮进行放大和缩小，也可以使用鼠标拖动地图来平移地图，以查看任何位置。

zoom_start 关键字参数指定了地图的初始缩放级别，较低的值对应较大的显示范围，而较高的值则对应较小的显示范围。本例中将 zoom_start 设置为 5，表示显示整个美国大陆。detect_retina 关键字参数使 folium 能够检测高分辨率屏幕，即当在高分辨率屏幕上显示地图时，folium 会从 OpenStreetMap.org 请求更高分辨率的地图并相应地更改缩放级别。

为推文位置创建弹出标记

下面遍历 DataFrame 并将包含每条推文文本的 folium Popup 对象添加到 Map 中。本例使用 itertuples 方法根据 DataFrame 的每一行数据创建一个元组，每个元组都包含一条推文数据的所有属性：

```
In [22]: for t in df.itertuples():
    ...:     text = ': '.join([t.screen_name, t.text])
    ...:     popup = folium.Popup(text, parse_html=True)
    ...:     marker = folium.Marker((t.latitude, t.longitude),
    ...:                           popup=popup)
    ...:     marker.add_to(usmap)
    ...:
```

首先，创建一个字符串（文本），其包含用冒号分隔的用户的 screen_name（屏幕名称）和推文 text（文本），该字符串是单击地图上的相应标记时所显示的内容。第二条语句创建一个 folium Popup 对象来显示该文本。第三条语句使用元组创建一个 folium Marker 对象来指定 Marker 的经度和纬度，popup 关键字参数将 Popup 对象与 Marker 对象相关联。最后一条语句调用 Marker 的 add_to 方法来指定将显示该 Marker 的 Map。

366

保存地图

最后一步是调用 Map 的 save 方法将地图保存在 HTML 文件中，通过双击该 HTML 文件可以在浏览器中打开它：

```
In [23]: usmap.save('tweet_map.html')
```

所得地图如下所示。注意，读者在运行程序时，地图上显示的 Marker 会有所不同。

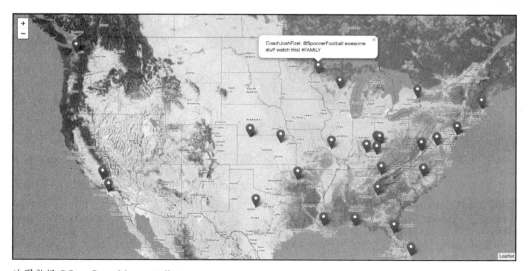

地图数据 ©OpenStreetMap contributors.
该数据在开源数据库许可下可用，见 www.openstreetmap.org/copyright。

12.15.2 tweetutilities.py 中的实用函数

这里介绍在前一节的 IPython 会话中使用的实用函数 get_tweet_content 和 get_geo_codes，这两个实用函数都定义在了 ch12 示例文件夹的 tweetutilities.py 脚本文件中。为方便叙述，对于每一个函数，代码的行号都从 1 开始。

get_tweet_content 实用函数

get_tweet_content 函数通过参数 tweet 接收一个 Status 对象并创建一个字典，该字典中包含推文的 screen_name(第 4 行)、text(第 7~10 行) 和 location(第 12 和 13 行，仅当参数 location 为 True 时才包含)。对于推文的文本，先尝试访问 extended_tweet 的 full_text 属性，如果其不可用，再访问 text 属性。

```
 I   def get_tweet_content(tweet, location=False):
 2       """Return dictionary with data from tweet (a Status object)."""
 3       fields = {}
 4       fields['screen_name'] = tweet.user.screen_name
 5
 6       # get the tweet's text
 7       try:
 8           fields['text'] = tweet.extended_tweet.full_text
 9       except:
10           fields['text'] = tweet.text
11
12       if location:
13           fields['location'] = tweet.user.location
14
15       return fields
```

get_geocodes 实用函数

get_geocodes 函数通过参数 tweet_list 接收包含推文和地理位置的字典列表。如果推文的地理编码成功，则该函数会将经度和纬度添加到 tweet_list 的 tweet 字典中。此代码需要使用 geopy 模块的 OpenMapQuest 类，这里通过下面代码将其导入文件tweetutilities.py 中:

```
from geopy import OpenMapQuest
```

```
 I   def get_geocodes(tweet_list):
 2       """Get the latitude and longitude for each tweet's location.
 3       Returns the number of tweets with invalid location data."""
 4       print('Getting coordinates for tweet locations...')
 5       geo = OpenMapQuest(api_key=keys.mapquest_key)  # geocoder
 6       bad_locations = 0
 7
 8       for tweet in tweet_list:
 9           processed = False
10           delay = .1  # used if OpenMapQuest times out to delay next call
11           while not processed:
12               try:  # get coordinates for tweet['location']
13                   geo_location = geo.geocode(tweet['location'])
14                   processed = True
15               except:  # timed out, so wait before trying again
16                   print('OpenMapQuest service timed out. Waiting.')
```

```
17                    time.sleep(delay)
18                    delay += .1
19
20            if geo_location:
21                tweet['latitude'] = geo_location.latitude
22                tweet['longitude'] = geo_location.longitude
23            else:
24                bad_locations += 1  # tweet['location'] was invalid
25
26        print('Done geocoding')
27        return bad_locations
```

该函数的具体操作如下：

❑ 第 5 行代码创建了用于地理位置编码的 OpenMapQuest 对象，其中 api_key 关键字参数的值从之前编辑的 keys.py 文件加载。

❑ 第 6 行代码初始化了 bad_locations，其用于记录接收的 tweet 对象中无效位置的数量。

❑ 在循环中，第 9～18 行代码尝试对当前推文的位置进行地理编码。OpenMapQuest 地理编码服务有时会超时，这意味着它暂时不可用。当过快地提出太多请求时，就会发生这种情况。为了确保能够完成一条推文的位置的地理编码，只要 processed 为 False，while 循环就会继续执行。在每次循环中，使用 tweet 的 'location' 元素作为参数调用 OpenMapQuest 对象的 geocode 方法。如果成功，则将 processed 设置为 True 并且循环终止。否则，第 16～18 行代码显示一条超时信息，等待 delay 秒并增加 delay 值，以防再次超时。第 17 行代码调用 Python 标准库 time 模块的 sleep 方法来暂停代码执行。

368

❑ while 循环终止后，第 20～24 行代码检查是否返回了位置数据。如果是，则将其添加到 tweet 字典中。否则，第 24 行代码使 bad_locations 计数器加 1。

❑ 最后，该函数打印一条信息以表明已完成地理编码，并返回 bad_locations 值。

12.15.3　LocationListener 类

LocationListener 类与前面关于流的示例中所定义的类的功能相似，这里仅重点介绍该类中的几行代码：

```
 1  # locationlistener.py
 2  """Receives tweets matching a search string and stores a list of
 3  dictionaries containing each tweet's screen_name/text/location."""
 4  import tweepy
 5  from tweetutilities import get_tweet_content
 6
 7  class LocationListener(tweepy.StreamListener):
 8      """Handles incoming Tweet stream to get location data."""
 9
10      def __init__(self, api, counts_dict, tweets_list, topic, limit=10):
11          """Configure the LocationListener."""
12          self.tweets_list = tweets_list
13          self.counts_dict = counts_dict
14          self.topic = topic
```

```
15              self.TWEET_LIMIT = limit
16              super().__init__(api)  # call superclass's init
17
18     def on_status(self, status):
19         """Called when Twitter pushes a new tweet to you."""
20         # get each tweet's screen_name, text and location
21         tweet_data = get_tweet_content(status, location=True)
22
23         # ignore retweets and tweets that do not contain the topic
24         if (tweet_data['text'].startswith('RT') or
25             self.topic.lower() not in tweet_data['text'].lower()):
26             return
27
28         self.counts_dict['total_tweets'] += 1  # original tweet
29
30         # ignore tweets with no location
31         if not status.user.location:
32             return
33
34         self.counts_dict['locations'] += 1  # tweet with location
35         self.tweets_list.append(tweet_data)  # store the tweet
36         print(f'{status.user.screen_name}: {tweet_data["text"]}\n')
37
38         # if TWEET_LIMIT is reached, return False to terminate streaming
39         return self.counts_dict['locations'] != self.TWEET_LIMIT
```

|369|

本例中，__ init__ 方法接收一个 counts 字典（用于记录处理的推文的总数），以及一个 tweet_list（用于保存 get_tweet_content 实用函数返回的那些字典）。

on_status 方法的处理过程如下：

❏ 调用 get_tweet_content 函数以获取每条推文的屏幕名称、文本和位置。

❏ 如果一条推文是转发的推文或者其文本中不包含搜索主题，则忽略该推文，即仅使用包含搜索字符串的原始推文。

❏ 在 counts 字典中使 'total_tweets' 键的值加 1，以记录所处理的原始推文的数量。

❏ 忽略没有位置数据的推文。

❏ 在 counts 字典中使 'locations' 键的值加 1，表示找到了一个包含位置的推文。

❏ 将 get_tweet_content 返回的 tweet_data 字典追加到 tweets_list 的尾部。

❏ 显示推文的屏幕名称和推文文本，以便查看该应用程序的执行进程。

❏ 检查是否已达到 TWEET_LIMIT。如果是，则返回 False 以终止流。

12.16 存储推文的方法

通常会将推文以下面的形式存储以做进一步分析：

❏ CSV 文件：在第 9 章中介绍的一种文件格式。

❏ 内存中的 pandas DataFrame：CSV 文件可以方便地加载到 DataFrame 中，以进行数据清理和其他操作。

❏ SQL 数据库：如 MySQL，一个免费开源的关系型数据库管理系统（RDBMS）。

❏ NoSQL 数据库:Twitter 将推文以 JSON 文档形式返回,因此将这些推文存储在 MongoDB 等 NoSQL JSON 文档数据库中会非常方便。如果需要直接操作 JSON,请 参阅第 16 章中包括 PyMongo 库在内的那些内容。

12.17 Twitter 和时间序列

时间序列是具有时间戳的值序列,如每日的股票收盘价、某地点的每日高温、美国的 每月就业数量、某公司的季度收益等。推文本身具有时间戳,因此可以对其进行时间序列 分析。在第 14 章中,将使用一种称为简单线性回归的技术来进行时间序列预测。当在第 15 章讨论递归神经网络时,也将会再次涉及时间序列。

370

12.18 小结

本章探索了 Twitter 数据挖掘,Twitter 可能是所有社交媒体网站中最开放、最容易访问、 最常用的大数据源之一。本章介绍了 Twitter 开发者账户的创建方法,并介绍如何使用账户 凭据连接到 Twitter。还讨论了 Twitter 的速率限制和其他一些规则,以及遵循这些规则的重 要性。

本章给出了推文的 JSON 表示,并介绍了如何通过最广泛使用的 Twitter API 客户端 Tweepy 来进行 Twitter 身份验证以及访问 Twitter API。在 Twitter API 返回的推文中,除了 推文文本外还包含很多元数据。还介绍了如何查看一个账户的关注者和关注对象,以及如 何查看一个用户的最新推文。

本章介绍了如何使用 Tweepy Cursor 方便地从各种 Twitter API 请求连续的结果页面。 还介绍了一些 Twitter API 的具体使用,如 Twitter 的搜索 API,用于下载符合指定条件的历 史推文;Twitter 的流 API,用于获取实时推文流;Twitter 的热门话题 API,用于确定各个 地方的热门话题,还根据获取的热门话题创建了一个词云图。

本章介绍了如何使用 `tweet-preprocessor` 库完成推文分析前的清理和预处理工作, 并对推文进行了情感分析。使用 folium 创建了有关推文位置的地图,并与之交互以查看特 定位置的推文。列举了存储推文的常用方法,并指出推文是一种自然的时间序列数据。下 一章将介绍 IBM Watson 及其认知计算功能。

371 ~ 372

IBM Watson 和认知计算

目标

- ❏ 了解 Watson 的服务范围，使用免费的 Lite 层来熟悉这些服务。
- ❏ 尝试 Watson 的多种服务演示。
- ❏ 了解什么是认知计算，以及如何将其嵌入自己的应用程序中。
- ❏ 注册 IBM 云账户并获取凭据以使用各种服务。
- ❏ 安装 Watson 开发者云 Python SDK 来与 Watson 服务进行交互。
- ❏ 使用 Python 编写程序，综合运用 Watson 的语音转文本、语言翻译和文本转语音服务，开发一款旅行者翻译伴侣 APP。
- ❏ 查看其他资源，例如 IBM Watson 红皮书，它将帮助我们快速启动自定义的 Watson 应用程序开发。

13.1　简介

在第 1 章中，我们讨论了 IBM 在人工智能领域的一些代表性成就，其中包括击败两名顶尖的 Jeopardy！人类玩家，并赢得了 100 万美元的奖金。IBM 将 Watson 赢得的奖金捐赠给了慈善机构。在这个项目中，Watson 同时执行了数百种语言分析算法，以便在需要 4TB 存储容量的 2 亿页内容（包括所有的维基百科）中找到正确的答案[⊖]。IBM 研究人员使用机器学习和强化学习技术训练 Watson，机器学习将在下一章讨论[⊜]。

⊖　https://www.techrepublic.com/article/ibm-watson-the-inside-story-of-how-the-jeopardy-winning-supercomputer-was-born-and-what-it-wants-to-do-next/.

⊜　https://www.aaai.org/Magazine/Watson/watson.php, AI Magazine, Fall 2010.

在准备撰写本书的初期，我们意识到 Watson 的重要性在快速增长，因此我们使用 Google Alerts 重点关注了 Watson 和相关的主题。通过这些 Alerts 以及所关注的新闻资讯和博客，我们累积了 900 多篇与 Watson 相关的文章、文档和视频。除此之外，我们还调查了许多有竞争力的服务，发现 Watson 的 "无须信用卡" 政策和免费 Lite 级服务⊖对于那些想要免费试验 Watson 服务的人来说是非常友好的。

IBM Watson 是一个基于云的认知计算平台，可应用于各种现实场景。认知计算系统模拟人类大脑的模式识别和决策能力，以便在获得更多数据时进行 "学习"⊜⊜。我们总结了 Watson 在提供广泛的网络服务和实用的 Watson 医疗方案方面所展示出的能力。下面的表格仅列出了众多组织使用 Watson 的方式中的一部分。

Watson 提供了一系列有趣的功能，可以将这些功能引入自己的应用程序中。在本章，我们将设置 IBM 云账户®并使用 Lite 层和 IBM Watson 的服务演示来尝试各种网络服务，例如自然语言翻译、语音转文本、文本转语音、自然语言理解、聊天机器人、分析图像和视频中的色调以及识别图像和视频中的文本等。我们还将简要介绍一些其他的 Watson 服务和工具。

374

Watson 应用案例		
广告定向投放	预防诈骗	私人助理
人工智能	玩游戏	预测性维护
增强智能	遗传学	产品推荐
增强现实	卫生保健	机器人和无人机
聊天机器人	图像处理	自动驾驶汽车
隐藏式字幕	物联网	情感和情绪分析
认知计算	语言翻译	智能家居
对话接口	机器学习	体育
犯罪预防	恶意软件检测	供应链管理
客户支持	医疗诊断和治疗	威胁检测
检测网络欺凌	医学成像	虚拟现实
药物开发	音乐	语音分析
教育	自然语言处理	天气预报
面部识别	自然语言理解	工作场所安全
金融	物体识别	

我们需要安装 Watson 开发者云 Python 软件开发工具包（SDK），以便使用 Python 代码

⊖　请随时查看 IBM 网站上的最新条款，因为条款和服务可能会发生变化。

⊜　http://whatis.techtarget.com/definition/cognitive-computing.

⊜　https://www.forbes.com/sites/bernardmarr/2016/03/23/what-everyone-should-know-about-cognitive-computing.

㉔　IBM 云之前称为 Bluemix。在本章提及的许多 URL 中仍能看见 bluemix。

以编程的方式访问 Watson 服务。然后，在案例研究中，我们将通过混合几个 Watson 提供的服务来快速方便地开发一款旅行者翻译伴侣 APP。借助这款 APP，只说英语和只说西班牙语的人可以跨越语言的障碍进行口头交流。在这款 APP 中，我们将英语或西班牙语音频转录为文本，再将文本翻译为其他语言，最后从翻译后的文本中合成并播放英语或西班牙语音频。

Watson 包含的功能种类是动态的，在不断变化之中。在我们编写本书的过程中，Watson 又增加了新的服务，并且多次更新或删除了现有服务。本书提供的对 Watson 服务的描述与官方保持同步。我们会在本书的主页 www.deitel.com 上发布必要的更新。

13.2 IBM 云账户和云控制台

我们需要一个免费的 IBM 云账户才能访问 Watson 的 Lite 层服务。每项服务的描述网页都列出了该服务包含的分层及每一层的功能。尽管 Lite 分层服务限制了人们对 Watson 的使用，但它们通常会提供熟悉 Watson 功能并开始使用它们开发应用程序所需的一切。限制可能会有所变化，因此我们不会在此列出这些限制，而是给出每个服务的相关网页。在我们撰写本书时，IBM 对某些服务的限制显著增加了。Watson 的付费层可用于商业级应用程序。

要得到免费的 IBM 云账户，可以参考网页 https://console.bluemix.net/docs/services/watson/index.html#about 中的指示来操作。

按指示操作后，我们会收到一封电子邮件，可按照邮件中的说明来确认账户。然后，就可以使用这个账户登录 IBM 云控制台。登录后，可以通过网址 https://console.bluemix.net/developer/watson/dashboard 访问 **Watson 面板**。在这里可以进行以下操作：

❑ 浏览 Watson 服务。
❑ 链接到已注册使用的服务。
❑ 查看开发人员资源，包括 Watson 文档、SDK 和用于学习 Watson 的各种资源。
❑ 查看自己使用 Watson 创建的应用程序。

稍后，我们会注册并获取凭据以便使用 Watson 的服务。可以在网址 https://console.bluemix.net/dashboard/apps 上的 IBM 云面板中查看和管理服务列表和凭据：

也可以单击 Watson 面板中的 "Existing Services" 访问服务列表。

13.3 Watson 服务

本节概述了 Watson 的多项服务，并提供了介绍每个服务的详细信息的链接。请务必运行演示以查看正在运行的服务。有关每个 Watson 服务的文档和 API 参考信息的链接为 https://console.bluemix.net/developer/watson/documentation。

本书以脚注的方式提供包含每个服务的详细信息的链接。确定使用某项服务后，可以单击其详细信息页面上的"Create"按钮设置凭据。

Watson 助手

Watson 助手服务[一]可帮助构建聊天机器人和虚拟助手，使用户能够通过自然语言文本进行人机交互。IBM 提供了一个 Web 界面，使用该界面可以为与我们的应用程序有关的特定场景训练 Watson 助手服务。例如，可以训练天气聊天机器人来回答诸如"纽约市的天气如何？"之类的问题。如有必要，还可以在客户服务场景中创建用来回答客户问题的聊天机器人，将客户引导到正确的部门。可以在网页 https://www.ibm.com/watson/services/conversation/demo/index.html#demo 中查看一些实现人机交互的演示。

视觉识别

视觉识别服务[二]使应用程序能够定位和理解图像和视频中的信息，包括颜色、物体、面部、文本、食物和不良内容。IBM 提供了预定义的模型（在服务的演示中使用），用户也可以训练和使用自己的模型（第 15 章中会做详细介绍）。读者可以使用系统提供的图像或自己上传的图像试验网址 https://watson-visual-recognition-duo-dev.ng.bluemix.net/ 上的演示。

376

语音转文本

在实现本章的 APP 时会使用到语音转文本服务[三]将音频文件转换为文本。你可以提供一些关键字让服务进行"监听"，它会告诉我们是否"监听"到了这些关键字、与关键字的匹配程度有多大，以及该匹配在音频中的位置，甚至可以区分不同的发言者。可以使用此服务来帮助实现语音控制的 APP、转录实时音频等。你可以使用示例音频或上传自己的音频来尝试网址 https://speech-to-text-demo.ng.bluemix.net/ 上的演示。

文本转语音

在构建本章的 APP 时，还会用到文本转语音服务[四]将文本合成为语音。可以使用语音合成标记语言（SSML）在文本中嵌入指令，以控制语音的变化、韵律、音调等。目前，该服务支持英语（美国和英国）、法语、德语、意大利语、西班牙语、葡萄牙语和日语。你可以使用简单的示例文本、包含 SSML 的示例文本或自己提供的文本来尝试网址 https://text-to-speech-demo.ng.bluemix.net/ 上的演示。

语言翻译

除以上两项服务外，实现本章的 APP 时还会用到语言翻译服务[五]，它包含以下两个关键组件：

[一]　https://console.bluemix.net/catalog/services/watson-assistant-formerly-conversation.

[二]　https://console.bluemix.net/catalog/services/visual-recognition.

[三]　https://console.bluemix.net/catalog/services/speech-to-text.

[四]　https://console.bluemix.net/catalog/services/text-to-speech.

[五]　https://console.bluemix.net/catalog/services/language-translator.

❑ 文本翻译；

❑ 识别正在书写的文本，总共可以识别 60 多种语言。

语言翻译服务支持英语与多种其他语言之间的互译，也支持其他语言之间的互译。尝试使用网址 https://language-translator-demo.ng.bluemix.net/ 上的演示将文本翻译成各种语言。

自然语言理解

自然语言理解服务[一]可以用来分析文本并生成相关信息，包括文本的整体情绪和情感，以及按相关性排列的关键词。除此之外，该服务还可以识别以下内容：

❑ 人员、地点、职称、组织、公司和数量；

❑ 体育、政府和政治等类别和概念；

❑ 主语和动词等词性。

还可以使用 Watson 知识工作室（稍后讨论）为特定于某行业和应用程序的领域训练服务。使用演示自带的文本、你自己粘贴的文本或线上文章或文档的链接，尝试网址 https://natural-language-understanding-demo.ng.bluemix.net/ 上的演示。

发现

Watson 的发现服务[二]的许多功能与自然语言理解服务相同，除此之外，它还为企业提供存储和管理文档的功能。例如，某些组织可以使用 Watson 的发现服务存储其所有文本文档，并能够在这些文档中使用 Watson 的自然语言理解服务。网址 https://discovery-news-demo.ng.bluemix.net/ 上的演示可以帮助你搜索公司的最新新闻。

个性洞察

个性洞察服务[三]能够分析文本体现的人格特质。该服务可以帮助我们"深入洞察人们如何以及为什么思考和行动，体会他们的行为方式。该服务应用语言分析和人格理论从个人的非结构化文本中推断其性格。"这些信息可用于设计针对产品目标人群的广告。可以使用来自某些 Twitter 账户或演示中内置的推文、粘贴到演示的文本文档或自己的 Twitter 账户来尝试网址 https://personality-insights-livedemo.ng.bluemix.net/ 上的演示。

音调分析

音调分析服务[四]对文本的音调进行分析。音调包括以下三个类别：

❑ 情绪——愤怒、厌恶、恐惧、快乐、悲伤；

❑ 社会倾向——开放性、责任感、外向性、宜人性和神经质；

❑ 语言风格——分析性的、自信的、试探性的。

使用示例推文、示例产品评论、示例电子邮件或自己的文本尝试网址 https://tone-

[一] https://console.bluemix.net/catalog/services/natural-language-understanding.

[二] https://console.bluemix.net/catalog/services/discovery.

[三] https://console.bluemix.net/catalog/services/personality-insights.

[四] https://console.bluemix.net/catalog/services/tone-analyzer.

analyzer-demo.ng.bluemix.net/ 上的演示，你可以在文档级和句子级看到音调分析。

自然语言分类

可以使用特定应用程序的句子和短语训练自然语言分类服务[⊖]，并对句子或短语进行分类。例如，可以将"我需要您产品的帮助"归类为"技术支持"，将"我的账单不正确"归类为"结算"。训练好分类器后，该服务就可以接收句子和短语，然后使用 Watson 的认知计算功能和分类器得到最匹配的分类及匹配概率，并使用分类和匹配概率来确定应用程序的后续步骤。例如，某人打电话给客户服务 APP 查询某个产品的相关问题，此时，可以使用语音转文本服务将问题转换为文本，然后使用自然语言分类服务对文本进行分类，最后将呼叫转给相关的人员或部门。需要注意的是，自然语言分类服务不提供 Lite 层。在网址 https://natural-language-classifier-demo.ng.bluemix.net/ 上的演示中，输入一个关于天气的问题，该服务会根据问题是关于温度的还是关于气象条件的做出不同的响应。 378

同步和异步功能

本书介绍的多数 API 都采用**同步模式**，即调用函数或方法时，程序会在转到下一个任务之前等待函数或方法返回。**异步程序**则可以在启动一个任务后继续执行其他操作，在原始任务完成时收到通知并返回其结果。许多 Watson 的服务都同时提供同步和异步 API。

用来处理两个人对话音频的语音转文本的演示是一个很好的异步 API 的例子。当语音转文本服务转录音频时，会返回转录的中间结果，即使它还不能区分不同的发言者。显示中间结果与持续处理保持并行，在处理过程中，演示会时不时地显示"检测发言者"，而语音转文本服务会判断说话者是谁。最后，该服务会发送区分发言者的最终的转录结果，演示则使用它替换之前的中间结果。

对于今天的多核计算机和多计算机集群，使用异步 API 可以帮助我们提高程序性能。但是，使用异步 API 的编程可能比使用同步 API 的编程更复杂。在后面讨论安装 Watson 开发者云 Python SDK 时，我们会提供一个指向 GitHub 上的 SDK 代码示例的链接，读者可以在其中看到多个分别使用同步 API 和异步 API 的服务示例。每个服务的 API 参考文档都提供了完整的详细信息。

13.4　额外的服务和工具

本节会介绍 Watson 的几种高级服务和工具。

Watson 工作室

Watson 工作室[⊜]是一个新的 Watson 界面，用于创建和管理我们的 Watson 项目或者通过它与团队成员在这些项目上进行协作。使用 Watson 工作室可以添加数据、准备数据以进行分析，创建 Jupyter Notebook 与数据进行交互，创建和训练模型以及使用 Watson 的

⊖　https://console.bluemix.net/catalog/services/natural-language-classifier.

⊜　https://console.bluemix.net/catalog/services/data-science-experience.

深度学习功能。Watson 工作室提供单用户 Lite 层。通过单击该服务详细信息网页 https://console.bluemix.net/catalog/services/data-science-experience 上的"Create"按钮可以设置 Watson 工作室 Lite 层的访问权限。

可以通过网址 https://dataplatform.cloud.ibm.com/ 访问 Watson 工作室。

Watso 工作室包含预先配置的项目[一]，可以单击"Create a project"按钮查看这些项目，具体包括以下类别：

❑ Standard——使用任何类型的资源进行工作。根据需要为分析资源添加服务。

❑ Data Science——分析数据以发现隐含的信息，并与他人分享发现。

❑ Visual Recognition——使用 Watson 视觉识别服务对可视内容进行标记和分类。

❑ Deep Learning——构建神经网络并部署深度学习模型。

❑ Modeler——构建建模流程来训练 SPSS 模型或设计深层神经网络。

❑ Business Analytics——从数据创建可视化仪表板，从而更快地获得隐含的信息。

❑ Data Engineering——使用 Data Refinery 对数据进行整合、清理、分析和重塑。

❑ Streams Flow——使用 Streaming Analytics 服务获取和分析流数据。

知识工作室

除了使用预定义的模型外，Watson 服务也允许使用针对特定行业或应用程序训练的自定义模型。Watson 的知识工作室[二]可以帮助我们构建自定义模型。它还允许企业或团队通过协作来创建和训练新模型，然后部署这些模型供 Watson 服务使用。

机器学习

Watson 的机器学习服务[三]使我们能够通过流行的机器学习框架为 APP 添加预测功能，可以使用的框架包括 Tensorflow、Keras、scikit-learn 等。接下来的两章中将会用到 scikit-learn 和 Keras。

知识目录

Watson 的知识目录[四][五]是一种高级的企业级工具，用于安全地管理、查找和共享组织的数据。该工具提供以下功能：

❑ 提供中心接入以访问企业的本地或基于云的数据和机器学习模型；

❑ 提供对 Watson 工作室的支持，使用户可以查找和访问数据，以便在机器学习项目中方便地使用这些数据；

❑ 提供安全策略，确保只有具备权限的人才能真正访问特定的数据；

❑ 支持 100 多种数据清理和数据整理操作；

❑ ……

[一] https://dataplatform.cloud.ibm.com/.

[二] https://console.bluemix.net/catalog/services/knowledge-studio.

[三] https://console.bluemix.net/catalog/services/machine-learning.

[四] https://medium.com/ibm-watson/introducing-ibm-watson-knowledge-catalog-cf42c13032c1.

[五] https://dataplatform.cloud.ibm.com/docs/content/catalog/overview-wkc.html.

Cognos 分析

IBM Cognos 分析服务[一]提供 30 天的免费试用，使用它，则无须再进行任何编程即可通过 AI 和机器学习来发现数据中的信息并进行可视化。它还提供了一个自然语言界面，使 Cognos 能够根据从数据中收集的知识分析并回答我们提出的问题。

13.5　Watson 开发者云 Python SDK

本节介绍如何安装下一节中用来实施完整的 Watson 案例的模块。为了方便代码的编写，IBM 提供了 Watson 开发者云 Python SDK（软件开发工具包）。其 `watson_developer_cloud` 模块中包含与 Watson 服务进行交互的类。我们会为你需要用到的每个服务创建对象，然后调用对象的方法与服务进行交互。

要安装 SDK[二]需要打开 Anaconda 提示符（在 Windows 中要以管理员身份打开）、终端（macOS / Linux）或 shell（Linux），然后执行以下命令[三]：

```
pip install --upgrade watson-developer-cloud
```

录制和播放音频所需的模块

还需要安装两个额外的模块来录制（PyAudio）和播放（PyDub）音频。可使用以下命令安装这两个模块[四]：

```
pip install pyaudio
pip install pydub
```

SDK 示例

IBM 在 GitHub 上提供了使用 Watson 开发者云 Python SDK 的类访问 Watson 服务的示例代码。可以在网址 https://github.com/watson-developer-cloud/python-sdk/tree/master/examples 上找到这些示例。

13.6　案例研究：旅行者翻译伴侣 APP

假设在讲西班牙语的国家旅行，我们会说英语但不会说西班牙语，且需要与只会说西班牙语但不会说英语的人进行交流。此时，可以借助这款翻译 APP 将英语翻译为西班牙语并读出，也可以将对方的西班牙语回复翻译为英语并读出。

这款 APP 可以帮助讲不同语言的人能够近乎实时地交谈。实现这款 APP 会用到三个强

[一]　https://www.ibm.com/products/cognos-analytics.

[二]　有关详细的安装说明和疑难解答提示，请参阅 https://github.com/watson-developer-cloud/python-sdk/blob/develop/README.md.

[三]　Windows 用户可能需要先从 https://visualstudio.microsoft.com/visual-cpp-build-tools/ 下载微软的 C++ build tools 并安装，然后再安装 watson-developer-cloud 模块。

[四]　Max 用户可能需要先执行 `conda install -c conda-forge portaudio`。

381 大的 IBM Watson 服务[⊖]。本案例中使用的将不同服务进行组合来构建 APP 的方式称为创建一个 mashup 应用程序。此外，这款 APP 还会用到第 9 章中介绍的简单的文件处理功能。

13.6.1 准备工作

我们将使用 IBM Watson 的几个 Lite 层服务（免费）构建这款 APP。在执行 APP 之前，首先要确保已经注册了 IBM 云账户。注册账户的方法在本章前面的部分中已经做过介绍，注册好账户后就可以获得 APP 使用的三种服务的凭据。获得凭据（如下所述）后，把它们插入 keys.py 文件（位于 ch13 示例文件夹中），然后将这个文件导入示例中。切记，为了安全，不要与别人分享凭据。

在配置服务时，每个服务的凭据页面都会显示服务的 URL。这些 URL 是 Watson 开发者云 Python SDK 使用的默认 URL，因此无须复制它们。在 13.6.3 节中，我们将介绍 SimpleLanguageTranslator.py 脚本以及详细的代码执行过程。

注册语音转文本服务

这款 APP 使用 Watson 的语音转文本服务分别将英语和西班牙语音频文件转录为英语和西班牙语文本。当需要与服务进行交互时，必须获取用户名和密码。为此，需要进行以下操作：

1. 创建服务实例：打开链接 https://console.bluemix.net/catalog/services/speech-to-text，单击页面底部的"Create"按钮，自动生成一个 API 密钥，然后可进入使用语音转文本服务的教程。

2. 获取服务凭据：单击页面左上角的"Manage"按钮可以查看 API 密钥。在凭据的右侧，单击"Show credentials"，然后复制 API 密钥并将其粘贴到 keys.py 文件（可以在本章 ch13 示例文件夹中找到）的字符串变量 speech_to_text_key 中。

注册文本转语音服务

这款 APP 使用 Watson 的文本转语音服务来合成文本中的语音。此服务也需要获取用户名和密码。为此，需要进行以下操作：

382

1. 创建服务实例：打开链接 https://console.bluemix.net/catalog/ser-vices/text-to-speech，单击页面底部的"Create"按钮，自动生成 API 密钥，并进入使用文本转语音服务的教程。

2. 获取服务凭据：单击页面左上角的"Manage"按钮可以查看 API 密钥。在凭据的右侧，单击"Show credentials"，然后复制 API 密钥并将其粘贴到 keys.py 文件的字符串变量 text_to_speech_key 中。

注册语言翻译服务

这款 APP 使用 Watson 语言翻译服务将需要翻译的文本传递给 Watson 并接收翻译成另一种语言的文本。此服务要求获取 API 密钥。为此，需要进行以下操作：

⊖ 这些服务在未来可能会发生改变，如果有改变，我们会在这本书的主页上发布，链接为 http://www.deitel.com/books/IntroToPython。

1. 创建服务实例：打开链接 https://console.bluemix.net/catalog/services/language-translator，然后单击页面底部的"Create"按钮，自动生成 API 密钥，并进入一个页面来管理服务实例。

2. 获取服务凭据：在凭据的右侧，单击"Show credentials"按钮，然后复制 API 密钥并将其粘贴到 `keys.py` 文件的字符串变量 `translate_key` 中。

取回凭据

可以在下面的网页中单击相应的服务实例来查看凭据：

https://console.bluemix.net/dashboard/apps

13.6.2　运行 APP

将凭据添加到脚本后，打开 Anaconda 命令提示符（Windows）、终端（macOS / Linux）或 shell（Linux）。从 `ch13` 示例文件夹执行下面的命令来运行脚本⊖：

```
ipython SimpleLanguageTranslator.py
```

处理提问

这款 APP 的执行涉及 10 个步骤，代码中给出了相应的注释。

❑ **步骤 1**：提示并记录问题。首先，APP 显示：

```
Press Enter then ask your question in English
```

并等待用户按 Enter 键。当按下 Enter 键后，APP 显示：

```
Recording 5 seconds of audio
```

此时可以提问，例如"最近的洗手间在哪里？"五秒钟后，APP 会显示：

```
Recording complete
```

❑ **步骤 2**：与 Watson 的语音转文本服务进行交互，将音频转录为文本并显示下面的结果：

```
English: where is the closest bathroom
```

❑ **步骤 3**：使用 Watson 的语言翻译服务将英语文本翻译成西班牙语文本并显示出来，如下：

```
Spanish: ¿Dónde está el baño más cercano?
```

❑ **步骤 4**：将西班牙语文本传递给 Watson 的文本转语音服务，将文本转换为音频文件。

⊖ 当执行脚本时，`pydub.playback` 模块会发出警告。警告是由模块中我们没有用到的功能发出的，可以忽略。要消除此警告，可以从 https://www.ffmpeg.org 下载 ffmpeg 并将其安装到 Windows、macOS 或 Linux 系统。

383 ❑ **步骤 5**：播放生成的西班牙语音频文件。

处理回复

此时，我们已准备好处理西班牙语发言者的回复。

❑ **步骤 6**：显示

```
Press Enter then speak the Spanish answer
```

等待按下 Enter 键。当按下 Enter 键后，APP 显示：

```
Recording 5 seconds of audio
```

西班牙语发言者说出回复并记录下语音。由于我们不会讲西班牙语，所以要使用 Watson 的文本转语音服务来预先录下 Watson 用西班牙语读出的回复"El baño más cercano está en el restaurante"，然后用足够大的音量播放该音频，并通过计算机的麦克风进行录制。在 ch13 文件夹中提供了预先录制好的音频文件 SpokenResponse.wav。如果使用此文件，需要在按 Enter 键后快速播放，因为 APP 仅记录 5 秒钟的音频[⊖]。为确保音频能够快速加载和播放，可以在按 Enter 键开始录制前预先播放一次。五秒钟后，APP 显示：

```
Recording complete
```

❑ **步骤 7**：与 Watson 的语音转文本服务进行交互，将西班牙语音频转录为文本并显示结果，如下：

```
Spanish response: el baño más cercano está en el restaurante
```

❑ **步骤 8**：使用 Watson 的语言翻译服务将西班牙语文本翻译成英语并显示结果，如下：

```
English response: The nearest bathroom is in the restaurant
```

❑ **步骤 9**：将英语文本传递给 Watson 的文本转语音服务，将文本转换为音频文件。

❑ **步骤 10**：播放生成的英语音频。

13.6.3　SimpleLanguageTranslator.py 脚本代码分析

为了更好地解释 SimpleLanguageTranslator.py 脚本的源代码，可将其分为连续编号的小块。我们使用类似于第 3 章中使用的自上而下的方法进行讲解。最上面的内容是：

❑ 制作一个翻译 APP，使讲英语和讲西班牙语的人能够交流。

第一层次的分解为：

❑ 将一个用英语说出的问题翻译成西班牙语。

❑ 将一个用西班牙语说出的回复翻译成英语。

将第一行内容细化为以下 5 个步骤：

❑ **步骤 1**：给出提示，然后将英语语音录制到音频文件中；

⊖ 为了简单起见，我们将 APP 设置为录制 5 秒钟的音频。可以使用函数 record_audio 中的变量 SECONDS 来控制录制的时间。也可以创建一个录音机，使其一旦检测到声音就开始录音，并在遇到一段时间的静默后停止录音，但实现代码会更加复杂。

- ❑ **步骤 2**：将英语语音转录为英语文本；
- ❑ **步骤 3**：将英语文本翻译成西班牙语文本；
- ❑ **步骤 4**：将西班牙语文本合成为西班牙语语音并将其保存到音频文件中；
- ❑ **步骤 5**：播放西班牙语音频文件。

384

将第二行内容细化为以下 5 个步骤：

- ❑ **步骤 6**：给出提示，然后将西班牙语语音记录到音频文件中；
- ❑ **步骤 7**：将西班牙语语音转录为西班牙语文本；
- ❑ **步骤 8**：将西班牙语文本翻译为英语文本；
- ❑ **步骤 9**：将英语文本合成为英语语音并将其保存到音频文件中；
- ❑ **步骤 10**：播放英语音频。

这种自上而下的开发模式充分体现了分而治之开发方法的优势，使我们可以将注意力集中在实现重要问题的多个小的片段上。

在本节的脚本中，实现了上面列出的 10 个步骤。步骤 2 和步骤 7 使用 Watson 的语音转文本服务，步骤 3 和步骤 8 使用 Watson 的语言翻译服务，步骤 4 和步骤 9 使用 Watson 的文本转语音服务。

导入 Watson SDK 类

下面代码中的第 4～6 行从 `watson_developer_cloud` 模块导入所需的类，该模块随 Watson 开发者云 Python SDK 一起安装。导入的这三个类都需要使用之前获得的 Watson 凭证与其对应的 Watson 服务进行交互：

- ❑ `SpeechToTextV1`[⊖]类用来将音频文件传递给 Watson 的语音转文本服务，并接收包含文本转录内容的 JSON[⊜]文档；
- ❑ `LanguageTranslatorV3` 类用来将文本传递给 Watson 的语言翻译服务，并接收包含翻译文本内容的 JSON 文档；
- ❑ `TextToSpeechV1` 类用来将文本传递给 Watson 的文本转语音服务，并接收以指定的语言读出文本的音频。

```
1   # SimpleLanguageTranslator.py
2   """Use IBM Watson Speech to Text, Language Translator and Text to Speech
3      APIs to enable English and Spanish speakers to communicate."""
4   from watson_developer_cloud import SpeechToTextV1
5   from watson_developer_cloud import LanguageTranslatorV3
6   from watson_developer_cloud import TextToSpeechV1
```

导入的其他模块

下面代码中的第 7 行导入包含 Watson 凭据的 `keys.py` 文件，第 8～11 行导入支持 APP

- ⊖ 类名中的 **V1** 表示服务的版本号。当 IBM 修改它的服务时，会为 `watson_developer_cloud` 模块添加新类，而不是修改现有的类，以确保现有的 APP 在更新服务时不会中断。在撰写本文时，语音转文本和文本转语音服务都是版本 1（**V1**），而语言翻译服务是版本 3（**V3**）。
- ⊖ 在前面的第 12 章介绍了 JSON。

音频处理功能的模块，包括：

❑ pyaudio 模块用来录制麦克风的音频；

❑ pydub 和 pydub.playback 模块用来加载和播放音频文件；

❑ Python 标准库的 wave 模块用来保存 WAV（波形音频文件格式）文件。WAV 是一种
流行的音频文件格式，由 Microsoft 和 IBM 合作开发。这款 APP 使用 wave 模块将
录制的音频保存为 .wav 文件，并将其发送给 Watson 的语音转文本服务进行转录。

385

```
 7   import keys  # contains your API keys for accessing Watson services
 8   import pyaudio  # used to record from mic
 9   import pydub  # used to load a WAV file
10   import pydub.playback  # used to play a WAV file
11   import wave  # used to save a WAV file
12
```

主程序：run_translator 函数

run_translator 函数（第 13～54 行）是这款 APP 的主程序部分，它调用了多个在
脚本后面定义的函数。为了方便讨论，我们将 run_translator 函数分解为 10 个步骤。
在步骤 1（第 15～17 行）中，用英语提示用户按 Enter 键，然后说出问题。函数 record_
audio 录制 5 秒钟的音频并将其存储在 english.wav 文件中：

```
13   def run_translator():
14       """Calls the functions that interact with Watson services."""
15       # Step 1: Prompt for then record English speech into an audio file
16       input('Press Enter then ask your question in English')
17       record_audio('english.wav')
18
```

在步骤 2 中，将文件 english.wav 作为参数传递给函数 speech_to_text 进行转换，
并通知语音转文本服务使用其预定义的模型 'en-US_BroadbandModel'[⊖]进行文本转录，
然后显示转录的文本：

```
19       # Step 2: Transcribe the English speech to English text
20       english = speech_to_text(
21           file_name='english.wav', model_id='en-US_BroadbandModel')
22       print('English:', english)
23
```

在步骤 3 中，将步骤 2 中转录好的待翻译文本作为参数传递给函数 translate 完成翻
译，并通知语言翻译服务使用其预定义的模型 'en-es' 来翻译文本，将英语（en）翻译为
西班牙语（es），然后显示西班牙语译文：

```
24       # Step 3: Translate the English text into Spanish text
25       spanish = translate(text_to_translate=english, model='en-es')
26       print('Spanish:', spanish)
27
```

⊖ 对于大多数语言，Watson 语音转文本服务支持与音质有关的宽带和窄带模型。对于在 16kHz 及更高频
率下捕获的音频，IBM 建议使用宽带模型。在本章介绍的 APP 中，我们使用在 44.1kHz 下捕获的音频。

在步骤 4 中，将步骤 3 中的西班牙语文本作为参数传递给函数 text_to_speech，并通知文本转语音服务使用 'es-US_SofiaVoice' 将西班牙语文本转换成音频。同时，指定用于保存音频的文件名：

```
28      # Step 4: Synthesize the Spanish text into Spanish speech
29      text_to_speech(text_to_speak=spanish, voice_to_use='es-US_SofiaVoice',
30          file_name='spanish.wav')
31
```

386

在步骤 5 中，调用函数 play_audio 播放在步骤 4 中存储的西班牙语音频文件 'spanish.wav'：

```
32      # Step 5: Play the Spanish audio file
33      play_audio(file_name='spanish.wav')
34
```

最后，步骤 6~10 重复步骤 1~5 的操作，只是将西班牙语和英语互换：
❑ **步骤 6**：记录西班牙语音频；
❑ **步骤 7**：使用语音转文本服务预定义的模型 'es-ES_BroadbandModel' 将西班牙语音频转录为文本；
❑ **步骤 8**：使用语言翻译器服务的 'es-en'（西班牙语到英语）模型将西班牙语文本翻译为英语文本；
❑ **步骤 9**：使用文本转语音服务的 'en-US_AllisonVoice' 创建英语音频。
❑ **步骤 10**：播放英语音频。

```
35      # Step 6: Prompt for then record Spanish speech into an audio file
36      input('Press Enter then speak the Spanish answer')
37      record_audio('spanishresponse.wav')
38
39      # Step 7: Transcribe the Spanish speech to Spanish text
40      spanish = speech_to_text(
41          file_name='spanishresponse.wav', model_id='es-ES_BroadbandModel')
42      print('Spanish response:', spanish)
43
44      # Step 8: Translate the Spanish text into English text
45      english = translate(text_to_translate=spanish, model='es-en')
46      print('English response:', english)
47
48      # Step 9: Synthesize the English text into English speech
49      text_to_speech(text_to_speak=english,
50          voice_to_use='en-US_AllisonVoice',
51          file_name='englishresponse.wav')
52
53      # Step 10: Play the English audio
54      play_audio(file_name='englishresponse.wav')
55
```

下面，我们来实现在步骤 1~10 中调用的函数。

函数 speech_to_text

为了访问 Watson 的语音转文本服务，函数 speech_to_text（第 56~87 行）创建了一个名为 stt（speech-to-text 的缩写）的 SpeechToTextV1 类对象，并将之前设置的 API 密钥作为参数传递给 stt。with 语句（第 62～65 行）打开由 file_name 参数指定的音频文件，并将变量 audio_file 指向文件对象。其中，打开模式 'rb' 表示以二进制（b）方式读取（r）文件，因为 audio 文件是以二进制格式按字节进行存储的。接下来，第 64 和 65 行使用 SpeechToTextV1 对象的 Recognize 方法调用语音转文本服务，该方法接收三个关键字参数，分别为

- audio 是要传递给语音转文本服务的文件（audio_file）；
- content_type 是文件内容的媒体类型，'audio / wav' 表示这是一个以 WAV 格式⊖存储的音频文件；
- model 表示服务将使用哪种语言模型来识别语音并将其转录为文本。我们的 APP 使用的是预定义模型 'en-US_BroadbandModel'（英语）或 'es-ES_BroadbandModel'（西班牙语）。

```
56  def speech_to_text(file_name, model_id):
57      """Use Watson Speech to Text to convert audio file to text."""
58      # create Watson Speech to Text client
59      stt = SpeechToTextV1(iam_apikey=keys.speech_to_text_key)
60
61      # open the audio file
62      with open(file_name, 'rb') as audio_file:
63          # pass the file to Watson for transcription
64          result = stt.recognize(audio=audio_file,
65              content_type='audio/wav', model=model_id).get_result()
66
67      # Get the 'results' list. This may contain intermediate and final
68      # results, depending on method recognize's arguments. We asked
69      # for only final results, so this list contains one element.
70      results_list = result['results']
71
72      # Get the final speech recognition result--the list's only element.
73      speech_recognition_result  = results_list[0]
74
75      # Get the 'alternatives' list. This may contain multiple alternative
76      # transcriptions, depending on method recognize's arguments. We did
77      # not ask for alternatives, so this list contains one element.
78      alternatives_list = speech_recognition_result['alternatives']
79
80      # Get the only alternative transcription from alternatives_list.
81      first_alternative = alternatives_list[0]
82
83      # Get the 'transcript' key's value, which contains the audio's
84      # text transcription.
85      transcript = first_alternative['transcript']
86
87      return transcript  # return the audio's text transcription
88
```

recognize 方法返回一个 DetailedResponse 类的对象。该对象的 getResult 方法

⊖ 媒体类型以前被称为 MIME（即多用途 Internet 邮件扩展）类型，这是一种指定数据格式的标准，程序可以使用这种格式正确地解释数据。

会返回一个 JSON 文档，其中包含我们存储在结果中的转录文本。JSON 文件的构成如下图所示，但具体内容取决于提出的问题。 388

```
{
  "results": [                                            Line 70
    {                                                     Line 73
      "alternatives": [                                   Line 78
        {                                                 Line 81
          "confidence": 0.983,
          "transcript": "where is the closest bathroom "  Line 85
        }
      ],
      "final": true
    }
  ],
  "result_index": 0
}
```

JSON 文件包含嵌套的词典和列表。为了简化对这种数据结构的导航，第 70～85 行使用了简单的语句每次"提取"一个键，直到得到需要转录的文本，然后返回 "where is the closest bathroom"。包含 JSON 结构的方框和每个方框中的行号对应第 70～85 行的语句。语句的作用如下：

❏ 第 70 行代码将与键 'results' 对应的列表赋值给 results_list：

```
results_list = result['results']
```

根据传递给 recognize 方法的参数的不同，此列表可能包含中间结果或最终结果。有些时候，中间结果可能是有用的，例如，正在录制类似于新闻广播的现场音频。在我们的 APP 中只需要最终结果，因此该列表只包含一个元素⊖。

❏ 第 73 行代码将最终的语音识别结果，即列表 results_list 中唯一的元素赋值给 speech_recognition_result：

```
speech_recognition_result = results_list[0]
```

❏ 第 78 行代码

```
alternatives_list = speech_recognition_result['alternatives']
```

将与键 'alternatives' 对应的列表赋值给列表 alternatives_list。此列表可能包含多个可能的转录，具体取决于方法 recognize 的参数。我们指定的参数会产生一个只包含唯一元素的列表。

❏ 第 81 行代码将 alternatives_list 中唯一的元素赋值给 first_alternative：

```
first_alternative = alternatives_list[0]
```

❏ 第 85 行代码使用与键 'transcript' 对应的值为 transcript 赋值，其中包含音

⊖ 有关 method recognize 的参数和 JSON 响应的详细信息，请参见 https://www.ibm.com/wat-son/developercloud/speech-to-text/api/v1/python.html?python#recognize-sessionless。

频的文本转录：

```
transcript = first_alternative['transcript']
```

❑ 最后，第 87 行代码返回音频的文本转录。

第 70～85 行代码可以用更密集的语句来替换

```
return result['results'][0]['alternatives'][0]['transcript']
```

但我们倾向于使用多个独立的简洁的语句。

translate 函数

要访问 Watson 语言翻译服务，translate 函数（第 89～111 行）会首先创建一个 LanguageTranslatorV3 类的对象 language_translator，将服务版本（'2018-05-31'[⊖]）、之前设置的 API 密钥和服务的 URL 作为参数传递。第 93 和 94 行代码使用 LanguageTranslatorV3 的 translate 方法来调用语言翻译器服务，传递两个关键字参数，如下：

❑ text 是要被转换为其他语言的字符串。

❑ model_id 是语言翻译服务理解原始文本并将其翻译为适当语言所使用的预定义模型。本例采用的模型是 IBM 的预定义翻译模型之一——'en-es'（英语到西班牙语）或 'es-en'（西班牙语到英语）。

```
89   def translate(text_to_translate, model):
90       """Use Watson Language Translator to translate English to Spanish
91          (en-es) or Spanish to English (es-en) as specified by model."""
92       # create Watson Translator client
93       language_translator = LanguageTranslatorV3(version='2018-05-31',
94           iam_apikey=keys.translate_key)
95
96       # perform the translation
97       translated_text = language_translator.translate(
98           text=text_to_translate, model_id=model).get_result()
99
100      # Get 'translations' list. If method translate's text argument has
101      # multiple strings, the list will have multiple entries. We passed
102      # one string, so the list contains only one element.
103      translations_list = translated_text['translations']
104
105      # get translations_list's only element
106      first_translation = translations_list[0]
107
108      # get 'translation' key's value, which is the translated text
109      translation = first_translation['translation']
110
111      return translation  # return the translated string
112
```

translate 方法会返回一个 DetailedResponse 类对象。getResult 方法会返回一

⊖ 根据语言翻译服务的 API 参考资料，'2018-05-31' 是撰写本书时的当前版本字符串。IBM 只有在对 API 进行不向后兼容的更改时才会更改版本字符串。即使更改了版本字符串，服务也将使用在版本字符串中指定的 API 版本响应调用。更多的详细信息，请参阅 https://www.ibm.com/watson/developercloud/language-translator/api/v3/python.html?python#versioning。

个 JSON 文档，其结构如下图所示。

```
{
  "translations": [                                          Line 103
    {                                                        Line 106
      "translation": "¿Dónde está el baño más cercano? "    Line 109
    }
  ],
  "word_count": 5,
  "character_count": 30
}
```

我们会得到什么样的 JSON 文档作为答复取决于提出的问题。同样，它包含嵌套的字典和列表。第 103～109 行代码使用短语句来提取翻译文本 **"¿Dónde está el baño más cercano?"**。JSON 周围的方框和每个方框中的行号对应第 103～109 行中的语句。语句的作用如下。

❑ 运行第 103 行代码得到列表 'translates'：

```
translations_list = translated_text['translations']
```

如果方法 translate 的 text 参数有多个字符串，则列表将包含多个条目。我们只传递了一个字符串，因此列表只包含一个元素。

❑ 运行第 106 行代码得到列表 translations_list 的唯一一个元素：

```
first_translation = translations_list[0]
```

❑ 运行第 109 行代码得到与键 'translation' 对应的值，即翻译好的文本：

```
translation = first_translation['translation']
```

❑ 第 111 行代码返回翻译好的字符串。

第 103～109 行代码可以使用更简洁的语句替换，如下：

```
return translated_text['translations'][0]['translation']
```

但我们依然倾向于使用多个独立的简洁的语句。

text_to_speech 函数

要访问 Watson 文本到语音服务，text_to_speech 函数（第 113～122 行）创建一个名为 tts（text-to-speech 的缩写）的 TextToSpeechV1 对象，将前面设置的 API 键作为参数传递。with 语句打开由 file_name 指定的文件，并将该文件与名称 audio_file 相关联。'wb' 模式以二进制（b）格式和写入（w）方式打开文件，语音到文本服务返回的音频内容将被写入该文件。

```
113  def text_to_speech(text_to_speak, voice_to_use, file_name):
114      """Use Watson Text to Speech to convert text to specified voice
115         and save to a WAV file."""
116      # create Text to Speech client
117      tts = TextToSpeechV1(iam_apikey=keys.text_to_speech_key)
118
119      # open file and write the synthesized audio content into the file
```

```
120    with open(file_name, 'wb') as audio_file:
121        audio_file.write(tts.synthesize(text_to_speak,
122            accept='audio/wav', voice=voice_to_use).get_result().content)
123
```

第 121 和 122 行调用两个方法。首先，通过调用 TextToSpeechV1 对象的 synthesize 方法调用语音转文本服务，其中传递以下三个参数：

- ❏ text_to_speak 是要说出的字符串。
- ❏ 关键字参数 accept 表示媒体类型，用来指定语音转文本服务返回的音频格式，'audio/wav' 表示 WAV 格式的音频文件。
- ❏ 关键字参数 voice 用来指定语音转文本服务使用的语音模型。这款 APP 中使用 'en-US_AllisonVoice' 来朗读英语文本，使用 'es-US_SofiaVoice' 来朗读西班牙语文本。Watson 在每种语言中都提供了多种类型的男声和女声[⊖]。

Watson 的 DetailedResponse 对象包含文本的音频文件，可以通过 get_result 访问。我们访问返回文件的 content 属性按字节获取音频的内容，并使用 audio_file 对象的 write 方法将这些字节输出到 .wav 文件。

record_aduio 函数

pyaudio 模块使我们可以录制麦克风的音频。函数 record_audio（第 124～154 行）定义了几个常量（见第 126～130 行），用于配置来自计算机麦克风的音频信息流。我们采用了与 pyaudio 模块的在线文档相同的设置，如下：

- ❏ FRAME_RATE——44100 帧 / 秒表示 44.1 kHz，通常用于有 CD 品质的音频。
- ❏ CHUNK——1024 是一次流入程序的帧数。
- ❏ FORMAT——pyaudio.paInt16 是每帧的大小（在本例中为 16 位或 2 字节整数）。
- ❏ CHANNELS——2 是每帧包含的样本数。
- ❏ SECONDS——5 是我们在此 APP 中录制音频的秒数。

```
124  def record_audio(file_name):
125      """Use pyaudio to record 5 seconds of audio to a WAV file."""
126      FRAME_RATE = 44100  # number of frames per second
127      CHUNK = 1024  # number of frames read at a time
128      FORMAT = pyaudio.paInt16  # each frame is a 16-bit (2-byte) integer
129      CHANNELS = 2  # 2 samples per frame
130      SECONDS = 5  # total recording time
131
132      recorder = pyaudio.PyAudio()  # opens/closes audio streams
133
134      # configure and open audio stream for recording (input=True)
135      audio_stream = recorder.open(format=FORMAT, channels=CHANNELS,
136          rate=FRAME_RATE, input=True, frames_per_buffer=CHUNK)
137      audio_frames = []  # stores raw bytes of mic input
138      print('Recording 5 seconds of audio')
139
140      # read 5 seconds of audio in CHUNK-sized pieces
141      for i in range(0, int(FRAME_RATE * SECONDS / CHUNK)):
```

⊖ 有关完整列表，请参阅 https://www.ibm.com/watson/developercloud/text-to-speech/api/ v1/python.html?python#get-voice。你也可以试着用其他声音做实验。

```
142              audio_frames.append(audio_stream.read(CHUNK))
143
144          print('Recording complete')
145          audio_stream.stop_stream()  # stop recording
146          audio_stream.close()
147          recorder.terminate()  # release underlying resources used by PyAudio
148
149          # save audio_frames to a WAV file
150          with wave.open(file_name, 'wb') as output_file:
151              output_file.setnchannels(CHANNELS)
152              output_file.setsampwidth(recorder.get_sample_size(FORMAT))
153              output_file.setframerate(FRAME_RATE)
154              output_file.writeframes(b''.join(audio_frames))
155
```

第 132 行创建 PyAudio 对象，我们将从中获取输入流以记录来自麦克风的音频。第 135 和 136 行使用 PyAudio 对象的 open 方法打开输入流，使用常量 FORMAT、CHANNELS、FRAME_RATE 和 CHUNK 来配置流。将关键字参数 input 设置为 True，表示该流将用于接收音频输入。open 方法返回一个 pyaudio Stream 对象，用于与流进行交互。

第 141 和 142 行使用 Stream 对象的 read 方法从输入流中获取数据，每次 1024（即 CHUNK）帧，然后将其追加到列表 audio_frames 中。为了确定产生 5 秒音频所需的循环迭代总数，我们先将 FRAME_RATE 乘以 SECONDS，然后再除以 CHUNK。一旦读取完成，第 145 行调用 Stream 对象的 stop_stream 方法终止记录，第 146 行调用 Stream 对象的 close 方法关闭 Stream，第 147 行调用 PyAudio 对象的 terminate 方法释放正在管理音频流的底层音频资源。

第 150～154 行中的 with 语句使用 wave 模块的 open 函数打开 file_name 指定的 WAV 文件，以便以二进制格式（'wb'）写入。第 151～153 行配置 WAV 文件的通道数、样本宽度（从 PyAudio 对象的 get_sample_size 方法获得）和帧速率。然后第 154 行将音频内容写入文件。表达式 b''.join(audio_frames) 将所有帧的字节连接成一个**字节串**。在串前加上 b 表示它是由字节构成的而不是由一串字符构成的。

play_audio 函数

我们使用 pydub 和 pydub.playback 模块的功能来播放 Watson 的文本转语音服务返回的音频文件。首先，第 158 行使用 pydub 模块中的 AudioSegment 类的 from_wav 方法来加载 WAV 文件。该方法返回一个新的 AudioSegment 对象表示音频文件。第 159 行将 AudioSegment 作为参数调用 pydub.playback 模块的 play 函数播放 AudioSegment。

```
156  def play_audio(file_name):
157      """Use the pydub module (pip install pydub) to play a WAV file."""
158      sound = pydub.AudioSegment.from_wav(file_name)
159      pydub.playback.play(sound)
160
```

393

执行 run_translator 函数

当将 SimpleLanguageTranslator.py 作为脚本执行时，需要调用函数 run_translator：

```
161  if __name__ == '__main__':
162      run_translator()
```

我们希望在编写这个案例的脚本时所采取的分而治之的方法能够使它易于管理。其中的许多步骤能够与一些关键的 Watson 服务很好地匹配，使我们能够快速创建强大的 mashup 应用程序。

13.7　Watson 资源

IBM 提供了大量的开发人员资源，可以帮助我们熟悉其服务并开始使用它们来构建应用程序。

Watson 服务文档

Watson 服务文档可从 https://console.bluemix.net/developer/watson/documentation 查看。对于每个服务，都有文档和 API 的参考链接。每项服务的文档通常包括以下部分或全部内容：

- ❑ 入门教程；
- ❑ 服务概述的视频；
- ❑ 服务演示的链接；
- ❑ 指向更具体的操作方法和教程文档的链接；
- ❑ 示例应用程序；
- ❑ 其他资源，例如更高级的教程、视频、博客文章等。

每个服务的 API 参考资料都包括使用多种编程语言（包括 Python）与服务进行交互的所有细节。单击 Python 选项卡可以查看 Python 专用文档以及 Watson 开发者云 Python SDK 的相应代码示例。API 参考资料会对调用某项服务涉及的所有选项、可以返回的响应类型、示例响应等进行说明。

Watson SDK

我们使用 Watson 开发者云 Python SDK 来开发本章的脚本。除此之外，还有许多其他语言和平台的 SDK。完整列表可以在链接 https://console.bluemix.net/developer/watson/sdks-and-tools 上查阅。

学习资源

在学习资源页面 https://console.bluemix.net/developer/watson/learning-resources 上可以找到以下链接：

- ❑ 关于 Watson 功能的博客文章以及如何将 Watson 和 AI 应用于行业中。
- ❑ Watson 的 GitHub 存储库（开发者工具、SDK 和示例代码）。
- ❑ Watson YouTube 频道（接下来会讨论）。
- ❑ 代码范例，IBM 称之为"解决复杂编程挑战的路线图"。有些是用 Python 实现的，有些虽然是用其他语言实现的，但对我们使用 Python 设计和实现 APP 也是有帮助的。

Watson 视频

Watson YouTube 频道（见 https://www.youtube.com/user/IBMWatsonSolutions/）包含成

394

百上千个视频，演示如何使用 Watson 的各种功能。还有一些 spotlight 视频也演示了如何应用 Watson。

IBM 红皮书

下面这些 IBM 红皮书详细介绍了 IBM 云和 Watson 服务，帮助我们开发 Watson 的功能。

❑ IBM 云上的应用程序开发基础：

http://www.redbooks.ibm.com/abstracts/sg248374.html

❑ 使用 IBM Watson 的服务构建认知应用程序（第 1 卷　入门）：

http://www.redbooks.ibm.com/abstracts/sg248387.html

❑ 使用 IBM Watson 的服务构建认知应用程序（第 2 卷　转换）（现在称为 Watson 助手）：

http://www.redbooks.ibm.com/ abstracts / sg248394.html

❑ 使用 IBM Watson 的服务构建认知应用程序（第 3 卷　视觉识别）：

http://www.redbooks.ibm.com/abstracts/sg248393.html

❑ 使用 IBM Watson 的服务构建认知应用程序（第 4 卷　自然语言分类器）：

http://www.redbooks.ibm.com/abstracts/sg248391.html

❑ 使用 IBM Watson 的服务构建认知应用程序（第 5 卷　语言翻译）：

http://www.redbooks.ibm.com/abstracts/sg248392.html

❑ 使用 IBM Watson 的服务构建认知应用程序（第 6 卷　语音转文本和文本转语音）：

http://www.redbooks.ibm.com/abstracts/sg248388.html

❑ 使用 IBM Watson 的服务构建认知应用程序（第 7 卷　自然语言理解）：

http://www.redbooks.ibm.com/abstracts/sg248398.html

13.8　小结

在本章中，我们介绍了 IBM 的 Watson 认知计算平台，并对其多样的服务进行了全面的介绍。可以看到 Watson 提供了可以集成到应用程序中的众多有趣功能。IBM 鼓励通过其免费的 Lite 层进行学习和实验。要利用这一点，需要设置 IBM 云账户。我们尝试使用 Watson 的演示来体验各种服务，例如自然语言翻译、语音转文本、文本转语音、自然语言理解、聊天机器人、分析图像和视频中的色调文本、视觉对象识别。

395

我们安装了 Watson 开发者云 Python SDK，以便使用 Python 编程访问 Watson 的服务。在旅行者翻译伴侣 APP 中，我们混合了几个 Watson 服务，使只会说英语和只会说西班牙语的人能够轻松地进行口头交流。我们将英语和西班牙语录音转录为文本，再将文本翻译成另一种语言，然后从翻译后的文本中合成英语和西班牙语音频。最后，我们讨论了 Watson 的各种资源，包括文档、博客、Watson GitHub 存储库、Watson YouTube 频道、用 Python（和其他语言）实现的代码范例以及 IBM 红皮书。

396

Chapter 14 第 14 章

机器学习：分类、回归和聚类

目标

- ❑ 在流行数据集上使用 scikit-learn 进行机器学习研究。
- ❑ 使用 Seaborn 和 Matplotlib 可视化和探索数据。
- ❑ 使用 k 近邻分类和线性回归进行有监督的机器学习。
- ❑ 使用 Digits 数据集执行多分类。
- ❑ 将数据集划分为训练集、测试集和验证集。
- ❑ 使用 k 折交叉验证调整模型超参数。
- ❑ 测试模型性能。
- ❑ 利用混淆矩阵展示分类预测的命中和未命中样本数。
- ❑ 使用加利福尼亚房价数据集执行多元线性回归。
- ❑ 在莺尾花数据集和 Digits 数据集上使用 PCA 和 t-SNE 降维，为二维可视化做准备。
- ❑ 使用 k 均值聚类和莺尾花数据集执行无监督机器学习。

397

14.1 简介

本章和下一章将介绍机器学习——人工智能最令人兴奋和最有前途的子领域之一。我们将学习如何快速解决新手和大多数有经验的程序员在几年前可能不会尝试的具有挑战性和有趣的问题。机器学习是一个大而复杂的主题，会引发许多微妙的问题，我们的目标是提供一些简单机器学习技术的实用性介绍。

什么是机器学习

真的可以让机器（即电脑）学习吗？本章和下一章将展示机器学习是如何发生的。这种新的应用开发风格的"秘诀"是什么呢？是数据，而且是很多数据。不是将专家知识编码进应用，而是通过编程从数据中学习这些知识。接下来的章节将介绍很多基于 Python 的代码示例，这些示例构建了可工作的机器学习模型，可使用它们进行非常准确的预测。

预测

如果能通过改进天气预报挽救更多生命、减少伤害和财产损失，那是不是很棒？如果能够改善癌症的诊断和治疗方法来拯救更多生命，或改善业务预测方法以最大化利润并保障人们的工作，又将会怎样呢？如何能够检测欺诈性信用卡消费和保险索赔呢？如何预测客户流失、房价、新电影的票房，以及新产品和服务的预期收益呢？如何预测能使教练和球员赢得更多比赛和锦标赛的最佳策略呢？所有这些类型的预测都出现在了今天的机器学习中。

398

机器学习应用

以下是一些流行的机器学习应用。

机器学习应用		
异常检测	场景中的目标检测	推荐系统（"购买此产品的人也购买了……"）
聊天机器人	数据模式检测	
将电子邮件分类为垃圾邮件和非垃圾邮件	医疗诊断	汽车自动驾驶（更广泛地说，是交通工具自动驾驶）
	人脸识别	
将新闻分类为体育、财经、政治等	保险欺诈检测	情感分析（比如将影评分为正面的、负面的或中性的）
	计算机网络入侵检测	
计算机视觉和图像分类	手写识别	垃圾邮件过滤
信用卡欺诈检测	市场营销：将客户划分为集群	时间序列预测（如股价预测和天气预报）
客户流失预测		
数据压缩	自然语言翻译（英语到西班牙语，法语到日语等）	语音识别
数据探索		
社交媒体数据挖掘（比如 Facebook、Twitter、LinkedIn）	预测按揭贷款违约	

14.1.1　scikit-learn

接下来，我们将学习使用流行的 scikit-learn 机器学习库。scikit-learn 也称为 sklearn，可以方便地将最有效的机器学习算法打包为估计器。每个估计器都是封装的，因此不能看到这些算法的复杂工作细节和数学运算。我们应该会觉得这种方式熟悉，就像在不知道发动机、变速箱、制动系统和转向系统工作细节的情况下驾车。当你下次走进电梯并选择目的楼层，或者打开电视选择想要观看的节目时，请关注一下这一点。另外，我们虽然使用手机，但真的了解智能手机的硬件和软件的内部工作原理吗？

通过 scikit-learn 和少量的 Python 代码，可以快速地创建功能强大的模型来分析数据、从数据中提取信息，最重要的是进行预测。我们将使用 scikit-learn 在数据集的一个子集上训练模型，然后测试剩余数据来查看模型的工作情况。一旦模型经过训练，就可以用来对未知数据进行预测。我们常常对结果感到惊讶，突然之间，主要会死记硬背的计算机竟然有了智能特性。

scikit-learn 包含可以自动训练和测试模型的工具，虽然可以指定参数来自定义模型，性能也可能因此提高，但在本章中，我们使用模型的默认参数，仍然可以获得不错的结果。还有像 auto-sklearn 这样的工具（见 https://automl.github.io/auto-sklearn），用它可以自动完成可由 scikit-learn 执行的很多任务。

应该选择哪种 scikit-learn 估计器

我们很难事先知道哪种模型对特定的数据表现最佳，因此通常会尝试多种模型并选择性能最佳的，scikit-learn 为此提供了方便。一种流行的方法是运行多种模型并选择其中最好的。那么如何评估哪种模型表现最佳呢？

我们想对不同类型的数据集试验很多不同的模型，却通常很少了解 sklearn 估计器中的复杂数学算法的细节，凭借经验，我们会很熟悉哪些算法可能最适合哪种类型的数据集和问题，但即使有这种经验，也不太可能凭直觉为每个新数据集找到最佳模型。scikit-learn 提供了可以轻松"全部尝试"这些模型的途径，最多只需用几行代码即可创建和使用每个模型，并给出性能报告，以便比较结果并选择具有最佳性能的模型。

14.1.2　机器学习的类别

我们将介绍两种主要的机器学习方式——监督机器学习（使用标记数据），以及无监督机器学习（使用无标记数据）。

举个例子，如果正在开发一种用于识别狗和猫的计算机视觉应用程序，我们将会在很多标记为"狗"的狗照片和标记为"猫"的猫照片上训练模型。如果模型有效，那么当把它用于处理未标记照片时，它将会识别出从未见过的狗和猫。用于训练的照片越多，模型能够准确预测出猫和狗的概率就越大。在这个拥有大数据、大规模且经济计算能力的时代，我们应该能够使用下面即将讲到的技术构建一些非常精确的模型。

查看未标记数据如何变得有用？在线书商出售大量书籍时，记录了大量的（未标记的）图书交易数据，它们很早就注意到，购买某些书籍的人可能会购买相同或类似主题的其他书籍，这催生了"图书推荐系统"。现在浏览书籍销售网站时，可能会收到一些推荐，比如"购买此书的人还购买了这些书籍"。推荐系统是当今的大商机，有助于最大限度地提高产品销量。

监督机器学习

监督机器学习分为两类——分类和回归。可以在由行和列组成的数据集上训练机器学习模型，每一行代表一个数据样本，每一列代表该样本的一个特征。在有监督的机器学习中，每个样本都有一个标签（如"狗"或"猫"），这是利用训练好的模型进行新数据预测时的预测值。

数据集

我们将使用一些小数据集（也称 toy 数据集）进行学习，每个数据集都包含少量的具有有限特征的样本，还将使用几个特征丰富的真实数据集，一个包含几千个样本，一个包含数万个样本。在当今大数据时代，一个数据集通常包含数百万甚至数十亿个样本，甚至更多。

400

有大量免费开放的数据集，可供数据科学研究使用，像 scikit-learn 这样的库，可以打包很多流行的数据集，并提供了加载数据集的机制（比如 openml.org）。世界各国政府、企业和其他组织提供了各种主题的数据集。本书中，我们将学习使用多种机器学习技术处理几个流行的免费数据集。

分类

我们将使用最简单的分类算法之一——k 近邻算法，来分析 scikit-learn 中的数据集。分类算法用于预测样本所属的离散类别。二分类包含两种类别，例如电子邮件分类应用中的"垃圾邮件"和"非垃圾邮件"；多分类使用两个以上的类别，例如 Digits 数据集中的 10 类（即 0~9 类），电影描述分类可能会将其分为"动作""冒险""幻想""浪漫""历史"等。

回归

回归模型用于预测连续输出，比如在第 10 章数据科学入门部分中，根据天气时间序列来预测温度。本章我们将再次探讨简单的线性回归示例，这次将使用 scikit-learn 的 LinearRegression 估计器来实现。接下来，使用 LinearRegression 估计器对 scikit-learn 中自带的加利福尼亚房价数据集进行多元线性回归操作。我们将预测美国的某个街区的房价中值，考虑到每个街区的 8 个特征，比如平均房间数、房屋年龄中值、平均卧室数和收入中值，LinearRegression 估计器默认使用数据的所有特征以完成更加复杂的预测任务，当然，也可以用单一特征执行简单的线性回归。

无监督机器学习

接下来，将基于聚类算法介绍无监督机器学习。我们将 Digits 数据集的 64 个特征降（使用 scikit-learn 的 TSNE 估计器）为二维以可视化这些特征，使得能够看到 Digits 数据是如何"聚集"的。Digits 数据集包含手写数字，比如邮局的计算机必须能识别出邮政编码，以便把信寄到指定的地方，这是一个非常有挑战的计算机视觉问题，因为每个人的笔迹都是独一无二的。然而，我们只需用几行代码就可以构建这个聚类模型，并能取得不错的结果，而且不需要了解聚类算法内部的工作原理，这就是基于对象编程的美妙之处。我们将在下一章再次看到基于对象编程的便捷，使用开源的 Keras 库构建强大的深度学习模型。

k 均值聚类和鸢尾花数据集

下面介绍最简单的无监督机器学习算法——k 均值聚类，并将其用于 scikit-learn 中的鸢尾花数据集，把鸢尾花数据集的四个特征降为二维以进行可视化（使用 scikit-learn 的 PCA 估计器），展示数据集中三种鸢尾花物种的集群，并绘制每个集群的质心，即中心点。

401

最后，运行多个聚类算法来比较它们将鸢尾花数据集的样本划分为三个集群的能力。

k 均值聚类算法通常需要指定所需的类别数 k，将数据划分为 k 个集群。与很多机器学习算法一样，k 均值算法是迭代进行的，并逐渐集中在与指定类别数匹配的集群上。

k 均值聚类可以在无标记数据中找到数据之间的相似之处，为分配数据标签提供帮助，以便监督学习算法进一步处理这些数据。鉴于靠人力为无标记数据分配标签非常烦琐且容易出错，并且考虑到世界上绝大多数数据都没有标签，无监督机器学习也是一个重要的机器学习工具。

大数据和大型计算机处理能力

现在可用的数据量已经很庞大，并且会持续呈指数级增长，在过去几年，世界上产生的数据量相当于自人类文明出现以来产生的数据量。我们经常谈论大数据，但"大"这个词可能不足以描述真正的数据规模。

有人曾说"我淹没在数据中，不知道如何处理它"，通过机器学习，我们现在就可以说，"用大数据淹没我吧，这样我就可以利用机器学习技术来提取信息并做出预测"。

这是在计算能力爆炸、计算机内存和二级存储爆炸式增长，而成本急剧下降的情况下发生的，使得我们能够以不同的方式思考解决方案。现在可以对计算机进行编程以从数据甚至大量数据中学习，这都是关于从数据预测的。

14.1.3 scikit-learn 中内置的数据集

下表列出了 scikit-learn 的内置数据集⊖。scikit-learn 还提供了从其他来源加载数据集的功能，例如可以从 openml.org 上下载两万多个数据集。

scikit-learn 中内置的数据集	
小数据集	**真实数据集**
波士顿房价数据集	Olivetti 人脸数据集
鸢尾花数据集	20 个新闻组文本数据集
糖尿病数据集	野外人脸识别中的标记人脸数据集
手写数字光学识别数据集	植被覆盖类型数据集
Linnerrud 数据集	RCV1 数据集
葡萄酒识别数据集	Kddcup 99 数据集
威斯康星州乳腺癌数据集（诊断）	加利福尼亚房价数据集

14.1.4 典型的数据科学研究的步骤

典型的数据科学研究的步骤包括：

❑ 加载数据集。

❑ 使用 pandas 和可视化库探索数据。

⊖ http://scikit-learn.org/stable/datasets/index.html.

❑ 转换数据（将非数值数据转换为数值数据，因为 scikit-learn 要求用数值数据。本章使用的数据集是处理好的，我们将在第 15 章中再次讨论这个问题）。

❑ 将数据划分为训练集和测试集。

❑ 创建模型。

❑ 训练和测试模型。

❑ 调整模型并评估其准确性。

❑ 对模型未见过的实时数据进行预测。

在第 7 章和第 8 章中的数据科学简介部分，我们讨论了使用 pandas 来处理缺失值和错误值，这是将数据用于机器学习之前进行数据清理的重要环节。

14.2　案例研究：用 k 近邻算法和 Digits 数据集进行分类（第 1 部分）

为了有效地处理邮件并将每个邮件发送至正确的目的地，邮政服务计算机必须能够扫描手写的姓名、地址和邮政编码，并识别出对应的字母和数字。正如即将在本章中看到的，强大的库（比如 scikit-learn）使得新手程序员也能够方便地处理这些机器学习问题。在下一章提出卷积神经网络深度学习技术时，我们将使用更多强大的计算机视觉功能。

分类问题

在本节中，我们将研究有监督机器学习中的**分类**问题，它试图预测样本所属类别[⊖]，比如，如果有含狗的图像和含猫的图像，可以将每个图像分类为"狗"或"猫"，这是一个**二分类问题**，因为有两个类别标签。

这里将使用 scikit-learn 中的 Digits 数据集[⊜]，该数据集包含 8×8 像素的 1797 个手写数字图像（0～9），目标是预测每幅图像代表的数字。由于有 10 个可能的数字（类），因此这是一个**多分类问题**。我们可以使用**有标记数据**（事先知道其中每个数字所属的类别）训练一个分类模型。本案例将使用最简单的机器学习分类算法之一——k 近邻算法（k-NN），来识别手写数字。

403

下面的数字"5"的低分辨率可视化由 Matplotlib 从一个 8×8 像素的原始图像得来，接下来将展示如何使用 Matplotlib 显示出这样的图像。

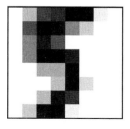

⊖　注意，在本例中，术语"类"表示"类别"，而不是 Python 中类的概念。

⊜　http://scikit-learn.org/stable/datasets/index.html#optical-recognition-ofhandwritten-digits-dataset.

　　研究者们使用 20 世纪 90 年代早期由数十万张 32×32 像素的图像组成的 MNIST 数据库创建了这个数据集，在今天的高清相机和扫描仪下，我们可以以更高的分辨率捕获这些图像。

我们的方法

我们将通过两个部分介绍此案例，本节将从机器学习案例研究的基本步骤开始：

❑ 确定用于训练模型的数据
❑ 加载并探索数据
❑ 将数据划分为训练集和测试集
❑ 选择并构建模型
❑ 训练模型
❑ 做出预测

正如所看到的，在 scikit-learn 中，每个步骤最多需要几行代码。下一节中，我们将进行：

❑ 结果评估
❑ 模型调整
❑ 运行多个分类模型以选择出最佳的那个

使用 Matplotlib 库和 Seaborn 库可视化数据，因此需要在 IPython 中启用 Matplotlib 支持：

```
ipython --matplotlib
```

14.2.1 k近邻算法

　　scikit-learn 支持很多**分类算法**，包括最简单的 k 近邻（k-NN）。k 近邻算法通过观察距离测试样本最近的 k 个训练样本的类别来预测测试样本的类别。比如下图中，实心点表示四种类别的样本——A、B、C、D。在讨论中，使用这些字母作为类别名称。

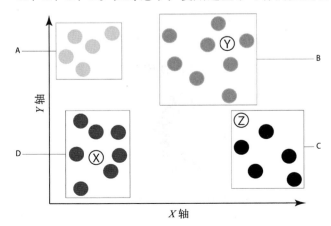

我们想要预测新样本 X、Y 和 Z 所属的类别，假设想使用每个样本的三个最近邻样本做出预测，那么 k 近邻算法中的 *k* 就是 3：

- 样本 X 的三个最近邻样本都是 D 类点，所以 X 的预测类别是 D 类。
- 样本 Y 的三个最近邻样本都是 B 类点，所以 Y 的预测类别是 B 类。
- 对于样本 Z，选择不是那么清楚，因为它出现在 B 和 C 点之间，它的三个最近邻样本中，一个是 B 类，两个是 C 类。在 k 近邻算法中，认为具有最多"投票"的类别获胜。因此，基于 C 类两票对 B 类一票，预测样本 Z 的类别是 C 类。另外，在 k 近邻算法中选择一个奇数 *k* 值可以确保不出现相同数量的票数，从而避免纠结。

超参数和超参数调整

在机器学习中，模型用于实现机器学习算法，而在 scikit-learn 中，模型被称为**估计器**。机器学习中有两种参数类型：

- 估计器根据提供的数据进行学习的参数。
- 创建 scikit-learn 估计器对象时提前指定的参数。

这些预先指定的参数称为**超参数**。

在 k 近邻算法中，*k* 就是一个超参数。为简单起见，我们使用 scikit-learn 的默认超参数值。在机器学习实际应用研究中，通常会尝试不同的 *k* 值来选择最好的模型，这个过程称为**超参数调整**。稍后我们将使用超参数调整来选择合适的 *k* 值，使 k 近邻算法能够对 Digits 数据集进行最佳预测。另外，scikit-learn 还具有自动超参数调整功能。

405

14.2.2　加载数据集

`sklearn.datasets` 模块中的 `load_digits` 函数会返回一个 Bunch 对象，其包含关于 Digits 数据集的数字数据和信息（称为**元数据**）：

```
In [1]: from sklearn.datasets import load_digits
In [2]: digits = load_digits()
```

Bunch 类是 `dict` 类的子类，具有与数据集交互的附加属性。

显示描述

与 scikit-learn 捆绑在一起的 Digits 数据集是 UCI（加利福尼亚大学欧文分校）ML **手写数字数据集**的一个子集，可参见 http://archive.ics.uci.edu/ml/datasets/Optical+Recognition+of+Handwritten+Digits。

最初的 UCI 数据集包含 5620 个样本——3823 个用于训练，1797 个用于测试。scikit-learn 中捆绑的 Digits 数据集仅包含 1797 个测试样本。Bunch 类的 DESCR 属性包含对数据集的描述。根据描述[⊖]，Digits 数据集中每个样本有 64 个特征（由 `Number of Attributes` 指定），这些特征用来表示一幅像素值在 0～16 范围内的 8×8 像素的图像（由 `Attribute`

　　⊖　我们用粗体突出显示了一些关键信息。

Information 指定）。该数据集没有缺失值（由 Missing Attribute Values 指定）。这 64 个特征可能看起来挺多了，但真实的数据集有时可能有数百、数千甚至上百万种特征。

```
In [3]: print(digits.DESCR)
.. _digits_dataset:

Optical recognition of handwritten digits dataset
---------------------------------------------------

**Data Set Characteristics:**

    :Number of Instances: 5620
    :Number of Attributes: 64
    :Attribute Information: 8x8 image of integer pixels in the range
     0..16.
    :Missing Attribute Values: None
    :Creator: E. Alpaydin (alpaydin '@' boun.edu.tr)
    :Date: July; 1998

This is a copy of the test set of the UCI ML hand-written digits datasets
http://archive.ics.uci.edu/ml/datasets/
    Optical+Recognition+of+Handwritten+Digits

The data set contains images of hand-written digits: 10 classes where
each class refers to a digit.

Preprocessing programs made available by NIST were used to extract
normalized bitmaps of handwritten digits from a preprinted form. From a
total of 43 people, 30 contributed to the training set and different 13
to the test set. 32x32 bitmaps are divided into nonoverlapping blocks of
4x4 and the number of on pixels are counted in each block. This generates
an input matrix of 8x8 where each element is an integer in the range
0..16. This reduces dimensionality and gives invariance to small
distortions.

For info on NIST preprocessing routines, see M. D. Garris, J. L. Blue, G.
T. Candela, D. L. Dimmick, J. Geist, P. J. Grother, S. A. Janet, and C.
L. Wilson, NIST Form-Based Handprint Recognition System, NISTIR 5469,
1994.

.. topic:: References

  - C. Kaynak (1995) Methods of Combining Multiple Classifiers and Their
    Applications to Handwritten Digit Recognition, MSc Thesis, Institute
    of Graduate Studies in Science and Engineering, Bogazici University.
  - E. Alpaydin, C. Kaynak (1998) Cascading Classifiers, Kybernetika.
  - Ken Tang and Ponnuthurai N. Suganthan and Xi Yao and A. Kai Qin.
    Linear dimensionality reduction using relevance weighted LDA. School
    of Electrical and Electronic Engineering Nanyang Technological
    University. 2005.
  - Claudio Gentile. A New Approximate Maximal Margin Classification
    Algorithm. NIPS. 2000.
```

检查样本和目标尺寸

Bunch 对象的 data 和 target 属性是 NumPy 中的 array 类型：

❑ data 数组包含 1797 个样本（数字图像），每个样本有 64 个特征，其值在 0～16 范围内，用于表示像素强度。我们将通过 Matplotlib 利用白色（0）到黑色（16）的灰度色调可视化这些像素强度：

❏ target 数组包含图像的标签——指示每幅图像代表哪个数字类别。该数组被称为 target，是因为进行预测时我们希望可以达到这个"目标值"。要查看整个数据集中部分样本的标签，可以通过 target 展示每第 100 个样本的目标值：

```
In [4]: digits.target[::100]
Out[4]: array([0, 4, 1, 7, 4, 8, 2, 2, 4, 4, 1, 9, 7, 3, 2, 1, 2, 5])
```

我们可以通过查看 data 数组的 shape 属性来确认样本和特征（每个样本）的数量，该属性显示 data 数组中有 1797 行（样本）和 64 列（特征）：

```
In [5]: digits.data.shape
Out[5]: (1797, 64)
```

407

可以通过查看 target 数组的 shape 属性来确认目标值的数量与样本数量是否匹配：

```
In [6]: digits.target.shape
Out[6]: (1797,)
```

一个数字图像样本

每幅图像都是二维的——具有一定的宽度和高度（以像素为单位），load_digits 函数返回的 Bunch 对象包含一个 images 属性——一个数组，其中每个元素是一个二维的 8×8 数组，用来表示数字图像的像素强度。虽然原始数据集将每个像素表示为 0～16 的整数值，但 scikit-learn 将这些值存储为浮点型数据（NumPy 的 float64 类型）。例如，下面的二维数组表示索引为 13 的图像样本：

```
In [7]: digits.images[13]
Out[7]:
array([[ 0.,  2.,  9., 15., 14.,  9.,  3.,  0.],
       [ 0.,  4., 13.,  8.,  9., 16.,  8.,  0.],
       [ 0.,  0.,  0.,  6., 14., 15.,  3.,  0.],
       [ 0.,  0.,  0., 11., 14.,  2.,  0.,  0.],
       [ 0.,  0.,  0.,  2., 15., 11.,  0.,  0.],
       [ 0.,  0.,  0.,  0.,  2., 15.,  4.,  0.],
       [ 0.,  1.,  5.,  6., 13., 16.,  6.,  0.],
       [ 0.,  2., 12., 12., 13., 11.,  0.,  0.]])
```

下面是该二维数组所代表的图像，后文将给出显示此图像的代码。

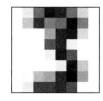

准备数据以供 scikit-learn 使用

scikit-learn 中的机器学习算法要求将样本存储在二维浮点数组（或二维的类似数组的合

集，比如列表或 pandas 中的 `DataFrame`）中：

- ❑ 每行代表一个样本
- ❑ 给定行中的每列代表该样本的一个特征

为了将每个样本表示为一行，必须将诸如代码段 [7] 所示的二维图像数组的多维数据拉直为一维数组。

如果正在使用包含**分类特征**的数据（通常表示为字符串，例如 `'spam'` 或 `'not-spam'`），则必须将这些特征预处理为数值——独热编码，下一章将介绍独热编码。scikit-learn 的 `sklearn.preprocessing` 模块提供了将分类数据转换为数值数据的功能。Digits 数据集没有分类特征。

为了方便起见，`load_digits` 函数返回准备进行学习的预处理过的数据。Digits 数据集本身就是数字的，因此 `load_digits` 函数只是将每个图像的二维数组拉直为一维数组，例如，代码段 [7] 中显示的 8×8 的 `digits.images[13]` 数组对应于下面显示的 1×64 的 `digits.data[13]` 数组：

```
In [8]: digits.data[13]
Out[8]:
array([ 0.,  2.,  9., 15., 14.,  9.,  3.,  0.,  0.,  4., 13.,  8.,  9.,
       16.,  8.,  0.,  0.,  0.,  0.,  6., 14., 15.,  3.,  0.,  0.,  0.,
        0., 11., 14.,  2.,  0.,  0.,  0.,  0.,  2., 15., 11.,  0.,
        0.,  0.,  0.,  2., 15.,  4.,  0.,  0.,  1.,  5.,  6.,
       13., 16.,  6.,  0.,  0.,  2., 12., 12., 13., 11.,  0.,  0.])
```

在这个一维数组中，前 8 个元素是二维数组的第 0 行，接下来的 8 个元素是二维数组的第一行，以此类推。

14.2.3 可视化数据

我们自己应该熟悉自己的数据，这个过程称为**数据探索**。对于数字图像，可以使用 Matplotlib 的 `implot` 函数显示这些图像。下图显示了 Digits 数据集的前 24 个图像，想观察手写数字识别的难度，可以看一下第一、第三和第四行中 "3" 的图像的变化，并查看第一、第三和第四行中的 "2"。

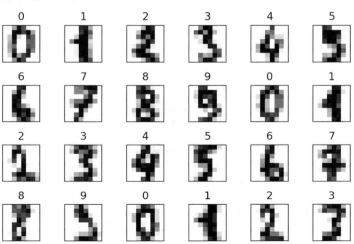

创建图像

下面来看看显示这 24 个数字的代码，以下对 subplots 函数的调用创建了一个 6×4 英寸的图像（由 figsize=(6,4) 关键字参数指定），包含 24 个子图，排列为 4 行（nrows = 4）、6 列（ncols = 6），每个子图都有自己的 Axes 对象，我们将用它来显示一个数字图像：

```
In [9]: import matplotlib.pyplot as plt

In [10]: figure, axes = plt.subplots(nrows=4, ncols=6, figsize=(6, 4))
```

409

subplots 函数将 Axes 对象以二维 NumPy 数组的形式返回，如下图所示，每个子图的 x 轴和 y 轴上都有标签（将被删除）。

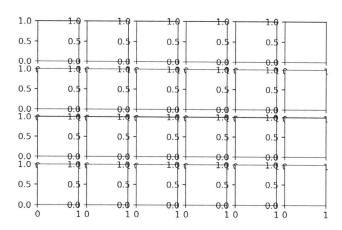

显示每个图像并删除轴标签

接下来，使用带有内置 zip 函数的 for 语句对这 24 个 Axes 对象、digits.images 中的前 24 个图像和 digits.target 中的前 24 个值并行迭代：

```
In [11]: for item in zip(axes.ravel(), digits.images, digits.target):
    ...:     axes, image, target = item
    ...:     axes.imshow(image, cmap=plt.cm.gray_r)
    ...:     axes.set_xticks([])  # remove x-axis tick marks
    ...:     axes.set_yticks([])  # remove y-axis tick marks
    ...:     axes.set_title(target)
    ...: plt.tight_layout()
    ...:
    ...:
```

回想一下，NumPy 的数组方法 ravel 方法会为多维数组创建一维视图，zip 函数会生成包含其中参数的元组，并且具有最少元素的参数决定了 zip 函数返回的元组数。

循环迭代：

❑ 将 zip 函数生成的一个元组解压缩为三个变量，分别表示 Axes 对象、图像和目标值。

❑ 调用 Axes 对象的 imshow 方法来显示一个图像，关键字参数 cmap= plt.cm.gray_

r 确定了图像中显示的颜色。`plt.cm.gray_r` 是一个**颜色表**———一组可以很好地搭配使用的颜色，使我们能够以灰度模式显示图像的像素，0 为白色，16 为黑色，两者之间的值为渐变的灰色。关于 Matplotlib 的颜色表名称请参阅 https://matplotlib.org/examples/color/colormaps_reference.html。每个都可以通过 `plt.cm` 对象或字符串访问，比如 `'gray_r'`。

410

- ❑ 使用空列表调用 Axes 对象的 `set_xticks` 方法和 `set_yticks` 方法，以指示 x 轴和 y 轴不应有刻度线。
- ❑ 调用 Axes 对象的 `set_title` 方法以在图像上显示 `target` 值，即图像所代表的实际数字。

在循环结束之后，调用 `tight_layout` 函数来移除图的顶部、右侧、底部和左侧的额外空白，使得图像可以填充 `Figure` 中更多的空间。

14.2.4 拆分数据以进行训练和测试

我们通常使用数据集的一个子集来训练机器学习模型。通常情况下，训练的数据越多，模型训练的效果就越好。将一部分数据留出来进行测试是非常重要的，这样就可以使用模型尚未见过的数据来评估模型的性能。一旦确定模型运行良好，就可以用它来对未见过的新数据进行预测。

首先将数据划分为训练集和测试集，以准备训练和测试模型，`sklearn.model_selection` 模块中的 `train_test_split` 函数将数据随机打乱，然后将 `data` 数组中的样本和 `target` 数组中的目标值分成训练集和测试集，这有助于确保训练集和测试集具有类似的特征。通过 `sklearn.model_selection` 模块中的 `ShuffleSplit` 对象，可以方便地执行数据混洗和拆分。`train_test_split` 函数会返回包含四个元素的元组，其中前两个元素为训练集和测试集的样本，后两个元素是训练集和测试集的相应目标值。按照惯例，大写 X 用于表示样本，小写 y 用于表示目标值：

```
In [12]: from sklearn.model_selection import train_test_split

In [13]: X_train, X_test, y_train, y_test = train_test_split(
    ...:     digits.data, digits.target, random_state=11)
    ...:
```

假设数据的类别是**均衡的**———样本是根据类别均匀分配的。每个 scikit-learn 中捆绑的分类数据集都是这种情况，因为类别不均衡可能会导致结果不正确。

在第 4 章中，我们了解了如何为随机数生成器设置种子以获得可重复性，在机器学习研究中，这有助于其他人通过使用相同的随机数来复现你的结果。`train_test_split` 函数为可重复性提供了一个关键字参数 `random_state`，当使用相同的种子值运行代码时，`train_test_split` 函数将选择相同的训练数据和测试数据。在下面的代码中，我们任意指定种子值为 11。

训练集和测试集规模

从 `X_train` 和 `X_test` 的 `shape` 属性可以看出，默认情况下，`train_test_split`

函数保留 75% 的训练数据和 25% 的测试数据：

```
In [14]: X_train.shape
Out[14]: (1347, 64)

In [15]: X_test.shape
Out[15]: (450, 64)
```

411

若要指定不同的划分，可以使用 train_test_split 函数的关键字参数 test_size 和 train_size 设置测试集和训练集的大小，使用 0.0 到 1.0 之间的浮点数来指定百分比，也可以使用整数值来设置精确的样本数。如果指定其中一个关键字参数，则另一个就可以推断出来。比如

```
X_train, X_test, y_train, y_test = train_test_split(
    digits.data, digits.target, random_state=11, test_size=0.20)
```

指定 20% 的数据用于测试，因此 train_size 为 0.80。

14.2.5　创建模型

利用 KNeighborsClassifier 估计器（sklearn.neighbors 模块）实现 k 近邻算法。首先，创建 KNeighborsClassifier 估计器对象：

```
In [16]: from sklearn.neighbors import KNeighborsClassifier

In [17]: knn = KNeighborsClassifier()
```

要创建估计器，只需创建一个对象即可，实现 k 近邻算法的内部细节将隐藏在这个对象中，我们只需要调用它，这是 Python 基于对象编程的本质。

14.2.6　训练模型

接下来，调用 KNeighborsClassifier 对象的 fit 方法，该方法将训练集的样本（X_train）和目标（y_train）加载到估计器中：

```
In [18]: knn.fit(X=X_train, y=y_train)
Out[18]:
KNeighborsClassifier(algorithm='auto', leaf_size=30, metric='minkowski',
          metric_params=None, n_jobs=None, n_neighbors=5, p=2,
          weights='uniform')
```

对于大多数 scikit-learn 估计器，fit 方法首先将数据加载到估计器中，然后使用该数据在后台执行复杂计算，从数据中学习并训练模型。KNeighborsClassifier 对象的 fit 方法只是将数据加载到估计器中，因为 k 近邻没有初始学习过程。估计器是很懒的，它仅在进行预测时才会工作。在本章和下一章中，我们将使用许多具有重要的训练过程的模型。在实际的机器学习应用中，有时需要花几分钟、几小时、几天甚至几个月的时间来训练模型。我们将在第 15 章看到，GPU 和 TPU 这类专用的高性能硬件可以显著缩短模型的训练时间。

如代码段 [18] 的输出所示，fit 方法将估计器返回，因此 IPython 显示其字符串表示形式，其中包括估计器的默认设置。n_neighbors 值对应于 k 近邻算法中的 k，默认情况下，KNeighborsClassifier 估计器找出 5 个最近邻样本进行预测。为了简单起见，我们通常使用默认设置，KNeighborsClassifier 估计器的详细介绍请参考链接 http://scikit-learn.org/stable/modules/generated/sklearn.neighbors.KNeighborsClassifier.html 上的介绍。其中的很多设置超出了本书的介绍范围。在本案例研究的第 2 部分（14.3 节）中，我们将讨论如何为 n_neighbors 参数选择最佳值。

14.2.7 预测数字类别

现在我们已经将训练样本加载到 KNeighborsClassifier 估计器中，可以将它与测试样本一起使用来进行预测。通过 X_test 参数调用估计器的 predict 方法将返回一个数组，该数组包含模型对每个测试图像的预测类别：

```
In [19]: predicted = knn.predict(X=X_test)

In [20]: expected = y_test
```

我们来看看前 20 个测试样本的预测值与期望值：

```
In [21]: predicted[:20]
Out[21]: array([0, 4, 9, 9, 3, 1, 4, 1, 5, 0, 4, 9, 4, 1, 5, 3, 3, 8, 5, 6])

In [22]: expected[:20]
Out[22]: array([0, 4, 9, 9, 3, 1, 4, 1, 5, 0, 4, 9, 4, 1, 5, 3, 3, 8, 3, 6])
```

可以看出，在前 20 个元素中，只有索引 18 处的预测值和期望值不匹配。期望值为 "3"，但该模型的预测值为 "5"。

下面使用列表推导式来为整个测试集定位所有不正确的预测。也就是说，预测值和期望值不匹配的情况：

```
In [23]: wrong = [(p, e) for (p, e) in zip(predicted, expected) if p != e]

In [24]: wrong
Out[24]:
[(5, 3),
 (8, 9),
 (4, 9),
 (7, 3),
 (7, 4),
 (2, 8),
 (9, 8),
 (3, 8),
 (3, 8),
 (1, 8)]
```

列表推导式使用 zip 函数来创建包含预测值和对应期望值的元组，只有当 p（预测值）和 e（期望值）不同时，我们才在结果中给出一个元组。也就是说，这时的预测值是不准确的。在这个例子中，估计器错误地预测了 450 个测试样本中的 10 个，因此，即使仅使用估计器的默认参数，该估计器的预测准确性仍然能达到 97.78%。

14.3　案例研究：利用 k 近邻算法和 Digits 数据集进行分类（第 2 部分）

在本节中，我们继续进行数字分类案例研究，主要执行以下任务：

❑　评估 k 近邻分类估计器的准确性；
❑　执行多个估计器并比较它们的结果，以便可以选择最佳的一个或多个；
❑　展示如何调整 k 近邻的超参数 k 以通过 KNeighborsClassifier 估计器获得最佳性能。

413

14.3.1　模型准确性指标

一旦训练并测试了模型，我们都需要评估模型的准确性。在这里，我们主要关注两种评估方法——分类估计器的 score 方法和混淆矩阵。

估计器 score 方法

每个估计器都有一个 score 方法，该方法返回估计器对测试数据执行情况的指示。对于分类估计器，该方法返回测试数据上的**预测准确性**：

```
In [25]: print(f'{knn.score(X_test, y_test):.2%}')
97.78%
```

kNeighborsClassifier 估计器在默认 k 值的情况下（即 n_neighbors=5）实现了 97.78% 的预测准确性。接下来，我们将执行超参数调整以确定 k 的最佳值，希望到时可以获得更好的准确性。

混淆矩阵

检查分类估计器的准确性的另一种方法是**混淆矩阵**，该矩阵显示出给定类别中的正确和不正确的预测值（也称命中和未命中），只需简单地从 sklearn.metrics 模块中调用 confusion_matrix 函数，将预测所得类别和期望类别作为参数传递，如下所示：

```
In [26]: from sklearn.metrics import confusion_matrix

In [27]: confusion = confusion_matrix(y_true=expected, y_pred=predicted)
```

y_true 关键字参数指定了测试样本的真实类别，通过人为查看数据集中的图像并给出类别标签（数字值），y_pred 关键字参数指定这些测试图像的预测数字值。

下面是之前的调用产生的混淆矩阵，正确的预测显示在从左上角到右下角的对角线上，也就是**主对角线**上，不在主对角线上的非零值表示不正确的预测：

```
In [28]: confusion
Out[28]:
array([[45,  0,  0,  0,  0,  0,  0,  0,  0,  0],
       [ 0, 45,  0,  0,  0,  0,  0,  0,  0,  0],
       [ 0,  0, 54,  0,  0,  0,  0,  0,  0,  0],
       [ 0,  0,  0, 42,  0,  1,  0,  1,  0,  0],
       [ 0,  0,  0,  0, 49,  0,  0,  1,  0,  0],
       [ 0,  0,  0,  0,  0, 38,  0,  0,  0,  0],
```

```
         [ 0,  0,  0,  0,  0,  0, 42,  0,  0,  0],
         [ 0,  0,  0,  0,  0,  0,  0, 45,  0,  0],
         [ 0,  1,  1,  2,  0,  0,  0,  0, 39,  1],
         [ 0,  0,  0,  0,  1,  0,  0,  0,  1, 41]])
```

每一行表示不同的类，即数字 0~9 之一。行中的列指定将多少测试样本分类到每一类中。例如，第 0 行：

```
[45,  0,  0,  0,  0,  0,  0,  0,  0,  0]
```

表示数字 "0" 类，列表示 10 个可能的目标类 0~9，因为我们处理的是数字，所以类别（0~9）和行、列索引号（0~9）恰好匹配。根据第 0 行的结果，45 个测试样本被分类为数字 "0"，并且没有测试样本被错误地分类为数字 "1" ~ "9" 中的任何一个。因此，100% 的 "0" 都被正确地预测了。

另外，观察第 8 行，它代表数字 "8" 的结果：

```
[ 0,  1,  1,  2,  0,  0,  0,  0, 39,  1]
```

❏ 列索引 1 处的 1 表示一个 "8" 被错误地分类为 "1"；
❏ 列索引 2 处的 1 表示一个 "8" 被错误地分类为 "2"；
❏ 列索引 3 处的 2 表示两个 "8" 被错误地分类为 "3"；
❏ 列索引 8 处的 39 表示 39 个 "8" 被正确地分类为 "8"；
❏ 列索引 9 处的 1 表示一个 "8" 被错误地分类为 "9"。

因此该算法正确预测出了 88.63% 的数字 "8"（44 个命中 39 个），之前我们看到这个估计器的整体预测准确性为 97.78%，"8" 的较低预测准确性表明它显然比其他数字更难识别。

分类报告

sklearn.metrics 模块还提供了 classification_report 函数，该函数根据预测值和期望值生成了下面的**分类指标表**[⊖]：

```
In [29]: from sklearn.metrics import classification_report

In [30]: names = [str(digit) for digit in digits.target_names]

In [31]: print(classification_report(expected, predicted,
    ...:         target_names=names))
    ...:
              precision    recall  f1-score   support

           0       1.00      1.00      1.00        45
           1       0.98      1.00      0.99        45
           2       0.98      1.00      0.99        54
           3       0.95      0.95      0.95        44
           4       0.98      0.98      0.98        50
           5       0.97      1.00      0.99        38
           6       1.00      1.00      1.00        42
           7       0.96      1.00      0.98        45
           8       0.97      0.89      0.93        44
           9       0.98      0.95      0.96        43
```

⊖ http://scikit-learn.org/stable/modules/model_evaluation.html#precision-recalland-f-measures.

```
      micro avg      0.98       0.98       0.98        450
      macro avg      0.98       0.98       0.98        450
   weighted avg      0.98       0.98       0.98        450
```

报告中：

- ❏ precision（精度）是给定数字的正确预测总数除以该数字的预测总数。可以通过查看混淆矩阵中的每一列来确认它的值，比如对于列索引 7，在第 3 行和第 4 行中看到 1，表示一个数字"3"和一个数字"4"被错误地分类为数字"7"，第 7 行为 45 表示 45 个图像正确地分类为数字"7"，因此数字"7"的预测精度为 45/47 或 0.96。

- ❏ recall（召回率）是给定数字的正确预测总数除以应该预测为该数字的样本总数，可以通过查看混淆矩阵中的每一行来确认召回率。例如，如果查看索引为 8 的行，将看到 3 个 1 和 1 个 2，表示某些数字"8"被错误地分类为其他数字，而 39 表示 39 个图像被正确地分类。因此，数字"8"的召回率为 39/44 或 0.89。

- ❏ f1-score——精度和召回率的均值。

- ❏ support——具有给定期望值的样本数，比如 50 个样品标记为"4"，38 个样品标记为"5"。

有关报告底部显示的均值的详细信息，请参阅 http://scikit-learn.org/stable/modules/generated/sklearn.metrics.classification_report.html。

混淆矩阵可视化

热图可将混淆矩阵中的数值显示为不同的颜色，通常将更高幅度的值显示为更强烈的颜色。Seaborn 的绘图功能适用于二维数据，使用 pandas 中的 DataFrame 作为数据源时，Seaborn 会使用列名和行索引自动标记图像，因此我们首先将混淆矩阵转换为 DataFrame 形式，然后进行绘制：

```
In [32]: import pandas as pd
In [33]: confusion_df = pd.DataFrame(confusion, index=range(10),
     ...:      columns=range(10))
     ...:

In [34]: import seaborn as sns
In [35]: axes = sns.heatmap(confusion_df, annot=True,
     ...:                   cmap='nipy_spectral_r')
     ...:
```

Seaborn 中的 heatmap 函数从指定的 DataFrame 创建热图，关键字参数 annot = True（"annotation"的缩写）表示在图表右侧显示一个颜色条，展示混淆矩阵中的值如何与热图的颜色相对应。cmap ='nipy_spectral_r' 关键字参数指定要使用的颜色表，我们使用了 nipy_spectral_r 颜色表，对应热图颜色条中的颜色。将混淆矩阵显示为热图时，主对角线和不正确的预测就会很好地展现出来。

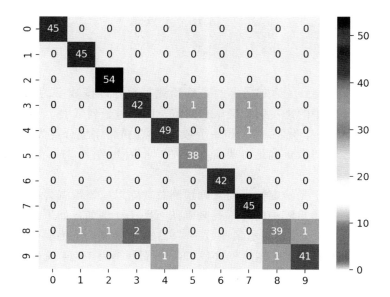

14.3.2 k 折交叉验证

k 折交叉验证使我们能够将所有的数据既用于训练又用于测试，通过反复调整比例来训练和测试模型，以便更好地了解模型对新数据的预测效果。k 折叠交叉验证将数据集分成 k 个相等大小的**折**（这个 k 与 k 近邻算法中的 k 无关），然后，以 $k-1$ 折重复训练模型，并使用剩余的折测试模型。比如，考虑 $k = 10$ 的情况，折的编号为 $1\sim10$，我们将进行 10 次训练和测试：

❑ 首先，用 $1\sim9$ 折进行训练，然后用第 10 折进行测试。
❑ 接下来，用 $1\sim8$ 折和 10 折叠进行训练，然后用第 9 折进行测试。
❑ 接下来，用 $1\sim7$ 折以及 9 和 10 折进行训练，然后用第 8 折进行测试。

此训练和测试循环一直持续到每个折都被用于测试模型。

KFold 类

scikit-learn 提 供 了 KFold 类 和 cross_val_score 函 数（均 在 sklearn.model_selection 模块中），以帮助我们执行上述训练和测试循环。下面使用 Digits 数据集和之前创建的 KNeighborsClassifier 估计器进行 k 折交叉验证。首先，创建一个 KFold 对象：

```
In [36]: from sklearn.model_selection import KFold

In [37]: kfold = KFold(n_splits=10, random_state=11, shuffle=True)
```

其中，关键字参数为：

❑ n_splits=10，指定折的数量。
❑ random_state=11，为随机数生成器设置种子以获得可重复性。
❑ shuffle=True，指定在 KFold 对象将数据划分为多个折之前通过混洗随机打乱数

据，如果样本是排列好的或者分组好的，这一点尤为重要。比如，本章后面将使用
的包含三种鸢尾花的 150 个样本的鸢尾花数据集——前 50 种是山鸢尾，接下来的
50 种是变色鸢尾，最后 50 种是维吉尼亚鸢尾。如果我们不对样本进行混洗，那么
训练数据可能不包含某个特定的鸢尾物种，并且测试数据可能都是同一个物种。

使用 cross_val_score 函数执行 KFold 对象

接下来，使用 cross_val_score 函数来训练和测试模型：

```
In [38]: from sklearn.model_selection import cross_val_score

In [39]: scores = cross_val_score(estimator=knn, X=digits.data,
    ...:     y=digits.target, cv=kfold)
    ...:
```

其中，关键字参数为：

❏ estimator = knn，指定要验证的估计器。

❏ X = digits.data，指定用于训练和测试的样本。

❏ y = digits.target，指定样本的目标值。

❏ cv = kfold，指定交叉验证生成器，该生成器定义如何拆分样本和目标以进行训练
和测试。

函数 cross_val_score 返回一个准确性得分数组——每个折一个。如下所示，可以
看出该模型非常准确，其最低准确性得分为 0.97777778（97.78%）。另外，它在预测某个折
时能达到 100% 的准确性：

```
In [40]: scores
Out[40]:
array([0.97777778, 0.99444444, 0.98888889, 0.97777778, 0.98888889,
       0.99444444, 0.97777778, 0.98882682, 1.        , 0.98324022])
```

获得准确性得分后，可以通过计算所有折的平均准确性得分或者标准差（或选择任何折
数）来全面了解模型的预测准确性：

```
In [41]: print(f'Mean accuracy: {scores.mean():.2%}')
Mean accuracy: 98.72%

In [42]: print(f'Accuracy standard deviation: {scores.std():.2%}')
Accuracy standard deviation: 0.75%
```

可以看出该模型的平均准确性为 98.72%，甚至比我们之前使用 75% 的数据训练模型、
25% 的数据测试模型时达到的 97.78% 的准确性更高。

14.3.3　运行多个模型以找到最佳模型

我们很难事先知道哪种机器学习模型对给定数据集会性能表现最佳，特别是当操作细
节被隐藏时，尽管 KNeighborsClassifier 估计器预测数字图像具有高准确性，但可能
其他的 scikit-learn 估计器更准确，scikit-learn 提供了很多模型，可以使用它们快速训练和

418 测试数据，这鼓励我们在运行多个模型之后再确定哪个模型最适合特定的机器学习研究。

下面使用上一节中的方法来比较几个分类估计器：KNeighborsClassifier、SVC和 GaussianNB（还有更多）。虽然还没有研究过 SVC 估计器和 GaussianNB 估计器，但 scikit-learn 仍然可以让我们轻松地使用默认设置来测试它们⊖。首先，导入另外两个估计器：

```
In [43]: from sklearn.svm import SVC

In [44]: from sklearn.naive_bayes import GaussianNB
```

接下来，创建估计器。以下字典包含了之前创建的 KNeighborsClassifier 估计器以及新的 SVC 估计器和 GaussianNB 估计器键 - 值对：

```
In [45]: estimators = {
    ...:     'KNeighborsClassifier': knn,
    ...:     'SVC': SVC(gamma='scale'),
    ...:     'GaussianNB': GaussianNB()}
    ...:
```

现在，运行下面的模型：

```
In [46]: for estimator_name, estimator_object in estimators.items():
    ...:     kfold = KFold(n_splits=10, random_state=11, shuffle=True)
    ...:     scores = cross_val_score(estimator=estimator_object,
    ...:         X=digits.data, y=digits.target, cv=kfold)
    ...:     print(f'{estimator_name:>20}: ' +
    ...:         f'mean accuracy={scores.mean():.2%}; ' +
    ...:         f'standard deviation={scores.std():.2%}')
    ...:
KNeighborsClassifier: mean accuracy=98.72%; standard deviation=0.75%
                 SVC: mean accuracy=99.00%; standard deviation=0.85%
          GaussianNB: mean accuracy=84.48%; standard deviation=3.47%
```

此循环遍历了估计器字典中的元素，并且为每个键 - 值对执行以下任务：

❑ 将键解压缩到 estimator_name，并将值解压缩到 estimator_object。

❑ 创建一个 KFold 对象，该对象可以对数据进行混洗并将其分成 10 折。关键字参数 random_state 在这里特别重要，因为它确保每个估计器使用相同的训练集和测试集，使得每种算法有同样的对比基础。

❑ 使用 cross_val_score 评估当前的 estimator_object。

❑ 打印估计器的名称，然后算出 10 折交叉验证的准确性得分的平均值和标准差。

根据结果可以看出，SVC 估计器获得了稍好的准确性——至少在使用估计器的默认设置情况下是这样的。通过调整估计器的某些设置，可能还可以获得更好的结果。KNeighborsClassier 估计器和 SVC 估计器的准确性几乎相同，因此我们可以对每个估计器进行进一步的超参数调整以确定哪个是最佳的。

419

⊖ 在编写本书时，为了避免使用的 scikit-learn 版本（版本 0.20）中出现警告，我们在创建 SVC 估计器时提供了一个关键字参数，它在 scikit-learn 0.22 版本中将会是默认值。

scikit-learn 估计器图表

scikit-learn 文档提供了一种非常有用的图表，用于根据数据的种类和大小以及希望执行的机器学习任务选择正确的估计器，具体参考 https://scikit-learn.org/stable/tutorial/machine_learning_map/index.html。

14.3.4　超参数调整

在前面，我们提到 k 近邻算法中的 k 是一个超参数。超参数需要在使用算法训练模型之前设置，在实际的机器学习研究中，我们也希望通过调整超参数来确定能够得到最佳预测效果的超参数值。

若要确定 k 近邻算法中 k 的最佳值，可以尝试不同的 k 值，然后对每个 k 值下估计器的性能进行比较，我们可以使用类似于比较估计器的方法做到这一点。以下的循环创建了具有 $1 \sim 19$ 的奇数 k 值的 `KNeighborsClassifiers` 估计器（同样，我们在 k 近邻中使用奇数 k 值来避免纠纷），并对每种情况执行 k 折交叉验证。从准确性得分和标准差可以看出，$k = 1$ 时可以为 Digits 数据集得到最准确的预测结果。我们还可以看到，随着 k 值的增大，准确性会降低：

```
In [47]: for k in range(1, 20, 2):
    ...:     kfold = KFold(n_splits=10, random_state=11, shuffle=True)
    ...:     knn = KNeighborsClassifier(n_neighbors=k)
    ...:     scores = cross_val_score(estimator=knn,
    ...:         X=digits.data, y=digits.target, cv=kfold)
    ...:     print(f'k={k:<2}; mean accuracy={scores.mean():.2%}; ' +
    ...:         f'standard deviation={scores.std():.2%}')
    ...:
k=1 ; mean accuracy=98.83%; standard deviation=0.58%
k=3 ; mean accuracy=98.78%; standard deviation=0.78%
k=5 ; mean accuracy=98.72%; standard deviation=0.75%
k=7 ; mean accuracy=98.44%; standard deviation=0.96%
k=9 ; mean accuracy=98.39%; standard deviation=0.80%
k=11; mean accuracy=98.39%; standard deviation=0.80%
k=13; mean accuracy=97.89%; standard deviation=0.89%
k=15; mean accuracy=97.89%; standard deviation=1.02%
k=17; mean accuracy=97.50%; standard deviation=1.00%
k=19; mean accuracy=97.66%; standard deviation=0.96%
```

机器学习并非没有成本，特别是当面向大数据和深度学习时，我们必须"了解数据"并"了解工具"。例如，计算时间随 k 的增大会快速增长，因为这时 k 近邻算法需要执行更多计算才能找到最近邻的样本；`cross_validate` 函数需要执行交叉验证并对结果进行计时。

14.4　案例研究：时间序列和简单线性回归

上一节中，我们展示了每个样本与不同类别相关联的分类。在这里，我们继续讨论简单的线性回归——最简单的回归算法——从第 10 章的"数据科学入门"部分开始。我们来回想一下，给定表示自变量和因变量的数值合集，使简单的线性回归就可以描述这些变量与一条直线之间的关系，这条直线被称为回归线。

420

之前，我们对 1895～2018 年纽约市 1 月份平均高温数据的时间序列执行了简单的线性回归操作，使用 Seaborn 的 `regplot` 函数创建了具有相应回归线的数据散点图。我们还使用 `scipy.stats` 模块的 `linregress` 函数来计算回归线的斜率和截距。然后，利用这些值预测了未来的温度并估算过去的温度。

在本节中，我们将会：

❑ 使用 scikit-learn 估计器重新实现在第 10 章中展示的简单线性回归。

❑ 使用 Seaborn 的 `scatterplot` 函数绘制数据，并使用 Matplotlib 的 `plot` 函数显示回归线。

❑ 使用 `scikit-learn` 估计器计算所得的回归系数和截距值以进行预测。

稍后，我们还将研究多元线性回归（也简称为线性回归）。

为了方便起见，我们在 ch14 示例文件夹中名为 ave_hi_nyc_jan_1895-2018.csv 的 CSV 文件中提供了温度数据。再次在启用 Matplotlib 支持的情况下启动 IPython：

```
ipython --matplotlib
```

将平均高温数据加载到 `DataFrame` 中

正如在第 10 章中所做的，下面从 ave_hi_nyc_jan_1895-2018.csv 加载数据，将 'Value' 列重命名为 'Temperature'，删除每个日期值末尾的 "01" 并显示一些数据样本：

```
In [1]: import pandas as pd

In [2]: nyc = pd.read_csv('ave_hi_nyc_jan_1895-2018.csv')

In [3]: nyc.columns = ['Date', 'Temperature', 'Anomaly']

In [4]: nyc.Date = nyc.Date.floordiv(100)

In [5]: nyc.head(3)
Out[5]:
   Date  Temperature  Anomaly
0  1895         34.2     -3.2
1  1896         34.7     -2.7
2  1897         35.5     -1.9
```

将数据拆分为训练集和测试集

在这个例子中，我们将使用 `sklearn.linear_model` 中的 `LinearRegression` 估计器。默认情况下，该估计器使用数据集中的所有数字特征执行**多元线性回归**（将在下一节中讨论）。在这里，我们使用一个特征作为自变量来执行简单的线性回归。因此，需要从数据集中选择一个特征（Date）。

当从二维的 `DataFrame` 中选择一列时，会得到一个一维 `Series`。然而，scikit-learn 估计器要求训练数据和测试数据是二维数组（或二维数组类数据，例如 `list` 列表或 pandas 的 `DataFrames` 列表）。如果想要将一维数据与估计器一起使用，必须将其从包含 *n* 个元素的一维序列转换为包含 *n* 行 1 列的二维数组，如下所示。

正如在之前的案例研究中所做的那样，将数据拆分为训练集和测试集。再次使用关键字参数 `random_state` 进行复现：

```
In [6]: from sklearn.model_selection import train_test_split

In [7]: X_train, X_test, y_train, y_test = train_test_split(
   ...:     nyc.Date.values.reshape(-1, 1), nyc.Temperature.values,
   ...:     random_state=11)
   ...:
```

表达式 nyc.Date 返回 Date 列的 Series，Series 的 attribute 值返回包含该 Series 值的 NumPy 数组。要将这个一维数组转换为二维数组，需要调用数组的 reshape 函数。reshape 函数的两个参数一般是明确的行数和列数。但是，第一个元素 "−1" 告诉 reshape 函数根据数组中的列数（1）和元素个数（124）来推断行数。被转换的数组只有一列，因此 reshape 函数将行数推断为 124，因为将 124 个元素放入只有一个列的数组中的唯一方法是，将它们分配到 124 行。

可以通过检查 X_train 和 X_test 的 shape 命令来确认 75%～25% 的训练集 – 测试集拆分：

```
In [8]: X_train.shape
Out[8]: (93, 1)

In [9]: X_test.shape
Out[9]: (31, 1)
```

训练模型

scikit-learn 没有单独的简单线性回归类，因为它只是多元线性回归的一个特例，所以需要训练一个 LinearRegression 估计器：

```
In [10]: from sklearn.linear_model import LinearRegression

In [11]: linear_regression = LinearRegression()

In [12]: linear_regression.fit(X=X_train, y=y_train)
Out[12]:
LinearRegression(copy_X=True, fit_intercept=True, n_jobs=None,
         normalize=False)
```

训练好估计器之后，fit 方法返回估计器，IPython 显示出其字符串表示。有关默认设置的说明，请参阅 http://scikit-learn.org/stable/modules/generated/sklearn.linear_model.LinearRegression.html。

为了找到数据的最佳拟合回归线，LinearRegression 估计器迭代地调整斜率和截距值，以最小化数据点到回归线的距离平方和。在第 10 章的 "数据科学入门" 部分，我们已经深入了解了如何寻找斜率和截距值。

现在，我们可以得到计算 $y = mx+b$ 时使用的斜率和截距，然后进行预测，斜率值（m）存储在估计器的 coeff_ 属性中，截距值（b）存储在估计器的 intercept_ 属性中：

```
In [13]: linear_regression.coef_
Out[13]: array([0.01939167])

In [14]: linear_regression.intercept_
Out[14]: -0.30779820252656265
```

422

稍后我们将使用它们来绘制回归线并对特定日期进行预测。

测试模型

使用 X_test 中的样本测试模型，并通过显示每第五个元素的预测值和期望值来检查整个数据集中的一些预测结果——我们将在 14.5.8 节中讨论如何评估回归模型的准确性：

```
In [15]: predicted = linear_regression.predict(X_test)

In [16]: expected = y_test

In [17]: for p, e in zip(predicted[::5], expected[::5]):
    ...:     print(f'predicted: {p:.2f}, expected: {e:.2f}')
    ...:
predicted: 37.86, expected: 31.70
predicted: 38.69, expected: 34.80
predicted: 37.00, expected: 39.40
predicted: 37.25, expected: 45.70
predicted: 38.05, expected: 32.30
predicted: 37.64, expected: 33.80
predicted: 36.94, expected: 39.70
```

预测未来的温度和估计过去的温度

使用回归系数和截距值来预测 2019 年 1 月的平均高温（编写本书时，2019 年还未到来），并估算 1890 年 1 月的平均高温。下面的代码中的 lambda 表达式实现了直线方程 $y = mx + b$，其中，coef_ 为 m，intercept_ 为 b。

```
In [18]: predict = (lambda x: linear_regression.coef_ * x +
    ...:                      linear_regression.intercept_)
    ...:

In [19]: predict(2019)
Out[19]: array([38.84399018])

In [20]: predict(1890)
Out[20]: array([36.34246432])
```

423

使用回归线可视化数据集

接下来，我们使用 Seaborn 的 scatterplot 函数和 Matplotlib 的 plot 函数绘制数据集的散点图。首先，对 nyc 数据的 DataFrame 使用 scatterplot 函数来显示数据点：

```
In [21]: import seaborn as sns

In [22]: axes = sns.scatterplot(data=nyc, x='Date', y='Temperature',
    ...:       hue='Temperature', palette='winter', legend=False)
    ...:
```

其中，关键字参数为：

❑ data，指定包含所要显示数据的 DataFrame（nyc）。

❑ x 和 y，分别指定为 nyc 的行名和列名，x 轴为 'Date'，y 轴为 'Temperature'。行列的对应值构成了用于绘制散点的 x-y 坐标对。

❑ hue，指定应使用哪一列的数据来确定散点的颜色，这里使用 'Temperature' 列。

在这个例子中，颜色并不是特别重要，但我们想要为图添加一些视觉效果。

❑ palette，指定从 Matplotlib 颜色表中选择散点的颜色。

❑ legend = False，指定 scatterplot 函数不应显示图例——它默认为 True，但在这个示例中不需要图例。

正如在第 10 章中所做的，缩放 y 轴的值的范围，这样一旦显示出回归线，就能更好地看到线性关系：

```
In [23]: axes.set_ylim(10, 70)
Out[23]: (10, 70)
```

接下来，显示回归线。首先，在 nyc.Date 中创建一个包含最小和最大日期值的数组，它们是回归线的起点和终点的 x 坐标：

```
In [24]: import numpy as np

In [25]: x = np.array([min(nyc.Date.values), max(nyc.Date.values)])
```

将数组 x 传递给代码段 [18] 中的 lambda 表达式，会产生一个包含相应预测值的数组，其作为 y 坐标的值：

```
In [26]: y = predict(x)
```

最后，使用 Matplotlib 的 plot 函数绘图，x 和 y 数组分别代表每个点的 x 坐标和 y 坐标：

```
In [27]: import matplotlib.pyplot as plt

In [28]: line = plt.plot(x, y)
```

得到的散点图和回归线如下图所示，该图与第 10 章的"数据科学入门"部分所示的图几乎相同。

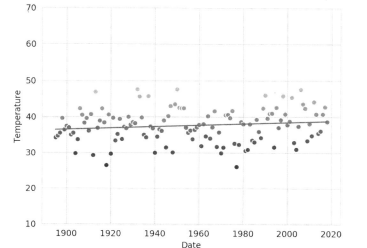

424

过拟合 / 欠拟合

在创建模型时，一个关键目标是确保它能够对未知数据进行准确的预测，阻碍准确预测的两个常见问题是欠拟合和过拟合：

❑ **欠拟合**：当模型过于简单而无法根据其训练数据进行预测时，就会发生欠拟合。比如，实际问题确实需要非线性模型时，仍然使用简单线性回归这样的线性模型。再比如，四季的温度变化很大，如果正在尝试创建一个可以预测全年温度的通用模型，那么简单的线性回归模型会导致欠拟合。

❑ **过拟合**：当模型过于复杂时会发生过拟合，最极端的情况是一个能够记住其训练数据的模型。如果新数据看起来与训练数据完全相同，那么这可能可以接受，但通常情况下并非如此。当使用过拟合模型进行预测时，与训练数据匹配的新数据将产生完美的预测，但模型却不知道该如何处理从未见过的数据。

有关欠拟合和过拟合的其他信息，请参阅：

❑ https://en.wikipedia.org/wiki/Overfitting

❑ https://machinelearningmastery.com/overfitting-and-underfitting-with-machine-learning-algorithms/

14.5 案例研究：基于加利福尼亚房价数据集的多元线性回归

在第 10 章的数据科学入门部分，我们使用 pandas、Seaborn 的 regplot 函数和 SciPy 的 stats 模块的 linregress 函数对小型天气数据时间序列进行了简单的线性回归。在上一节中，我们使用 scikit-learn 的 LinearRegression 估计器、Seaborn 的 scatterplot 函数和 Matplotlib 的 plot 函数对其进行了复现。现在，我们将对大得多的实际数据集做线性回归。

加利福尼亚房价数据集是 scikit-learn 中内置的数据集[⊖]，有 20,640 个样本，每个样本有 8 个数字特征。我们将使用所有的 8 个数字特征执行多元线性回归，而不是仅使用单个特征或特征子集，来进行更复杂的房价预测。scikit-learn 将再次为我们完成大部分的工作——LinearRegression 估计器默认执行多元线性回归。

我们使用 Matplotlib 和 Seaborn 可视化一些数据，因此需要在启用 Matplotlib 支持的情况下启动 IPython：

```
ipython --matplotlib
```

14.5.1 加载数据集

根据 scikit-learn 中关于加利福尼亚房价数据集的描述："该数据集来自 1990 年美国人口普查，每个街区使用一行，街区是美国人口普查局发布样本数据的最小地理单位（一个街

⊖ http://lib.stat.cmu.edu/datasets. Pace, R. Kelley and Ronald Barry, Sparse Spatial Autoregressions, Statistics and Probability Letters, 33 (1997) 291-297. Submitted to the StatLib Datasets Archive by Kelley Pace (kpace@unix1.sncc.lsu.edu). [9/Nov/99].

区通常有 600 到 3000 人口）。"该数据集有 20,640 个样本——每个街区对应一个样本——每个样本有 8 个特征：

- ❑ 收入中值——单位为万美元，因此 8.37 代表 83,700 美元。
- ❑ 房屋年龄中值——数据集中此特征的最大值为 52。
- ❑ 平均房间数量。
- ❑ 平均卧室数量。
- ❑ 街区人口。
- ❑ 平均房屋入住率。
- ❑ 街区纬度。
- ❑ 街区经度。

每个样本有一个对应的房价中值作为其目标值，单位为 10 万美元，因此 3.55 代表 355,000 美元。在数据集中，此特征的最大值为 5，表示 500,000 美元。可以预计，更多卧室数或更多房间数或更高收入就意味着更高的房价，通过组合这些特征来进行房价预测，更有可能获得更准确的预测。

加载数据集

下面加载该数据集并熟悉它，`sklearn.datasets` 模块中的 `fetch_california_housing` 函数返回一个 Bunch 对象，其中包含有关数据集的数据和其他信息：

```
In [1]: from sklearn.datasets import fetch_california_housing

In [2]: california = fetch_california_housing()
```

426

展示数据描述

我们来看一下该数据集的描述，其中，DESCR 信息包括：

- ❑ `Number of Instances`——该数据集包含 20,640 个样本。
- ❑ `Number of Attributes`——每个样本有 8 个特征（属性）。
- ❑ `Attribute Information`——特征描述。
- ❑ `Missing Attribute Values`——该数据集中没有缺少任何属性值。

根据描述，该数据集中的目标变量是房价中值——这是我们将通过多元线性回归预测的值。

```
In [3]: print(california.DESCR)
.. _california_housing_dataset:

California Housing dataset
--------------------------

**Data Set Characteristics:**

    :Number of Instances: 20640

    :Number of Attributes: 8 numeric, predictive attributes and
        the target

    :Attribute Information:
        - MedInc         median income in block
```

```
    - HouseAge      median house age in block
    - AveRooms      average number of rooms
    - AveBedrms     average number of bedrooms
    - Population     block population
    - AveOccup      average house occupancy
    - Latitude      house block latitude
    - Longitude     house block longitude

    :Missing Attribute Values: None

This dataset was obtained from the StatLib repository.
http://lib.stat.cmu.edu/datasets/

The target variable is the median house value for California districts.

This dataset was derived from the 1990 U.S. census, using one row per
census block group. A block group is the smallest geographical unit for
which the U.S. Census Bureau publishes sample data (a block group typi-
cally has a population of 600 to 3,000 people).

It can be downloaded/loaded using the
:func:`sklearn.datasets.fetch_california_housing` function.

.. topic:: References

    - Pace, R. Kelley and Ronald Barry, Sparse Spatial Autoregressions,
      Statistics and Probability Letters, 33 (1997) 291-297
```

427

同样,Bunch 对象的 data 和 target 属性是 NumPy 数组,包含 20,640 个样本及其目标值。我们可以通过查看 data 数组的 shape 属性来确认样本(行)和特征(列)的数量,该属性显示出 20,640 行 8 列:

```
In [4]: california.data.shape
Out[4]: (20640, 8)
```

类似地,可以通过 target 数组的 shape 属性来查看目标值的数量(即房价中值),确认它和样本数量是匹配的:

```
In [5]: california.target.shape
Out[5]: (20640,)
```

Bunch 对象的 feature_names 属性包含 data 数组中每列对应的特征名称:

```
In [6]: california.feature_names
Out[6]:
['MedInc',
 'HouseAge',
 'AveRooms',
 'AveBedrms',
 'Population',
 'AveOccup',
 'Latitude',
 'Longitude']
```

14.5.2 使用 pandas 探索数据

本节使用 pandas 中的 DataFrame 进一步探索数据,还将在下一节中使用 DataFrame

和 Seaborn 来可视化一些数据。首先，导入 pandas 并设置一些选项：

```
In [7]: import pandas as pd

In [8]: pd.set_option('precision', 4)

In [9]: pd.set_option('max_columns', 9)

In [10]: pd.set_option('display.width', None)
```

在 set_option 的调用中：

❑ 'precision' 是小数点的右侧显示的最大位数。

❑ 'max_columns' 是输出 DataFrame 的字符串表示时要显示的最大列数。默认情况下，如果 pandas 无法从左到右填充所有列，则会在中间删除列并显示省略号（...）。'max_columns' 设置允许 pandas 使用多行输出显示所有列，正如接下来将要看到的，DataFrame 中有 9 列，包括 california.data 中的 8 个数据集特征和针对目标房价中值添加的一列（california.target）。

❑ 'display.width' 指定 Command Prompt（Windows）、Termind（macOS / Linux）或 shell（Linux）的字符宽度，值 None 表示 pandas 在对 Series 和 DataFrame 规范字符串表示时自动检测显示宽度。

接下来，我们从 Bunch 对象的 data、target 和 feature_names 数组创建一个 Data-Frame。下面的第一行代码使用 california.data 中的数据和 california.feature_names 指定的列名创建初始 DataFrame，第二行代码为 california.target 中存储的中值房价添加一列：

```
In [11]: california_df = pd.DataFrame(california.data,
    ...:                              columns=california.feature_names)
    ...:

In [12]: california_df['MedHouseValue'] = pd.Series(california.target)
```

可以使用 head 函数查看部分数据。请注意，pandas 首先显示 DataFrame 的前六列，然后跳行显示其余列。列标题"AveOccup"右侧的"\"表示下面显示更多列，只有当运行 IPython 的窗口太窄而无法从左到右显示所有列时，才会看到"\"：

```
In [13]: california_df.head()
Out[13]:
   MedInc  HouseAge  AveRooms  AveBedrms  Population  AveOccup  \
0  8.3252      41.0    6.9841     1.0238       322.0    2.5556
1  8.3014      21.0    6.2381     0.9719      2401.0    2.1098
2  7.2574      52.0    8.2881     1.0734       496.0    2.8023
3  5.6431      52.0    5.8174     1.0731       558.0    2.5479
4  3.8462      52.0    6.2819     1.0811       565.0    2.1815

   Latitude  Longitude  MedHouseValue
0     37.88    -122.23          4.526
1     37.86    -122.22          3.585
2     37.85    -122.24          3.521
3     37.85    -122.25          3.413
4     37.85    -122.25          3.422
```

下面通过计算 DataFrame 的统计信息来了解每列中的数据。请注意，收入和房价中值（以数十万计）是从 1990 年开始的，并且现在有显著提高：

```
In [14]: california_df.describe()
Out[14]:
              MedInc    HouseAge    AveRooms    AveBedrms    Population    \
count    20640.0000  20640.0000  20640.0000   20640.0000   20640.0000
mean         3.8707     28.6395      5.4290       1.0967    1425.4767
std          1.8998     12.5856      2.4742       0.4739    1132.4621
min          0.4999      1.0000      0.8462       0.3333       3.0000
25%          2.5634     18.0000      4.4407       1.0061     787.0000
50%          3.5348     29.0000      5.2291       1.0488    1166.0000
75%          4.7432     37.0000      6.0524       1.0995    1725.0000
max         15.0001     52.0000    141.9091      34.0667   35682.0000

              AveOccup    Latitude    Longitude    MedHouseValue
count       20640.0000  20640.0000   20640.0000       20640.0000
mean            3.0707     35.6319    -119.5697           2.0686
std            10.3860      2.1360       2.0035           1.1540
min             0.6923     32.5400    -124.3500           0.1500
25%             2.4297     33.9300    -121.8000           1.1960
50%             2.8181     34.2600    -118.4900           1.7970
75%             3.2823     37.7100    -118.0100           2.6472
max          1243.3333     41.9500    -114.3100           5.0000
```

14.5.3　可视化特征

绘制每种特征上的目标值对数据可视化是有帮助的——对于本案例，可以查看房价中值与每种特征的关系。为了使可视化更清晰，可以使用 DataFrame 中的 sample 函数随机选择 20,640 个样本中的 10% 来绘图：

```
In [15]: sample_df = california_df.sample(frac=0.1, random_state=17)
```

关键字参数 frac 指定要选择的数据比例（0.1 表示 10%），关键字参数 random_state 为随机数生成器设定种子，我们任意设置的整数种子值（17）对可重复性至关重要。每次使用相同的种子值时，sample 函数都会选择 DataFrame 行的相同随机子集，从而在绘制数据图表时，就会得到相同的结果。

接下来，我们将使用 Matplotlib 和 Seaborn 来显示 8 个特征中每个特征的散点图，这两个库都可以用来显示散点图。Seaborn 更具吸引力并且需要更少的代码，因此我们使用 Seaborn 进行创建。首先，导入两个库，并使用 Seaborn 的 set 函数将每个图的字体缩放到默认大小的两倍：

```
In [16]: import matplotlib.pyplot as plt

In [17]: import seaborn as sns

In [18]: sns.set(font_scale=2)

In [19]: sns.set_style('whitegrid')
```

以下代码用于显示散点图[⊖]。沿着 x 轴每个点显示了一个特征，沿着 y 轴每个点显示了一个房价中值（california.target），因此我们可以看到每个特征和房价中值如何相互

⊖　在 IPython 中执行此代码时，每个窗口将显示在前一个窗口的前面，关闭一个窗口后，就会看到它背后的窗口。

关联。我们为每个特征显示单独的散点图，窗口按照代码段 [6] 中列出的特征顺序显示，最近显示的窗口位于最前面：

```
In [20]: for feature in california.feature_names:
    ...:     plt.figure(figsize=(16, 9))
    ...:     sns.scatterplot(data=sample_df, x=feature,
    ...:         y='MedHouseValue', hue='MedHouseValue',
    ...:         palette='cool', legend=False)
    ...:
```

430

对于每个特征名，代码段首先创建了一个 16×9 英寸的 Matplotlib 图像（Figure）——由于绘制的数据点较多，因此选择使用更大的窗口，如果此窗口大于屏幕，则 Matplotlib 会将图像与屏幕匹配。Seaborn 使用当前的 Figure 来显示散点图，如果不先创建一个 Figure，Seaborn 将会自动创建一个，我们提前创建了 Figure，因此可以将包含超过 2000 个点的散点图显示在一个大窗口中。

接下来，该代码创建了一个 Seaborn scatterplot，其中 x 轴显示当前特征，y 轴显示 MedHouseValue（房价中值），MedHouseValue 用来确定散点的颜色（色调）。图中有一些需要注意的有趣的事情如下所示：

- ❑ 显示纬度和经度的图各有两个密度特别大的区域。如果在线搜索在那些密集区域出现的纬度值和经度值，会发现它们代表的是洛杉矶和旧金山两个较大的区域，这里的房价往往更高。
- ❑ 在每个图中，y 轴值为 5 的水平线上的点代表房价中值为 500,000 美元。1990 年美国人口普查表中的最高房价是 "500,000 美元或更多"[⊖]。因此，任何房价中值超过 500,000 美元的街区在数据集中仍然列为 5，这样做对于数据探索和可视化也是令人信服的。
- ❑ 在 HouseAge 图中，x 轴值为 52 的地方有一条由点组成的垂线，这是因为 1990 年美国人口普查表中可以选择的最高房屋年龄为 52 岁，因此任何房屋年龄中值超过 52 岁的街区在数据集都列为 52。

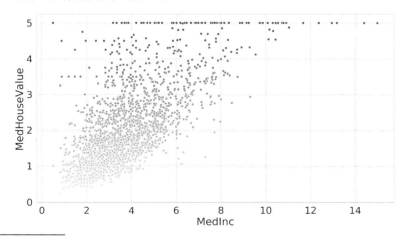

431

⊖　https://www.census.gov/prod/1/90dec/cph4/appdxe.pdf.

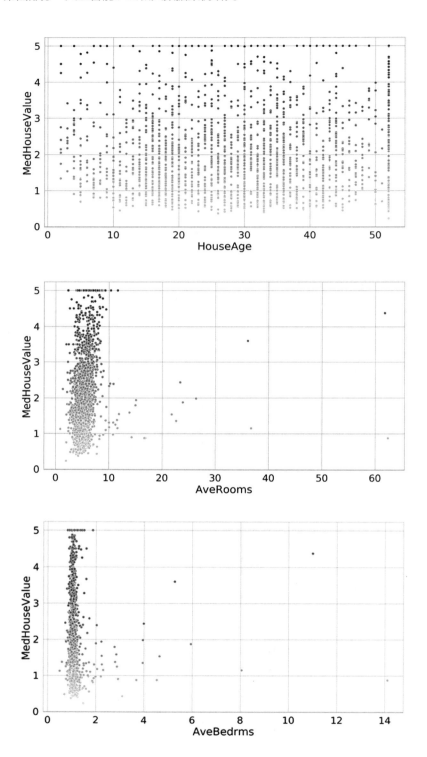

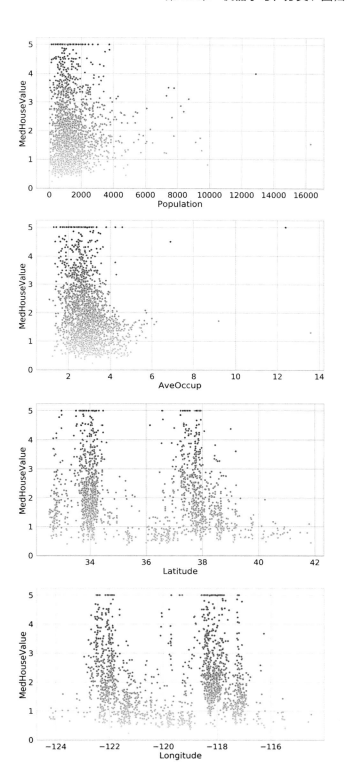

14.5.4 拆分数据以进行训练和测试

为了准备训练模型和测试模型，我们再次使用 `train_test_split` 函数将数据拆分为训练集和测试集，然后检查它们的大小：

```
In [21]: from sklearn.model_selection import train_test_split

In [22]: X_train, X_test, y_train, y_test = train_test_split(
    ...:         california.data, california.target, random_state=11)
    ...:

In [23]: X_train.shape
Out[23]: (15480, 8)

In [24]: X_test.shape
Out[24]: (5160, 8)
```

使用 `train_test_split` 函数的关键字参数 `random_state` 为随机数生成器设置种子以获得可重复性。

14.5.5 训练模型

下面来训练模型。默认情况下，`LinearRegression` 估计器使用数据集中的所有特征来执行多元线性回归。如果包含的是任何分类的而不是数字的特征，则会发生错误。如果数据集包含分类数据，则必须将分类特征预处理为数字特征（将在下一章中进行处理），或者必须从训练过程中排除分类特征。使用 scikit-learn 捆绑的数据集的好处是，它们已经被处理为可以直接用来做机器学习任务的正确格式。

正如在前两段代码中看到的那样，`X_train` 和 `X_test` 都包含 8 列——每个特征一列。下面创建一个 `LinearRegression` 估计器，并调用它的 `fit` 函数来训练估计器：

```
In [25]: from sklearn.linear_model import LinearRegression

In [26]: linear_regression = LinearRegression()

In [27]: linear_regression.fit(X=X_train, y=y_train)
Out[27]:
LinearRegression(copy_X=True, fit_intercept=True, n_jobs=None,
        normalize=False)
```

多元线性回归为每个特征生成单独的回归系数（存储在 `coeff_`）和截距（存储在 `intercept_` 中）：

```
In [28]: for i, name in enumerate(california.feature_names):
    ...:         print(f'{name:>10}: {linear_regression.coef_[i]}')
    ...:
    MedInc: 0.4377030215382206
  HouseAge: 0.009216834565797713
  AveRooms: -0.10732526637360985
 AveBedrms: 0.611713307391811
Population: -5.756822009298454e-06
   AveOccup: -0.0033845664657163703
  Latitude: -0.419481860964907
 Longitude: -0.4337713349874016
```

```
In [29]: linear_regression.intercept_
Out[29]: -36.88295065605547
```

对于正系数，房价中值随着特征值的增加而增加。对于负系数，房价中值随着特征值的增加而减少。请注意，人口系数有一个负指数（e-06），因此系数的实际值为−0.0000057568220092984，几乎为零，可见一个街区的人口显然对房价中值影响不大。

可以通过下面的等式使用这些值进行预测：

$$y = m_1 x_1 + m_2 x_2 + \cdots + m_n x_n + b$$

其中，

❑ m_1，m_2，$\cdots$，m_n 为特征的系数；

❑ b 为截距；

❑ x_1，x_2，$\cdots$，x_n 为特征值（即自变量的值）；

❑ y 为预测值（即因变量的值）。

14.5.6　测试模型

现在，我们通过调用估计器的 `predict` 方法来测试模型，将测试样本作为参数。正如在前面每个示例中所做的，将预测值存储在 `predicted` 中，期望值存储在 `expected` 中：

```
In [30]: predicted = linear_regression.predict(X_test)

In [31]: expected = y_test
```

我们来看看前 5 个预测值及其对应的期望值：

```
In [32]: predicted[:5]
Out[32]: array([1.25396876, 2.34693107, 2.03794745, 1.8701254 ,
2.53608339])
In [33]: expected[:5]
Out[33]: array([0.762, 1.732, 1.125, 1.37 , 1.856])
```

435

通过分类，我们发现预测值是与数据集中现有类别匹配的离散类别，而使用回归很难得到准确的预测，因为回归有连续的输出。x_1，x_2，$\cdots$，x_n 的每个可能值

$$y = m_1 x_1 + m_2 x_2 + \cdots + m_n x_n + b$$

都能得到一个预测值。

14.5.7　可视化预测房价和期望房价

我们来看看测试数据的预测房价和期望房价。首先，创建一个包含预期值和期望值的 `DataFrame`：

```
In [34]: df = pd.DataFrame()

In [35]: df['Expected'] = pd.Series(expected)

In [36]: df['Predicted'] = pd.Series(predicted)
```

然后，将数据绘制为散点图，其中 x 轴为期望房价（目标），y 轴为预测房价：

```
In [37]: figure = plt.figure(figsize=(9, 9))

In [38]: axes = sns.scatterplot(data=df, x='Expected', y='Predicted',
    ...:          hue='Predicted', palette='cool', legend=False)
    ...:
```

接下来，限制 *x* 轴和 *y* 轴，使得两个轴使用相同的比例：

```
In [39]: start = min(expected.min(), predicted.min())

In [40]: end = max(expected.max(), predicted.max())

In [41]: axes.set_xlim(start, end)
Out[41]: (-0.6830978604144491, 7.155719818496834)

In [42]: axes.set_ylim(start, end)
Out[42]: (-0.6830978604144491, 7.155719818496834)
```

现在，我们来绘制一条代表完美预测的直线（注意，这不是回归线），下面的代码段显示了图形左下角（start, start）和右上角（end, end）的点之间的线，第三个参数（'k--'）表示该行的样式，字母"k"表示黑色，符号"--"表示以虚线绘制：

```
In [43]: line = plt.plot([start, end], [start, end], 'k--')
```

如果每个预测值都与期望值匹配，那么所有的点都将沿着虚线绘制。在下图中，随着期望值的增大，更多的预测值会低于该线。因此，该模型预测的房价中值随着其期望值升高会降低。

436

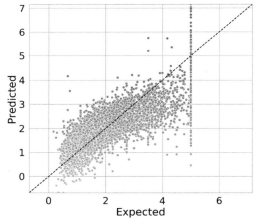

14.5.8　回归模型指标

scikit-learn 提供了很多度量函数来评估估计器的预测结果，并通过比较为特定的研究选择最佳估计器，这些指标因估计器类型而异。例如，在 Digits 数据集分类案例研究中使用的 `sklearn.metrics` 中的 `confusion_matrix` 函数和 `classification_report` 函数就是两个专门用于评估分类估计器的度量函数。

回归估计器的很多评价指标中有一个是模型的**决定系数**，也称 R^2 **得分**，是用于评价回归预测效果的。要计算估计器的 R^2 得分，需调用 `sklearn.metrics` 模块的 `r2_score` 函数：

```
In [44]: from sklearn import metrics

In [45]: metrics.r2_score(expected, predicted)
Out[45]: 0.6008983115964333
```

R^2 得分的范围为 0.0～1.0，其中 1.0 是最好的，R^2 得分为 1.0 表示估计器为给定的自变量完美地预测了因变量，R^2 得分为 0.0 表示模型无法根据自变量的值进行任意准确性的预测。

回归模型的另一个常见指标是**均方误差**，即
❏ 计算每个期望值和预测值之间的差，这称为误差；
❏ 取每个差的平方；
❏ 计算平方值的均值。
要计算估计器的均方误差，需调用 `mean_squared_error` 函数（来自模块 `sklearn.metrics`）：

```
In [46]: metrics.mean_squared_error(expected, predicted)
Out[46]: 0.5350149774449119
```

437

利用均方误差指标对估计器进行比较时，均方误差值最接近 1 的估计器最适合我们的数据。在下一节中，我们将使用加利福尼亚房价数据集运行几个不同的回归估计器，scikit-learn 中包含的估计器评价指标的列表，请参阅 https://scikit-learn.org/stable/modules/model_evaluation.html。

14.5.9　选择最佳模型

正如在分类案例研究中所做的那样，我们来尝试用几个其他的估计器来确定是否有比 `LinearRegression` 更好的估计器。下面这个例子中，我们将使用已经创建的 `linear_regression` 估计器以及 `ElasticNet`、`Lasso` 和 `Ridge` 回归估计器（全部来自 `sklearn.linear_model` 模块）。有关这些估计器的详细信息，请参阅 https://scikit-learn.org/stable/modules/linear_model.html。

```
In [47]: from sklearn.linear_model import ElasticNet, Lasso, Ridge

In [48]: estimators = {
    ...:     'LinearRegression': linear_regression,
    ...:     'ElasticNet': ElasticNet(),
    ...:     'Lasso': Lasso(),
    ...:     'Ridge': Ridge()
    ...: }
```

我们仍然使用基于 `KFold` 对象和 `cross_val_score` 函数的 k 折交叉验证运行估计器。这里，传递给 `cross_val_score` 函数一个额外的关键字参数 `scoring ='r2'`，表明该函数需给出 k 折交叉验证中每一折样本作为测试集的 R^2 得分，$R^2=1.0$ 是表现最好的，然后再对所有得分求平均，从结果来看，对该数据集，`LinearRegression` 估计器和 `Ridge` 估计器是最好的预测模型：

```
In [49]: from sklearn.model_selection import KFold, cross_val_score

In [50]: for estimator_name, estimator_object in estimators.items():
    ...:     kfold = KFold(n_splits=10, random_state=11, shuffle=True)
    ...:     scores = cross_val_score(estimator=estimator_object,
    ...:         X=california.data, y=california.target, cv=kfold,
    ...:         scoring='r2')
    ...:     print(f'{estimator_name:>16}: ' +
    ...:         f'mean of r2 scores={scores.mean():.3f}')
    ...:
LinearRegression: mean of r2 scores=0.599
      ElasticNet: mean of r2 scores=0.423
           Lasso: mean of r2 scores=0.285
           Ridge: mean of r2 scores=0.599
```

14.6 案例研究：无监督学习（第1部分）——降维

在数据科学处理中，我们需要了解自己的数据。**无监督机器学习**和可视化可以通过查找未标记样本之间的模式和关系来帮助我们实现这一目标。

对于在本章之前使用过的单变量时间序列等数据集，很容易对其进行可视化，这个数据集有两个变量——日期和温度，只需在两个维度上绘制数据，每个坐标轴对应一个变量。使用 Matplotlib、Seaborn 和其他可视化库，你可以使用 3D 可视化功能绘制具有三个变量的数据集。但是，如何对三维以上的数据进行可视化呢？比如在 Digits 数据集中，每个样本都有64 个特征和一个目标值，而在大数据中，样本可以具有数百、数千甚至数百万个特征。

为了可视化具有很多特征（即多维度）的数据集，需要首先将数据减少到二维或三维，这需要一种无监督的机器学习技术——**降维**。进而在绘制结果信息时，就可能会看到数据的模式，这有助于我们选择最合适的机器学习算法。例如，如果某个可视化图中包含多个集群，则可能表明数据集中存在不同的类别信息。这种情况下，分类算法可能是合适的。当然，首先需要确定每个集群中样本的类别，这可能要求进一步研究集群中的样本以查看它们的共同点。

降维还可用于其他目的，对具有超大维度的大数据训练估计器可能需要数小时、数天、数周或更长时间，人类也很难去想象这种超大维度的数据，这被称为**维度灾难**。如果数据具有密切相关的特征，就可以通过降维来消除某些特征，以提高训练性能。但是，这可能会降低模型的准确性。

回想一下，Digits 数据集被标记为 10 个代表数字 0～9 的类，如果忽略这些标签并使用降维来将数据集的特征减少到两个维度，就可以可视化所得数据。

加载数据集

启动 IPython：

```
ipython --matplotlib
```

加载数据集：

```
In [1]: from sklearn.datasets import load_digits

In [2]: digits = load_digits()
```

创建 TSNE 估计器来降维

接下来，我们将使用 TSNE 估计器（来自 sklearn.manifold 模块）来执行降维。该估计器使用称为 t 分布式随机邻域嵌入（t-SNE）的算法[⊖]来分析数据集的特征并将它们减少到指定的维数。我们先尝试了流行的 PCA（主成分分析）估计器，发现结果不理想，所以切换到了 TSNE。PCA 将在本案例研究的稍后内容中进行展示。

439

首先，创建一个 TSNE 对象，通过关键字参数 n_components 将数据集的特征降到二维，与之前提到的其他估计器一样，使用关键字参数 random_state 来确保在显示数字集群时"渲染序列"的可重复性：

```
In [3]: from sklearn.manifold import TSNE

In [4]: tsne = TSNE(n_components=2, random_state=11)
```

将 Digits 数据集的特征降至二维

scikit-learn 中的降维过程通常包括两个步骤——使用数据集训练一个估计器，然后使用估计器将数据转换为指定的维数。这些步骤可以使用 TSNE 方法中的 fit 命令和 transform 命令单独执行，也可以使用 fit_transform 方法在一个命令中执行[⊖]：

```
In [5]: reduced_data = tsne.fit_transform(digits.data)
```

TSNE 的 fit_transform 方法在训练估计器然后再执行降维时需要花一些时间。在我们的系统上，需要花大约 20 秒。当任务完成时，它返回一个与 digits.data 具有相同行数的数组，但只返回两个列，可以通过检查 reduced_data 的 shape 来确认：

```
In [6]: reduced_data.shape
Out[6]: (1797, 2)
```

可视化降维数据

既然已将原始数据集缩减为仅两个维度，就可以使用散点图来显示数据了。这里，我们使用 Matplotlib 的 scatter 函数，而不是 Seaborn 的 scatterplot 函数，因为 scatter 函数返回所绘制的图的合集。

```
In [7]: import matplotlib.pyplot as plt

In [8]: dots = plt.scatter(reduced_data[:, 0], reduced_data[:, 1],
   ...:                    c='black')
   ...:
```

scatter 函数的前两个参数是 reduced_data 的列数据（0 和 1），包含 x 轴和 y 轴的数据。关键字参数 c='black' 指定散点的颜色。我们没有标记坐标轴，因为这些数据与原始数据集的特征不对应，TSNE 估计器生成的新特征可能与数据集的原始特征完全不同。

440

⊖　算法的细节内容超出了本书的介绍范围，更多信息请参阅 https://scikit-learn.org/stable/modules/manifold.html#t-sne。

⊖　每次调用 fit_transform 都会重新训练估计器。如果打算重复使用估计器来多次降低样本的维数，请使用 fit 来训练估计器，然后使用 transform 来执行降维。在本案例研究中，我们还会将此技术用于 PCA。

下图显示了生成的散点图，可以看出有明显的集群，不过似乎有 11 个主要集群，而不是 10 个，还有一些似乎不属于任何特定集群的"散乱"数据点。根据之前对 Digits 数据集的研究，这也是合理的，因为有些数字很难分类。

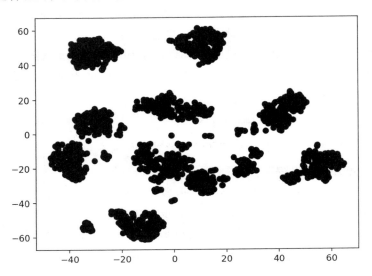

用不同的颜色可视化每个数字的降维数据

虽然上图显示了集群，但我们不知道每个集群中的所有点是否都代表相同的数字。如果不是这样的，那么集群就没有意义。我们使用 Digits 数据集中的已知 `target` 为所有点着色，以便可以看到这些集群是否确实代表特定的数字：

```
In [9]: dots = plt.scatter(reduced_data[:, 0], reduced_data[:, 1],
   ...:         c=digits.target, cmap=plt.cm.get_cmap('nipy_spectral_r', 10))
   ...:
   ...:
```

`scatter` 的关键字参数 `c = digits.target` 指定了由目标值确定点颜色。我们还添加了关键字参数

```
cmap=plt.cm.get_cmap('nipy_spectral_r', 10)
```

来指定给点着色时使用的颜色表。这里是为 10 个数字对应的散点着色，所以使用 Matplotlib 的 cm 对象的 `get_cmap` 方法（来自 `matplotlib.pyplot` 模块）来加载颜色表（`'nipy_spectral_r'`），并从中选择 10 种不同的颜色。

下面的代码在图表右侧添加了一个颜色栏，以便能看到每种颜色代表的数字：

```
In [10]: colorbar = plt.colorbar(dots)
```

下图就展示了对应于数字 0～9 的 10 个集群。同样，有一些较小的孤独点无法进行归类。可以看出，k 近邻这种无监督学习方法可以很好地处理这些数据，我们还可以通过实验研究 Matplotlib 的 `Axes3D`，它提供了 x 轴、y 轴和 z 轴，用以绘制三维图形。

441

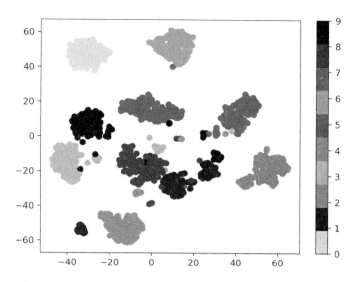

14.7　案例研究：无监督学习（第 2 部分）——k 均值聚类

本节介绍最简单的无监督机器学习算法——k 均值（k-means）聚类。该算法用于分析未标记样本，并尝试将它们放在相关的集群中。"k 均值"中的 k 表示希望对数据强加的集群数。

该算法使用类似于 k 近邻算法的距离计算，将样本都划归到预先指定数目的集群中。每个样本集群围绕一个**质心**（即集群的中心点）进行分组。起初，算法从数据集的样本中随机选择 k 个质心，然后将剩余的样本放置在距离其质心最接近的集群中，迭代地重新计算质心，并将样本再重新分配给各个集群，直到对于所有的集群，从质心到其集群中所有样本的距离被都最小化。算法的结果为：

- ❑ 一维标签数组，指示每个样本所属的集群；
- ❑ 表示每个集群中心的二维质心数组。

鸢尾花数据集

我们将使用 scikit-learn 中自带的 Iris（鸢尾花）数据集[注]，对它通常用分类和聚类进行分析。虽然此数据集已被标记，但此处忽略这些标签以进行聚类操作。然后，再使用这些标签来判定 k 均值算法对样本聚类的效果。

442

鸢尾花数据集被称为"toy 数据集"，因为它只有 150 个样本和 4 个特征，该数据集描述了三种鸢尾花（山鸢尾、变色鸢尾和维吉尼亚鸢尾）各 50 个样本，它们的照片如下图所示。每个样品的特征包括萼片长度、萼片宽度、花瓣长度和花瓣宽度，均以厘米为单位。萼片是每朵花的较大的外部部分，作用是在花蕾开花之前保护较小的内部花瓣。

⊖　Fisher, R.A., "The use of multiple measurements in taxonomic problems," Annual Eugenics, 7, Part Ⅱ, 179-188 (1936); also in "Contributions to Mathematical Statistics" (John Wiley, NY, 1950).

山鸢尾

资料来源：美国国家公园

变色鸢尾

资料来源：Jefficus 提供，见 https://commons.wikimedia.org/w/index.php?title=User:Jefficus&action=edit&redlink=1

维吉尼亚鸢尾

资料来源：Christer T Johansson

14.7.1　加载 Iris 数据集

使用 `ipython --matplotlib` 启动 IPython，然后使用 `sklearn.datasets` 模块的 `load_iris` 函数获取包含数据集的 Bunch 对象：

```
In [1]: from sklearn.datasets import load_iris

In [2]: iris = load_iris()
```

Bunch 对象的 DESCR 属性表示有 150 个样本（`Number of Instances`），每个样本有 4 个特征（`Number of Attributes`）。该数据集中没有缺失值。数据集通过用整数 0、1 和 2 标记样本来对样本进行分类，整数 0、1 和 2 分别代表山鸢尾、变色鸢尾和维吉尼亚鸢尾三种鸢尾花。忽略这些标签并尝试利用 k 均值聚类算法来确定样本的类别。下面的粗体字显示的是 DESCR 属性中比较关键的信息：

```
In [3]: print(iris.DESCR)
.. _iris_dataset:

Iris plants dataset
--------------------

**Data Set Characteristics:**

    :Number of Instances: 150 (50 in each of three classes)
    :Number of Attributes: 4 numeric, predictive attributes and the class
    :Attribute Information:
        - sepal length in cm
        - sepal width in cm
        - petal length in cm
        - petal width in cm
        - class:
                - Iris-Setosa
                - Iris-Versicolour
                - Iris-Virginica

    :Summary Statistics:

    ============== ==== ==== ======= ===== ====================
                    Min  Max   Mean    SD   Class Correlation
    ============== ==== ==== ======= ===== ====================
    sepal length:   4.3  7.9   5.84   0.83     0.7826
    sepal width:    2.0  4.4   3.05   0.43    -0.4194
    petal length:   1.0  6.9   3.76   1.76     0.9490   (high!)
    petal width:    0.1  2.5   1.20   0.76     0.9565   (high!)
    ============== ==== ==== ======= ===== ====================

    :Missing Attribute Values: None
    :Class Distribution: 33.3% for each of 3 classes.
    :Creator: R.A. Fisher
    :Donor: Michael Marshall (MARSHALL%PLU@io.arc.nasa.gov)
    :Date: July, 1988

The famous Iris database, first used by Sir R.A. Fisher. The dataset is
taken from Fisher's paper. Note that it's the same as in R, but not as in
the UCI Machine Learning Repository, which has two wrong data points.

This is perhaps the best known database to be found in the pattern
```

444

```
recognition literature. Fisher's paper is a classic in the field and
is referenced frequently to this day. (See Duda & Hart, for example.)
The data set contains 3 classes of 50 instances each, where each class
refers to a type of iris plant. One class is linearly separable from the
other 2; the latter are NOT linearly separable from each other.

.. topic:: References

  - Fisher, R.A. "The use of multiple measurements in taxonomic
    problems"
    Annual Eugenics, 7, Part II, 179-188 (1936); also in "Contributions
    to Mathematical Statistics" (John Wiley, NY, 1950).
  - Duda, R.O., & Hart, P.E. (1973) Pattern Classification and Scene
    Analysis.
    (Q327.D83) John Wiley & Sons.  ISBN 0-471-22361-1.  See page 218.
  - Dasarathy, B.V. (1980) "Nosing Around the Neighborhood: A New System
    Structure and Classification Rule for Recognition in Partially
    Exposed Environments". IEEE Transactions on Pattern Analysis and
    Machine Intelligence, Vol. PAMI-2, No. 1, 67-71.
  - Gates, G.W. (1972) "The Reduced Nearest Neighbor Rule".  IEEE
    Transactions on Information Theory, May 1972, 431-433.
  - See also: 1988 MLC Proceedings, 54-64.  Cheeseman et al"s AUTOCLASS
    II conceptual clustering system finds 3 classes in the data.
  - Many, many more ...
```

检查样品、特征和目标的数量

可以通过 data 数组的 shape 来确认样本数和每个样本的特征数，并且可以通过 target 数组的 shape 来确认目标数：

```
In [4]: iris.data.shape
Out[4]: (150, 4)

In [5]: iris.target.shape
Out[5]: (150,)
```

数组 target_names 包含 target 数组的数字标签的名称，dtype ='<U10' 表示这些名称是最多包含 10 个字符的字符串：

```
In [6]: iris.target_names
Out[6]: array(['setosa', 'versicolor', 'virginica'], dtype='<U10')
```

数组 feature_names 包含一个 data 数组中每列字符串名称的列表：

```
In [7]: iris.feature_names
Out[7]:
['sepal length (cm)',
 'sepal width (cm)',
 'petal length (cm)',
 'petal width (cm)']
```

14.7.2 探索 Iris 数据集：使用 pandas 进行描述性统计

下面使用 DataFrame 来探索鸢尾花数据集。正如我们在加利福尼亚房价案例研究中所做的，需要设置 pandas 选项来规范输出格式：

```
In [8]: import pandas as pd
```

```
In [9]: pd.set_option('max_columns', 5)
```

```
In [10]: pd.set_option('display.width', None)
```

使用 feature_names 数组作为列名，创建一个包含 data 数组内容的 DataFrame：

```
In [11]: iris_df = pd.DataFrame(iris.data, columns=iris.feature_names)
```

接下来，添加一个包含每个样本品种名称的列。下面的代码段中的列表使用 target 数组中的值来查找 target_names 数组中的相应品种名称：

```
In [12]: iris_df['species'] = [iris.target_names[i] for i in iris.target]
```

下面用 pandas 来查看一些样本，再次注意 pandas 在列标题的右侧显示了一个"\"，表示下面会显示更多的列：

```
In [13]: iris_df.head()
Out[13]:
   sepal length (cm)  sepal width (cm)  petal length (cm)  \
0                5.1               3.5                1.4
1                4.9               3.0                1.4
2                4.7               3.2                1.3
3                4.6               3.1                1.5
4                5.0               3.6                1.4
   petal width (cm)  species
0               0.2  setosa
1               0.2  setosa
2               0.2  setosa
3               0.2  setosa
4               0.2  setosa
```

计算一些数值列的描述性统计数据：

```
In [14]: pd.set_option('precision', 2)
```

```
In [15]: iris_df.describe()
Out[15]:
       sepal length (cm)  sepal width (cm)  petal length (cm)  \
count             150.00            150.00             150.00
mean                5.84              3.06               3.76
std                 0.83              0.44               1.77
min                 4.30              2.00               1.00
25%                 5.10              2.80               1.60
50%                 5.80              3.00               4.35
75%                 6.40              3.30               5.10
max                 7.90              4.40               6.90

       petal width (cm)
count            150.00
mean               1.20
std                0.76
min                0.10
25%                0.30
50%                1.30
75%                1.80
max                2.50
```

在 'species' 列上调用 describe 方法可确认它包含了三个值。这里，我们事先知道样本属于三个类别，但在无监督机器学习中并非总是如此。

446

```
In [16]: iris_df['species'].describe()
Out[16]:
count          150
unique           3
top         setosa
freq            50
Name: species, dtype: object
```

14.7.3 使用 Seaborn 的 pairplot 可视化数据集

下面来可视化数据集中的特征，了解数据的更多信息的一种方法就是，查看这些特征是如何相互关联的。该数据集有 4 个特征，我们无法在一幅图中将其中一个与其他三个相对应，但是可以对所有特征两两作图。代码段 [20] 使用 Seaborn 的 pairplot 函数创建了一个图形网格，绘制每个特征相对其自身和其他指定特征的散点图：

447

```
In [17]: import seaborn as sns

In [18]: sns.set(font_scale=1.1)

In [19]: sns.set_style('whitegrid')

In [20]: grid = sns.pairplot(data=iris_df, vars=iris_df.columns[0:4],
    ...:       hue='species')
    ...:
```

其中，关键字参数为：
- data——包含要绘制的数据的 DataFrame[⊖]。
- vars——包含要绘制的变量的名称的序列。对于 DataFrame，这些是要绘制的列的名称。这里使用前 4 个 DataFrame 的列，这 4 个列分别代表萼片长度、萼片宽度、花瓣长度和花瓣宽度。
- hue——用于指定所绘制数据的颜色的 DataFrame 的列，这里通过鸢尾品种对数据进行着色。

前面对 pairplot 的调用产生了以下 4×4 的图形网格，实时运行这个示例，你可以看到 pairplot 的 3 个不同数据点颜色。

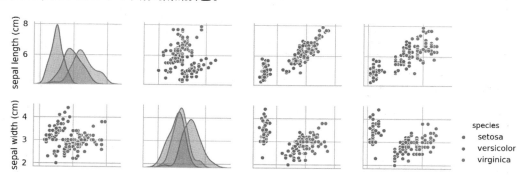

___

⊖ 也可以是二维数组或列表。

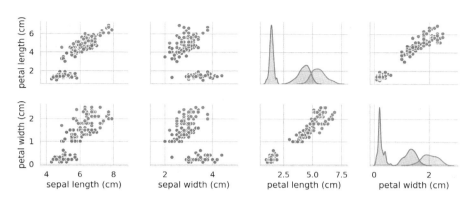

沿左上角到右下角的图显示了该列中绘制的特征的**分布**，图中从左到右为特征值的范围，从顶部到底部为具有这些值的样本数量。观察萼片长度的分布。

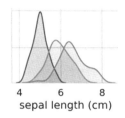

图中，最高的阴影区域表示山鸢尾的萼片长度范围（沿 x 轴显示）大约为 4～6 厘米，并且大多数山鸢尾样本位于该范围的中间（大约 5 厘米）。类似地，最右边的阴影区域表示维吉尼亚鸢尾的萼片长度范围约为 4～8.5 厘米，并且大多数维吉尼亚鸢尾样品的萼片长度为 6～7 厘米。

其他图显示了该特征相对于其他特征的散点图。在第一列中，其他三个图分别绘制了沿 y 轴的萼片宽度、花瓣长度和花瓣宽度以及沿 x 轴的萼片长度。

运行此代码时，将在全彩色输出图中看到，为每个鸢尾品种使用单独的颜色会显示出这些品种如何在特征－特征的基础上彼此相关。有趣的是，从所有的散点图中都能很清楚地将表示山鸢尾的蓝色点与表示其他品种的橙色点和绿色点分开，这表明山鸢尾确实属于单一类别。我们也可以看到其他两个品种有时会相互混淆，如某些橙色点和绿色点会重叠。例如，如果看萼片宽度与萼片长度的散点图，会发现变色鸢尾和维吉尼亚鸢尾混合在一起。这表明，如果只有萼片的宽度和长度测量值，将很难区分这两个品种。

用单色显示显示 pairplot

如果删除 hue 关键字参数，那么 pairplot 函数仅使用一种颜色来绘制所有的数据，因为它不知道如何区分不同的品种：

```
In [21]: grid = sns.pairplot(data=iris_df, vars=iris_df.columns[0:4])
```

正如下面即将看到的结果图，在这种情况下，沿对角线的图是显示该特征的所有值的分布的直方图，不区分品种。在分析每个散点图时，它们看起来可能只有两个不同的集群，

448

尽管我们已经知道这个数据集有三类。如果事先不知道集群的数量，那么可能需要请教熟悉该数据的**领域专家**，这样的人可能知道数据集中有三种，当我们尝试对数据执行机器学习时，这是很有价值的信息。

pairplot 图表适用于少量特征或特征子集，这样你会有少量的行和列，并且对于相对较小的样本，通过它就可以查看数据点。随着特征和样本数量的增加，每个散点很快会变得太小以至于无法读取。对于较大的数据集，可以选择绘制特征的子集，并随机选择样本子集，以了解数据。

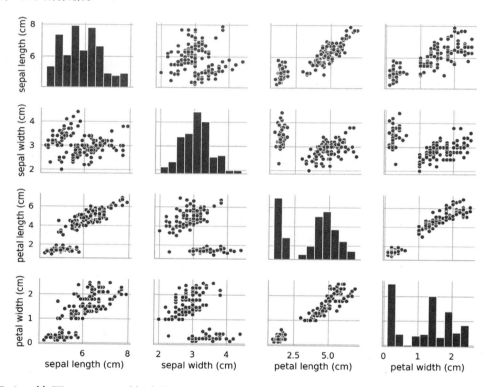

14.7.4　使用 KMeans 估计器

在本节中，我们将通过 scikit-learn 的 KMeans 估计器（来自 sklearn.cluster 模块）来进行 k 均值聚类，以将鸢尾花数据集中的每个样本放入一个集群中。与其他估计器一样，KMeans 估计器会隐藏算法的复杂数学细节，使其易于使用。

创建估计器

创建 KMeans 对象：

```
In [22]: from sklearn.cluster import KMeans

In [23]: kmeans = KMeans(n_clusters=3, random_state=11)
```

关键字参数 n_clusters 指定 k 均值聚类算法的超参数 k，KMeans 估计器需要计算集群并标记每个样本。当训练 KMeans 估计器时，算法会为每个集群计算一个质心来表示集群的中心数据点。

n_clusters 参数的默认值为 8。通常，我们会依赖熟悉数据的领域专家来帮助我们选择合适的 k 值。但是，使用超参数调整可以估计出一个合适的 k，稍后会做这个工作。这种情况下，我们知道了数据中有三种鸢尾花，所以使用 n_clusters= 3 来观察 KMeans 在有标记的鸢尾样本上的表现。再次使用 random_state 关键字参数实现可重复性。 450

拟合模型

接下来，将通过调用 KMeans 对象的 fit 方法来训练估计器，该步骤用于执行前面讨论的 k 均值算法：

```
In [24]: kmeans.fit(iris.data)
Out[24]:
KMeans(algorithm='auto', copy_x=True, init='k-means++', max_iter=300,
    n_clusters=3, n_init=10, n_jobs=None, precompute_distances='auto',
    random_state=11, tol=0.0001, verbose=0)
```

与其他估计器一样，fit 方法返回估计器对象，IPython 显示其字符串表示。可以在链接 https://scikit-learn.org/stable/modules/generated/sklearn.cluster.KMeans.html 上查看 KMeans 的默认参数。

训练完成后，KMeans 对象包含：

❏ 一个 labels_ 数组，其值为 0 到 n_clusters-1（在此示例中为 0 到 2），表示样本所属的集群。

❏ 一个 cluster_centers_ 数组，其中每行代表一个质心。

将计算机集群标签与鸢尾花数据集的目标值进行比较

由于鸢尾花数据集已标记，因此可以查看其 target 数组值，以了解 k 均值算法将样本聚类为三种鸢尾的效果。对于未标记数据，我们需要依赖领域专家来帮助我们评估预测的类别是否正确。

在这个数据集中，前 50 个样本是山鸢尾，接下来的 50 个是变色鸢尾，最后的 50 个是维吉尼亚鸢尾。鸢尾花数据集的 target 数组表示的值为 0~2。如果 KMeans 估计器完美地选择了集群，那么估计器的 labels_ 数组中每组的 50 个元素应该具有不同的聚类标签。在下面的结果中，请注意 KMeans 估计器使用 0~k-1 的值来标记集群，但这些标记与鸢尾花数据集的 target 数组无关。

我们使用切片来查看每组的 50 个鸢尾花样本是如何聚类的。下面的代码段显示前 50 个样本都放在集群 1 中：

```
In [25]: print(kmeans.labels_[0:50])
[1 1 1 1 1 1 1 1 1 1 1 1 1 1 1 1 1 1 1 1 1 1 1 1 1 1 1 1 1 1 1 1 1 1 1 1 1 1 1
 1 1 1 1 1 1 1 1 1 1 1 1 1]
```

接下来的 50 个样本应放入第二个集群中。下面的代码段显示大多数样本都放在集群 0 中，但是有两个样本放在了集群 2 中：

```
In [26]: print(kmeans.labels_[50:100])
[0 0 2 0 0 0 0 0 0 0 0 0 0 0 0 0 0 0 0 0 0 0 2 0 0 0 0 0 0 0 0 0
 0 0 0 0 0 0 0 0 0 0 0 0 0 0 0 0 0 0]
```

同样，最后 50 个样本应放入第 3 个集群中。下面的代码段显示这些样本中的大部分都放在了集群 2 中，但是其中有 14 个样本放在了集群 0 中，表明该算法认为样本属于不同的集群：

```
In [27]: print(kmeans.labels_[100:150])
[2 0 2 2 2 2 0 2 2 2 2 2 2 0 0 2 2 2 2 0 2 0 2 0 2 2 0 0 2 2 2 2 2 2 0 2 2
 2 2 0 2 2 2 0 2 2 2 0 2 2 0]
```

这三段代码的结果证实了我们在本节前面的 pairplot 图表中看到的——山鸢尾完美地形成一个集群，变色鸢尾和维吉尼亚鸢尾之间存在一些混淆。

14.7.5 主成分分析降维

接下来，我们将使用 PCA 估计器（来自 sklearn.decomposition 模块）来执行降维。此估计器使用主成分分析算法[⊖]来分析数据集的特征并将其降至指定的维数。对于鸢尾花数据集，我们首先尝试了前面讲的 TSNE 估计，但对得到的结果不是很满意，所以切换到 PCA 进行以下演示。

创建 PCA 对象

与 TSNE 估计器一样，PCA 估计器使用关键字参数 n_components 来指定维数：

```
In [28]: from sklearn.decomposition import PCA
In [29]: pca = PCA(n_components=2, random_state=11)
```

将鸢尾花数据集的特征转换为二维

接下来，我们通过调用 PCA 估计器的 fit 方法和 transform 方法来训练估计器并生成降维数据：

```
In [30]: pca.fit(iris.data)
Out[30]:
PCA(copy=True, iterated_power='auto', n_components=2, random_state=11,
  svd_solver='auto', tol=0.0, whiten=False)

In [31]: iris_pca = pca.transform(iris.data)
```

当任务完成时，返回一个与 iris.data 行数相同的数组，但只有两列，可以通过检查 iris_pca 的形状来确认：

```
In [32]: iris_pca.shape
Out[32]: (150, 2)
```

请注意，我们分别调用了 PCA 估计器的 fit 方法和 transform 方法，而不是直接调用 fit_transform 方法，之前将 fit_transform 方法与 TSNE 估计器一起使用过。在这个例子中，我们将重新使用训练过的估计器（由 fit 生成）并再次使用 transform 方法将

⊖ 算法的细节超出了本书的介绍范围，更多信息请参阅 https://scikit-learn.org/stable/modules/decomposition. html#pca。

聚类质心从四维减少到二维，以便绘制出每个集群的质心位置。

可视化降维数据

既然已将原始数据集降为二维，那么接下来可以使用散点图来显示这些数据。这里，我们将使用 Seaborn 的 scatterplot 函数。首先，将降维后的数据转换为 DataFrame 并添加一个品种列（我们将用它来确定散点的颜色）：

```
In [33]: iris_pca_df = pd.DataFrame(iris_pca,
    ...:                            columns=['Component1', 'Component2'])
    ...:
In [34]: iris_pca_df['species'] = iris_df.species
```

452

接下来，我们用 Seaborn 绘制散点图：

```
In [35]: axes = sns.scatterplot(data=iris_pca_df, x='Component1',
    ...:        y='Component2', hue='species', legend='brief',
    ...:        palette='cool')
    ...:
```

KMeans 对象的 cluster_centers_ 数组中的每个质心都具有与原始数据集相同的特征数（在本例中为 4 个）。要绘制质心，必须对它们降维，你可以将质心视为其群集中的"平均"样本，因此，应使用用于为该集群中其他样本降维的相同 PCA 估计器来转换每个质心：

```
In [36]: iris_centers = pca.transform(kmeans.cluster_centers_)
```

现在，将三个集群的质心绘制为更大的黑点，使用 Matplotlib 的 scatter 函数直接绘制这三个质心，而不是先将 iris_centers 数组转换为 DataFrame：

```
In [37]: import matplotlib.pyplot as plt

In [38]: dots = plt.scatter(iris_centers[:,0], iris_centers[:,1],
    ...:                     s=100, c='k')
    ...:
```

关键字参数 s=100 指定绘制点的大小，关键字参数 c ='k' 指定点应以黑色显示。

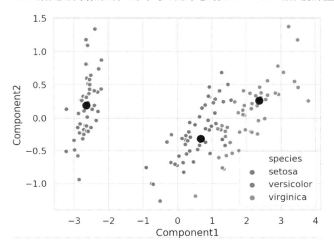

14.7.6 选择最佳聚类估计器

正如在分类和回归案例研究中所做的那样，下面来运行多个聚类算法，看看它们如何很好地聚类三种鸢尾花。在这里，我们将尝试使用之前创建的 KMeans 对象⊖和 scikit-learn 的 DBSCAN、MeanShift、SpectralClustering、AgglomerativeCluster 估计器创建的对象来为鸢尾花数据集聚类。与 KMeans 一样，可以预先为 SpectralClustering 和 AgglomerativeClustering 估计器指定集群的数量：

```
In [39]: from sklearn.cluster import DBSCAN, MeanShift,\
    ...:     SpectralClustering, AgglomerativeClustering

In [40]: estimators = {
    ...:     'KMeans': kmeans,
    ...:     'DBSCAN': DBSCAN(),
    ...:     'MeanShift': MeanShift(),
    ...:     'SpectralClustering': SpectralClustering(n_clusters=3),
    ...:     'AgglomerativeClustering':
    ...:         AgglomerativeClustering(n_clusters=3)
    ...: }
```

下列循环的每次迭代都会调用一种估计器的 fit 方法，iris.data 作为其中的参数，然后使用 NumPy 的 unique 函数来获取三组样本的集群标签和数量并显示结果。我们没有预先指定 DBSCAN 估计器和 MeanShift 估计器的集群数量。有趣的是，DBSCAN 估计器正确地预测了三个集群（标记为 -1、0 和 1），尽管它在同一集群中放置了 100 个维吉尼亚鸢尾和变色鸢尾中的 84 个，但是 MeanShift 估计器只预测了两个集群（标记为 0 和 1），并在同一集群中放置了 100 个维吉尼亚鸢尾和变色鸢尾中的 99 个：

```
In [41]: import numpy as np

In [42]: for name, estimator in estimators.items():
    ...:     estimator.fit(iris.data)
    ...:     print(f'\n{name}:')
    ...:     for i in range(0, 101, 50):
    ...:         labels, counts = np.unique(
    ...:             estimator.labels_[i:i+50], return_counts=True)
    ...:         print(f'{i}-{i+50}:')
    ...:         for label, count in zip(labels, counts):
    ...:             print(f'   label={label}, count={count}')
    ...:

KMeans:
0-50:
   label=1, count=50
50-100:
   label=0, count=48
   label=2, count=2
100-150:
   label=0, count=14
   label=2, count=36
```

⊖ 在这里使用小型鸢尾花数据集运行 KMeans。如果在较大的数据集上遇到 KMeans 的性能不佳的问题，可考虑使用 MiniBatchKMeans 估计器。scikit-learn 文档表明 MiniBatchKMeans 在大型数据集上的处理速度更快，结果几乎一样好。

453
454

```
DBSCAN:
0-50:
    label=-1, count=1
    label=0, count=49
50-100:
    label=-1, count=6
    label=1, count=44
100-150:
    label=-1, count=10
    label=1, count=40

MeanShift:
0-50:
    label=1, count=50
50-100:
    label=0, count=49
    label=1, count=1
100-150:
    label=0, count=50

SpectralClustering:
0-50:
    label=2, count=50
50-100:
    label=1, count=50
100-150:
    label=0, count=35
    label=1, count=15

AgglomerativeClustering:
0-50:
    label=1, count=50
50-100:
    label=0, count=49
    label=2, count=1
100-150:
    label=0, count=15
    label=2, count=35
```

　　虽然这些算法标记了每个样本，但这种标签只是表示不同的集群。得到集群的信息后该如何进一步处理呢？如果目标是在监督机器学习中使用数据，通常需要研究每个集群中的样本，以尝试确定它们的相关性并标记它们。正如我们将在下一章中看到的，无监督学习常用于深度学习应用中，使用无监督学习技术处理未标记数据的一些示例包括来自 Twitter 的推文、Facebook 帖子、视频、照片、新闻文章、客户评论、观影者影评等。

14.8　小结

　　在本章中，我们使用流行的 scikit-learn 库开始了机器学习研究。机器学习分为两种：适用于标记数据的有监督机器学习，以及适用于未标记数据的无监督机器学习。我们继续使用 Matplotlib 和 Seaborn 来强调可视化，特别是在深入了解数据时。

　　我们讨论了 scikit-learn 如何方便地将机器学习算法打包为估计器，它们都是封装的，因此即使不知道这些算法的复杂细节，也仍然可以使用少量的代码快速创建模型。

我们看到了有监督机器学习的分类和回归，使用最简单的分类算法之一——k 近邻，来分析捆绑在 scikit-learn 中的 Digits 数据集，可以看到分类算法预测了样本所属的类别。二分类问题使用两个类别（例如"垃圾邮件"或"非垃圾邮件"），多分类问题使用两个以上的类别（例如包含 10 个类别的 Digits 数据集）。

我们执行了典型的机器学习案例研究的每一步，包括加载数据集，使用 pandas 和可视化探索数据，拆分数据以进行训练和测试，创建模型，训练模型和进行预测。我们讨论了为什么要将数据划分为训练集和测试集，以及通过混淆矩阵和分类报告评估分类估计器的准确性的方法。

我们提到很难事先知道哪种模型会在特定数据上表现最佳，因此通常会尝试多种模型并选择性能最佳的那个。我们发现运行多个估计器是很容易的事情，还使用了超参数调整和 k 折交叉验证来为 k 近邻算法选择最佳的 *k* 值。

我们重新审视了第 10 章的"数据科学入门"部分中的时间序列和简单线性回归示例，这次使用了 scikit-learn 的 LinearRegression 估计器来实现，接下来又使用了 LinearRegression 估计器对加利福尼亚房价数据集执行多元线性回归，该数据集是 scikit-learn 自带的。可以看到，默认情况下，LinearRegression 估计器使用数据集中的所有数值特征比使用简单线性回归能够进行更复杂的预测。之后，我们又运行了多个 scikit-learn 估计器来比较它们的表现并选择最佳的。

接下来，我们介绍了一种无监督机器学习方法，并提到它通常和聚类算法一起使用。我们使用降维方法（和 scikit-learn 的 TSNE 估计器一起）将 Digits 数据集的 64 个特征压缩为两个以进行可视化，这使得我们能够看到 Digits 数据的聚类结果。

我们展示了一种最简单的无监督机器学习算法——k 均值聚类，并在鸢尾花数据集上进行了演示，该数据集也是捆绑在 scikit-learn 中的。我们使用降维（使用 scikit-learn 的 PCA 估计器）将鸢尾花数据集的四个特征压缩为两个以进行可视化，从而显示数据集中的三个鸢尾品种及其质心的聚类。最后，我们运行了多个聚类估计器来比较它们将鸢尾花数据集的样本标记为三个集群的能力。

下一章，我们将通过讨论深度学习和强化学习来继续机器学习技术的研究，并将解决一些引人入胜且具有挑战性的问题。

第 15 章　*Chapter 15*

深度学习

目标

- ❑ 了解神经网络是什么以及它如何实现深度学习。
- ❑ 创建 Keras 神经网络。
- ❑ 了解 Keras 的神经网络层、激活函数、损失函数和优化器。
- ❑ 使用在 MNIST 数据集上训练的 Keras 卷积神经网络（CNN）来识别手写数字。
- ❑ 使用在 IMDb 数据集上训练的 Keras 递归神经网络（RNN）来执行正面和负面影评的二分类。
- ❑ 使用 TensorBoard 可视化深度学习网络的训练进度。
- ❑ 了解 Keras 中的预训练神经网络。
- ❑ 了解在大量 ImageNet 数据集上预训练的模型对于计算机视觉 APP 的使用价值。

15.1　简介

深度学习是人工智能中最激动人心的领域之一，是机器学习的一个强大子集，过去几年，它在计算机视觉和很多其他领域取得了令人瞩目的成果。大数据的可用性、处理器显著的能力、更快的网络速度以及并行计算硬件和软件的进步，为更多追求需要占用大量资源的深度学习解决方案的组织和个人提供了可能。

Keras 和 TensorFlow

上一章中，scikit-learn 使我们能够方便地使用一个语句来定义机器学习模型。而深度学习模型需要更复杂的设置，通常要连接多个对象，称为**层**。我们将使用 Keras 构建深度学习模型，Keras 为 Google 最广泛使用的深度学习库 TensorFlow 提供了友好的界面[⊖]。Keras 由 Google Mind 团队的 François Chollet 开发，使得深度学习功能更易于访问。François Chollet 的 *Deep Learning with Python* 一书是非常值得一读的[⊜]。Google 内部也正在开展数千个 TensorFlow 和 Keras 项目，而且这个数字还在快速增长^{⊜⊛}。

模型

深度学习模型很复杂，需要丰富的数学背景才能理解其内部工作原理。正如全本书所做的那样，本书将避免高强度的数学推导，更关注语言上的解释。

Keras 专门针对深度学习，而 scikit-learn 是针对机器学习的，它们都将复杂的数学运算进行了封装，所以开发者只需要定义、参数化和操纵对象。使用 Keras，我们可以从已有的组件构建模型，并根据需求快速参数化这些组件，这就是本书所说的基于对象编程。

利用模型进行实验

机器学习和深度学习是经验化而非理论化的，我们将尝试使用多种模型，以各种方式进行调整，直到找到最适合我们的应用的模型，而 Keras 可以帮助我们完成这种实验。

数据集大小

当面对大量数据时，深度学习的效果会很好，但当它与迁移学习^{⊛⊛}和数据扩充^{⊕⊛}等技术相结合时，它对小型数据集也很有效。迁移学习使用之前训练过的模型中的现有知识作为新模型的基础，数据扩充从现有数据中导出新数据并将其添加到原数据集，例如，在某个图像数据集中，可以左右旋转图像，以便模型可以从不同方向了解目标。但总的来说，拥有的数据越多，越能够更好地训练深度学习模型。

处理能力

深度学习需要强大的处理能力，在大数据集上训练复杂的模型可能需要数小时、数天甚至更长时间才能完成。本章介绍的模型可以在传统的 CPU 计算机上被训练几分钟至低于一个小时，而对此只需要一台通用的 PC。我们将讨论分别由 NVIDIA 和 Google 开发的 GPU（图形处理单元）和 TPU（张量处理单元）特殊高性能硬件，以满足一些深度学习应用的特别处理需求。

⊖　Keras 还是微软 CNTK 和蒙特利尔大学 Theano（2017 年停止开发）的友好界面。其他流行的深度学习框架包括 Caffe（见 http://caffe.berkeleyvision.org/）、Apache MXNet（见 https://mxnet.apache.org/）和 PyTorch（见 https://pytorch.org/）。

⊜　Chollet, François. *Deep Learning with Python*. Shelter Island, NY: Manning Publications, 2018.

⊜　http://theweek.com/speedreads/654463/google-more-than-1000-artificial-intelligenceprojects-works.

⊛　https://www.zdnet.com/article/google-says-exponential-growth-of-ai-is-changingnature-of-compute/.

⊛　https://towardsdatascience.com/transfer-learning-from-pre-trained-modelsf2393f124751.

⊗　https://medium.com/nanonets/nanonets-how-to-use-deep-learning-when-you-havelimited-data-f68c0b512cab.

⊕　https://towardsdatascience.com/data-augmentation-and-images-7aca9bd0dbe8.

⊗　https://medium.com/nanonets/how-to-use-deep-learning-when-you-have-limited-datapart-2-data-augmentation-c26971dc8ced.

捆绑的数据集

Keras 与一些流行的数据集打包在一起，我们将在本章的示例中使用其中两个数据集。可以在线查找每个数据集的 Keras 相关研究，包括采用不同方法处理这些数据集。

在第 14 章中，我们使用了 scikit-learn 的 Digits 数据集，其中包含 1797 个手写数字图像，这些图像是从更大的 MNIST 数据集中挑选出来的（MNIST 数据集包括 60,000 个训练图像和 10,000 个测试图像）[一]。本章将使用完整的 MNIST 数据集，构建一个 Keras 卷积神经网络（CNN 或 convnet）模型，该模型将在测试集中实现手写数字图像的高性能识别。CNN 特别适用于计算机视觉任务，例如识别手写数字和字符或识别图像和视频中的对象（包括面部）。我们还将使用 Keras 递归神经网络对 IMDb 影评数据集进行情感分析，其中训练集和测试集中的评论被标记为正面或负面。

深度学习的未来

较新的自动化深度学习功能使得构建深度学习解决方案变得更加容易，其中包括来自 Texas A&M 大学 Data Lab 的 Auto-Keras[二]、百度的 EZDL[三]和 Google 的 AutoML[四]。

15.1.1　深度学习应用

深度学习正在被广泛应用，例如
- 游戏
- 计算机视觉：目标识别、模式识别、面部识别
- 自动驾驶汽车
- 机器人
- 改善客户体验
- 聊天机器人
- 疾病诊断
- 谷歌搜索
- 面部识别
- 自动看图说话和可隐藏字幕视频
- 图像超分辨
- 语音识别
- 跨语言翻译
- 预测选举结果
- 预测地震和天气

[一] "The MNIST Database." MNIST Handwritten Digit Database, Yann LeCun, Corinna Cortes and Chris Burges. http://yann.lecun.com/exdb/mnist/.

[二] https://autokeras.com/.

[三] https://ai.baidu.com/ezdl/.

[四] https://cloud.google.com/automl/.

❑ 用 Google Sunroof 确定是否可以将太阳能电池板放在屋顶上
❑ 生成式应用——生成原始图像，处理现有图像，使其看起来像指定的艺术家风格，为黑白图像和视频添加颜色，创建音乐、文本（书籍、诗歌）等。

15.1.2　深度学习演示

查看下面这 4 个深度学习演示并在线搜索更多内容，包括上一节提到的实际应用：

❑ deepArt.io——通过将艺术风格应用于照片将照片转换为艺术作品，见 https://deepart.io/。
❑ DeepWarp 演示——分析人的照片，让人的眼睛向不同的方向移动，见 https://sites.skoltech.ru/sites/compvision_wiki/ static_pages / projects / deepwarp /。
❑ 图像转图像演示——将线条图转换为图片，见 https:// affinelayer.com/pixsrv/。
❑ Google Translate 移动 APP（从应用程序商店下载到手机）——将照片中的文本翻译成另一种语言（例如，拍摄一个西班牙语的标志或菜单，将其中的文本翻译成英语）。

15.1.3　Keras 资源

在学习深度学习时，以下资源可能会提供帮助：

❑ 问题解答请访问 Keras 团队的 slack 通道，见 http://kerasteam.slack.com。
❑ 有关文章和教程，请访问 https://blog.keras.io。
❑ Keras 文档请访问 http://keras.io。
❑ 寻找学期项目、定向研究项目、毕业论文或论文题目，请到 https://arXiv.org 访问 arXiv（发音同"archive"，其中 X 代表希腊字母"chi"）。很多人在这里发布研究论文，并同步进行正式出版物同行评审，以便能够得到快速反馈。因此，该网站可以提供最新的研究。

15.2　Keras 内置数据集

以下是一些 Keras 的内置数据集（来自模块 `tensorflow.keras.datasets`[○]），用于实践深度学习。我们将在本章的示例中使用其中的几个：

❑ MNIST 手写数字数据集[○]——用于对手写数字图像进行分类，该数据集包含被标记为 0～9 的 28×28 像素的灰度数字图像，其中 60,000 个用于训练，10,000 个用于测试。我们将在 15.6 节中使用这个数据集研究卷积神经网络。

○ 在独立的 Keras 库中，模块名称以 `keras` 开头而不是以 `tensorflow.keras` 开头。
○ "The MNIST Database." MNIST Handwritten Digit Database, Yann LeCun, Corinna Cortes and Chris Burges. http://yann.lecun.com/exdb/mnist/.

- Fashion-MNIST 时尚文章数据集[一]——用于对穿搭图像进行分类，该数据集包含被标记为 10 个类别的 28×28 像素的灰度图像[二]，其中 60,000 个用于训练，10,000 个用于测试。一旦构建了基于 MNIST 数据集的模型，就可以通过更改一些语句在 Fashion-MNIST 上重新使用该模型。
- IMDb 影评数据集[三]——用于情感分析，该数据集包含被标记为正面（1）或负面（0）情感的评论，其中 25,000 条用于训练，25,000 条用于测试。我们将在 15.9 节中使用该数据集来研究递归神经网络。
- CIFAR10 小图像分类数据集[四]——用于小图像的分类，该数据集包含被标记为 10 个类别的 32×32 像素的彩色图像，其中 50,000 个用于训练，10,000 个用于测试。
- CIFAR100 小图像分类[五]——用于小图像的分类，此数据集包含被标记为 100 个类别的 32×32 像素的彩色图像，其中 50,000 个用于训练，10,000 个用于测试。

15.3 自定义 Anaconda 环境

在执行本章的示例之前，需要安装库。在本章示例中，我们将使用 TensorFlow 深度学习库的 Keras 版本[六]。在撰写本文时，TensorFlow 尚不支持 Python 3.7，因此，需要使用 Python 3.6.x 来执行本章的示例。本章将展示如何设置自定义环境以使用 Keras 和 TensorFlow。

Anaconda 环境

Anaconda Python 发行版可以轻松创建自定义**环境**。自定义环境是单独的配置，可以在其中安装不同的库和同一个库的不同版本。如果代码依赖于特定的 Python 或特定版本的库，可以利用它进行复现。

Anaconda 中的默认环境称为基础环境，这是在安装 Anaconda 时创建的。Anaconda 附带的所有 Python 库都安装在基础环境中，除非另有指定，否则后来安装的任何其他库也会放在基础环境中，可以通过自定义环境为特定任务安装特定的库[七]。

创建一个 Anaconda 环境

conda create 命令可以创建一个环境，下面创建一个 TensorFlow 环境，并将其命名为

[一] Han Xiao and Kashif Rasul and Roland Vollgraf, Fashion-MNIST: a Novel Image Dataset for Benchmarking Machine Learning Algorithms, arXiv, cs.LG/1708.07747.
[二] https://keras.io/datasets/#fashion-mnist-database-of-fashion-articles.
[三] Andrew L. Maas, Raymond E. Daly, Peter T. Pham, Dan Huang, Andrew Y. Ng, and Christopher Potts. (2011). Learning Word Vectors for Sentiment Analysis. The 49th Annual Meeting of the Association for Computational Linguistics (ACL 2011).
[四] https://www.cs.toronto.edu/~kriz/cifar.html.
[五] https://www.cs.toronto.edu/~kriz/cifar.html.
[六] 还有一个独立版本，可让我们在 TensorFlow、Microsoft 的 CNTK 或者 Université de Montréal 的 Theano（2017 年停止开发）之间进行选择。
[七] 在下一章中，我们将介绍 Docker 作为另一种复现机制，并作为安装复杂环境的便捷方式。

`tf_env`（可以随意命名），在 Terminal、shell 或 Anaconda 命令提示符中运行以下命令[⊖⊖]：

```
conda create -n tf_env tensorflow anaconda ipython jupyterlab
    scikit-learn matplotlib seaborn h5py pydot graphviz
```

可以确定列出的库之间的依赖关系，然后显示出将在新环境中安装的所有库。这个过程有许多依赖项，因此可能需要几分钟时间。看到提示

```
Proceed ([y]/n)?
```

时，就可以按 Enter 键来创建环境并安装库[⊜]。

激活备用 Anaconda 环境

要使用自定义环境，需执行 `conda activate` 命令：

```
conda activate tf_env
```

这仅影响当前的 Terminal、shell 或 Anaconda 命令提示符。激活自定义环境并安装更多库时，它们将成为所激活环境的一部分，而不是基础环境。如果打开单独的 Terminal、shell 或 Anaconda 命令提示符，默认会使用 Anaconda 的基础环境。

停用备用 Anaconda 环境

完成自定义环境后，可以通过执行以下命令回到当前 Terminal、shell 或 Anaconda 命令提示符中的基础环境：

```
conda deactivate
```

Jupyter Notebook 和 JupyterLab

本章的示例都是以 Jupyter Notebook 形式提供的，它能让我们更方便地尝试这些示例。可以通过调整我们提供的选项重新执行这些 Notebook。在本章中，需要从 `ch15` 示例文件夹中启动 JupyterLab（如 1.5.3 节所述）。

15.4 神经网络

深度学习是一种利用人工神经网络学习的机器学习方式。**人工神经网络**（或神经网络）是一种软件构造，其运作方式与科学家认为的人类大脑的工作方式类似。我们的生物神经系统通过神经元受控制，神经元之间沿着突触相互通信。特定的神经元使我们能够更有效地执行给定的任务，比如行走、彼此交流。这些神经元在任何我们需要行走的时候都会被激活[㉔]。

[463]

⊖ Windows 用户应以管理员身份运行 Anaconda 命令提示符。

⊜ 如果你的计算机具有与 TensorFlow 兼容的 NVIDIA GPU，则可以使用 `tensorflow-gpu` 替换 `tensorflow` 库以获得更好的性能。更多信息请参阅 https://www.tensorflow.org/install/gpu。一些 AMD GPU 也可以与 TensorFlow 一起使用，见 http://timdettmers.com/2018/11/05/which-gpu-for-deep-learning/。

⊜ 当我们创建自定义环境时，Ana conda 安装了 Python 3.6.7，这是与 `tensorflow` 库兼容的最新 Python 版本。

㉔ https://www.sciencenewsforstudents.org/article/learning-rewires-brain.

人工神经元

在神经网络中，相互连接的**人工神经元**通过模拟人脑的神经元来帮助网络学习，在学习过程中加强特定神经元之间的联系，以达到特定结果。本章使用的**有监督深度学习**中，我们的目标是预测数据样本提供的目标标签。为此，我们将训练一个通用的神经网络模型，然后用它来预测未知数据⊖。

人工神经网络图解

下图展示了一个三层神经网络，每个圆圈代表一个神经元，它们之间的连线模拟了突触。一个神经元的输出成为另一神经元的输入，因此称为神经网络。该图展示了一个**全连接网络**——给定层中的每个神经元都与下一层中的所有神经元建立连接。

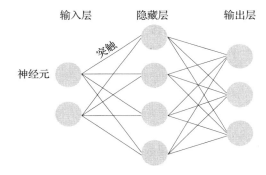

学习是一个迭代过程

当我们还是孩子的时候，并没有立即学会行走，而是随着时间的推移重复性地学习了这个过程，大脑内部逐步建立了能够走路的小组件——学习站立、学习平衡以保持站立、学习抬起脚并向前移动，等等。而且从环境中得到了反馈，当我们走路成功时，父母微笑着拍手；跌倒时，可能会碰到头部并感到疼痛。

同样，我们会随着时间的推移迭代地训练神经网络。一次迭代称为一个 epoch，即对训练数据集中的每个样本都执行一次训练。不存在所谓"正确"的 epoch 数量，因为这是一个超参数，可能需要根据训练数据和模型进行调整。网络的输入是训练样本中的特征，一些层用来从先前层的输出中学习新特征，而另一些层则用来解释这些特征以进行预测。

464

人工神经元如何决定是否激活突触

在训练阶段，网络会计算某层神经元与其下一层神经元之间每个连接的值，称为**权重**。在神经元－神经元的基础上，每个输入乘以该连接的权重，然后将这些加权输入的总和传递给神经元的**激活函数**。该函数的输出确定哪些神经元会被激活，就像人类大脑中的神经元传递信息一样，对来自眼睛、鼻子、耳朵等的输入做出不同的响应。下图显示了一个神经元接收了三个输入（黑点）并产生一个输出（空心圆），它将传递给下一层中的所有或部分神经元，具体取决于神经网络的层的类型。

⊖ 在机器学习中，也可以创建无监督的深度学习网络，但这些超出了本章的介绍范围。

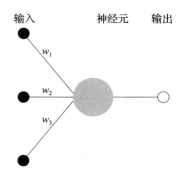

w_1、w_2 和 w_3 是权重。在从头开始训练的新模型中，这些值由模型随机初始化。对网络进行训练时，试图最小化网络预测标签和样本的真实标签之间的错误率，这个错误率称为**损失**（loss），确定损失的计算称为**损失函数**（loss function）。在整个训练过程中，网络确定每个神经元对整体损失的贡献，然后返回至各层并调整权重以尽量减少损失，这种方式称为**反向传播**，网络的权重会在训练过程中逐步调整——通常利用**梯度下降法**。

15.5　张量

深度学习框架通常以**张量**的形式处理数据，一个"张量"基本上是一个多维数组。类似 TensorFlow 的框架会将所有的数据打包到一个或多个张量中，用于执行使神经网络能够学习的数学计算。随着数据维度和数据量的增加（例如，图像、音频和视频数据比文本数据更丰富），这些张量可能会变得非常大，学者 Chollet 讨论了在深度学习中经常会遇到的张量类型[⊖]：

❏ 0D（零维）张量——一个值，称为标量。
❏ 1D 张量——类似于一维数组，称为矢量。1D 张量可以表示序列，例如来自传感器的每小时的温度读数或一条影评中的词汇。
❏ 2D 张量——类似于二维数组，称为矩阵。2D 张量可以表示灰度图像，其中张量的两个维度是图像的宽度和高度（以像素为单位），每个元素中的值是该像素的强度。
❏ 3D 张量——类似于三维阵列，可用于表示彩色图像。前两个维度表示图像的宽度和高度（以像素为单位），每个位置的深度可以表示给定像素的颜色中的红色、绿色和蓝色（RGB）分量。3D 张量还可以表示灰度图像的 2D 张量的合集。
❏ 4D 张量——可用于表示 3D 张量的彩色图像合集。它也可以用来表示一个视频，视频中的每个帧基本上就是一幅彩色图像。
❏ 5D 张量——可以用来表示包含视频的 4D 张量的合集。

张量的形式（shape）通常表示为元组，元素的数量指定了张量的维数，而元组中的每个值指定了张量某一维度的大小。

⊖　Chollet, François. Deep Learning with Python. Section 2.2. Shelter Island, NY: Manning Publications, 2018.

假设正在创建一个深度学习网络来识别和跟踪每秒 30 帧的 4K（高分辨率）视频中的对象，4K 视频中的每帧是 3840×2160 像素，还假设像素呈现为红色、绿色和蓝色分量，因此每帧将是一个 3D 张量，包含总共 24,883,200 个元素（3840×2160×3），每个视频将是一个包含帧序列的 4D 张量。如果视频是一分钟长，那么每个张量就有 44,789,760,000 个元素！

每分钟有超过 600 小时的视频上传到 YouTube[一]，因此，仅在一分钟的上传时间内，谷歌可能就会有一个包含 1,612,431,360,000,000 个元素的张量用于训练深度学习模型——这是大数据！正如我们所看到的，张量很快就会变得非常庞大，因此有效地处理这些数据至关重要，这也是在 GPU 上执行深度学习技术的关键原因之一。最近谷歌设计了专门用来执行张量操作的 TPU（张量处理单元），它的执行速度比 GPU 更快。

高性能处理器

实际的深度学习需要用到强大的处理器，因为张量可能是巨大的，并且大张量操作会对处理器产生迫切的需求。最常用于深度学习的处理器包括：

❑ NVIDIA GPU（图形处理单元）——由 NVIDIA 公司为电脑游戏开发的，GPU 处理大量数据的速度比传统 CPU 的速度快得多，从而使开发人员能够更有效地训练、验证和测试深度学习模型，并可以做更多的实验。GPU 对通常在张量上执行的数学矩阵运算进行了优化，这是在执行深度学习时无须了解其计算过程的一个重要因素。NVIDIA 的 Volta 张量核专门用于深度学习[二][三]，很多 NVIDIA GPU 都与 TensorFlow 兼容，因此与 Keras 也兼容，从而可以提高深度学习模型的性能[四]。　|466|

❑ 谷歌 TPU（张量处理单元）——谷歌公司认识到了深度学习对其未来至关重要，因此开发了 TPU，现在在其云 TPU 服务中已经投入使用，"单个 pod 可提供高达 11.5 petaflops 的性能"[五]（即每秒 11.5 万亿次浮点运算）。此外，TPU 的设计特别节能。对于像谷歌这样拥有大规模计算集群的公司而言，这是一个关键问题，因为这些计算集群呈指数级增长会消耗大量能源。

15.6　用于视觉的卷积神经网络：使用 MNIST 数据集进行多分类

在第 14 章中，我们使用 scikit-learn 自带的 Digits 数据集进行了分类，该数据集包含 8×8 像素的低分辨率手写数字图像，是较高分辨率的 MNIST 手写数字数据集的子集。在这里，我们将基于 MNIST 数据集利用卷积神经网络[六]（也称为 convnet 或 CNN）探索深度学

[一]　https://www.inc.com/tom-popomaronis/youtube-analyzed-trillions-of-data-points-in-2018-revealing-5-eye-opening-behavioral-statistics.html.

[二]　https://www.nvidia.com/en-us/data-center/tensorcore/.

[三]　https://devblogs.nvidia.com/tensor-core-ai-performance-milestones/.

[四]　https://www.tensorflow.org/install/gpu.

[五]　https://cloud.google.com/tpu/.

[六]　https://en.wikipedia.org/wiki/Convolutional_neural_network.

习。CNN 在计算机视觉应用中很常见，例如识别手写数字和字符，以及识别图像和视频中的对象，它还被用于非视觉应用中，例如自然语言处理和推荐系统。

Digits 数据集只有 1797 个样本，而 MNIST 有 70,000 个有标记的数字图像样本——60,000 个用于训练，10,000 个用于测试。每个样本为 28×28 像素的灰度图像（784 个总特征），表示为 NumPy 数组。每个像素的值为 0～255，表示该像素的强度（Digits 数据集使用更精细的像素强度（值为 0～16））。MNIST 数据集的标签是 0～9 的整数值，用于表示每个图像代表的数字。

上一章中使用机器学习模型来预测数字图像类别——0～9 的整数，本章将构建 CNN 模型执行概率分类[一]。对于每幅数字图像，模型将输出一个包含 10 个概率的数组，每个概率表示该数字属于 0～9 类中的特定类别的可能性，具有最高概率的类别就是最后的预测值。

Keras 和深度学习中的可重复性

我们在整本书中讨论了可重复性的重要性。在深度学习中，可重复性更加难以实现，因为这些库重度并行化了执行浮点计算的操作。每次执行操作时，它们都可以以不同的顺序执行，从而使结果出现差异。现在 Keras 中获得可重复性的结果，需要结合 Keras FAQ 中描述的环境设置和代码设置，见 https://keras.io/getting-started/faq/#how-can-i-obtain-reproducible-results-using-keras-during-development。

基本的 Keras 神经网络

Keras 神经网络由以下组件组成：

❑ **网络**（也称为**模型**）——包含用于从样本中学习的神经元的**层**序列。每层神经元接收输入，处理它们（通过激活函数）并产生输出。数据通过**输入层**输入网络，输入层指定样本数据的维度。接下来是实现学习的神经元**隐藏层**和产生预测的**输出层**。堆叠的层次越多，网络越深，因此称为深度学习。

❑ **损失函数**——可以衡量网络预测目标值的效果。损失值越低，表明预测效果越好。

❑ **优化器**——尝试最小化损失函数的值，以调整网络进行更好的预测。

启动 JupyterLab

本节假设已激活了在 15.3 节中创建的 `tf_env` 环境，并从 `ch15` 示例文件夹中启动了 JupyterLab。可以在 JupyterLab 中打开 `MNIST_CNN.ipynb` 文件并在我们提供的单元格中执行代码，也可以创建一个新笔记本并自行输入代码，还可以在 IPython 的命令行中工作，但是，将代码放在 Jupyter Notebook 中会更容易重新执行本章的示例。

提醒一下，可以通过从 JupyterLab 的"Kenel"菜单中选择"Restart Kernel and Clear All Outputs..."来重置 Jupyter Notebook 并删除其输出。如果模型表现不佳且希望尝试不同的超参数，或者想重构神经网络，可以执行此操作[二]。可以一次重新执行一个单元格，或者

[一] https://en.wikipedia.org/wiki/Probabilistic_classification.

[二] 有时需执行此菜单选项两次才能清除输出。

通过选择 JupyterLab 的"Run"菜单中的"Run All"来执行整个 Notebook。

15.6.1　加载 MNIST 数据集

下面来导入 `tensorflow.keras.datasets.mnist` 模块加载 MNIST 数据集：

```
[1]: from tensorflow.keras.datasets import mnist
```

请注意，因为我们使用的是 TensorFlow 中内置的 Keras 版本，所以 Keras 模块名称以 "`tensorflow.`"开头。在独立的 Keras 版本中，模块名称以"`keras.`"开头，此时本案例需使用 `keras.datasets`。Keras 使用 TensorFlow 来执行深度学习模型。

`minist` 模块的 `load_data` 函数可以加载 MNIST 训练集和测试集：

```
[2]: (X_train, y_train), (X_test, y_test) = mnist.load_data()
```

当调用 `load_data` 函数时，它会将 MNIST 数据集下载到系统。该函数返回包含训练集和测试集两个元素的元组，每个元素本身又是一个包含样本和标签的元组。

15.6.2　数据探索

在使用数据之前，我们先了解一下这些数据。首先，检查训练集的图像（`X_train`）、训练集的标签（`y_train`）、测试集的图像（`X_test`）和测试集的标签（`y_test`）的维度：

```
[3]: X_train.shape
[3]: (60000, 28, 28)

[4]: y_train.shape
[4]: (60000,)

[5]: X_test.shape
[5]: (10000, 28, 28)

[6]: y_test.shape
[6]: (10000,)
```

从 `X_train` 和 `X_test` 的形式可以看出，图像的分辨率高于 scikit-learn 中的 Digits 数据集（8×8 像素）。

可视化数字

下面来可视化一些数字图像。首先，在 Jupyter Notebook 中启用 Matplotlib，导入 Matplotlib 和 Seaborn 并设置字体尺寸：

```
[7]: %matplotlib inline

[8]: import matplotlib.pyplot as plt

[9]: import seaborn as sns

[10]: sns.set(font_scale=2)
```

IPython 魔术命令

```
%matplotlib inline
```

表示基于 Matplotlib 创建的图形应显示在 Jupyter Notebook 中而不是在单独的窗口中。关于 IPython 魔术命令请参阅 https://ipython.readthedocs.io/en/stable/interactive/magics.html。

接下来将显示一组随机选择的 24 个 MNIST 训练集图像。回想一下第 7 章，我们可以将一系列索引作为 NumPy 数组的下标传递，以仅选择这些索引处的数组元素。我们将在此处使用该功能来选择 X_train 和 y_train 数组中相同索引处的元素，来为每个随机选择的图像显示正确的标签。

NumPy 的 choice 函数（来自 numpy.random 模块）从其第一个参数中的数组（这里的数组包含 X_train 的索引范围）里随机选择第二个参数（24）指定的元素数。函数返回一个包含所选索引的数组，其存储在 index 中。表达式 X_train[index] 和 y_train[index] 使用 index 从两个数组中获取相应的元素。该代码单元格的其余部分是前一章 Digits 案例研究中的可视化代码：

```
[11]: import numpy as np
      index = np.random.choice(np.arange(len(X_train)), 24, replace=False)
      figure, axes = plt.subplots(nrows=4, ncols=6, figsize=(16, 9))

      for item in zip(axes.ravel(), X_train[index], y_train[index]):
          axes, image, target = item
          axes.imshow(image, cmap=plt.cm.gray_r)
          axes.set_xticks([])  # remove x-axis tick marks
          axes.set_yticks([])  # remove y-axis tick marks
          axes.set_title(target)
      plt.tight_layout()
```

从下面的输出中可看到，MNIST 数据集中的图像分辨率高于 scikit-learn 的 Digits 数据集。

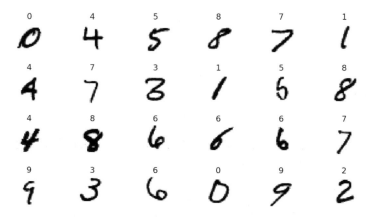

观察这些数字，可以看到识别手写数字为什么是一个挑战：

❑ 有些人写的 4 是 "开口" 的（就像第一行和第三行中的那些），有些人写的 4 是 "封闭" 的（就像第二行中的那个）。虽然每个 "4" 都有一些相似的特征，但它们不相同。

❑ 第二行中的 3 看起来很奇怪,更像是合并的 6 和 7,对比来看,第四行中的 3 更清晰。

❑ 第二行中的 5 可能很容易与 6 混淆。

❑ 此外,人们会以不同的角度来写数字,第三行和第四行中有四个 6,其中两个是直立的,一个向左倾斜,一个向右倾斜。

如果多次运行前面的代码段,也可以看到其他随机选择的数字⊖。如果不是每个数字上方有标签,某些数字将难以识别。接下来很快就会看到 CNN 网络是如何准确地预测 MNIST 测试集中的数字的。

470

15.6.3 数据准备

回想一下,在第 14 章,scikit-learn 的内置数据集会被预处理成其模型所需的形式。在实际研究中,通常需要准备部分或全部数据,对 MNIST 数据集需要做一些准备以将其用于 Keras 的 CNN 中。

重塑图像数据

Keras 的 CNN 需要 NumPy 数组输入,其中每个样本都具有以下形式:

(*width*, *height*, *channels*)

对于 MNIST 数据,每个图像的宽度和高度都为 28 个像素,每个像素有一个通道(像素的灰度范围为 0~255),因此每个样本的尺寸是:

(28, 28, 1)

RGB(红色 / 绿色 / 蓝色)全彩色图像的每个像素有三个通道——每个通道代表一种颜色(红色、绿色或蓝色)分量。

神经网络从图像中学习时,会创建更多的通道。学习得到的新通道代表更复杂的特征,如边缘、曲线和线条,而不是强度或颜色,这将最终使网络能够基于这些额外的特征以及它们的组合来识别数字。

下面将 60,000 个训练集图像和 10,000 个测试集图像重组成 CNN 中可以使用的维度,并对它们的新尺寸进行确认。回想一下,NumPy 数组的 reshape 方法可以接收一个表示数组的新形式的元组:

```
[12]: X_train = X_train.reshape((60000, 28, 28, 1))

[13]: X_train.shape
[13]: (60000, 28, 28, 1)

[14]: X_test = X_test.reshape((10000, 28, 28, 1))

[15]: X_test.shape
[15]: (10000, 28, 28, 1)
```

规范化图像数据

数据样本中的数字特征可能具有广泛变化的值。深度学习网络在缩放到 0.0~1.0 的数

⊖ 如果多次运行代码单元格,则单元格旁边的代码段编号每次会递增,就像命令行中的 IPython 一样。

据，或者均值为 0.0、标准偏差为 1.0 的数据上表现得更好[○]。将数据转换为其中的任一种形式称为**数据规范化**。

在 MNIST 数据集中，每个像素值是 0~255 的整数。以下语句使用 NumPy 数组的 **astype** 方法将这些值转换为 32 位（4 字节）浮点数，然后将所得数组中的每个元素除以 255，从而产生 0.0~1.0 的规范化值：

```
[16]: X_train = X_train.astype('float32') / 255

[17]: X_test = X_test.astype('float32') / 255
```

独热编码：将标签由整数转换为分类数据

正如我们所提到的，每个数字的转换预测结果将是一个包含 10 个概率的数组，表明该数字属于 0~9 类中特定类别的可能性，当评估模型的准确性时，Keras 会将模型的预测值与真实标签进行比较。要做到这一点，Keras 要求两者必须具有相同的数据形式。但是，每个数字的 MNIST 标签是 0~9 的一个整数值。因此，我们必须将这些标签转换为**分类数据**，即与预测格式匹配的类别数组。为此，我们将使用一种名为**独热编码**的方法[○]，它将数据转换为由"1.0"和"0.0"组成的数组，数组中只有一个元素是"1.0"，其余的都是"0.0"。对于 MNIST 数据集，独热编码将使用包含 10 个元素的数组来表示类别 0~9。独热编码也可以应用于其他类型的数据。

我们确切地知道每个数字属于哪个类别，因此数字标签的分类表示包含该数字索引处的 1.0 和所有其他元素的 0.0（同样，Keras 在内部使用浮点数）。数字 7 的分类表示为：

[0.0, 0.0, 0.0, 0.0, 0.0, 0.0, 0.0, 1.0, 0.0, 0.0]

而数字 3 的分类表示为：

[0.0, 0.0, 0.0, 1.0, 0.0, 0.0, 0.0, 0.0, 0.0, 0.0]

tensorflow.keras.utils 模块提供了 **to_categorical** 函数来执行独热编码。该函数首先对类别计数，然后为每个正在编码的类别在正确的位置创建具有单个"1.0"的数组。下面将 **y_train** 和 **y_test** 从包含值 0~9 的一维数组转换为分类数据的二维数组，执行此操作后，这些数组的行将如上所示，代码段 **[21]** 为数字 5 输出一个分类表示（回想一下，NumPy 显示小数点，但不会在浮点值尾部补 0）：

```
[18]: from tensorflow.keras.utils import to_categorical

[19]: y_train = to_categorical(y_train)

[20]: y_train.shape
[20]: (60000, 10)
```

○ S. Ioffe and Szegedy, C.. "Batch Normalization: Accelerating Deep Network Training by Reducing Internal Covariate Shift." https://arxiv.org/abs/1502.03167.

○ 该术语来自某些数字电路，其中允许一个组位仅具有一位接通（即，具有值 1），见 https://en.wikipedia.org/wiki/One-hot。

```
[21]: y_train[0]
[21]: array([ 0.,  0.,  0.,  0.,  0.,  1.,  0.,  0.,  0.,  0.],
dtype=float32)

[22]: y_test = to_categorical(y_test)

[23]: y_test.shape
[23]: (10000, 10)
```

472

15.6.4　创建神经网络模型

现在已经准备好了数据，接下来将配置一个卷积神经网络。我们从 `tensorflow.keras.models` 模块中的 `Sequential` 模型开始：

```
[24]: from tensorflow.keras.models import Sequential

[25]: cnn = Sequential()
```

生成的网络将按顺序执行各层——某一层的输出成为下一层的输入，这就是**前馈网络**。我们将会在下面讨论递归神经网络时看到，并非所有的神经网络都以这种方式运行。

将层添加到网络

典型的卷积神经网络由若干层组成——接收训练样本的输入层、从样本中学习的隐藏层和产生预测概率的输出层。我们将在这里创建一个基本的 CNN，下面从 `tensorflow.keras.layers` 模块导入将在本例中使用的层类：

```
[26]: from tensorflow.keras.layers import Conv2D, Dense, Flatten,
      MaxPooling2D
```

我们将在下面对它们分别进行讨论。

卷积

使用**卷积层**开始构建我们的网络，卷积层使用邻近像素之间的关系来学习每个样本小区域中的有用特征（或模式），这些特征成为后续层的输入。

卷积学习的小区域称为卷积核（kernel 或 patch），考虑在一个 6×6 的图像上进行卷积，如下图所示，其中的 3×3 的阴影方块表示卷积核，图中的数字只是位置编号，用来显示卷积核访问和处理的顺序。

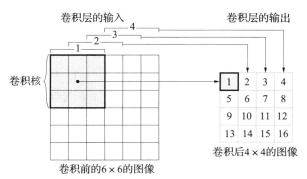

473

可以将卷积核视为"滑动窗口",即卷积层在图像上从左到右一次移动一个像素进行滑动。当卷积核到达右边缘时,卷积层将卷积核向下移动一个像素并重复这个从左到右的过程。卷积核通常是 3×3 的大小⊖,但一些用于处理更高分辨率的图像的 CNN 可能会使用 5×5 和 7×7 的卷积核。卷积核的尺寸是可调整的超参数。

最初,卷积核位于原始图像的左上角——左上角的卷积核位置 1(阴影方块)。卷积层使用这 9 个特征进行数学计算来"学习"它们,然后将一个新特征输出到输出位置 1。通过查看邻近的特征,网络开始识别边缘、直线和曲线等特征。

接下来,卷积层将内核向右移动一个像素(称为步幅(stride))到输入层中的位置 2。这个新位置与前一个位置中的三个列中的两个重叠,因此卷积层可以从所有彼此接触的特征中学习。卷积层从卷积核位置 2 的 9 个元素中学习,并在输出位置 2 输出一个新特征,如下图所示。

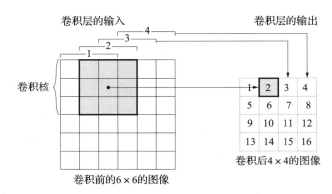

对于这个 6×6 的图像和 3×3 的卷积核,卷积层再执行两次卷积以生成输出位置 3 和位置 4 的特征。然后,卷积层将内核向下移动一个像素,并在接下来的四个卷积核位置再次开始从左到右的过程,在输出位置 5~8,然后是 9~12,最后是 13~16 产生输出。图像从左到右和从上到下的整个传递过程称为**滤波**。对于 3×3 的卷积核,滤波后的维数(上面示例中的 4×4)将比输入尺寸(6×6)小 2。对于每个 28×28 的 MNIST 图像,滤波后的尺寸将是 26×26。

处理 MNIST 这样的小图像时,卷积层中的滤波器数量通常为 32 或 64,每个过滤器产生不同的结果。滤波器的数量取决于图像维度——更高分辨率的图像具有更多特征,因此需要更多滤波器。如果研究 Keras 团队用于生成预训练网络的代码⊖,就会发现它们在第一层使用了 64、128 甚至 256 个滤波器。基于它们的 CNN,并考虑到 MNIST 数据集很小,我们在第一层使用 64 个滤波器,由一层卷积层产生的滤波结果称为**特征图**。

随后的卷积层结合了之前特征图中的特征,以识别更高级的特征,等等。如果进行面部识别,前面的层可能会识别线条、边缘和曲线,后面的层可能会开始组合出更大的特征,

⊖ https://www.quora.com/How-can-I-decide-the-kernel-size-output-maps-and-layers-ofCNN.

⊖ https://github.com/keras-team/keras-applications/tree/master/keras_applications.

如眼睛、眉毛、鼻子、耳朵和嘴巴。一旦 CNN 学习了特征，由于进行了卷积操作，它可以在图像中的任何位置识别该特征，这是将 CNN 用于图像目标识别的原因之一。

添加一个卷积层

下面在模型中添加一个 Conv2D 卷积层：

```
[27]: cnn.add(Conv2D(filters=64, kernel_size=(3, 3), activation='relu',
                     input_shape=(28, 28, 1)))
```

Conv2D 层包含以下参数：

❑ filters=64——所得特征图中的滤波器数。

❑ kernel_size=（3,3）——每个滤波器使用的卷积核大小。

❑ activation='relu'——'relu'（**线性整流函数**）激活函数用于产生该层的输出。'relu' 是目前深度学习网络中使用得最广泛的激活函数[一]，并且对性能有益，由于计算简单[二]，它通常被推荐用于卷积层[三]。

因为这是模型中的第一层，我们还传递了参数 input_shape=（28,28,1）来指定每个样本的尺寸，自动创建一个输入层来加载样本并将它们传递到 Conv2D 层，这实际上是第一个隐藏层。在 Keras 中，每个后续层都会从前一层的输出形式中推断出其 input_shape，从而可以轻松堆叠层。

第一层卷积层的输出维数

在之前的卷积层中，输入样本是 $28 \times 28 \times 1$，即每个样本包含 784 个特征。我们为卷积层指定了 64 个 3×3 大小的卷积核，因此每个图像的输出为 $26 \times 26 \times 64$，特征图中共有 43,464 个特征，比在第 14 章创建的模型中处理的特征数量更大。随着每层都会添加更多特征，生成的特征图的维度会变得更大，这是深度学习研究经常需要巨大处理能力的原因之一。

过拟合

回想一下前一章，当模型比要处理的数据所需的模型复杂得多的时候，可能会发生过拟合。在最极端的情况下，模型会记住其训练过的数据，当使用过拟合模型进行预测时，如果新数据与训练数据匹配，将会得到很准确的预测，但在从未见过的数据上模型表现不佳。

随着层的维数变得过大，过拟合现象在深度学习中很容易发生[四][五][六]，这使得网络学习了数字图像训练集的特定特征，而不是一般特征。一些防止过拟合的技术包括训练更少的

475

［一］ Chollet, François. Deep Learning with Python. p. 72. Shelter Island, NY: Manning Publications, 2018.

［二］ https://towardsdatascience.com/exploring-activation-functions-for-neuralnetworks-73498da59b02.

［三］ https://www.quora.com/How-should-I-choose-a-proper-activation-function-for-theneural-network.

［四］ https://cs231n.github.io/convolutional-networks/.

［五］ https://medium.com/@cxu24/why-dimensionality-reduction-is-important-dd60b5611543.

［六］ https://towardsdatascience.com/preventing-deep-neural-network-from-overfitting-953458db800a.

epoch、增加数据、使用 dropout 以及 L1 或 L2 正则化[○][○]，我们将在本章后面讨论 dropout。

更高的维度也会增加（有时会爆炸）计算时间。如果在 CPU 而不是 GPU 或 TPU 上进行深度学习计算，训练时间可能会让人无法忍受。

添加池化层

为了避免过拟合和减少计算时间，卷积层通常后跟一个或多个层来减少卷积层输出的维数。池化层通过丢弃特征来压缩（或下采样）卷积结果，这有助于使模型更加通用。最常见的池化技术称为最大值池化，滑动检查 2×2 尺寸的特征并仅保留其中最大的那个。为了理解池化，我们再次假设有一组 6×6 的特征。在下图中，6×6 方块中的数值表示我们希望压缩的特征，位置 1 中的 2×2 深灰方块表示初始池。

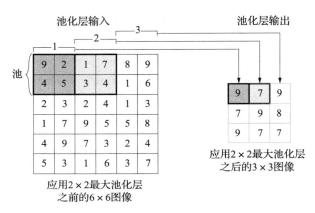

应用2×2最大池化层
之前的6×6图像

应用2×2最大池化层
之后的3×3图像

最大值池化层首先查看上面位置 1 的池，然后输出其中最大的特征值 9。与卷积不同，池之间没有重叠，池按宽度移动——对于 2×2 的池，步幅为 2。第二个池由 2×2 浅灰方格表示，输出 7。第三个池输出为 9，池到达右边缘后，池化层会按其高度 2 移动池，然后从左到右继续。每组的特征由 4 个减少到 1 个，2×2 的池会让特征数量减少 75%。

我们在模型中添加一个 `MaxPooling2D` 池化层：

```
[28]: cnn.add(MaxPooling2D(pool_size=(2, 2)))
```

它将之前卷积层的输出从 26×26 减少到 13×13×64[○]。

虽然池化是减少过拟合的常用技术，但一些研究表明对卷积核使用更大步幅的额外卷积层可以在不丢弃特征的前提下降维并减少过拟合[⑩]。

添加第二个卷积层和池化层

CNN 通常有很多卷积层和池化层。Keras 的 CNN 倾向于将后续卷积层中的滤波器数量

⊖ https://towardsdatascience.com/deep-learning-3-more-on-cnns-handling-overfitting-2bd5d99abe5d.

⊜ https://www.kdnuggets.com/2015/04/preventing-overfitting-neural-networks.html.

⊜ 另一种减少过拟合的技术是添加 `Dropout` 层。

⑩ Tobias, Jost, Dosovitskiy, Alexey, Brox, Thomas, Riedmiller, and Martin. "Striving for Simplicity:The All Convolutional Net." April 13, 2015. https://arxiv.org/abs/1412.6806.

增加一倍，以使模型能够了解特征之间的更多关系[○]。因此，下面来添加第二个带有 128 个滤波器的卷积层，然后再添加第二个池化层将维度降低 75%：

```
[29]: cnn.add(Conv2D(filters=128, kernel_size=(3, 3), activation='relu'))
```

```
[30]: cnn.add(MaxPooling2D(pool_size=(2, 2)))
```

第二个卷积层的输入是第一个池化层的 $13 \times 13 \times 64$ 输出，因此，代码段 [29] 的输出将是 $11 \times 11 \times 128$。对于像 11×11 这样的奇数维度，Keras 池化层默认向下舍入（这里为 10×10），因此该池化层的输出将是 $5 \times 5 \times 128$。

展平结果

此时，前一层的输出是三维的（$5 \times 5 \times 128$），但模型的最终输出将是对数字进行分类的包含 10 个概率的一维数组。为了准备最终一维的预测，首先需要展平前一层的三维输出，Keras 的 Flatten 层将其输入变形为一维，于是 Flatten 层的输出将是 1×3200（即 $5 \times 5 \times 128$）：

```
[31]: cnn.add(Flatten())
```

添加 Dense 层以减少特征数量

Flatten 层之前的层学习了数字特征。现在需要拿来所有这些特征并学习它们之间的关系，这样模型就可以对每个图像代表的数字分类。学习特征之间的关系和执行分类是通过全连接的 Dense 层完成的，就像本章前面的神经网络图所示。以下 Dense 层创建了 128 个神经元（单位），可以从上一层的 3200 个输出中学习：

```
[32]: cnn.add(Dense(units=128, activation='relu'))
```

很多 CNN 包含至少一个这样的 Dense 层，用于处理更复杂的具有更高分辨率的像 ImageNet 那样的图像数据集的网络，通常有好几个 Dense 层、每层有 4096 个神经元（ImageNet 数据集[○]有超过 1400 万张图像），可以在 Keras 的几个预训练的 ImageNet CNN 中看到这样的配置[○]——将在 15.11 节中列出。

添加另一个 Dense 层以产生最终输出

我们的最后一层是一个 Dense 层，它将输入分类为代表 0~9 类的神经元，softmax 激活函数将这 10 个神经元的值转换为分类概率，产生最高概率的神经元代表了对给定数字图像的预测：

```
[33]: cnn.add(Dense(units=10, activation='softmax'))
```

打印模型摘要

模型的 summary 方法可以显示模型的层，需要注意各层的输出形式和参数的数量。参

○　https://github.com/keras-team/keras-applications/tree/master/keras_applications.

○　http://www.image-net.org.

○　https://github.com/keras-team/keras-applications/tree/master/keras_applications.

数是网络在训练期间学习的权重[⊖⊖]，我们创建的只是一个相对较小的网络，但它需要学习近500,000个参数！这仅适用于大多数智能手机上不到图标分辨率四分之一的微小图像。想象一下，网络必须学习多少特征来处理高分辨率4K视频帧或当今数码相机产生的超高分辨率图像。在Output Shape中，None表示模型事先不知道将提供多少训练样本——仅在开始训练时才知道。

```
[34]: cnn.summary()

Layer (type)                 Output Shape              Param #
=================================================================
conv2d_1 (Conv2D)            (None, 26, 26, 64)        640
_____
max_pooling2d_1 (MaxPooling2 (None, 13, 13, 64)        0
_____
conv2d_2 (Conv2D)            (None, 11, 11, 128)       73856
_____
max_pooling2d_2 (MaxPooling2 (None, 5, 5, 128)         0
_____
flatten_1 (Flatten)          (None, 3200)              0
_____
dense_1 (Dense)              (None, 128)               409728
_____
dense_2 (Dense)              (None, 10)                1290
=================================================================
Total params: 485,514
Trainable params: 485,514
Non-trainable params: 0
```

478

另请注意，没有"不可训练"的参数。默认情况下，Keras会训练所有的参数，但可以阻止对特定层的训练，这通常发生在调整网络或在新模型中使用其他模型学习的参数时（这个过程称为迁移学习）[⊜]。

可视化模型结构

可以使用tensorflow.keras.utils模块中的plot_model函数可视化模型摘要：

```
[35]: from tensorflow.keras.utils import plot_model
      from IPython.display import Image
      plot_model(cnn, to_file='convnet.png', show_shapes=True,
                 show_layer_names=True)
      Image(filename='convnet.png')
```

在convnet.png中存储可视化后，我们使用IPython.display模块的Image函数在Jupyter Notebook中显示图像。Keras在图像中指定了网络层的名称[㉘]。

⊖　https://hackernoon.com/everything-you-need-to-know-about-neural-networks-8988c3ee4491.

⊜　https://www.kdnuggets.com/2018/06/deep-learning-best-practices-weightinitialization.html.

⊜　https://keras.io/getting-started/faq/#how-can-i-freeze-keras-layers.

㉘　图顶部的大整数值112430057960似乎是当前Keras版本中的bug。这个节点表示输入层，应该是"InputLayer"。

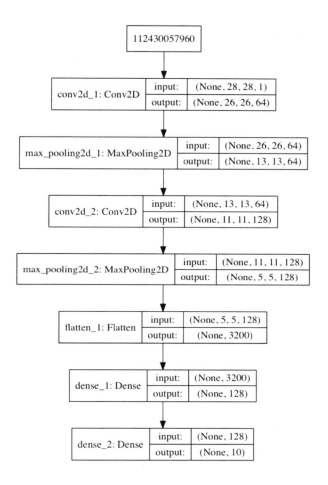

479

编译模型

添加完所有的层后，通过调用 `compile` 方法使模型完整：

```
[36]: cnn.compile(optimizer='adam',
                loss='categorical_crossentropy',
                metrics=['accuracy'])
```

其中的参数如下：

❑ `optimizer='adam'`——该优化器将用于在学习时调整整个神经网络的权重。优化器有很多⊖，但 `'adam'` 在很多模型中都表现良好⊜⊜。

❑ `loss='categorical_crossentropy'`——这是优化器在多分类网络中使用的损

⊖ 有关 Keras 优化器的更多信息，请查阅 https://keras.io/optimizers/。

⊜ https://medium.com/octavian-ai/which-optimizer-and-learning-rate-should-i-usefor-deep-learning-5acb418f9b2.

⊜ https://towardsdatascience.com/types-of-optimization-algorithms-used-in-neuralnetworks-and-ways-to-optimize-gradient-95ae5d39529f.

失函数，例如我们的预测网络，它将预测 10 个类别。当神经网络学习时，优化器会尝试最小化损失函数返回的值，损失越低，神经网络预测每个图像的效果越好。对于二分类问题（将在本章后面介绍），Keras 提供了 `'binary_crossentropy'` 损失函数，并为回归问题提供了 `'mean_squared_error'` 损失函数。有关其他损失函数，请参阅 https://keras.io/ loss /。

❑ `metrics=['accuracy']`——这是帮助我们评估模型效果的指标列表。准确性是分类模型中常用的指标。在此示例中，我们使用 accuracy 指标来检查正确预测的百分比。有关其他指标的列表，请参阅 https://keras.io/metrics/。

15.6.5 训练和评价模型

与 scikit-learn 的模型类似，我们通过调用 `fit` 方法来训练 Keras 模型：

❑ 与 scikit-learn 一样，前两个参数是训练数据和分类目标标签。

❑ `epochs` 指定模型应处理整组训练数据的次数。正如前面提到的，神经网络是迭代训练的。

❑ `batch_size` 指定每个 epoch 期间单次处理的样本数。大多数模型指定为 32～512 的 2 的幂次。若 `batch_size` 太大，则会降低模型准确性[○]，所以选择了 64，也可以尝试不同的值来查看它们是如何影响模型性能的。

❑ 通常需要使用一些样本来验证模型，如果指定了验证数据，则每个 epoch 结束之后，将使用模型对验证集进行预测并显示验证损失和准确性，可以通过研究这些值来调整网络层和 `fit` 方法的超参数，或者更改模型的层组成。在这里，我们使用 `validation_split` 参数来指示保留最后 10%（0.1）的训练样本进行模型验证[○]，共 6,000 个验证样本。如果有单独的验证数据，则可以使用 `validation_data` 参数（如 15.9 节所示）来指定包含这些样本和目标标签数组的元组。通常，最好随机选择验证样本，利用 scikit-learn 的 `train_test_split` 函数（将在本章稍后介绍），然后使用 `validation_data` 参数传递随机选择的数据。

在以下输出中，我们以粗体突出显示了训练准确性（acc）和验证准确性（val_acc）：

```
[37]: cnn.fit(X_train, y_train, epochs=5, batch_size=64,
             validation_split=0.1)
Train on 54000 samples, validate on 6000 samples
Epoch 1/5
54000/54000 [==============================] - 68s 1ms/step - loss:
0.1407 - acc: 0.9580 - val_loss: 0.0452 - val_acc: 0.9867
Epoch 2/5
54000/54000 [==============================] - 64s 1ms/step - loss:
0.0426 - acc: 0.9867 - val_loss: 0.0409 - val_acc: 0.9878
Epoch 3/5
```

○ Keskar, Nitish Shirish, Dheevatsa Mudigere, Jorge Nocedal, Mikhail Smelyanskiy and Ping Tak Peter Tang. "On Large-Batch Training for Deep Learning: Generalization Gap and Sharp Minima." CoRR abs/1609.04836 (2016). https://arxiv.org/abs/1609.04836.

○ https://keras.io/getting-started/faq/#how-is-the-validation-split-computed.

```
54000/54000 [==============================] - 69s 1ms/step - loss:
0.0299 - acc: 0.9902 - val_loss: 0.0325 - val_acc: 0.9912
Epoch 4/5
54000/54000 [==============================] - 70s 1ms/step - loss:
0.0197 - acc: 0.9935 - val_loss: 0.0335 - val_acc: 0.9903
Epoch 5/5
54000/54000 [==============================] - 63s 1ms/step - loss:
0.0155 - acc: 0.9948 - val_loss: 0.0297 - val_acc: 0.9927
[37]: <tensorflow.python.keras.callbacks.History at 0x7f105ba0ada0>
```

在 15.7 节中，我们将介绍 TensorBoard——一个 TensorFlow 工具，用于从深度学习模型中可视化数据，特别是，我们将查看训练和验证准确性以及损失值是如何通过每个 epoch 发生变化的。在 15.8 节中，我们将演示 Andrej Karpathy 的 ConvnetJS 工具，它可以在 Web 浏览器中训练网络并动态显示网络层的输出，包括每个卷积层在学习时"看到"的内容，我们还将运行其中的 MNIST 和 CIFAR10 模型，这会帮助我们更好地理解神经网络的复杂操作。

随着训练的进行，`fit` 方法不断输出信息来显示每个 epoch 的进展、执行的时间（在这种情况下，每个 epoch 的执行需花费 63～70 秒），以及相应的评价指标。在该模型的最后一个 epoch 中，训练样本的准确性（`acc`）达到 99.48%，验证样本的准确性（`val_acc`）达到 99.27%。这个结果非常好，考虑到还没有尝试调整超参数或网络层的数量和类型，再进行这些调整可能还会带来更好的结果。像机器学习一样，深度学习是一种经验科学，可以从大量实验中获益。

481

评价模型

现在可以检查模型在未知数据上的准确性。为此，我们调用了 `evaluate` 方法，该方法可输出处理测试样本所需的时间（这里为 4 秒和 366 微秒）：

```
[38]: loss, accuracy = cnn.evaluate(X_test, y_test)
10000/10000 [==============================] - 4s 366us/step

[39]: loss
[39]: 0.026809450998473768

[40]: accuracy
[40]: 0.9917
```

根据前面的输出，我们的预测模型在预测未知数据的标签时准确性为 99.17%，而且此时我们还没有尝试调整模型。通过一些在线研究，可以找到能够以近 100% 的准确性预测 MNIST 数据集的模型。可以自己尝试不同数量的层、不同的层类型和层参数，并观察这些尝试如何影响结果。

做出预测

模型的 `predict` 方法在其参数数组（`X_test`）中预测数字图像的类别：

```
[41]: predictions = cnn.predict(X_test)
```

可以通过查看 `y_test[0]` 来检查第一个样本的真实目标值是什么：

```
[42]: y_test[0]
[42]: array([0., 0., 0., 0., 0., 0., 0., 1., 0., 0.], dtype=float32)
```

根据输出结果，第一个样本是数字"7"，因为测试样本标签的分类表示在索引 7 中指定了 1.0，回想一下，我们之前通过独热编码创建了这种分类表示。

来检查一下 predict 方法在第一个测试样本上返回的概率：

```
[43]: for index, probability in enumerate(predictions[0]):
          print(f'{index}: {probability:.10%}')
0: 0.0000000201%
1: 0.0000001355%
2: 0.0000186951%
3: 0.0000015494%
4: 0.0000000003%
5: 0.0000000012%
6: 0.0000000000%
7: 99.9999761581%
8: 0.0000005577%
9: 0.0000011416%
```

根据输出结果，predict[0] 表明我们的模型认为这个数字是"7"，且具有近 100% 的确定性，但是并非所有的预测都具有这种确定性。

找出不正确的预测

接下来，我们想要查看一些被错误预测的图像，以了解我们的模型在哪些数字上遇到了问题。例如，如果它总是把数字"8"预测错误，那么训练数据中可能需要加更多的数字"8"的样本。

在查看不正确的预测之前，我们需要先找到它们。考虑上面的 predict[0]，为了确定预测是否正确，我们必须将 predict[0] 中的最大概率的索引与 y_test[0] 中为 1.0 的元素索引进行比较，如果索引值相同，那么预测是正确的，反之就是不正确的。NumPy 的 argmax 函数可以确定其数组参数中最大值元素的索引，我们用它来定位不正确的预测。在下面的代码段中，p 是预测值数组，e 是期望值数组（期望值是数据集中测试图像的真实标签）：

```
[44]: images = X_test.reshape((10000, 28, 28))
      incorrect_predictions = []

      for i, (p, e) in enumerate(zip(predictions, y_test)):
          predicted, expected = np.argmax(p), np.argmax(e)

          if predicted != expected:
              incorrect_predictions.append(
                  (i, images[i], predicted, expected))
```

这段代码中，我们首先将数据从 Keras 需要的（28，28，1）尺寸变换为（28，28）尺寸，因为 Matplotlib 需要显示出图像。接下来，我们使用 for 语句逐渐填充 incorrect_predictions 列表，对数组 predictions 和 y_test 中代表每个样本的行进行 zip 处理，然后枚举这些行，以便可以捕获它们的索引。如果 p 和 e 的 argmax 操作结果不同，那么预测是不正确的，我们将一个元组添加到包含该样本索引、图像、预测值和期望值的 incorrect_predictions 列表中。可以通过以下方式确认不正确预测的总数（在测试集中的 10,000 个图像内）：

```
[45]: len(incorrect_predictions)
[45]: 83
```

可视化不正确的预测

以下代码显示了被不正确预测的 24 幅图像，并标示出了它们的索引、预测值（p）和期望值（e）：

```
[46]: figure, axes = plt.subplots(nrows=4, ncols=6, figsize=(16, 12))

      for axes, item in zip(axes.ravel(), incorrect_predictions):
          index, image, predicted, expected = item
          axes.imshow(image, cmap=plt.cm.gray_r)
          axes.set_xticks([])   # remove x-axis tick marks
          axes.set_yticks([])   # remove y-axis tick marks
          axes.set_title(
              f'index: {index}\np: {predicted}; e: {expected}')
      plt.tight_layout()
```

在读期望值之前，请查看每个数字并记下你认为可能的数字，这也是了解数据的重要环节： 483

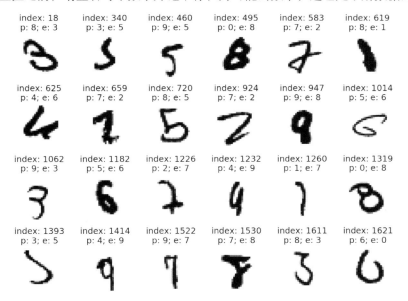

显示几个不正确预测的概率

下面来看一些不正确预测的概率，以下函数显示了指定预测数组的概率：

```
[47]: def display_probabilities(prediction):
          for index, probability in enumerate(prediction):
              print(f'{index}: {probability:.10%}')
```

虽然上图的第一行中的"8"（在索引 495 处）看起来像"8"，但我们的模型在预测它时却遇到了问题，从下面的输出中可以看到，模型预测此图像为数字"0"，但也认为它有16% 的可能性是"6"和有 23% 的可能性是"8"：

```
[48]: display_probabilities(predictions[495])
0: 59.7235262394%
1: 0.0000015465%
2: 0.8047289215%
3: 0.0001740813%
4: 0.0016636326%
5: 0.0030567855%
6: 16.1390662193%
7: 0.0000001781%
8: 23.3022540808%
9: 0.0255270657%
```

第一行中的"2"（索引 583）被预测为"7"，确定性为 62.7%，但该模型还认为该数字为"2"的可能性是 36.4%：

```
[49]: display_probabilities(predictions[583])
0: 0.0000003016%
1: 0.0000005715%
2: 36.4056706429%
3: 0.0176281916%
4: 0.0000561930%
5: 0.0000000003%
6: 0.0000000019%
7: 62.7455413342%
8: 0.8310816251%
9: 0.0000114385%
```

第二排开始时的"6"（在索引 625 处）被预测为"4"，但远非确定，因为它被预测为数字"4"（51.6%）的概率仅略高于"6"（48.38%）：

```
[50]: display_probabilities(predictions[625])
0: 0.0008245181%
1: 0.0000041209%
2: 0.0012774357%
3: 0.0000000009%
4: 51.6223073006%
5: 0.0000001779%
6: 48.3754962683%
7: 0.0000000085%
8: 0.0000048182%
9: 0.0000785786%
```

15.6.6 保存和加载模型

神经网络模型可能需要用大量的时间来训练，一旦设计并测试了适合需求的模型，就可以保存它的状态，以便稍后加载它以进行更多预测，因为有时会加载模型并进一步对其训练来解决新的问题。例如，模型中的层已经知道如何识别线条和曲线等特征，这些特征在手写字符识别中也很有用（如在 MNIST 数据集中），因此，可以加载现有模型，并将其用作创建更强大模型的基础，这个过程称为迁移学习[○○]——将现有模型的知识转换为新模型。Keras 模型中的 save 方法以 HDF5（Hierarchical Data Format）的格式存储模型的体系结构

○ https://towardsdatascience.com/transfer-learning-from-pre-trained-modelsf2393f124751.

○ https://medium.com/nanonets/nanonets-how-to-use-deep-learning-when-you-have-limited-data-f68c0b512cab.

和状态信息。默认情况下，此类文件使用 .h5 文件扩展名：

```
[51]: cnn.save('mnist_cnn.h5')
```

可以使用 tensorflow.keras.models 模块中的 load_model 函数加载已保存的模型：

```
from tensorflow.keras.models import load_model
cnn = load_model('mnist_cnn.h5')
```

然后，可以调用其 fit 函数。例如，如果已获得更多数据，则可以调用 predict 函数对新数据额外进行预测，或者可以调用 fit 函数使用额外的数据对该模型开始训练。

Keras 还提供了几个附加功能来保存和加载模型的各个方面，更多信息，请参阅 https://keras.io/getting-started/faq/#how-can-i-save-a-keras-model。

485

15.7　用 TensorBoard 可视化神经网络的训练过程

深度学习网络非常复杂，并且存在很多隐藏的内容，因此很难了解并完全理解其所有细节。这为测试、调试和更新模型和算法带来了挑战。深度学习可以学习特征，但可能会有非常多的特征，而且并没有展示给我们。

Google 提供了 TensorBoard 工具[⊖⊖]来可视化在 TensorFlow 和 Keras 中执行的神经网络，就像用汽车仪表板可视化汽车传感器的数据一样，速度、发动机温度和剩余汽油量都可以显示出来。TensorBoard 仪表板可以直观地显示来自深度学习模型的数据，使我们能够深入地了解模型的学习效果，并帮助我们调整其超参数。接下来将介绍 TensorBoard。

执行 TensorBoard

TensorBoard 可以监视系统上的文件夹，查找将在 Web 浏览器中显示的数据文件。我们需要先创建该文件夹，执行 TensorBoard 服务器，然后通过 Web 浏览器访问它。执行步骤如下：

1. 切换到 Terminal、shell 或 Anaconda 命令提示符中的 ch15 文件夹。

2. 确保自定义 Anaconda 环境 tf_env 已激活：

```
conda activate tf_env
```

3. 执行以下命令来创建名为 logs 的子文件夹，深度学习模型将在其中写入 TensorBoard 可视化的信息：

```
mkdir logs
```

4. 执行 TensorBoard：

```
tensorboard --logdir=logs
```

5. 在 Web 浏览器中访问 TensorBoard，网址如下：

⊖　https://github.com/tensorflow/tensorboard/blob/master/README.md.

⊖　https://www.tensorflow.org/guide/summaries_and_tensorboard.

http://localhost:6006

如果在执行任何模型之前连接到 TensorBoard，它将首先显示一个页面，并显示 No dashboards are active for the current data set。⊖

TensorBoard 仪表板

TensorBoard 会监视指定的文件夹，查找模型在训练期间输出的文件。当它看到更新时，会将数据加载到仪表板中。

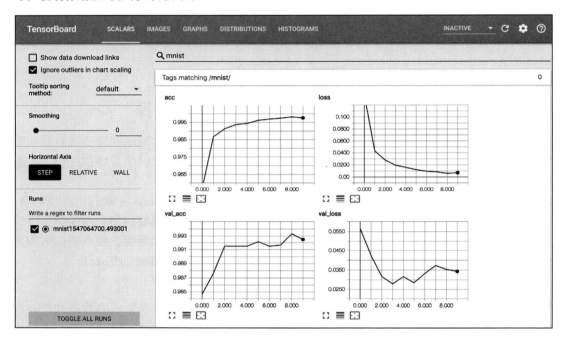

可以在训练时或训练完成后查看数据，上面的仪表板显示的是 TensorBoard 的 SCALARS 选项卡，该选项卡显示随时间变化的各个值的变化曲线，例如第一行中显示的是训练准确性（acc）和训练损失（loss），第二行显示的是验证准确性（val_acc）和验证损失（val_loss）。这些图显示了 MNIST 卷积神经网络的 10 个 epoch，MNIST 卷积神经网络位于 Jupyter Notebook 中的 MNIST_CNN_TensorBoard.ipynb 笔记本中。这些 epoch 从 0 开始沿 x 轴显示，准确性和损失值显示在 y 轴上。通过查看训练和验证的准确性，可以在前 5 个 epoch 中看到与前一节中的 5 个 epoch 类似的运行结果。

对于 10-epoch 的运行，训练准确性在第 9 个 epoch 继续提高，然后略有下降。这可能是开始过拟合的时候，但我们可能需要更长时间的训练才能找到答案。对于验证准确性，可以看到它快速跳跃，然后在稳定了 5 个 epoch 之后又迎来了一次上升后下降。对于训练损失，可以看到它迅速下降，然后在第 9 个 epoch 持续下降，然后略有增加。验证损

⊖　TensorBoard 目前不支持 Microsoft 的 Edge 浏览器。

失迅速下降然后反弹。我们可以执行更多次的 epoch，以查看结果是否有所改善，但基于这些图表，似乎在第 6 个 epoch 处得到了训练和验证准确性的最佳组合，并且验证损失最小。

通常，这些图表垂直堆叠在仪表板中，我们可以使用搜索框（在图表上方）显示文件夹名称中包含"mnist"的任何文件的内容——稍后将对其进行配置。TensorBoard 可以同时从多个模型加载数据，可以选择需要可视化的数据，这样可以轻松比较多个不同模型或对模型进行多个运行。

487

复制 MNIST CNN 的笔记本

为此示例创建新的笔记本：

1. 在 JupyterLab 的"File Browser"选项卡中右键单击 MNIST_CNN.ipynb 笔记本，然后选择"Duplicate"以复制笔记本。

2. 右键单击名为 MNIST_CNN-Copy1.ipynb 的新笔记本，然后选择"Rename"，输入"MNIST_CNN_TensorBoard.ipynb"并按 Enter 键。

双击名称打开笔记本。

配置 Keras 以写入 TensorBoard 日志文件

要使用 TensorBoard，在 fit 模型之前，需要配置一个 TensorBoard 对象（tensorflow.keras.callbacks 模型），模型将使用该对象将数据写入 TensorBoard 监视的指定文件夹，此对象称为 Keras 中的**回调**。在笔记本中，单击调用模型 fit 方法的代码的左侧，然后键入"a"，这是在当前单元格上方添加新代码单元格的快捷方式（在下方添加时使用"b"），在新单元格中，输入以下代码来创建 TensorBoard 对象：

```python
from tensorflow.keras.callbacks import TensorBoard
import time

tensorboard_callback = TensorBoard(log_dir=f'./logs/mnist{time.time()}',
    histogram_freq=1, write_graph=True)
```

其中，参数包括：

❏ log_dir——指定写入此模型的日志文件的文件夹。符号 './logs/' 表示在之前创建的日志文件夹中创建了一个新文件夹，按照 'mnist' 和当前时间进行操作。这可确保 Notebook 的每次新的执行都有自己的日志文件夹，以便比较 TensorBoard 中的多个执行。

❏ histogram_freq——Keras 输出到模型日志文件的 epoch 频率。这里，我们将在每个 epoch 为日志进行数据写入。

❏ write_graph——如果是"write_graph=True"，那么将输出模型图，可以在 TensorBoard 的 GRAPHS 选项卡中查看图表。

更新对 fit 函数的调用

最后，我们需要在代码段 [37] 中修改原始的 fit 函数调用。在这个例子中，我们将

epoch 的数量设置为 10，并且添加了 `callbacks` 参数，它是一个回调对象的列表⊖：

```
cnn.fit(X_train, y_train, epochs=10, batch_size=64,
        validation_split=0.1, callbacks=[tensorboard_callback])
```

现在可以通过选择 Kernel> Restart Kernel and Run All Cells 重新在 JupyterLab 里执行
Notebook。第一个 epoch 结束后，就可以开始在 TensorBoard 中查看数据。

15.8　ConvnetJS：基于浏览器的深度学习训练和可视化

在本节中，我们将回顾 Andrej Karpathy 的基于 JavaScript 的 ConvnetJS 工具，用于在
Web 浏览器（网址见 https://cs.stanford.edu/people/karpathy/convnetjs/）中训练和可视化卷积
神经网络⊜。

可以运行 ConvnetJS 的示例卷积神经网络或创建自己的卷积神经网络。我们已经在多
个台式机、平板电脑和手机浏览器上使用了该工具。

ConvnetJS 的 MNIST 演示使用 15.6 节介绍的 MNIST 数据集训练卷积神经网络。该演
示提供了一个可滚动的仪表板，其可在模型训练时动态更新。

训练统计

此部分包含一个"Pause"按钮，其可用于停止学习并"冻结"当前仪表板的可视化，
暂停演示后，按钮上的文字将更改为"resume"，再次单击该按钮可继续训练。本节还介绍
了训练过程的统计数据，包括训练和验证的准确性以及训练损失图。

实例化网络和训练器

在本节中，我们将找到创建卷积神经网络的 JavaScript 代码。默认的网络与 15.6 节中
的 CNN 有类似的层结构。ConvNetJS 文档⊜显示了所支持的神经网络层的类型，以及如何
配置它们，可以在提供的文本框中尝试不同的层配置，然后单击"change network"按钮开
始训练更新的网络。

网络可视化

这个环节一次显示一幅训练图像以及网络如何通过每层处理该图像。单击"Pause"按钮
可检查给定数字的所有层输出，以了解网络在学习时"看到"的内容。网络的最后一层产生
概率分类，它显示 10 个方块——9 个黑色和 1 个白色，用于表示当前数字图像的预测类别。

测试集的示例预测

最后一部分显示了测试集图像的随机选择以及每个数字的前三种可能类别，概率最高
的显示在绿色条上，另外两个显示在红色条上。每个条的长度是该类概率的视觉指示。

⊖　可以在 https://keras.io/callbacks/ 上查看 Keras 的其他回调。
⊜　也可以从 GitHub 下载 ConvnetJS，网址为 https://github.com/karpathy/convnetjs。
⊜　https://cs.stanford.edu/people/karpathy/convnetjs/docs.html。

15.9 针对序列的递归神经网络：使用 IMDb 数据集进行情感分析

在 MNIST CNN 网络中，我们专注于按顺序应用的堆叠层。非顺序模型也是有可能存在的，正如将在这里看到的递归神经网络。在本节中，我们使用与 Keras 捆绑的 IMDb（互联网电影数据库）影评数据集[一]来进行**二分类**，预测给定评论的情绪是积极的还是消极的。

这里使用**递归神经网络（RNN）**来处理序列数据，例如句子中的时间序列或文本。术语"递归"来自这样的事实：神经网络包含循环，其中给定层的输出在下一个**时间步长**中成为同一层的输入。在时间序列中，时间步长是下一个时间点。在文本序列中，"时间步长"是单词序列中的下一个单词。

RNN 中的循环使它们能够学习并记住序列中数据之间的关系。例如，考虑第 11 章中使用的以下句子

```
The food is not good.
```

显然有负面情绪。同样，这句话

```
The movie was good.
```

有积极的情绪，虽然没有下面这句话积极：

```
The movie was excellent!
```

在第一句中，"good"这个词本身就具有积极的情绪，然而，当句子中较早出现"not"时，情绪就变为负面。RNN 可以考虑句子中前部和后部之间的关系。

在前面的例子中，确定情绪的词是相邻的。但是，在确定文本的含义时，可以考虑很多单词，而且在确定情绪的词之间可以有任意数量的单词。在本节中，我们将使用**长短时记忆（LSTM）**层，使神经网络循环并从上面描述的句子中学习以进行优化。

RNN 已被用于很多任务，包括[二][三][四]：

❑ 预测文本输入——在键入单词时显示可能的下一个单词；

❑ 情感分析；

❑ 基于语料库，用预测出的最佳答案回答问题；

❑ 跨语言翻译；

❑ 视频中的可隐藏字幕。

⊖ Maas, Andrew L. and Daly, Raymond E. and Pham, Peter T. and Huang, Dan and Ng, Andrew Y. and Potts, Christopher, "Learning Word Vectors for Sentiment Analysis," Proceedings of the 49th Annual Meeting of the Association for Computational Linguistics: Human Language Technologies, June 2011. Portland, Oregon, USA. Association for Computational Linguistics, pp. 142–150. http:// www.aclweb.org/anthology/ P11-1015.

⊜ https://www.analyticsindiamag.com/overview-of-recurrent-neural-networks-andtheir-applications/.

⊜ https://en.wikipedia.org/wiki/Recurrent_neural_network#Applications.

㉔ http://karpathy.github.io/2015/05/21/rnn-effectiveness/.

15.9.1 加载 IMDb 影评数据集

Keras 捆绑的 IMDb 影评数据集包含 25,000 个训练样本和 25,000 个测试样本，每个样本都标有正（1）或负（0）的情绪标签。下面导入 tensorflow.keras.datasets.imdb 模块来加载数据集：

```
[1]: from tensorflow.keras.datasets import imdb
```

imdb 模块的 load_data 函数返回 IMDb 训练集和测试集，数据集中有超过 88,000 个独一无二的单词。使用 load_data 函数可以指定要作为训练数据和测试数据的样本数目。这里，由于系统的内存限制以及我们（有意）在 CPU 而不是 GPU 上进行训练这一事实，因此只加载了最常出现的 10,000 个单词（因为大多数读者都无法访问到具有 GPU 和 TPU 的系统），加载的数据越多，训练时间就越长，但更多数据可能会有助于生成更好的模型：

```
[2]: number_of_words = 10000

[3]: (X_train, y_train), (X_test, y_test) = imdb.load_data(
         num_words=number_of_words)
```

load_data 函数返回包含训练集和测试集两个元素的元组，每个元素本身也是一个包含样本和标签的元组。在给定的评论中，load_data 用占位符替换了前 10,000 个单词之外的所有单词，稍后将讨论。

15.9.2 数据探索

下面来检查训练集样本（X_train）、训练集标签（y_train）、测试集样本（X_test）和测试集标签（y_test）的维度：

```
[4]: X_train.shape
[4]: (25000,)

[5]: y_train.shape
[5]: (25000,)

[6]: X_test.shape
[6]: (25000,)

[7]: y_test.shape
[7]: (25000,)
```

数组 y_train 和 y_test 是包含"1"和"0"的一维数组，表示每个评论是正面的还是负面的。基于前面的输出结果，X_train 和 X_test 看起来也是一维的，但其实它们的元素是整数列表，每个列表代表一条评论的内容，如代码段 [9] 所示[⊖]：

```
[8]: %pprint
[8]: Pretty printing has been turned OFF

[9]: X_train[123]
```

⊖ 在这里，我们使用 %pprint 魔术命令关闭了美观打印，因此以下代码段的输出可以水平显示而不是垂直显示，以节省空间。可以通过重新执行 %pprint 魔术命令来重新打开美观打印。

```
[9]: [1, 307, 5, 1301, 20, 1026, 2511, 87, 2775, 52, 116, 5, 31, 7, 4,
91, 1220, 102, 13, 28, 110, 11, 6, 137, 13, 115, 219, 141, 35, 221, 956,
54, 13, 16, 11, 2714, 61, 322, 423, 12, 38, 76, 59, 1803, 72, 8, 2, 23,
5, 967, 12, 38, 85, 62, 358, 99]
```

Keras 深度学习模型需要用数值数据，因此 Keras 对 IMDb 数据集进行了预处理。

491

影评编码

由于影评是数值编码的，要查看其原始文本，需要知道每个数值对应的单词。Keras 的 IMDb 数据集提供了一个字典，其可以将单词映射到自身的索引，每个单词的对应值是其在整个评论集中所有单词里的出现频率排名，因此，排名为 1 的单词是最常出现的单词（由 Keras 从数据集中计算得出），排名为 2 的单词是第二个最常出现的单词，以此类推。

尽管字典值以 1 开头并将其作为最常出现的单词，但在每个编码的评论中（如前面所示的 X_train[123]），排名值会偏移 3，因此，不管是出现在评论中的哪个地方，任何包含最常出现的单词的评论中都将包含值"4"。Keras 在每个编码后的评论中保留 0、1 和 2，用于以下目的：

❑ 评论中的值 0 表示填充。Keras 深度学习算法希望所有的训练样本具有相同的维度，因此一些评论可能需要扩展到给定长度并且一些评论需要缩短到该长度，需要扩展的评论就用 0 填充。

❑ 值 1 表示 Keras 的内部指令，指示用于学习为目的的文本序列的开始。

❑ 评论中的值"2"表示一个未知单词，通常是未加载的单词，通过 num_words 参数调用 load_data 就会出现这种情况，任何包含出现频率排名大于 num_words 的单词的评论，其数值都会被替换为 2，这些都是由 Keras 在加载数据时处理的。

由于每个评论的数值都偏移了 3，在解码评论时必须考虑到这一点。

影评解码

下面来解码一个评论。首先，通过从 tensorflow.keras.datasets.imdb 模块中调用 get_word_index 函数来获取 word-to-index 字典：

```
[10]: word_to_index = imdb.get_word_index()
```

"great"这个词可能出现在正面的电影评论中，所以我们来看看它是否在字典中：

```
[11]: word_to_index['great']
[11]: 84
```

根据输出结果，"great"是数据集的第 84 个最常用词。如果查找一个不在字典中的单词，会得到一个例外。

为了将频率等级转换为单词，首先反转 word_to_index 字典的映射，这样就可以通过频率等级查找每个单词。以下字典理解反转了映射：

```
[12]: index_to_word = \
        {index: word for (word, index) in word_to_index.items()}
```

回想一下，字典的 items 方法能够迭代键－值对的元组。我们将每个元组解压到变量

492

word 和 index 中，然后在新字典中使用表达式 index：word 创建一个条目。

以下列表理解从新词典获取前 50 个单词——回想一下，最常见的单词的值为 1：

```
[13]: [index_to_word[i] for i in range(1, 51)]
[13]: ['the', 'and', 'a', 'of', 'to', 'is', 'br', 'in', 'it', 'i',
'this', 'that', 'was', 'as', 'for', 'with', 'movie', 'but', 'film', 'on',
'not', 'you', 'are', 'his', 'have', 'he', 'be', 'one', 'all', 'at', 'by',
'an', 'they', 'who', 'so', 'from', 'like', 'her', 'or', 'just', 'about',
"it's", 'out', 'has', 'if', 'some', 'there', 'what', 'good', 'more']
```

请注意，其中大部分都是停用词。根据应用的不同，可能希望删除或保留停用词。例如，如果正在创建一个预测文本应用，为用户正在键入的句子建议下一个单词，这时候就会想保留停用词以便把它们显示为预测结果。

现在，我们可以来解码评论，使用 index_to_word 字典的双参数方法 get，而不是用 [] 运算符来获取每个键的值。如果某个值不在字典中，则 get 方法返回其第二个参数，而不是引发异常。参数 i-3 解释了每个评论的频率等级的编码偏移。当 Keras 的保留值 0~2 出现在评论中时，get 返回 '?'；否则，get 在 index_to_word 字典中使用键 i-3 返回单词：

```
[14]: ' '.join([index_to_word.get(i - 3, '?') for i in X_train[123]])
[14]: '? beautiful and touching movie rich colors great settings good
acting and one of the most charming movies i have seen in a while i
never saw such an interesting setting when i was in china my wife
liked it so much she asked me to ? on and rate it so other would
enjoy too'
```

可以从 y_train 数组中看到此评论被归类为正面：

```
[15]: y_train[123]
[15]: 1
```

15.9.3　数据准备

每个评论中的单词数量各不相同，但 Keras 要求所有样本具有相同的尺寸。因此，需要执行一些数据准备，将每个评论限制为相同数量的单词。有些评论需要填充其他数据，而有些评论则需要被截断。pad_sequences 实用函数（模块 tensorflow.keras.preprocessing.sequence）将 X_train 的样本（即其列数）变换为 maxlen 参数（200）指定的特征数，并返回一个二维数组：

```
[16]: words_per_review = 200

[17]: from tensorflow.keras.preprocessing.sequence import pad_sequences

[18]: X_train = pad_sequences(X_train, maxlen=words_per_review)
```

如果样本有更多的特征，则 pad_sequences 将其截断为指定的长度。如果样本具有较少的特征，则 pad_sequences 将 0 添加到序列的开头以将其填充到指定的长度。下面来确认 X_train 的新形式：

```
[19]: X_train.shape
[19]: (25000, 200)
```

493

我们在评估模型时，还必须重塑 X_test 以便稍后评价模型：

```
[20]: X_test = pad_sequences(X_test, maxlen=words_per_review)
```

```
[21]: X_test.shape
[21]: (25000, 200)
```

将测试数据拆分为验证数据和测试数据

在我们的网络中，我们使用了 fit 方法的 validation_split 参数来指示留出 10% 的训练数据，以便在训练时验证模型。对于此示例，我们手动将 25,000 个测试样本分成 20,000 个测试样本和 5,000 个验证样本。然后，通过参数 validation_data 将 5,000 个验证样本传递给模型的 fit 方法。下面使用前一章中 scikit-learn 的 train_test_split 函数来拆分测试集：

```
[22]: from sklearn.model_selection import train_test_split
      X_test, X_val, y_test, y_val = train_test_split(
          X_test, y_test, random_state=11, test_size=0.20)
```

下面通过检查 X_test 和 X_val 的形式来确认拆分结果：

```
[23]: X_test.shape
[23]: (20000, 200)
```

```
[24]: X_val.shape
[24]: (5000, 200)
```

15.9.4　创建神经网络

接下来，配置 RNN，再次从一个 Sequential 模型开始，在其上添加构成我们网络的各层：

```
[25]: from tensorflow.keras.models import Sequential
```

```
[26]: rnn = Sequential()
```

接下来，导入将在此模型中使用的层：

```
[27]: from tensorflow.keras.layers import Dense, LSTM
```

```
[28]: from tensorflow.keras.layers.embeddings import Embedding
```

添加嵌入层

之前使用独热编码将 MNIST 数据集的整数标签转换为分类数据，每个标签的结果是一个向量，其中除了一个"1"元素之外的所有元素都是"0"。我们也可以针对表示单词的索引值执行此操作，但是，此示例处理 10,000 个单词，这意味着我们需要一个 10,000×10,000 的数组来代表所有的单词，那是 100,000,000 个元素，几乎所有的数组元素都是 0，这不是对数据编码的有效方法。如果要处理数据集中所有 88,000 多个独特的单词，就需要一个有近 80 亿个元素的数组！

为了降低维度，处理文本序列的 RNN 通常以**嵌入层**开始，嵌入层以更紧凑的密集向量对每个字进行编码。嵌入层产生的向量也可以捕获单词的上下文——给定单词如何与其周

494 围的单词相关。因此，嵌入层使得 RNN 能够学习训练数据之间的单词关系。

还有**预定义的单词嵌入**，例如 Word2Vec 和 GloVe，可以将这些加载到神经网络中以节省训练时间。当只有少量训练数据可用时，它们有时也用于向模型添加基本单词关系。可以将其建立在先前学习的单词关系上来提高模型的准确性，而不是在数据量不足的情况下学习这种关系。

我们来创建一个 Embedding 层（模块 tensorflow.keras.layers）：

```
[29]: rnn.add(Embedding(input_dim=number_of_words, output_dim=128,
                        input_length=words_per_review))
```

其中，参数包括：

- ❑ input_dim——单词的数量。
- ❑ output_dim——每个单词嵌入的大小。如果加载预先存在的嵌入[⊖]，如 Word2Vec 和 GloVe，则必须将其设置为与所加载单词嵌入的大小相匹配。
- ❑ input_length=words_per_review——每个输入样本中的单词数。

添加 LSTM 层

接下来，我们将添加一个 LSTM 层：

```
[30]: rnn.add(LSTM(units=128, dropout=0.2, recurrent_dropout=0.2))
```

其中，参数包括：

- ❑ units——网络层中的神经元数量。神经元越多，网络的记忆力就越好。你可以从正在处理的句子长度（本例中为 200）和尝试预测的类别数量（本例中为 2）之间的值开始[⊜]。
- ❑ dropout——处理层输入和输出时随机禁用的神经元百分比。就像网络中的池化层一样，dropout 是一种经过验证的技术[⊜][⊗]，可以缓解过拟合。Keras 提供了一个 Dropout 层，可以将其添加到模型中。
- ❑ recurrent_dropout——当某一层的输出再次反馈到该层时，随机禁用的神经元百分比，以允许网络从之前看到的内容中学习。

LSTM 层执行任务的机制超出了本书的范围。Chollet 曾说："使用者不需要了解 LSTM 单元的特定结构。作为人类，理解它不应该是你的工作。你只需记住 LSTM 单元的用途，
495 即允许以后重新注入过去的信息。"[⑤]

⊖ https://blog.keras.io/using-pre-trained-word-embeddings-in-a-keras-model.html.

⊜ https://towardsdatascience.com/choosing-the-right-hyperparameters-for-a-simplelstm-using-keras-f8e9ed76f046.

⊜ Yarin, Ghahramani, and Zoubin. "A Theoretically Grounded Application of Dropout in Recurrent Neural Networks." October 05, 2016. https://arxiv.org/abs/1512.05287.

⊗ Srivastava, Nitish, Geoffrey Hinton, Alex Krizhevsky, Ilya Sutskever, and Ruslan Salakhutdinov. "Dropout: A Simple Way to Prevent Neural Networks from Overfitting." Journal of Machine Learning Research 15 (June 14, 2014): 1929-1958. http://jmlr.org/papers/volume15/srivastava14a/srivastava14a.pdf.

⑤ Chollet, François. Deep Learning with Python. p. 204. Shelter Island, NY: Manning Publications, 2018.

添加 Dense 输出层

最后，我们需要获取 LSTM 层的输出并将其减少为一个结果，指示评论是正面的还是负面的，因此 `units` 参数的值为 1。这里使用 `sigmoid` 激活函数，它是二分类的首选[⊖]，用于将任意值压缩到 0.0～1.0 的范围，产生一个概率：

```
[31]: rnn.add(Dense(units=1, activation='sigmoid'))
```

编译模型并显示摘要

下面来编译模型，这里只有两个可能的输出，所以使用 `binary_crossentropy` 损失函数：

```
[32]: rnn.compile(optimizer='adam',
                  loss='binary_crossentropy',
                  metrics=['accuracy'])
```

以下是模型的摘要。请注意，即使层数少于之前的 CNN 网络，RNN 的可训练参数（网络权重）几乎是 CNN 的三倍，参数越多意味着训练时间越长。大量参数主要来自词汇表中的单词数量（加载了 10,000 个）乘以 Embedding 层输出的神经元数量（128）：

```
[33]: rnn.summary()

Layer (type)                   Output Shape              Param #
=================================================================
embedding_1 (Embedding)        (None, 200, 128)          1280000
_____
lstm_1 (LSTM)                  (None, 128)               131584
_____
dense_1 (Dense)                (None, 1)                 129
=================================================================
Total params: 1,411,713
Trainable params: 1,411,713
Non-trainable params: 0
```

15.9.5　训练和评价模型

下面来训练模型[⊖]。注意模型对每个 epoch 的训练时间比对卷积神经网络的训练时间更长，这是由于我们的 RNN 模型需要学习的参数（权重）数量较多。为了便于阅读，对训练准确性（`acc`）和验证准确性（`val_acc`）的值加粗——这些值表示训练样本和 `validation_data` 中样本预测的正确率。

```
[34]: rnn.fit(X_train, y_train, epochs=10, batch_size=32,
              validation_data=(X_test, y_test))
Train on 25000 samples, validate on 5000 samples
Epoch 1/5
25000/25000 [==============================] - 299s 12ms/step - loss:
0.6574 - acc: 0.5868 - val_loss: 0.5582 - val_acc: 0.6964
Epoch 2/5
25000/25000 [==============================] - 298s 12ms/step - loss:
```

496

⊖　Chollet, François. Deep Learning with Python. p.114. Shelter Island, NY: Manning Publications, 2018.
⊖　在撰写本书时，TensorFlow 执行此语句时显示了警告。这是一个已知的 TensorFlow 问题，根据相关论坛上的讨论，可以安全地忽略该警告。

```
0.4577 - acc: 0.7786 - val_loss: 0.3546 - val_acc: 0.8448
Epoch 3/5
25000/25000 [==============================] - 296s 12ms/step - loss:
0.3277 - acc: 0.8594 - val_loss: 0.3207 - val_acc: 0.8614
Epoch 4/5
25000/25000 [==============================] - 307s 12ms/step - loss:
0.2675 - acc: 0.8864 - val_loss: 0.3056 - val_acc: 0.8700
Epoch 5/5
25000/25000 [==============================] - 310s 12ms/step - loss:
0.2217 - acc: 0.9083 - val_loss: 0.3264 - val_acc: 0.8704
[34]: <tensorflow.python.keras.callbacks.History object at 0xb3ba882e8>
```

最后，可以使用测试数据评价预测结果。evaluate 函数返回测试损失和测试准确性。在这里，该模型准确性为 85.99%：

```
[35]: results = rnn.evaluate(X_test, y_test)
20000/20000 [==============================] - 42s 2ms/step

[36]: results
[36]: [0.3415240607559681, 0.8599]
```

请注意，与 CNN 结果相比，该模型的准确性似乎较低，但这是一个处理起来更加困难的问题。如果在线搜索其他 IMDb 情感分析二分类研究，可以找到排名前 80 的预测结果，这里用只有三层的小型递归神经网络做得已经相当不错了，当然，我们也可以研究一些在线模型并尝试生成更好的模型。

15.10　调整深度学习模型

在 15.9.5 节中，在 fit 方法的输出中注意到，测试准确性（85.99%）和验证准确性（87.04%）显著低于 90.83% 的训练准确性，这种差异通常是过拟合的结果，因此我们的模型还有很大的改进空间⊖⊖。如果看一下每个 epoch 的输出，就会发现训练和验证的准确性都在不断提高。回想一下，训练太多次 epoch 可能会导致过拟合，但我们现在可能还没有训练充分。对于该模型，可能调整一下某个超参数就可以增加 epoch 数。

影响模型性能的一些变量包括：
❑ 更多或更少的训练数据；
❑ 更多或更少的测试数据；
❑ 更多或更少的验证数据；
❑ 更多或更少的网络层；
❑ 网络层类型；
❑ 网络层顺序。

在我们的 IMDb RNN 示例中，可以调整的一些内容包括：

⊖　https://towardsdatascience.com/deep-learning-overfitting-846bf5b35e24.

⊖　https://hackernoon.com/memorizing-is-not-learning-6-tricks-to-prevent-overfitting-in-machine-learning-820b091dc42.

❏ 尝试不同数量的训练数据——我们只使用了前 10,000 个单词；

❏ 设置每条评论的不同单词数量——我们只用了 200；

❏ 网络层中不同数量的神经元；

❏ 更多层；

❏ 加载预先训练过的单词向量，而不是让嵌入层从头开始学习它们。

多次训练模型所需的计算时间非常重要，因此，在深度学习中，通常不会使用 k 折交叉验证或网格搜索等技术来调整超参数[一]。目前已经有各种调整方法[二][三][四][五]，但是一个特别有希望的领域是自动机器学习（AutoML），例如，Auto-Keras 库[六]专门用于自动为各种 Keras 模型选择最佳配置，其他自动机器学习工具包括 Google 的 Cloud AutoML 和百度的 EZDL。

15.11　在 ImageNet 上预训练的 CNN 模型

利用深度学习，我们则不需要通过昂贵的训练、验证和测试开始每个新的项目，而是可以使用**预训练的深度神经网络模型**来

❏ 做出新的预测；

❏ 继续使用新数据或进一步训练模型；

❏ 将类似问题的模型所学习的权重转移到新模型中——迁移学习。

Keras 预训练的 CNN 模型

Keras 捆绑了以下预训练的 CNN 模型[七]，每个模型都在 ImageNet[®] 上进行了预训练（ImageNet 是一个包含 1400 多万张图像的不断增长的数据集）：

❏ Xception

❏ VGG16

❏ VGG19

❏ ResNet50

❏ Inception v3

498

[一] https://www.quora.com/Is-cross-validation-heavily-used-in-deep-learning-or-is-ittoo-expensive-to-be-used.

[二] https://towardsdatascience.com/what-are-hyperparameters-and-how-to-tune-the-hyperparameters-in-a-deep-neural-network-d0604917584a.

[三] https://medium.com/machine-learning-bites/deeplearning-series-deep-neural-networks-tuning-and-optimization-39250ff7786d.

[四] https://flyyufelix.github.io/2016/10/03/fine-tuning-in-keras-part1.html and https://flyyufelix.github.io/2016/10/08/fine-tuning-in-keras-part2.html.

[五] https://towardsdatascience.com/a-comprehensive-guide-on-how-to-fine-tune-deepneural-networks-using-keras-on-google-colab-free-daaaa0aced8f.

[六] https://autokeras.com/.

[七] https://keras.io/applications/.

[八] http://www.image-net.org.

❑ Inception-ResNet v2

❑ MobileNet v1

❑ DenseNet

❑ NASNet

❑ MobileNet v2

重用预训练模型

ImageNet 对于大多数计算机来说都太大了，因此大多数对它感兴趣的人都是从一个较小的预训练模型开始使用的。

我们可以仅重用每个模型的体系结构并使用新数据进行训练，也可以重用预训练的权重。有关一些简单示例，请参阅：https://keras.io/applications/。

ImageNet 挑战赛

本章末将研究用于评价目标检测和图像识别模型的"ImageNet Large Scale Visual Recognition Challenge"[⊖]。此竞赛从 2010 年到 2017 年一直在进行，ImageNet 现在在 Kaggle 竞赛网站上一直保持着运行，称为"ImageNet Object Localization Challenge"[⊜]，目标是识别"图像中的所有对象，然后对这些图像进行分类和注释"，ImageNet 每季度会发布一次当前参与者的排行榜。

我们在机器学习和深度学习章节中看到的很多内容都是 Kaggle 竞赛网站上的。对于很多机器学习和深度学习任务而言，没有明显的最佳解决方案，人们的创造力确实是唯一的限制。很多公司和组织为 Kaggle 平台提供资金支持，以鼓励全世界的人开发出更好的解决方案。有些公司会在著名的 Netflix 竞赛中资助高达 100 万美元的奖金，Netflix 希望参赛的模型可带来 10% 或更高的改进，以确定人们是否会喜欢一部电影，这取决于人们如何评价以前的电影[⊜]，他们使用这些结果来向会员提供更好的观影建议。即使没有赢得 Kaggle 竞赛，这个参与的过程也是为当前感兴趣的问题获取解决经验的好方法。

15.12　小结

在第 15 章中，我们了解了 AI 的未来。深度学习已经吸引了计算机科学和数据科学领域的想象力，这可能是本书中最重要的 AI 章节。

我们提到了关键的深度学习平台，表明了 Google 的 TensorFlow 是使用最广泛的工具库。我们讨论了为什么使用 Keras，因为它提供了一个友好的 TensorFlow 界面，而且已经非常受欢迎。

我们为 TensorFlow、Keras 和 JupyterLab 设置了一个自定义的 Anaconda 环境，然后使

⊖　http://www.image-net.org/challenges/LSVRC/.

⊜　https://www.kaggle.com/c/imagenet-object-localization-challenge.

⊜　https://netflixprize.com/rules.html.

用该环境来实现 Keras 示例。

我们解释了什么是张量，以及为什么它对深度学习至关重要。我们讨论了构建 Keras 深度学习模型的神经元和多层神经网络的基础知识，考虑了一些流行的网络层类型以及如何布局它们。

我们引入了卷积神经网络并指出它们特别适用于计算机视觉应用。然后，使用手写数字的 MNIST 数据库构建、训练、验证和测试了一个网络，我们的预测准确性达到了 99.17%。这是非常了不起的，因为我们是通过基本模型并且没进行任何超参数调整来实现的。你也可以尝试更复杂的模型并调整超参数来获得更好的性能。我们还列出了各种有趣的计算机视觉任务。

我们引入了 TensorBoard 来可视化 TensorFlow 和 Keras 神经网络的训练和验证过程，还讨论了 ConvnetJS，一种基于浏览器的 CNN 训练和可视化工具，使我们可以窥探训练过程。

接下来，我们提出了用于处理序列数据（例如时间序列或句子中的文本）的递归神经网络（RNN）。我们使用基于 IMDb 影评数据集的 RNN 来执行二分类，预测每个评论的情感是正面的还是负面的。我们还讨论了如何调整深度学习模型，以及像 NVIDIA GPU 和 Google TPU 这样的高性能硬件是如何让更多人可以处理更实质性深度学习研究的。

考虑到训练深度学习模型的成本和耗时，我们解释了使用预训练模型的策略。我们列出了在大量 ImageNet 数据集上训练的各种 Keras CNN 图像处理模型，并讨论了迁移学习如何使我们能够快速有效地使用这些模型创建新模型。深度学习是一个庞大而复杂的主题，我们在本章中更专注于基础知识。

在下一章中，我们将介绍支持第 12～15 章中讨论过的各种 AI 技术的大数据基础设施。我们将考虑用于大数据批处理和实时流应用的 Hadoop 和 Spark 平台，查看关系数据库和用于查询它们的 SQL 语言——这些已经在数据库领域占据了数十年的主导地位。我们将讨论大数据如何应对关系数据库无法处理的挑战，并考虑如何设计 NoSQL 数据库来应对这些挑战。我们将通过对物联网的讨论来结束本书。物联网将成为世界上最大的大数据来源，并为企业家提供很多机会，帮助他们开发出能够真正改变人们生活的前沿商业。

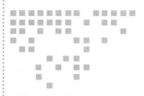

大数据：Hadoop、Spark、NoSQL 和 IoT

目标

❑ 了解与大数据及其增长速度有关的概念。

❑ 使用结构化查询语言（SQL）操作 SQLite 关系数据库。

❑ 了解 NoSQL 数据库的四种主要类型。

❑ 将推文存储在 MongoDB NoSQL JSON 文档数据库中，并在 Folium 地图上进行可视化。

❑ 了解 Apache Hadoop 及其在大数据批处理应用程序中的使用方法。

❑ 在 Microsoft 的 Azure HDInsight 云服务上构建 Hadoop MapReduce 应用程序。

❑ 了解 Apache Spark 及其在高性能、实时大数据应用程序中的使用方法。

❑ 使用 Spark 流处理小批量数据。

❑ 了解物联网（IoT）和发布 / 订阅模型。

❑ 发布来自模拟互联网连接设备的消息，并在仪表板中进行消息可视化。

❑ 订阅 PubNub 的实时 Twitter 和 IoT 流并进行数据可视化。

16.1 简介

1.7 节介绍了大数据的概念，本章将讨论用于大数据处理的硬件和软件基础设施，并在多个台式机和基于云的大数据平台上开发完整的应用程序。

数据库

数据库是用于存储和操作大量数据的关键性大数据基础设施，对于维护大数据的安全性和保密性也非常重要，特别是在美国 HIPAA（Health Insurance Portability and Accountability Act）和欧盟 GDPR（General Data Protection Regulation）等较为严格的隐私法律背景下。

首先介绍**关系数据库**，它通过每行有固定数量的列在表中存储**结构化数据**，并通过**结构化查询语言（SQL）**来操作关系数据库。

今天生成的大多数数据都是非结构化数据，比如 Facebook 帖子的内容和 Twitter 的推文，或 JSON 和 XML 文档等**半结构化数据**。正如第 12 章所讲的，Twitter 将每条推文的内容处理成一个包含大量元数据的半结构化 JSON 文档。关系数据库不适合大数据应用中的非结构化和半结构化数据。因此，随着大数据的发展，创建新类型的数据库来有效地处理这些数据十分必要。本章将介绍 **NoSQL 数据库**的四种主要类型：键–值、文档、列和图数据库。此外，还将介绍 **NewSQL 数据库**，它融合了关系数据库和 NoSQL 数据库的优势。在需要最少安装和设置的云环境中，可通过免费参与和试用开始使用许多 NoSQL 和 NewSQL 供应商提供的产品，使得我们在深入研究之前就能获取很多大数据经验。

Apache Hadoop

现今的大部分数据都比较庞大，以至于单个系统无法处理。随着大数据的增长，我们需要用分布式数据存储和并行处理技术来更有效地处理数据。Apache Hadoop 等分布式技术能够在计算机集群中提供高并行性的数据处理能力，自动且正确地处理复杂的细节。本章将介绍 Hadoop 的架构以及它在大数据应用中的使用方法，并指导读者使用 Microsoft Azure HDInsight 云服务配置多节点 Hadoop 集群，然后使用它来执行基于 Python 实现的 Hadoop MapReduce 作业。虽然 HDInsight 不是免费的，但 Microsoft 会为新用户提供一个免费的信用额度，使读者能够运行本章的代码示例而无须支付额外费用。

Apache Spark

随着大数据处理需求的增长，信息技术社区不断寻求提高性能的方法。Hadoop 通过将任务分成许多计算机上的大量磁盘 I/O 来执行任务，而 Spark 的开发是为了在内存中执行某些大数据任务，以便获得更高的处理性能。

本章将介绍 Apache Spark 的架构以及如何将其用于高性能、实时大数据处理应用。读者可以使用 filter/map/reduce 编程功能实现一个简单的 Spark 应用程序。首先，使用在台式计算机本地运行的 Jupyter Docker 堆栈构建该实例，然后在基于云的 Microsoft Azure HDInsight 多节点 Spark 集群中实现。

本章将介绍用于处理小批量流数据的 Spark 流。Spark 流会在指定的短时间间隔内收集数据，然后提供要处理的批量数据。我们将实现一个处理推文流的 Spark 应用程序，其中将使用 Spark SQL 查询存储在 Spark `DataFrame` 中的数据，与 pandas `DataFrame` 不同，它可能包含分布在集群中许多计算机上的数据。

物联网

最后将介绍物联网（Internet of Things，IoT）——在全球不断产生数据的数十亿台设备。本章将介绍 IoT 和其他类型的应用程序以及实现数据用户与数据提供者连接的 publish/subscribe 模型。首先，在不编写任何代码的情况下，使用 freeboard.io 和 PubNub 消息传递服务实例的实时流构建基于 Web 的数据可视化仪表板。接下来，将模拟连接互联网的恒温器，该恒温器使用 Python 模块 Dweepy 向免费的 dweet.io 消息传递服务发布消息，然后使用 freeboard.io 的数据创建可视化仪表板。最后，构建一个 Python 客户端，该客户端从 PubNub 服务订阅实例的实时流，并使用 Seaborn 和 Matplotlib 的 FuncAnimation 来动态显示流。

503

体验云和桌面大数据软件

云供应商专注于**面向服务的架构**技术，在这些技术中，它们提供应用程序到云的链接和在云中使用的"即服务"（as-a-Service）功能。云供应商提供的常见服务如下⊖：

"as-a-Service"缩略词（注意：存在多个相同的缩略词）	
BDaaS（Big data as a Service，大数据即服务）	PaaS（Platform as a Service，平台即服务）
HaaS（Hadoop as a Service，Hadoop 即服务）	SaaS（Software as a Service，软件即服务）
HaaS（Hardware as a Service ，硬件即服务）	SaaS（Storage as a Service，存储即服务）
IaaS（Infrastructure as a Service，基础设施即架构）	SaaS（Spark as a Service，Spark 即服务）

读者可以通过多个基于云的工具获得本章样例。本章示例主要使用以下平台：

❑ 免费的基于云的 MongoDB Atlas 集群。
❑ 在 Microsoft 的 Azure HDInsight 的基于云的服务上运行的多节点 Hadoop 集群。为此，读者可以凭借自己的个人信用获取一个 Azure 账号。
❑ 使用 Jupyter Docker-stack 容器在台式计算机上运行的免费单节点 Spark "集群"。
❑ 多节点 Spark 集群，也在 Microsoft 的 Azure HDInsight 上运行。为此，将继续使用 Microsoft 为用户免费提供的 Azure 账号。

还可以使用许多其他工具，包括来自 Amazon Web Services、Google Cloud 和 IBM Watson 的云服务，以及 Hortonworks 和 Cloudera 平台的免费桌面版本（也有基于云的付费版本）。或者尝试在基于云的免费 Databricks Community Edition 上运行的单节点 Spark 集群，这里的 Databricks 是由 Spark 创建者创立的。

请务必查看所使用的每项服务的最新条款和条件，有些服务要求用户启用信用卡结算以使用其集群。注意：一旦用户分配了 Microsoft Azure HDInsight 集群（或其他供应商的集群），就会产生成本。当使用 Microsoft Azure 等服务完成案例研究后，请务必删除集群及其他资源（如存储资源），这有助于延长免费的 Azure 账户信用。

系统的安装和配置因平台和版本而异，要始终遵循每个供应商的最新要求。如果遇到问题，最好是寻求供应商的支持或者访问相关论坛求解。此外，检查诸如 stackoverflow.com 之类的网站。在该网站上，其他人可能已经提出过类似的问题，并从开发者社区获得了答案。

⊖ 对于更多"即服务"缩略语，请访问 https://en.wikipedia.org/wiki/Cloud_computingand 和 https://en.wikipedia.org/wiki/As_a_service。

算法和数据

算法和数据是 Python 编程的核心，本书前几章主要是关于算法的，主要介绍了控制语句、算法设计以及简单的数据类型：整数、浮点数和字符串。第 5～9 章重点介绍了复杂的数据结构，包括列表、元组、字典、集合、数组和文件等。

数据的意义

数据的意义是什么？是否可以使用这些数据来更好地诊断癌症从而拯救生命？提高患者的生活质量？减少污染？节约用水？提高农作物产量？减少毁灭性风暴和火灾造成的伤害？制订更好的治疗方案？创造就业机会？提高公司的盈利能力？

第 11～15 章的数据科学案例研究都集中在人工智能上，本章则主要专注于支持 AI 解决方案的大数据基础设施。随着数据量呈指数级持续地增长，希望借助这些技术以极快的速度学习这些数据，我们将结合复杂的算法、硬件、软件和网络设计来达到这一目标。前面已经介绍了各种机器学习技术，可以看到从数据中进行挖掘确实是一个很好的方案。随着更多数据的积累，特别是大数据的使用，机器学习将会是更加有效的解决方案。

以下的文章和网站中提供了数百个免费的大数据源的链接。

大数据源
"**Awesome-Public-Datasets**"：https://github.com/caesar0301/awesome-public-datasets
"**AWS Public Datasets**"：https://aws.amazon.com/public-datasets/
"**Big Data And AI: 30 Amazing (And Free) Public Data Sources For 2018**"（作者是 B. Marr）：https://www.forbes.com/sites/bernardmarr/2018/02/26/big-data-and-ai-30-amazing-andfree-public-data-sources-for-2018/
"**Datasets for Data Mining and Data Science**"：http://www.kdnuggets.com/datasets/index.html
"**Exploring Open Data Sets**"：https://datascience.berkeley.edu/open-data-sets/
"**Free Big Data Sources**"（来自 Datamics）：http://datamics.com/free-big-data-sources/
Publicly Available Big Data Sets 的第 16 章 "Hadoop Illuminated"：http://hadoopilluminated.com/hadoop_illuminated/Public_Bigdata_Sets.html
"**List of Public Data Sources Fit for Machine Learning**"：https://blog.bigml.com/list-of-public-data-sources-fit-for-machine-learning/
"**Open Data**"：https://en.wikipedia.org/wiki/Open_data
"**Open Data 500 Companies**"：http://www.opendata500.com/us/list/
"**Other Interesting Resources/Big Data and Analytics Educational Resources and Research**"（作者是 B. Marr）：http://computing.derby.ac.uk/bigdatares/?page_id=223
"**6 Amazing Sources of Practice Data Sets**"：https://www.jigsawacademy.com/6-amazing-sources-of-practice-data-sets/
"**20 Big Data Repositories You Should Check Out**"（作者是 M. Krivanek）：http://www.datasciencecentral.com/profiles/blogs/20-free-big-data-sources-everyone-should-check-out
"**70+ Websites to Get Large Data Repositories for Free**"：http://bigdata-madesimple.com/70-websites-to-get-large-data-repositories-for-free/

504
505

大数据源（续）

"**Ten Sources of Free Big Data on Internet**"（作者是 A. Brown）: https://www.linkedin.com/pulse/ten-sources-free-big-data-internet-alan-brown

"**Top 20 Open Data Sources**": https://www.linkedin.com/pulse/top-20-open-data-sources-zygimantas-jacikevicius

"**We're Setting Data, Code and APIs Free**"（来自 NASA）: https://open.nasa.gov/open-data/

"**Where Can I Find Large Datasets Open to the Public?**"（来自 Quora）: https://www.quora.com/Where-can-I-find-large-datasets-open-to-the-public

16.2 关系数据库和结构化查询语言

数据库至关重要，特别是对于大数据来说更是如此。第 9 章分别使用 CSV 文件和 JSON 文件中的数据演示了对序列文本文件的处理方法，当要处理大部分或全部文件数据时这两种文件都是非常有用的。另一方面，我们需要在事务处理中快速定位单个数据项并可能进行相应的更新操作。

数据库是一个数据合集，**数据库管理系统**（Database Management System，DBMS）提供一种与数据库格式一致的方式存储和组织数据的机制，允许方便地访问和存储数据，而无须考虑数据库的内部表示。

关系数据库管理系统（Relational Database Management System，RDBMS）将数据存储在**表**中并定义表之间的关系。结构化查询语言（Structured Query Language，SQL）几乎普遍用于关系数据库系统，以操作和查询满足给定条件的数据信息。

流行的开源 RDBMS 包括 SQLite、PostgreSQL、MariaDB 和 MySQL，这些系统可以供任何人免费下载和使用，并且都支持 Python。本章将使用支持 Python 的 SQLite。此外，一些流行的闭源 RDBMS 包括 Microsoft SQL Server、Oracle、Sybase 和 IBM Db2。

表、行和列

关系数据库是基于逻辑的且以表的形式表示数据，允许在不考虑其物理结构的情况下访问数据。下图显示了在人事系统中使用的 Employee 表。

```
      Number    Name      Department    Salary    Location
      23603     Jones       413         1100      New Jersey
    ┌ 24568     Kerwin      413         2000      New Jersey
行 ┤ 34589     Larson      642         1800      Los Angeles
    └ 35761     Myers       611         1400      Orlando
      47132     Neumann     413         9000      New Jersey
      78321     Stephens    611         8500      Orlando
        主键                列
```

该表的主要目的是存储员工的属性信息。表由**行**组成，每行描述一个实体，上表有六行，表示有六个实体，每行代表一名员工。行由包含各个属性值的列组成，其中 Number 列表示主键，主键通常由一列或多列组成，每行的主键值都是唯一的，从而保证每一行都可以通过其主键来识别。常见的主键是社会保险号、员工 ID 号和库存系统中的部件号等，每种值都保证是唯一的。在本例中，行按主键以升序列出，但它们也可以以降序列出或不需要特定的顺序。

每列代表不同的数据属性，表中所有行的主键值都不能重复，但主键之外其他列的值允许在不同行是相同的。例如，Employee 表中的 Department（部门）列的三个不同行具有相同的数值 413。

选择数据子集

不同的数据库用户通常对不同的数据和数据之间的不同关系感兴趣。大多数用户只需要行和列的子集。从表中指定查询具体的数据子集，可以使用结构化查询语言（SQL）来定义查询。例如，可以从 Employee 表中选择数据以显示每个部门所在位置的结果，并按部门编号的递增顺序显示数据，结果如下所示。接下来具体讨论 SQL。

```
Department        Location
413               New Jersey
611               Orlando
642               Los Angeles
```

SQLite

本节的代码示例使用 Python 附带的开源 SQLite 数据库管理系统，大多数流行的数据库系统都支持 Python。每种数据库管理系统通常都提供一个遵循 Python **数据库应用程序编程接口**（DB-API）的模块，该模块指定用于操作数据库的通用对象和方法名称。

16.2.1 books 数据库

本节将提供一个包含几本书籍的信息的 books 数据库。我们将使用 ch16 示例文件夹的 sql 子文件夹中提供的脚本，通过 Python 标准库的 sqlite3 模块在 SQLite 中操作数据库。然后介绍数据库的表，并在 IPython 会话中使用此数据库来介绍各种数据库相关的概念，包括创建（create）、读取（read）、更新（update）和删除（delete）数据的操作，也就是所谓的 CRUD 操作。在介绍表时，将使用 SQL 和 pandas DataFrame 来显示每个表的内容，然后接下来的几节将讨论其他 SQL 功能。

创建 books 数据库

在 Anaconda 命令提示符、Terminal 或 shell 中，切换到 ch16 示例文件夹下的 sql 子文件夹。以下 sqlite3 命令创建一个名为 books.db 的 SQLite 数据库并执行 books.sql 中的 SQL 脚本，该脚本定义如何创建数据库的表并在表中填充数据： 507

```
sqlite3 books.db < books.sql
```

符号 < 表示 books.sql 脚本创建的表被输入到 sqlite3 命令中。命令完成后，数据库即可被使用并开始一个新的 IPython 会话。

使用 Python 连接数据库

要在 Python 中使用数据库，首先调用 sqlite3 的 connect 函数连接到数据库并获取 Connection 对象：

```
In [1]: import sqlite3
In [2]: connection = sqlite3.connect('books.db')
```

authors 表

该数据库有三个表：authors、author_ISBN 和 titles。authors 表存储了所有的作者信息，共有三列：

❑ id——作者的唯一 ID 号。此整数列定义为**自动递增**，即对于插入表中的每一行数据，SQLite 将 id 值增加 1 以确保每行具有唯一值。此列是表的主键。

❑ first——作者的名字（字符串）。

❑ last——作者的姓氏（字符串）。

查看 authors 表中的内容

使用 SQL 查询和 pandas 来查看 authors 表的内容：

```
In [3]: import pandas as pd
In [4]: pd.options.display.max_columns = 10
In [5]: pd.read_sql('SELECT * FROM authors', connection,
   ...:             index_col=['id'])
   ...:
Out[5]:
        first      last
id
1         Paul    Deitel
2       Harvey    Deitel
3        Abbey    Deitel
4          Dan     Quirk
5    Alexander      Wald
```

pandas 包中的函数 read_sql 执行 SQL 查询并返回包含查询结果的 DataFrame。函数的参数是：

❑ 表示要执行的 SQL 查询的字符串。

❑ SQLite 数据库的 Connection 对象。

❑ index_col 关键字参数，指示哪个列应该用作 DataFrame 的行索引（在本示例中是作者的 id 值）。

当未传递 index_col 参数时，将看到从 0 开始的索引值显示在 DataFrame 行的左侧。

SQL SELECT 语句从数据库的一个或多个表中查询并获取行和列。在下面的查询中：

```
SELECT * FROM authors
```

星号（*）是一个通配符，表示从 authors 表中查询并获取所有的列。稍后将更详细地讨论 SELECT 查询。

titles 表

titles 表存储了所有的书籍，共有四列：

❑ isbn——书的 ISBN（字符串）是该表的主键。ISBN 是"国际标准书号"的缩写，是出版商用来为每本书提供唯一标识号的编号方案。

❑ title——书名（一个字符串）。

❑ edition——书的版本号（整数）。

❑ copyright——书的版权年份（字符串）。

使用 SQL 和 pandas 来查看 titles 表的内容：

```
In [6]: pd.read_sql('SELECT * FROM titles', connection)
Out[6]:
         isbn                         title  edition copyright
0  0135404673   Intro to Python for CS and DS        1      2020
1  0132151006    Internet & WWW How to Program        5      2012
2  0134743350          Java How to Program       11      2018
3  0133976890             C How to Program        8      2016
4  0133406954  Visual Basic 2012 How to Program        6      2014
5  0134601548       Visual C# How to Program        6      2017
6  0136151574      Visual C++ How to Program        2      2008
7  0134448235           C++ How to Program       10      2017
8  0134444302       Android How to Program        3      2017
9  0134289366      Android 6 for Programmers        3      2016
```

author_ISBN 表

author_ISBN 表使用以下列将 authors 表中的作者与 titles 表中的书籍相关联：

❑ id——作者的 id（整数）。

❑ isbn——书的 ISBN（字符串）。

id 列是一个**外键**，用于与 authors 表中的主键 id 列匹配。isbn 列也是外键，它匹配 titles 表的 isbn 主键列。数据库中可能有许多表，设计数据库的目标是最小化表之间的数据重复。为此，每个表代表一个特定的实体，外键用于连接多个表中的数据。在创建数据库表时需要指定主键和外键（本示例在 books.sql 脚本中指定）。

此表中的 id 列和 isbn 列一起形成复合主键，每一行都唯一地将一位作者与一本书的 ISBN 相关联。该表包含很多条目，为简单起见，我们使用 SQL 和 pandas 只查看前五行：

```
In [7]: df = pd.read_sql('SELECT * FROM author_ISBN', connection)

In [8]: df.head()
Out[8]:
   id        isbn
0   1  0134289366
1   2  0134289366
2   5  0134289366
3   1  0135404673
4   2  0135404673
```

每个外键值必须作为另一个表的某行中的主键值出现，以便 DBMS 可以确保外键值有

509

效，这被称为**参照完整性规则**。例如，DBMS 确保 author_ISBN 行中特定的 id 值有效，方法是检查 authors 表中是否有一行以该 id 为主键。

还允许利用外键从这些表中选择多个表的相关数据并将其组合，这称为**连接数据**。主键和相应的外键之间存在**一对多的关系**：一位作者可以写很多书，同样一本书也可以由许多作者合作编写。因此，外键可以在其所属的表中多次出现，但在另一个关联表中只出现一次（作为主键）。例如，在 books 数据库中，ISBN 为 0134289366 的记录在多个 author_ISBN 行中出现，因为这本书有多位作者，但它在 titles 表中作为主键只出现一次。

实体－关系图

下面的 books 数据库的实体－关系（Entity-Relationship，E-R）图显示了数据库的表及其之间的关系。

每个框中的第一栏是表的名称，其余栏是表中的列名。斜体名称是主键，用于唯一标识表中的每一行。每行记录的主键值不能为空，并且该值在表中必须是唯一的，这被称为**实体完整性规则**。同样，对于 author_ISBN 表，主键是两列的组合，这被称为复合主键。

连接表的线表示表之间的关系。对于 authors 表和 author_ISBN 表之间的线，在 authors 端有一个 1，在 author_ISBN 端有一个无穷大符号（∞），这表示一对多的关系。对于 authors 表中的每位作者，该作者在 author_ISBN 表中可以对应任意数量书籍的 ISBN。也就是说，一位作者可以编著任何数量的书籍，因此作者的 id 可以出现在 author_ISBN 表的多行中。关系线将 authors 表中的 id 列（id 为主键）连接到 author_ISBN 表中的 id 列（其中 id 是外键）。表之间的线将一个表中的主键连接到另一个表中的外键。

titles 和 author_ISBN 表之间的线也说明了一对多的关系，一本书可以由多位作者合作编写。这条线将 titles 表中的主键 isbn 连接到 author_ISBN 表中的相应外键。在实体－关系图中的关系，说明 author_ISBN 表的唯一作用是在 authors 表和 titles 表之间提供**多对多关系**：一位作者可以写很多书，而一本书也可以由很多作者合作编写。

SQL 关键字

以下小节在 books 数据库的基础上介绍 SQL，使用下表中的 SQL 关键字演示 SQL 查询和其他语句。其他的 SQL 关键字不在本书的讨论范围内。

SQL 关键字	描　述
SELECT	从一个或多个表中检索数据
FROM	查询中涉及的表，每个 SELECT 都需要
WHERE	选择标准，用于确定要检索、删除或更新的行。在 SQL 语句中可选
GROUP BY	对行进行分组的标准，SELECT 查询中的可选项
ORDER BY	对行进行排序的标准，SELECT 查询中的可选项
INNER JOIN	合并多个表中的行
INSERT	将行插入指定的表
UPDATE	更新指定表中的行
DELETE	删除指定表中的行

16.2.2　SELECT 查询

上一节使用 SELECT 语句和 * 通配符来获取表中的所有列。但大多情况下，尤其是在包含成百上千个列的大数据中，只需要列的一部分。要检索特定的列，需要指定以逗号分隔的列名的列表。例如，从 authors 表中检索 first 列和 last 列：

```
In [9]: pd.read_sql('SELECT first, last FROM authors', connection)
Out[9]:
      first     last
0      Paul   Deitel
1    Harvey   Deitel
2     Abbey   Deitel
3       Dan    Quirk
4 Alexander     Wald
```

16.2.3　WHERE 子句

通常会在数据库中选择满足某些**选择条件**的行，尤其是在数据库可能包含数百万或数十亿行的大数据中，即仅选择满足选择标准的行（称为**谓词**）。SQL 的 WHERE 子句指定查询的选择条件。例如，需检索 title 表中 copyright 年份大于 2016 的所有图书的 title、edition 和 copyright。SQL 查询中的字符串值由单引号分隔，如 '2016'：

511

```
In [10]: pd.read_sql("""SELECT title, edition, copyright
    ...:                 FROM titles
    ...:                 WHERE copyright > '2016'""", connection)
Out[10]:
                            title  edition copyright
0  Intro to Python for CS and DS        1      2020
1             Java How to Program       11      2018
2         Visual C# How to Program        6      2017
3            C++ How to Program       10      2017
4         Android How to Program        3      2017
```

模式匹配：零个或多个字符

WHERE 子句可以包含运算符 <、>、<=、>=、=、< >（不等于）和 LIKE。运算符 LIKE

用于**模式匹配**，搜索与给定模式匹配的字符串。包含百分号（%）通配符的模式搜索表示在模式中，% 字符位置处有零个或多个字符的字符串。例如，找到姓氏以字母 D 开头的所有作者：

```
In [11]: pd.read_sql("""SELECT id, first, last
   ...:                 FROM authors
   ...:                 WHERE last LIKE 'D%'""",
   ...:              connection, index_col=['id'])
   ...:
Out[11]:
     first    last
id
1    Paul    Deitel
2    Harvey  Deitel
3    Abbey   Deitel
```

模式匹配：任意字符

模式字符串中的下划线（_）表示该位置处的单个通配符。例如，在表 authors 中选择以任何字符开头的姓氏、后跟字母 b、再后跟任意数量的附加字符（由 % 指定）的 authors 的行：

```
In [12]: pd.read_sql("""SELECT id, first, last
   ...:                 FROM authors
   ...:                 WHERE first LIKE '_b%'""",
   ...:              connection, index_col=['id'])
   ...:
Out[12]:
     first    last
id
3    Abbey   Deitel
```

16.2.4 ORDER BY 子句

ORDER BY 子句将查询的结果分别按升序（从最低到最高）或降序（从最高到最低）进行显示，对此，分别用 ASC 和 DESC 指定。默认的排序顺序是升序，因此 ASC 是可选的。按升序排序 titles：

```
In [13]: pd.read_sql('SELECT title FROM titles ORDER BY title ASC',
   ...:              connection)
Out[13]:
                              title
0         Android 6 for Programmers
1            Android How to Program
2                  C How to Program
3                C++ How to Program
4       Internet & WWW How to Program
5         Intro to Python for CS and DS
6               Java How to Program
7    Visual Basic 2012 How to Program
8           Visual C# How to Program
9          Visual C++ How to Program
```

多列排序

在 ORDER BY 关键字后以逗号分隔的列名指定如何排序。下例按 last name 对表 authors

进行排序，然后按 first name 排序具有相同 last name 的 authors：

```
In [14]: pd.read_sql("""SELECT id, first, last
    ...:                FROM authors
    ...:                ORDER BY last, first""",
    ...:              connection, index_col=['id'])
Out[14]:
        first     last
id
3        Abbey   Deitel
2       Harvey   Deitel
1         Paul   Deitel
4          Dan    Quirk
5    Alexander     Wald
```

不同列的排序方式可以不同，下面对 authors 以 last name 降序的方式排序，然后对具有相同 last name 的 authors 以 first name 升序的方式进行排序：

```
In [15]: pd.read_sql("""SELECT id, first, last
    ...:                FROM authors
    ...:                ORDER BY last DESC, first ASC""",
    ...:              connection, index_col=['id'])
Out[15]:
        first     last
id
5    Alexander     Wald
4          Dan    Quirk
3        Abbey   Deitel
2       Harvey   Deitel
1         Paul   Deitel
```

结合 WHERE 子句和 ORDER BY 子句

WHERE 和 ORDER BY 子句可以组合在一个查询语句中。下面在表 titles 中获得 title 以 'How to Program' 结尾的书的 isbn、title、edition 和 copyright，并按书名升序排列的方式输出结果：　|513|

```
In [16]: pd.read_sql("""SELECT isbn, title, edition, copyright
    ...:                FROM titles
    ...:                WHERE title LIKE '%How to Program'
    ...:                ORDER BY title""", connection)
Out[16]:
        isbn                           title  edition copyright
0 0134444302         Android How to Program        3      2017
1 0133976890               C How to Program        8      2016
2 0134448235             C++ How to Program       10      2017
3 0132151006    Internet & WWW How to Program        5      2012
4 0134743350            Java How to Program       11      2018
5 0133406954 Visual Basic 2012 How to Program        6      2014
6 0134601548       Visual C# How to Program        6      2017
7 0136151574      Visual C++ How to Program        2      2008
```

16.2.5　从多个表中合并数据：INNER JOIN

回想一下，books 数据库的 author_ISBN 表将 authors 连接到相应的 titles。如

果没有将这些信息分成单独的表格，则需要在 title 表的每个条目中包含作者信息，这将会导致重复存储编写了多本书的作者的信息。

可使用 INNER JOIN 合并多个表中的数据（称为连接表）。下面生成一份 author 列表，并附上每位作者所写书籍的 ISBN，因为这个查询有很多结果，此处只显示结果的头部：

```
In [17]: pd.read_sql("""SELECT first, last, isbn
    ...:                 FROM authors
    ...:                 INNER JOIN author_ISBN
    ...:                     ON authors.id = author_ISBN.id
    ...:                 ORDER BY last, first""", connection).head()
Out[17]:
   first    last      isbn
0  Abbey  Deitel  0132151006
1  Abbey  Deitel  0133406954
2  Harvey Deitel  0134289366
3  Harvey Deitel  0135404673
4  Harvey Deitel  0132151006
```

INNER JOIN 的 ON 子句使用一个表中的主键列和另一个表中的外键列来确定要从每个表合并哪些行，此查询将 authors 表的 first 列和 last 列与 author_ISBN 表的 isbn 列合并，并按 last 和 first 升序（先 last 后 first）的方式对结果进行排序。

请注意 ON 子句中的语法 authors.id（即表名 . 列名）。如果两个表中的列具有相同的名称，则需要用此**限定名称语法**进行区分，可以在任何 SQL 语句中使用此语法来区分不同表中具有相同名称的列。在某些系统中，用数据库名称限定的表名称可用于执行跨数据库查询，查询可以包含 ORDER BY 子句。

16.2.6 INSERT INTO 语句

至此，我们学习了数据库中的查询操作，接下来学习数据库的修改操作。修改数据库时，将使用 sqlite3 Cursor 对象，可通过调用 Connection 的 cursor 方法获得该对象：

```
In [18]: cursor = connection.cursor()
```

pandas 的方法 read_sql 实际上在后台使用 Cursor 对象来执行查询并访问结果行。

INSERT INTO 语句在表中插入新的一行。下面通过调用 Cursor 对象的 execute 方法，将一个名为 Sue Red 的新作者插入 authors 表中，该方法执行其 SQL 语句并返回 Cursor 对象：

```
In [19]: cursor = cursor.execute("""INSERT INTO authors (first, last)
    ...:                            VALUES ('Sue', 'Red')""")
    ...:
```

SQL 关键字 INSERT INTO 后跟着要在其中插入新行的表的名称以及括号中的列名列表（列名以逗号隔开）。列名列表后跟关键字 VALUES 和值列表（用括号括起来，值用逗号隔开），提供的值列表必须在顺序和类型上与指定的列名列表匹配。

id 是 authors 表中的自增列，在创建表的脚本 books.sql 中指定，不需指定其值。

对于每个新行，SQLite 都会分配一个唯一的 id 值，该值是自增序列中的下一个值（即 1、2、3 等）。在这种情况下，Sue Red 被分配了 id 号 6。为了确认这一点，下面查询 authors 表的内容：

```
In [20]: pd.read_sql('SELECT id, first, last FROM authors',
    ...:              connection, index_col=['id'])
    ...:
Out[20]:
        first    last
id
1        Paul    Deitel
2      Harvey    Deitel
3       Abbey    Deitel
4         Dan     Quirk
5   Alexander     Wald
6         Sue       Red
```

关于包含单引号的字符串的说明

SQL 使用单引号（'）区分字符串。对于自身包含单引号的字符串（例如 O'Malley），必须在单引号出现的位置使用两个单引号来代替（例如，'O''Malley'），相当于第一个单引号充当第二个单引号的转义字符。对 SQL 语句中的字符串的单引号字符不进行转义会引发 SQL 语法错误。

16.2.7　UPDATE 语句

UPDATE 语句用于修改现有值。下面假设 Sue Red 的 last name 在数据库中不正确，需将其更新为 'Black'：

```
In [21]: cursor = cursor.execute("""UPDATE authors SET last='Black'
    ...:                             WHERE last='Red' AND first='Sue'""")
```

UPDATE 关键字后跟着要更新的表名、关键字 SET 和以逗号分隔的 column_name=value 对，指示要更改的列及其新值。如果未指定 WHERE 子句，则将更改所有行。此查询中的 WHERE 子句表示只更新 last name 为"Red"，first name 为"Sue"的行。

当然，可能有多个人具有相同的 first name 和 last name。如果仅更改一行，最好在 WHERE 子句中使用行的唯一主键。在这种情况下，可以指定：

```
WHERE id = 6
```

对于修改数据库的语句，Cursor 对象的 rowcount 属性记录一个整数值，表示已修改的行数。如果此值为 0，则表明没有进行任何更改。以下确认 UPDATE 确实修改了一行：

```
In [22]: cursor.rowcount
Out[22]: 1
```

还可以通过列出 authors 表的内容来确认更新：

```
In [23]: pd.read_sql('SELECT id, first, last FROM authors',
    ...:              connection, index_col=['id'])
```

515

```
   ...:
Out[23]:
         first    last
id
1         Paul   Deitel
2       Harvey   Deitel
3        Abbey   Deitel
4          Dan    Quirk
5    Alexander     Wald
6          Sue    Black
```

16.2.8　DELETE FROM 语句

SQL DELETE FROM 语句从表中删除指定行。下面使用作者的 ID 从 authors 表中删除 Sue Black：

```
In [24]: cursor = cursor.execute('DELETE FROM authors WHERE id=6')

In [25]: cursor.rowcount
Out[25]: 1
```

WHERE 子句指定要删除的行。如果省略 WHERE 子句，则删除表中所有的行。下面的结果是执行过 DELETE 操作后的 authors 表：

```
In [26]: pd.read_sql('SELECT id, first, last FROM authors',
   ...:              connection, index_col=['id'])
   ...:
Out[26]:
         first    last
id
1         Paul   Deitel
2       Harvey   Deitel
3        Abbey   Deitel
4          Dan    Quirk
5    Alexander     Wald
```

断开数据库连接

当不访问数据库时，调用 Connection 的 close 方法断开与数据库的连接：

connection.close()

大数据中的 SQL

在大数据时代，SQL变得更加重要。本章后面将使用 Spark SQL 查询 Spark DataFrame 中的数据，其数据可能分布在 Spark 集群中的许多计算机上。Spark SQL 看起来很像本节介绍的 SQL。

16.3　NoSQL 和 NewSQL 大数据数据库简述

几十年来，关系数据库管理系统一直是处理数据的标准。但是，关系数据库适合处理能够以表进行组织的结构化数据。随着数据的大小以及表和关系的数量的增加，关系数据库变得很难有效操作。在当今的大数据时代下，出现了 NoSQL 和 NewSQL 数据库，用来处理传统关系数据库无法满足的各种数据存储和处理需求。大数据需要大量的数据库，这些数据库通常分布在全球数据中心的大型商用计算机集群中。据 statista.com 的统计结果显示，目前全球有超过 800 万个数据中心[一]。

NoSQL 最初的意思如其名字所示。随着 SQL 在大数据等领域日益重要，例如 Hadoop 上的 SQL 和 Spark SQL，NoSQL 现在被称为"Not Only SQL"。NoSQL 数据库适用于处理电子邮件、短信和社交媒体帖子中的非结构化数据，如照片、视频和自然语言，以及类 JSON 和 XML 文档中的半结构化数据。半结构化数据通常用称为**元数据**的附加信息来组装非结构化数据。例如，YouTube 视频是非结构化数据，但 YouTube 还会为每个视频维护额外的元数据，包括发布的人员、发布时间、标题、说明、标签（用来帮助人们搜索视频）、隐私设置等，通过调用 YouTube API，所有的数据都会以 JSON 格式的文件返回。此元数据为非结构化视频数据添加了结构，使其成为半结构化的数据。

接下来的几个小节会概述四种 NoSQL 数据库类别：键 – 值（key-value）、文档（document）、列式（columnar，或 column-based，面向列）和图（graph）。此外，我们还将介绍 NewSQL 数据库，它混合了关系数据库和 NoSQL 数据库的特点。在 16.4 节中，将展示一个案例研究，即在 NoSQL 文档数据库中存储、操作大量 JSON 推文对象，最后在美国的 Folium 地图上进行交互式可视化的数据展示。

16.3.1　NoSQL 键 – 值数据库

与 Python 字典一样，**键 – 值数据库**[二]存储键 – 值对，但它针对分布式系统和大数据处理进行了优化，倾向于在多个集群节点中复制数据以提高可靠性。一些键 – 值数据库，例如 Redis，在内存中进行操作，从而提高性能，而其他数据库则将数据存储在磁盘上，例如 HBase 运行在 Hadoop 的 HDFS 分布式文件系统之上。其他流行的键 – 值数据库包括 Amazon DynamoDB、Google Cloud Datastore 和 Couchbase，其中 DynamoDB 和 Couchbase 是支持文档数据库的**多模型数据库**。HBase 也是一个面向列的数据库。

517

16.3.2　NoSQL 文档数据库

文档数据库[三]用于存储半结构化数据，例如 JSON 或 XML 文档。在文档数据库中，通常会为特定属性添加索引，以便可以有效地定位和操作文档。例如，假设正在存储由 IoT 设备生成的 JSON 文档，并且每个文档都包含一个类型属性，可以为此属性添加索引，以便可以根据文档的类型属性过滤文档。如果没有索引，仍然可以执行该任务，但是这样会更慢，因为必须完整地搜索每个文档才能找到该属性。

最流行的文档数据库（以及最流行的 NoSQL 数据库[四]）是 MongoDB 数据库，其名

　㊀　https://www.statista.com/statistics/500458/worldwide-datacenter-and-it-sites/.

　㊁　https://en.wikipedia.org/wiki/Key-value_database.

　㊂　https://en.wikipedia.org/wiki/Document-oriented_database.

　㊃　　https://db-engines.com/en/ranking.

称源自嵌入在"humongous"一词中的一系列字母。在接下来的一个示例中，我们将在MongoDB中存储大量推文并进行处理。Twitter的API接口以JSON格式返回推文，因此它们可以直接存储在MongoDB中。在获得推文后，将在一个pandas `DataFrame`和Folium地图上汇总推文。其他流行的文档数据库包括Amazon DynamoDB（也是键–值数据库）、Microsoft Azure Cosmos DB和Apache CouchBD。

16.3.3　NoSQL列式数据库

在关系数据库中，常见的查询操作是获取每一行特定列的值。因为数据被组织成行，所以选择特定列的查询可能表现不佳。数据库系统必须首先获取每个匹配的行，找到所需的列并丢弃行的其余信息。**列式数据库**^{⊖⊖}（也称为**面向列的数据库**）类似于关系数据库，但它将结构化数据按列存储而不是按行存储。由于列的所有元素都存储在一起，因此选择给定列的所有数据会更有效。

以books数据库中的authors表为例：

```
        first      last
id
1        Paul    Deitel
2      Harvey    Deitel
3       Abbey    Deitel
4         Dan     Quirk
5   Alexander      Wald
```

在关系数据库中，每一行的所有数据都存储在一起。如果我们将每一行视为Python元组，则行将表示为（1, 'Paul', 'Deitel'）（2, 'Harvey', 'Deitel'）等。在列式数据库中，给定的列的所有值将存储在一起，如（1, 2, 3, 4, 5）（'Paul', 'Harvey', 'Abbey', 'Dan', 'Alexander'）和（'Deitel', 'Deitel', 'Deitel', 'Quirk', 'Wald'）。每列中的元素按行的顺序维护，即在给定索引处的值属于同一行。流行的列式数据库包括MariaDB ColumnStore和HBase。

16.3.4　NoSQL图数据库

图模型反映对象之间的关系[⊜]。对象称为**节点**（或**顶点**），关系称为**边**，边是有方向的。例如，代表航空公司航班的边从始发城市指向目的地城市，但是不能从目的地城市指向始发城市。图数据库^㉔存储节点、边及其属性。

如果使用社交网络，如Instagram、Snapchat、Twitter和Facebook，以社交图为例，其中包括认识的人（节点）以及他们之间的关系（边）。每个人都有自己的社交图，这些都是相互关联的。著名的"六度分离"问题表明世界上的任何两个人都可以通过跟踪全球社交

⊖　https://en.wikipedia.org/wiki/Columnar_database.

⊜　https://www.predictiveanalyticstoday.com/top-wide-columnar-store-databases/.

⊜　https://en.wikipedia.org/wiki/Graph_theory.

㉔　https://en.wikipedia.org/wiki/Graph_database.

图中的最多六条边来相互联系⊖。Facebook 的算法使用数十亿月活用户的社交图⊜确定哪些资讯应出现在每个用户的动态资讯中。通过查看一名用户的兴趣、该用户的朋友及其朋友的兴趣等，Facebook 就能预测与用户最相关的资讯⊜。

许多公司使用类似的技术来创建推荐引擎。当在亚马逊网站上浏览产品时，网站会使用用户和产品的关系图向用户展示其他人在购买产品之前浏览过的类似产品。当在 Netflix 上浏览电影时，网站会使用用户和电影关系图向用户推荐可能感兴趣的电影。

最受欢迎的图数据库之一是 Neo4j。图数据库的许多实际用例可以从网址 https://neo4j.com/graphgists/ 获取。

对于大多数用例，都显示了 Neo4j 生成的样本图表。这种方式使图节点之间的关系变得可视化。

16.3.5　NewSQL 数据库

关系数据库的主要优点包括安全性和事务支持。特别是，关系数据库通常使用 ACID®（Atomicity，Consistency，Isolation，Durability）事务模型：

- ❑ 原子性（Atomicity）确保仅在事务的所有步骤都成功时才修改数据库。如果一名客户去自动柜员机提取 100 美元，只有在账户中有足够的钱来支付提款，并且 ATM 中有足够的钱时，这笔钱才会从账户中扣除。

- ❑ 一致性（Consistency）可确保数据库状态始终有效。在上面的提款示例中，交易后的新账户余额将准确反映客户从账户中提取的金额数目（可能包含 ATM 使用费用）。

- ❑ 独立性（Isolation）可确保并发事务的发生就像它们被独立执行一样，互相不影响。例如，假设两个人共用一个联合银行账户，并且两个人都试图从两个不同的 ATM 同时提取资金，则一个交易必须与另一个交易相互独立完成。

- ❑ 持久性（Durability）确保即使发生硬件故障，对数据库的更改也能够生效。

如果研究 NoSQL 数据库的优缺点，会发现 NoSQL 数据库通常不提供 ACID 支持，使用 NoSQL 数据库的应用程序类型通常不需要提供符合 ACID 的数据库能够提供的安全性和事务支持。许多 NoSQL 数据库通常遵循 BASE（Basic Availability, Softstate, Eventual consistency）模型，该模型更侧重于数据库的可用性。鉴于 ACID 数据库在你写入数据库时保证了一致性，BASE 数据库在稍后的某个时间点也提供了一致性。

NewSQL 数据库将关系数据库和 NoSQL 数据库的优势融合在一起，用于大数据处理任务。一些流行的 NewSQL 数据库包括 VoltDB、MemSQL、Apache Ignite 和 Google Spanner。

|519|

⊖　https://en.wikipedia.org/wiki/Six_degrees_of_separation.

⊜　https://zephoria.com/top-15-valuable-facebook-statistics/.

⊜　https://newsroom.fb.com/news/2018/05/inside-feed-news-feed-ranking/.

⊗　https://en.wikipedia.org/wiki/ACID_(computer_science).

16.4 案例研究：MongoDB JSON 文档数据库

MongoDB 是一个能够存储和检索 JSON 文档的文档数据库。Twitter 的 API 将推文作为 JSON 对象进行返回，可以直接将其写入 MongoDB 数据库。在本节中，读者将：

❑ 使用 Tweepy 流式传输有关 100 名美国参议员的推文，将其存储到 MongoDB 数据库中。

❑ 使用 pandas，通过推文活动评选出前 10 名的参议员。

❑ 显示美国的交互式 Folium 地图，其中，每个州都配有一个弹出标记，以展示州名和参议员的姓名、所属政党和推文数量。

读者能够使用免费的基于云的 MongoDB Atlas 集群，该集群无须安装，目前只允许存储最多 512MB 的数据。若要存储更多内容，可以从网址 https://www.mongodb.com/download-center/community 下载 MongoDB 社区服务器，并在本地运行，或者也可以注册 MongoDB 的付费 Atlas 服务。

安装与 MongoDB 交互所需的 Python 库

可以使用 pymongo 库完成 Python 代码与 MongoDB 数据库的交互，还需要使用 dnspython 库连接到 MongoDB Atlas 集群。要安装这些库，请使用以下命令：

```
conda install -c conda-forge pymongo
conda install -c conda-forge dnspython
```

keys.py

ch16 示例文件夹的 `TwitterMongoDB` 子文件夹包含此示例的代码和 `keys.py` 文件。

520 编辑此文件添加自己的 Twitter 认证信息和来自第 12 章的 `OpenMapQuest` 密钥。在创建 MongoDB Atlas 集群之后，还需将 MongoDB 连接字符串添加到此文件中。

16.4.1 创建 MongoDB Atlas 集群

在网址 https://mongodb.com 上注册一个免费的账户，输入电子邮件地址，单击"Get started free"按钮。在下一页输入姓名并创建密码，阅读服务条款。如果同意，单击此页面上的"Get started free"按钮，进入设置集群的页面，再单击"Build my first cluster"按钮开始构建第一个集群。

接下来弹出的气泡会引导我们完成入门步骤，这些气泡描述并指出需要完成的每项任务，将免费为 Altas 集群（M0 引用集群）提供默认设置，因此只需在 Cluster Name 处为集群命名，然后单击"Create Cluster"按钮，进入"Clusters"页面开始创建新集群，这需要花费几分钟时间。

接下来，会弹出"Connect to Atlas"教程，其显示了启动和运行所需的其他步骤：

❑ Create your first database user——这使用户可以登录到集群。

❑ Whitelist your IP address——这是一项安全措施，确保只允许通过验证的 IP 地址与集群进行交互。要从多个位置（学校、家庭、工作等）连接到此集群需要将要连接的每个 IP 地址列入白名单。

❑ Connect to your cluster——在此步骤中，需找到集群的连接字符串，使 Python 代码能够连接到服务器。

Creating your first database user

在教程窗口中，单击"Create your first database user"按钮继续按教程前进，然后按照屏幕上的提示查看集群的"Security"选项卡，单击"+ ADD NEW USER"按钮。在"Add New User"对话框中，创建用户名和密码。请记住用户名和密码，这些信息后面会用到。单击"Add User"返回到"Connect to Atlas"教程页面。

Whitelist your IP address

在教程窗口中，单击"Whitelist your IP address"按钮继续按教程前进，然后按照屏幕上的提示查看集群的 IP 白名单并单击"+ ADD IP ADDRESS"按钮。在"Add Whitelist Entry"对话框中，可以添加当前计算机的 IP 地址，也可以设置允许从任何地方进行访问，但不建议用于商业数据库，不过可以用于学习。单击"ALLOW ACCESS FROM ANYWHERE"按钮，然后单击"Confirm"按钮以返回"Connect to Atlas"教程页面。

Connect to your cluster

在教程窗口中，单击"Connect to your cluster"继续按教程前进，按照屏幕上的提示查看集群的"Connect to YourClusterName"对话框，从 Python 连接到 MongoDB Atlas 数据库需要用到一个连接语句。单击"Connect Your Application"按钮获取连接语句，再单击"Short SRV connection string"按钮，连接字符串语句将显示在"Copy the SRV address"下方。单击"COPY"按钮复制字符串，并将此字符串粘贴到 `keys.py`file 中作为 `mongo_connection_string` 的值。用密码替换连接字符串中的"<PASSWORD>"，并将数据库名称"`test`"替换为"`senators`"，这将是此示例中的数据库名称。在"Connect to YourClusterName"的底部，单击"Close"按钮。现在已经能够和 Atlas 集群进行交互了。

521

16.4.2　将推文存入 MongoDB 中

首先，我们将展示一个连接到 MongoDB 数据库的交互式 IPython 会话，通过 Twitter 流媒体下载当前的推文，并按推文数量汇总排名前 10 的参议员。接下来，类 `TweetListener` 处理传入的推文并将它们的 JSON 数据存储在 MongoDB 中。最后，将通过创建一个交互式 Folium 地图来继续 IPython 会话，该地图用于显示我们存储的推文信息。

使用 Tweepy 通过 Twitter 进行身份验证

首先，使用 Tweepy 通过 Twitter 进行身份验证：

```
In [1]: import tweepy, keys

In [2]: auth = tweepy.OAuthHandler(
   ...:     keys.consumer_key, keys.consumer_secret)
   ...: auth.set_access_token(keys.access_token,
   ...:     keys.access_token_secret)
   ...:
```

接下来，配置 Tweepy API 对象，等待应用程序达到 Twitter 的速率限制：

```
In [3]: api = tweepy.API(auth, wait_on_rate_limit=True,
   ...:                  wait_on_rate_limit_notify=True)
   ...:
```

加载参议员的数据

将使用文件 senators.csv（位于 ch16 示例文件夹的 TwitterMongoDB 子文件夹中）中的信息跟踪每个美国参议员的推文，文件中包含参议员的双字母州代码、姓名、党派、Twitter 句柄和 Twitter ID。

Twitter 允许通过其 Twitter 数值 ID 查询特定用户，但必须提交这些数值的字符串表示。所以，先将 senators.csv 加载到 pandas 中，将 Twitter ID 值转换为字符串（使用序列化方法 astype 转换类型），显示几行数据。这种情况下设置显示的最大列数为 6。稍后将向 DataFrame 添加另一列，此设置将确保显示所有的列，而不是使用…来表示。

[522]

```
In [4]: import pandas as pd

In [5]: senators_df = pd.read_csv('senators.csv')

In [6]: senators_df['TwitterID'] = senators_df['TwitterID'].astype(str)

In [7]: pd.options.display.max_columns = 6

In [8]: senators_df.head()
Out[8]:
  State           Name Party   TwitterHandle         TwitterID
0    AL  Richard Shelby     R       SenShelby          21111098
1    AL     Doug Jomes     D     SenDougJones  941080085121175552
2    AK  Lisa Murkowski     R    lisamurkowski          18061669
3    AK    Dan Sullivan     R   SenDanSullivan        2891210047
4    AZ        Jon Kyl     R        SenJonKyl          24905240
```

配置 MongoClient

要将推文的 JSON 作为文档存储在 MongoDB 数据库中，必须首先通过 pymongo 的 MongoClient 方法连接到 MongoDB Atlas 集群，该方法使用集群的连接字符串作为其参数：

```
In [9]: from pymongo import MongoClient

In [10]: atlas_client = MongoClient(keys.mongo_connection_string)
```

现在，可以获得一个表示 senator 数据库的 pymongo 数据库对象。如果数据库不存在，则用以下语句创建数据库：

```
In [11]: db = atlas_client.senators
```

设置 Tweet 流

让我们指定要下载的推文数量并创建 TweetListener。将表示 MongoDB 数据库的 db 对象传递给 TweetListener，以便它可以将推文写入数据库。根据人们发布关于参议员的推文的速度，可能需要几分钟到几小时才能获得 10,000 条推文。出于测试目的，这里使用较小的推文数字：

```
In [12]: from tweetlistener import TweetListener

In [13]: tweet_limit = 10000

In [14]: twitter_stream = tweepy.Stream(api.auth,
    ...:         TweetListener(api, db, tweet_limit))
    ...:
```

启动推文流

Twitter 实时流一次跟踪多达 400 个关键字并跟踪多达 5,000 个 Twitter ID。在这种情况下，跟踪参议员的 Twitter 句柄和 Twitter ID，需要来自、去向或者关于每个参议员的推文。为了显示进度，会显示所收到的每条推文对应的账户名称和时间戳，以及到目前为止的推文总数。为了节省空间，此处只显示其中一条推文输出，并用 XXXXXXX 替换用户的账户名称：

```
In [15]: twitter_stream.filter(track=senators_df.TwitterHandle.tolist(),
    ...:         follow=senators_df.TwitterID.tolist())
    ...:
    Screen name: XXXXXXX
     Created at: Sun Dec 16 17:19:19 +0000 2018
Tweets received: 1
...
```

523

类 TweetListener

此例中，我们对第 12 章的类 TweetListener 略微进行修改。下面显示的大部分 Twitter 和 Tweepy 代码与之前给出的代码相同，因此这里将仅关注新概念：

```
 1  # tweetlistener.py
 2  """TweetListener downloads tweets and stores them in MongoDB."""
 3  import json
 4  import tweepy
 5
 6  class TweetListener(tweepy.StreamListener):
 7      """Handles incoming Tweet stream."""
 8
 9      def __init__(self, api, database, limit=10000):
10          """Create instance variables for tracking number of tweets."""
11          self.db = database
12          self.tweet_count = 0
13          self.TWEET_LIMIT = limit  # 10,000 by default
14          super().__init__(api)  # call superclass's init
15
16      def on_connect(self):
17          """Called when your connection attempt is successful, enabling
18          you to perform appropriate application tasks at that point."""
19          print('Successfully connected to Twitter\n')
20
21      def on_data(self, data):
22          """Called when Twitter pushes a new tweet to you."""
23          self.tweet_count += 1  # track number of tweets processed
24          json_data = json.loads(data)  # convert string to JSON
25          self.db.tweets.insert_one(json_data)  # store in tweets collection
26          print(f'    Screen name: {json_data["user"]["name"]}')
```

```
27          print(f'    Created at: {json_data["created_at"]}')
28          print(f'Tweets received: {self.tweet_count}')
29
30          # if TWEET_LIMIT is reached, return False to terminate streaming
31          return self.tweet_count != self.TWEET_LIMIT
32
33    def on_error(self, status):
34          print(status)
35          return True
```

之前，TweetListener 重写了 on_status 方法以接收代表推文的 Tweepy Status 对象。在这里，我们重写了 on_data 方法（第21~31行）。除了 Status 对象参数，on_data 方法还接收每个 tweet 对象的原始 JSON，第24行将 on_data 接收的 JSON 字符串转换为 Python JSON 对象。每个 MongoDB 数据库都包含一个或多个文档 Collection。在第25行中，表达式

```
self.db.tweets
```

访问 Database 对象 db 的 tweets Collection，如果不存在，则创建它。第25行使用 tweets Collection 的 insert_one 方法将 JSON 对象存储在 tweets 合集中。

计算有关每个参议员的推文数目

接下来将对推文合集执行全文搜索，并计算包含每个参议员的 Twitter 句柄的推文数量。要在 MongoDB 中进行文本搜索，必须为合集创建文本索引⊖，并指定要搜索的文档字段。每个文本索引都被定义为包含要搜索的字段名称和索引类型（'text'）的元组，MongoDB 的通配符说明符（$ **）表示文档中的每个文本字段（在我们的例子中是一个 JSON 推文对象）都被编入索引以供全文搜索：

```
In [16]: db.tweets.create_index([('$**', 'text')])
Out[16]: '$**_text'
```

一旦定义了索引，就可以使用 Collection 的 count_documents 方法来计算合集中包含指定文本的文档总数。在 senators_df DataFrame 的 TwitterHandle 列中为每个推文句柄搜索数据库的 tweets 合集：

```
In [17]: tweet_counts = []

In [18]: for senator in senators_df.TwitterHandle:
    ...:     tweet_counts.append(db.tweets.count_documents(
    ...:         {"$text": {"$search": senator}}))
    ...:
```

在这种情况下传递给 count_documents 的 JSON 对象表明正在使用名为 text 的索引来搜索参议员的值。

显示有关每个参议员的推文数量

创建一个 DataFrame senators_df 的副本，其中 tweet_counts 作为新列，然后按

⊖ 有关 MongoDB 索引类型、文本索引和运算符的详细介绍，请见 https://docs.mongodb.com/manual/indexes, https://docs.mongodb.com/manual/core/index-text and https://docs.mongodb.com/manual/reference/operator。

推文数显示前 10 名参议员：

```
In [19]: tweet_counts_df = senators_df.assign(Tweets=tweet_counts)

In [20]: tweet_counts_df.sort_values(by='Tweets',
    ...:         ascending=False).head(10)
    ...:

Out[20]:
    State              Name Party     TwitterHandle   TwitterID  Tweets
78     SC    Lindsey Graham     R  LindseyGrahamSC   432895323    1405
41     MA   Elizabeth Warren    D       SenWarren   970207298    1249
8      CA  Dianne Feinstein     D     SenFeinstein   476256944    1079
20     HI      Brian Schatz     D       brianschatz    47747074     934
62     NY      Chuck Schumer    D       SenSchumer    17494010     811
24     IL   Tammy Duckworth     D     SenDuckworth  1058520120     656
13     CT Richard Blumenthal    D     SenBlumenthal   278124059     646
21     HI      Mazie Hirono     D      maziehirono    92186819     628
86     UT       Orrin Hatch     R     SenOrrinHatch   262756641     506
77     RI  Sheldon Whitehouse    D     SenWhitehouse   242555999     350
```

525

获取绘图标记对应的州（美国的）位置

接下来，将使用在第 12 章中学到的技术来获取每个州的经度和纬度坐标，并把这些标记以弹出菜单的方式置于 Folium 地图上，这些标记包含所提及的每个州的参议员的推文名称和数量。

文件 state_codes.py 包含一个 state_codes 字典，该字典将两个字母的状态代码映射为完整的州名。我们将使用完整的州名和 geopy 的 OpenMapQuest geocode 函数来查找每个州的位置[⊖]。首先，导入所需的库和 state_codes 字典：

```
In [21]: from geopy import OpenMapQuest

In [22]: import time

In [23]: from state_codes import state_codes
```

接下来，使用 geocoder 对象将位置名称转换为 Location 对象：

```
In [24]: geo = OpenMapQuest(api_key=keys.mapquest_key)
```

每个州都有两名参议员，因此可以一次查找每个州的位置，然后将 Location 对象用于该州的两名参议员。获取唯一的州名并将其按升序排列：

```
In [25]: states = tweet_counts_df.State.unique()
```

```
In [26]: states.sort()
```

接下来使用第 12 章中的两段代码来查找每个州的位置。在代码段 [28] 中，通过使用州名后跟 'USA' 来调用 geocode 函数，以确保获得美国的地理位置[⊖]，因为在美国以外也

⊖　我们使用州（美国的）的全称，因为在测试中，两个字母的州代码返回的位置不一定总是正确的。

⊖　在刚开始对 Washington 州执行 geocode 函数时，Open MapQuest 返回 Washington D.C. 的位置，因此我们修改 state_codes.py 文件，使用 Washington State 来代替 Washington。

存在着与美国各州有相同名称的地方。为了展示进度，显示每个新的 `Location` 对象的字符串：

```
In [27]: locations = []

In [28]: for state in states:
    ...:     processed = False
    ...:     delay = .1
    ...:     while not processed:
    ...:         try:
    ...:             locations.append(
    ...:                 geo.geocode(state_codes[state] + ', USA'))
    ...:             print(locations[-1])
    ...:             processed = True
    ...:         except:  # timed out, so wait before trying again
    ...:             print('OpenMapQuest service timed out. Waiting.')
    ...:             time.sleep(delay)
    ...:             delay += .1
    ...:
Alaska, United States of America
Alabama, United States of America
Arkansas, United States of America
...
```

[526]

按州对推文进行分组计数

使用该州的两名参议员的推文总数为地图上的该州着色，较深的颜色表示该州具有更多的推文。使用 pandas `DataFrame` 方法 `groupby` 来按州对参议员进行分组，并按州计算推文总数：

```
In [29]: tweets_counts_by_state = tweet_counts_df.groupby(
    ...:     'State', as_index=False).sum()
    ...:

In [30]: tweets_counts_by_state.head()
Out[30]:
  State  Tweets
0    AK      27
1    AL       2
2    AR      47
3    AZ      47
4    CA    1135
```

代码段 [29] 中的 `as_index = False` 关键字参数表示状态代码应该是所得 `GroupBy` 对象列中的值，而不是行的索引值。`GroupBy` 对象的 `sum` 方法汇总了数值数据（按州统计的推文数量）。代码段 [30] 显示了 `GroupBy` 对象的前几行，从中可以看到某些州的结果。

创建地图

接下来创建一个能够调整缩放比例的地图。以下代码段可以用于创建一个地图，在该地图中最初只能看到美国大陆。注意，Folium 地图是交互式的，因此在该地图上，可以滚动放大或缩小地图，或者拖动查看不同的区域，例如阿拉斯加或者夏威夷：

```
In [31]: import folium

In [32]: usmap = folium.Map(location=[39.8283, -98.5795],
```

```
     ...:                              zoom_start=4, detect_retina=True,
     ...:                              tiles='Stamen Toner')
     ...:
```

创建 Choropleth 来为地图着色

Choropleth 使用指定颜色的值来阴影化地图中的区域。创建一个 Choropleth，通过包含参议员的 Twitter 句柄的推文数量为各州着色。首先，将 Folium 的存在于 https://raw.githubusercontent.com/python-visualization/folium/master/examples/data/us-states.json 的 us-states.json 文件下载到包含此示例的文件夹中。该文件包含一个称为 GeoJSON（Geographic JSON）的 JSON 数据，它描述了形状的边界，在本例中为美国每个州的边界，Choropleth 使用此信息来阴影化每个州。有关 GeoJSON 的更多信息，请参见 http:// geojson.org/[一]。以下代码段创建了 choropleth，然后将其添加到地图中： |527|

```
In [33]: choropleth = folium.Choropleth(
     ...:      geo_data='us-states.json',
     ...:      name='choropleth',
     ...:      data=tweets_counts_by_state,
     ...:      columns=['State', 'Tweets'],
     ...:      key_on='feature.id',
     ...:      fill_color='YlOrRd',
     ...:      fill_opacity=0.7,
     ...:      line_opacity=0.2,
     ...:      legend_name='Tweets by State'
     ...: ).add_to(usmap)
     ...:

In [34]: layer = folium.LayerControl().add_to(usmap)
```

本例使用了以下参数：

❏ geo_data='us-states.json'——包含 GeoJSON 的文件，指定了要着色的形状。

❏ name='choropleth'——Folium 将 Choropleth 显示为地图上的一层。这是将来会出现在地图的图层控件中的图层的名称，可以使用它隐藏和显示图层。当单击地图上的图层图标（⬙）时，将显示这些控件。

❏ data=tweets_counts_by_state——这是一个 pandas DataFrame（或 Series），其中包含确定 Choropleth 颜色的值。

❏ columns=['State','Tweets']——当数据是 DataFrame 时，这是包含两列的列表，分别代表键–值和用于为 Choropleth 着色的相应值。

❏ key_on='feature.id'——这是 GeoJSON 文件中的一个变量，Choropleth 将 columns 参数中的值绑定到该变量。

❏ fill_color='YlOrRd'——这是一个颜色图，指定用于填充州形状的颜色。Folium 提供了 12 种颜色图：'BuGn'、'BuPu'、'GnBu'、'OrRd'、'PuBu'、'PuBuGn'、'PuRd'、'RdPu'、'YlGn'、'YlGnBu'、'YlOrBr' 和 'YlOrRd'。读者可以尝试

⊖ Folium 提供了几个其他的在其示例文件夹中的 GeoJSON 文件。该示例文件夹在 https://github.com/python-visualization/folium/tree/master/examples/data 上。你也可以在 http://geojson.io 上创建自己的示例文件夹。

使用这些颜色，以找到最适合应用的着色。

❑ fill_opacity=0.7——一个从 0.0（透明）到 1.0（不透明）的值，指定每个州形状中所要填充颜色的透明度。

❑ line_opacity=0.2——一个从 0.0（透明）到 1.0（不透明）的值，指定用于描绘每个州形状的线条的透明度。

❑ legend_name='Tweets by State'——在地图的顶部，Choropleth 显示一个颜色条（图例），指示颜色表示的值的范围。legend_name 文本出现在颜色栏下方，以指示颜色代表的含义。

Choropleth 关键字参数的完整列表记录请见 http://python-visualization.github.io/folium/modules.html#folium.features.Choropleth。

为每个州创建地图标记

接下来为每个州创建标记。为确保参议员以各州标记中的推文数量降序显示，'Tweets' 列以降序对 tweet_counts_df 进行排序：

```
In [35]: sorted_df = tweet_counts_df.sort_values(
    ...:         by='Tweets', ascending=False)
    ...:
```

以下代码段中的循环用来创建标记。首先，

```
sorted_df.groupby('State')
```

按 'State' 将 sorted_df 分组。DataFrame 的 groupby 方法维护每个组中的原始行顺序。在一个给定的组中，推文最多的参议员排在第一位，因为代码段 [35] 根据推文数量以降序对参议员进行了排序：

```
In [36]: for index, (name, group) in enumerate(sorted_df.groupby('State')):
    ...:     strings = [state_codes[name]]  # used to assemble popup text
    ...:
    ...:     for s in group.itertuples():
    ...:         strings.append(
    ...:             f'{s.Name} ({s.Party}); Tweets: {s.Tweets}')
    ...:
    ...:     text = '<br>'.join(strings)
    ...:     marker = folium.Marker(
    ...:         (locations[index].latitude, locations[index].longitude),
    ...:         popup=text)
    ...:     marker.add_to(usmap)
    ...:
    ...:
```

我们传递要枚举的分组 DataFrame，以便获得每个组的索引，使用该索引在 location 列表中查找每个州的位置。每个组都有一个名称（已分组的州代码）和该组中的项目合集（该州的两名参议员）。循环操作如下：

❑ 在 state_codes 词典中查找完整的州名，然后将其存储在 strings 列表中，之后使用此列表来形成标记的弹出文本。

❑ 用嵌套循环遍历 group 合集中的项目，每个项目作为包含给定参议员的具名元组返回。我们为当前参议员创建一个格式化的字符串，其中包含此人的姓名、所属政党和推文数量，然后将其加到 `strings` 列表的尾部。

❑ 使用 HTML 对标记文本进行格式化。连接 `strings` 列表中的元素，使用 HTML 的 `<br>` 元素创建新行将每个元素与下一个元素分开。

❑ 创建标记。第一个参数是标记的位置（包括经度和纬度的元组）。关键字 `popup` 的参数指定了用户单击标记时要显示的文本。

❑ 将标记添加到地图。

显示地图

最后，将地图保存进 HTML 文件：

```
In [37]: usmap.save('SenatorsTweets.html')
```

在 Web 浏览器上打开该 HTML 文件，查看地图并与其进行交互，拖动地图以查看阿拉斯加或者夏威夷。下图显示了南卡罗来纳标记的弹出文本。

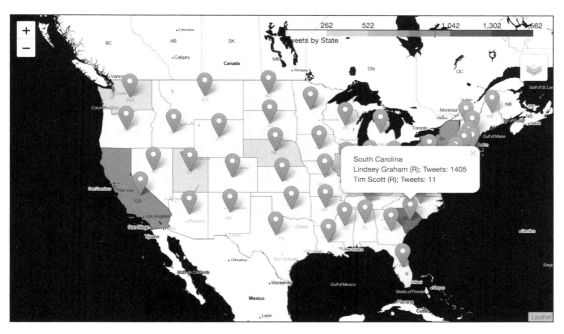

也可以对本例进行深入研究，使用在前几章中学到的情感分析技术，将发送推文的人在提到每个参议员的观点时表达的情感评价为积极、中立或消极。

16.5　Hadoop

接下来的几节将展示 Apache Hadoop 和 Apache Spark 如何通过大型计算机集群、大规模并行处理、Hadoop MapReduce 编程和 Spark 内存处理技术来应对大数据存储和处理挑战。

这里先讨论 Apache Hadoop，这是一项关键的大数据基础设施技术，它也是大数据处理方面许多最新进展的基础，并且该软件工具的整个生态系统也在不断发展以支持当今的大数据需求。

530

16.5.1　概述

1998 年在推出 Google 时，其线上数据量已经非常庞大，大约有 240 万个网站[一]——这是真正的大数据。如今，已经有近 20 亿个网站[二]（增长了近一千倍），并且 Google 每年处理的搜索量超过 2 万亿[三]！自 Google 成立以来，Google 搜索就存在了，现如今，用户感觉其响应速度快多了。

Google 在开发搜索引擎时，深知必须快速返回搜索结果。唯一可行的方法是使用辅存和主存的巧妙组合来存储和检索整个 Internet。但当时的计算机无法容纳数量如此庞大的数据，也无法足够快地分析这些数据，从而无法保证快速响应搜索查询，因此，Google 开发了一个**集群**系统，将大量的计算机（称为**节点**）连接在一起。但计算机越多，计算机之间的连接越多，这意味着发生硬件故障的可能性更大，所以还增添了高级别的冗余功能，以确保即使集群中的节点出现故障，系统也可以继续运行。数据分布在这些廉价的"商品计算机"上（廉价的普通硬件上）。为了满足搜索请求，集群中的所有计算机都并行地搜索了本地的部分网络，然后收集这些搜索的结果，并报告给用户。

为此，Google 需要开发集群硬件和软件，包括分布式存储。Google 发布了相关设计，但未开源相关软件。Yahoo! 的程序员根据 Google 在"Google File System"[四]文件中的设计进行了研究，然后构建了 Yahoo! 自己的系统。他们将该系统开源，而 Apache 组织将该系统实现为 Hadoop，该名称取自其中一个创建者的孩子的大象毛绒玩具的名字。

Google 的另外两篇论文也为 Hadoop 的发展做出了贡献，即"MapReduce: Simplified Data Processing on Large Clusters"[五]和"Bigtable: A Distributed Storage System for Structured Data"[六]，后者是 Apache HBase（一个 NoSQL 的键 – 值，以及面向列的数据库）的基础[七]。

HDFS、MapReduce 和 YARN

Hadoop 的关键组件如下：

❑ HDFS（Hadoop 分布式文件系统）：用于在整个集群中存储大量数据。

531

❑ MapReudece：用于执行处理数据的任务。

前面介绍了基本的函数式编程以及过滤器 / 映射 / 归约。Hadoop MapReduce 与其在概

[一]　http://www.internetlivestats.com/total-number-of-websites/.

[二]　http://www.internetlivestats.com/total-number-of-websites/.

[三]　http://www.internetlivestats.com/google-search-statistics/.

[四]　http://static.googleusercontent.com/media/research.google.com/en//archive/gfs-sosp2003.pdf.

[五]　http://static.googleusercontent.com/media/research.google.com/en//archive/mapreduce-osdi04.pdf.

[六]　http://static.googleusercontent.com/media/research.google.com/en//archive/bigtable-osdi06.pdf.

[七]　许多其他有影响力的有关大数据的文章请见 https://bigdata-madesimple.com/research-papers-that-changed-the-world-of-big-data/。

念上相似，只是 Hadoop MapReduce 大规模地并行执行。执行 MapReduce 任务有两个步骤：
映射和**归约**。在映射步骤（可能还包括过滤）中处理整个集群中的原始数据，并将其映射
为键 – 值对的元组。在归约步骤中将这些元组合起来，生成 MapReduce 任务的结果。关键
是如何执行 MapReduce 任务的步骤。Hadoop 将数据分为若干批，其分布在集群中的各个
节点上——从几个节点到 Yahoo 具有 40,000 个节点以及超过 100,000 个处理内核的集群⊖。
Hadoop 还将 MapReduce 任务的代码分发到集群中的节点上，每个节点仅处理存储在该节
点上的那批数据。在归约步骤中合并所有节点的结果以产生最终的结果。为了对此进行调
度，Hadoop 使用 YARN（Yet Another Resource Negotiator，另一个资源协调者）来管理集
群中的所有资源，并调度执行任务。

Hadoop 生态系统

从 HDFS 和 MapReduce 开始，再到 YARN，Hadoop 如今已成长为一个大型生态系统，
其中包括 Spark（在 16.6 节和 16.7 节中讨论）和其他 Apache 项目⊖⊜⊛：

- ❏ Ambari（见 https://ambari.apache.org）——用于管理 Hadoop 集群的工具。
- ❏ Drill（见 https://drill.apache.org）——用于对 Hadoop 和 NoSQL 数据库中的非关系
  数据进行 SQL 查询。
- ❏ Flume（见 https://flume.apache.org）——一种用于收集和存储（在 HDFS 和其他存
  储中）流事件数据（例如大容量服务器日志、IoT 消息等）的服务。
- ❏ HBase（见 https://hbase.apache.org）——一个用于大数据的 NoSQL 数据库。这类大
  数据具有"商品硬件集群上的数十亿行、数十亿列"。
- ❏ Hive（见 https://hive.apache.org）——使用 SQL 与数据仓库中的数据进行交互。**数
  据仓库**聚合各种来源的各种类型的数据。常见操作包括提取数据、转换数据并将其
  （称为 ETL）加载到另一个数据库中，通常这样就可以对其进行分析并写出报告。
- ❏ Impala（见 https://impala.apache.org）——一个数据库，用于实时查询存储在 Hadoop
  HDFS 或 HBase 中的分布式数据。
- ❏ Kafka（见 https://kafka.apache.org）——实时消息传递、流处理以及存储，通常用于
  转换和处理大量流数据，如网站中的操作、物联网数据流。
- ❏ Pig（见 https://pig.apache.org）——一个脚本平台，可将数据分析任务从 Pig Latin
  语句（Pig Latin 是一种脚本语言）转换为 MapReduce 任务（程序）。
- ❏ Sqoop（见 https://sqoop.apache.org）——用于在数据库之间移动结构化数据、半结
  构化数据和非结构化数据的工具。
- ❏ Storm（见 https://storm.apache.org）——用于诸如数据分析、机器学习、ETL 等任
  务的实时流处理系统。

|532|

⊖　https://wiki.apache.org/hadoop/PoweredBy.

⊜　https://hortonworks.com/ecosystems/.

⊛　https://readwrite.com/2018/06/26/complete-guide-of-hadoop-ecosystem-components/.

㉔　https://www.janbasktraining.com/blog/introduction-architecture-components-hadoop-ecosystem/.

❑ ZooKeeper（见 https://zookeeper.apache.org）——用于管理集群配置和集群之间协调的服务。

......

Hadoop 供应商

许多云供应商都提供 Hadoop 服务，包括 Amazon EMR、Google Cloud DataProc、IBM Watson Analytics Engine、Microsoft Azure HDInsight 等。此外，Cloudera 和 Hortonworks 等公司（在撰写本书时，两公司正在合并）通过主要的云供应商提供集成的 Hadoop 生态系统组件和工具。它们还提供免费可下载的环境，读者可以在台式电脑上[一]运行这些环境，以进行学习、开发和测试，然后再托管到云服务（这会产生高昂的成本）。在以下各节的示例中，我们将使用基于 Microsoft 云的 Azure HDInsight 集群介绍 MapReduce 编程，该集群提供了 Hadoop 服务。

Hadoop 3

Apache 一直在改进 Hadoop。它在 2017 年 12 月发布了 Hadoop 3[二]，对其做了很多改善，包括更好的性能，以及显著改进了存储效率[三]。

16.5.2 通过 MapReduce 汇总 `RomeoAndJuliet.txt` 中的单词长度

在接下来的几小节中，将使用 Microsoft Azure HDInsight 创建基于云的多节点计算机集群，然后使用该服务的功能来演示在集群上运行的 Hadoop MapReduce。所定义的 MapReduce 任务需确定 `RomeoAndJuliet.txt`（来自第 11 章）中每个单词的长度，并汇总每个长度下的单词有多少个。在定义了任务的映射及简化步骤之后，将任务提交到 HDInsight 集群，Hadoop 将决定如何使用计算机集群来执行任务。

16.5.3 在 Microsoft Azure HDInsight 中创建 Apache Hadoop 集群

大多数主要的云供应商都支持 Hadoop 和 Spark 计算集群，可对它们进行配置来满足你的应用程序要求。基于多节点云的集群通常是付费的服务，但大多数供应商都提供免费或信用试用版。

[533]

我们希望读者能体验设置集群和使用集群执行任务的过程。在此 Hadoop 示例中，读者将使用 Microsoft Azure 的 HDInsight 服务，创建基于云的计算机集群，测试给出的示例。

在 https://azure.microsoft.com/en-us/free 上注册一个账户。Microsoft 需要用户用信用卡进行身份验证。之后用户便可以使用各种服务，其中有一些可供免费使用 12 个月。有关这些服务的信息，请参阅 https://azure.microsoft.com/en-us/free/free-account-faq/。

Microsoft 也提供了一个使用其付费服务（例如 HDInsight Hadoop 和 Spark 服务）的机

㊀ 先检查这些组件和工具的关键系统需求，以确保你有运行它们所需的磁盘空间和存储。

㊁ Hadoop 3 的特性列表请见 https://hadoop.apache.org/docs/r3.0.0/。

㊂ https://www.datanami.com/2018/10/18/is-hadoop-officially-dead/。

会。但如果用户的信用额度用完了，或者 30 天试用期到了，那么会从用户的信用卡中扣取相应费用，否则无法继续使用该服务。

鉴于在这些示例中需要使用新的 Azure 账户（将使用新的 Azure 账户信用额度[⊖]），我们将讨论如何配置一个低成本的集群，使得该集群使用的计算资源比 Microsoft 在默认情况下分配的少[⊖]。注意：在被分配了集群之后，无论是否使用它，都要继续付费。因此，完成研究时，请务必删除集群和其他资源，以免产生额外费用。有关更多信息，请参见 https://docs.microsoft.com/en-us/azure/azure-resource-manager/resource-group-portal。

与 Azure 有关的文档和视频，请访问：

❑ https://docs.microsoft.com/en-us/azure/——Azure 文档
❑ https://channel9.msdn.com/——Microsoft 频道 9 的视频
❑ https://www.youtube.com/user/windowsazure——Microsoft 在 YouTube 上的 Azure 频道

创建一个 HDInsight Hadoop 集群

网站 https://docs.microsoft.com/en-us/azure/hdinsight/hadoop/apachehadoop-linux-create-cluster-get-started-portal 上有如何使用 Azure HDInsight 服务为 Hadoop 设置集群的说明。

在遵循 "Create a Hadoop cluster" 的步骤时，请注意以下几点：

❑ 在步骤 1 中，可以通过在 https://portal.azure.com 上登录账户来访问 Azure 门户。
❑ 在步骤 2 中，"Data+Analytics" 现在称为 "Analytics"。HDInsight 图标及其颜色与教程中显示的内容有所不同。
❑ 在步骤 3 中，所选的集群名称必须尚不存在。输入集群名称时，Microsoft 将检查该名称是否可用，若不可用，则会显示一条提示消息。需要创建一个密码，对于 "Resource group"，需要单击 "Creat New" 按钮，并提供一个组名。此步骤中其他设置不变。
❑ 在步骤 5 中，在 "Select a Storage account" 下，单击 "Creat New" 按钮，提供包含小写字母和数字的存储账户名称。与集群名称一样，存储账户名称必须唯一。

534

当到达 "Cluster Summary" 时，将看到 Microsoft 最初的集群配置为 "Head（2×D12 v2）" "Worker（4×D4 v2）"。写作本书时，此配置每小时的成本大约为 3.11 美元，总共使用 6 个具有 40 个内核的 CPU 节点，这远远超出了演示所需的数量。

编辑此设置，使用较少数量的 CPU 和内核，可以省一些钱。将配置改为具有 16 个内核的 4 个 CPU 的集群，此集群使用性能较弱的计算机。

在 "Cluster Summary" 中：

1. 单击 "Cluster size" 右侧的 "Edit" 按钮。
2. 将 "Number of Woker" 节点改为 2。

⊖　Microsoft 最新免费账户的特性，请参见 https://azure.microsoft.com/en-us/free/。
⊖　Microsoft 推荐的集群配置，请参见 https://docs.microsoft.com/en-us/azure/hdinsight/hdinsight-component-versioning#default-node-configuration-and-virtual-machine-sizes-for-clusters。如果你配置的集群对于给定的场景来说太小了，那么在你试着部署它时，会出现问题。

3. 单击"Worker node size"按钮，再单击"View all"按钮，选择"D3 v2"（这是 Hadoop 节点所需的基本 CPU 资源），然后单击"Select"按钮。

4. 单击"Head node size"按钮，再单击"View all"按钮，选择"D3 v2"，再单击"Select"按钮。

5. 单击"Next"按钮，再单击"Next"按钮，返回"Cluster Summary"，验证新配置。

6. 启用"Creat"按钮后，单击它，部署集群。

启动集群需要花 20～30 分钟，为集群分配需要的所有资源和软件。

经过上述更改，基于类似配置的集群的平均使用量，集群每小时的成本大约为 1.18 美元，实际付费要比这个还少。如果在配置集群时遇到了任何问题，可以到网站 https://azure.microsoft.com/en-us/resources/knowledge-center/technical-chat/ 寻求基于 HDInsight 讨论的帮助。

16.5.4 Hadoop 流

对于 Hadoop 本身不支持的语言（如 Python），必须使用 **Hadoop 流**。在 Hadoop 流中，实现映射和归约的 Python 脚本，使用**标准输入流**和**标准输出流**与 Hadoop 通信。通常，标准输入流从键盘读取，标准输出流则写入命令行。但也可以像 Hadoop 那样重定向，从其他源读取标准输入流，并写入其他目的地。Hadoop 用如下方式使用 Hadoop 流：

- ❏ Hadoop 给映射脚本（称为映射器）提供输入。这个脚本从标准输入流读取它的输入。
- ❏ 映射器将其结果写入标准输出流。
- ❏ Hadoop 将映射器的输出作为归约脚本（称为**归约器**）的输入，使用标准输入流读入。
- ❏ 归约器将其结果写入标准输出流。
- ❏ Hadoop 将归约器的输出写入 Hadoop 文件系统（HDFS）。

第 5 章讨论了函数式编程、过滤、映射和归约，所以上面的映射器和归约器对我们来说，应该不陌生。

16.5.5 实现映射器

在本节中，将创建一个映射器脚本，该脚本从 Hadoop 获取文本行作为输入，并将输入映射成键 – 值对，其中每个键是一个单词，对应的值为 1。映射器单独地查看单词，因此，就它而言，每个词只有一个。下一节中，归约器将按键总结这些键 – 值对，将每个键的计数减少到单个计数。默认情况下，映射器以键 – 值对形式输出，归约器以键 – 值对形式输入和输出，键 – 值对与键 – 值对之间以一个制表符分隔开来。

在映射器脚本（`length_mapper.py`）中，第一行的 `#!` 标识符表示 Hadoop 使用 Python 3，而不是默认的 Python 2 来执行 Python 代码。这一行必须处在文件中所有其他的代码和注释之前。撰写本书时，我们已经安装了 Python 2.7.12 和 Python 3.5.2。注意，因为集群中没有 Python 3.6 或更高版本，所以不能在代码中使用 f 字符串。

```
 1  #!/usr/bin/env python3
 2  # length_mapper.py
 3  """Maps lines of text to key-value pairs of word lengths and 1."""
 4  import sys
 5
 6  def tokenize_input():
 7      """Split each line of standard input into a list of strings."""
 8      for line in sys.stdin:
 9          yield line.split()
10
11  # read each line in the the standard input and for every word
12  # produce a key-value pair containing the word, a tab and 1
13  for line in tokenize_input():
14      for word in line:
15          print(str(len(word)) + '\t1')
```

生成器函数 tokenize_input（第 6～9 行）从标准输入流中读取几行文本，并为每行返回一个字符串列表。在这个例子中，我们没有像在第 11 章中那样删除标点符号或停用词。

当 Hadoop 执行脚本时，第 13～15 行遍历 tokenize-input 函数中的字符串列表。对于每个列表（line）以及该列表中的每个字符串（word），在第 15 行输出一个键-值对，以单词的长度作为键，一个值为 1 的制表符（\t）表示一个单词（到目前为止）的长度。当然，可能有很多长度相同的单词。MapReduce 算法的归约步骤将汇总这些键-值对，并把所有具有相同键的键-值对汇总为标注总数的单个键-值对。

536

16.5.6　实现归约器

在归约脚本（length_reducer.py）中，生成器函数 tokenize_input（第 8～11 行）读取并拆分由映射器生成的键-值对。同样，MapReduce 算法提供标准输入。对于每一行，tokenize_input 函数将删除任何前导或尾随空格（例如终止的换行符），并生成一个包含键和值的列表：

```
 1  #!/usr/bin/env python3
 2  # length_reducer.py
 3  """Counts the number of words with each length."""
 4  import sys
 5  from itertools import groupby
 6  from operator import itemgetter
 7
 8  def tokenize_input():
 9      """Split each line of standard input into a key and a value."""
10      for line in sys.stdin:
11          yield line.strip().split('\t')
12
13  # produce key-value pairs of word lengths and counts separated by tabs
14  for word_length, group in groupby(tokenize_input(), itemgetter(0)):
15      try:
16          total = sum(int(count) for word_length, count in group)
17          print(word_length + '\t' + str(total))
18      except ValueError:
19          pass  # ignore word if its count was not an integer
```

当 MapReduce 算法执行此归约器时，第 14～19 行使用 itertools 模块中的 groupby
函数将相同长度的所有单词分成同一组。

❑ 第一个参数调用 tokenize_input 函数，获取表示键－值对的列表。

❑ 第二个参数指出，应该基于每个列表 0 索引处的元素（键）对键－值对进行分组。

第 16 行汇总给定键的所有计数。第 17 行输出一个新的键－值对，该键－值对由单词
及其总数组成。MapReduce 算法将最终结果写入 HDFS（Hadoop 文件系统）的一个文件中。

16.5.7　准备运行 MapReduce 示例

将文件上传到集群，以便执行该示例。在命令提示符、终端或 shell 中，切换到包含映
射器脚本、归约器脚本以及 RomeoAndJuliet.txt 文件的文件夹。假设这 3 个文件夹都在
本章的 ch16 示例文件夹中，所以一定要先将 RomeoAndJuliet.txt 文件复制到这个文件
夹中。

将脚本文件复制到 HDInsight Hadoop 集群

输入以下命令来上传文件。一定要用设置 Hadoop 集群时指定的集群名称而不是
YourClusterName，并在输入整个命令后按 Enter 键。以下命令中的冒号是必需的，指示在
提示时提供集群密码，之后按 Enter 键：

```
scp length_mapper.py length_reducer.py RomeoAndJuliet.txt
    sshuser@YourClusterName-ssh.azurehdinsight.net:
```

首次执行此操作时，系统会要求你提供安全信息，以确定目标主机（Microsoft Azure）
是可信的。

将 RomeoAndJuliet.txt 复制到 Hadoop 文件系统中

需要将 RomeoAndJuliet.txt 文件复制到 Hadoop 文件系统中，Hadoop 才能读取该文件
的内容，并将文本行提供给映射程序。首先，必须使用 ssh[注] 登录集群，访问其命令行。在
命令提示符、终端或 shell 中，执行以下命令。注意一定要用集群名称替换 *YourClusterName*。
另外，还需要再次输入集群密码：

```
ssh sshuser@YourClusterName-ssh.azurehdinsight.net
```

本例中，将使用 Hadoop 命令将文本文件复制到已经存在的文件夹 /example/data 中，
这是集群提供的与微软的 Azure Hadoop 教程一起使用的文件。在输入整个命令后再按
Enter 键：

```
hadoop fs -copyFromLocal RomeoAndJuliet.txt
    /example/data/RomeoAndJuliet.txt
```

⊖　对于 Windows 用户，如果 ssh 不起作用，可按 https://blogs.msdn.microsoft.com/powershell/2017/12/15/
　　using-the-openssh-beta-in-windows-10-fall-creators-update-and-windows-server-1709/ 上的描述安装和启用
　　它。在完成安装后，重新登录或重启你的系统以启用 ssh。

16.5.8　运行 MapReduce 作业

现在可以通过执行以下命令在集群上运行 RomeoAndJuliet.txt 的 MapReduce 作业。为了方便起见，在这个示例里提供了文件 yarn.txt 中这个命令的文本，对此，你可以复制粘贴。为了增强可读性，此处重新格式化了命令：

```
yarn jar /usr/hdp/current/hadoop-mapreduce-client/hadoop-streaming.jar
   -D mapred.output.key.comparator.class=
      org.apache.hadoop.mapred.lib.KeyFieldBasedComparator
   -D mapred.text.key.comparator.options=-n
   -files length_mapper.py,length_reducer.py
   -mapper length_mapper.py
   -reducer length_reducer.py
   -input /example/data/RomeoAndJuliet.txt
   -output /example/wordlengthsoutput
```

yarn 命令调用 Hadoop 的 YARN 工具，来管理和协调对 MapReduce 任务所用的 Hadoop 资源的访问。Hadoop-streaming.jar 文件包含 Hadoop 流实用程序，基于此可使用 Python 来实现映射器和归约器。两个 -D 选项设置了 Hadoop 的属性，使其能够将最终的键 – 值对按键（KeyFieldBasedComparator）以数字降序的形式（-n 减号意味着降序）排列，而不是以字母表顺序排列。其他的命令行参数如下：

❏ -files——由逗号分隔的文件名列表。Hadoop 将这些文件复制到集群中的每个节点，以便每个节点能在本地执行这些文件。

❏ -mapper——映射器脚本文件名。

❏ -reducer——归约器脚本文件名。

❏ -input——作为映射器的输入的文件或文件目录。

❏ -output——HDFS 目录，将结果写入其中。如果此文件夹已存在，则会引发错误。

以下输出为在 MapReduce 作业执行时 Hadoop 产生的一些反馈。为了节省空间，我们用 … 代替了大块的输出，并加粗了几行内容，包括：

❏ Total input paths to process（要处理的输入路径的总数）—— 本例中的一个输入源是 RomeoAndJuliet.txt 文件。

❏ number of splits（拆分数）——在本例中为 2，其基于集群中的工作节点数。

❏ 完成的百分比消息。

❏ File System Counters（文件系统计数器）——包括读取和写入的字节数。

❏ Job Counters（作业计数器）——显示所使用的映射和归约任务数以及各种计时信息。

❏ Map-Reduce Framework（Map-Reduce 框架）——显示有关执行步骤的各种信息。

```
packageJobJar: [] [/usr/hdp/2.6.5.3004-13/hadoop-mapreduce/hadoop-stream-
ing-2.7.3.2.6.5.3004-13.jar] /tmp/streamjob2764990629848702405.jar tmp-
Dir=null
...
18/12/05 16:46:25 INFO mapred.FileInputFormat: Total input paths to pro-
cess : 1
18/12/05 16:46:26 INFO mapreduce.JobSubmitter: number of splits:2
```

538

```
...
18/12/05 16:46:26 INFO mapreduce.Job: The url to track the job: http://
hn0-paulte.y3nghy5db2kehav5m0opqrjxcb.cx.internal.cloudapp.net:8088/
proxy/application_1543953844228_0025/
18/12/05 16:46:35 INFO mapreduce.Job:  map 0% reduce 0%
18/12/05 16:46:43 INFO mapreduce.Job:  map 50% reduce 0%
18/12/05 16:46:44 INFO mapreduce.Job:  map 100% reduce 0%
18/12/05 16:46:48 INFO mapreduce.Job:  map 100% reduce 100%
18/12/05 16:46:50 INFO mapreduce.Job: Job job_1543953844228_0025 complet-
ed successfully
18/12/05 16:46:50 INFO mapreduce.Job: Counters: 49
        File System Counters
            FILE: Number of bytes read=156411
            FILE: Number of bytes written=813764
...
        Job Counters
            Launched map tasks=2
            Launched reduce tasks=1
...

        Map-Reduce Framework
            Map input records=5260
            Map output records=25956
            Map output bytes=104493
            Map output materialized bytes=156417
            Input split bytes=346
            Combine input records=0
            Combine output records=0
            Reduce input groups=19
            Reduce shuffle bytes=156417
            Reduce input records=25956
            Reduce output records=19
            Spilled Records=51912
            Shuffled Maps =2
            Failed Shuffles=0
            Merged Map outputs=2
            GC time elapsed (ms)=193
            CPU time spent (ms)=4440
            Physical memory (bytes) snapshot=1942798336
            Virtual memory (bytes) snapshot=8463282176
            Total committed heap usage (bytes)=3177185280
...
18/12/05 16:46:50 INFO streaming.StreamJob: Output directory: /example/
wordlengthsoutput
```

查看单词计数

Hadoop MapReduce 将其输出保存到了 HDFS，所以要查看实际的单词计数，需要执行以下命令，查看集群中 HDFS 的文件：

```
hdfs dfs -text /example/wordlengthsoutput/part-00000
```

下面是上述命令的结果：

```
18/12/05 16:47:19 INFO lzo.GPLNativeCodeLoader: Loaded native gpl library
18/12/05 16:47:19 INFO lzo.LzoCodec: Successfully loaded & initialized
native-lzo library [hadoop-lzo rev b5efb3e531bc1558201462b8ab15bb412f-
fa6b89]
1       1140
2       3869
3       4699
```

```
4        5651
5        3668
6        2719
7        1624
8        1062
9        855
10       317
11       189
12       95
13       35
14       13
15       9
16       6
17       3
18       1
23       1
```

540

卸载集群资源，避免产生额外费用

注意：请确保卸载集群及相关资源（如存储），避免额外付费。在 Azure 门户网站中，单击"All resources"按钮查看资源，其中包括之前设置的集群和存储账户。如果不卸载，两者都会产生费用。选择每个资源并单击"Delete"按钮将其卸载，用户将被要求键入 yes 来确认。详细信息请参见 https://docs.microsoft.com/en-us/azure/azure-resource-manager/resource-group-portal。

16.6　Spark

本节讲述 Apache Spark，将使用 Python PySpark 库和 Spark 的函数式过滤器 / 映射 / 归约功能来实现一个简单的单词计数示例，其汇总了 *Romeo and Juliet* 的单词计数。

16.6.1　概述

当处理真正的大数据时，性能至关重要。Hadoop 适用于基于磁盘的批处理，即从磁盘读取数据、处理数据并将结果写入磁盘。许多大数据应用程序需要比磁盘密集型操作更好的性能。特别地，需要实时或近实时处理的快速流应用程序在基于磁盘的架构中将无法运行。

历史

Spark 最初是美国伯克利大学在 2009 年开发的，由 DARPA（国防高级研究计划局）资助。起初，Spark 是作为一个用于高性能机器学习的分布式引擎而被创建的[一]。它使用**内存架构**，"对 100TB 的数据进行排序，Spark 在 Hadoop MapReduce 1/10 规模机器上的速度仍能提高 3 倍"[二]，运行某些工作负载的速度可以达到 Hadoop 的 100 倍[三]。Spark 显著地提高了批

[一]　https://gigaom.com/2014/06/28/4-reasons-why-spark-could-jolt-hadoop-into-hyperdrive/.

[二]　https://spark.apache.org/faq.html.

[三]　https://spark.apache.org/.

处理任务的性能，许多公司因此将 Hadoop MapReduce 替换为 Spark[一][二][三]。

架构和组件

尽管 Spark 最初是为了在 Hadoop 上运行并使用 HDFS 和 Yarn 等 Hadoop 组件而开发的，但它可以在单个计算机上独立运行（通常用于学习和测试目的）、在集群上独立运行或使用各种集群管理器和分布式存储系统。Spark 在 Hadoop YARN、Apache Mesos、Amazon EC2 和 Kubernetes 上运行，支持许多分布式存储系统，包括 HDFS、Apache Cassandra、Apache HBase 和 Apache Hive[四]。

[541]

Spark 的核心是**弹性分布式数据集**（Resilient Distributed Dataset，RDD），可使用 RDD 通过函数式编程处理分布式数据。除了从磁盘读取数据和将数据写入磁盘之外，Hadoop 还使用复制来实现容错，而这会增加更多基于磁盘的额度开销。为了消除这一开销，RDD 仅在数据不适合内存的情况下使用磁盘，而不复制数据。Spark 通过记住创建每个 RDD 的步骤来处理容错，因此如果集群节点发生故障，Spark 可以重建给定的 RDD[五]。

Spark 将用户在 Python 中指定的操作分发到集群的节点以并行执行。借助 Spark 流技术，可以在接收数据时对其进行处理。Spark DataFrame 与 pandas DataFrame 类似，可将 RDD 作为已命名列的合集进行查看。可将 Spark DataFrame 与 Spark SQL 结合使用来查询分布式数据。Spark 还包括 Spark MLlib（Spark 机器学习库），利用该库能够执行机器学习算法，如在第 14 章和第 15 章中所学习的算法。在接下来的几个示例中，我们将使用 RDD、Spark 流、DataFrame 和 Spark SQL。

供应商

Hadoop 供应商通常还提供 Spark 支持。除了 16.5 节中列出的供应商外，还有一些特定的 Spark 供应商，如 Databricks。它们提供"围绕 Spark 构建的零管理云平台"[六]，其网站也是学习 Spark 的绝佳资源。付费的 Databricks 平台运行在 Amazon AWS 或 Microsoft Azure 上，Databricks 也提供免费的社区版，这是开始使用 Spark 和 Databrick 环境的好途径。

16.6.2 Docker 和 Jupyter Docker 堆栈

本节将展示如何下载和执行一个 Docker 堆栈，其中包含 Spark 和 PySpark 模块，用于从 Python 访问 Spark。我们将在 Jupyter Notebook 中编写 Spark 示例的代码。首先，简要介绍一下 Docker。

Docker

Docker 是一个将软件打包到**容器**（也称为**镜像**）中的工具，该容器将软件跨平台执行

㊀ https://bigdata-madesimple.com/is-spark-better-than-hadoop-map-reduce/.

㊁ https://www.datanami.com/2018/10/18/is-hadoop-officially-dead/.

㊂ https://blog.thecodeteam.com/2018/01/09/changing-face-data-analytics-fast-data-displaces-big-data/.

㊃ http://spark.apache.org/.

㊄ https://spark.apache.org/research.html.

㊅ https://databricks.com/product/faq.

所需的所有东西打包在一起。本章使用的一些软件包需要复杂的配置，其中大部分都有预先配置的 Docker 容器，供免费下载，并可在台式电脑或笔记本电脑上本地执行。如此，Docker 将帮助我们快速、方便地开始使用新技术。

Docker 也有助于研究和分析可重复性。可以创建自定义的 Docker 容器，这些容器被配置了在研究中使用的每个软件和每个库的版本。这将使其他人能够重建其用户所使用的环境，然后重新生成该用户的工作，也有助于该用户在以后重新生成现在的结果。在本节中，我们将使用 Docker 下载和执行已经预先配置为运行 Spark 应用程序的 Docker 容器。

542

安装 Docker

可以按网站 https://www.docker.com/products/docker-desktop 上的介绍安装适用于 Windows 10 Pro 或 macOS 的 Docker。

在 Windows 10 Pro 上，必须允许 "`Docker for Windows.exe`" 安装程序对系统进行更改。单击 "Yes" 按钮允许安装程序对系统进行更改⊖。Windows 10 家庭用户必须按照网址 https://docs.docker.com/machine/drivers/virtualbox/ 上的说明使用 Virtual Box。

Linux 用户应按照网址 https://docs.docker.com/install/overview/ 上的说明安装 Docker 社区版。

有关 Docker 的一般概述，请阅读入门指南，网址为 https://docs.docker.com/get-started/。

Jupyter Docker 堆栈

Jupyter Notebook 团队已经为常见的 Python 开发场景预先配置了几个 Jupyter "Docker stacks" 容器，其中的每一个都使我们能够使用 Jupyter Notebook 来体验强大的功能，而不必担心复杂的软件安装问题。在不同的情况下，都可以在 Web 浏览器中打开 JupyterLab，并在 Jupyter 中打开一个笔记本并开始编码。JupyterLab 还提供了一个可以在浏览器中使用的终端窗口，如计算机终端、Anaconda 命令提示符或 shell。到目前为止，我们在 IPython 中展示的所有内容都可以在 JupyterLab 的终端窗口中使用 IPython 执行。

我们将使用 `jupyter/pyspark-notebook` Docker 堆栈，它预先配置了需要在计算机上创建和测试的 Apache Spark 应用程序所需的一切。结合所安装的其他 python 库（在本书中使用的），可使用此容器实现书中的大多数示例。有关可用的 Docker 堆栈的更多信息，请访问 https://jupyter-docker-stacks.readthedocs.io/en/latest/index.html。

运行 Jupyter Docker 堆栈

在执行下一步之前，请确保计算机上当前尚未运行 JupyterLab。下载并运行 `jupyter/pyspark-notebook` Docker 堆栈。为了确保在关闭 Docker 容器时不会丢失工作，我们将在容器上附加一个本地文件系统文件夹，用来保存笔记本——Windows 用户应将 \ 替换为 ^。

⊖　一些 Windows 用户可能必须要遵守网址 https://docs.microsoft.com/en-us/windows/security/threat-protection/windows-defender-exploit-guard/customize-controlled-folders-ex-ploit-guard 上的 "Allow specific apps to make changes to controlled folders" 下的指示。

```
docker run -p 8888:8888 -p 4040:4040 -it --user root \
    -v fullPathToTheFolderYouWantToUse:/home/jovyan/work \
    jupyter/pyspark-notebook:14fdfbf9cfc1 start.sh jupyter lab
```

543

首次运行上述命令时，Docker 将下载称为 **jupyter/pyspark-notebook:14fdfbf9cfc1** 的 Docker 容器。

符号"**:14fdfbf9cfc1**"指定要下载的特定 **jupyter/pyspark-notebook** 容器。在撰写本书时，**14fdfbf9cfc1** 是容器的最新版本。指定版本有助于提高可重复性，如果命令中没有"**:14fdfbf9cfc1**"，Docker 将下载容器的最新版本，其中可能包含不同的软件版本，并且可能与试图执行的代码不兼容。Docker 容器接近 6GB，因此初始下载时间将取决于 Internet 连接速度。

在浏览器中打开 JupyterLab

下载并运行容器后，将在命令提示符、终端或 shell 窗口中看到如下语句：

```
Copy/paste this URL into your browser when you connect for the first
time, to login with a token:
    http://(bb00eb337630 or 127.0.0.1):8888/?token=
        9570295e90ee94ecef75568b95545b7910a8f5502e6f5680
```

复制十六进制字符串（用户系统上的字符串与此字符串不同）：

```
9570295e90ee94ecef75568b95545b7910a8f5502e6f5680
```

然后在浏览器中打开 http://localhost: 8888/lab（本地主机对应于前面的输出中的 127.0.0.1），并将令牌粘贴到"Password or token"字段中，单击"Login"按钮以进入 JupyterLab 界面。如果意外关闭浏览器，可访问 http://localhost: 8888/lab 以继续会话。

在此 Docker 容器中运行时，JupyterLab 左侧"Files"标签中的 **work** 文件夹代表在 **docker run** 命令的 **-v** 选项中附加到该容器的文件夹。从这里可打开我们提供的笔记本文件。默认情况下，新建的任何笔记本或其他文件将保存到此文件夹。由于 Docker 容器的 **work** 文件夹已连接到用户计算机上的文件夹，因此即使决定删除 Docker 容器，在 JupyterLab 中创建的所有文件也将保留在计算机上。

访问 Docker 容器的命令行

每个 Docker 容器都有一个命令行界面，就像在本书中用来运行 IPython 的界面一样。通过此界面，可将 Python 软件包安装到 Docker 容器中，甚至可以像以前一样使用 IPython。

打开单独的 Anaconda 命令提示符、终端或 shell，并使用以下命令列出当前正在运行的 Docker 容器：

```
docker ps
```

该命令的输出很宽，因此文本行可能会换行，如下所示：

```
CONTAINER ID        IMAGE                    COMMAND
        CREATED              STATUS           PORTS
    NAMES
    f54f62b7e6d5        jupyter/pyspark-notebook:14fdfbf9cfc1    "tini -g --
```

```
/bin/bash"  2 minutes ago     Up 2 minutes        0.0.0.0:8888->8888/tcp
    friendly_pascal
```

544

在系统输出的最后一行中，第三行的列头 NAMES 下是 Docker 随机分配给运行中的容器 friendly-pascal 的名称，即系统上的名称将有所不同。要访问容器的命令行，请执行以下命令，用正在运行的容器的名称替换 *container_name*：

```
docker exec -it container_name /bin/bash
```

Docker 容器在后台使用 Linux，因此会看到 Linux 提示符，可以在其中输入命令。

本节中的应用程序将使用在第 11 章中使用过的 NLTK 和 TextBlob 库的功能。因为没有在 Jupyter Docker 堆栈中预安装 NLTK 和 TextBlob，所以要安装它们，请输入命令：

```
conda install -c conda-forge nltk textblob
```

停止并重新启动 Docker 容器

每次用 docker run 启动容器时，Docker 都会提供一个新的实例，其中不包含以前安装的任何库。因此，应该跟踪容器名称，以便从另一个 Anaconda 命令提示符、终端或 shell 窗口使用它来停止容器并重新启动它。命令

```
docker stop container_name
```

将关闭容器。命令

```
docker restart container_name
```

将重启容器。Docker 还提供了一个名为 KiteMatic 的图形用户界面应用程序，可以用来管理容器，包括停止和重新启动它们。可以从 https://kitematic.com/ 获取应用程序，并通过 Docker 菜单访问它。网址 https://docs.docker.com/kitematic/userguide / 上的用户指南概述了如何使用该工具管理容器。

16.6.3　使用 Spark 的单词计数

本节将使用 Spark 的过滤、映射和归约功能来实现一个简单的单词计数示例，该示例总结了 *Romeo and Juliet* 中的单词。可以使用 SparkWordCount 文件夹中现有的名为 RomeoAndJulietCounter.ipynb 的笔记本（应从第 11 章中将 RomeoAndJuliet.txt 文件复制到其中），也可以创建一个新的笔记本，然后输入并执行下面展示的代码段。

加载 NLTK 停用词

在此应用中，我们将使用在第 11 章中学到的技术，在计算单词的出现频率之前从文本中消除停用词。首先，下载 NLTK 停用词：

```
[1]: import nltk
     nltk.download('stopwords')
[nltk_data] Downloading package stopwords to /home/jovyan/nltk_data...
[nltk_data]     Package stopwords is already up-to-date!
[1]: True
```

545

接下来，加载停用词：

```
[2]: from nltk.corpus import stopwords
     stop_words = stopwords.words('english')
```

配置 SparkContext

访问 Python 中的 Spark 功能需要 SparkContext（来自 PySpark 模块）对象。许多 Spark 环境都会自动生成 SparkContext，但在 Jupyter pyspark-notebook Docker 堆栈中，需要创建此对象。

首先，创建 SparkConf 对象（来自 PySpark 模块）来指定配置选项。以下代码段调用对象的 setAppName 方法，指定 Spark 应用程序的名称，并调用对象的 setMaster 方法以指定 Spark 集群的 URL。 URL'local [*]' 表示 Spark 正在本地计算机（而不是基于云的集群）上执行，星号表示 Spark 应该使用与计算机上的内核数相同的线程来运行代码：

```
[3]: from pyspark import SparkConf
     configuration = SparkConf().setAppName('RomeoAndJulietCounter')\
                               .setMaster('local[*]')
```

线程使单个节点集群可以并发执行部分 Spark 任务，以模拟 Spark 集群提供的并行性。当我们说两个任务并发运行时，意思是它们都在同时取得进展，通常是在短时间内执行一个任务，然后再执行另一个任务。当我们说两个任务并行运行时，意思是在同时执行它们，并行是在基于云的计算机集群上执行的 Hadoop 和 Spark 的主要优点之一。

接下来，创建 sparkContext，传递 sparkConf 作为参数：

```
[4]: from pyspark import SparkContext
     sc = SparkContext(conf=configuration)
```

读取文本文件并将其映射到单词

可使用应用于 RDD 的函数式编程技术（如过滤、映射和归约）来处理 SparkContext。RDD 获取存储在 Hadoop 文件系统集群中的数据，并使用户能经过一系列处理步骤来转换 RDD 中的数据。这些处理步骤是惰性的（见第 5 章），除非用户指示 Spark 应该处理该任务，否则它们不会执行任何工作。

以下代码段指定了三个步骤：

❑ sparkContext 方法 textFile 从 RomeoAndJuliet.txt 加载文本行，并将其作为表示每行的字符串的 RDD（来自 PySpark 模块）返回。

❑ RDD 方法 map 使用其 lambda 参数删除 TextBlob 的 strip_punc 函数的所有标点，将每行文本转换为小写。这个方法返回一个新的 RDD，可在该 RDD 上指定要执行的其他任务。

❑ RDD 方法 flatmap 使用其 lambda 参数将每行文本映射成单词并生成单个单词列表，而不是单个文本行。flatMap 生成的新的 RDD，代表了 *Romeo and Juliet* 中的所有单词。

```
[5]: from textblob.utils import strip_punc
     tokenized = sc.textFile('RomeoAndJuliet.txt')\
                   .map(lambda line: strip_punc(line, all=True).lower())\
                   .flatMap(lambda line: line.split())
```

移除停用词

接下来，使用 RDD 方法 filter 创建一个没有剩余停用词的 RDD:

```
[6]: filtered = tokenized.filter(lambda word: word not in stop_words)
```

计算剩余单词

现在，我们只剩下非停用词，可计算各单词出现的次数。为此，首先将每个单词映射到一个包含该单词且计数为 1 的元组，这与我们在 Hadoop MapReduce 中所做的相似。Spark 将在集群的各个节点之间分配归约任务，然后在生成的 RDD 上调用方法 reduceByKey，将 operator 模块的 add 函数作为参数传递。这会告诉 reduceByKey 方法增加包含相同 word（键）的元组的计数:

```
[7]: from operator import add
     word_counts = filtered.map(lambda word: (word, 1)).reduceByKey(add)
```

查找计数大于或等于 60 的单词

Romeo and Juliet 中有数千个单词，因此对 RDD 进行过滤，保留出现 60 次或以上的单词:

```
[8]: filtered_counts = word_counts.filter(lambda item: item[1] >= 60)
```

排序并显示结果

至此，我们已经给出了单词计数的所有步骤，当你调用 RDD 方法 collect 时，Spark 会启动上面指定的所有步骤，并返回包含最后结果的列表——在这个例子中，就是单词的元组及其计数。在你看来，一切都感觉是在一台计算机上执行的。然而，如果 SparkContext 配置为使用集群，Spark 将为你在集群工作者节点之间进行任务划分。在以下代码段中，根据计数（itemgetter(1)）对元组列表按降序（reverse = True）进行排序。

以下代码段调用 collect 方法来获得结果，并按照单词计数从高到低进行排序:

```
[9]: from operator import itemgetter
     sorted_items = sorted(filtered_counts.collect(),
                           key=itemgetter(1), reverse=True)
```

最后显示结果。首先，确定字母最多的单词，小于该长度的所有单词右对齐，然后显示每个单词及其计数:

```
[10]: max_len = max([len(word) for word, count in sorted_items])
      for word, count in sorted_items:
          print(f'{word:>{max_len}}: {count}')
[10]:   romeo: 298
          thou: 277
        juliet: 178
```

547

```
         thy: 170S
       nurse: 146
  capulet: 141
     love: 136
     thee: 135
    shall: 110
     lady: 109
    friar: 104
     come: 94
 mercutio: 83
     good: 80
 benvolio: 79
    enter: 75
       go: 75
     i'll: 71
   tybalt: 69
    death: 69
    night: 68
 lawrence: 67
      man: 65
     hath: 64
      one: 60
```

16.6.4　Microsoft Azure 上的 Spark 单词计数

如前所述，我们将介绍用于免费和实际开发场景下的两种工具。本节将在 Microsoft Azure HDInsight Spark 集群上实现 Spark 单词计数。

使用 Azure 门户在 HDInsight 中创建 Apache Spark 集群

网　址 https://docs.microsoft.com/en-us/azure/hdinsight/spark/apache-sparkjupyter-spark-sql-use-portal 上有一些如何使用 HDInsight 服务设置 Spark 集群的介绍。

在执行"Create an HDInsight Spark cluster"步骤时，请注意在本章前面的 Hadoop 集群设置中列出的相同问题，"Cluster type"选"Spark"。

同样，默认集群配置提供的资源比示例所需的资源多。因此，在"Cluster summary"中，执行 Hadoop 集群设置中显示的步骤，将 Worker 节点的数量更改为 2，配置 Worker 节点和 Head 节点以使用"D3 v2"计算机。单击"Create"按钮时，将花费 20～30 分钟的时间来配置和部署集群。

将库安装到集群中

如果 Spark 代码需要用到 HDInsight 集群中未安装的库，那么需要安装这些库。要查看默认安装了哪些库，可以使用 ssh 登录集群（如本章前面所示），并执行以下命令：

```
/usr/bin/anaconda/envs/py35/bin/conda list
```

代码将在多个集群节点上执行，所以必须在每个节点上安装相应的库。Azure 要求创建一个 Linux shell 脚本，指定安装库的命令。当脚本被提交到 Azure 时，将验证该脚本，然后在每个节点上执行它。Linux shell 脚本超出了本书的讨论范围，并且脚本必须托管在 Web 服务器上，Azure 可以从该服务器下载文件。因此，我们为读者创建了一个安装脚本，用于安装在 Spark 示例中使用的库。执行以下步骤安装这些库：

1. 在 Azure 门户中，选择要使用的集群。

2. 在集群搜索框下的项目列表中，选中"Script Actions"。

3. 单击"Submit new"按钮以配置库安装脚本的选项。对于"Script type"，选择"custom"，对于"Name"，选择 libraries，对于"Bash script URI"的设置，请参见 http://deitel.com/bookresources/introtopython/install_libraries.s。

4. 检查"Head"和"Worker"，确保脚本在所有节点上安装库。

5. 单击"Create"按钮。

当集群执行完脚本时，如果执行成功，用户将在脚本操作列表中的脚本名称旁边看到一个绿色的复选框。否则，将报错。

将 RomeoAndJuliet.txt 复制到 HDInsight 集群

如在 Hadoop 演示中所做的，使用 scp 命令将在第 11 章中使用的 romeoandjuliet.txt 文件上传到集群。在命令提示符、终端或 shell 中，切换到包含文件的文件夹（假设为本章的 ch16 文件夹），然后输入以下命令。用创建集群时指定的名称替换 *YourClusterName*，在键入整个命令后按 Enter 键。冒号为必填的，提示在此处要输入集群密码。在该提示下，键入设置集群时指定的密码，然后按 Enter 键：

```
scp RomeoAndJuliet.txt sshuser@YourClusterName-ssh.azurehdinsight.net:
```

接下来，使用 ssh 登录集群并访问其命令行。在命令提示符、终端或 shell 中，执行以下命令。一定要用集群名称替换 *YourClusterName*。同样，系统会再次提示输入集群密码：

```
ssh sshuser@YourClusterName-ssh.azurehdinsight.net
```

要使用 Spark 中的 RomeoAndJuliet.txt 文件，首先使用 ssh 会话，执行以下命令，将文件复制到集群的 Hadoop 文件系统中。我们将结合 HDInsight 教程，使用已经存在的 /examples/data/ 文件夹。键入整个命令后按 Enter 键：

```
hadoop fs -copyFromLocal RomeoAndJuliet.txt
    /example/data/RomeoAndJuliet.txt
```

在 HDInsight 中访问 Jupyter 笔记本

在撰写本书时，HDInsight 使用旧的 Jupyter Notebook 界面，而不是较新的 JupyterLab 界面，如先前所示。对于旧界面，简明概述请参见 https://jupyter-notebook.readthedocs.io/en/stable/examples/Notebook/Notebook% 20Basics.html。

要在 HDInsight 中访问 Jupyter Notebook，请在 Azure 门户中选择"All resources"，然后选择要使用的集群。在"Overview"选项卡中，选择"Cluster Dashboards"下的"Jupyter notebook"，打开一个 Web 浏览器，使用设置集群时的用户名和密码登录。如果没有指定用户，则默认为 admin。登录后，Jupter 会显示一个包含 PySpark 和 Scala 子文件夹的文件夹，其中包含 Python 和 Scala Spark 教程。

加载 RomeoAndJulietCounter.ipynb 笔记本

可通过单击"New"按钮并选择"PySpark3"来创建新笔记本，也可以从计算机上传现有笔记本。对于此示例，我们上传上一节的 `RomeoAndJulietCounter.ipynb` 笔记本，对其进行修改以与 Azure 一起使用。为此，请单击"Upload"按钮，导航到 ch16 示例文件夹的 `SparkWordCount` 文件夹，选择 `RomeoAndJulietCounter.ipynb`，然后单击"Open"按钮，显示文件，其右侧有一个"Upload"按钮。单击该按钮将笔记本放置在当前文件夹中。接下来，单击记事本的名称以在新的浏览器标签中将其打开。Jupyter 将显示一个"Kernel not found"对话框。选择"PySpark3"，然后单击"OK"按钮。暂时请勿运行任何单元格。

修改笔记本以使用 Azure

执行以下步骤，完成时执行每个单元格：

1. HDInsight 集群不允许 NLTK 将下载的停用词存储在 NLTK 的默认文件夹中，因为它是系统的受保护文件夹的一部分。在第一个单元格中，修改 `nltk.download('stopwords')` 调用，如下所示，将停用词存储在当前文件夹（`'.'`）：

```
nltk.download('stopwords', download_dir='.')
```

执行第一个单元格时，应用程序"Starting Spark"将显示在该单元格的下方，而 HDInsight 会设置一个名为 `sc` 的 `SparkContext` 对象。完成此任务后，执行单元格代码，下载停用词。

2. 在第二个单元格中，在加载停用词之前，必须告诉 NLTK，停用词位于当前文件夹中。在 `import` 语句之后添加以下语句，告诉 NLTK 在当前文件夹中搜索其数据：

```
nltk.data.path.append('.')
```

3. HDInsight 设置了 `SparkContext` 对象，所以不需要原始记事本的第三和第四单元格，可将其删除。要执行此操作，单击 Jupyter 的"Edit"菜单，选择"Delete Cells"，或单击该单元格左侧的空白处并键入 dd。

4. 在下一个单元格中，指定 `RomeoAndJuliet.txt` 在底层 Hadoop 文件系统中的位置，用字符串 `'wasb:///example/data/RomeoAndJuliet.txt'` 替换 `'RomeoAndJuliet.txt'`。符号 `wasb:///` 表示 `RomeoAndJuliet.txt` 存储在 WASB（Microsoft Azure Storage Blo）中。WASB 为 Azure 到 HDFS 文件系统的接口。

5. Azure 当前使用 Python 3.5.x，不支持 f 字符串。因此，在最后一个单元格中，使用字符串方法格式将 f 字符串替换为以下较旧的 Python 字符串格式：

```
print('{:>{width}}: {}'.format(word, count, width=max_len))
```

此时将看到与上一部分相同的最终结果。

注意: 使用完集群和其他资源后，一定要删除，避免产生额外费用，详情请参见 https://docs.microsoft.com/en-us/azure/azure-resource-manager/resource-group-portal。

请注意：删除 Azure 资源时，笔记本也会被删除。可通过在 Jupter 中选择"File"＞"Download as"＞"Notebook（.ipynb）"来下载刚刚执行的笔记本。

16.7　Spark 流：使用 pyspark-notebook Docker 堆栈计算 Twitter 主题标签

本节将创建并运行一个 Spark 流应用程序，它将收到有关指定主题的推文流，在每 10 秒更新一次的柱状图中给出前 20 个主题标签。在本例中，将使用第一个 Spark 示例中的 Jupyter Docker 容器。这个例子分为两部分。首先使用第 12 章中的技术，创建一个从 Twitter 发送推文的脚本。然后，在 Jupyter 记事本中使用 Spark 流来读取这些推文并汇总题标签。这两个部分将通过网络**套接字**（即客户端／服务器网络的低层视图）相互通信，其中客户端应用程序使用类似于文件 I/O 的技术通过网络与服务器应用程序通信。程序可以从套接字读取或写入套接字，类似于从文件读取或写入文件，套接字表示连接的一个端点。在这种情况下，客户端将是一个 Spark 应用程序，服务器将是一个接收流式推文并将其发送到 Spark 应用程序的脚本。

启动 Docker 容器并安装 Tweepy

在本例中，将把 Tweepy 库安装到 Jupter Docker 容器中。按照 16.6.2 节中的说明，启动容器并将 Python 库安装到其中。使用以下命令安装 Tweepy：

```
pip install tweepy
```

16.7.1　将推文流式传输到套接字

脚本 starttweetstream.py 包含第 12 章中 TweetListener 类的修改版本。它流式传输指定数量的推文，并将推文发送到本地计算机上的套接字。当达到 tweet 限制时，脚本将关闭套接字。前面已经使用过 Twitter 流，因此我们仅关注其新功能，确保文件 keys.py（在 ch16 文件夹的 SparkHashtagSummarizer 子文件夹中）包含所使用的 Twitter 凭据。

在 Docker 容器中执行脚本

在本例中，使用 JupterLab 的"Terminal"窗口在一个选项卡中执行 starttweetstream.py，在另一个选项卡中使用笔记本执行 Spark 任务。在 Jupyter pyspark-notebook Docker 容器运行的情况下，在 Web 浏览器中打开 http://localhost:8888/lab。在 JupterLab 中，选择"File"＞"New"＞"Terminal"，打开一个包含"Terminal"的新选项卡。这是一个基于 Linux 的命令行，输入 ls 命令，按 Enter 键，列出当前文件夹的内容。默认情况下，将看到容器的 work 文件夹。要执行 starttweetstream.py，必须先使用以下命令[⊖]导航至 SparkHashtagSummarizer 文件夹：

551

　⊖　Windows 用户应注意，Linux 使用"/"而不是"\"来分隔文件夹，并且文件和文件夹名称是大小写敏感的。

```
cd work/SparkHashtagSummarizer
```

现在可以使用表单的命令执行脚本：

```
ipython starttweetstream.py number_of_tweets search_terms
```

其中 `number_of_tweets` 指定要处理的推文总数，*search_terms* 用一个或多个由空格分隔的字符串来过滤推文。例如，下面的命令将发送 1000 条关于足球的推文：

```
ipython starttweetstream.py 1000 football
```

此时，脚本将显示"`Waiting for connection`"，一旦 Spark 连接上，则开始以流式发送推文。

starttweetstream.py import 语句

为了便于讨论，我们将 `starttweetstream.py` 分成几个部分。首先，我们导入脚本中使用的模块。Python 标准库的 `socket` 模块提供了使 Python 应用程序能够通过套接字进行通信的功能。

```
 1  # starttweetstream.py
 2  """Script to get tweets on topic(s) specified as script argument(s)
 3      and send tweet text to a socket for processing by Spark."""
 4  import keys
 5  import socket
 6  import sys
 7  import tweepy
 8
```

TweetListener 类

前面已经在 `TweetListener` 类中看到了大多数代码，此处仅关注新的代码：

❏ 方法 `__init__`（第 12～17 行）接收表示套接字的 `connection` 参数，并将其存储在 `self.connection` 属性中。使用此套接字将主题标签发送到 Spark 应用程序。

❏ 在方法 `on_status`（第 24～44 行）中，第 27～32 行从 Tweepy `Status` 对象中提取主题标签，将其转换为小写，并创建一个由空格分隔的主题标签字符串发送给 Spark。关键声明是第 39 行：

```
self.connection.send(hashtags_string.encode('utf-8'))
```

使用 `connection` 对象的 `send` 方法将推文发送到正在从该套接字读取内容的应用程序，字节序列是 `send` 方法的参数。字符串调用方法 `encode('utf-8')` 将字符串转换为字节，Spark 将自动读取字节并重建字符串。

```
 9  class TweetListener(tweepy.StreamListener):
10      """Handles incoming Tweet stream."""
11
12      def __init__(self, api, connection, limit=10000):
13          """Create instance variables for tracking number of tweets."""
14          self.connection = connection
15          self.tweet_count = 0
16          self.TWEET_LIMIT = limit  # 10,000 by default
17          super().__init__(api)  # call superclass's init
```

```
18
19      def on_connect(self):
20          """Called when your connection attempt is successful, enabling
21          you to perform appropriate application tasks at that point."""
22          print('Successfully connected to Twitter\n')
23
24      def on_status(self, status):
25          """Called when Twitter pushes a new tweet to you."""
26          # get the hashtags
27          hashtags = []
28
29          for hashtag_dict in status.entities['hashtags']:
30              hashtags.append(hashtag_dict['text'].lower())
31
32          hashtags_string = ' '.join(hashtags) + '\n'
33          print(f'Screen name: {status.user.screen_name}:')
34          print(f'   Hashtags: {hashtags_string}')
35          self.tweet_count += 1  # track number of tweets processed
36
37          try:
38              # send requires bytes, so encode the string in utf-8 format
39              self.connection.send(hashtags_string.encode('utf-8'))
40          except Exception as e:
41              print(f'Error: {e}')
42
43          # if TWEET_LIMIT is reached, return False to terminate streaming
44          return self.tweet_count != self.TWEET_LIMIT
45
46      def on_error(self, status):
47          print(status)
48          return True
49
```

主应用程序

运行脚本时执行第 50～80 行。之前传输推文时已经连接到 Twitter，所以这里只讨论这个例子中的新功能。

第 51 行，将命令行参数 sys.argv[1] 转换为整数，获取要处理的推文数。回想一下，元素 0 表示脚本的名称：

```
50  if __name__ == '__main__':
51      tweet_limit = int(sys.argv[1])  # get maximum number of tweets
```

553

第 52 行调用 socket 模块的 socket 函数，该函数返回一个 socket 对象，使用该对象等待来自 Spark 应用程序的连接：

```
52      client_socket = socket.socket()  # create a socket
53
```

第 55 行使用一个元组调用套接字对象的 bind 方法，该元组包含计算机的主机名或 IP 地址以及该计算机上的端口号。这些信息表示此脚本将在何处等待来自另一个应用程序的初始连接：

```
54      # app will use localhost (this computer) port 9876
55      client_socket.bind(('localhost', 9876))
56
```

第 58 行调用套接字的 listen 方法，使脚本等待连接。该语句防止 Twitter 流在 Spark 应用程序连接上之前启动：

```
57        print('Waiting for connection')
58        client_socket.listen()  # wait for client to connect
59
```

Spark 应用程序连接上后，第 61 行调用 socket 方法 accept 接受连接。此方法返回一个元组，其中包含 Spark 应用程序所在计算机的 IP 地址以及一个新的套接字对象，脚本将使用该套接字对象与 Spark 应用程序进行通信：

```
60        # when connection received, get connection/client address
61        connection, address = client_socket.accept()
62        print(f'Connection received from {address}')
63
```

接下来，通过 Twitter 进行身份验证并启动流。第 73 和 74 行设置了流，将套接字对象 connection 传递给 TweetListener，以便它可以使用套接字将主题标签发送到 Spark 应用程序：

```
64        # configure Twitter access
65        auth = tweepy.OAuthHandler(keys.consumer_key, keys.consumer_secret)
66        auth.set_access_token(keys.access_token, keys.access_token_secret)
67
68        # configure Tweepy to wait if Twitter rate limits are reached
69        api = tweepy.API(auth, wait_on_rate_limit=True,
70                         wait_on_rate_limit_notify=True)
71
72        # create the Stream
73        twitter_stream = tweepy.Stream(api.auth,
74            TweetListener(api, connection, tweet_limit))
75
76        # sys.argv[2] is the first search term
77        twitter_stream.filter(track=sys.argv[2:])
78
```

最后，第 79 和 80 行对 socket 对象调用 close 方法释放其资源：

```
79        connection.close()
80        client_socket.close()
```

⌐554⌐

16.7.2　总结推文主题标签，介绍 Spark SQL

本节将使用 Spark 流技术来读取脚本 starttweetstream.py 发送的主题标签并汇总结果，可以创建一个新的记事本并输入本文中的代码，或者加载 ch16 示例文件夹的 SparkHashtagSummarizer 子文件夹中提供的 hashtagsummarizer.ipynb 笔记本。

导入库

首先，导入此笔记本中使用的库。在使用 pyspark 类时我们再对该类进行解释。从 IPython 中导入 display 模块，其中包含可以在 Jupyter 中使用的类和实用程序函数。特别是，在显示新的图表之前，使用 CurryOutlook 函数删除现有的图表：

```
[1]: from pyspark import SparkContext
     from pyspark.streaming import StreamingContext
     from pyspark.sql import Row, SparkSession
     from IPython import display
     import matplotlib.pyplot as plt
     import seaborn as sns
     %matplotlib inline
```

此 Spark 应用程序以 10 秒为时间间隔汇总主题标签数量。处理完每批数据之后，它会显示一个 Seaborn 柱状图。IPython 魔术命令

```
%matplotlib inline
```

表示基于 Matplotlib 的图形应该显示在笔记本中，而不是在它们自己的窗口中。可以回想一下 Seaborn 是如何使用 Matplotlib 的。

本书多次使用了 IPython 魔术命令，Jupyter 笔记本中特别使用了许多魔术命令。有关魔术命令的完整列表，请参见 https://ipython.readthedocs.io/en/stable/interactive/magics.html。

获取 SparkSession 的实用程序函数

可以使用 Spark SQL 查询 RDD 中的数据，Spark SQL 使用 Spark DataFrame 获取底层 RDD 的表视图。

SparkSession（模块 pyspark.sql）用于通过 RDD 创建 DataFrame。每个 Spark 应用程序只能有一个 SparkSession 对象。我们从《 *Spark Streaming Programming Guide* 》[一] 中借用以下函数，其定义了获取 SparkSession 实例（如果已存在）或创建实例的正确方法[二]：　555

```
[2]: def getSparkSessionInstance(sparkConf):
         """Spark Streaming Programming Guide's recommended method
            for getting an existing SparkSession or creating a new one."""
         if ("sparkSessionSingletonInstance" not in globals()):
             globals()["sparkSessionSingletonInstance"] = SparkSession \
                 .builder \
                 .config(conf=sparkConf) \
                 .getOrCreate()
         return globals()["sparkSessionSingletonInstance"]
```

基于 Spark DataFrame 显示柱状图的实用程序函数

在 Spark 处理完每批主题标签后调用函数 display_barplot，每次调用会清除以前的 Seaborn 柱状图，然后根据收到的 Spark DataFrame 显示一个新的柱状图。首先，我们调用 Spark DataFrame 的 toPandas 方法将其转换为与 Seaborn 一起使用的 pandas DataFrame。然后，从 IPython.display 模块调用 clear_output 函数。在准备好显示新图形之后，关键字参数 wait=True 表示应该删除先前的图形（如果有）。该函数中的其

⊖　https://spark.apache.org/docs/latest/streaming-programming-guide.html#dataframe-and-sql-operations.

⊖　因为这个函数借用自 *Spark Streaming Programming Guide* 的" DataFrame"和" SQL Operations"部分
（ https://spark.apache.org/docs/latest/streaming-programming-guide.html#dataframe-and-sql-operations），我们不使用 Python 的标准函数命名风格去重命名它，也不用单引号界定字符串。

他代码使用我们前面给出的标准 Seaborn 技术。函数调用 `sns.color_palette('cool', 20)` 从 Matplotlib `'cool'` 调色板中选择 20 种颜色。

```
[3]: def display_barplot(spark_df, x, y, time, scale=2.0, size=(16, 9)):
         """Displays a Spark DataFrame's contents as a bar plot."""
         df = spark_df.toPandas()

         # remove prior graph when new one is ready to display
         display.clear_output(wait=True)
         print(f'TIME: {time}')

         # create and configure a Figure containing a Seaborn barplot
         plt.figure(figsize=size)
         sns.set(font_scale=scale)
         barplot = sns.barplot(data=df, x=x, y=y
                              palette=sns.color_palette('cool', 20))

         # rotate the x-axis labels 90 degrees for readability
         for item in barplot.get_xticklabels():
             item.set_rotation(90)

         plt.tight_layout()
         plt.show()
```

用实用程序函数汇总到目前为止的前 20 个主题标签

DStream 在 Spark 流中是一个 RDD 序列，每个 RDD 表示要处理的一小批数据。很快可以看到，可以为流中的每个 RDD 指定一个函数来执行任务。在此应用程序中，函数 `count_tags` 将汇总给定 RDD 中的主题标签计数，将其添加到当前总数中（由 SparkSession 维护），然后显示更新了前 20 个主题标签的柱状图，以便我们可以看到前 20 个主题标签是如何随时间变化的[⊖]。为了便于讨论，我们将这个函数进一步分解。首先，使用 SparkContext 的配置信息，调用实用程序函数 `getSparkSessionInstance` 来获得 SparkSession。每个 RDD 都可以通过 `context` 属性访问 `sparkContext`：

556

```
[4]: def count_tags(time, rdd):
         """Count hashtags and display top-20 in descending order."""
         try:
             # get SparkSession
             spark = getSparkSessionInstance(rdd.context.getConf())
```

接下来，我们调用 RDD 的 map 方法将 RDD 中的数据映射到 Row 对象（来自 `pyspark.sql` 包）。本例中的 RDD 包含主题标签和计数的元组，Row 构造函数使用其关键字参数的名称为该行中的每个值指定列名，其中，`tag[0]` 是元组中的 `hashtag`，`tag[1]` 是该 `hashtag` 的总数：

```
# map hashtag string-count tuples to Rows
rows = rdd.map(
    lambda tag: Row(hashtag=tag[0], total=tag[1]))
```

⊖ 当第一次调用这个函数时，若没有收到带有主题标签的推文，用户可能会看到一个例外的错误信息，这是因为在标准输出中简单地显示出了错误信息。但只要收到带有主题标签的推文，这个信息就会消失。

下一条语句创建一个包含 Row 对象的 Spark DataFrame，将其与 Spark SQL 一起使用，可以查询数据以获取前 20 个主题标签及其总计数：

```
# create a DataFrame from the Row objects
hashtags_df = spark.createDataFrame(rows)
```

要查询 Spark DataFrame，首先创建一个表视图，使 Spark SQL 可以像在关系数据库的表中一样查询 DataFrame。createOrReplaceTempView 方法可以为 Spark DataFrame 创建一个临时表视图，并命名该视图以在查询的 from 子句中使用：

```
# create a temporary table view for use with Spark SQL
hashtags_df.createOrReplaceTempView('hashtags')
```

一旦有了表视图，就可以使用 Spark SQL 查询数据⊖。下面的语句使用 SparkSession 实例的 sql 方法执行 Spark SQL 查询，该查询从 hashtags 表视图中选择 hashtag 和 total 列，按 total 降序（desc）排列所选行，然后返回结果的前 20 行（limit 20）。Spark SQL 返回一个包含以下结果的新 Spark DataFrame：

```
# use Spark SQL to get top 20 hashtags in descending order
top20_df = spark.sql(
    """select hashtag, total
       from hashtags
       order by total, hashtag desc
       limit 20""")
```

最后，我们将 Spark DataFrame 传递给 display_barplot 实用程序函数。主题标签和总计将分别显示在 x 轴和 y 轴上。此外，还显示了调用 count_tags 的时间：

```
    display_barplot(top20_df, x='hashtag', y='total', time=time)
except Exception as e:
    print(f'Exception: {e}')
```

获取 SparkContext

此笔记本中的剩余代码将设置 Spark 流从 starttweetstream.py 脚本中读取文本，并指定如何处理推文。首先，我们创建 SparkContext，连接到 Spark 集群。

```
[5]: sc = SparkContext()
```

获取 StreamingContext

对于 Spark 流，必须创建一个 StreamingContext（模块 pyspark.streaming），并提供 SparkContext 以及处理批处理流数据的频率（以秒为单位）作为参数。在此应用程序中，我们将每 10 秒（这是批处理时间间隔）处理一批数据。

```
[6]: ssc = StreamingContext(sc, 10)
```

根据数据到达的速度，你可能希望缩短或者延长批次的时间间隔。有关该问题以

⊖　有关 Spark SQL 的语法细节，请见 https://spark.apache.org/sql/。

及其他性能相关问题的讨论，请参考 *Spark Streaming Programming Guide* 中的"Perform-ance Tuning"部分，可参见 https://spark.apache.org/docs/latest/streaming-programmingguide.html# performance-tuning。

设置检查点来维护状态

默认情况下，Spark 流在处理 RDD 流时不维护状态信息，但是，可以使用 Spark **检查点**来跟踪流状态。检查点可以：

❑ 在集群节点或 Spark 应用程序发生故障的情况下，用于重新启动流的容错功能。

❑ 进行带状态的转换，例如汇总到目前为止接收到的数据，如在示例中所做的那样。

`StreamingContext` 的 `checkpoint` 方法用于设置检查点文件夹：

```
[7]: ssc.checkpoint('hashtagsummarizer_checkpoint')
```

基于云的集群中的 Spark 流应用程序可以在 HDFS 中指定存储检查点文件夹的位置。我们在本地 Jupyter Docker 镜像中运行此示例，因此只需指定文件夹的名称，Spark 将在当前文件夹中创建这个文件夹（在本例中为 ch16 文件夹的 `SparkHashtagSummarizer`）。有关检查点的更多详细信息，请参见 https://spark.apache.org/docs/latest/streaming-programmin-gguide.html#checkpointing。

通过套接字连接到流

`StreamingContext` 方法 `socketTextStream` 连接到接收数据流的套接字，并返回接收数据的 `DStream`。该方法的参数是 `StreamingContext` 应连接到的主机名和端口号，这些参数必须与 `starttweetstream.py` 脚本等待连接的位置相匹配：

```
[8]: stream = ssc.socketTextStream('localhost', 9876)
```

标记主题标签行

我们在 `DSream` 上使用函数式编程调用，指定对流数据执行的处理步骤。以下对 `DStream` 的 `flatMap` 方法的调用会标记一行由空格分隔的主题标签，返回代表各个主题标签的新 `DStream`：

```
[9]: tokenized = stream.flatMap(lambda line: line.split())
```

将标签映射到主题标签–计数对

接下来，类似于本章前面的 Hadoop 映射器，我们使用 `DStream` 的 `map` 方法来获得一个新的 `DStream`，其中每个主题标签都映射到一个主题标签–计数对（在本例中为元组），其计数最初为 1：

```
[10]: mapped = tokenized.map(lambda hashtag: (hashtag, 1))
```

统计到目前为止的主题标签总数

`DStream` 的方法 `updateStateByKey` 接收两个参数的 lambda 函数，该 lambda 函数

总计给定键的计数，并将其添加到该键的先前总计中：

```
[11]: hashtag_counts = tokenized.updateStateByKey(
          lambda counts, prior_total: sum(counts) + (prior_total or 0))
```

指定每个 RDD 的调用方法

最后，`DStream` 方法 `foreachRDD` 指定将每个处理过的 RDD 都传递给函数 `count_tag`，汇总至今为止的前 20 个主题标签，并显示一个柱状图：

```
[12]: hashtag_counts.foreachRDD(count_tags)
```

启动 Spark 流

现在，我们已经指定了处理步骤，调用 `StreamingContext` 的 `start` 方法，连接到套接字并开始流处理：

```
[13]: ssc.start()  # start the Spark streaming
```

下图展示了在处理与足球有关的推文流中的一个示例柱状图。

因为在美国和世界其他地方，足球是不同的运动，所以主题标签既与美式足球有关，也与我们通常所说的足球有关，其中三个不适合发表的主题标签予以灰显处理。

559

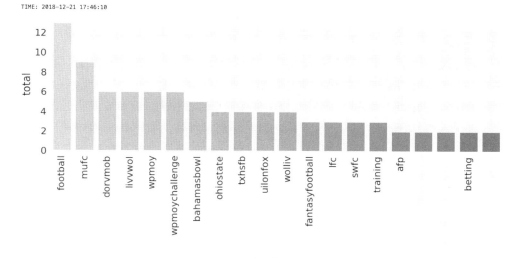

16.8　物联网和仪表板

20 世纪 60 年代末，互联网从最初连接 4 所大学的 ARPNET 开始，到 1970 年底发展到 10 个节点。在过去的 50 年里，ARPNET 已经发展成，全球有数十亿台计算机、智能手机、平板电脑和大量其他类型设备连接到互联网。任何连接到互联网的设备都是物联网（Internet of Thongs，IoT）中的"物体"。

每个设备都用唯一的 Internet 协议地址（IP 地址）来标识。大量设备耗尽了大约 43 亿可用的 IPv4（Internet 协议版本 4）地址，这直接导致了 IPv6（Internet 协议版本 6）的发展，IPv6 提供大约 3.4×10^{38} 个地址。

在未来，计算机控制的、连接互联网的设备将继续激增，以下是物联网设备类型和应用程序的一小部分。

物联网设备
佩戴式追踪装置（可穿戴设备）——苹果手表、FitBit 运动追踪器等
亚马逊 Dash 订购按钮
亚马逊智能语音助手 Alexa、苹果语音助手 Siri、谷歌助手
家用电器——烤箱、咖啡机、冰箱等
无人驾驶汽车
地震传感器
医疗保健——糖尿病血糖监测器、血压监测器、心电图 (EKG/ECG)、脑电图 (EEG)、心脏监测器、可摄取传感器、心脏起搏器、睡眠追踪器等
传感器——化学、气体、GPS、湿度、光、运动、压力、温度等
智能家居——灯、车库开启器、摄像机、门铃、灌溉控制器、安全设备、智能锁、智能插头、烟雾探测器、恒温器、通风口海啸传感器、跟踪设备、酒窖冰箱、无线网络设备

物联网问题

尽管物联网带来了很多机遇，但也带来了很多潜在的问题，存在着许多安全、隐私和道德问题。不安全的 IoT 设备已经用来在计算机系统上执行分布式拒绝服务（Distributed Denial of Service，DDoS）攻击[一]。那些打算用来保护自己的住宅的家庭安防摄像机，可能会遭到黑客入侵从而允许其他人访问视频流。语音控制设备为了听到触发词始终在"倾听"，这也会导致隐私和安全问题。孩子们通过与 Alexa 设备交谈而意外地在亚马逊上订购了产品，其发布的电视广告还表明，可通过说出触发词并引起 Google Assistant 阅读有关产品的 Wikipedia 页面来激活 Google Home 设备[二]。有人担心这些设备可以用来窃听。近期，一名法官命令亚马逊移交 Alexa 录音，用于处理刑事案件[三]。

本节示例

本节将讨论物联网和其他类型的应用程序用于通信的发布/订阅模型。首先，无须编写任何代码就可以使用 freeboard.io 构建一个基于 Web 的仪表板，并订阅来自 PubNub 服务的示例实时流。接下来，将模拟一个连接互联网的恒温器，该恒温器使用 Python 模块 Dweepy 将消息发布到免费的 dweet.io 服务，然后使用 freeboard.io 创建它的仪表板可视化

[一] https://threatpost.com/iot-security-concerns-peaking-with-no-end-in-sight/131308/.

[二] https://www.symantec.com/content/dam/symantec/docs/security-center/white-papers/istr-security-voice-activated-smart-speakers-en.pdf.

[三] https://techcrunch.com/2018/11/14/amazon-echo-recordings-judge-murder-case/.

效果。最后构建一个 Python 客户端，该客户端从 PubNub 服务订阅示例实时流，并使用 Seaborn 和 Matplotlib FuncAnimation 动态可视化示例实时流。

16.8.1　发布和订阅

物联网设备（以及许多其他类型的设备和应用程序）通常通过**发布 / 订阅**（**发布者 / 订阅者**）**系统**彼此通信，并与应用程序实现通信。将消息发送到基于云的服务的设备或应用程序称为**发布者**，该服务又将该消息发送到所有**订阅者**。通常，每个发布者指定一个**主题**或**频道**，每个订阅服务器指定一个或多个想要接收消息的主题或频道。如今有很多发布 / 订阅系统，本节将使用 PubNub 和 dweet.io。此外，还应该研究 Apache Kafka，它是一个 hadoop 生态系统组件，可提供高性能的发布 / 订阅服务、实时流处理和流数据存储。

561

16.8.2　使用 Freeboard 仪表板可视化 PubNub 示例实时流

PubNub 是面向实时应用程序的发布 / 订阅服务，任何连接到 Internet 的软件和设备都可以通过消息进行通信。一些常见用例包括物联网、聊天、在线多人游戏、社交应用程序和协作应用程序。PubNub 也提供了一些用于学习的实时流，包括一个模拟物联网传感器的流（16.8.5 节列出了其他流）。

实时数据流的一种常见用途是，将其可视化以进行监视，本节将把 PubNub 的实时模拟传感器流连接到基于 Web 的 freeboard.io 仪表板。汽车的仪表板可以可视化来自汽车传感器的数据，显示诸如外界温度、车速、发动机温度、时间和剩余汽油量之类的信息。基于 Web 的仪表板对来自各种来源（包括 IoT 设备）的数据执行相同的操作。

freeboard.io 是一个基于云的动态仪表板可视化工具。可以看到，无须编写任何代码就可以轻松地将 freeboard.io 连接到各种数据流，并在数据到达时对其进行可视化显示。下图中的仪表板显示来自 PubNub 模拟物联网传感器流中四个模拟传感器里的三个传感器的数据。

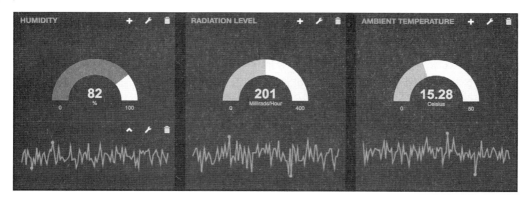

对于每个传感器，我们使用仪表（半圆形可视化）和迷你图（锯齿状线）来可视化数据。因为新数据每秒多次到达，我们会看到仪表和迷你图频繁动作。

除了付费服务外，freeboard.io 还在 GitHub 上提供了一个开源版本（选项较少），并且还提供了如何添加自定义插件的教程，用户可以开发自己的可视化文件并将其添加到仪表板中。

注册 freeboard.io

对于本例，请在网址 https://freeboard.io/signup 上注册 freeboard.io 的 30 天试用版。注册后，将出现"My Freeboards"页面。如果需要，可以单击"Try a Tutorial"按钮，以可视化方式显示智能手机中的数据。

创建一个新的仪表板

在"My Freeboards"页面的右上角，在"enter a name"字段中输入"Sensor Dashboard"，单击"Create New"按钮创建仪表板。接着会显示仪表板设计器。

添加数据源

如果在设计仪表板之前添加数据源，则可以在添加每个可视化文件时对其进行配置：

1. 在"DATASOURCES"下，单击"ADD"按钮，指定新的数据源。

2. "DATASOURCES"对话框的"TYPE"下拉列表显示当前支持的数据源，但也可以为新数据源开发插件⊖。选择"PubNub"，每个 PubNub 示例实时流的网页都指定"Channel"和"Subscribe"键。从 PubNub 的"Sensor Network"页面（见 https://www.pubnub.com/developers/realtime-data-streams/sensor-network/）复制这些值，然后将其值插入相应的"DATASOURCES"对话框字段中。输入数据源的"NAME"，单击"SAVE"按钮。

为湿度传感器添加窗格

freeboard.io 仪表板分为多个窗格，用于对可视化进行分组。可以拖动多个窗格来重新排列它们。单击"+Add Pane"按钮添加新窗格，每个窗格都有一个标题。若要进行设置，请单击窗格上的扳手图标，将"TITLE"指定为"Humidity"，然后单击"SAVE"按钮。

将仪表添加到湿度窗格

要向窗格添加可视化效果，请单击其"+"按钮以显示"WIDGET"对话框。"TYPE"下拉列表显示了几个内置的小部件。选择"Gauge"，在"VALUE"字段的右侧，单击"+DATASOURCE"按钮，然后选择数据源的名称，这将显示该数据源中的可用值。单击"Humidity"以选择湿度传感器的值，指定 % 作为"UNITS"，然后单击"SAVE"按钮。显示新的可视化界面，其上立即开始显示来自传感器流的值。

请注意，湿度值在小数点右边有四位精度。PubNub 支持 JavaScript 表达式，因此可以使用它们执行计算或格式化数据。例如，可以使用 JavaScript 函数 `Math.round` 将湿度值四舍五入到最接近的整数。要实现此操作，请将鼠标悬停在仪表上，然后单击其扳手图标。然后，在"VALUE"字段中的文本之前插入 `"Math.round("`，在文本之后插入 `")"`，然后单击"SAVE"按钮。

⊖　某些列出的数据源仅可以通过 freeboard.io 获取，而不能通过 GitHub 上的开源 Freeboard 获得。

将迷你图添加到湿度窗格

迷你图是一种没有轴的线图，通常用于让用户了解数据值是如何随时间变化的。单击 563
湿度窗格的"+"按钮，然后从"TYPE"下拉列表中选择迷你图，为湿度传感器添加迷你图。请再次选择数据源和湿度，然后单击"SAVE"按钮。

完成仪表板

使用上面的技术再添加两个窗格，并将它们拖到第一个窗格的右侧。分别将它们命名为"Radiation Level"和"Ambient Temperature"，为每个窗格配置一个仪表和迷你图，如上所示。对于"Radiation Level"仪表，指定"UNITS"为"Millirads/Hours"，"MAXIMUM"为 400。对于"Ambient Temperature"，指定"UNITS"为"Ambient Temperature"，"MAXIMUM"为 50。

16.8.3　用 Python 模拟一个连接互联网的恒温器

模拟是计算机最重要的应用之一。我们在前面的章节中使用了投掷骰子的模拟。借助物联网，通常使用模拟器来测试应用程序，特别是在开发应用程序无法访问实际设备和传感器时。许多云供应商都具有物联网模拟功能，如 IBM Watson 物联网平台和 IOTIFY.io。

此处，将创建一个脚本来模拟连接到 Internet 的恒温器，将名为 dweets 的定期 JSON 消息发布到 dweet.io。"dweet"这个名字是基于"tweet"的——dweet 就像来自设备的 tweet（推文）。如今许多与互联网连接的安全系统都包括温度传感器，可以在管道冻结前发出低温警告，或者发出高温警告以指示可能发生火灾。我们的模拟传感器将发送包含位置和温度的 dweet 以及低温和高温通知。只有当温度分别达到 3°C 或 35°C 时，这些参数才为 `True`。下一节将使用 freeboard.io 创建一个简单的仪表板，显示在消息到达时的温度变化以及低温和高温警告灯。

安装 Dweepy

要从 Python 将消息发布到 dweet.io，请首先安装 Dweepy 库，安装代码如下：

```
pip install dweepy
```

该库易于使用，可以在网址 https://github.com/paddycarey/dweepy 上查看其文档。

调用 `Simulator.py` 脚本

模拟恒温器的 Python 脚本 `Simulator.py` 位于 `ch16` 示例文件夹的 `iot` 子文件夹中。使用两个命令行参数调用模拟器，该命令行参数表示要模拟的总消息数以及发送 dweet 之间的秒数延迟：

```
ipython simulator.py 1000 1
```

发送 Dweet

`Simulator.py` 如下所示，它使用了本书介绍的随机数生成和 Python 技术，这里仅关注通过 Dweepy 将消息发布到 dweet.io 的几行代码，将以下脚本分解开以进行讨论。 564

默认情况下，dweet.io 是一项公共服务，因此任何应用程序都可以在其中发布或订阅消息。发布消息时，你需要为设备指定一个唯一的名称，这里使用了 `'temperature-simulator-deitel-python'`（见第 17 行）⊖。第 18～21 行定义了 Python 字典，用于存储当前的传感器信息。Dweepy 在发送 dweet 时将其转换成 JSON。

```
1   # simulator.py
2   """A connected thermostat simulator that publishes JSON
3   messages to dweet.io"""
4   import dweepy
5   import sys
6   import time
7   import random
8
9   MIN_CELSIUS_TEMP = -25
10  MAX_CELSIUS_TEMP = 45
11  MAX_TEMP_CHANGE = 2
12
13  # get the number of messages to simulate and delay between them
14  NUMBER_OF_MESSAGES = int(sys.argv[1])
15  MESSAGE_DELAY = int(sys.argv[2])
16
17  dweeter = 'temperature-simulator-deitel-python'  # provide a unique name
18  thermostat = {'Location': 'Boston, MA, USA',
19                'Temperature': 20,
20                'LowTempWarning': False,
21                'HighTempWarning': False}
22
```

第 25～53 行生成指定的模拟消息数。在循环的每次迭代中：

❏ 在 –2～+2℃范围内产生随机温度变化，并修改温度；

❏ 确保温度保持在允许范围内；

❏ 检查是否触发了低温或高温传感器，并相应地更新恒温器字典；

❏ 显示到目前为止生成了多少条消息；

❏ 使用 Dweepy 将消息发送到 dweet.io（第 52 行）；

❏ 使用 `time` 模块的 `sleep` 函数来等待指定的时间，然后再生成另一条消息。

```
23  print('Temperature simulator starting')
24
25  for message in range(NUMBER_OF_MESSAGES):
26      # generate a random number in the range -MAX_TEMP_CHANGE
27      # through MAX_TEMP_CHANGE and add it to the current temperature
28      thermostat['Temperature'] += random.randrange(
29          -MAX_TEMP_CHANGE, MAX_TEMP_CHANGE + 1)
30
31      # ensure that the temperature stays within range
32      if thermostat['Temperature'] < MIN_CELSIUS_TEMP:
33          thermostat['Temperature'] = MIN_CELSIUS_TEMP
34
35      if thermostat['Temperature'] > MAX_CELSIUS_TEMP:
36          thermostat['Temperature'] = MAX_CELSIUS_TEMP
37
```

565

⊖ dweet.io 可以为你创建一个唯一的名称，并保证是真正唯一的。Dweepy 文档说明了如何执行该操作。

```
38          # check for low temperature warning
39          if thermostat['Temperature'] < 3:
40              thermostat['LowTempWarning'] = True
41          else:
42              thermostat['LowTempWarning'] = False
43
44          # check for high temperature warning
45          if thermostat['Temperature'] > 35:
46              thermostat['HighTempWarning'] = True
47          else:
48              thermostat['HighTempWarning'] = False
49
50          # send the dweet to dweet.io via dweepy
51          print(f'Messages sent: {message + 1}\r', end='')
52          dweepy.dweet_for(dweeter, thermostat)
53          time.sleep(MESSAGE_DELAY)
54
55   print('Temperature simulator finished')
```

使用此服务不需注册，首次调用 dweepy 的 dweet_for 函数发送 dweet（第 52 行）时，dweet.io 创建设备名称。该函数接收设备名称（dweeter）和代表要发送的消息的字典（恒温器）作为参数。一旦执行脚本后，可以通过在 Web 浏览器中转到网址 https://dweet.io/follow/temperature-simulator-deitel-python，立即开始在 dweet.io 网站上跟踪消息。

如果使用其他设备名称，请将"temperature-simulator-deitel-python"替换为设备名称。该网页包含两个选项卡，"Visual"选项卡中显示各个数据项，并显示任何数值的迷你图；"Raw"选项卡中显示了 Dweepy 发送到 dweet.io 的实际 JSON 消息。

16.8.4　使用 freeboard.io 创建仪表板

站点 dweet.io 和 freeboard.io 由同一家公司运行。在上面讨论的 dweet.io 网页中，可以单击"Create a Custom Dashboard"按钮打开一个新的浏览器选项卡，其中已经为温度传感器实现了默认仪表板。默认情况下，freeboard.io 将配置一个名为 Dweet 的数据源，并自动为 dweet JSON 中的每个值生成一个包含一个窗格的仪表板。在每个窗格中，文本小部件将在消息到达时显示相应的值。如果喜欢创建自己的仪表板，可以使用 16.8.2 节中的步骤来创建数据源（这次选择 Dweepy）并创建新的窗格和小部件，也可以修改自动生成的仪表板。 566

以下是包含四个小部件的三个仪表板的屏幕截图：

❑ 显示当前温度的"Gauge"小部件。对于此小部件的"VALUE"设置，我们选择了数据源的"Temperature"字段，还将"UNITS"设置为"Celsius"，并将"MINIMUM"和"MAXIMUM"值分别设置为 −25 和 45。

❑ "Text"小部件以华氏度显示当前温度，我们将"INCLUDE SPARKLINE"和"ANIMATE VALUE CHANGES"设置为"YES"。对于此小部件的"VALUE"设置，再次选择数据源的"Temperature"字段，然后将其添加到"VALUE"字段的末尾，即

* 9 / 5 + 32

执行将摄氏温度转换为华氏温度的计算。我们还在"UNITS"字段中指定了"Fahrenheit"温度。

❑ 最后，我们添加了两个"Indicator Light"小部件。对于第一个"Indicator Light"的"VALUE"设置，我们选择数据源的"LowTempWarning"字段，将"TITLE"设置为"Freeze Warning"，并将"ON TEXT"值设置为"LOW TEMPERATURE WARNING"——"ON TEXT"表示值为"true"时显示的文本。对于第二个"Indicator Light"的"VALUE"设置，我们选择数据源的"HighTempWarning"字段，将"TITLE"设置为"High Temperature Warning"，将"ON TEXT"值设置为"HIGH TEMPERATURE WARNING"。

16.8.5　创建一个 Python PubNub 订阅服务器

PubNub 提供 pubnub Python 模块，用于方便地执行发布/订阅操作，还提供了 7 个样本流供用户使用 4 个实时流和 3 个模拟流进行实验[⊖]：

❑ Twitter Stream（Twitter 流）——从 Twitter 实时流每秒提供多达 50 条推文，并且不需要用户的 Twitter 凭据。

❑ Hacker News Articles（黑客新闻文章）——该网站的最新文章。

❑ State Capital Weather（州首府天气）——提供美国州首府的天气数据。

❑ Wikipedia Changes（Wikipedia 更改）——Wikipedia 编辑流。

❑ Game State Sync（游戏状态同步）——模拟来自多人游戏的数据。

⊖　https://www.pubnub.com/developers/realtime-data-streams/.

❑ Sensor Network（传感器网络）——来自辐射、湿度、温度和环境光传感器的模拟数据。

❑ Market Orders（市场订单）——模拟五家公司的股票订单。

这里，将使用 pubnub 模块订阅其模拟的 Market Orders 流，然后将不断变化的股票价格可视化为 Seaborn 原型，如下所示。

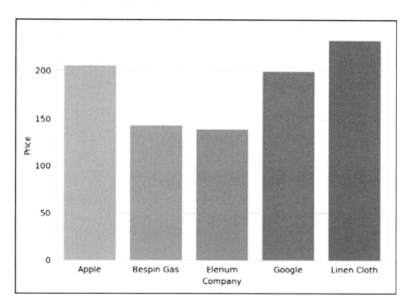

当然，也可以将消息发布到流。有关详细信息，请参阅 https://www.pubnub.com/docs/python/pubnub-python-sdk。

要准备在 Python 中使用 PubNub，请执行以下命令安装最新版本的 pubnub 模块

```
pip install "pubnub>=4.1.2"
```

使用脚本 stocklistener.py 订阅该流，并且可视化股价，该流在 ch16 文件夹的 pubnub 子文件夹中定义。为了便于讨论，我们把脚本分成几部分。

消息格式

模拟的 Market Orders 流返回包含五个键-值对的 JSON 对象，这些键-值对具有键 'bid_price'、'order_quantity'、'symbol'、'timestamp' 和 'trade_type'，这里仅使用 'bid_price' 和 'symbol'。PubNub 客户端将 JSON 数据作为 Python 字典返回。　568

导入库

第 3～13 行导入了此示例中使用的库，这里讨论第 10～13 行导入的 PubNub 类型：

```
1  # stocklistener.py
2  """Visualizing a PubNub live stream."""
3  from matplotlib import animation
4  import matplotlib.pyplot as plt
```

```
5   import pandas as pd
6   import random
7   import seaborn as sns
8   import sys
9
10  from pubnub.callbacks import SubscribeCallback
11  from pubnub.enums import PNStatusCategory
12  from pubnub.pnconfiguration import PNConfiguration
13  from pubnub.pubnub import PubNub
14
```

用于存储公司名称和价格的列表和 DataFrame

companies 列表包含在 Market Orders 流中报告的公司名称，pandas DataFrame companies_df 存储每个公司的最新的股票价格。将这个 DataFrame 与 Seaborn 一起使用来显示柱状图：

```
15  companies = ['Apple', 'Bespin Gas', 'Elerium', 'Google', 'Linen Cloth']
16
17  # DataFrame to store last stock prices
18  companies_df = pd.DataFrame(
19      {'company': companies, 'price' : [0, 0, 0, 0, 0]})
20
```

SensorSubscriberCallback 类

订阅 PubNub 流时必须添加一个侦听器，该侦听器接收来自频道的状态通知和消息，类似于前面定义的 Tweepy 侦听器。要创建侦听器，必须定义 SubscribeCallback 的子类（模块 pubnub.callbacks），我们将在代码之后讨论它：

```
21  class SensorSubscriberCallback(SubscribeCallback):
22      """SensorSubscriberCallback receives messages from PubNub."""
23      def __init__(self, df, limit=1000):
24          """Create instance variables for tracking number of tweets."""
25          self.df = df  # DataFrame to store last stock prices
26          self.order_count = 0
27          self.MAX_ORDERS = limit  # 1000 by default
28          super().__init__()  # call superclass's init
29
30      def status(self, pubnub, status):
31          if status.category == PNStatusCategory.PNConnectedCategory:
32              print('Connected to PubNub')
33          elif status.category == PNStatusCategory.PNAcknowledgmentCategory:
34              print('Disconnected from PubNub')
35
36      def message(self, pubnub, message):
37          symbol = message.message['symbol']
38          bid_price = message.message['bid_price']
39          print(symbol, bid_price)
40          self.df.at[companies.index(symbol), 'price'] = bid_price
41          self.order_count += 1
42
43          # if MAX_ORDERS is reached, unsubscribe from PubNub channel
44          if self.order_count == self.MAX_ORDERS:
45              pubnub.unsubscribe_all()
46
```

SensorSubscriberCallback 类的 __init__ 方法存储每个新股票价格的 DataFrame。

每次新的状态消息到达时，PubNub 客户端都会调用重写方法 status，这里将检查指示已订阅或取消订阅频道的通知。

当新消息从频道到达时，PubNub 客户端将调用重写方法 message（第 36～45 行）。第 37 和 38 行从消息中获取公司名称和价格，可将其打印出来以便看到消息正在到达。第 40 行使用 DataFrame 方法定位相应公司的行及其 'price' 列，然后将新价格分配给该元素。一旦 order_count 达到 MAX_ORDERS，第 45 行就会调用 PubNub 客户端的 unsubscribe_all 方法来取消订阅该频道。

函数更新

本例使用在第 6 章的 "数据科学入门" 部分学到的动画技术来可视化股票价格。函数 update() 指定了绘制一个动画帧的方式，并由稍后定义的 FuncAnimation 反复调用。我们利用 Seaborn 函数 barplot，并通过使用 x 轴上的 'company' 列值和 y 轴上的 'price' 列值来可视化 companies_df DataFrame 中的数据：

```
47   def update(frame_number):
48       """Configures bar plot contents for each animation frame."""
49       plt.cla()  # clear old barplot
50       axes = sns.barplot(
51           data=companies_df, x='company', y='price', palette='cool')
52       axes.set(xlabel='Company', ylabel='Price')
53       plt.tight_layout()
54
```

配置图

在脚本的主要部分首先设置 Seaborn 绘图样式，接着创建 Figure 对象，然后在该对象中显示柱状图：

```
55   if __name__ == '__main__':
56       sns.set_style('whitegrid')  # white background with gray grid lines
57       figure = plt.figure('Stock Prices')  # Figure for animation
58
```

配置 FuncAnimation 并显示窗口

接下来设置 FuncAnimation 来调用函数 update，然后调用 Matplotlib 的 show 方法来显示该图。通常，该方法会阻止脚本继续执行，直到关闭该图为止。在这里，传递关键词参数 block = False，以允许脚本继续运行，这样就可以配置 PubNub 客户端并订阅频道：

570

```
59       # configure and start animation that calls function update
60       stock_animation = animation.FuncAnimation(
61           figure, update, repeat=False, interval=33)
62       plt.show(block=False)  # display window
63
```

配置 PubNub 客户端

接下来，我们配置 PnbNub 订阅密钥，PubNub 客户端将其与频道名称结合使用以订阅频道。该密钥被指定为 PNConfiguration 对象（模块 pubnub.pnconfiguration）的一个属性，第 69 行将其传递给新的 PubNub 客户端对象（模块 pubnub.pubnub），第 70～72 行创建了 SensorSubscriberCallback 对象，并且将其传递给 PubNub 客户端的 add_listener 方法，以对其进行注册并从该频道接收消息。我们使用命令行参数来指定要处理的消息总数：

```
64      # set up pubnub-market-orders sensor stream key
65      config = PNConfiguration()
66      config.subscribe_key = 'sub-c-4377ab04-f100-11e3-bffd-02ee2ddab7fe'
67
68      # create PubNub client and register a SubscribeCallback
69      pubnub = PubNub(config)
70      pubnub.add_listener(
71          SensorSubscriberCallback(df=companies_df,
72              limit=int(sys.argv[1] if len(sys.argv) > 1 else 1000))
73
```

订阅频道

以下语句完成了订阅过程，表示希望从名为 'pubnub-market-orders' 的频道接收消息，其中 execute 方法用来启动流：

```
74      # subscribe to pubnub-sensor-network channel and begin streaming
75      pubnub.subscribe().channels('pubnub-market-orders').execute()
76
```

确保图保留在屏幕上

第二次调用 Matplotlib 的 show 方法，以确保在关闭图窗口之前图一直显示在屏幕上：

```
77      plt.show()  # keeps graph on screen until you dismiss its window
```

16.9　小结

本章介绍了大数据以及如何获取大数据，并讨论了处理大数据的硬件和软件基础设施。介绍了传统的关系数据库和结构化查询语言（SQL），并使用 sqlite3 模块在 SQLite 中创建和操作了一个 books 数据库。此外，还演示了如何将 SQL 查询结果加载到 pandas DataFrames 中。

本章讨论了 NoSQL 数据库的四种主要类型——键－值、文档、列式和图，并介绍了 NewSQL 数据库。将 JSON tweet 对象作为文档存储在基于云的 MongoDB Atlas 集群中，然后在 Folium 地图上显示的交互式可视化中对其进行汇总。

本章介绍了 Hadoop 及其在大数据应用程序中的使用，使用 Microsoft Azure HDInsight 服务配置了多节点 Hadoop 集群，然后使用 Hadoop 流创建、执行 Hadoop MapReduce 任务。

本章讨论了 Spark 及其在高性能、实时大数据处理中的应用。首先使用了 Spark 的函数式编程的过滤／映射／归约功能，然后在个人计算机上运行了 Jupyter Docker 堆栈，接着在 Microsoft 的 HDInsight 多节点 Spark 集群中本地运行了该堆栈。接下来介绍了 Spark 流用于处理小批量数据，并使用 Spark SQL 查询存储在 Spark DataFrame 中的数据。

　　本章最后介绍了物联网和发布 / 订阅模型。使用 freeboard.io 创建了来自 PubNub 的示例实时流的仪表板可视化，模拟了一个连接互联网的恒温器，该恒温器使用 Python 模块 Dweepy 向 dweet.io 服务发布消息，然后使用 freeboard.io 可视化了模拟设备的数据。最后，使用其 Python 模块订阅了 PubNub 示例实时流。

　　感谢你阅读本书。希望你喜欢这本书，觉得它有趣而且内容丰富。最重要的是，我们希望你有能力将所学到的技术应用到你的职业生涯中。

572

索　引

索引中的页码为英文原书页码，与书中页边标注的页码一致。

数值

A

Deitel® Series

For Computer Science and Data Science Series

Intro to Python for Computer Science and Data Science: Learning to Program with AI, Big Data and the Cloud

How To Program Series

Java™ How to Program, Early Objects Version, 11/E
Java™ How to Program, Late Objects Version, 11/E
C++ How to Program, 10/E
C How to Program, 8/E
Visual C#® How to Program, 6/E
Internet & World Wide Web How to Program, 5/E
Android™ How to Program, 3/E
Visual Basic® 2012 How to Program, 6/E

REVEL™ Interactive Multimedia

REVEL™ for Deitel Java™

VitalSource Web Books

http://bit.ly/DeitelOnVitalSource

Java™ How to Program, 10/E and 11/E
C++ How to Program, 9/E and 10/E
Visual C#® How to Program, 6/E
Android™ How to Program, 2/E and 3/E

Visual C#® 2012 How to Program, 5/E
Visual Basic® 2012 How to Program, 6/E
Simply Visual Basic® 2010: An App-Driven Approach, 4/E

Deitel® Developer Series

Python for Programmers
Java™ for Programmers, 4/E
C++11 for Programmers
C for Programmers with an Introduction to C11
C# 6 for Programmers
JavaScript for Programmers
Android™ 6 for Programmers: An App-Driven Approach, 3/E
Swift™ for Programmers

LiveLessons Video Training

http://deitel.com/books/LiveLessons/

Java SE 9™ Fundamentals, 3/E
C++ Fundamentals
C# 6 Fundamentals
JavaScript Fundamentals
Java SE 8™ Fundamentals, 2/E
Android™ 6 App Development Fundamentals, 3/E
C# 2012 Fundamentals
Swift™ Fundamentals

To receive updates on Deitel publications, Resource Centers, training courses, partner offers and more, please join the Deitel communities on

- Facebook®—http://facebook.com/DeitelFan
- Twitter®—@deitel
- LinkedIn®—http://linkedin.com/company/deitel-&-associates
- YouTube™—http://youtube.com/DeitelTV
- Instagram®—http://instagram.com/DeitelFan

To communicate with the authors, send e-mail to:

deitel@deitel.com

For information on programming-languages corporate training seminars offered by Deitel & Associates, Inc. worldwide, write to deitel@deitel.com or visit:

http://www.deitel.com/training/

For continuing updates on Pearson/Deitel publications visit:

http://www.deitel.com
http://www.pearson.com/deitel

推 荐 阅 读

Photo by izusek/gettyimages

Register Your Product at informit.com/register

Access additional benefits and **save 35%** on your next purchase

- Automatically receive a coupon for 35% off your next purchase, valid for 30 days. Look for your code in your InformIT cart or the Manage Codes section of your account page.

- Download available product updates.

- Access bonus material if available.*

- Check the box to hear from us and receive exclusive offers on new editions and related products.

Registration benefits vary by product. Benefits will be listed on your account page under Registered Products.

InformIT.com—The Trusted Technology Learning Source

InformIT is the online home of information technology brands at Pearson, the world's foremost education company. At InformIT.com, you can:

- Shop our books, eBooks, software, and video training
- Take advantage of our special offers and promotions (informit.com/promotions)
- Sign up for special offers and content newsletter (informit.com/newsletters)
- Access thousands of free chapters and video lessons

Connect with InformIT—Visit informit.com/community

informIT®
the trusted technology learning source

Addison-Wesley · Adobe Press · Cisco Press · Microsoft Press · Pearson IT Certification · Prentice Hall · Que · Sams · Peachpit Press

 Pearson